面向 21 世纪课程教材

"十二五"普通高等教育本科国家级规划教材
教育部 2009 年度普通高等教育精品教材

高校土木工程专业指导委员会规划推荐教材
（经典精品系列教材）

土木工程施工（上册）

（第二版）

重庆大学 同济大学 哈尔滨工业大学 合编
天津大学 主审

中国建筑工业出版社

图书在版编目（CIP）数据

土木工程施工. 上册/重庆大学，同济大学，哈尔滨工业大学合编. —2版. —北京：中国建筑工业出版社，2008

面向21世纪课程教材. "十二五"普通高等教育本科国家级规划教材. 教育部2009年度普通高等教育精品教材. 高校土木工程专业指导委员会规划推荐教材. （经典精品系列教材）

ISBN 978-7-112-09832-3

Ⅰ. 土… Ⅱ. ①重…②同…③哈… Ⅲ. 土木工程-工程施工-高等学校-教材 Ⅳ.TU7

中国版本图书馆CIP数据核字（2008）第067662号

面向21世纪课程教材
"十二五"普通高等教育本科国家级规划教材
教育部2009年度普通高等教育精品教材
高校土木工程专业指导委员会规划推荐教材
（经典精品系列教材）

土木工程施工（上册）
（第二版）

重庆大学 同济大学 哈尔滨工业大学 合编
天津大学 主审

*

中国建筑工业出版社出版、发行（北京西郊百万庄）
各地新华书店、建筑书店经销
北京红光制版公司制版
北京同文印刷有限责任公司印刷

*

开本：787×960毫米 1/16 印张：33¾ 字数：660千字
2008年8月第二版 2015年4月第三十次印刷
定价：46.00元
ISBN 978-7-112-09832-3
（16536）

版权所有　翻印必究
如有印装质量问题，可寄本社退换
（邮政编码　100037）

本教材以全国高校土木工程学科专业指导委员会组织制定《土木工程施工课程教学大纲》为依据编写的。分上下两册。本教材为上册，主要讲述土木工程施工基础理论，其内容满足 21 世纪高等土木工程专业的宽口径及建设人才培养目标的要求，为土木工程各专业方向所必修的施工基础知识。主要包括土方工程、桩基础工程、砌筑工程、混凝土结构工程、结构安装工程、脚手架工程、防水工程、装饰工程等专业工种工程施工技术和施工组织概论、流水施工基本原理、网络计划技术、单位工程施工组织设计、施工组织总设计等施工组织原理。

下册为土木工程施工专业理论与实践，从综合运用各工种工程的施工工艺及施工组织原理出发，详细介绍了土木工程的施工设计原理及应用方法。为适应土木工程各专业方向的教学需要，特将土木工程设计划分为建筑工程施工设计、道路工程施工设计、桥梁工程施工设计、地下工程施工设计等部分。

* * *

责任编辑：朱首明　张　晶
责任设计：郑秋菊
责任校对：孟　楠　关　健

出 版 说 明

1998年教育部颁布普通高等学校本科专业目录，将原建筑工程、交通土建工程等多个专业合并为土木工程专业。为适应大土木的教学需要，高等学校土木工程学科专业指导委员会编制出版了《高等学校土木工程专业本科教育培养目标和培养方案及课程教学大纲》，并组织我国土木工程专业教育领域的优秀专家编写了《高校土木工程专业指导委员会规划推荐教材》。该系列教材2002年起陆续出版，共40余册，十余年来多次修订，在土木工程专业教学中起到了积极的指导作用。

本系列教材从宽口径、大土木的概念出发，根据教育部有关高等教育土木工程专业课程设置的教学要求编写，经过多年的建设和发展，逐步形成了自己的特色。本系列教材投入使用之后，学生、教师以及教育和行业行政主管部门对教材给予了很高评价。本系列教材曾被教育部评为面向21世纪课程教材，其中大多数曾被评为普通高等教育"十一五"国家级规划教材和普通高等教育土建学科专业"十五"、"十一五"、"十二五"规划教材，并有11种入选教育部普通高等教育精品教材。2012年，本系列教材全部入选第一批"十二五"普通高等教育本科国家级规划教材。

2011年，高等学校土木工程学科专业指导委员会根据国家教育行政主管部门的要求以及新时期我国土木工程专业教学现状，编制了《高等学校土木工程本科指导性专业规范》。在此基础上，高等学校土木工程学科专业指导委员会及时规划出版了高等学校土木工程本科指导性专业规范配套教材。为区分两套教材，特在原系列教材丛书名《高校土木工程专业指导委员会规划推荐教材》后加上经典精品系列教材。各位主编将根据教育部《关于印发第一批"十二五"普通高等教育本科国家级规划教材书目的通知》要求，及时对教材进行修订完善，补充反映土木工程学科及行业发展的最新知识和技术内容，与时俱进。

高等学校土木工程学科专业指导委员会
中国建筑工业出版社
2013年2月

第二版前言

"土木工程施工"是土木工程专业的一门主干课。其主要任务是研究土木工程施工技术和施工组织的一般规律；土木工程中主要工种工程施工工艺及工艺原理；工程项目的施工组织原理以及土木工程施工中的新技术、新材料、新工艺的发展和应用。

本教材是以全国高校土木工程专业指导委员会通过的"土木工程工程施工课程教学大纲"为依据组织编写的。本教材是面向21世纪课程改革研究成果，按照21世纪土木工程专业人才培养方案和教学要求，在原《土木工程施工》（建设部十五规划教材）基础上，结合新规范、新标准作了相应的调整及修改。

由于水平有限，本次修订难免有不足之处，诚挚地希望读者提出宝贵意见，以便再版时修订。

本教材是从事土木工程施工教学、科研及出版工作的几代人不懈努力的结果。在此谨向本教材编写提供支持的卢忠政教授、毛鹤琴教授、林文虎教授、赵志缙教授、江景波教授、关柯教授等致敬。

本教材由重庆大学、同济大学、哈尔滨工业大学三校合编，编写工作得到了三所学校的大力支持和帮助，本教材获得了重庆大学教材建设基金资助，在此，向关心支持本教材编写工作的所有单位和人们表示衷心感谢。

为保证教材编写质量，实行分主编负责制，全书由重庆大学姚刚教授统稿。具体分工如下：

重庆大学分主编：姚刚教授。参与编写者有：姚刚、关凯（第一篇：第五、七章）；李国荣、张宏胜（第一篇：第四章）；华建民（第一篇：第八章）；姚刚、关凯、李国荣、张宏胜、华建民、罗琳（第三篇：第一章）；朱正刚（第三篇：第二章，第三章第三节、第四节）；赵亮（第三章第一节）；陈天地（第三章第二节）；华建民（第三篇：第四章第一节）、刘光云（第三篇：第四章第二节）、张爱莉（第三篇：第四章第三节）、王桂林（第三篇：第四章第四节）、刘新荣（第三篇：第四章第五节）。

同济大学分主编：应惠清教授。参与编写者有：应惠清（第一篇：第一、二、三章）；金瑞珺（第一篇：第六章）。

哈尔滨工业大学分主编：张守健教授。参与编写者有：张守健（第二篇：第一章）；许程杰（第二篇：第二章）；张守健、许程杰（第二篇：第三章）；杨晓林（第二篇：第四章）；李忠富、王莹莹（第二篇：第五章）；刘志才（第二篇：第六章）。

本教材由天津大学赵奎生教授主审。参加审稿的还有天津大学丁红岩副教授（第二篇），河北工业大学黄世昌教授（第三篇第二、三、四章）。

第 一 版 前 言

"土木工程施工"是土木工程专业的一门主干课。其主要任务是研究土木工程施工技术和施工组织的一般规律；土木工程中主要工种工程施工工艺及工艺原理；施工项目科学的组织原理以及土木工程施工中的新技术、新材料、新工艺的发展和应用。

本教材是以全国高等土木工程专业指导委员会通过的"土木工程施工课程教学大纲"为依据组织编写的。本教材是面向21世纪课程改革研究成果，按照21世纪土木工程专业人才培养方案和教学要求，在原《建筑施工》（国家九五重点教材）基础上作了重大的调整、加工和修改。介于我国经济建设快速发展及西部大开发的需要，工程建设愈来愈需要宽口径、厚基础的专业人才。因此，本教材在内容上涵盖了建筑工程、道路工程、桥梁工程、地下工程等专业领域，力求构建大土木的知识体系。

本教材阐述了土木工程施工的基本理论及其工程应用，在内容上力求符合国家现行规范、标准的要求，反映现代土木工程施工的新技术、新工艺及新成就，以满足新时期人才培养的需要；在知识点的取舍上，保留了一些常用的工艺方法，注重纳入对工程建设有重大影响的新技术，突出综合运用土木工程施工及相关学科的基本理论和知识，以解决工程实践问题的能力培养。本教材力求层次分明、条理清楚、结构合理，既考虑了大土木工程的整体性，又结合现阶段课程设置的实际情况，在土木工程的框架内，建筑工程、道路工程、桥梁工程、地下工程等自成体系，便于组织教学。本教材文字规范、简练，图文配合恰当，图表清晰，准确，符号、计量单位符合国家标准，版面设计具有鲜明的时代特征。由于水平有限，本教材难免有不足之处，诚挚地希望读者提出宝贵意见，以便再版时修订。

本教材至此经历了三次修订，共四版，是从事土木工程施工教学、科研及出版工作的几代人不懈努力的结果。在此谨向参与前三版编写工作的卢忠政教授、毛鹤琴教授、赵志缙教授、江景波教授、关柯教授等致敬。

本教材由重庆大学、同济大学、哈尔滨工业大学三校合编，为保证教材编写质量，实行分主编负责制，全书由重庆大学林文虎教授、姚刚副教授统稿。具体分工如下：

重庆大学分主编：姚刚副教授。参与编写者有：姚刚、关凯（第1篇：第5、7章）；李国荣、张宏胜（第1篇：第4章）；华建民（第1篇：第8章）；姚刚、关凯、李国荣、张宏胜、华建民、胡美琳（第3篇：第1章）；朱正刚（第3篇：第2章、§3.4）；杨春（第2篇：§3.1、§3.2、§3.3）；华建民（第3篇：§4.1）、张利（第3篇：§4.2）、王桂林（第3篇：§4.3）、刘新荣（第3篇：§4.4）。

同济大学分主编：应惠清教授。参与编写者有：应惠清（第1篇：第1、2、3章）；金瑞珺（第6章）。

哈尔滨工业大学分主编：张守健教授。张守健（第2篇：第1章）；许程杰（第2篇：第2章）；张守健、许程杰（第2篇：第3章）；杨晓林（第2篇：第4章）；李忠富（第2篇：第5章）；刘志才（第2篇：第6章）。

本教材由天津大学赵奎生教授主审。参加审稿的还有天津大学丁红岩副教授（第2篇），河北工业大学黄世昌教授（第3篇第2、3、4章）。

目 录

第1篇 专业工种工程施工技术

第1章 土方工程 1
§1.1 概述 1
§1.2 场地平整 3
§1.3 基坑工程 18
§1.4 土方的填筑与压实 47
思考题 51
习题 51

第2章 桩基础工程 53
§2.1 预制桩施工 53
§2.2 灌注桩施工 63
思考题 70

第3章 砌筑工程 71
§3.1 砌筑材料 71
§3.2 砌筑施工工艺 72
§3.3 砌体的冬期施工 77
思考题 78

第4章 混凝土结构工程 80
§4.1 模板工程 80
§4.2 钢筋工程 101
§4.3 混凝土工程 132
§4.4 预应力混凝土工程 173
思考题 199
习题 201

第5章 结构安装工程 203
§5.1 起重机械与设备 203
§5.2 混凝土结构安装工程 222
§5.3 钢结构安装工程 239
思考题 253
习题 254

第6章 脚手架工程 256
§6.1 扣件式钢管脚手架 257
§6.2 碗扣式钢管脚手架 259

§6.3 门式脚手架 ………………………………………………………… 261
§6.4 升降式脚手架 ……………………………………………………… 262
§6.5 里脚手架 …………………………………………………………… 266
思考题 ……………………………………………………………………… 267

第7章 防水工程 …………………………………………………………… 268
§7.1 屋面防水工程 ……………………………………………………… 268
§7.2 地下防水工程 ……………………………………………………… 284
思考题 ……………………………………………………………………… 292

第8章 装饰装修工程 ……………………………………………………… 294
§8.1 抹灰工程 …………………………………………………………… 294
§8.2 饰面板（砖）工程 ………………………………………………… 298
§8.3 涂料工程 …………………………………………………………… 305
§8.4 建筑幕墙工程 ……………………………………………………… 311
§8.5 裱糊工程 …………………………………………………………… 314
思考题 ……………………………………………………………………… 317

第2篇 施工组织原理

第1章 施工组织概论 ……………………………………………………… 318
§1.1 工程项目施工组织的原则 ………………………………………… 318
§1.2 建筑产品及其生产的特点 ………………………………………… 322
§1.3 工程项目施工准备工作 …………………………………………… 324
§1.4 施工组织设计 ……………………………………………………… 332
思考题 ……………………………………………………………………… 343

第2章 流水施工基本原理 ………………………………………………… 344
§2.1 流水施工的基本概念 ……………………………………………… 344
§2.2 流水参数的确定 …………………………………………………… 349
§2.3 等节拍专业流水 …………………………………………………… 360
§2.4 成倍节拍专业流水 ………………………………………………… 365
§2.5 无节奏专业流水 …………………………………………………… 369
思考题 ……………………………………………………………………… 373
习题 ………………………………………………………………………… 373

第3章 网络计划技术 ……………………………………………………… 375
§3.1 网络图的基本概念 ………………………………………………… 375
§3.2 双代号网络计划 …………………………………………………… 377
§3.3 单代号网络图 ……………………………………………………… 408
§3.4 单代号搭接网络计划 ……………………………………………… 419
§3.5 网络计划优化 ……………………………………………………… 432
思考题 ……………………………………………………………………… 452
习题 ………………………………………………………………………… 452

第 4 章　单位工程施工组织设计 ··· 454
　§4.1　概述 ··· 454
　§4.2　施工方案设计 ··· 460
　§4.3　单位工程施工进度计划和资源需要量计划 ················· 473
　§4.4　单位工程施工平面图设计 ······························· 480
　思考题 ··· 487

第 5 章　施工组织总设计 ··· 488
　§5.1　施工部署 ··· 488
　§5.2　施工总进度计划 ······································· 490
　§5.3　资源需要量计划 ······································· 496
　§5.4　全场性暂设工程 ······································· 497
　§5.5　施工总平面图 ··· 510
　§5.6　施工组织总设计简例 ··································· 514
　思考题 ··· 520

参考文献 ··· 521

第1篇 专业工种工程施工技术

第1章 土 方 工 程

§1.1 概 述

在土木工程中,最常见的土方工程有:场地平整、基坑(槽)开挖、地坪填土、路基填筑及基坑回填土等。此外,排水、降水、土壁支撑等准备工作和辅助工程也是土方工程施工中必须认真设计与实施安排的。

土方工程施工往往具有工程量大、劳动繁重和施工条件复杂等特点;土方工程施工又受气候、水文、地质、地下障碍等因素的影响较大,不可确定的因素也较多,有时施工条件极为复杂。因此,在组织土方工程施工前,应根据现场条件,制定出技术可行经济合理的施工方案。

1.1.1 土的工程分类

土的分类繁多,其分类法也很多,如按土的沉积年代、颗粒级配、密实度、液性指数分类等。在土木工程施工中,按土的开挖难易程度将土分为八类(表1-1-1),这也是确定土木工程劳动定额的依据。

土 的 工 程 分 类　　　　表 1-1-1

类 别	土 的 名 称	开挖方法	可松性系数	
			K_s	K'_s
第一类 (松软土)	砂,粉土,冲积砂土层,种植土,泥炭(淤泥)	用锹、锄头挖掘	1.08~1.17	1.01~1.04
第二类 (普通土)	粉质黏土,潮湿的黄土,夹有碎石、卵石的砂,种植土,填土和粉土	用锹、锄头挖掘,少许用镐翻松	1.14~1.28	1.02~1.05
第三类 (坚土)	软及中等密实黏土,重粉质黏土,粗砾石,干黄土及含碎石、卵石的黄土,粉质黏土,压实的填筑土	主要用镐,少许用锹、锄头,部分用撬棍	1.24~1.30	1.04~1.07
第四类 (砾砂坚土)	坚硬密实的黏土及含碎石、卵石的黏土,粗卵石,密实的黄土,天然级配砂石,软泥灰岩及蛋白石	先用镐、撬棍,然后用锹挖掘,部分用锲子及大锤	1.26~1.37	1.06~1.09

续表

类别	土的名称	开挖方法	可松性系数	
			K_s	K'_s
第五类（软石）	硬质黏土，中等密实的页岩、泥灰岩、白垩土，胶结不紧的砾岩，软的石灰岩	用镐或撬棍、大锤，部分用爆破方法	1.30～1.45	1.10～1.20
第六类（次坚石）	泥岩，砂岩，砾岩，坚实的页岩、泥灰岩，密实的石灰岩，风化花岗岩，片麻岩	用爆破方法，部分用风镐	1.30～1.45	1.10～1.20
第七类（坚石）	大理岩，辉绿岩，玢岩，粗、中粒花岗岩，坚实的白云岩、砾岩、砂岩、片麻岩、石灰岩，微风化安山岩、玄武岩	用爆破方法	1.30～1.45	1.10～1.20
第八类（特坚石）	安山岩，玄武岩，花岗片麻岩，坚实的细粒花岗岩、闪长岩、石英岩、辉长岩、辉绿岩，玢岩	用爆破方法	1.45～1.50	1.20～1.30

1.1.2 土的工程性质

土的工程性质对土方工程施工有直接影响，也是进行土方施工设计必须掌握的基本资料。土的工程性质如下：

1. 土的可松性

土具有可松性。即自然状态下的土，经过开挖后，其体积因松散而增大，以后虽经回填压实，仍不能恢复。由于土方工程量是以自然状态的体积来计算的，所以在土方调配、计算土方机械生产率及运输工具数量等的时候，必须考虑土的可松性。土的可松性程度用可松性系数表示，即

$$K_s = \frac{V_2}{V_1}; \quad K'_s = \frac{V_3}{V_1} \tag{1-1-1}$$

式中 K_s——最初可松性系数；

K'_s——最后可松性系数；

V_1——土在天然状态下的体积（m³）；

V_2——土经开挖后的松散体积（m³）；

V_3——土经回填压实后的体积（m³）。

在土方工程中，K_s是计算土方施工机械及运土车辆等的参数，K'_s是计算场地平整标高及填方时所需挖土量等的重要参数。

2. 原状土经机械压实后的沉降量

原状土经机械往返压实或经其他压实措施后，会产生一定的沉陷，根据不同土质，其沉降量一般在 3～30cm 之间。可按下述经验公式计算：

$$S = \frac{P}{C} \tag{1-1-2}$$

式中　S——原状土经机械压实后的沉降量（cm）；
　　　P——机械压实的有效作用力（kg/cm²）；
　　　C——原状土的抗陷系数（MPa），可按表 1-1-2 取值。

不同土的 C 值参考表　　　　　　表 1-1-2

原状土质	C（MPa）	原状土质	C（MPa）
沼泽土	0.01～0.015	大块胶结的砂、潮湿黏土	0.035～0.06
凝滞的土、细粒砂	0.018～0.025	坚实的黏土	0.1～0.125
松砂、松湿黏土、耕土	0.025～0.035	泥灰石	0.13～0.18

此外，土的工程性质还有：渗透性、密实度、抗剪强度、土压力等，这些内容在土力学中有详细分析，在此不再赘述。

§1.2　场　地　平　整

大型工程项目通常都要确定场地设计平面，进行场地平整。场地平整就是将自然地面改造成人们所要求的平面。场地设计标高应满足规划、生产工艺及运输、排水及最高洪水位等要求，并力求使场地内土方挖填平衡且土方量最小。

1.2.1　场地竖向规划设计

1. 场地设计标高确定的一般方法

对小型场地平整，如原地形比较平缓，对场地设计标高无特殊要求，可按场地平整施工中挖填土方量相等的原则确定。

将场地划分成边长为 a 的若干方格，并将方格网角点的原地形标高标在图上（图 1-1-1）。原地形标高可利用等高线用插入法求得或在实地测量得到。

按照挖填土方量相等的原则，场地设计标高可按下式计算：

$$na^2 z_0 = \sum_{i=1}^{n}\left(a^2 \frac{z_{i1}+z_{i2}+z_{i3}+z_{i4}}{4}\right)$$

即
$$z_0 = \frac{1}{4n}\sum_{i=1}^{n}(z_{i1}+z_{i2}+z_{i3}+z_{i4}) \tag{1-1-3}$$

式中　　　z_0——所计算场地的设计标高（m）；
　　　　　n——方格数；
z_{i1}，z_{i2}，z_{i3}，z_{i4}——第 i 个方格四个角点的原地形标高（m）。

由图 1-1-1 可见，11 号角点为一个方格独有，而 12，13，21，24 号角点为

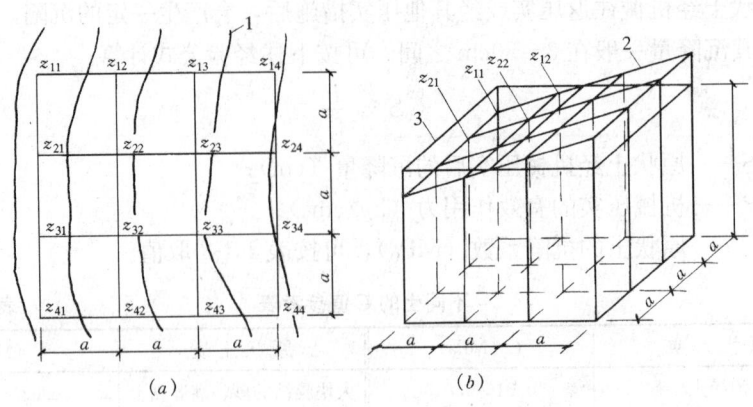

图 1-1-1 场地设计标高计算示意图
(a) 地形图方格网；(b) 设计标高示意图
1—等高线；2—自然地面；3—设计平面

两个方格共有，22，23，32，33 号角点则为四个方格所共有，在用式（1-1-3）计算 z_0 的过程中类似 11 号角点的标高仅加一次，类似 12 号角点的标高加两次，类似 22 号角点的标高则加四次，这种在计算过程中被应用的次数 P_i，反映了各角点标高对计算结果的影响程度，测量上的术语称为"权"。考虑各角点标高的"权"，式（1-1-3）可改写成更便于计算的形式：

$$z_0 = \frac{1}{4n}(\Sigma z_1 + 2\Sigma z_2 + 3\Sigma z_3 + 4\Sigma z_4) \quad (1\text{-}1\text{-}4)$$

式中 z_1——一个方格独有的角点标高；
z_2，z_3，z_4——分别为二、三、四个方格所共有的角点标高。

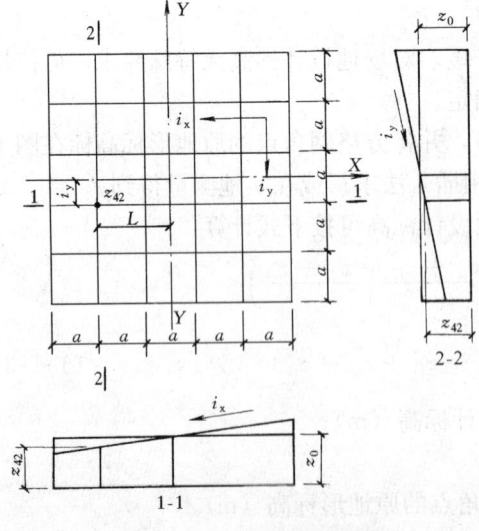

图 1-1-2 场地泄水坡度

按式（1-1-4）得到的设计平面为一水平的挖填方相等的场地，实际场地均应有一定的泄水坡度。因此，应根据泄水要求计算出实际施工时所采用的设计标高。

以 z_0 作为场地中心的标高（图 1-1-2），则场地任意点的设计标高为

$$z'_i = z_0 \pm l_x i_x \pm l_y i_y \quad (1\text{-}1\text{-}5)$$

式中 z'_i——考虑泄水坡度的角点设计标高。

求得 z'_i 后，即可按下式计算各角点的施工高度 H_i：

$$H_i = z'_i - z_i \quad (1\text{-}1\text{-}6)$$

式中 z_i——i 角点的原地形标高。

若 H_i 为正值，则该点为填方，H_i 为负值则为挖方。

2. 最佳设计平面

按上述方法得到的设计平面，能使挖方量与填方量平衡，但不能保证总的土方量最小。应用最小二乘法的原理，可求得满足挖方量与填方量平衡，又满足总的土方量最小这两个条件的最佳设计平面。对大型场地或地形比较复杂时，应采用最小二乘法的原理进行竖向规划设计，求出最佳设计平面。

由几何学可知，任意一个平面在直角坐标体系中都可以用三个参数 c，i_x，i_y 来确定（图 1-1-3）。在这个平面上任何一点 i 的标高 z'_i，可以根据下式求出：

$$z'_i = c + x_i i_x + y_i i_y \quad (1-1-7)$$

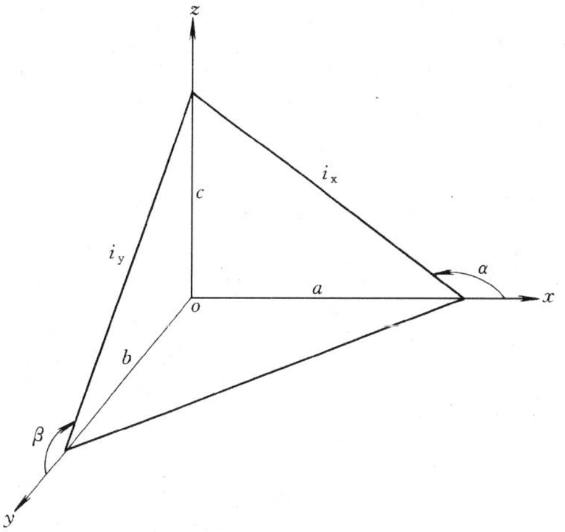

式中 x_i——i 点在 x 方向的坐标；

y_i——i 点在 y 方向的坐标。

图 1-1-3 一个平面的空间位置

c—原点标高；$i_x = \tan\alpha = -\dfrac{c}{a}$，$x$ 方向的坡度；

$i_y = \tan\beta = -\dfrac{c}{b}$，$y$ 的方向坡度

与前述方法类似，将场地划分成方格网，并将原地形标高 z_i 标于图上，设最佳设计平面的方程为式（1-1-7）形式，则该场地方格网角点的施工高度为：

$$H_i = z'_i - z_i = c + x_i i_x + y_i i_y - z_i \quad (i = 1, \cdots\cdots, n) \quad (1-1-8)$$

式中 H_i——方格网各角点的施工高度；

z'_i——方格网各角点的设计平面标高；

z_i——方格网各角点的原地形标高；

n——方格角点总数。

由场地土方量计算式 1-1-12～式 1-1-17 可知，施工高度之和与土方工程量成正比。由于施工高度有正有负，当施工高度之和为零时，则表明该场地土方的填挖平衡，但它不能反映出填方和挖方的绝对值之和为多少。为了不使施工高度正负相互抵消，把施工高度平方之后再相加，则其总和能反映土方工程填挖方绝对值之和的大小。但要注意，在计算施工高度总和时，应考虑方格网各点施工高度在计算土方量时被应用的次数 P_i，令 σ 为土方施工高度之平方和，则

$$\sigma = \sum_{i=1}^{n} p_i H_i^2 = p_1 H_1^2 + p_2 H_2^2 + \cdots + p_n H_n^2 \quad (1-1-9)$$

将式（1-1-8）代入上式，得

$$\sigma = p_1(c+x_1 i_x + y_1 i_y - z_1)^2 + p_2(c+x_2 i_x + y_2 i_y - z_2)^2$$
$$+ \cdots + p_n(c+x_n i_x + y_n i_y - z_n)^2$$

当 σ 的值最小时，该设计平面既能使土方工程量最小，又能保证填挖方量相等（填挖方不平衡时，上式所得数值不可能最小）。这就是用最小二乘法求设计平面的方法。

为了求得 σ 最小时的设计平面参数 c，i_x，i_y，可以对上式的 c，i_x，i_y 分别求偏导数，并令其为 0，于是得

$$\left. \begin{aligned} \frac{\partial \sigma}{\partial c} &= \sum_{i=1}^{n} p_i(c + x_i i_x + y_i i_y - z_i) = 0 \\ \frac{\partial \sigma}{\partial i_x} &= \sum_{i=1}^{n} p_i x_i(c + x_i i_x + y_i i_y - z_i) = 0 \\ \frac{\partial \sigma}{\partial i_y} &= \sum_{i=1}^{n} p_i y_i(c + x_i i_x + y_i i_y - z_i) = 0 \end{aligned} \right\} \quad (1\text{-}1\text{-}10)$$

经过整理，可得下列准则方程：

$$\left. \begin{aligned} [P]c + [Px]i_x + [Py]i_y - [Pz] &= 0 \\ [Px]c + [Pxx]i_x + [Pxy]i_y - [Pxz] &= 0 \\ [Py]c + [Pxy]i_x + [Pyy]i_y - [Pyz] &= 0 \end{aligned} \right\} \quad (1\text{-}1\text{-}11)$$

式中 $[P] = P_1 + P_2 + \cdots + P_n$

$[Px] = P_1 x_1 + P_2 x_2 + \cdots + P_n x_n$

$[Pxx] = P_1 x_1 x_1 + P_2 x_2 x_2 + \cdots + P_n x_n x_n$

$[Pxy] = P_1 x_1 y_1 + P_2 x_2 y_2 + \cdots + P_n x_n y_n$

其余类推。

解联立方程组（1-1-11），可求得最佳设计平面（此时尚未考虑工艺、运输等要求）的三个参数 c，i_x，i_y。然后即可根据方程式（1-1-8）算出各角点的施工高度。

在实际计算时，可采用列表方法（表 1-1-3）。最后一列的和 $[PH]$ 可用于检验计算结果，当 $[PH]=0$，则计算无误。

最佳设计平面计算表　　　　　　表 1-1-3

1	2	3	4	5	6	7	8	9	10	11	12	13	14	15
点号	y	x	z	P	P_x	P_y	P_z	P_{xx}	P_{xy}	P_{yy}	P_{xz}	P_{yz}	H	PH
0	…	…	…	…	…	…	…	…	…	…	…	…	…	…
1	…	…	…	…	…	…	…	…	…	…	…	…	…	…
2	…	…	…	…	…	…	…	…	…	…	…	…	…	…
3	…	…	…	…	…	…	…	…	…	…	…	…	…	…
…	…	…	…	…	…	…	…	…	…	…	…	…	…	…
				$[P]$	$[P_x]$	$[P_y]$	$[P_z]$	$[P_{xx}]$	$[P_{xy}]$	$[P_{yy}]$	$[P_{xz}]$	$[P_{yz}]$		$[PH]$

3. 设计标高的调整

实际工程中,对计算所得的设计标高,还应考虑以下因素进行调整。

(1) 考虑土的最终可松性,需相应提高设计标高,以达到土方量的实际平衡。

(2) 考虑工程余土或工程用土,相应提高或降低设计标高。

(3) 根据经济比较结果,如采用场外取土或弃土的施工方案,则应考虑因此引起的土方量的变化,需将设计标高进行调整。

场地设计平面的调整工作也是繁重的,如修改设计标高,则须重新计算土方工程量。

1.2.2 场地平整土方量的计算

在场地设计标高确定后,需平整的场地各角点的施工高度即可求得,然后按每个方格角点的施工高度算出填、挖土方量,并计算场地边坡的土方量,这样即得到整个场地的填、挖土方总量。计算前先确定"零线"的位置,有助于了解整个场地的挖、填区域分布状态。零线即挖方区与填方区的交线,在该线上,施工高度为0。零线的确定方法是:在相邻角点施工高度为一挖一填的方格边线上,用插入法求出零点(0)的位置(图1-1-4),将各相邻的零点连接起来即为零线。

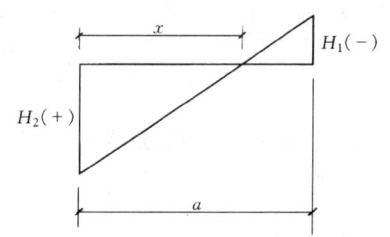

图 1-1-4 零点计算示意图

如不需计算零线的确切位置,则绘出零线的大致走向即可。

零线确定后,便可进行土方量的计算。方格中土方量的计算有两种方法:"四方棱柱体法"和"三角棱柱体法"。

1. 四方棱柱体的体积计算方法

方格四个角点全部为填或全部为挖(图 1-1-5a)时:

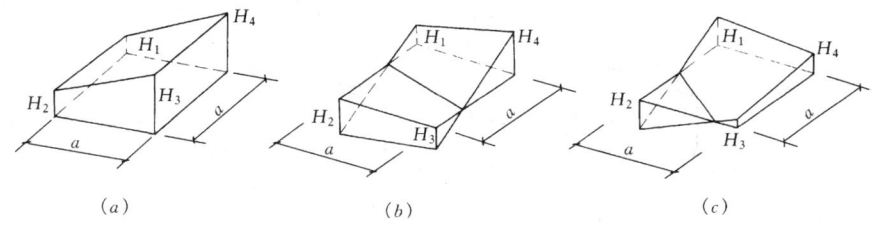

图 1-1-5 四方棱柱体的体积计算
(a) 角点全填或全挖; (b) 角点二填二挖; (c) 角点一填(挖)三挖(填)

$$V = \frac{a^2}{4}(H_1 + H_2 + H_3 + H_4) \qquad (1\text{-}1\text{-}12)$$

式中　　　　V——挖方或填方体积（m^3）；
　H_1，H_2，H_3，H_4——方格四个角点的填挖高度，均取绝对值（m）。
　　方格四个角点，部分是挖方，部分是填方（图 1-1-5b 和图 1-1-5c）时：

$$V_{填} = \frac{a^2}{4} \frac{(\Sigma H_{填})^2}{\Sigma H} \qquad (1\text{-}1\text{-}13)$$

$$V_{挖} = \frac{a^2}{4} \frac{(\Sigma H_{挖})^2}{\Sigma H} \qquad (1\text{-}1\text{-}14)$$

式中　$\Sigma H_{填(挖)}$——方格角点中填（挖）方施工高度的总和，取绝对值（m）；
　　　　ΣH——方格四角点施工高度之总和，取绝对值（m）；
　　　　a——方格边长（m）。

2. 三角棱柱体的体积计算方法

计算时先把方格网顺地形等高线，将各个方格划分成三角形（图 1-1-6）。

每个三角形的三角点的填挖施工高度，用 H_1，H_2，H_3 表示。当三角形三个角点全部为挖或全部为填时（图 1-1-7a）：

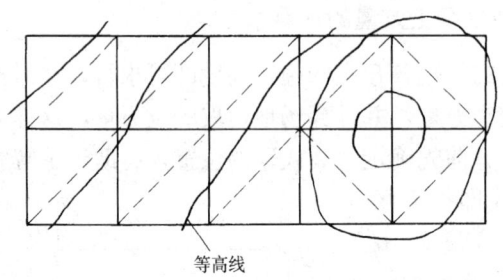

图 1-1-6　按地形将方格划分成三角形

$$V = \frac{a^2}{6}(H_1 + H_2 + H_3) \qquad (1\text{-}1\text{-}15)$$

式中　　　　a——方格边长（m）；
　H_1，H_2，H_3——三角形各角点的施工高度（m），用绝对值代入。

三角形三个角点有填有挖时，零线将三角形分成两部分，一个是底面为三角形的锥体，一个是底面为四边形的楔体（图 1-1-7b）。

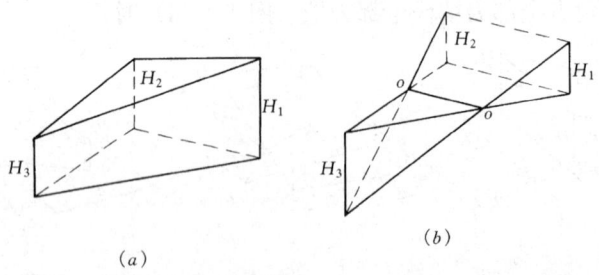

图 1-1-7　三角棱柱体的体积计算
(a) 全填或全挖；(b) 锥体部分为填方

其中锥体部分的体积为：

$$V_{\text{锥}} = \frac{a^2}{6} \frac{H_3^3}{(H_1+H_3)(H_2+H_3)} \qquad (1\text{-}1\text{-}16)$$

楔体部分的体积为:

$$V_{\text{楔}} = \frac{a^2}{6}\left[\frac{H_3^3}{(H_1+H_3)(H_2+H_3)} - H_3 + H_2 + H_1\right] \qquad (1\text{-}1\text{-}17)$$

式中　H_1, H_2, H_3——分别为三角形各角点的施工高度 (m), 取绝对值, 其中 H_3 指的是锥体顶点的施工高度。

1.2.3　土　方　调　配

土方调配是场地平整施工设计的一个重要内容。土方调配的目的是在使土方总运输量 (m³·m) 最小或土方运输成本 (元) 最小的条件下, 确定填挖方区土方的调配方向和数量, 从而达到缩短工期和降低成本的目的。

1. 土方调配区的划分、平均运距和土方施工单价的确定

(1) 调配区的划分原则

进行土方调配时, 首先要划分调配区。划分调配区应注意下列几点:

1) 调配区的划分应该与工程建 (构) 筑物的平面位置相协调, 并考虑它们的开工顺序、工程的分期施工顺序;

2) 调配区的大小应该满足土方施工主导机械 (铲运机、挖土机等) 的技术要求;

3) 调配区的范围应该和土方工程量计算用的方格网协调, 通常可由若干个方格组成一个调配区;

4) 当土方运距较大或场地范围内土方不平衡时, 可根据附近地形, 考虑就近取土或就近弃土, 这时一个取土区或弃土区都可作为一个独立的调配区。

(2) 平均运距的确定

调配区的大小和位置确定之后, 便可计算各填、挖方调配区之间的平均运距。当用铲运机或推土机平土时, 挖土调配区和填方调配区土方重心之间的距离通常就是该填、挖方调配区之间的平均运距。

当填、挖方调配区之间距离较远, 采用汽车、自行式铲运机或其他运土工具沿工地道路或规定线路运土时, 其运距应按实际情况进行计算。

(3) 土方施工单价的确定

如果采用汽车或其他专用运土工具运土时, 调配区之间的运土单价, 可根据预算定额确定。

当采用多种机械施工时, 确定土方的施工单价就比较复杂, 因为不仅是单机核算问题, 还要考虑运、填配套机械的施工单价, 确定一个综合单价。

将上述平均运距或土方施工单价的计算结果填入土方平衡与单价表 (表

1-1-4)内。

2. 用"线性规划"方法进行土方调配时的数学模型

表 1-1-4 是土方平衡与施工运距（单价）表。

土方平衡与施工运距　　　　　表 1-1-4

挖方区	填方区 T_1		T_2		...	T_j		...	T_n		挖方量
W_1	x_{11}	c_{11} / c'_{11}	x_{12}	c_{12} / c'_{12}	...	x_{1i}	c_{1i} / c'_{1i}	...	x_{1n}	c_{1n} / c'_{1n}	a_1
W_2	x_{21}	c_{21} / c'_{21}	x_{22}	c_{22} / c'_{22}	...	x_{2i}	c_{2j} / c'_{2j}	...	x_{2n}	c_{2n} / c'_{2n}	a_2
⋮	⋮		⋮		x_{ef}	c_{ef} / c_{ef}	⋮	x_{eq}	c_{eq} / c_{eq}		⋮
W_i	x_{i1}	c_{i1} / c'_{i1}	x_{i2}	c_{i2} / c'_{i2}	...	x_{ij}	c_{ij} / c'_{ij}	...	x_{in}	c_{in} / c'_{in}	a_i
⋮	⋮		⋮		x_{pf}	c_{pf} / c'_{pf}	⋮	x_{pq}	c_{pq} / c'_{pq}		⋮
W_m	x_{m1}	c_{m1} / c'_{m1}	x_{m2}	c_{m2} / c'_{m2}	...	x_{mi}	c_{mj} / c'_{mj}	...	x_{mn}	c_{mn} / c'_{mn}	a_m
填方量	b_1		b_2		...	b_j		...	b_n		$\sum_{i=1}^{m} a_i = \sum_{j=1}^{n} b_j$

上列表格说明了整个场地划分为 m 个挖方区 $W_1, W_2, \cdots, W_m$，其挖方量应为 $a_1, a_2, \cdots, a_m$；有 n 个填方区 $T_1, T_2, \cdots, T_n$，其填方量相应为 $b_1, b_2, \cdots, b_n$；x_{ij} 表示由挖方区 i 到填方区 j 的土方调配数，由填挖方平衡，即

$$\sum_{i=1}^{m} a_i = \sum_{j=1}^{n} b_j \tag{1-1-18}$$

从 W_1 到 T_1 的价格系数（平均运距，或单位土方运价，或单位土方施工费用）为 c_{11}，一般地，从 W_i 到 W_j 的价格系数为 c_{ij}，于是土方调配问题可以用下列数学模型表达：求一组 x_{ij} 的值，使目标函数

$$Z = \sum_{i=1}^{m} \sum_{j=1}^{n} c_{ij} x_{ij} \tag{1-1-19}$$

为最小值，并满足下列约束条件：

$$\left. \begin{array}{l} \sum_{i=1}^{m} x_{ij} = a_i \quad (i=1,2,\cdots,m) \\ \sum_{j=1}^{n} x_{ij} = b_j \quad (j=1,2,\cdots,n) \\ x_{ij} \geqslant 0 \end{array} \right\} \tag{1-1-20}$$

根据约束条件知道，未知量有 $m\times n$ 个，而方程数为 $m+n$ 个。由于填挖平衡，前面 m 个方程相加减去后面 $n-1$ 个方程之和可以得到第 n 个方程，因此独立方程的数量实际上只有 $m+n-1$ 个。

由于未知量个数多于独立方程数，因此方程组有无穷多的解，而我们的目的是求出一组最优解，使目标函数为最小。这属于"线性规划"中的"运输问题"，可以用"单纯形法"或"表上作业法"求解。运输问题用"表上作业法"求解较方便，用"单纯形法"则较繁琐。

下面介绍"表上作业法"进行土方调配的方法，这个方法是通过"假想价格系数"求检验数的。

表 1-1-4 中 c'_{ij} 表示假想系数，其值待定。

3. 用"表上作业法"进行土方调配

下面结合一个例子，说明用表上作业法求调配最优解的步骤与方法。

图 1-1-8 为一矩形广场，图中小方格的数字为各调配区的土方量，箭杆上的数字则为各调配区之间的平均运距。试求土方调配最优方案。

(1) 编制初始调配方案

初始方案的编制采用"最小元素法"，即对应于价格系数 c_{ij} 最小的土方量 x_{ij} 取最大值，由此逐个确定调配方格的土方数及不进行调配的方格，并满足式 (1-1-20)。

首先将图 1-1-8 中的土方数及价格系数（本例即平均运距）填入计算表格中（表 1-1-5）。

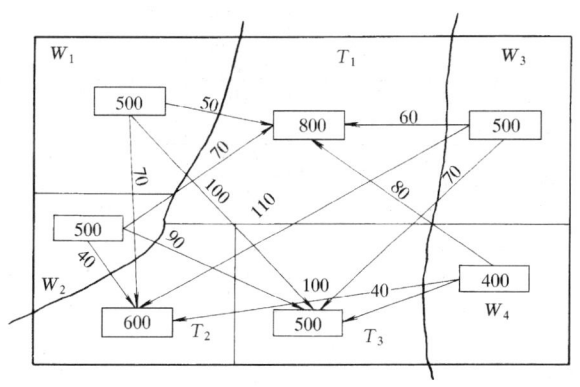

图 1-1-8 各调配区的土方量和平均运距

在表 1-1-5 中找价格系数最小的方格（$c_{22}=c_{43}=40$），任取其中之一，确定它所对应的调配土方数。如取 c_{43}，则先确定 x_{43} 的值，使 x_{43} 尽可能大，考虑挖方区 W_4 最大挖方量为 400，填方区 T_3 最大填方量为 500，则 x_{43} 最大为 400。由于 W_4 挖方区的土方全部调到 T_3 填方区，所以 x_{41} 和 x_{42} 都等于零。将 400 填入表 1-1-6 中的 x_{43} 格内，同时在 x_{41}、x_{42} 格内画上一个"×"号。然后在没有填上数字和"×"号的方格内,再选一个 c_{ij} 最小的方格,即 $c_{22}=40$,使 x_{22} 尽量大,$x_{22}=\min\{500,600\}=500$,同时使 $x_{21}=x_{23}=0$。将 500 填入表 1-1-6 的 x_{22} 格内,并在 x_{21}、x_{23} 格内画上"×"号(表 1-1-6)。

重复上面步骤,依次地确定其余 x_{ij} 数值,最后可以得出表 1-1-7。

各调配区土方量及平均运距　　　　　　　　　　　　　　　表 1-1-5

挖方区 \ 填方区	T_1		T_2		T_3		挖方量 (m³)
W_1	x_{11}	50 / c'_{11}	x_{12}	70 / c'_{12}	x_{13}	100 / c'_{13}	500
W_2	x_{21}	70 / c'_{21}	x_{22}	40 / c'_{22}	x_{23}	90 / c'_{23}	500
W_3	x_{31}	60 / c'_{31}	x_{32}	110 / c'_{32}	x_{33}	70 / c'_{33}	500
W_4	x_{41}	80 / c'_{41}	x_{42}	100 / c'_{42}	x_{43}	40 / c'_{43}	400
填方量 (m³)	800		600		500		1900

初始方案确定过程　　　　　　　　　　　　　　　表 1-1-6

挖方区 \ 填方区	T_1		T_2		T_3		挖方量 (m³)
W_1		50 / c'_{11}		70 / c'_{12}		100 / c'_{13}	500
W_2	×	70 / c'_{21}	500	40 / c'_{22}	×	90 / c'_{23}	500
W_3		60 / c'_{31}		110 / c'_{32}		70 / c'_{33}	500
W_4	×	80 / c'_{41}	×	100 / c'_{42}	400	40 / c'_{43}	400
填方量 (m³)	800		600		500		1900

初始方案计算结果　　　　　　　　　　　　　　　表 1-1-7

挖方区 \ 填方区	T_1		T_2		T_3		挖方量 (m³)
W_1	500	50	×	70	×	100	500
W_2	×	70	500	40	×	90	500
W_3	300	60	100	110	100	70	500
W_4	×	80	×	100	400	40	400
填方量 (m³)	800		600		500		1900

表 1-1-7 中所求得的一组 x_{ij} 的数值，便是本例的初始调配方案。由于利用"最小元素法"确定的初始方案首先是让 c_{ij} 最小的那些格内的 x_{ij} 值取尽可能大的值，也就是优先考虑"就近调配"，所以求得的总运输量是较小的。但是这并不能保证其总运输量最小，因此还需要进行判别，看它是否是最优方案。

（2）最优方案判别

在"表上作业法"中，判别是否是最优方案的方法有许多。采用"假想价格系数法"求检验数较清晰直观，此处介绍该法。该方法是设法求得无调配土方的方格（如本例中的 W_1-T_3，W_4-T_2 等方格）的检验数 λ_{ij}，判别 λ_{ij} 是否非负，如所有检验数 $\lambda_{ij} \geq 0$，则方案为最优方案，否则该方案不是最优方案，需要进行调整。

首先求出表中各个方格的假想价格系数 c'_{ij}，有调配土方的假想价格系数 $c'_{ij}=c_{ij}$，无调配土方方格的假想系数用下式计算：

$$c'_{ef}+c'_{pq}=c'_{eq}+c'_{pf} \tag{1-1-21}$$

式（1-1-21）的意义即构成任一矩形的四个方格内对角线上的假想价格系数之和相等（参见表 1-1-4）。

利用已知的假想价格系数，逐个求解未知的 c'_{ij}。寻找适当的方格构成一个矩形，最终能求得所有的 c'_{ij}。这些计算，均在表上作业。

在表 1-1-7 的基础上先将有调配土方的方格的假想价格系数填入方格的右下角。$c'_{11}=50$，$c'_{22}=40$，$c'_{31}=60$，$c'_{32}=110$，$c'_{33}=70$，$c'_{43}=40$，寻找适当的方格由式（1-1-21）即可计算得出全部假想价格系数。例如，由 $c'_{21}+c'_{32}=c'_{22}+c'_{31}$ 可得 $c'_{21}=-10$（表 1-1-8）。

假想价格系数求出后，按下式求出表中无调配土方方格的检验数：

$$\lambda_{ij}=c_{ij}-c'_{ij} \tag{1-1-22}$$

只要把表中无调配土方的方格右边两小格的数字上下相减即可。如 $\lambda_{21}=70-(-10)=+80$，$\lambda_{12}=70-100=-30$。将计算结果填入表 1-1-9。表 1-1-9 中只写出各检验数的正负号，因为我们只对检验数的符号感兴趣，而检验数的值对求解结果无关，因而可不必填入具体的值。

计算假想价格系数　　　　　　　　　　　　　表 1-1-8

挖方区＼填方区	T_1		T_2		T_3		挖方量（m³）
W_1	500	50 / 50	×	70 / 100	×	100 / 60	500
W_2	×	70 / −10	500	40 / 40	×	90 / 0	500
W_3	300	60 / 60	100	110 / 110	100	70 / 70	500
W_4	×	80 / 30	×	100 / 80	400	40 / 40	400
填方量（m³）	800		600		500		

计 算 检 验 数　　　　　　　　表 1-1-9

挖方区 \ 填方区	T_1		T_2		T_3
W_1	50	—	70	+	100
	50		100		60
W_2	70		40	+	90
	-10	+	40		0
W_3	60		110		70
	60		110		70
W_4	80		100		40
	30	+	80		40

表 1-1-9 中出现了负检验数，说明初始方案不是最优方案，需进一步调整。

(3) 方案的调整

第一步　在所有负检验数中选一个（一般可选最小的一个），本例中便是 λ_{12}，把它所对应的变量 x_{12} 作为调整对象。

第二步　找出 x_{12} 的闭回路。其做法是：从 x_{12} 方格出发，沿水平与竖直方向前进，遇到适当的有数字的方格作 90°转弯（也可不转弯），然后继续前进，如果路线恰当，有限步后便能回到出发点，形成一条以有数字的方格为转角点的、用水平和竖直线联起来的闭回路，见表 1-1-10。

求 解 闭 回 路　　　　　　　　表 1-1-10

挖方区 \ 填方区	T_1	T_2	T_3
W_1	500	← x_{12}	
W_2	↓	↑ 500	
W_3	300	→ 100	100
W_4			400

第三步　从空格 x_{12} 出发，沿着闭回路（方向任意）一直前进，在各奇数次转角点（以 x_{12} 出发点为 0）的数字中，挑出一个最小的［本例中便是在 x_{11} (500) 及 x_{32} (100) 中选出 "100"］，将它由 x_{32} 调到 x_{12} 方格中（即空格中）。

第四步　将 "100" 填入 x_{12} 方格中，被调出的 x_{32} 为 0（该格变为空格）；同时将闭回路上其他的奇数次转角上的数字都减去 "100"，偶数次转角上数字都增加 "100"，使得填挖方区的土方量仍然保持平衡，这样调整后，便可得到表

1-1-11的新调配方案。

调整后的新调配方案　　　　　　　　　　　　表 1-1-11

挖方区＼填方区	T_1		T_2		T_3		挖方量（m³）
W_1	400	50 / 50	100	70 / 70	＋	100 / 60	500
W_2	＋	70 / 20	500	40 / 40	＋	90 / 30	500
W_3	400	60 / 60	＋	110 / 80	100	70 / 70	500
W_4	＋	80 / 30	＋	100 / 50	400	40 / 40	400
填方量（m³）	800		600		500		1900

对新调配方案，再进行检验，看其是否已是最优方案。如果检验中仍有负数出现，那就仍按上述步骤继续调整，直到找出最优方案为止。

表 1-1-11 中所有检验均为正号，故该方案即为最优方案。

该最优土方调配方案的土方总运输量为：

$$Z = 400 \times 50 + 100 \times 70 + 500 \times 40 + 400 \times 60 + 100 \times 70 + 400 \times 40$$
$$= 94000 (\text{m}^3 \cdot \text{m})$$

将表 1-1-11 中的土方调配数值绘成土方调配图（图 1-1-9）。图中箭杆上数字为土方调配数。

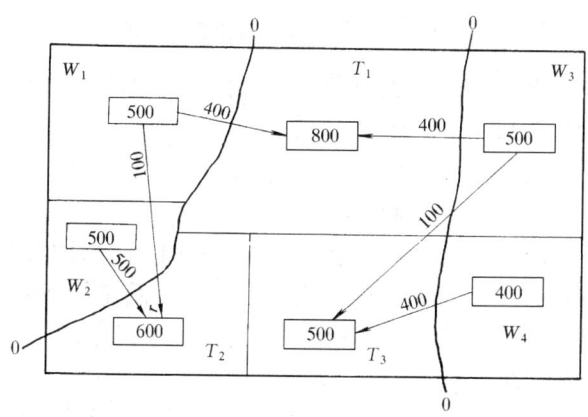

图 1-1-9　土方调配图

最后，我们来比较一下最优方案与初始方案的运输量：
初始方案的土方总运输量为：

$$Z_0 = 500 \times 50 + 500 \times 40 + 300 \times 60$$
$$+ 100 \times 110 + 100 \times 70 + 400 \times 40$$
$$= 97000 (m^3 \cdot m)$$
$$Z - Z_0 = 94000 - 97000 = -3000 (m^3 \cdot m)$$

即调整后总运输量减少了 3000（$m^3 \cdot m$）。

土方调配的最优方案可以不只是一个，这些方案调配区或调配土方量可以不同，但它们的目标函数 z 都是相同的。有若干最优方案，为人们提供了更多的选择余地。

1.2.4 场地平整土方机械及其施工

场地平整土方施工机械主要为推土机、铲运机，有时也使用挖掘机。

1. 推土机

推土机是场地平整施工的主要机械之一，它是在履带式拖拉机上安装推土板等工作装置而成的机械。常用推土机的发动机功率有 45kW、75kW、90kW、120kW 等数种。推土板多用油压操纵。图 1-1-10 所示是液压操纵的 T_2-100 型推土机外形图，液压操纵推土板的推土机除了可以升降推土板外，还可调整推土板的角度，因此具有更大的灵活性。

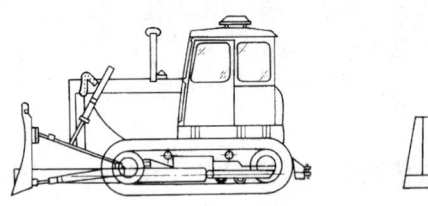
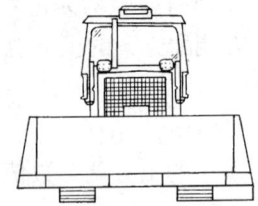

图 1-1-10 T_2-100 型推土机外形图

推土机操纵灵活，运转方便，所需工作面较小、行驶速度快、易于转移，能爬 30°左右的缓坡，因此，应用范围较广。

推土机适于推挖一至三类土。用于平整场地，移挖作填，回填土方，堆筑堤坝以及配合挖土机集中土方、修路开道等。

推土机作业以切土和推运土方为主，切土时应根据土质情况，尽量采用最大切土深度在最短距离（6~10m）内完成，以便缩短低速行进的时间，然后直接推运到预定地点。上下坡坡度不得超过35°，横坡不得超过10°。几台推土机同时作业时，前后距离应大于8m。

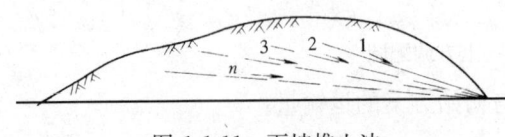

图 1-1-11 下坡推土法

推土机经济运距在 100m 以内，效率最高的运距为 60m。为提高生产率，可采用下坡推土（图 1-1-11）、槽形推土以及并列推土等方法

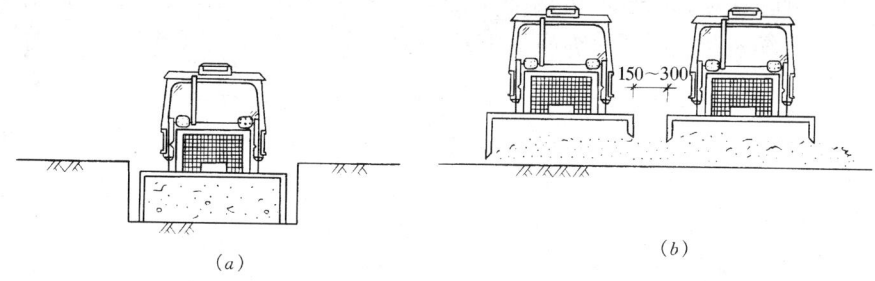

图 1-1-12 槽形推土法与并列推土法
(a) 槽形推土法；(b) 并列推土法

(图 1-1-12)。

2. 铲运机

在场地平整施工中，铲运机是一种能综合完成全部土方施工工序（挖土、装土、运土、卸土和平土）的机械。其适于一至三类土，常用于坡度20°以内的大面积场地土方挖、填、平整、压实，也可用于堤坝填筑等。按行走方式分为自行式铲运机（图 1-1-13）和拖式铲运机（图 1-1-14）两种。常用的铲运机斗容量为 $2m^3$、$5m^3$、$6m^3$、$7m^3$ 等数种，按铲斗的操纵系统又可分为机械操纵和液压操纵两种。

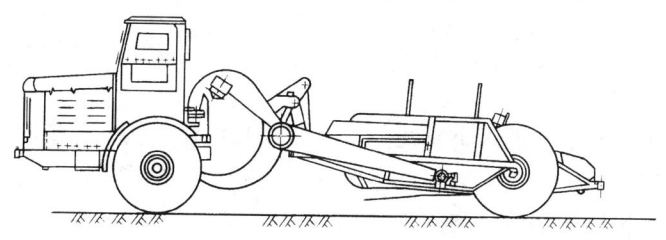

图 1-1-13 自行式铲运机外形图

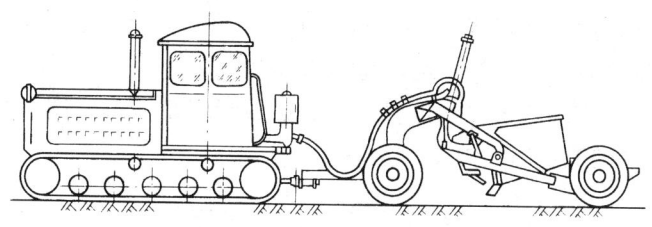

图 1-1-14 拖式铲运机外形图

铲运机操纵简单，不受地形限制，能独立工作，行驶速度快，生产效率高。

铲运机运行路线和施工方法视工程大小、运距长短、土的性质和地形条件等而定。其运行线路可采用环形路线或8字路线（图 1-1-15）。适用运距为600～

1500m,当运距为 200～350m 时效率最高。采用下坡铲土、跨铲法、推土机助铲法等,可缩短装土时间,提高土斗装土量,以充分发挥其效率。

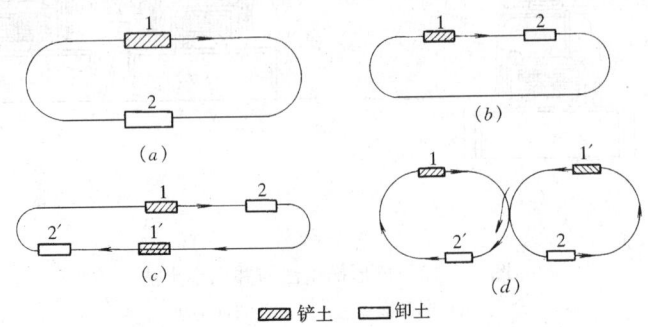

图 1-1-15 铲运机开行路线
(a) 环形路线;(b) 环形路线;(c) 大环形路线;(d) 8字形路线

3. 挖掘机

如平整的场地上有土堆或土丘,或需要向上挖掘或填筑土方时可用挖掘机进行挖掘。挖掘机根据工作装置不同分为正铲、反铲、抓铲,机械传动挖掘机还有拉铲。施工中须有运土汽车进行配合作业。有关挖掘机的性能及其作业见本章下节有关内容。

§1.3 基 坑 工 程

在土木工程有较深的地下管线、地下室或其他建(构)筑物时,在结构施工时一般都须进行基坑开挖,为保证基坑开挖的顺利,在施工前需要进行基坑土壁稳定验算或支护结构的设计与施工。

1.3.1 土方边坡及其稳定

当基坑所处的场地较大、而且周边环境较简单,基坑开挖可以采用放坡形式,这样比较经济,而且施工也较简单。

土方放坡开挖的边坡可做成直线形、折线形或踏步形(图 1-1-16),边坡坡度以其高度 H 与其底宽度 B 之比表示。

$$土方边坡坡度 = \frac{H}{B} = \frac{1}{B/H} = \frac{1}{m} \qquad (1-1-23)$$

式中 $m=B/H$,称为坡度系数。

施工中,土方放坡坡度的留设应考虑土质、开挖深度、施工工期、地下水水位、坡顶荷载及气候条件因素。当地下水水位低于基底,在湿度正常的土层中开挖基坑或管沟,如敞露时间不长,在一定限度内可挖成直壁,不加支撑。

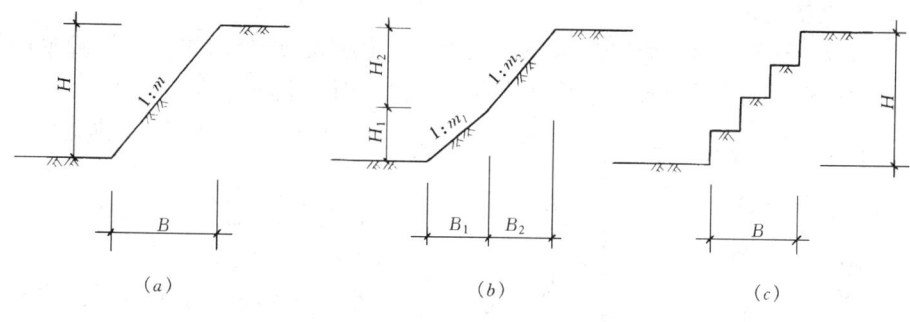

图 1-1-16 土方放坡
(a) 直线形；(b) 折线形；(c) 踏步形

边坡稳定的分析方法很多，如摩擦圆法、条分法等。有关这方面的计算，可参考有关教材。

施工中除应正确确定边坡，还要进行护坡，以防边坡发生滑动。土坡的滑动一般是指土方边坡在一定范围内整体地沿某一滑动面向下和向外移动而丧失其稳定性。边坡失稳往往是在外界不利因素影响下触动和加剧的。这些外界不利因素导致土体下滑力的增加或抗剪强度的降低。

土体的下滑使土体中产生剪应力。引起下滑力增加的因素主要有：坡顶上堆物、行车等荷载；雨水或地面水渗入土中，使土的含水量提高而使土的自重增加；地下水渗流产生一定的动水压力；土体竖向裂缝中的积水产生侧向静水压力等。引起土体抗剪强度降低的因素主要是：气候的影响使土质松软；土体内含水量增加而产生润滑作用；饱和的细砂、粉砂受振动而液化等。

因此，在土方施工中，要预估各种可能出现的情况，采取必要的措施护坡防坍，特别要注意及时排除雨水、地面水，防止坡顶集中堆载及振动。必要时可采用钢丝网细石混凝土（或砂浆）护坡面层加固。如是永久性土方边坡，则应做好永久性加固措施。

1.3.2 土 壁 支 护

开挖基坑（槽）时，如地质条件及周围环境许可，采用放坡开挖是较经济的。但在建筑稠密地区施工，或有地下水渗入基坑（槽）时往往不可能按要求的坡度放坡开挖，这时就需要进行基坑（槽）支护，以保证施工的顺利和安全，并减少对相邻建筑、管线等的不利影响。

基坑（槽）支护结构的主要作用是支撑土壁，此外，钢板桩、混凝土板桩及水泥土搅拌桩等围护结构还兼有不同程度的隔水作用。

基坑（槽）支护结构的形式有多种，根据受力状态可分为横撑式支撑、板桩式支护结构、重力式支护结构，其中，板桩式支护结构又分为悬臂式和支撑式。

1. 基槽支护

市政工程施工时，常需在地下铺设管沟，因此需开挖沟槽。开挖较窄的沟槽，多用横撑式土壁支撑。横撑式土壁支撑根据挡土板的不同，分为水平挡土板式（图 1-1-17a）以及垂直挡土板式（图 1-1-17b）两类。前者挡土板的布置又分为间断式和连续式两种。湿度小的黏性土挖土深度小于 3m 时，可用间断式水平挡土板支撑；对松散、湿度大的土可用连续式水平挡土板支撑，挖土深度可达 5m。对松散和湿度很高的土可用垂直挡土板式支撑，其挖土深度不限。

支撑所承受的荷载为土压力。土压力的分布不仅与土的性质、土坡高度有关，且与支撑的形式及变形亦有关，作用在支撑上的土压力与库伦或朗肯土压力理论计算值有一定差异。工程中通常按图 1-1-18 所示几种简化图形进行计算。

挡土板、立柱及横撑的承载力、变形及稳定等可根据实际布置情况进行结构计算。对较宽的沟槽，采用横撑式支撑便不适应，此时的土壁支护可采用类似于基坑的支护方法。

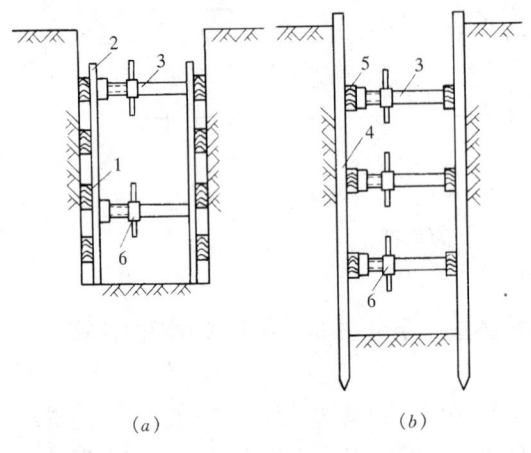

图 1-1-17 横撑式支撑
(a) 间断式水平挡土板支撑；(b) 垂直挡土板支撑
1—水平挡土板；2—立柱；3—工具式横撑；
4—垂直挡土板；5—横楞木；6—调节螺丝

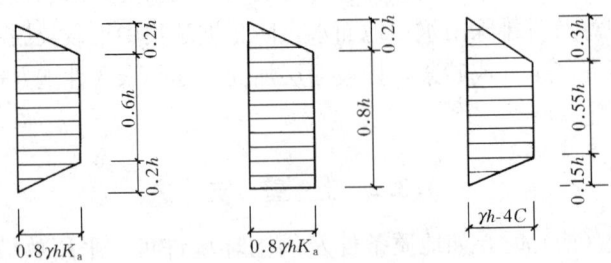

图 1-1-18 基槽支撑计算土压力

2. 基坑支护

基坑支护结构一般根据地质条件，基坑开挖深度以及对周边环境保护要求采取重力式水泥土墙、板式支护结构、土钉墙等形式。在支护结构设计中首先要考虑周边环境的保护，其次要满足本工程地下结构施工的要求，再则应尽可能降低造价、便于施工。

(1) 重力式水泥土墙支护结构

水泥土墙是通过搅拌桩机将水泥与土进行搅拌，形成柱状的水泥加固土（搅拌桩），而构成重力式支护结构。用于支护结构的水泥土其水泥掺量通常为12%~15%（单位土体的水泥掺量与土的重力密度之比），水泥土的强度可达0.8~1.2MPa，其渗透系数很小，一般不大于10^{-6}cm/s。由水泥土搅拌桩搭接而形成水泥土墙，既具有挡土作用，又兼有隔水作用。在软土地区适用于4~6m深的基坑，最大可达7~8m。

水泥土墙通常布置成格栅式，格栅的置换率（加固土的面积：水泥土墙的总面积）为0.6~0.8。墙体的宽度b，插入深度h_d，根据基坑开挖深度h估算，一般$b=(0.6~0.8)h$，$h_d=(0.8~1.2)h$（图1-1-19）。

1）水泥土墙的设计

水泥土重力式支护结构的设计主要包括整体稳定、抗倾覆稳定、抗滑移稳定、位移等，有时还应验算抗渗、墙体应力、地基强度等。

图1-1-20为水泥土支护结构的计算图式。

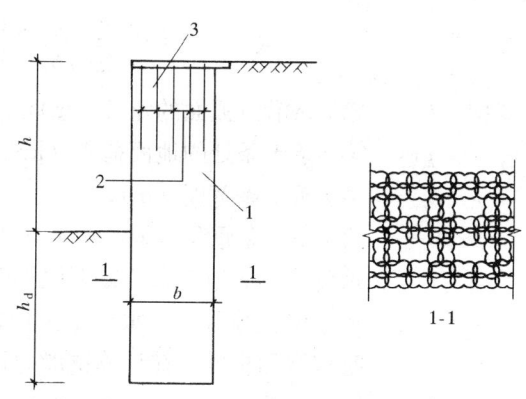

图1-1-19 水泥土墙
1—搅拌桩；2—插筋；3—面板

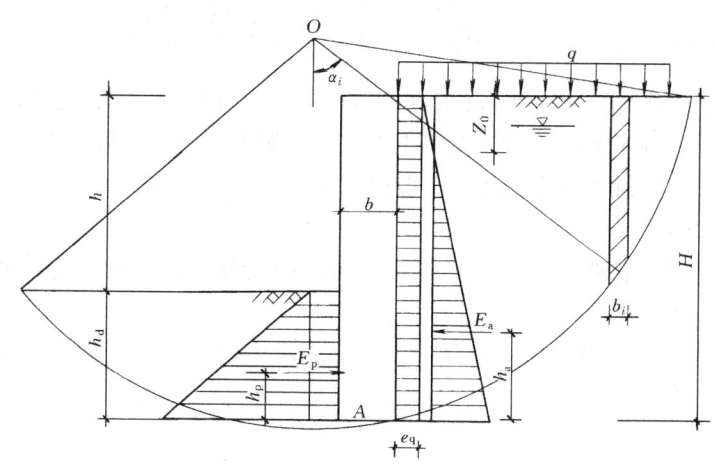

图1-1-20 水泥土墙的计算图式

图1-1-20中 q——一般地面超载，取20kN；

e_q——由地面超载引起的土侧压力；

E_a、E_p——分别为主动土压力的合力及被动土压力合力；

h_a、h_p——分别为主动土压力的合力及被动土压力合力到水泥土墙底的距离。

A. 整体稳定

水泥土墙的插入深度应满足整体稳定性，整体稳定验算按式（1-1-24）简单条分法计算：

$$K_z = \frac{\sum c_i l_i + \sum (q_i b_i + W_i) \cos\alpha_i \cdot \tan\varphi_i}{\sum (q_i b_i + W_i) \sin\alpha_i} \quad (1\text{-}1\text{-}24)$$

式中　l_i——第 i 条沿滑弧面的弧长（m），$l_i = b_i / \cos\alpha_i$；

q_i——第 i 条土条处的地面荷载（kN/m）；

b_i——第 i 条土条宽度（m）；

W_i——第 i 条土条重量（kN）。不计渗透力时，坑底地下水位以上取天然重度，坑底地下水位以下取浮重度；当计入渗透力作用时，坑底地下水位至墙后地下水位范围内的土体重度在计算滑动力矩（分母）时取饱和重度、在计算抗滑力矩（分子）时取浮重度。

α_i——第 i 条滑弧中点的切线和水平线的夹角（°）；

c_i、φ_i——分别表示第 i 条土条滑动面上土的黏聚力（kPa）和内摩擦角（°）；

K_z——整体稳定安全系数，一般取 1.2～1.5。

B. 抗倾覆稳定

根据整体稳定得出的水泥土墙的 h_d 以及选取的 b 按重力式挡土墙验算墙体绕前趾 A 的抗倾覆稳定安全系数：

$$K_q = \frac{E_p h_p + W \cdot b/2}{E_a h_a + e_q H^2 / 2} \quad (1\text{-}1\text{-}25)$$

式中　W——水泥土挡墙的自重（kN），$W = \gamma_c b H$，γ_c 为水泥土墙体的自重（kN/m³），根据天然土重度与水泥掺量确定，可取 18～19kN/m³；

K_q——抗倾覆安全系数，一般取 1.3～1.5。

其他符号意义同前。

如水泥土墙底部位于碎石土或砂土时，抗倾覆验算时应考虑墙底的水压力（图 1-1-21）。

图中，γ_w 为水的重度；h_{wa} 及 h_{wp} 分别表示主动区及被动区地下水面至水泥土墙底的高度。

C. 抗滑移稳定

水泥土墙如满足整体稳定性及抗倾覆稳定性，一般可不必进行抗滑移稳定的验算，如需要可按式（1-1-26）验算沿墙底面滑移的安全系数：

$$K_h = \frac{W \cdot \tan\varphi_0 + c_0 b + E_p}{E_a} \quad (1\text{-}1\text{-}26)$$

式中　φ_0、c_0——分别表示墙底土层的内摩擦角（°）与黏聚力（kPa）；

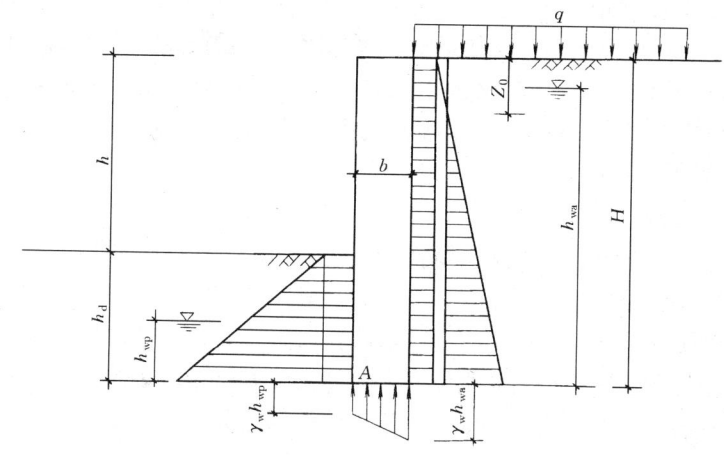

图 1-1-21 支护墙底的水压力

K_h——抗倾滑移定安全系数,取 1.2~1.3。

水泥土墙虽然属于重力式支护结构,但它与一般的重力式挡土墙不同,其入土深度较大,因此,在抗滑移计算上也有区别。一般的重力式挡土墙可用下式:

$$K_h = \frac{W \cdot \tan\varphi_0 + c_0 b}{E_a - E_p} \tag{1-1-27}$$

而水泥土墙的被动土压力比一般浅埋式的重力式挡土墙的被动土压力大得多,往往接近甚至大于主动土压力,而墙体的抗滑力与 E_p 相比又较小,故不能用式 (1-1-27) 计算。

D. 位移计算

重力式支护结构的位移在设计中应引起足够重视,由于重力式支护结构的抗倾覆稳定有赖于被动土压力的作用,而被动土压力的发挥是建立在挡土墙一定数量位移的基础上的,因此,重力式支护结构发生一定的位移是必然的,设计的目的是将该位移量控制在工程许可的范围内。

水泥土墙的位移可用"m"法等计算,但其计算较复杂,目前工程中常用下述经验公式,该计算法来自数十个工程实测资料,突出影响水泥土墙水平位移的几个主要因素,计算简便、适用。

$$\Delta_0 = \frac{0.18\zeta \cdot K_a L h^2}{h_d \cdot b} \tag{1-1-28}$$

式中 Δ_0——墙顶估计水平位移(cm);

L——开挖基坑的最大边长(m);

ζ——施工质量影响系数,取 0.8~1.5;

h——基坑开挖深度(m)。

其他符号意义同前。

施工质量对水泥土墙位移的影响不可忽略。一般按正常工序施工时,取 $\zeta=1.0$;达不到正常施工工序控制要求,但平均水泥用量达到要求时,取 $\zeta=1.5$。对施工质量控制严格、经验丰富的施工单位,可取 $\zeta=0.8$。

2) 水泥土搅拌桩的施工

A. 施工机械

深层搅拌桩机的组成由深层搅拌机(主机)、机架及灰浆搅拌机、灰浆泵等配套机械组成(图 1-1-22)。

深层搅拌桩机常用的机架有三种形式:塔架式、桅杆式及履带式。前两种构造简便、易于加工,在我国应用较多,但其搭设及行走较困难。履带式的机械化程度高,塔架高度大,钻进深度大,但机械费用较高。

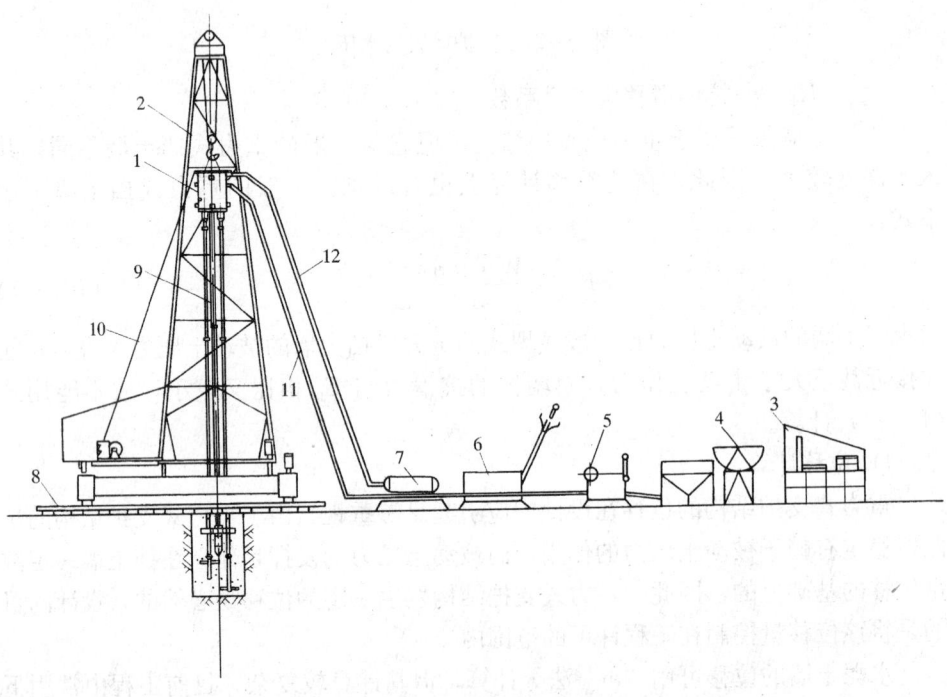

图 1-1-22 深层搅拌桩机机组
1—主机;2—机架;3—灰浆拌制机;4—集料斗;5—灰浆泵;6—贮水池;7—冷却水泵;8—道轨;9—导向管;10—电缆;11—输浆管;12—水管

B. 施工工艺

搅拌桩成桩工艺可采用"一次喷浆、二次搅拌"或"二次喷浆、三次搅拌"工艺,主要依据水泥掺入比及土质情况而定。水泥掺量较小,土质较松时,可用前者,反之可用后者。

"一次喷浆、二次搅拌"的施工工艺流程如图 1-1-23 所示。当采用"二次喷浆、三次搅拌"工艺时可在图示步骤（5）作业时也进行注浆，以后再重复（4）与（5）的过程。

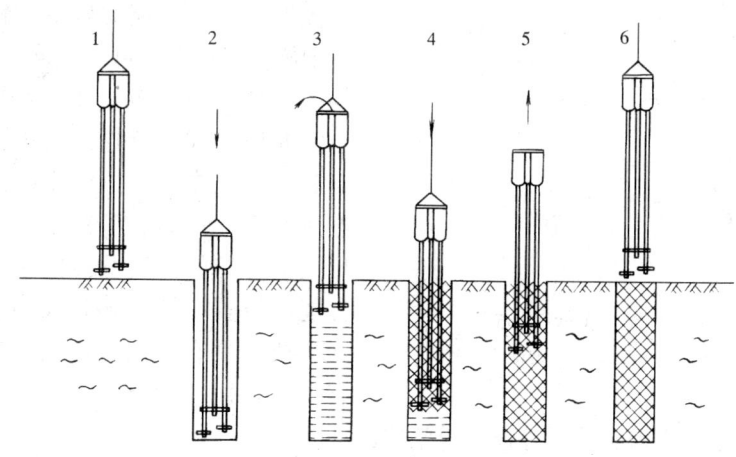

图 1-1-23　"一次喷浆、二次搅拌"施工流程
1—定位；2—预埋下沉；3—提升喷浆搅拌；
4—重复下沉搅拌；5—重复提升搅拌；6—成桩结束

水泥土搅拌桩施工中应注意水泥浆配合比及搅拌强度、水泥浆喷射速率与提升速度的关系及每根桩的水泥浆喷注量，以保证注浆的均匀性与桩身强度。施工中还应注意控制桩的垂直度以及桩的搭接等，以保证水泥土墙的整体性与抗渗性。

（2）板式支护结构

板式支护结构由两大系统组成：挡墙系统和支撑（或拉锚）系统（图 1-1-24），悬臂式板桩支护结构则不设支撑（或拉锚）。

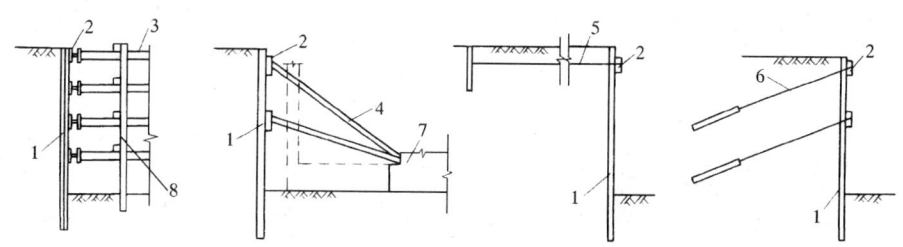

图 1-1-24　板式支护结构
1—板桩墙；2—围檩；3—钢支撑；4—斜撑；5—拉锚；6—土锚杆；7—先施工的基础；8—竖撑

挡墙系统常用的材料有槽钢、钢板桩、钢筋混凝土板桩、灌注桩及地下连续墙等。

钢板桩有平板形和波浪形两种（图 1-1-25）。钢板桩之间通过锁口互相连接，形成一道连续的挡墙。由于锁口的连接，使钢板桩连接牢固，形成整体，同时也具有较好的隔水能力。钢板桩截面积小，易于打入。U形、Z形等波浪式钢板桩截面抗弯能力较好。钢板桩在基础施工完毕后还可拔出重复使用。

支撑系统一般采用大型钢管、H型钢或格构式钢支撑，也可采用现浇钢筋混凝土支撑。拉锚系统的材料一般用钢筋、钢索、型钢或土锚杆。根据基坑开挖的深度及挡墙系统的截面性能可设置一道或多道支点。基坑较浅，挡墙具有一定刚度时，可采用悬臂式挡墙而不设支点。支撑或拉锚与

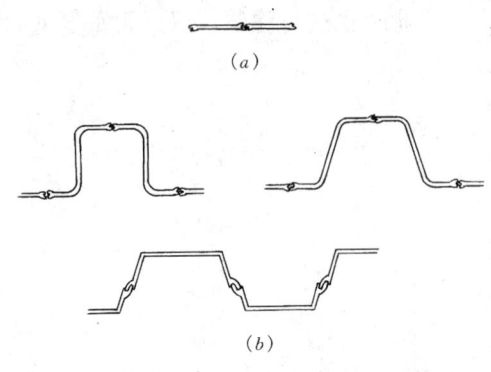

图 1-1-25 钢板桩形式
(a) 平板式；(b) 波浪式

挡墙系统通过围檩、冠梁等连接成整体。

以下介绍有关板桩的计算方法，其他形式的板式支护结构计算也与其类似。

1) 板桩计算

由于悬臂板桩弯矩较大，所需板桩的截面大，且悬臂板桩的位移也较大，故多用于较浅基坑工程。一般基坑工程中广泛采用支撑式板桩。

总结板桩的工程事故，其失败的原因主要有五方面：①板桩的入土深度不够，在土压力作用下，板桩的入土部分走动而出现坑壁滑坡（图 1-1-26a）；②支

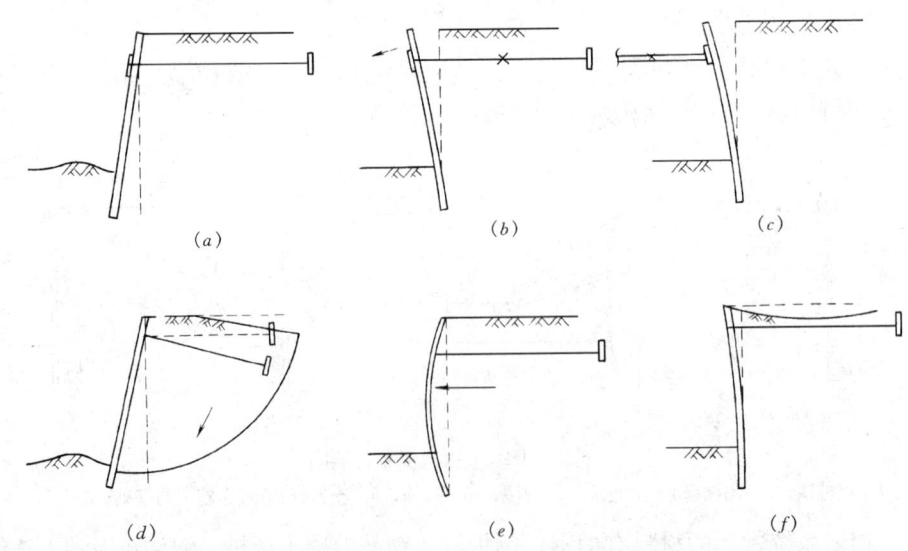

图 1-1-26 板桩的工程事故
(a) 板桩下部走动；(b) 拉锚破坏；(c) 支撑破坏；(d) 拉锚长度不足；
(e) 板桩失稳弯曲；(f) 板桩变形及桩背土体沉降

撑或拉锚的强度不够（图1-1-26b、图1-1-26c）；③拉锚长度不足，锚碇失去作用而使土体滑动（图1-1-26d）；④板桩本身刚度不够，在土压力作用下失稳弯曲（图1-1-26e）；⑤板桩位移过大，造成周边环境的破坏（图1-1-26f）。为此，板桩的入土深度、截面弯矩、支点反力、拉锚长度及板桩位移称为板桩的设计五大要素。

板桩的精确计算较为困难，主要是插入地下部分属超静定问题，其土压力分布状态难以精确确定，目前的计算方法也有多种，如"弹性曲线法"、"竖向弹性地基梁法"、"相当梁法"等，下面介绍单支点嵌固板桩的简化计算方法——相当梁法。

A. 板墙部分计算

板桩前后的被动、主动土压力是由板桩位移引起的，而桩的位移又随土压力的大小而变化，要考虑它们的共同变形是较复杂的。一般都将土压力简化为线性分布来进行计算。

分析图1-1-27所示的一端固定、一端简支的梁。它受到均布荷载作用，该梁的弯矩图及挠度曲线如图（图1-1-27b、图1-1-27c）所示。将梁 AD 在反弯点 C 处截断，并设简单支承于截断处（图1-1-27d），则梁 $A'C'$ 的弯矩与原梁 AC 段的弯矩相同，我们称 $A'C'$ 为 AC 的相当梁。通过求解相当梁 $A'C'$ 的支座反力 R_C，即梁 $C'D'$ 的支座反力 R'_C，由此可求得 $C'D'$ 梁的其他未知量。

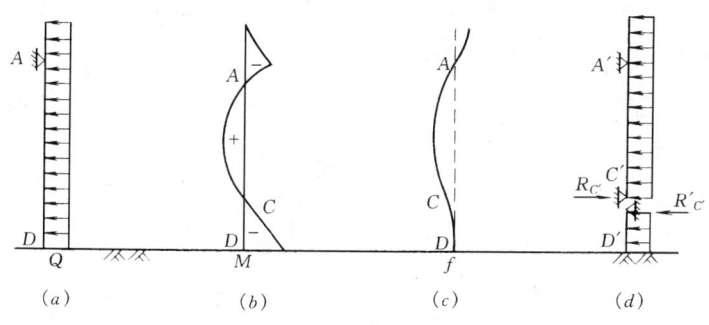

图1-1-27 相当梁示意图

图1-1-28是单支点嵌固支承板桩土压力分布图，该板桩在 D 点以下板桩的性状及土压力状况难以精确计算，如将 D 点以下的土压力用一个力 E_{P2} 代之，此时该板桩求解未知量有三个，即 T_{cl}，E_{P2} 及 h_d，而可利用的平衡方程仅有两个，即 $\Sigma X=0$，$\Sigma M=0$，要直接求解仍有困难。将其下视为固定端，则该板桩与图1-1-27一端固定、一端简支的梁类似，只是板桩的荷载为三角形分布，而图1-1-27所示的梁是受到均布荷载作用。采用这样的假设，嵌固支承单支点板桩也可用"相当梁法"来求解。

用上述"相当梁法"求解嵌固支承单支点板桩，首先要找出板桩的反弯点 C。反弯点 C 的位置与土的内摩擦角、黏聚力有关，并受板桩后的地下水位及地面荷载等因素影响。通过对不同长度和不同入土深度的板桩弯矩与挠度曲线的研究，发现板桩的反弯点 C 与土压力强度等于零的位置较接近，计算中可取该点作为反弯点，由此引起的误差不大，但使计算大大简化。

用相当梁法计算嵌固支承单支点板桩的步骤如下（图 1-1-28）：

（A）计算作用于板桩上的主动土压力和被动土压力；

（B）计算板桩上土压力强度为零的点 C 至地面的距离 h_{c1}，利用下式

$$rK_p h_{c1} = rK_a(h + h_{c1})$$

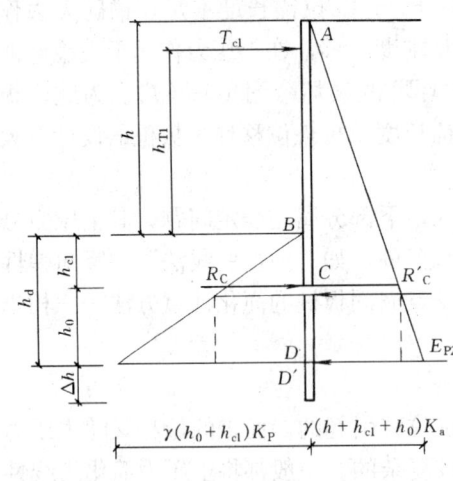

图 1-1-28　单支点嵌固支承板桩

即

$$h_{c1} = \frac{K_a h}{K_p - K_a} \tag{1-1-29}$$

（C）将板桩在 C 点截断，利用 $\Sigma X = 0$，$\Sigma M = 0$ 计算相当梁 AC 的支座反力 R_C 和支撑或锚杆反力 T_{c1}；

（D）计算板桩入土深度 h_d：

根据嵌固支承单支点板桩的特点，在桩底某一位置以下的弯矩为零，如该点位于 D 点，则由下段板桩 CD 可求得 h_0。因为 CD 段桩上矩形部分的主被动土压力相等，由 $\Sigma M_D = 0$ 得 $R'_C h_0 = \frac{r}{2} h_0^2 K_p \frac{1}{3} h_0 - \frac{r}{2} h_0^2 K_a \frac{1}{3} h_0$，所以有

$$h_0 = \sqrt{\frac{6R'_C}{r(K_p - K_a)}} \tag{1-1-30}$$

由于实际桩前被动土压力较图 1-1-28 所示者小，按式（1-1-30）计算得到 h_0 偏小，故应增加入土深度 Δh，Δh 取 $0.2h_0$，因此板桩入土深度为

$$h_d = h_{c1} + 1.2h_0 \tag{1-1-31}$$

B. 在剪力为零处求得 $M_{\max}$

上式（1-1-29）～式（1-1-31）中的符号意义如下：

r——土的重力密度；

K_a——主动土压力系数，$K_a = \tan^2\left(45° - \frac{\varphi}{2}\right)$；

K_p——被动土压力系数，$K_p = \tan^2\left(45° + \frac{\varphi}{2}\right)$。

其他符号意义见图。

对于多支点嵌固板桩，引入如下假定，则单支点板桩的相当梁法也可用于多支点板桩。即：假定在下层支点设置后向下继续开挖土方时，已求得的上层支点

的支点力不变。此时,多支点嵌固板桩的计算可按以下步骤进行:

(A) 开挖至第一层支点处,按悬臂板桩计算;

(B) 设置第一层支点,开挖至第二层支点位置,按单支点相当梁法计算第一层支点反力及板桩弯矩;

(C) 设置第二层支点,开挖至第三层支点位置,并假设第一层支点反力不变,仍按相当梁法计算确定新的反弯点,并计算第二层支点反力及板桩弯矩;

(D) 类似地重复上述计算,计算至最后一层支点并开挖至基坑底的工况,可以得到各层支点力及板桩弯矩,由此作出弯矩的包络图,并根据最后一层支点条件计算入土深度。

C. 支撑(拉锚)系统设计

支撑或拉锚一端固定在板桩上部的围檩上,另一端则支撑到基坑对面的板桩上或固定到锚锭、锚座板上。

板墙单位长度的支撑(或拉锚)反力 T_{c1},通过板墙部分的计算已可求得,则根据支撑或拉锚布置的间距,即可求得每一支撑或拉锚的轴力。

如果支撑长度过大,则应在支撑中央设置竖撑(见图 1-1-24),以防止支撑在自重作用下挠度过大引起附加内力。拉锚则应计算其长度。

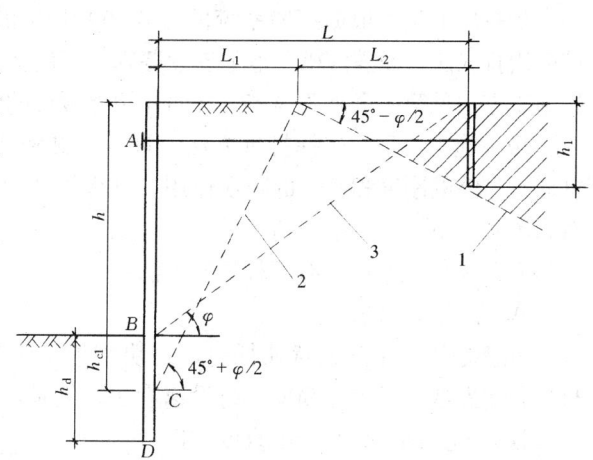

图 1-1-29　拉锚长度计算
1—锚锭被动土楔滑移线;2—板桩主动土楔滑移线;
3—静止土楔滑移线

拉锚长度应保证锚锭或锚座板位于它本身引起的被动土楔滑移线、板桩位移引起的主动土楔滑移线和静土楔滑移线之外,如图 1-1-29 所示的阴影区内。

拉锚的最小长度按下列两式计算,取其中大值:

$$L = L_1 + L_2 = (h + h_{c1}) \cdot \tan\left(45° - \frac{\varphi}{2}\right) + h_1 \cdot \tan\left(45° - \frac{\varphi}{2}\right) \quad (1\text{-}1\text{-}32)$$

$$L = h \cdot \tan(90° - \varphi)$$

式中　L——拉锚最小长度;

　　　h——基坑深度;

　　　h_{c1}——对自由支承板桩,取板桩入土深度;对嵌固支承板桩,取基坑底至反弯点的距离;

　　　h_1——锚锭底端至地面的距离;

φ——土的内摩擦角。

D. 围檩计算

围檩可采用型钢，如大型槽钢、H 型钢等，也可采用现浇混凝土结构。钢筋混凝土围檩可按连续梁计算；钢围檩则按简支梁计算，作用其上的荷载即 T_{c1}，其支座反力为每一支撑（或拉锚）的轴力，如支撑间距为 a，则每一支撑轴力为 $T_{c1} \cdot a$（图 1-1-30）。

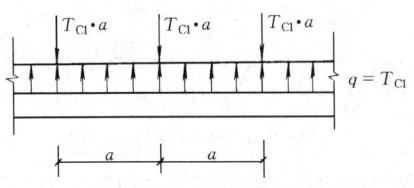

图 1-1-30 围檩计算简图

2) 板桩墙的施工

板桩墙的施工根据挡墙系统的形式选取相应的方法。一般钢板桩、混凝土板桩采用打入法，而灌注桩及地下连续墙则采用就地成孔（槽）现浇的方法。灌注桩的施工方法见第二章有关内容。下面介绍钢板桩的施工方法。

板桩施工要正确选择打桩方法、打桩机械和流水段划分，以便使打设后的板桩墙有足够的刚度和良好的防水作用，且板桩墙面平直，以满足基础施工的要求，对封闭式板桩墙还要求封闭合拢。

对于钢板桩，通常有三种打桩方法：

A. 单独打入法

此法是从一角开始逐块插打，每块钢板桩自起到结束中途不停顿。因此，桩机行走路线短，施工简便，打设速度快。但是，由于单块打入，易向一边倾斜，累计误差不易纠正，墙面平直度难以控制。一般在钢板桩长度不大（小于 10m）、工程要求不高时可采用此法。

B. 围檩插桩法

要用围檩支架作板桩打设导向装置（图 1-1-31）。围檩支架由围檩和围檩桩组成，在平面上分单面围檩和双面围檩，高度方向有单层和双层之分。在打设板桩时起导向作用。双面围檩之间的距离，比两块板桩组合宽度大 8~15mm。

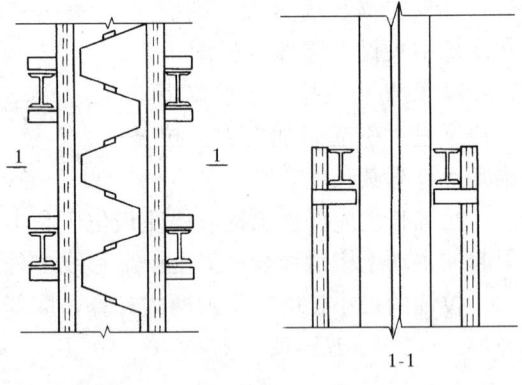

图 1-1-31 围檩插桩法

双层围檩插桩法是在地面上，离板桩墙轴线一定距离先筑起双层围檩支架，而后将钢板桩依次在双层围檩中全部插好，成为一个高大的钢板桩墙，待四角实现封闭合拢后，再按阶梯形逐渐将板桩一块块打入设计标高。此法优点是可以保证平面尺寸准确和钢板桩垂直度，但施工速度慢，不经济。

C. 分段复打桩

此法又称屏风法，是将 10~20 块钢板桩组成的施工段沿单层围檩插入土中一定深度形成较短的屏风墙,先将其两端的两块打入,严格控制其垂直度,打好后用电焊固定在围檩上,然后将其他的板桩按顺序以 1/2 或 1/3 板桩高度打入。此法可以防止板桩过大的倾斜和扭转,防止误差积累,有利实现封闭合拢,且分段打设,不会影响邻近板桩施工。

打桩锤根据板桩打入阻力确定,该阻力包括板桩端部阻力,侧面摩阻力和锁口阻力。桩锤不宜过重,以防因过大锤击而产生板桩顶部纵向弯曲,一般情况下,桩锤重量约为钢板桩重量的 2 倍。此外,选择桩锤时还应考虑锤体外形尺寸,其宽度不能大于组合打入板桩块数的宽度之和。

地下工程施工结束后,钢板桩一般都要拔出,以便重复使用。钢板桩的拔除要正确选择拔除方法与拔除顺序,由于板桩拔出时带土,往往会引起土体变形,对周围环境造成危害。必要时还应采取注浆填充等方法。

1.3.3 降　　水

在开挖基坑或沟槽时,土壤的含水层常被切断,地下水将会不断地渗入坑内。雨期施工时,地面水也会流入坑内。为了保证施工的正常进行,防止边坡塌方和地基承载能力的下降,必须做好基坑降水工作。降水方法可分为重力降水(如集水井、明渠等)和强制降水(如轻型井点、深井点、电渗井点等)。土方工程中采用较多的是集水井降水和轻型井点降水。

1. 集水井降水

这种方法是在基坑或沟槽开挖时,在坑底设置集水井,并沿坑底的周围或中央开挖排水沟,使水在重力作用下流入集水井内,然后用水泵抽出坑外(图 1-1-32)。

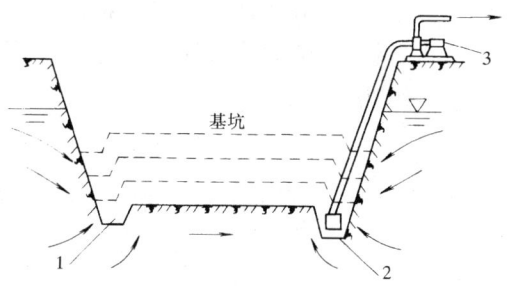

图 1-1-32　集水井降水
1—排水沟；2—集水井；3—水泵

四周的排水沟及集水井一般应设置在基础范围以外,地下水流的上游,基坑面积较大时,可在基础范围内设置盲沟排水。根据地下水量、基坑平面形状及水泵能力,集水井每隔 20～40m 设置一个。

集水井的直径或宽度,一般为 0.6～0.8m。其深度随着挖土的加深而加深,要经常低于挖土面 0.7～1.0m,井壁可用竹、木等简易加固。当基坑挖至设计标高后,井底应低于坑底 1～2m,并铺设碎石滤水层,以免在抽水时将砂抽出,并防止井底的土被搅动,并做好较坚固的井壁。

2. 井点降水

集水井降水方法比较简单、经济,对周围影响小,因而应用较广。但当涌水量较大,水位差较大或土质为细砂或粉砂,易产生流砂、边坡塌方及管涌等,此时往往采用强制降水的方法，人工控制地下水流的方向，降低水位。

当土质为细砂或粉砂时，基坑土方开挖中经常会发生流砂现象。流砂产生的原因是水在土中渗流所产生的动水压力对土体作用。

地下水的渗流对单位土体内骨架产生的压力称为动水压力，用 G_D 表示，它与单位土体内渗流水受到土骨架的阻力 T 大小相等、方向相反，如图1-1-33所示，水在土体内从 A 向 B 流动，沿水流方向取一土柱体，其长度为 L，横截面积为 F，两端点 A、B 之间的水头差为 H_A-H_B。计算动水压力时，考虑到地下水的渗流加速度很小（$a \approx 0$），因而忽略惯性力。

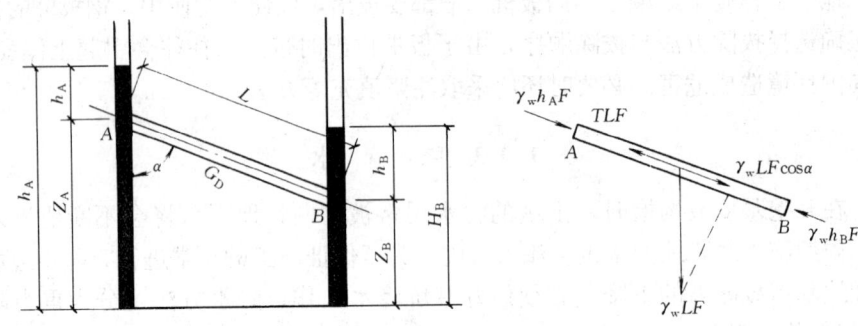

图 1-1-33 饱和土体中动水压力的计算

土柱体内饱和土柱中孔隙的重量与土骨架所受浮力的反力之和 $\gamma_w LF$；

土柱体骨架对渗流水的总的阻力 TLF。

由 $\Sigma X=0$ 得

$$\gamma_w h_A F - \gamma_w h_B F - TLF + \gamma_w LF \cos\alpha = 0$$

将 $\cos\alpha = \dfrac{Z_A - Z_B}{L}$ 代入上式可得

$$T = \gamma_w \frac{(h_A + Z_B) - (h_B + Z_B)}{L} = \gamma_w \frac{H_A - H_B}{L}$$

$\dfrac{H_A - H_B}{L}$ 为水头差与渗透路径之比，称为水力坡度，用 i 来表示。于是

$$T = i\gamma_w$$
$$G_D = -T = -i\gamma_w \tag{1-1-33}$$

式中，负号表示 G_D 与所设水渗流时的总阻力 T 的方向相反，即与水的渗流方向一致。

由上式可知，动水压力 G_D 的大小与水力坡度成正比，即水位差 H_A-H_B 愈大，则 G_D 愈大；而渗透路程 L 愈长，则 G_D 愈小。当水流在水位差的作用下对土颗粒产生向上压力时，动水压力不但使土粒受到了水的浮力，而且还受到向上动水压力的作用。如果压力不小于土的浮重度 γ'，即

$$G_D \geqslant \gamma' \tag{1-1-34}$$

则土粒失去自重，处于悬浮状态，土的抗剪强度等于零，土粒能随着渗流的水一起流动，这种现象就叫"流砂现象"。$G_D = \gamma'$ 的水力坡度称为产生流砂的临界水力坡度 i_{cr}：

$$i_{cr} = \gamma'/\gamma_w \tag{1-1-35}$$

细颗粒、均匀颗粒、松散及饱和的土容易产生流砂现象，因此流砂现象经常在细砂、粉砂及粉土中出现，但是否出现流砂的重要条件是动水压力的大小，防治流砂应着眼于减小或消除动水压力。

防治流砂的方法主要有：水下挖土法、冻结法、枯水期施工、抢挖法、加设支护结构及井点降水等，其中井点降水法是根除流砂的有效方法之一。

（1）井点降水法的种类

井点有两大类：轻型井点和管井类。一般根据土的渗透系数、降水深度、设备条件及经济比较等因素确定，可参照表 1-1-12 选择。

各种井点的适用范围　　　表 1-1-12

井点类别		土的渗透系数（cm/s）	降水深度（m）
轻型井点	一级轻型井点	$10^{-2} \sim 10^{-5}$	3～6
	多级轻型井点	$10^{-2} \sim 10^{-5}$	一般为 6～12
	喷射井点	$10^{-3} \sim 10^{-6}$	8～20
	电渗井点	$< 10^{-6}$	视选用的井点而定
深井井点		$\geqslant 10^{-5}$	>10

实际工程中，一般轻型井点应用最为广泛，下面介绍这类井点。

（2）一般轻型井点

1）一般轻型井点设备

轻型井点设备由管路系统和抽水设备组成（图 1-1-34）。

管路系统包括：滤管、井点管、弯联管及总管等。

滤管（图 1-1-35）为进水设备，通常采用长 1.0～1.5m、直径 38mm 或 51mm 的无缝钢管，管壁钻有直径为 12～19mm 的滤孔。骨架管外面包以两层孔径不同的生丝布或塑料布滤网。为使流水畅通，在骨架与滤网之间用塑料管或梯形钢丝隔开，塑料管沿骨架绕成螺旋形。滤网外面再绕一层粗钢丝保护网、滤管下端为一铸铁塞头。滤管上端与井点管连接。

井点管为直径 38mm 或 51mm、长 5～7m 的钢管。井点管上端用弯联管与总管相连。集水总管为直径 100～127mm 的无缝钢管，每段长 4m，其上装有与井点管连结的短接头，间距 0.8m 或 1.2m。

抽水设备根据水泵及动力设备不同，有干式真空泵、射流泵及隔膜泵等，其抽吸深度与负荷总管的长度各异。常用的 W5，W6 型干式真空泵的抽吸深度为

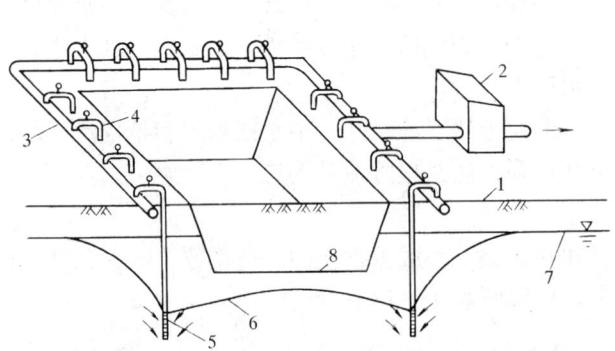
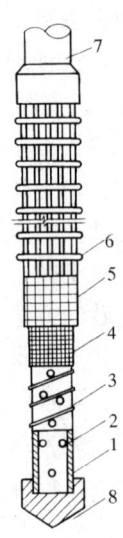

图 1-1-34 轻型井点法降低地下水位全貌图
1—地面；2—水泵房；3—总管；4—弯联管；5—滤管；
6—降低后地下水位线；7—原有地下水位线；8—基坑底面

图 1-1-35 滤管构造
1—钢管；2—管壁上的小孔；
3—缠绕的塑料管；4—细滤网；
5—粗滤网；6—粗钢丝保护网；
7—井点管；8—铸铁塞头

5～7m，其最大负荷长度分别为 100m 和 120m。

2）轻型井点布置和计算

井点系统布置应根据水文地质资料、工程要求和设备条件等确定。一般要求掌握的水文地质资料有：地下水含水层厚度、承压或非承压水及地下水变化情况、土质、土的渗透系数、不透水层位置等。要求了解的工程性质主要是：基坑（槽）形状、大小及深度，此外尚应了解设备条件，如井管长度，泵的抽吸能力等。

轻型井点布置包括平面布置与高程布置。平面布置即确定井点布置形式、总管长度、井点管数量、水泵数量及位置等。高程布置则确定井点管的埋设深度。

布置和计算的步骤是：确定平面布置→高程布置→计算井点管数量等→调整设计。下面讨论每一步的设计计算方法。

A. 确定平面布置

根据基坑（槽）形状，轻型井点可采用单排布置（图 1-1-36a）、双排布置（图 1-1-36b）以及环形布置（图 1-1-36c），当土方施工机械需进出基坑时，也可采用 U 形布置（图 1-1-36d）。

单排布置适用于基坑（槽）宽度小于 6m，且降水深度不超过 5m 的情况。井点管应布置在地下水的上游一侧，两端延伸长度不宜小于坑（槽）的宽度

（图 1-1-36a）。

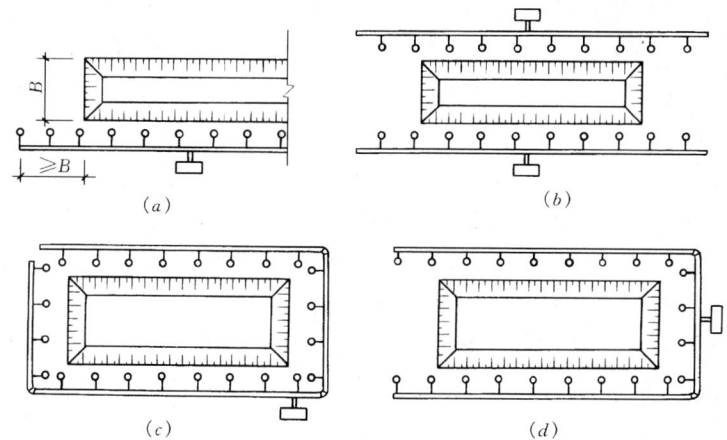

图 1-1-36 轻型井点的平面布置
(a) 单排布置；(b) 双排布置；(c) 环形布置；(d) U 形布置

双排布置适用于基坑宽度大于 6m 或土质不良的情况。

环形布置适用于大面积基坑。如采用 U 形布置，则井点管不封闭的一段应设在地下水的下游方向。

B. 高程布置

高程布置系确定井点管埋深，即滤管上口至总管埋设面的距离，可按下式计算（图 1-1-37）：

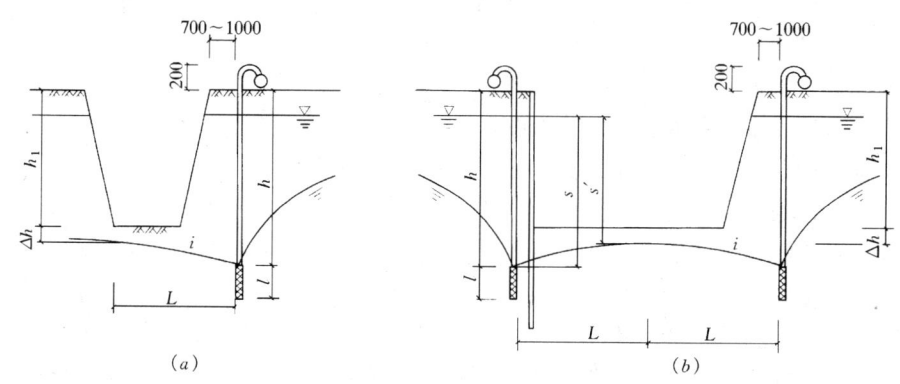

图 1-1-37 高程布置计算
(a) 单排井点；(b) 双排、U 形或环形布置

$$h \geqslant h_1 + \Delta h + iL \tag{1-1-36}$$

式中 h——井点管埋深（m）；

h_1——总管埋设面至基底的距离（m）；

Δh——基底至降低后的地下水位线的距离（m）；

i——水力坡度；

L——井点管至水井中心的水平距离，当井点管为单排布置时，L 为井点管至对边坡脚的水平距离（m）。

计算结果尚应满足下式：

$$h \leqslant h_{\text{pmax}} \qquad (1\text{-}1\text{-}37)$$

式中 h_{pmax}——抽水设备的最大抽吸深度。

如式 (1-1-37) 不能满足时，可采用降低总管埋设面或设置多级井点的方法，但任何情况下，滤管必须埋设在含水层内。

在上述公式中有关数据按下述取值：

(A) Δh 一般取 $0.5\sim1$m，根据工程性质和水文地质状况确定。

(B) i 的取值：当单排布置时 $i=1/4\sim1/5$；

当双排布置时 $i=1/7$；

当环形布置时 $i=1/10$。

(C) L 为井点管至基坑中心的水平距离，当基坑井点管为环形布置时，L 取短边方向的长度，这是由于沿长边布置的井点管的降水效应比沿短边方向布置的井点管强的缘故。

(D) 井点管布置应离坑边一定距离（$0.7\sim1$m），以防止边坡塌土而引起局部漏气。

(E) 实际工程中，井点管均为定型的，有一定标准长度。通常根据给定井点管长度验算 Δh，如 $\Delta h \geqslant 0.5\sim1$m 则可满足，$\Delta h$ 可按下式计算：

$$\Delta h = h' - 0.2 - h_1 - iL \qquad (1\text{-}1\text{-}38)$$

式中 h'——井点管长度；

0.2——井点管露出地面的长度。

其他符号同前，上式中 i 以外各符号单位均为米。

C. 总管及井点管数量的计算

总管长度根据基坑上口尺寸或基槽长度即可确定，进而可根据选用的水泵负荷长度确定水泵数量。

(A) 井点系统的涌水量

确定井点管数量时，需要知道井点系统的涌水量。井点系统的涌水量按水井理论进行计算。根据地下水有无压力，水井分为无压井和承压井。当水井布置在具有潜水自由面的含水层中时（即地下水面为自由水面），称为无压井（图 1-1-38 1、2、图 1-1-39a、b）；当水井布置在承压含水层中时（含水层中的地下水充满在两层不透水层间，含水层中的地下水水面具有一定水压），称为承压井（图 1-1-38 3、4、图 1-1-39c、d）。当水井底部达到不透水层时称完整井（图 1-1-38 1、3、图 1-1-39b、d），否则称为非完整井（图 1-1-38 2、4、图 1-1-39a、c），各类井的涌水量计算方法都不同。

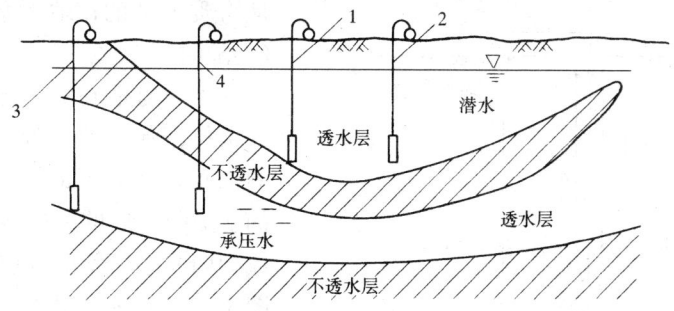

图 1-1-38 水井的分类
1—无压完整井；2—无压非完整井；3—承压完整井；4—承压非完整井

A) 无压完整井

目前采用的各种水井计算方法，都是以法国水力学家裘布依（Dupuit）的水井理论为基础的。以下是裘布依无压完整井（图 1-1-39b）计算公式推导过程。

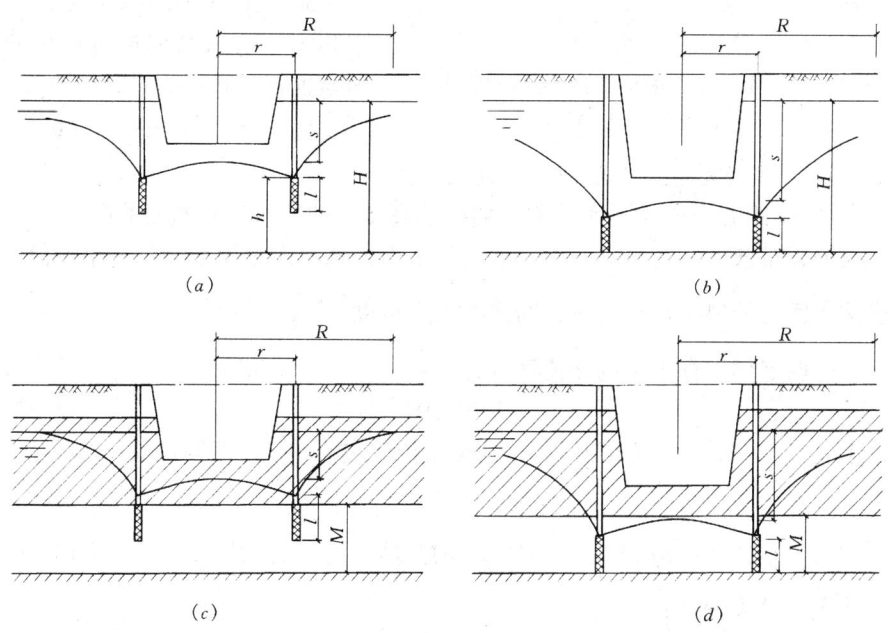

图 1-1-39 水井的计算图式
(a) 无压非完整井；(b) 无压完整井；(c) 承压非完整井；(d) 承压完整井

裘布依理论的基本假定是：抽水影响半径内，从含水层的顶面到底部任意点的水力坡度是一个恒值，并等于该点水面的斜率；抽水前地下水是静止的，即天然水力坡度为零；对于承压水，顶、底板是隔水的；对于潜水适用于水力坡度不大于1/4，底板是隔水的，含水层是均质水平的；地下水为稳定流（不随时间变化）。

当均匀地在井内抽水时，井内水位开始下降。经过一定时间的抽水，井周围的水面就由水平的变成降低后的弯曲线渐趋稳定，成为向井边倾斜的水位降落漏斗；图1-1-40所示为无压完整井抽水时水位的变化情况。在纵剖面上流线是一系列曲线，在横剖面上水流的过水断面与流线垂直。

由此可导出单井涌水量的裘布依微分方程，设不透水层基底为x轴，取井中心轴为y轴，将距井轴x处水流断面近似地看作为一垂直的圆柱面，其面积为：

$$\omega = 2\pi xy \quad (1\text{-}1\text{-}39)$$

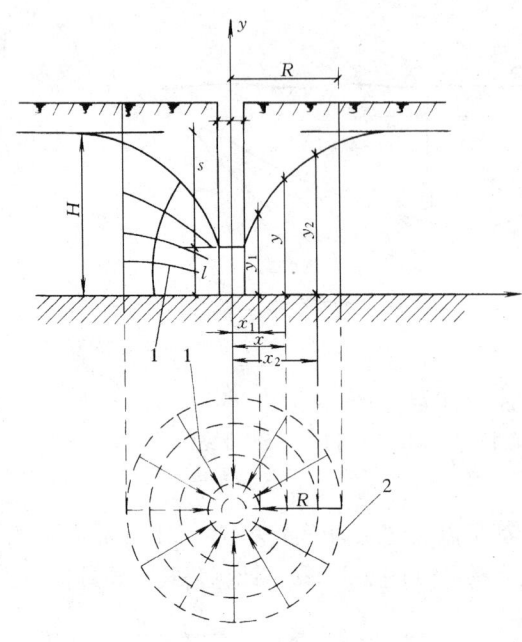

图1-1-40 无压完整井水位降落曲线和流线网
1—流线；2—过水断面

式中 x——井中心至计算过水断面处的距离；

y——距井中心x处水位降落曲线的高度（即此处过水断面的高）。

根据裘布依理论的基本假定，这一过水面处水流的水力坡度是一个恒值，并等于该水面处的斜率，则该过水断面的水力坡度$i = \dfrac{dy}{dx}$。

由达西定律水在土中的渗流速度为

$$v = Ki \quad (1\text{-}1\text{-}40)$$

由式（1-1-39）和式（1-1-40）及裘布依假定$i = \dfrac{dy}{dx}$，可得到单井的涌水量Q（m³/d）：

$$Q = \omega v = \omega Ki = \omega K \frac{dy}{dx} = 2\pi xy K \frac{dy}{dx} \quad (1\text{-}1\text{-}41)$$

将上式分离变量：

$$2y\,dy = \frac{Q}{\pi K} \cdot \frac{dx}{x} \quad (1\text{-}1\text{-}42)$$

水位降落曲线在$x = r$处，$y = l'$；在$x = R$处，$y = H$，l'与H分别表示水井中的含水层的深度。对式（1-1-42）两边积分

$$\int_{l'}^{H} 2y\,dy = \frac{Q}{\pi K}\int_{r}^{R}\frac{dx}{x}$$

$$H^2 - l^2 = \frac{Q}{\pi K}\ln\frac{R}{r}$$

于是 $Q = \pi K \dfrac{H^2 - l'^2}{\ln R - \ln r}$

设水井中水位降落值为 S，$l' = H - S$ 则

$$Q = \pi K \frac{(2H-S)S}{\ln R - \ln r} \quad \text{或} \quad Q = 1.366 K \frac{(2H-S)S}{\lg R - \lg r} \tag{1-1-43}$$

式中　K——土的渗透系数（m/d）；

　　　H——含水层厚度（m）；

　　　S——井水处水位降落高度（m）；

　　　R——为单井的降水影响半径；

　　　r——为单井的半径。

裘布依公式的计算与实际有一定出入，这是由于在过水断面处水流的水力坡度并非恒值，在靠近井的四周误差较大。但对于离井有一定距离处其误差很小（图 1-1-40）。

式（1-1-43）是无压完整单井的涌水量计算公式。但在井点系统中，各井点管是布置在基坑周围，许多井点同时抽水，即群井共同工作的，群井涌水量的计算，可把由各井点管组成的群井系统，视为一口大的圆形单井。

涌水量计算公式为：

$$Q = 1.366 K \frac{(2H-S)S}{\lg(R+x_0) - \lg x_0} \tag{1-1-44}$$

式中　x_0——由井点管围成的水井的半径（m）；

其他符号含义同前，但此时 S 系指井点管处水位降落高度。

B）无压非完整井

在实际工程中往往会遇到无压非完整井的井点系统（图 1-1-39a），这时地下水不仅从井的侧面流入，还从井底渗入。因此涌水量要比完整井大。为了简化计算，对群井仍可采用式（1-1-44）。此时式中 H 换成有效含水深度 H_0，即

$$Q = 1.366 K \frac{(2H_0-S)S}{\lg(R+x_0) - \lg x_0} \tag{1-1-45}$$

H_0 可查表 1-1-13。当算得的 H_0 大于实际含水层的厚度 H 时，取 $H_0 = H$。

有效深度 H_0 值　　　　　　　表 1-1-13

$S/(S+l)$	0.2	0.3	0.5	0.8
H_0	1.3 $(S+l)$	1.5 $(S+l)$	1.7 $(S+l)$	1.84 $(S+l)$

注：$S/(S+l)$ 的中间值可采用插入法求 H_0。

表中 l 为滤管长度（m）。有效含水深度 H_0 的意义是：抽水时在 H_0 范围内受到抽水影响，而假设在 H_0 以下的水不受抽水影响，因而也可将 H_0 视为抽水影响深度。

应用上述公式时，先要确定 x_0，R，K。

由于基坑大多不是圆形，因而不能直接得到 x_0。当矩形基坑长宽比不大于 5

时，环形布置的井点可近似作为圆形井来处理，并用面积相等原则确定，此时将近似圆的半径作为矩形水井的假想半径：

$$x_0 = \sqrt{\frac{F}{\pi}} \tag{1-1-46}$$

式中 x_0——环形井点系统的假想半径（m）；

F——环形井点所包围的面积（m²）。

抽水影响半径，与土的渗透系数、含水层厚度、水位降低值及抽水时间等因素有关。在抽水 2~5d 后，水位降落漏斗基本稳定，此时抽水影响半径可近似地按下式计算：

$$R = 2S\sqrt{HK} \tag{1-1-47}$$

式中，S，H 的单位为 m；K 的单位为 m/d；R 的单位为 m。

渗透系数 K 值对计算结果影响较大。K 值的确定可用现场抽水试验或通过实验室测定。对重大工程，宜采用现场抽水试验以获得较准确的值。

C) 承压完整井

对于含水层为均质的承压完整井（图 1-1-39d），当水井中的水深大于含水层厚度，其涌水量的计算公式为：

$$Q = 2.73 \frac{KMS}{\lg(R+x_0) - \lg x_0} \tag{1-1-48}$$

式中 M——含水层的厚度（m）；

其他符号意义同上。

D) 承压非完整井

对于含水层为均质的承压非完整井（图 1-1-39c），其涌水量的计算公式为：

$$Q = 2.73 \frac{KMS}{\lg(R+x_0) - \lg x_0} \sqrt{\frac{M}{l+0.5x_0}} \cdot \sqrt{\frac{2M-l}{M}} \tag{1-1-49}$$

式中 l——井点插入含水层的长度；

其他符号意义同上。

上述几种水井在实际工程中的计算，还应根据基坑的位置及深度，如基坑与水源、河基的距离是否靠近竖向的隔水边界，承压井的井底是否穿过承压水上面的不透水层等等，实际情况不同，涌水量的计算也有所不同。

(B) 单根井管的最大出水量

单根井管的最大出水量，由下式确定：

$$q = 65\pi \cdot d \cdot l \cdot \sqrt[3]{K} (\text{m}^3/\text{d}) \tag{1-1-50}$$

式中 d——滤管直径（m）。

其他符号含义同前。

(C) 井点管数量

井点管最少数量由下式确定：

$$n' = \frac{Q}{q} \tag{1-1-51}$$

井点管最大间距便可求得

$$D' = \frac{L}{n'} \tag{1-1-52}$$

式中　L——总管长度（m）；

n'——井点管最少根数（根）；

D'——井点管最大间距（m）。

实际采用的井点管 D 应当与总管上接头尺寸相适应。即尽可能采用 0.8m、1.2m、1.6m 或 2.0m，且 $D<D'$，这样实际采用的井点数 $n>n'$，一般 n 应当超过 $1.1n'$，以防井点管堵塞等影响抽水效果。

3）轻型井点的施工

轻型井点的施工，大致包括以下几个过程：准备工作、井点系统的埋设、使用及拆除。

准备工作包括井点设备、动力、水源及必要材料的准备，排水沟的开挖，附近建筑物的标高观测以及防止附近建筑物沉降措施的实施。

埋设井点的程序是：先排放总管，再设井点管，用弯联管将井点与总管接通，然后安装抽水设备。

井点管的埋设一般用水冲法进行，并分为冲孔与埋管（图 1-1-41）两个过程。

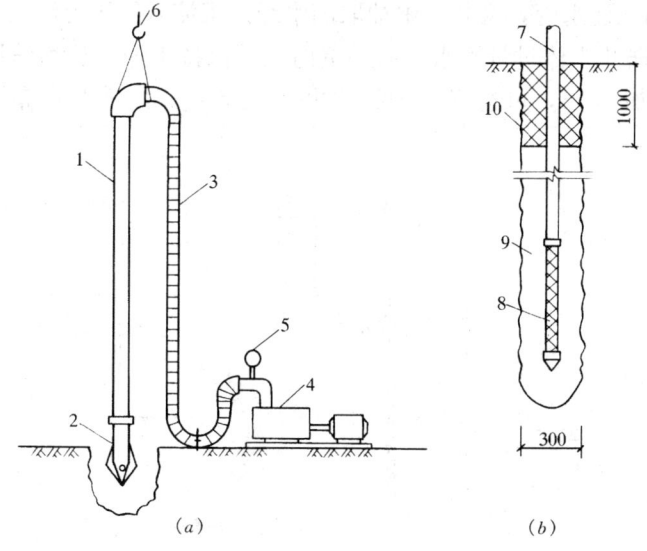

图 1-1-41　井点管的埋设

(a) 冲孔；(b) 埋管

1—冲管；2—冲嘴；3—胶管；4—高压水泵；5—压力表；6—起重机吊钩；
7—井点管；8—滤管；9—填砂；10—黏土封口

冲孔时，先用起重机设备将冲管吊起并插在井点的位置上，然后开动高压水泵，将土冲松，冲管则边冲边沉。冲孔直径一般为300mm，以保证井管四周有一定厚度的砂滤层，冲孔深度宜比滤管底深0.5m左右，以防冲管拔出时，部分土颗粒沉于底部而触及滤管底部。

井孔冲成后，立即拔出冲管，插入井点管，并在井点管与孔壁之间迅速填灌砂滤层，以防孔壁塌土。砂滤层的填灌质量是保证轻型井点顺利抽水的关键。一般宜选用干净粗砂，填灌均匀，并填至滤管顶上1~1.5m，以保证水流畅通。

井点填砂后，须用黏土封口，以防漏气。

井点系统全部安装完毕后，需进行试抽，以检查有无漏气现象。开始抽水后一般不应停抽。时抽时停，滤网易堵塞，也容易抽出土粒，使水混浊，并引起附近建筑物由于土粒流失而沉降开裂。正常的排水应是细水长流，出水澄清。

抽水时需要经常检查井点系统工作是否正常，以及检查观测井中水位下降情况，如果有较多井点管发生堵塞，影响降水效果时，应逐根用高压水反向冲洗或拔出重埋。

轻型井点降水有许多优点，在地下工程施工中广泛应用，但其抽水影响范围较大，影响半径可达百米至数百米，且会导致周围土壤固结而引起地面沉陷，要消除地面沉陷可采用回灌井点方法。即在井点设置线外4~5m处，以间距3~5m插入注水管，将井点中抽取的水经过沉淀后用压力注入管内，形成一道水墙，以防止土体过量脱水，而基坑内仍可保持干燥。这种情况下抽水管的抽水量约增加10%，可适当增加抽水井点的数量。回灌井点布置如图1-1-42所示。

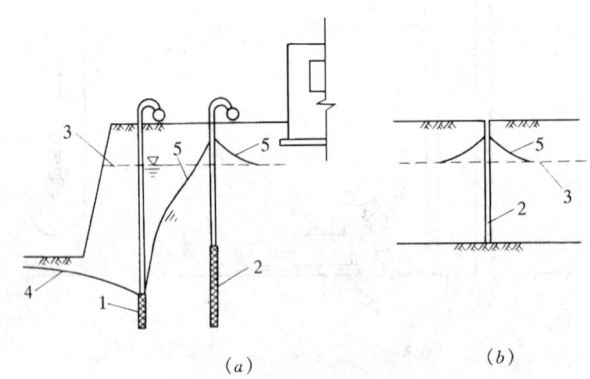

图1-1-42 回灌井点布置

(a)回灌井点布置；(b)回灌井点水位图

1—降水井点；2—回灌井点；3—原水位线；

4—基坑内降低后的水位线；5—回灌后水位线

1.3.4 基坑土方施工

1. 基坑土方工程量计算

基坑形状一般为多边形，其边坡也常有一定坡度，基坑（槽）土方工程量计算可按拟柱体积的公式计算（图 1-1-43），即

$$V = \frac{H}{6}(F_1 + 4F_0 + F_2) \quad (1\text{-}1\text{-}53)$$

式中　V——土方工程量（m^3）；

F_0——F_1 与 F_2 之间的中截面面积（m^2）；

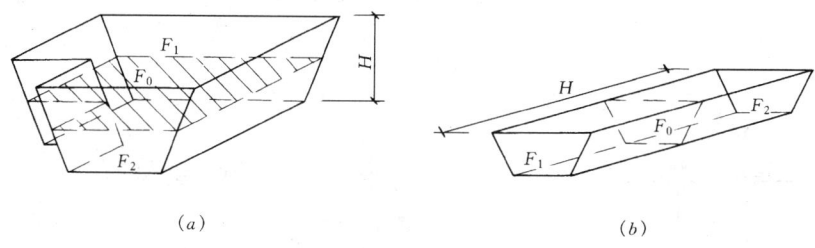

图 1-1-43　土方量计算
(a) 基坑土方量计算；(b) 基槽、路堤土方量计算

H，F_1，F_2 如图所示。对基坑而言，H 为基坑的深度，F_1，F_2 分别为基坑的上下底面积（m^2）；对基槽或路堤，H 为基槽或路堤的长度（m），F_1，F_2 为两端的面积（m^2）。

基槽与路堤通常根据其形状（曲线、折线、变截面等）划分成若干计算段，分段计算土方量，然后再累加求得总的土方工程量。如果基槽、路堤是等截面的，则 $F_1 = F_2 = F_0$，由式（1-1-53）计算 $V = HF_1$。

2. 基坑土方机械及其施工

基坑土方开挖一般均采用挖掘机施工，对大型的、较浅的基坑有时也可采用推土机。

挖掘机利用土斗直接挖土，因此也称为单斗挖土机。挖掘机按行走方式分为履带式和轮胎式两种；按传动方式分为机械传动和液压传动两种；斗容量有 $0.2m^3$，$0.4m^3$，$1.0m^3$，$1.5m^3$，$2.5m^3$ 多种；根据其土斗装置可分为正铲、反铲、抓铲及拉铲，工程中使用较多的是正铲、反铲及抓铲。

(1) 正铲挖掘机

正铲挖掘机外型如图 1-1-44 所示。它适用于开挖停机面以上的土方，且需与汽车配合完成整个挖运工作。正铲挖掘机挖掘力大，适用于开挖含水量较小的一类土和经爆破的岩石及冻土。一般用于大型基坑工程，也可用于场地平整施工。

正铲的开挖方式根据开挖路线与汽车相对位置的不同分为正向开挖、侧向装土以及正向开挖、后方装土两种（图 1-1-45），前者生产率较高。

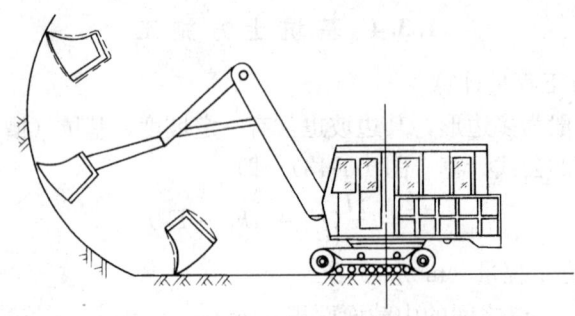

图 1-1-44 正铲挖掘机外形

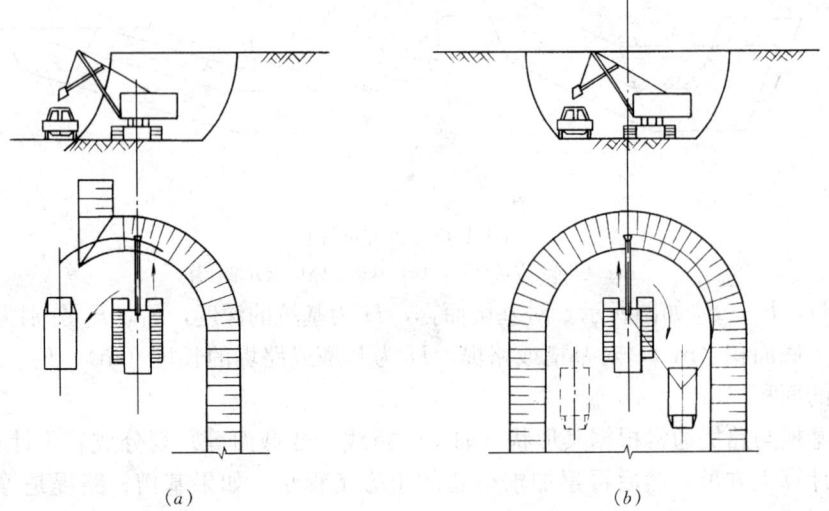

图 1-1-45 正铲开挖方式
(a) 正向开挖、侧向装土；(b) 正向开挖、后方装土

正铲的生产率主要决定于每斗作业的循环延续时间。为了提高其生产率，除了工作面高度必须满足装满土斗的要求之外，还要考虑开挖方式和运土机械配合。尽量减少回转角度，缩短每个循环的延续时间。

(2) 反铲挖掘机

反铲适用于开挖一至三类的砂土或黏土。主要用于开挖停机面以下的土方，一般反铲的最大挖土深度为 4～6m 的基坑，经济合理的挖土深度为 3～5m。反铲也需要配备运土汽车进行运输。反铲的外型如图 1-1-46 所示。

反铲的开挖方式可以采用沟端开挖法，即反铲停于沟端，后退挖土，向沟一侧弃土或装汽车运走 (1-1-47a)，也可采用沟侧开挖法，即反铲停于沟侧，沿沟边开挖，它可将土弃于距沟较远的地方，如装车则回转角度较小，但边坡不易控制 (图 1-1-47b)。

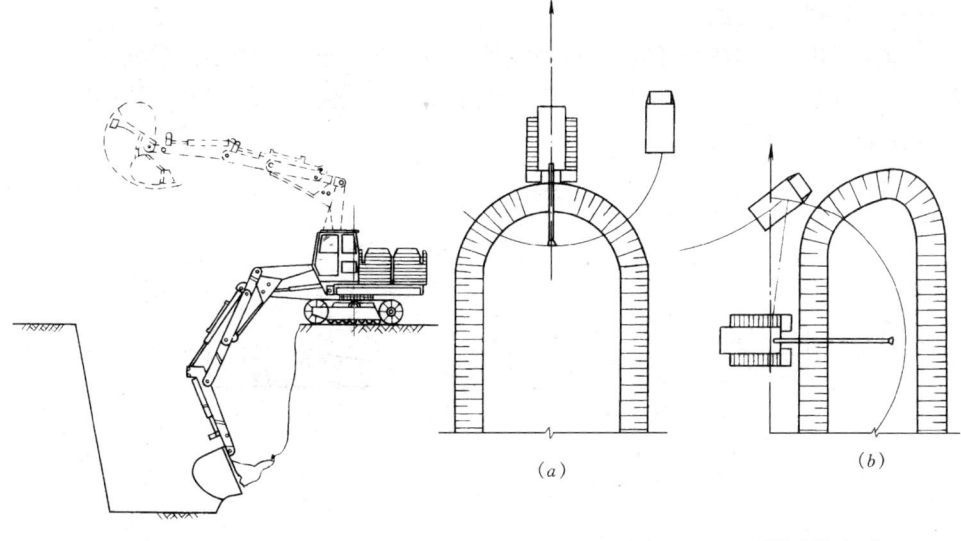

图 1-1-46　液压反铲挖掘机外形

图 1-1-47　反铲开挖方式
(a) 沟端开挖；(b) 沟侧开挖

（3）抓铲挖掘机

机械传动抓铲外形如图 1-1-48 所示。它适用于开挖较松软的土。对施工面狭窄而深的基坑、深槽、深井采用抓铲可取得理想效果，也可用于场地平整中的土堆与土丘的挖掘。抓铲还可用于挖取水中淤泥、装卸碎石、矿渣等松散材料。抓铲也有采用液压传动操纵抓斗作业。

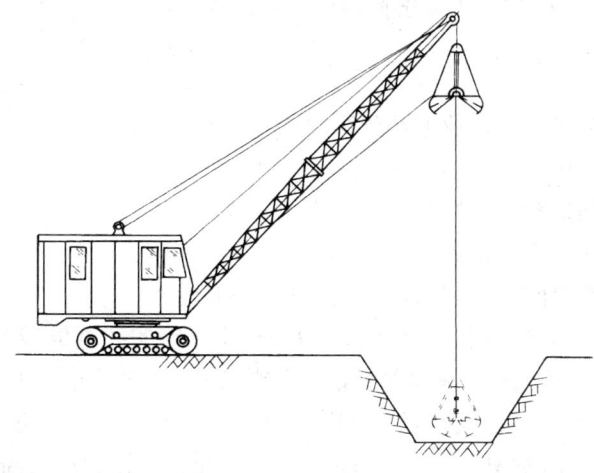

图 1-1-48　抓铲挖掘机外形

抓铲挖土时，通常立于基坑一侧进行，对较宽的基坑则在两侧或四侧抓土。抓挖淤泥时，抓斗易被淤泥"吸住"，应避免起吊用力过猛，以防翻车。

(4) 拉铲挖掘机

拉铲适用于一至三类的土,可开挖停机面以下的土方,如较大基坑(槽)和沟渠,挖取水下泥土,也可用于大型场地平整、填筑路基、堤坝等。其外形及工作状况如图 1-1-49 所示。

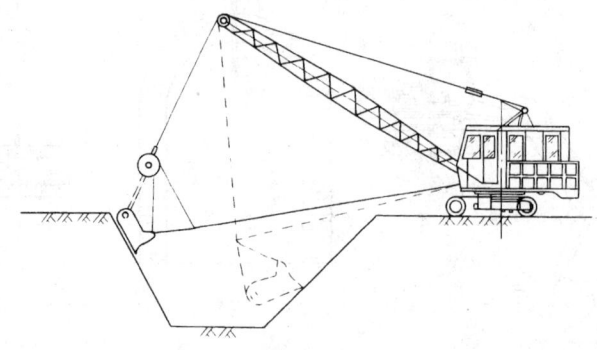

图 1-1-49 拉铲挖掘机外形及工作状况

拉铲挖土时,依靠土斗自重及拉索拉力切土,卸土时斗齿朝下,利用惯性,较湿的黏土也能卸净。但其开挖的边坡及坑底平整度较差,需更多的人工修坡(底)。它的开挖方式也有沟端开挖和沟侧开挖两种。

3. 挖掘机与运土车辆的配合

当挖掘机挖出的土方需要运土车辆运走时,挖掘机的生产率不仅取决于本身的技术性能,而且还决定于所选的运输工具是否与之协调。

由技术性能,可按下式算出挖掘机的生产率 P:

$$P = \frac{8 \times 3600}{t} q \frac{K_C}{K_S} K_B \quad (\text{m}^3/\text{台班}) \tag{1-1-54}$$

式中 t——挖掘机每次作业循环延续时间(s);

q——挖掘机斗容量(m³);

K_S——土的最初可松性系数,见表 1-1-1;

K_C——土斗的充盈系数,可取 0.8~1.1;

K_B——工作时间利用系数,一般为 0.6~0.8。

为了使挖掘机充分发挥生产能力,应使运土车辆的载重量 Q 与挖掘机的每斗土重保持一定的倍率关系,并有足够数量车辆以保证挖掘机连续工作。从挖掘机方面考虑,汽车的载重量越大越好,可以减少等待车辆调头的时间。从车辆方面考虑,载重量小,台班费便宜但使用数量多;载重量大,则台班费高但数量可减少。最适合的车辆载重量应当是使土方施工单价为最低,可以通过核算确定。一般情况下,汽车的载重量以每斗土重的 3~5 倍为宜。运土车辆的数量 N,可按下式计算:

$$N = \frac{T}{t_1 + t_2} \tag{1-1-55}$$

式中　T——运输车辆每一工作循环延续时间（s），由装车、重车运输、卸车、空车开回及等待时间组成；

t_1——运输车辆调头而使挖掘机等待的时间（s）；

t_2——运输车辆装满一车土的时间（s）；

$$t_2 = nt$$

$$n = \frac{10Q}{q\frac{K_C}{K_S}\gamma} \tag{1-1-56}$$

式中　n——运土车辆每车装土次数；

Q——运土车辆的载重量（t）；

q——挖掘机斗容量（m³）；

γ——实土重度（kN/m³）。

为了减少车辆的调头、等待和装土时间，装土场地必须考虑调头方法及停车位置。如在坑边设置两个通道，使汽车不用调头，可以缩短调头、等待时间。

§1.4　土方的填筑与压实

1.4.1　土料的选用与处理

填方土料应符合设计要求，保证填方的强度与稳定性，选择的填料应为强度高、压缩性小、水稳定性好，便于施工的土、石料。如设计无要求时，应符合下列规定：

（1）碎石类土、砂土和爆破石渣（粒径不大于每层铺厚的2/3）可用于表层下的填料。

（2）含水量符合压实要求的黏性土，可为填土。在道路工程中黏性土不是理想的路基填料，在使用其作为路基填料时必须充分压实并设有良好的排水设施。

（3）碎块草皮和有机质含量大于8%的土，仅用于无压实要求的填方。

（4）淤泥和淤泥质土，一般不能用作填料，但在软土或沼泽地区，经过处理含水量符合压实要求，可用于填方中的次要部位。

填土应严格控制含水量，施工前应进行检验。当土的含水量过大，应采用翻松、晾晒、风干等方法降低含水量，或采用换土回填、均匀掺入干土或其他吸水材料、打石灰桩等措施；如含水量偏低，则可预先洒水湿润，否则难以压实。

1.4.2　填土的方法

填土可采用人工填土和机械填土。

人工填土一般用手推车运土，人工用锹、耙、锄等工具进行填筑，从最低部分开始由一端向另一端自下而上分层铺填。

机械填土可用推土机、铲运机或自卸汽车进行。用自卸汽车填土，需用推土机推开推平，采用机械填土时，可利用行驶的机械进行部分压实工作。

填土必须分层进行，并逐层压实。特别是机械填土，不得居高临下，不分层次，一次倾倒填筑。

1.4.3 压实方法

填土的压实方法有碾压、夯实和振动压实等几种。

碾压适用于大面积填土工程。碾压机械有平碾（压路机）、羊足碾和汽胎碾。羊足碾需要较大的牵引力而且只能用于压实黏性土，因在砂土中碾压时，土的颗粒受到"羊足"较大的单位压力后会向四面移动，而使土的结构破坏。汽胎碾在工作时是弹性体，给土的压力较均匀，填土质量较好。应用最普遍的是刚性平碾。利用运土工具碾压土也可取得较大的密实度，但必须很好地组织土方施工，利用运土过程进行碾压。如果单独使用运土工具进行土的压实工作，在经济上是不合理的，它的压实费用要比用平碾压实贵一倍左右。

夯实主要用于小面积填土，可以夯实黏性土或非黏性土。夯实的优点是可以压实较厚的土层。夯实机械有夯锤、内燃夯土机和蛙式打夯机等。夯锤借助起重机提起并落下，其重量大于 1.5t，落距 2.5～4.5m，夯土影响深度可超过 1m，常用于夯实湿陷性黄土、杂填土以及含有石块的填土。内燃夯土机作用深度为 0.4～0.7m，它和蛙式打夯机都是应用较广的夯实机械。人力夯土（木夯、石硪）方法则已很少使用。

振动压实主要用于压实非黏性土，采用的机械主要是振动压路机、平板振动器等。

1.4.4 影响填土压实的因素

填土压实质量与许多因素有关，其中主要影响因素为：压实功、土的含水量以及每层铺土厚度。

1. 压实功的影响

填土压实后的重度与压实机械在其上所施加的功有一定的关系。土的重度与所耗的功的关系见图 1-1-50。当土的含水量一定，在开始压实时，土的重度急剧增加，待到接近土的最大重度时，压实功虽然增加许多，而土的重度则没有变化。实际施工中，对不同的土应根据选择的压实机械和密实度要求选择合理的压实遍数。此外，松土不宜用重型碾压机械直接滚压，否则土层有强烈起伏现象，效率不高。如果先用轻碾，再用重碾压实就会取得较好效果。

2. 含水量的影响

在同一压实功条件下，填土的含水量对压实质量有直接影响。较为干燥的土，由于土颗粒之间的摩阻力较大而不易压实。当土具有适当含水量时，水起了润滑作用，土颗粒之间的摩阻力减小，从而易压实。每种土都有其最佳含水量。土在这种含水量的条件下，使用同样的压实功进行压实，所得到的重度最大（图1-1-51）。各种土的最佳含水量W_{op}和所能获得的最大干重度，可由击实试验取得。施工中，土的含水量与最佳含水量之差可控制在$-4\%\sim+2\%$范围内。

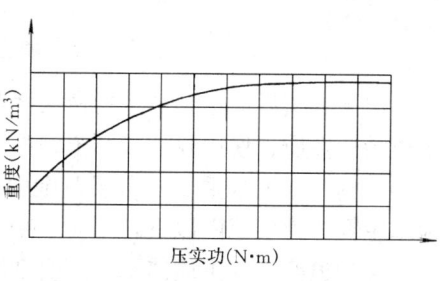

图 1-1-50 土的重度与压实功的关系

3. 铺土厚度的影响

土在压实功的作用下，压应力随深度增加而逐渐减小（图1-1-52），其影响深度与压实机械、土的性质和含水量等有关。铺土厚度应小于压实机械压土时的有效作用深度，而且还应考虑最优土层厚度。铺得过厚，要压很多遍才能达到规定的密实度；铺得过薄，则要增加机械的总压实遍数。最优的铺土厚度应能使土方压实而机械的功耗费最少。填土的铺土厚度及压实遍数可参考表1-1-14选择。

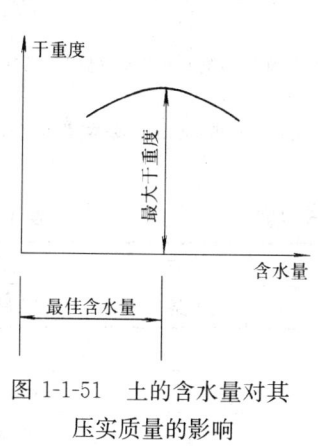

图 1-1-51 土的含水量对其压实质量的影响

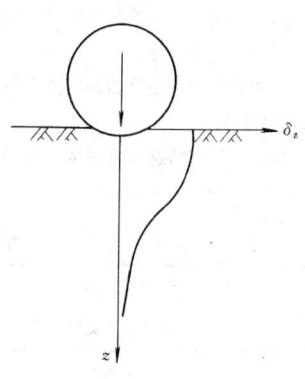

图 1-1-52 压实作用沿深度的变化

填方每层的铺土厚度和压实遍数　　　表 1-1-14

压实机具	每层铺土厚度（mm）	每层压实遍数
平碾	250～300	6～8
振动压实机	250～300	3～4
柴油打夯机	200～250	3～4
人工打夯	<200	3～4

1.4.5 填土压实的质量检查

填土压实后应达到一定的密实度及含水量要求。密实度要求一般由设计根据工程结构性质、使用要求以及土的性质确定,例如建筑工程中的砌体承重结构和框架结构,在地基主要持力层范围内,压实系数(压实度)λ_c应大于0.96,在地基主要持力层范围以下,则λ_c应在0.93~0.96之间。

又如道路工程土质路基的压实度则根据所在地区的气候条件、土基的水温度状况、道路等级及路面类型等因素综合考虑。我国公路和城市道路土基的压实度见表1-1-15及表1-1-16。

公路土质路基压实度　　　　　　　　　　　　　　　表 1-1-15

填挖类别	路槽底面以下深度(cm)	压实度(%)
路堤	0~80	>93
	80以下	>90
零填及路堑	0~30	>93

注:1. 表列压实度系按交通部《公路土工试验规程》JTGE 40—2007 重型击实试验求得最大干密度的压实度。对于铺筑中级或低级路面的三、四级公路路基,允许采用轻型击实试验求得最大干密度的压实度;
2. 高速公路、一级公路路堤槽底面以下0~80cm和零填及路堑0~30cm范围内的压实度应大于95%;
3. 特殊干旱或特殊潮湿地区(系指年降雨量不足100mm或2500mm),表内压实度数值可减少2%~3%。

城市道路土质路基压实度　　　　　　　　　　　　　表 1-1-16

填挖深度	深度范围(cm)(路槽底算起)	压实度(%)		
		快速路及主干路	次干路	支路
填方	0~80	95/98	93/95	90/92
	80以上	93/95	90/92	87/89
挖方	0~30	95/98	93/95	90/92

注:1. 表中数字,分子为重型击实标准的压实度,分母为轻型击实标准的压实度,两者均以相应击实试验求得的最大干密度为压实度的100%;
2. 填方高度小于80cm及不填不挖路段,原地面以下0~30cm范围土的压实度应不低于表列挖方的要求。

压实系数(压实度)λ_c为土的控制干重度ρ_d与土的最大干重度ρ_{dmax}之比,即

$$\lambda_c = \frac{\rho_d}{\rho_{dmax}} \tag{1-1-57}$$

ρ_d可用"环刀法"或灌砂(或灌水)法测定。ρ_{dmax}则用击实试验确定。标准击实试验方法分轻型标准和重型标准两种,两者的落锤重量、击实次数不同,即

试件承受的单位压实功不同。压实度相同时，采用重型标准的压实要求比轻型标准的高，道路工程中一般要求土基压实采用重型标准，确有困难时可采用轻型标准。

思 考 题

1.1 土的可松性系数在土方工程中有哪些具体应用？
1.2 最佳设计平面的基本要求是什么？如何进行最佳设计平面的设计？
1.3 试述"表上作业法"确定土方调配最优化方案的一般步骤。
1.4 场地平整有哪些常用的施工机械？
1.5 试述影响边坡稳定的因素有哪些？并说明原因。
1.6 横撑式板桩土压力分布有何特点？
1.7 水泥土墙设计应考虑哪些因素？水泥土搅拌桩施工应注意哪些问题？
1.8 板桩设计应考虑哪些要素？
1.9 试绘"相当梁法"计算单锚嵌固板桩的计算简图，说明反弯点确定的方法。
1.10 井点降水有何作用？
1.11 简述流砂产生的机理及防治途径。
1.12 轻型井点系统有哪几部分组成？其高程和平面布置有何要求？
1.13 单斗挖土机有几种形式？分别适用开挖何种土方？
1.14 土方填筑应注意哪些问题？叙述影响填土压实的主要因素。

习 题

1. 某矩形基坑，其底部尺寸为 4m×2m，开挖深度 2.0m，坡度系数 $m=0.50$，试计算其挖方量，若将土方用容量为 $2m^3$ 的运输车全部运走，需运多少车次？（$K_s=1.20$，$K'_s=1.05$）

2. 试推导出土的可松性对场地平整设计标高的影响公式，$H'_0=H_0+\Delta h$

$$\Delta h = \frac{V_W(K'_s-1)}{F_T+F_W K'_s}$$

3. 如下图所示的管沟中心线 AC，其中 AB 相距 30m，BC 相距 20m，A 点管沟底部标高 240.00m，沟底纵向坡度自 A 至 C 为 4‰，沟底宽 2m，试绘制管沟纵剖面图，并计算 AC 段的挖方量。（可不考虑放坡）

4. 某工程场地平整，方格网（20m×20m）如图所示，不考虑泄水坡度、土的可松性及边坡的影响，试求场地设计标高 H_0，定性标出零线位置。（按填挖平衡原则）

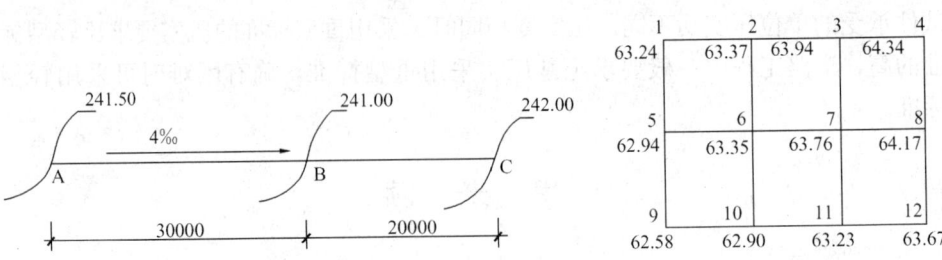

5. 某土方工程，其各调配区的土方量和平均运距如下所示，试求其土方的最优调配方案。

挖区＼填区	T_1	T_2	T_3	挖方量(m³)
W_1	50	70	140	500
W_2	70	40	80	500
W_3	60	140	70	500
W_4	100	120	40	400
填方量(m³)	800	600	500	1900

6. 某基坑底面积为20m×30m，基坑深4m，地下水位在地面以下1m，不透水层在地面以下10m，地下水为无压水，土层渗透系数为15m/d，基坑边坡为1∶0.5，拟采用轻型井点降水，试进行井点系统的布置和计算。

7. 某基坑底面尺寸为30m×50m，深3m，基坑边坡为1∶0.5，地下水位在地面下1.5m处，地下水为无压水。土质情况：天然地面以下为1m厚的杂填土，其下为8m厚的细砂含水层，细砂含水层以下为不透水层。拟采用一级轻型井点降低地下水位，环状布置，井点管埋置面不下沉（为自然地面），现有6m长井点管，1m长滤管，试：

(1) 验算井管的埋置深度能否满足要求；

(2) 判断该井点类型；

(3) 计算群井涌水量Q时，可否直接取用含水层厚度H，应取为多少？为什么？

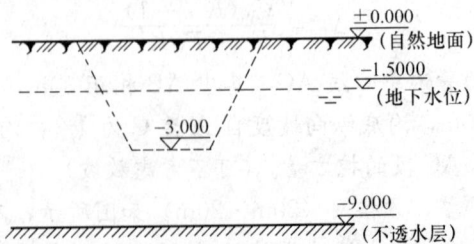

第2章 桩基础工程

一般多层建筑物当地基较好时多采用天然浅基础，它造价低、施工简便。如果天然浅土层较弱，可采用机械压实、强夯、堆载预压、深层搅拌、化学加固等方法进行人工加固，形成人工地基。如深部土层也较弱、建（构）筑物的上部荷载较大或对沉降有严格要求的高层建筑、地下建筑以及桥梁基础等，则需采用深基础。

桩基础是一种常用的深基础形式，它由桩和承台组成。

桩的材料可用混凝土、钢或组合材料。

按照承载性状的不同，桩可分为端承型桩、摩擦-端承型桩及摩擦型桩、端承-摩擦型桩四类。端承型桩基桩端嵌入坚硬土层，在极限承载力状态下，上部结构荷载通过桩传至桩端土层；摩擦型桩则是利用桩侧的土与桩的摩擦力来支承上部荷载，在软土层较厚的地层中多为摩擦桩；摩擦-端承型桩在极限承载力状态下，桩顶荷载主要由桩端阻力承受；端承-摩擦型桩在极限承载力状态下，桩顶荷载主要由桩侧阻力承受。

按照使用的功能分类，桩可分为竖向抗压桩、竖向抗拔桩、水平受荷桩及复合受荷桩。

按施工方法桩可分为预制桩和灌注桩两大类。预制桩是在工厂或施工现场制成的各种形式的桩，然后用锤击、静压、振动或水冲沉入等方法打桩入土。灌注桩则在就地成孔，而后在钻孔中放置钢筋笼、灌注混凝土成桩。灌注桩根据成孔的方法，又可分为钻孔、挖孔、冲孔及沉管成孔等方法。工程中一般根据土层情况、周边环境状况及上部荷载等确定桩型与施工方法。

桩的直径 $d \leqslant 250$ mm 的称为小直径桩；250 mm$< d <800$ mm 的桩称为中等直径桩；$d \geqslant 800$ mm 的桩称为大直径桩。

§2.1 预制桩施工

预制桩一般有混凝土预制桩与钢桩两种。

混凝土预制桩能承受较大的荷载、坚固耐久、施工速度快，是工程广泛应用的桩型之一。常用的有混凝土实心方桩和预应力混凝土空心管桩。混凝土方桩可在工厂加工，也可在施工现场制作，预应力混凝土空心管桩一般均在工厂加工。

钢桩有钢管桩、H型钢桩及其他异型钢桩，其制作一般均在工厂进行。

2.1.1 预制桩的制作

1. 混凝土预制桩的制作

混凝土方桩的截面边长多为250~550mm，普通混凝土方桩截面边长不应小于200mm。方桩根据工程要求可做成单根桩或多节桩，单节长度应根据桩架有效高度、制作场地条件、运输和装卸能力而定，并应避免桩尖接近或处于硬持力层中接桩。如在工厂制作，长度不宜超过12m；如在现场预制，长度不宜超过30m。桩的接头不宜超过两个。

混凝土管桩是在工厂中以离心法生产，采用先张法工艺施加预应力而制成的。混凝土管桩主要有预应力混凝土薄壁管桩（PTC）、预应力混凝土管桩（PC）和预应力高强混凝土管桩（PHC）三类。同时根据管桩的抗弯性能或混凝土有效预应力值，管桩可分为A、AB、B和C型。混凝土管桩外径为300~1000mm，壁厚60~100mm，每节长度7~13mm。PHC桩的混凝土强度等级为C80，PC桩和PTC桩的混凝土强度等级为C60。桩身最小配筋率不小于0.4%，且预应力钢筋数量不少于6根，预应力钢筋应沿桩身圆周均匀配置。采用法兰焊接法连接，桩的接头不宜超过4个。桩底端可设桩尖成封闭状，亦可以是开口的。

下面着重介绍预制方桩的制作。

为节省场地，预制方桩多用叠浇法制作，因此场地应平整、坚实，不得产生不均匀沉降。重叠层数取决于地面允许荷载和施工条件，一般不宜超过4层。水平方向可采用间隔施工的方法，但桩与桩间应做好隔离层，桩与邻桩、下层桩、底模间的接触面不得发生粘结。上层桩或邻桩的浇筑，必须在下层桩或邻桩的混凝土达到设计强度的30%以后方可进行。

混凝土预制桩的混凝土强度等级不宜低于C30（静压法沉桩时不宜低于C20）。桩身配筋与沉桩方法有关。锤击沉桩的纵向钢筋配筋率不宜小于0.8%，静力压入法施工的桩不宜小于0.4%，桩的纵向钢筋直径宜不小于14mm，桩身宽度或直径不小于350mm时，纵向钢筋不应少于8根。桩顶一定范围内的箍筋应加密，并设置钢筋网片。

预制桩的混凝土浇筑，应由桩顶向桩尖连续进行，严禁中断。

2. 钢桩的制作

我国目前采用的钢桩主要是钢管桩和H型钢桩两种，钢管桩一般采用Q235钢桩进行制作，常见直径为$\phi 406$、$\phi 609$和$\phi 914$等几种，壁厚9~18mm，H型钢桩常采用Q235或Q345钢制作，常见截面为200mm×200mm~400mm×400mm，翼缘厚度12~35mm、腹板厚度12~20mm。每节长度不宜超过12~15m。钢管桩的桩端常采用两种形式：带加强箍或不带加强箍的敞口形式以及平底或锥底的闭口形式。H型钢桩则可采用带端板和不带端板的形式，不带端板的桩端可做成锥底或平底。钢桩的桩端形式根据桩所穿越的土层、桩端持力层性质、桩的尺寸、挤土效应等因素综合考虑确定。

钢桩都在工厂生产完成后运至工地使用。制作钢桩的材料必须符合设计要求，并具有出厂合格证明与试验报告。制作现场应有平整的场地与挡风防雨设施，以保证加工质量。

钢桩在地面下仍会发生腐蚀，其腐蚀速率在地面以上无腐蚀性气体或腐蚀性挥发介质的环境下为 $0.05 \sim 0.1\text{mm/a}$，在地面以下为 $0.03 \sim 0.3\text{mm/a}$，因此，应做好防腐处理。钢桩防腐处理可采用外表面涂防腐层，增加腐蚀裕量及阴极保护。当钢管桩内壁与外界隔绝时，可不考虑内壁防腐。

2.1.2 预制桩的起吊、运输

1. 预制桩的起吊

混凝土预制桩须在混凝土强度达到设计强度的70%方可起吊；达到100%方可运输和打桩。如提前起吊，必须采取措施并经验算合格方可进行。

桩在起吊和搬运时，必须平稳，并且不得损坏。由于混凝土桩的主筋一般均为均匀对称配置的，而钢桩的截面通常也为等截面的，因此，吊点设置应按照起吊后桩的正、负弯矩基本相等的原则，节点一般设置如图 1-2-1 所示。

2. 预制桩的运输

打桩前，桩从制作处运到现场以备打桩，应尽可能避免桩在现场二次搬运，可根据打桩顺序随打随运。桩的运输方式，在运距不大时，可直接用起重机吊运；当运距较大时，可采用大平板车或轻便轨道平台车运输。

钢桩在运输中对两端应适当保护，钢管桩应设置保护圈，防止桩体撞击而造成桩端、桩体损坏或弯曲。

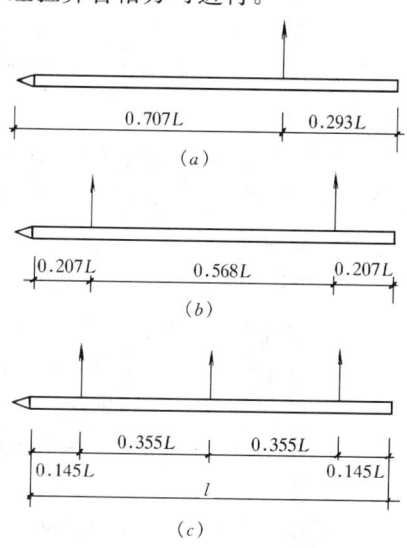

图 1-2-1 桩的合理吊点
(a) 一点起吊；(b) 两点起吊；(c) 三点起吊

2.1.3 预制桩的堆放

桩的堆放场地必须平整、坚实，排水畅通。垫木间距应与吊点位置相同，各层垫木应位于同一垂直线上。对圆形的混凝土桩或钢管桩的两侧应用木楔塞紧，防止其滚动。

在现场桩的堆放层数不宜太多。对混凝土桩，堆放层数不宜超过4层；对钢管桩，直径在900mm左右的不宜超过3层，直径在600mm左右的不宜超过4层，直径在400mm左右的不宜超过5层。此外，对不同规格、不同材质的桩应分别堆放，便于施工。

预应力管桩及钢管桩在运输与堆放时都应在桩的两侧用木楔塞紧,防止滚动。

2.1.4 预制桩沉桩

预制桩的沉桩方法有锤击法、静压法、振动法及水冲法等。其中以锤击法与静压法应用较多。

1. 锤击法

(1) 锤击沉桩机

锤击沉桩机有桩锤、桩架及动力装置三部分组成,选择时主要考虑桩锤与桩架。

1) 桩锤

桩锤有落锤、蒸汽锤、柴油锤、液压锤及振动锤等。

A. 落锤

落锤用人力或卷扬机拉起桩锤,然后使其自由下落,利用锤的重力夯击桩顶,使之入土。

落锤装置简单,使用方便,费用低,但施工速度慢,效率低,且桩顶易被打坏。落锤适用于施打小直径的钢筋混凝土预制桩或小型钢桩,在软土层中应用较多。

B. 柴油锤

柴油锤(图1-2-2)是以柴油为燃料,利用设在筒形汽缸内的冲击体的冲击力与燃烧压力,推动锤体跳动夯击桩体。柴油锤冲击部分的重量有2.0t、2.5t、3.5t、4.5t、6.0t、7.2t等数种。每分钟锤击次数约40~80次。可以用于大型混凝土桩和钢桩等。

柴油锤体积小、锤击能量大、锤击速度快、施工性能好。它适用于各种土层及各类桩型,也可打斜桩。但这种在过软的土中往往会由于贯入度过大,燃油不易爆发,桩锤不能反跳,造成工作循环中断。此外,柴油锤施工时有振动大、噪声高、废气飞散等严重污染,目前,柴油锤在国外及我国的一些大中城市已受到限制。

C. 蒸汽锤

蒸汽锤是利用蒸汽的动力进行锤击,它需要配备一套锅炉设备对桩锤外供蒸汽。根据其工作情况又可分为单动式汽锤与双动式汽锤。单动式汽锤的冲击体只在上升时耗用动力,下降依靠自重;双动式汽锤的冲击体升降均由蒸汽推动。

单动式汽锤的冲击力较大,每分钟锤击数为25~30次。常用锤重为3~10t,可以打各种桩。双动式汽锤的外壳(即汽缸)是固定在桩头上的,而锤是在外壳内上下运动。因冲击频率高(100~200次/min),所以工作效率高。锤重一般为

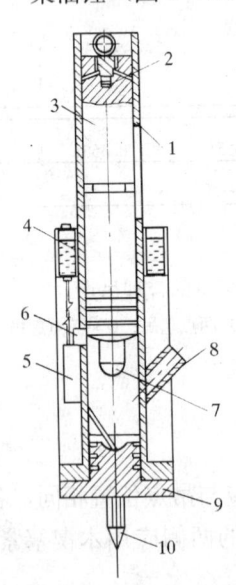

图1-2-2 筒式柴油锤
1—汽缸;2—油箱;3—活塞;4—储油箱;5—油泵;6—杠杆;7—环形头;8—接管;9—锤脚;10—顶尖

0.6~6t。它适宜打各种桩,也可在水下打桩并用于拔桩。

D. 液压锤

液压打桩锤的冲击块通过液压装置提升至预定高度后再快速释放,后以自由落体方式打击桩体。也有在冲击块提升至预定高度后再以液压系统施加作用力,使冲击块获得加速度,以提高冲击速度与冲击能量,后者亦称为双作用液压锤。

液压锤具有很好的工作性能,且无烟气污染、噪声较低,软土中起动性比柴油锤有很大改善,但它结构复杂、维修保养的工作量大、价格高,作业效率比柴油锤低。

用锤击沉桩时,为防止桩受冲击应力过大而损坏,宜采用"重锤轻击"方法。桩锤过轻,锤击能很大一部分被桩身吸收,桩头容易打碎而桩不易入土。锤重可根据土质、桩的规格等参考表1-2-1进行选择,如能进行锤击应力计算则更为科学。

锤 重 选 择 表 表 1-2-1

锤 型			柴 油 锤 (t)					
			2.0	2.5	3.5	4.5	6.0	7.2
锤的动力性能		冲击部分重(t)	2.0	2.5	3.5	4.5	6.0	7.2
		总重(t)	4.5	6.5	7.2	9.8	15.0	18.0
		冲击力(kN)	2000	2000~2500	2500~4000	4000~5000	5000~7000	7000~10000
		常用冲程(m)	1.8~2.3					
桩的截面尺寸		混凝土预制桩的边长或直径(cm)	25~35	35~40	40~45	45~50	50~55	55~60
		钢管桩的直径(cm)		40		60	90	90~100
持力层	黏性土粉土	一般进入深度(m)	1.0~2.0	1.5~2.5	2.0~3.0	2.5~3.5	3.0~4.0	3.0~5.0
		静力触探比贯入阻力 P_s 平均值(MPa)	3	4	5	>5		
	砂土	一般进入深度(m)	0.5~1.0	0.5~1.5	1.0~2.0	1.5~2.5	2.0~3.0	2.5~3.5
		标准贯入击数 N(未修正)	15~25	20~30	30~40	40~45	45~50	50
常用的控制贯入度(cm/10击)				2~3		3~5	4~8	
设计单桩极限承载力(kN)			400~1200	800~1600	2500~4000	3000~5000	5000~7000	7000~10000

2) 桩架

桩架的作用是悬吊桩锤,并为桩锤导向,它还能吊桩并可以在小范围内移动桩位。

A. 桩架的种类

桩架的行走方式常有滚管式、轨道式、步履式及履带式等四种。

(A) 滚管式桩架

滚管式打桩架靠两根滚管在枕木上滚动及桩架在滚管上的滑动完成其行走及位移。这种桩架的优点是结构比较简单、制作容易、成本低;缺点是平面转向不灵活、操作复杂。

(B) 轨道式桩架

轨道式打桩架设置轨道行走,它采用多电机分别驱动、集中操纵控制,它能吊桩、吊锤、行走、回转移位,导杆能水平微调和倾斜打桩,并装有升降电梯为打桩人员提供良好的操作条件。但这种桩架只能沿轨道开行,机动性能较差,施工不方便。

(C) 步履桩架

液压步履式打桩架是通过两个可相对移动的底盘互为支撑、交替走步的方式前进,也可360°回转,它不需铺设轨道,移动就位方便,打桩效率高。

(D) 履带式桩架

履带式打桩架是以履带式车体为主机的一种多功能打桩机,图1-2-3是三点支撑式履带打桩架的示意图。

三点支撑式履带打桩架是在专用履带式车体上配以钢管式导杆和两根后支撑组成,它是目前最先进的一种桩架,采用全液压传动,履带的中心距可调节,导杆分单导向及双导向两种,它可360°回转。

这种打桩机具有垂直度调节灵活、稳定性好;装拆方便、行走迅速;适应性强、施工效率高等一系列优点。适用各种导杆和各类桩锤,可施打各类桩,也可打斜桩。

B. 桩架的选择

桩架选择应考虑下述因素:

(A) 桩的材料、桩的截面形状及尺寸大小、桩的长度及接桩方式;

(B) 桩的数量、桩距及布置方式;

(C) 选用桩锤的形式、重量及尺寸;

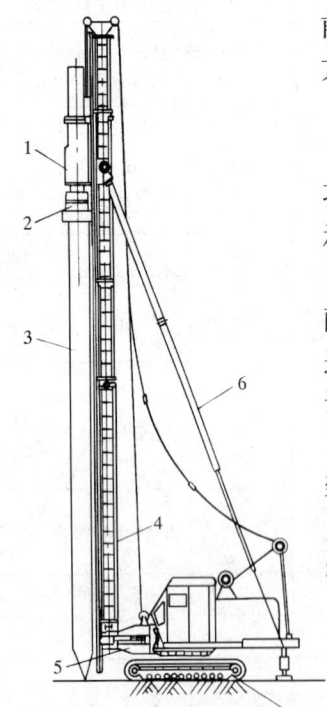

图1-2-3 三点支撑式履带桩架
1—桩锤;2—桩帽;3—桩;4—立柱;
5—立柱支撑;6—斜撑;7—车体

(D) 工地现场条件、打桩作业空间及周边环境；

(E) 投入桩机数量及操作人员的素质；

(F) 施工工期及打桩速率。

桩架的高度是选择桩架时需考虑的一个重要问题。桩架的高度应满足施工要求，它一般等于桩长＋滑轮组高度＋桩锤高度＋桩帽高度＋起锤移位高度（取 1～2m）。

(2) 打桩施工

1) 打桩顺序

打桩顺序合理与否，影响打桩速度、打桩质量及周围环境。当桩的中心距小于 4 倍桩径时，打桩顺序尤为重要。对于密集桩群，应采用自中间向两个方向（图 1-2-4a）或自中间向四周对称施打（图 1-2-4b）。施工区毗邻建筑物或地下管线，应由毗邻被保护的一侧向另一方向施打。此外，根据设计标高及桩的规格，宜先深后浅、先大后小、先长后短，这样可以减小后施工的桩对先施工的桩的影响。

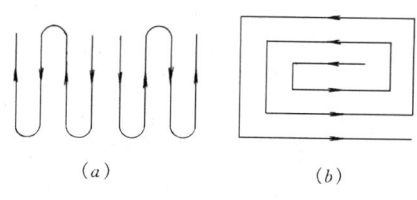

图 1-2-4　打桩顺序
(a) 由中间向两个方向施打；
(b) 由中间向四周施打

2) 打桩方法

打桩机就位后，将桩锤和桩帽吊起，然后吊桩提升，垂直对准桩位缓缓送下插入土中，桩插入时垂直度偏差不得超过 0.5%。然后固定桩帽和桩锤，使桩、桩帽、桩锤在同一铅垂线上，确保桩能垂直下沉。桩帽或送桩管与桩周围应有 5～10mm 的间隙，以防损伤桩顶。在桩锤和桩帽之间应加弹性衬垫，一般可用硬木、麻袋、草垫等。

打桩开始时，锤的落距应较小，待桩入土至一定深度且稳定后，再按规定的落距锤击。用落锤或单动汽锤打桩时，最大落距不宜大于 1m，用柴油锤时，应使锤跳动正常。在打桩过程中，遇有贯入度剧变、桩身突然发生倾斜、移位或有严重回弹、桩顶或桩身出现严重裂缝或破碎等异常情况时，应暂停打桩，及时研究处理。

如桩顶标高低于自然土面，则需用送桩管将桩送入土中时，桩与送桩管的纵轴线应在同一直线上，拔出送桩管后，桩孔应及时回填或加盖。

混凝土预制桩在施打时其混凝土强度与龄期均应达到设计要求。对 H 型钢桩，由于其截面刚度较小，锤重不宜大于 4.5t 级（柴油锤），且在锤击过程中在桩架前应设横向约束装置，防止桩的横向失稳。当持力层较硬时，H 型钢桩不宜送桩。对钢管桩，如锤击有困难时，可在管内取土以助沉桩。

3) 接桩方法

混凝土桩的接桩可用焊接、法兰接以及硫磺胶泥锚接三种方法。

目前焊接接桩应用最多。接桩的预埋铁件表面应清洁，应先将四角点点焊固定，然后对称焊接。上、下节桩之间如有间隙应用铁片填实焊牢，焊接时焊缝应连续饱满,并采取措施减少焊接变形。接桩时,上、下节桩的中心线偏差不得大于 10mm,节点弯曲矢高不得大于 1‰桩长。

硫磺胶泥锚接仅适用于软土层,且对一级建筑桩基或承受拔力的桩应谨慎选用。此外,硫磺胶泥锚接对抗震不利。

钢桩焊接时气温低于 0℃或雨雪天,应采取可靠措施,否则不得进行焊接施工。焊接时,应清除焊接处的浮锈、油污等脏物,桩顶经锤击变形部分应割除。焊接应对称进行,接头焊接完成后应冷却 1min 后方可继续锤击。

(3) 打桩的质量控制

打桩过程中,应做好沉桩记录,以便工程验收。

打桩的质量检查主要包括预制桩沉桩过程中的每米进尺的锤击数、最后 1m 锤击数、最后三阵贯入度及桩尖标高、桩身垂直度以及桩位。

打桩停锤的控制原则,对于桩尖位于坚硬土层的端承型桩,以贯入度控制为主,桩端标高可作参考。如贯入度已达到而桩端标高未达到时,应继续锤击 3 阵,按每阵 10 击的贯入度不大于设计规定的数值加以确认,必要时应通过试验或与有关单位会商确定。桩端(桩的全断面)位于一般土层的摩擦型桩,应以控制桩端设计标高为主,贯入度可作参考。

预制桩的垂直偏差应控制在 1%之内,斜桩的倾斜度偏差不得大于倾斜角正切值的 15%(倾斜角系桩的纵向中心线与铅垂线之间的夹角)。按桩顶标高控制的桩,桩顶标高允许偏差为-50mm,+100mm。桩的平面位置的允许偏差见表 1-2-2。

预制桩(钢桩)桩位允许偏差　　　　表 1-2-2

项　目		允许偏差(mm)
盖有基础梁的桩	垂直于基础梁中心线	100+0.01H
	沿基础梁中心线	150+0.01H
桩数为 1~3 根桩基中的桩		100
桩数为 4~16 根桩基中的桩		1/3 桩径或边长
桩数大于 16 根桩基中的桩	最外边的桩	1/3 桩径或边长
	中间桩	1/2 桩径或边长

注:H 为施工现场地面标高与设计桩顶标高的距离。

(4) 打桩对周边的影响及其防治

打桩时,往往会产生挤土,引起桩区及附近地区的土体隆起和水平位移,由于邻桩相互挤压易导致桩位偏移,会影响桩工程质量。如临近有建筑物或地下管线等,打桩还会引起邻近建筑物、地下管线及地面道路的损坏。为此,在邻近建筑物(构筑物)打桩时,应采取适当的措施。

为避免或减小沉桩挤土效应及对邻近环境的影响,可采取以下措施:

1) 预钻孔沉桩

可在桩位处预钻直径比桩径小 50~100mm 的孔,深度视桩距和土的密实度、渗透性确定，一般为 1/3～1/2 桩长，施工时随钻随打。

2）设置袋装砂井或塑料排水板

设置袋装砂井或塑料排水板排水以清除部分超孔隙水压力，减少挤土现象。袋装砂井的直径一般为 70～80mm，间距 1～1.5m，深度 10～12m。如采用塑料排水板，间距及深度也类似。

3）挖防振沟

在地面开挖防振沟，可以消除部分地面的振动。防振沟一般宽 0.5～0.8m，深度根据土质以边坡能自立为妥。该方法可以与其他措施结合使用。

4）采取合理打桩顺序、控制打桩速度

5）设置隔离板桩或地下连续墙

此外，在沉桩过程中应加强对邻近建筑物、地下管线等的观测、监护，可以及时发现问题，并研究解决问题的措施。

2. 静力压桩法

静力压桩法是利用桩机本身的自重平衡沉桩阻力，在沉桩压力的作用下，克服压桩过程中的桩侧摩阻力及桩端阻力而将桩压入土中。

静力压桩法完全避免了桩锤的冲击运动，故在施工中无振动、噪声、无空气污染，同时对桩身产生的应力也大大减小。因此，它广泛应用于闹市中心建筑较密集的地区，但它对土层的适应性有一定局限，一般适用于软弱土层，当存在厚度大于 2m 的中密以上砂夹层时不宜采用此法。

静力压桩机分为机械式与液压式两种，前者只能用于压桩，后者可以压桩还可拔桩。

（1）机械式压桩机

机械式压桩机是由卷扬机通过钢丝绳滑轮组将桩压入土中，它由底盘、机架、动力装置等几部分组成。

这种桩机是在桩顶部位施加压力，因此，桩架高度必须大于单节桩的长度。此外，由于沉桩阻力较大，卷扬机需通过多个滑轮组方可产生足够的压力将桩压入土中，所以跑头钢丝绳的行走长度很大，作业效率较低。

（2）液压式压桩机

液压式压桩机主要由桩架、液压夹桩器、动力设备及吊桩起重机等组成（图 1-2-5）。它可利用起重机起吊桩体，并通过液压夹桩器把桩的"腰"部夹紧并下压，当压桩力大于沉桩阻力时，桩便被压入土中。

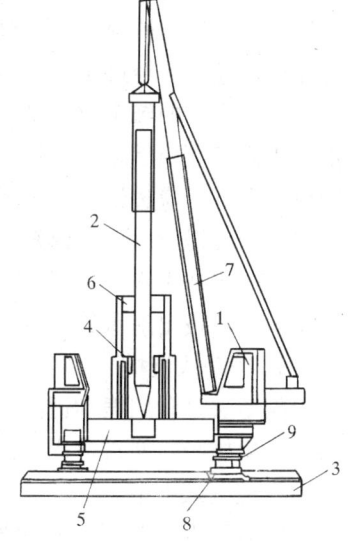

图 1-2-5　液压式压桩机
1—操纵室；2—桩；3—支腿平台；4—导向架；5—配重；6—夹持装置；7—吊装拔杆；8—纵向行走装置；9—横向行走装置

这种桩机采用液压传动，动力大、工作平稳，还可在压桩过程中直接从液压表中读出沉桩压力，故可了解沉桩全过程的压力状况，得知桩的承载力。

压桩施工时应根据土质配足额定的重量，防止阻力过大而桩机自重不足以平衡。压桩一般分节压入，逐段接长。当第一节桩压入土中，其上端距地面1m左右时将第二节桩接上，继续压入。此时应尽量缩短停息时间。

如初压时桩身发生较大移位、倾斜；压入过程中桩身突然下沉或倾斜；桩顶混凝土破坏或压桩阻力剧变时，应暂停压桩，及时研究处理。

3. 水冲法

水冲法沉桩方法往往与锤击（或振动）法同时使用，具体选择应视土质情况：在砂夹卵石层或坚硬土层中，一般以射水为主，以锤击或振动为辅；在粉质黏土或黏土中，为避免降低承载力，一般以锤击或振动为主，以射水为辅，并应控制射水时间和水量。下沉空心桩，一般用单管内射水。当下沉较深或土层较密实，可用锤击或振动，配合射水；下沉实心桩，将射水管对称地装在桩的两侧，并能沿着桩身上下自由移动，以便在任何高度上射水冲土。必须注意，不论采取何种射水施工方法，在沉入最后1~2m时，应停止射水，用锤击至设计深度，以保证桩的承载力。

射水沉桩的设备包括：水泵、水源、输水管路和射水管。射水管内射水的长度（L）应为桩管长度（L_1）、射水嘴伸出桩尖外的长度（L_2）和射水管高出桩顶以上高度（L_3）之和，即$L=L_1+L_2+L_3$。射水管的布置见图1-2-6。水压与流量根据地质条件、桩锤或振动机具、沉桩深度和射水管直径、数目等因素确定，通常在沉桩施工前经过试桩选定。

射水沉桩的施工要点是：吊插桩时要注意及时引送输水胶管，防止拉断与脱落；桩插正立稳后，压上桩帽桩锤，开始用较小水压，使桩靠自重下沉。初期控制桩身下沉不应过快，以免阻塞射水管嘴，并注意随时控制和校正桩的垂直度。下沉渐趋缓慢时，可开锤轻击。沉至一定深度（8~10m）已能保持桩身稳定度后，可逐步加大水压和锤的冲击动能。沉桩至距设计标高一定距离（1~1.5m）停止射水，拔出射水管，进行锤击或振动，使桩下沉至设计要求标高。

4. 振动法沉桩

振动法是利用振动锤沉桩（图1-2-7），将桩与振动锤连接在一起，利用高频振动激振桩身，使桩身周围的土体产生液化而减小沉桩阻力，并靠桩锤及桩体的自重将桩沉入土中。

它适用于长度不大的钢管桩、H型钢桩及混凝土预制桩，并常用于沉管灌注桩施工。振动锤可适用于软土、粉土、松砂等土层，不宜用于密实的粉性土、砾石及岩石。

振动锤施工速度快、使用方便、费用低、结构简单、维修方便，但其耗电量大、噪声大，在硬质土层中不易贯入。

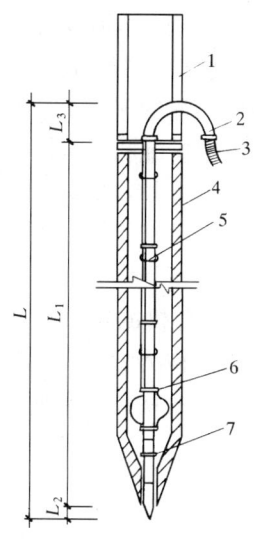

图 1-2-6 射水沉桩
的射水管
1—送桩管；2—弯管；3—胶管；4—桩管；5—射水管；6—导向环；7—挡砂板

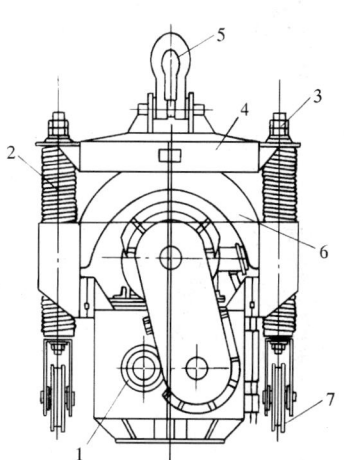

图 1-2-7 振动锤
1—振动器；2—弹簧；3—竖轴；
4—横梁；5—起重环；6—吸振器；
7—加压滑轮

§2.2 灌注桩施工

灌注桩是直接在桩位上就地成孔，然后在孔内安放钢筋笼、灌注混凝土而成。根据成孔工艺不同，分为干作业成孔、泥浆护壁成孔、套管成孔和爆扩成孔等。灌注桩施工技术近年来发展很快，一些新工艺不断出现。

灌注桩能适应各种地层的变化，无需接桩，施工时无振动、无挤土、噪声小，宜在建筑物密集地区使用。但与预制桩相比，存在质量不易控制、操作要求严格，桩的养护需占工期，成孔时有大量土渣泥浆排出等缺点。

灌注桩的成孔深度控制对摩擦型桩中的摩擦桩应以设计桩长控制；对端承摩擦桩除应达到设计标高外，还应保证桩端进入持力层的深度。这类桩采用锤击沉管法施工时，桩管入土深度控制以标高为主，以贯入度控制为辅。对端承型桩，如采用钻（冲）、挖成孔时，必须保证桩端进入设计持力层的深度。端承型桩采用锤击沉管法施工时，桩管入土深度控制以贯入度为主，以控制标高为辅。

灌注桩成孔是灌注桩质量控制的关键，下面重点介绍有关成孔的方法与技术要求。

2.2.1 干作业成孔灌注桩

干作业成孔灌注桩适用于地下水位以上的黏性土、粉土、填土、中等密实以上的砂土、风化岩层等。目前常用螺旋钻机成孔，亦有采用人工挖孔的，如果采用人工挖孔方法,在地下水位较高,特别是有承压水的砂土、滞水层、厚度较大的高压缩性淤泥层和流塑淤泥质土层中施工,必须有可靠的技术措施和安全措施。

螺旋钻机是干作业成孔的常用机械,它是利用动力旋转钻杆,使钻头的螺旋叶片旋转削土,土块沿螺旋叶片上升排出孔外(图1-2-8)。螺旋钻孔机的钻头是钻进取土的关键装置,它有多种类型,分别适用于不同土质,常用的有锥式钻头、平底钻头及耙式钻头(图1-2-9)。

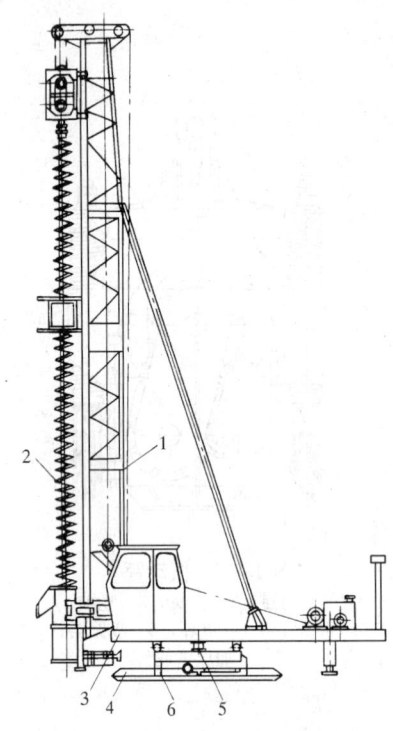

图 1-2-8 步履式螺旋钻机

1—立柱;2—螺旋钻;3—上底盘;
4—下底盘;5—回转滚轮;6—行车滚轮

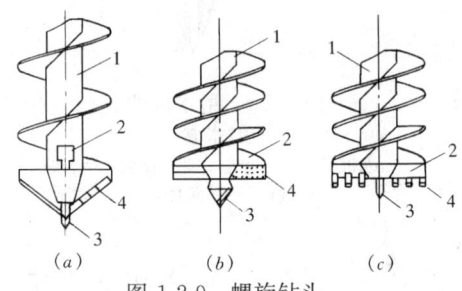

图 1-2-9 螺旋钻头

(a) 锥式钻头;(b) 平底钻头;(c) 耙式钻头
1—螺旋钻杆;2—切削片;3—导向尖;4—合金刀

锥式钻头适用于黏性土;平底钻头适用于松散土层;耙式钻头适用于杂填土,其钻头边镶有硬质合金刀头,能将碎砖等硬块切削成小颗粒。全叶片螺旋钻机成孔直径一般为300～600mm,钻孔深度8～20m。

操作时要求钻杆垂直稳固位置正确,防止发生钻杆晃动引起孔径扩大。钻孔过程中如发现钻杆摇晃或难钻进时,可能是遇到石块等异物,应立即停机检查。在钻孔时应随时清理孔口积土,遇到塌孔、缩孔等异常情况,应及时研究解决。

2.2.2 泥浆护壁钻孔灌注桩

泥浆护壁成孔是用泥浆保护孔壁并排出土渣而成孔,不论在地下水位以上或以下的土层皆适用,它还适用于地质情况复杂、夹层多、风化不均、软硬变化大的岩层。

泥浆护壁钻孔灌注桩的施工工艺流程为:桩位放线→开挖泥浆池、排浆沟→护筒埋设→钻机就位、孔位校正→成孔(泥浆循环、清除土渣)→第一次清孔→质量验收→下钢筋笼和混凝土导管→第二次清孔→浇筑水下混凝土(泥浆排出)→成桩。

泥浆护壁钻孔灌注桩的泥浆护壁对保证成孔质量十分重要。

1. 护壁泥浆

(1) 泥浆的作用与基本要求

护壁泥浆是由高塑性黏土或膨润土和水拌合的混合物，还可在其中掺入其他掺合剂，如加重剂、分散剂、增黏剂及堵漏剂等。护壁泥浆一般在现场专门制备，有些黏性土在钻进过程中可形成适合护壁的浆液，则可利用其作为护壁泥浆，这种方法也称原土自造泥浆。泥浆的制备应按施工机械、工艺及穿越土层进行配合比设计。

泥浆具有保护孔壁、防止塌孔、排出土渣以及冷却与润滑钻头的作用。

护壁泥浆应达到一定的性能指标，膨润土泥浆的性能指标主要有相对密度、黏度、含砂率等，施工时注入的泥浆相对密度控制在 1.1 左右，排出泥浆的相对密度宜为 1.2～1.4。

在钻孔时，需在孔口埋设护筒，护筒可以起到定位、保护孔口、维持水头等作用。泥浆液面应高出地下水位 1.0m 以上，如受水位涨落影响时，应增至 1.5m 以上。钻孔时泥浆不断循环，携带土渣排出桩孔。钻孔完成后应进行清孔，在清孔过程中泥浆不断置换，使孔底沉渣排出，沉渣厚度应符合要求。

(2) 泥浆循环

根据泥浆循环方式的不同，分为正循环和反循环。根据桩型、钻孔深度、土层情况、泥浆排放及处理条件、允许沉渣厚度等进行选择，但对孔深大于 30m 的端承型桩，宜采用反循环。

正循环的工艺如图 1-2-10（a）所示。泥浆由钻杆内部注入，并从钻杆底部喷出，携带钻下的土渣沿孔壁向上流动，由孔口将土渣带出流入沉淀池，经沉淀的泥浆流入泥浆池再注入钻杆，由此进行循环。沉淀的土渣用泥浆车运出排放。由于正循环工艺是依靠泥浆向上的流动将土渣提升，其提升力较小，孔底沉渣较多。

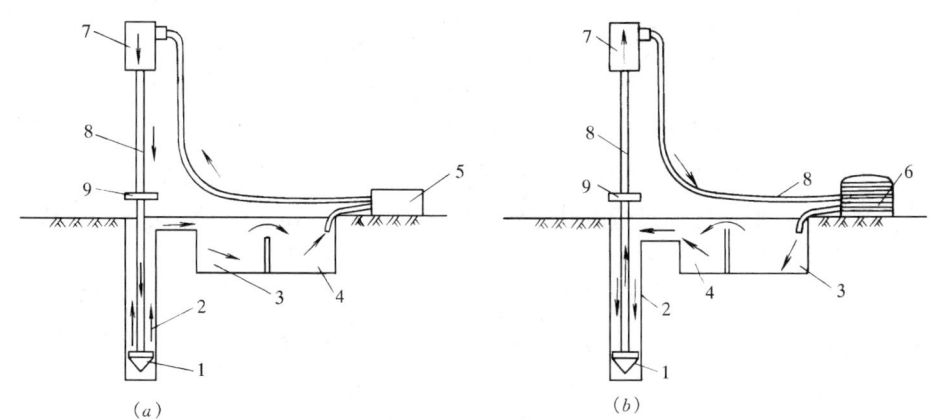

图 1-2-10　泥浆循环成孔工艺

(a) 正循环；(b) 反循环

1—钻头；2—泥浆循环方向；3—沉淀池；4—泥浆池；5—泥浆泵；6—砂石泵；7—水龙头；8—钻杆；9—钻机回转装置

反循环回转钻机成孔的工艺如图1-2-10（b）所示。泥浆由钻杆与孔壁间的环状间隙流入钻孔，然后，由砂石泵在钻杆内形成真空，使钻下的土渣由钻杆内腔吸出至地面而流向沉淀池，沉淀后再流入泥浆池。反循环工艺通过泵吸作用提升泥浆，其泥浆上升的速度较高，排放的土渣能力大，但对土质较差或易塌孔的土层应谨慎使用。

2. 成孔机械

成孔机械有回转钻机、冲击钻、潜水钻机等，其中以回转钻机应用最多。

(1) 回转钻机（图1-2-11）

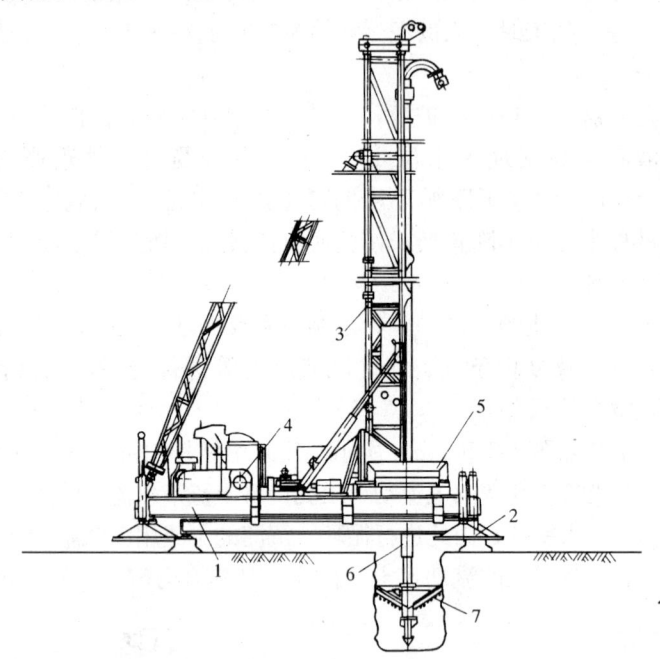

图 1-2-11 回转钻机的构造

1—座盘；2—支腿；3—塔架；4—方形钻杆；5—转盘；6—电机；7—钻头

该钻机由机械动力传动，可多档调速或液压无级调速，带动置于钻机前端的转盘旋转，方形钻杆通过带方孔的转盘被强制旋转，其下安装钻头钻进成孔。钻头切削土层，切削形成的土渣，通过泥浆循环排出桩孔。

回转钻机设备性能可靠、噪声和振动较小、钻进效率高、钻孔质量好。它适用于松散土层、黏土层、砂砾层、软硬岩层等多种地质条件，近几年在我国华东地区已广泛应用。

(2) 冲击钻机

冲击钻机（图1-2-12）是将冲锤式钻头用动力提升，以自由落下的冲击力来掘削岩层，然后排除碎块，钻至设计标高形成桩孔。它适用于粉质黏土、砂土及砾石、卵漂石及岩层等。

冲击钻机施工中需以护筒、掏渣筒及打捞工具等辅助作业，其机架可采用井架式、桅杆式或步履式等，一般均为钢结构。

(3) 潜水钻机成孔

潜水钻机是一种旋转式钻孔机械，其动力、变速机构和钻头连在一起，加以密封，因而可以下放至孔中地下水位以下进行切削土层成孔（图1-2-13）。用循环工艺输入泥浆，进行护壁和排渣。

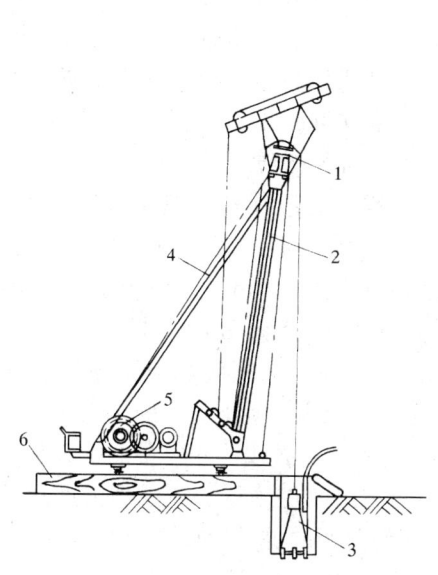

图1-2-12 冲击钻机
1—滑轮；2—主杆；3—钻头；4—斜撑；
5—卷扬机；6—垫木

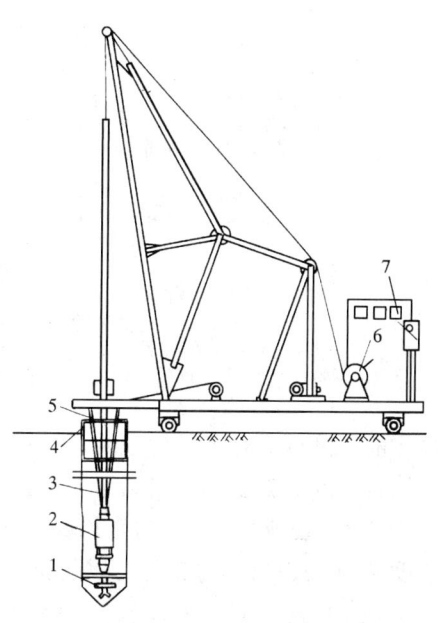

图1-2-13 潜水钻机
1—钻头；2—潜水钻机；3—钻杆；4—护筒；
5—水管；6—卷扬机；7—控制箱

2.2.3 沉管灌注桩

沉管灌注桩是利用锤击打桩法或振动沉管法将带有活瓣的钢制桩尖（图1-2-14）或混凝土桩尖（图1-2-15）的钢管沉入土中，然后边拔出钢管边向钢管内灌注混凝土而形成的桩。如桩配有钢筋，则在灌注混凝土前应先吊放钢筋笼。用锤击法沉、拔管的称为锤击沉管灌注桩；用激振器沉、拔管的称为振动沉管灌注桩。沉管灌注桩成桩过程为：桩机就位→锤击（振动）沉管→上料→边锤击（振动）边拔管，浇筑混凝土→下钢筋笼→继续拔管，浇筑混凝土→成桩（图1-2-15）。

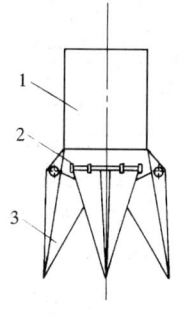

图1-2-14 活瓣桩尖
1—桩管；2—锁轴；
3—活瓣

1. 锤击沉管灌注桩

锤击灌注桩宜用于一般黏性土、淤泥质土、砂土和人工填土地基。

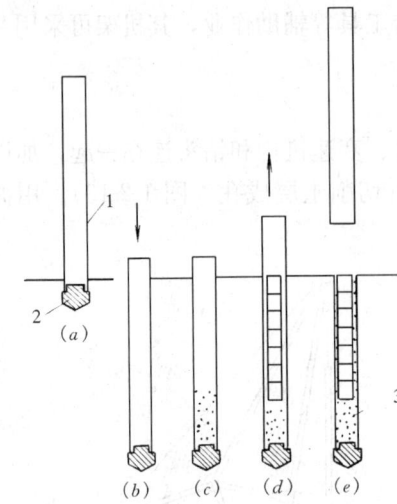

图 1-2-15 沉管灌注桩施工过程
(a) 就位；(b) 沉套管；(c) 初灌混凝土；
(d) 放置钢筋笼、灌注混凝土；(e) 拔管成桩
1—钢管；2—混凝土桩靴；3—桩

锤击沉管灌注桩施工时，用桩架吊起钢套管，关闭活瓣或放置预制混凝土桩靴。套管与桩靴连接处要垫以麻、草绳等，以防止地下水渗入管内。然后缓缓放下套管，压进土中。套管顶端扣上桩帽，检查套管与桩锤是否在一垂直线上，套管偏斜不大于0.5%时，即可起锤沉套管。先用低锤轻击，观察后如无偏移，才正常施打，直至符合设计要求的贯入度或标高。检查管内无泥浆或水进入，即可灌注混凝土。套管内混凝土应尽量灌满，然后开始拔管。拔管要均匀，不宜拔管过高。拔管时应保持连续密锤低击不停。拔管浇筑混凝土时，应控制拔管速度，对一般土层，以不大于1m/min为宜；在软弱土层及软硬土层交界处，应控制在 0.3～0.8m/min 以内。在管底未拔到桩顶设计标高之前，倒打或轻击不得中断。拔管时还要经常探测混凝土落下的扩散情况，注意使管内的混凝土保持略高于地面，这样一直到全管拔出为止。桩的中心距小于5倍桩管外径或小于2m时，均应跳打。中间空出的桩须待邻桩混凝土达到设计强度的50%以后方可施打，以防止因挤土而使前面的桩发生桩身断裂。

施工中应做好施工记录，包括：每米的锤击数和最后1m的锤击数，最后3阵，每阵10击的贯入度及落锤高度。

为了提高沉管灌注桩的质量和承载能力，常采用复打扩大灌注桩。全长复打法的施工顺序如下：在第一次灌注桩施工完毕，拔出套管后，应及时清除管外壁上的污泥和桩孔周围地面的浮土，立即在原桩位吊升第二次复打沉套管（同样应安放桩靴或活瓣），使未凝固的混凝土向四周挤压扩大桩径，然后第二次灌注混凝土。拔管方法与初打时相同。复打施工时要注意：前后两次沉管的轴线应重合；复打施工必须在第一次灌注的混凝土初凝之前进行。复打法第一次灌注混凝土前不能放置钢筋笼，如配有钢筋，应在第二次灌注混凝土前放置。

2. 振动沉管灌注桩

振动灌注桩的适用范围除与锤击灌注桩相同外，还适用于稍密及中密的碎石土地基。

振动沉管灌注桩采用振动锤或振动冲击锤沉管，其设备见图1-2-16。施工前，先安装好桩机，将桩管下端活瓣合起来或套入桩靴，对准桩位，徐徐放下套管，压入土中，即可开动激振器沉管。桩管受振后与土体之间摩阻力减小，同时利用振动锤自重在套管上加压，套管即能沉入土中。

沉管时，必须严格控制最后的贯入速度，其值按设计要求，或根据试桩和当地的施工经验确定。

振动灌注桩可采用单打法、反插法或复打法施工。

单打施工时，在沉入土中的套管内灌满混凝土，开动激振器，振动 5~10s，开始拔管，边振边拔。每拔 0.5~1m，停拔振动 5~10s，如此反复，直到套管全部拔出。在一般土层内拔管速度宜为 1.2~1.5m/min，在较软弱土层中，宜控制在 0.6~0.8m/min。

反插法施工时，在套管内灌满混凝土后，先振动再开始拔管，每次拔管高度 0.5~1.0m，向下反插深度 0.3~0.5m。如此反复进行并始终保持振动，直至套管全部拔出地面。在拔管过程中，应分段添加混凝土，保持管内混凝土面高于地表面或高于地下水位 1.0~1.5m。拔管速度应小于 0.5m/min。反插法能使桩的截面增大，从而提高桩的承载能力，宜在较差的软土地基上应用。

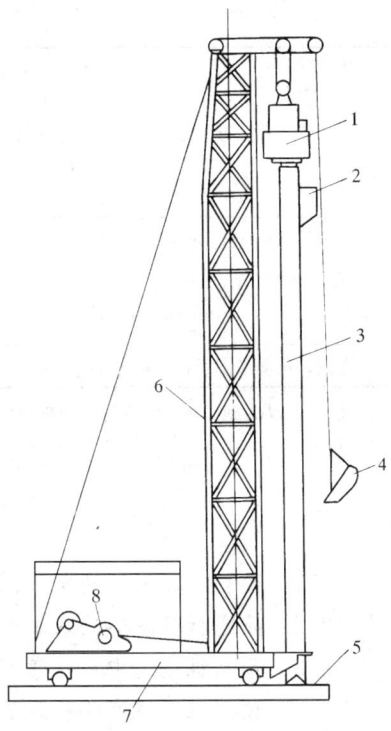

图 1-2-16 沉管灌注桩设备
1—振动器；2—漏斗；3—桩管；4—吊斗；
5—枕木；6—机架；7—架底；8—卷扬机

2.2.4 灌注桩的施工质量控制

灌注桩施工中对成孔质量应控制其孔位、孔径、孔深、沉渣厚度等，在钢筋笼制作和沉放时应控制主筋间距和长度、钢筋笼直径、箍筋间距等，在混凝土浇筑时则应控制桩体质量、混凝土强度、混凝土充盈量、桩顶标高等。灌注桩成孔的平面位置与垂直度允许偏差可参考表 1-2-3。钻孔灌注桩的沉渣厚度对端承桩应不大于 50mm；对摩擦端承桩及端承摩擦桩应不大于 100mm；对摩擦桩不大于 300mm。

灌注桩施工的允许偏差　　　　表 1-2-3

成 孔 方 法		桩径允许偏差 (mm)	垂直度允许偏差 (%)	桩位允许偏差（mm）	
				单桩、条形桩基垂沿垂直于轴线方向和群桩基础中的边桩	条形桩基垂沿轴线方向和群桩基础中间桩
泥浆护壁冲（钻）孔桩	$d \leqslant 1000mm$	±50	1	$d/6$，且不大于 100	$d/4$，且不大于 150
	$d > 1000mm$			$100+0.01H$	$150+0.10H$

续表

成 孔 方 法		桩径允许偏差（mm）	垂直度允许偏差（%）	桩位允许偏差（mm）	
				单桩、条形桩基垂沿垂直于轴线方向和群桩基础中的边桩	条形桩基垂沿轴线方向和群桩基础中间桩
锤击（振动）沉管、振动冲击沉管成孔	$d \leqslant 500mm$	-20	1	70	150
	$d > 500mm$			100	150
螺旋钻、机动洛阳铲钻孔扩底		-20		70	150

说明：H 为施工现场地面标高与桩顶标高的距离；d 为桩的设计直径。

思 考 题

2.1 预制混凝土桩的制作、起吊、运输与堆放有哪些基本要求？

2.2 简述打桩设备的基本组成与技术要求。工程中如何选择锤重？

2.3 预制桩施工中应注意哪些问题？

2.4 预制桩沉桩有哪些方法？它们的施工工艺是怎样的？

2.5 泥浆护壁钻孔灌注桩是如何施工的？泥浆有何作用？泥浆循环有哪两种方式，其效果如何？

2.6 干作业成孔灌注桩及套管成孔灌注桩施工工艺流程是怎样的？

2.7 预制桩与灌注桩施工质量有哪些基本要求？应如何控制？

第3章 砌筑工程

砌筑工程是指普通黏土砖、硅酸盐类砖、石块和各种砌块的施工。

砖石建筑在我国有悠久的历史，目前在土木工程中仍占有相当的比重。这种结构虽然取材方便、施工简单、成本低廉，但它的施工仍以手工操作为主，劳动强度大、生产率低，而且烧制黏土砖占用大量农田，因而采用新型墙体材料，改进砌体施工工艺是砌筑工程改革的重点。

§3.1 砌 筑 材 料

砌筑工程所用材料主要是砖、石或砌块以及砌筑砂浆。

砖与砌块的质量应符合国家现行的有关规范与标准，对石材则应符合设计要求的强度等级与岩种。

常温下砌砖，在砌筑前1～2d应浇水润湿，普通黏土砖、多孔砖的含水率宜控制在10%～15%；对灰砂砖、粉煤灰砖含水率在8%～10%为宜；对混凝土小型砌块，其表面有浮水时不得施工。干燥的砖在砌筑后会过多地吸收砂浆中的水分而影响砂浆中的水泥水化，降低其与砖的粘结力。但浇水也不宜过多，以免产生砌体走样或滑动。混凝土砌块的含水率宜控制在其自然含水率。当气候干燥时，混凝土砌块及石料亦可先喷水润湿。

砌筑砂浆有水泥砂浆、石灰砂浆和混合砂浆。砂浆种类选择及其等级的确定，应根据设计要求。

水泥砂浆和混合砂浆可用于砌筑潮湿环境和强度要求较高的砌体，但对于基础一般只用水泥砂浆。

石灰砂浆宜用于砌筑干燥环境中以及强度要求不高的砌体，不宜用于潮湿环境的砌体及基础。因为石灰属气硬性胶凝材料，在潮湿环境中，石灰膏不但难以结硬，而且会出现溶解流散现象。

砂浆用砂宜选用中砂，毛石砌体的砂浆宜选用粗砂，砂中不得含有有害杂物，砂在使用前应过筛。砂的含泥量对水泥砂浆及强度等级不小于M5的水泥混合砂浆，不应超过5%；对强度等级小于M5的水泥混合砂浆不应超过10%。

制备混合砂浆和石灰砂浆用的石灰膏，应经筛网过滤并在化灰池中熟化时间不少于7d，严禁使用脱水硬化的石灰膏。

砂浆的拌制一般用砂浆搅拌机，要求拌合均匀。为改善砂浆的保水性可掺入黏土、电石膏、粉煤灰等塑化剂。砂浆应随拌随用，如砂浆出现泌水现象，应再次拌合。水泥砂浆和混合砂浆必须分别在搅拌后3h和4h内使用完毕，如气温在30℃以上，则必须分别在2h和3h内用完。对掺用缓凝剂的砂浆，其使用时间可根据具体情况延长。

砂浆稠度的选择主要根据墙体材料、砌筑部位及气候条件而定。普通砖砌体砂浆的稠度宜为70～90mm；普通砖平拱过梁、空斗墙、空心砌块宜为50～70mm；多孔砖、空心砖砌体宜为60～80mm；石砌体宜为30～50mm。

§3.2 砌筑施工工艺

3.2.1 砌砖施工

1. 砖墙砌筑工艺

砌砖施工通常包括抄平、放线、摆砖样、立皮数杆、挂准线、铺灰、砌砖等工序。如是清水墙，则还要进行勾缝。砌筑应按下面施工顺序进行：当基底标高不同时，应从低处砌起，并由高处向低处搭接。当设计无要求时，搭接长度不应小于基础扩大部分的高度；墙体砌筑时，内外墙应同时砌筑，不能同时砌筑时，应留槎并做好接槎处理。下面以房屋建筑砖墙砌筑为例，说明各工序的具体做法。

（1）抄平放线

砌筑完基础或每一楼层后，应校核砌体的轴线与标高。

砖墙砌筑前，先在基础面或楼面上按标准的水准点定出各层标高，并用水泥砂浆或细石混凝土找平。

建筑物底层轴线可按龙门板上定位钉为准拉麻线，沿麻线挂下线锤，将墙身中心轴线放到基础面上，并据此墙身中心轴线为准弹出纵横墙身边线，定出门洞口位置。各楼层的轴线则可利用预先引测在外墙面上的墙身中心轴线，借助于经纬仪把墙身中心轴线引测到楼层上去；或采用悬挂线锤的方法，对准外墙面上的墙身中心轴线，从而向上引测。轴线的引测是放线的关键，必须按图纸要求尺寸用钢皮尺进行校核。然后，按楼层墙身中心线，弹出各墙边线，划出门窗洞口位置。

（2）摆砖样

按选定的组砌方法，在墙基顶面放线位置试摆砖样（生摆，即不铺灰），尽量使门窗垛符合砖的模数，偏差小时可通过竖缝调整，以减小斩砖数量，并保证砖及砖缝排列整齐、均匀，以提高砌砖效率。摆砖样在清水墙砌筑中尤为重要。

（3）立皮数杆

砌体施工应设置皮数杆，并应根据设计要求、砖的规格及灰缝厚度在皮数杆上标明砌筑的皮数及竖向构造变化部位的标高，如：门窗洞、过梁、楼板等。

皮数杆（图1-3-1）可以控制每皮砖砌筑的竖向尺寸，并使铺灰的厚度均匀，保证砖皮水平。皮数杆立于墙的转角处，其基准标高用水准仪校正。如墙的长度

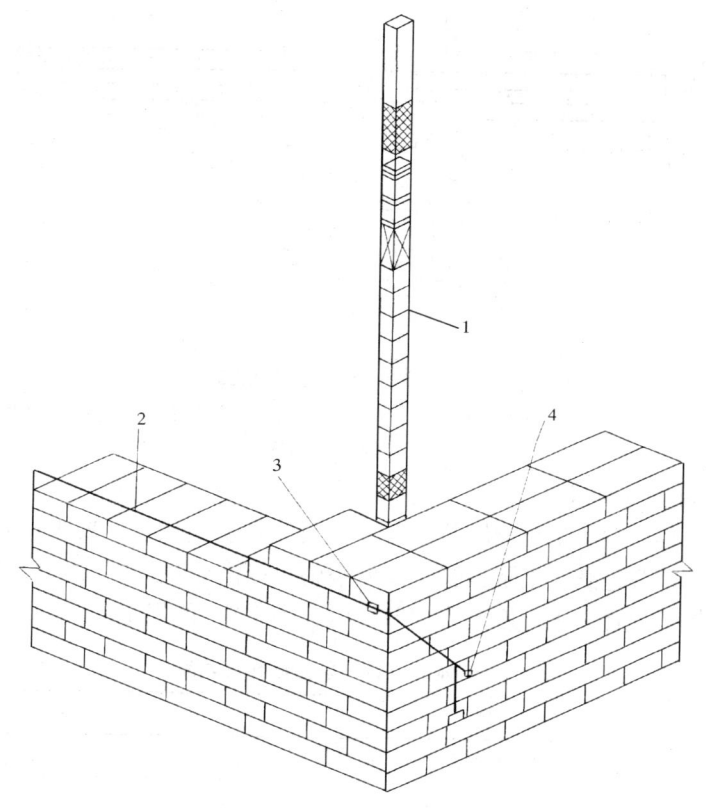

图 1-3-1 皮数杆示意图
1—皮数杆；2—准线；3—竹片；4—圆铁钉

很大，可每隔 10~20m 再立一根。

(4) 铺灰砌砖

铺灰砌砖的操作方法很多，各地区的操作习惯、使用工具不同，操作方法也不尽相同。砌筑宜采用一铲灰、一块砖、一揉压的"三一"砌筑法。当采用铺浆法砌筑时，铺浆的长度不得超过 750mm，如施工期间气温超过 30℃时，铺浆长度不得超过 500mm。

实心砖砌体一般采用一顺一丁、三顺一丁、梅花丁等组砌方法（图 1-3-2）。砖柱不得采用包心砌法。每层承重墙的最上一皮砖或梁、梁垫下面，或砖砌体的台阶水平面上及挑出部分均应采用整砖丁砌。

砌砖通常先在墙角按照皮数杆进行盘角，然后将准线挂在墙侧，作为墙身砌筑的依据，每砌一皮或两皮，准线向上移动一次。对墙厚等于或大于 370mm 的砌体，宜采用双面挂线砌筑，以保证墙面的垂直度与平整度。目前一些地区对 240mm 厚的墙体也采用双面挂线的施工方法，墙体的质量更好。

土木工程中其他砖砌体的施工工艺与房屋建筑砌筑工艺类似。

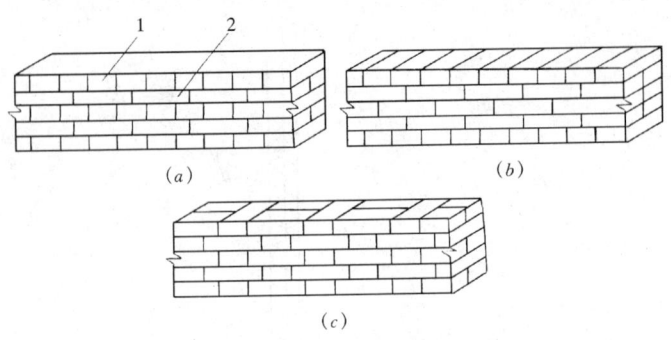

图 1-3-2 砖的组砌方法
(a)—顺一丁；(b) 三顺一丁；(c) 梅花丁
1—丁砌砖；2—顺砌砖

2. 砌筑质量要求

砌筑工程质量着重控制墙体位置、垂直度及灰缝质量，要求做到横平竖直、厚薄均匀、砂浆饱满、上下错缝、内外搭砌、接槎牢固。

砖砌体的位置及垂直度允许偏差应符合表 1-3-1 的规定。

砖砌体的位置及垂直度允许偏差　　　　表 1-3-1

项 目			允许偏差（mm）
轴线位置偏移			10
垂 直 度	每 层		5
	全 高	≤10m	10
		>10m	20

对砌砖工程，要求每一皮砖的灰缝横平竖直、砂浆饱满。上面砌体的重量主要通过砌体之间的水平灰缝传递到下面，水平灰缝不饱满往往会使砖块折断。为此，实心砖砌体水平灰缝的砂浆饱满度不得低于 80%。竖向灰缝的饱满程度，影响砌体抗透风和抗渗水的性能，故宜采用挤浆或加浆方法，不得出现透明缝，严禁用水冲浆灌缝。水平灰缝厚度和竖向灰缝宽度规定为 10±2mm，过厚的水平灰缝容易使砖块浮滑，墙身侧倾；过薄的水平灰缝会影响砖块之间的粘结能力。

上下错缝是指砖砌体上下两皮砖的竖向灰缝应当错开，以避免上下通缝。在垂直荷载作用下，砌体会由于"通缝"丧失整体性而造成砌体倒塌。同时，内外搭砌使同皮的里外砖块通过相邻上、下皮的砖块搭砌而组砌得牢固。

"接槎"是指转角及交接处墙体的连接。转角及交接处应同时砌筑，严禁没有可靠措施的内外墙分砌施工，当不能同时砌筑而必须设置临时间断处，应砌成斜槎，它可便于先、后砌筑的砌体之间的结合，使接槎牢固。普通砖砌体斜槎的长度不应小于高度的 2/3（图 1-3-3a）。当留斜槎确有困难时，除转角处外，可留直槎，但必须做成凸槎，即从墙面引出长度不小于 120mm 的直槎（图 1-3-3b），并

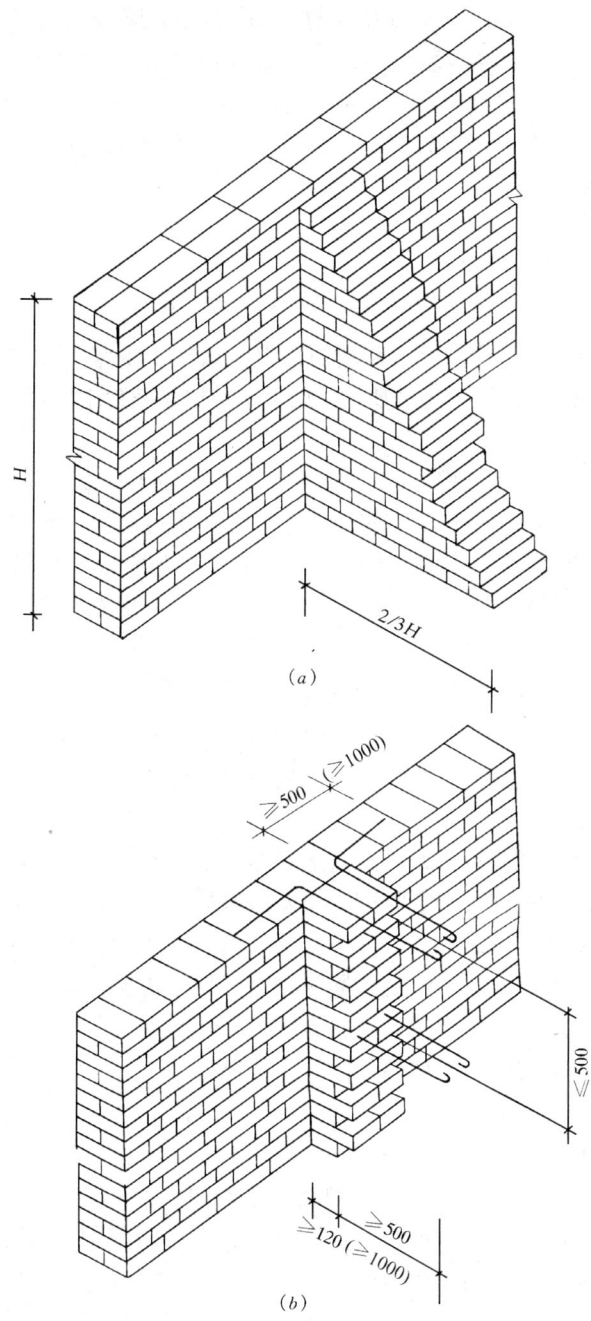

图 1-3-3 接槎的留设
(a) 斜槎砌筑;(b) 直槎砌筑

沿高度间距不大于 500mm 加设拉结筋，每 120mm 墙厚放置 1 根 $\phi6$ 拉结钢筋（120mm 厚墙亦应放置 $2\phi6$ 拉结筋），埋入墙的长度从墙留槎处算起，每边均不小于 500mm，对抗震设防 6 度、7 度的地区，不应小于 1000mm，末端应设有 90°弯钩。砌体留设的直槎，在后续施工时必须将接槎处的表面清理干净，浇水湿润，并填实砂浆，保持灰缝平直。

砌筑临时间断处的高度差，不得超过一步脚手架的高度。

3.2.2 砌 石 施 工

石材根据加工情况分为毛石和料石，料石按加工平整程度分为毛料石、粗料石、半细料石和细料石等。建筑基础、挡土墙及桥梁墩台中应用较多。

1. 毛石砌体

毛石砌体所用石料应选择块状，其中部厚度不应小于 150mm。

毛石砌筑时宜分皮卧砌，各皮石块之间应利用自然形状经敲打修正使能与先砌筑的石块形状基本吻合、搭砌紧密。石块应上下错缝、内外搭砌，不能采用外面侧立石块中间填心的砌筑方法。砌筑毛石基础的第一皮石块应坐浆，并将大面向下，毛石砌体的第一皮及转角处、交接处、洞口处，应选用较大的平毛石砌筑。最上一皮（包括每个楼层及基础顶面）宜选用较大的毛石砌筑。

毛石墙必须设置拉结石，拉结石应均匀分布，相互错开，毛石基础同皮内每隔 2m 左右设置一块；毛石墙每 $0.7m^2$ 墙面至少应设置一块，且同皮内的中距不应大于 2m。

毛石砌体应采用铺浆法砌筑。其灰缝厚度宜为 20~30mm，石块间不得有相互接触现象；石块间较大的空隙应先填塞砂浆后用碎石块嵌实，不得采用先摆碎石后塞砂浆或干填碎石的方法。砂浆必须饱满，叠砌面砂浆饱满度应大于 80%。

毛石砌体的转角处和交接处应同时砌筑，对不能同时砌筑又必须留置临时间断处，应砌筑成踏步槎。由于石材自重较大，且毛石的外形又不规则，留设直槎不便接槎，会影响砌体的整体性，故应砌成踏步槎。

毛石砌体每日的砌筑高度不应超过 1.2m。

2. 料石砌体

料石基础砌体的第一皮应用丁砌层座浆砌筑，料石砌体亦应上下错缝搭砌，砌体厚度不小于两块料石宽度时，如同皮内全部采用顺砌，每砌两皮后，应砌一皮丁砌层；如同皮内采用丁顺组砌，丁砌石应交错设置，其中距不应大于 2m。

料石砌体灰浆的厚度，根据石料的种类确定：细石料砌体不宜大于 5mm；半细石料砌体不宜大于 10mm；粗石料和毛石料砌体不宜大于 20mm。料石砌体砌筑时，应放置平稳。砂浆铺设厚度应略高于规定的灰缝厚度。砂浆的饱满度应大于 80%。

料石砌体转角处及交接处也应同时砌筑，必须留设临时间断时也应砌成踏步槎。

用料石和毛石或砖的组合墙中，料石砌体和毛石砌体或砖砌体应同时砌筑，并每隔 2~3 皮料石层用丁砌层与毛石砌体或砖砌体拉结砌合。丁砌料石的长度宜与组合墙厚度相同。

3.2.3 混凝土小型空心砌块的施工

混凝土小型空心砌块是一种新型的墙体材料，目前在我国房屋工程中已得到广泛应用。混凝土小型空心砌块的材料包括：普通混凝土小型空心砌块、轻骨料混凝土小型空心砌块等。小型砌块使用时的生产龄期不应小于 28d。由于小型砌块墙体易产生收缩裂缝，充分的养护可使其收缩量在早期完成大部分，从而减少墙体的裂缝。

小型砌块施工前，应分别根据建筑（构筑）物的尺寸、砌块的规格和灰缝厚度确定砌块的皮数和排数。

混凝土小型砌块与砖不同，这类砌块的吸水率很小，如砌块的表面有浮水或在雨天都不得施工。在雨天或表面有浮水时，进行砌筑施工，其表面水会向砂浆渗出，造成砌体游动，甚至造成砌体坍塌。

使用单排孔小砌块砌筑时，应对孔错缝搭砌；使用多排孔小砌块砌筑时，应错缝搭砌，搭接长度不应小于 120mm。如个别部位不能满足时，应在灰缝中设置拉结钢筋或铺设钢筋网片，但竖向通缝不得超过 2 皮砌块。

砌筑时，承重墙部位严禁使用断裂的砌块，小型砌块应底面朝上反砌于墙上。这是因为小型砌块制作上的缘故，其成品底部的肋较厚，而上部的肋较薄，为便于砌筑时铺设砂浆，其底部应朝上放置。

建筑底层室内地面以下或防潮层以下的砌体，应采用强度等级不低于 C20 的混凝土灌实小砌块的孔洞。

小型砌块砌体的水平灰缝应平直，砂浆饱满度按净面积计算不应小于 80%。竖向灰缝应采用加浆方法，严禁用水冲浆灌缝，竖向灰缝的饱满度不宜小于 80%。竖缝不得出现瞎缝或透明缝。水平灰缝的厚度与垂直灰缝的高度应控制在 8~12mm。

这类砌体的转角或内外墙交接处应同时砌筑。如必须设置临时间断处，则应砌成斜槎，斜槎水平投影长度不应小于高度的 2/3。对非抗震设防地区，除外墙转角处，可在临时间断处留设直槎，即从墙面伸出 200mm 的凸槎，并沿墙高每隔 600mm 设 2φ6 拉结筋或钢筋网片。拉结筋或网片必须准确埋入灰缝或芯柱内，埋入长度从留槎处算起，每边均不小于 600mm。

在常温条件下，小砌块墙体每日砌筑高度宜控制在 1.5m 或一步架高度内。

§3.3 砌体的冬期施工

当室外日平均气温连续 5d 稳定低于 5℃时，砌体工程应采取冬期施工措施，并应在气温突然下降时及时采取防冻措施。

冬期施工所用的材料应符合如下规定：

(1) 砖和石材在砌筑前，应清除冰霜，遭水浸冻后的砖或砌块不得使用；

(2) 石灰膏、黏土膏和电石膏等应防止受冻，如遭冻结，应经融化后使用；

(3) 拌制砂浆所用的砂，不得含有冰块和直径大于10mm的冰结块。

冬期施工不得使用无水泥配制的砂浆，砂浆宜采用普通硅酸盐水泥拌制，拌合砂浆宜采用两步投料法。水的温度不得超过80℃，砂的温度不得超过40℃。砂浆使用温度应符合表1-3-2的规定。

冬期施工砂浆使用温度　　　　　　　　表1-3-2

冬期施工方法		砂浆使用温度
掺外加剂法		≥+5℃
氯盐砂浆法		
暖棚法		
冻结法	室外空气温度	
	0～-10℃	≥+10℃
	-11～-25℃	≥+15℃
	<-25℃	≥+20℃

普通砖、多孔砖和空心砖在正温度条件下砌筑应适当浇水润湿；在负温度条件下砌筑时，可不浇水，但必须增大砂浆的稠度。

冬期施工砌体基础时还应注意基土的冻胀性。当基土无冻胀性时，地基冻结还可以进行基础的砌筑，但当基土有冻胀性时，应在未冻胀的地基土上砌筑。在施工期间和回填土前，还应防止地基遭受冻结。

砌体工程的冬期施工可以采用掺盐砂浆法。但对配筋砌体、有特殊装饰要求的砌体、处于潮湿环境的砌体、有绝缘要求的砌体以及经常处于地下水位变化范围内又无防水措施的砌体不得采用掺盐砂浆法，可采用掺外加剂法、暖棚法、冻结法等冬期施工方法。当采用掺盐砂浆法施工时，砂浆的强度宜比常温下设计强度提高一级。

冬期施工中，每日砌筑后应及时在砌体表面覆盖保温材料。

思 考 题

3.1 常用砌筑材料有哪些基本要求？

3.2 简述砖、石砌体的砌筑施工工艺。

3.3 砖、石砌体的砌筑质量有何要求?
3.4 砌体的临时间隔应如何处理?
3.5 砌块施工有何特点?
3.6 砌体的冬期施工要注意哪些问题?

第4章 混凝土结构工程

混凝土结构工程是指按设计要求将钢筋和混凝土两种材料,利用模板浇制而成的各种形状和大小的构件或结构。混凝土系由水泥、粗细骨料、水和外加剂按一定比例拌合而成的混合物,经硬化后所形成的一种人造石。混凝土属脆性材料,抗压强度高而抗拉强度低(约为抗压能力的1/10),受拉时容易产生断裂现象。为此,可在结构件的受拉区配置适当的钢筋,充分利用钢筋的抗拉能力,使结构件既能受压,亦能受拉,以满足建筑功能和结构要求。

钢筋和混凝土是两种不同性质的材料,它们之所以能共同工作,主要是由于混凝土硬化后紧紧握裹钢筋;钢筋又受混凝土保护而不致锈蚀;而钢筋与混凝土的线膨胀系数又相接近(钢筋为 0.000012/℃,混凝土为 0.000010～0.000014/℃),当外界温度变化时,不会因胀缩不均而破坏两者间的粘结。但能否保证钢筋与混凝土共同工作,关键仍在于施工,应予以高度重视。混凝土结构工程具有耐久性、耐火性、整体性、可塑性好,节约钢材,可就地取材等优点,在工程建设中应用极为广泛。但混凝土结构工程也存在自重大、抗裂性差、现场浇捣受季节气候条件的限制、补强修复较困难等缺点。不过,随着科学技术的发展,混凝土强度等级的不断提高,高强低合金钢的生产应用,混凝土施工工艺的不断改进和发展,新材料、新技术、新工艺不断出现,对上述一些缺点正逐步得到改善,使得混凝土的应用领域不断扩大。如预应力混凝土工艺技术的不断发展和广泛应用,从而提高了混凝土构件的刚度、抗裂性和耐久性,减少构件的截面和自重、节约了材料,取得更好的经济效益。

§4.1 模 板 工 程

现浇混凝土结构施工用的模板是使混凝土构件按设计的几何尺寸浇筑成型的模型板,是混凝土构件成型的一个十分重要的组成部分。模板系统包括模板和支架两部分。模板的选材和构造的合理性,以及模板制作和安装的质量,都直接影响混凝土结构和构件的质量、成本和进度。

4.1.1 模板的基本要求和与分类

1. 模板的基本要求

现浇混凝土结构施工用的模板要承受混凝土结构施工过程中的水平荷载(混凝土的侧压力)和竖向荷载(模板自重、结构材料的重量和施工荷载等)。为了保证钢筋混凝土结构施工的质量，对模板及其支架有如下要求：

（1）保证工程结构和构件各部分形状、尺寸和相互位置的正确；

（2）具有足够的强度、刚度和稳定性，能可靠地承受新浇混凝土的重量和侧压力，以及在施工过程中所产生的荷载；

（3）构造简单，装拆方便，并便于钢筋的绑扎与安装，符合混凝土的浇筑及养护等工艺要求；

（4）模板接缝应严密，不得漏浆。

2. 模板的分类

现浇混凝土结构用模板工程的造价约占钢筋混凝土工程总造价的30%，总用工量的50%。因此，采用先进的模板技术，对于提高工程质量、加快施工速度、提高劳动生产率、降低工程成本和实现文明施工，都具有十分重要的意义。混凝土新工艺的出现，大都伴随模板的革新，随着建设事业的飞速发展，现浇混凝土结构所用模板技术已迅速向工具化、定型化、多样化、体系化方向发展，除木模外，已形成组合式、工具式、永久式三大系列工业化模板体系。

模板的分类：

按其所用的材料，分为木模板、钢模板和其他材料模板（胶合板模板、塑料模板、玻璃钢模板、压型钢模、钢木（竹）组合模板、装饰混凝土模板、预应力混凝土薄板等）。

按施工方法，模板分为拆移式模板和活动式模板。拆移式模板由预制配件组成，现场组装，拆模后稍加清理和修理再周转使用，常用的木模板和组合钢模板以及大型的工具式定型模板，如大模板、台模、隧道模等皆属拆移式模板；活动式模板是指按结构的形状制作成工具式模板，组装后随工程的进展而进行垂直或水平移动，直至工程结束才拆除，如滑升模板、提升模板、移动式模板等。

现浇混凝土结构中采用高强、耐用、定型化、工具化的新型模板，有利于多次周转使用、安拆方便，是提高工程质量、降低成本、加快进度、取得较好的经济效益的重要的施工措施。

4.1.2 模板的构造

1. 组合式模板

组合式模板，是指适用性和通用性较强的模板，用它进行混凝土结构成型，既可按照设计要求事先进行预拼装整体安装、整体拆除，也可采取散支散拆的方法，工艺灵活简便。

常用的组合式模板：

（1）木模板

木模板通常事先由工厂或木工棚加工成拼板或定型板形式的基本构件，再把它们进行拼装形成所需要的模板系统。拼板一般用宽度小于200mm的木板，再用25mm×35mm的拼条钉成，由于使用位置不同，荷载差异较大，拼板的厚度也不一致。作梁侧模使用时，荷载较小，一般采用25mm厚的木板制作；作承受较大荷载的梁底模使用时，拼板厚度加大到40～50mm。拼板的尺寸应与混凝土构件的尺寸相适应，同时考虑拼接时相互搭接的情况，应对一部分拼板增加长度或宽度。对于木模板，设法增加其周转次数是十分重要的。

（2）组合钢模板

组合钢模板系统由两部分组成：其一是模板部分，包括平面模板、转角模板及将它们连接成整体模板的连接件；其二是支承件，包括梁卡具、柱箍、桁架、支柱、斜撑等。

钢模板又由边框、面板和纵横肋组成。边框和面板常采用2.5～3.0mm厚的钢板轧制而成，纵横肋则采用3mm厚扁钢与面板及边框焊接而成。钢模的厚度均为55mm。为便于钢模之间的连接，边框上都有连接孔，且无论长短孔距均保持一致，以便拼接顺利。组合钢模板的规格见表1-4-1。

组合钢模板规格（mm） 表1-4-1

规 格	平面模板	阴角模板	阳角模板	连接角模
宽 度	600，550，500，450，400，350 300，250，200，150，100	150×150 50×50	150×150 50×50	50×50
长 度	1800，1500，1200，900，750，600，450			
肋 高	55			

组合钢模尺寸适中，组装灵活，加工精度高，接缝严密，尺寸准确，表面平整，强度和刚度好，不易变形，使用寿命长，如保养良好可周转使用100次以上，可以拼出各种形状和尺寸，以适应多种类型建筑物的柱、梁、板、墙、基础和设备基础等模板的需要，它还可拼成大模板、台模等大型工具式模板。但组合钢模板也有一些不足之处：一次投资大，模板需周转使用50次才能收回成本。

（3）钢框木（竹）胶合板模板

钢框木（竹）胶合板模板，是以热轧异型钢为钢框架，以木、竹胶合板等作面板，而组合成的一种组合式模板。制作时，面板表面应作一定的防水处理，模板面板与边框的连接构造有明框型和暗框型两种。明框型的框边与面板平齐，暗框型的边框位于面板之下。

钢框木（竹）胶合板模板的规格最长为2400mm，最宽为1200mm，因此，和组合钢模板相比具有以下特点：自重轻（比组合钢模板约轻1/3）；用钢量少（比组合钢模板约少1/2）；单块模板面积大（比相同重量的单块组合钢模板可增大40%），故拼装工作量小，可以减少模板的拼缝，有利于提高混凝土结构浇筑后的表面质量；周转率高，板面为双面覆膜，可以两面使用，使周转次数可达50次以上；保温性能好，板面材料的热传导率仅为组合钢模板的1/400左右，故有利于冬期施工；模板维修方便，面板损伤后可用修补剂修补；施工效果好，模板刚度大，表面平整光滑附着力小，支拆方便。

(4) 无框模板

无框模板主要由三个主要构件：面板、纵肋、边肋组成。这三种构件均为定型构件，可以灵活组合，适用于各种不同平面和高度的建筑物、构筑物模板工程，具有广泛的通用性能。横向围檩，一般可采用 $\phi 48 \times 3.5$ 钢管和通用扣件，在现场进行组装，可组装成精度较高的整装整拆的片模。施工中模板损坏时，可在现场更换。

面板有覆膜胶合板、覆膜高强竹胶合板和覆膜复合板三种面板。基本面板共有四种规格：1200mm×2400mm、900mm×2400mm、600mm×2400mm、150mm×2400mm。基本面板按受力性能带有固定拉杆孔位置，并镶嵌强力 PVC 塑胶加强套。纵肋采用 Q235 热轧钢板在专用设备上一次压制成型，为了提高纵肋的耐用性能和便于清理，表面采用耐腐蚀的酸洗除锈后喷塑工艺，它是无框模板主要受力构件。纵肋的高度有 45mm（承受侧压力为 $60kN/m^2$）和 70mm（为 $100kN/m^2$）两种，纵肋按建筑物、构筑物不同层高需要，有 2700mm、3000mm、3300mm、3600mm、3900mm 五种不同长度。边肋是无框模板组合时的联结构件，用热轧钢板折弯成型，表面酸洗除锈喷塑处理。边肋的高度和长度同纵肋。

2. 现浇框架结构构件的模板构造

现浇框架结构的模板，一般包括基础模板、柱模板、梁模板和楼盖模板以及支撑系统等。常用的模板为组合式模板。

下面主要介绍木模板及组合钢模板的构造及应用。

(1) 基础模板

基础的特点是高度较小而体积较大。在安装基础模板前，应将地基垫层的标高及基础中心线先行核对，弹出基础边线。如系独立柱基，即将模板中心线对准基础中心线；如系带形基础，即将模板对准基础边线。然后再校正模板上口的标高，使之符合设计要求。经检查无误后将模板钉（卡、栓）牢撑稳。在安装柱基础模板时，应与钢筋工配合进行。

图 1-4-1 所示为基础模板常用形式。如果地质良好、地下水位较低，可取消阶梯形模板的最下一阶进行原槽浇筑。模板安装时应牢固可靠，保证混凝土浇筑后不变形、不发生位移。

(2) 柱模板

柱子的特点是断面尺寸不大而比较高。因此，柱模主要解决垂直度、施工时的侧向稳定及抵抗混凝土的侧压力等问题。同时也应考虑方便浇筑混凝土、清理垃圾与钢筋绑扎等问题。柱模板底部应留有清理孔，以便于清理安装时掉下的木屑垃圾，待垃圾清理干净混凝土浇筑前再钉牢。柱身较高时，为使混凝土的浇筑振捣方便，保证混凝土的质量，沿柱高每 2m 左右设置一个浇筑孔，做法与底部

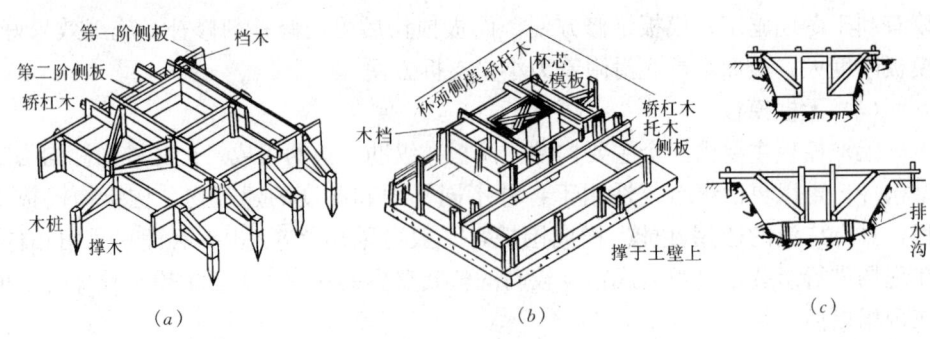

图 1-4-1 基础模板
(a) 阶形基础；(b) 杯形基础；(c) 条形基础

清理孔一样，待混凝土浇到浇筑孔部位时，再钉牢盖板继续浇筑。图 1-4-2 所示即为矩形柱模板。

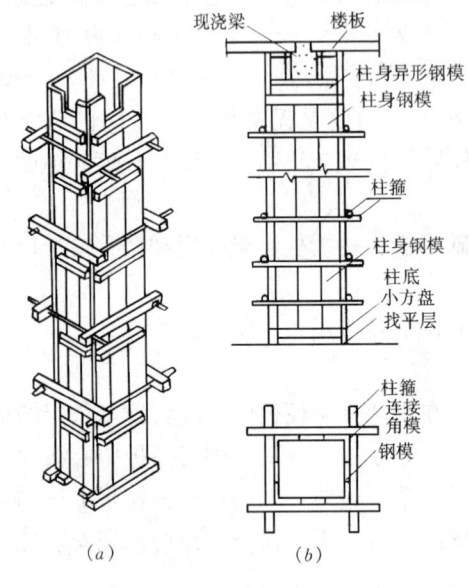

图 1-4-2 矩形柱模板
(a) 木模板；(b) 钢模板

在安装柱模板前，应先绑扎好钢筋，同时在基础面上或楼面上弹出纵横轴线和四周边线，固定小方盘；然后立模板，并用临时斜撑固定；再由顶部用垂球校正，检查其标高位置无误后，即用斜撑卡牢固定。柱高≥4m 时，一般应四面支撑；当柱高超过 6m 时，不宜单根柱支撑，宜几根柱同时支撑连成构架。对通排柱模板，应先装两端柱模板，校正固定，再在柱模上口拉通长线校正中间各柱模板。

(3) 梁模板

梁的特点是跨度较大而宽度一般不大，梁高可到 1m 左右。梁的下面一般是架空的。因此混凝土对梁模板既有横向侧压力，又有垂直压力。这要求梁模板及其支撑系统稳定性要好，有足够的强度和刚度，不致发生超过规范允许的变形。图 1-4-3 所示梁模板。

对圈梁，由于其断面小但很长，一般除窗洞口及其他个别地方是架空外，其他均搁在墙上。故圈梁模板主要是由侧模和固定侧模用的卡具所组成。底模仅在架空部分使用，如架空跨度较大，也有用支柱（琵琶撑）撑住底模。图 1-4-4 所示即为圈梁模板。

梁模板应在复核梁底标高、校正轴线位置无误后进行安装。当梁的跨度≥

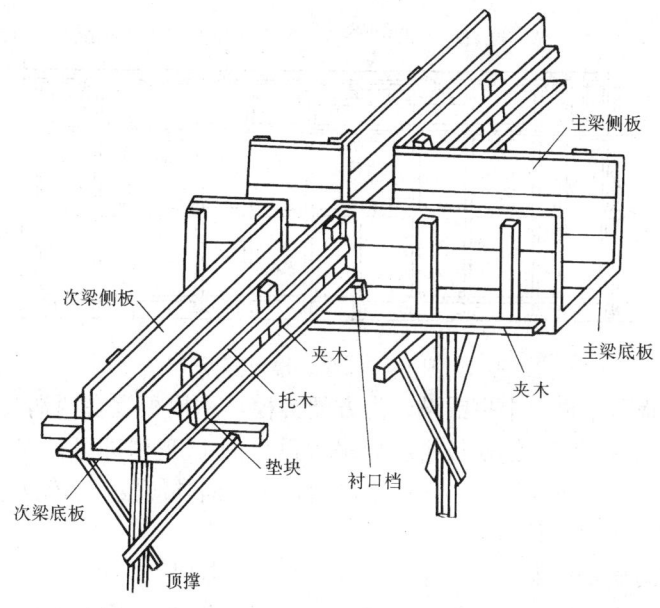

图 1-4-3 梁模板

4m 时,应使梁底模中部略为起拱,以防止由于灌筑混凝土后跨中梁底下垂;如设计无规定时,起拱高度宜为全跨长度的 1/1000～3/1000。支柱(琵琶撑)安装时应先将其下地面拍平夯实,放好垫板(保证底部有足够的支撑面积)和楔子(校正高度);支柱间距应按设计要求,当设计无要求时,一般不宜大于 2m;支柱之间应设水平拉杆、剪刀撑,使之互相拉撑成一整体,

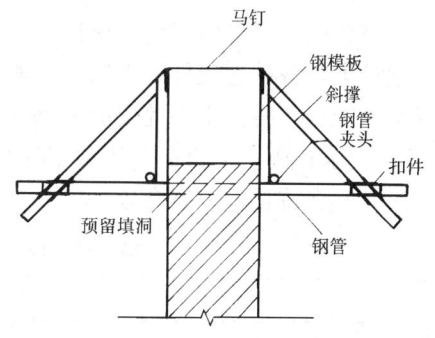

图 1-4-4 圈梁模板

离地面 50cm 设一道,以上每隔 2m 设一道;当梁底距地面高度大于 6m 时,宜搭排架支模,或满堂脚手架式支撑;上下层模板的支柱,一般应安装在同一条竖向中心线上,或采取措施保证上层支柱的荷载能传递在下层的支撑结构上,防止压裂下层构件。梁较高或跨度较大时,可留一面侧模,待钢筋绑扎完后再安装。

(4) 现浇楼板模板

楼板的特点是面积大、厚度薄,因而对模板产生的侧压力较小,底模所受荷载也不大,板模板及支撑系统主要用于抵抗混凝土的垂直荷载和其他施工荷载,保证板不变形下垂。故模板多采用定型板,以提高安装效率,尺寸不足处用零星木材补足。图 1-4-5 为有梁板、楼盖钢模板示意图。

板模板安装时,首先复核板底标高,搭设模板支架,然后用阴角模板从四周

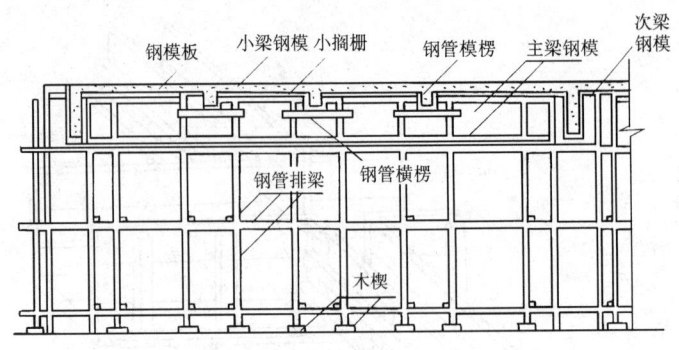

图 1-4-5 梁、楼板模板

与墙、梁模板联结再向中央铺设。为方便拆模,木模板宜在两端及接头处钉牢,中间尽量少钉或不钉;钢模板拼缝处采用最少的 U 形卡即可;支柱底部应设长垫板及木楔找平。挑檐模板必须撑牢拉紧,防止向外倾覆,确保安全。

3. 模板安装及拆除要求

(1) 安装质量要求

模板及其支承结构的材料、质量应符合规范规定和设计要求;模板安装时,为了便于模板的周转和拆卸,梁的侧模板应盖在底模的外面,次梁的模板不应伸到主梁模板的开口里面,梁的模板亦不应伸到柱模板的开口里面;模板安装好后应卡紧撑牢,各种连接件、支撑件、加固配件必需安装牢固,无松动现象;模板拼缝要严密;不得发生不允许的下沉与变形;现浇结构模板安装的偏差应符合表 1-4-2 的要求;固定在模板上的预埋件和预留洞均不得遗漏;安装必须牢固、位置准确,其允许偏差应符合表 1-4-3 的要求。

现浇结构模板安装的允许偏差　　　　　　表 1-4-2

项　　目		允许偏差(mm)	检查方法
轴线位置		5	钢尺检查
底模上表面标高		±5	水准仪拉线,钢尺检查
截面内部尺寸	基础	±10	钢尺检查
	柱、墙、梁	+4,-5	钢尺检查
层高垂直	全高≤5m	6	经纬仪或吊线,钢尺检查
	全高>5m	8	经纬仪或吊线,钢尺检查
相邻两板表面高低差		2	钢尺检查
表面平整(2m 长度上)		5	2m 靠尺和塞尺检查

预埋件和预留孔洞允许偏差　　　　　　表 1-4-3

项　　目		允许偏差(mm)
预埋钢板中心线位置		3
预埋管、预留孔中心线位置		3
预埋螺栓	中心线位置	2
	外露长度	+10,0

续表

项目		允许偏差（mm）
预留洞	中心线位置	10
	截面内部尺寸	+10，0

(2) 模板的拆除

在进行模板的施工设计时，就应考虑模板的拆除顺序和拆除时间，以便更多的模板参加周转，减少模板用量，降低工程成本。模板的拆除时间与构件混凝土的强度以及模板所处的位置有关。

1) 模板的拆除，除了侧模应以能保证混凝土表面及棱角不受损坏时（混凝土强度大于 $1N/mm^2$）方可拆除外，底模应按《混凝土结构工程施工质量验收规范》（GB 50204—2002）的有关规定执行具体见表 1-4-4。

现浇结构拆模时所需混凝土强度　　　　表 1-4-4

结构类型	结构跨度（m）	按设计的混凝土强度标准值的百分率计（%）	结构类型	结构跨度（m）	按设计的混凝土强度标准值的百分率计（%）
板	≤2	50	梁、拱、壳	≤8	75
	>2，≤8	75		>8	100
	>8	100	悬臂构件	≤2	75
				>2	100

注：表中"设计的混凝土强度标准值"指与设计混凝土强度等级相应的混凝土立方体抗压强度标准值。

2) 模板拆除的顺序和方法，应按照配板设计的规定进行，遵循先支后拆，先非承重部位，后承重部位以及自上而下的原则。拆模时，严禁用大锤和撬棍硬砸硬撬。

3) 拆模时，操作人员应站在安全线外，以免发生安全事故，待该片（段）模板全部拆除后，方准将模板、配件、支架等运出堆放。模板运至堆放场地应排放整齐，并派专人负责清理维修，以增加模板使用寿命，提高经济效益。

4) 拆下的模板、配件等，严禁抛扔，要有人接应传递，按指定地点堆放，并做到及时清理、维修和涂刷好隔离剂，以备待用。

5) 已拆除模板及其支架的结构，在混凝土强度符合设计混凝土强度等级的要求后，方可承受全部使用荷重；当施工荷载所产生的效应比使用荷载的效应更不利时，必须经过核算，加设临时支撑。

4. 工具式模板

工具式模板是指针对现浇混凝土结构的具体构件（如墙体、柱、楼板等）尺寸，加工制成定型化的模板，做到整支整拆，多次周转，实现工业化施工。

(1) 大模板

大模板是一种大尺寸的工具式模板，主要用于剪力墙或框架—剪力墙结构中的剪力墙的施工,也可用于筒体结构中竖向结构的施工。一般是一块墙面用一块大模板。因为其重量大,配以相应的起重吊装机械,通过合理的施工组织,以工业化生产方式在施工现场浇筑钢筋混凝土墙体。装拆皆需起重机械吊装,提高了机械化程度,减少用工量和缩短工期。是目前我国剪力墙和筒体体系的高层建筑施工用得最多的一种模板,已形成一种工业化建筑体系。

1) 大模板工程施工的特点是:以建筑物的开间、进深、层高为标准化的基础,以大模板为主要手段,以现浇混凝土墙体为主导工序,组织进行有节奏的均衡施工。采用这种施工方法,施工工艺简单,工程进度快,劳动强度低,装修湿作业少,结构整体性和抗震性好,工业化、机械化施工程度高,因此具有较好的技术经济效果。为此,也要求建筑和结构设计能做到标准化,以使模板能做到周转通用。

2) 目前我国采用大模板施工的结构体系有:①内外墙皆用大模板现场浇筑,而楼板、隔墙、楼梯等为预制吊装;②横墙、内纵墙用大模板现场浇筑,而外墙板、隔墙板、楼板为预制吊装;③横墙、内纵墙用大模板现场浇筑,外墙、隔墙用砖砌筑,楼板为预制吊装。

3) 大模板组成及要求

一块大模板由面板、加劲肋、竖楞、支撑桁架、稳定机构及附件组成(图1-4-6)。

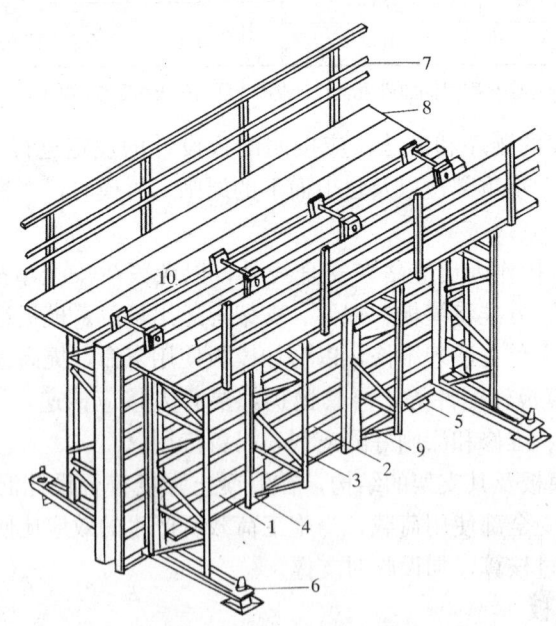

图1-4-6 大模板构造示意图

1—面板;2—水平加劲肋;3—支撑桁架;4—竖楞;
5—调整水平用的螺旋千斤顶;6—调整垂直用的螺旋千斤顶;
7—栏杆;8—脚手板;9—穿墙螺栓;10—卡具

面板要求平整、刚度好。平整度按抹灰质量要求确定。可用钢板或胶合板制作。钢面板厚度根据加劲肋的布置而不同，一般为 3~5mm，可重复使用 200 次以上。胶合板面板常用七层或九层胶合板，板面用树脂处理，亦可重复使用 50 次以上。胶合板面板上易于做出线条或凹凸浮雕图案，使墙面具有线条或图案。面板设计由刚度控制，当加劲肋间距 l 与面板厚度 t 之比 $l/t \leqslant 100$ 时，按小挠度连续板计算，否则按大挠度板计算，大挠度板一般为刚度所不允许。在小挠度连续板中，按照加劲肋布置的方式，又分单向板和双向板。单向板面板加工容易，但刚度小，耗钢量大；双向板面板刚度大，结构合理，但加工复杂、焊缝多易变形。单向板面板的大模板，计算面板时，取 1m 宽的板条为计算单元，加劲肋视作支承，按连续梁计算，强度和挠度都要满足要求。双向板面板的大模板，计算面板时，取一个区格作为计算单元，其四边支承情况取决于混凝土浇筑情况，在满载情况下，取一边固定、一边简支的不利情况进行计算。

加劲肋的作用是固定面板，把混凝土侧压力传递给竖楞，面板若按单向板设计，则只有水平（或垂直）加劲肋；面板若按双向板设计，则水平肋、垂直肋皆有。加劲肋一般用 L65 角钢或 [65 槽钢，间距一般为 300~500mm。计算简图为以竖楞为支承的连续梁，为降低耗钢量，设计时应考虑使之与面板共同工作，按组合截面计算截面抵抗矩，验算强度和挠度。

竖楞是穿墙螺栓的固定支点，承受传来的水平力和垂直力，一般用背靠背的两个 [65 或 [80 槽钢，间距约为 1~1.2m。其计算简图为以穿墙螺栓为支承的连续梁，计算时，亦应考虑面板、竖向加劲肋和竖楞共同工作，按组合截面进行验算。

亦可用定型组合钢模板拼装成大模板，用后拆卸仍可用于其他构件，虽然重量较大但机动灵活，亦有一些优点。

4）大模板的组合方案及大模板的连接

大模板的组合方案取决于结构体系。对外墙为预制墙板或砌筑者，多用平模方案，即一面墙用一块平模。对内、外墙皆现浇，或内纵墙与横墙同时浇筑者，多用小角模方案（图 1-4-7），即以平模为主，转角处用 L100×10 的小角模。对内、外墙皆现浇的结构体系，除小角模方案外亦可用大角模组合方案（图 1-4-8），即一个房间四面墙的内模板用四个大角模组合而成，成为一个封闭体系。大角模较稳定，但在相交处如组装不平会在墙壁中部出现凹凸线条。有些工程还用筒子模进行施工，将四面墙板模板连成整体就成为筒子模。

大模板之间的连接，内墙相对的两块平模，是用穿墙螺栓拉紧，顶部的螺栓亦可用卡具代替。外墙的内外模板连接方式一般是在外模板的竖楞上焊一槽钢横梁，用其将外模板悬挂在内模板上；有时亦可将外模板支承在附墙式外脚手架上。

大模板堆放时要防止倾倒伤人，应将板面后倾一定角度（自稳角 α 由计算确定）。大模板板面须喷涂脱模剂以利脱模，常用的有海藻酸钠脱模剂、油类脱模

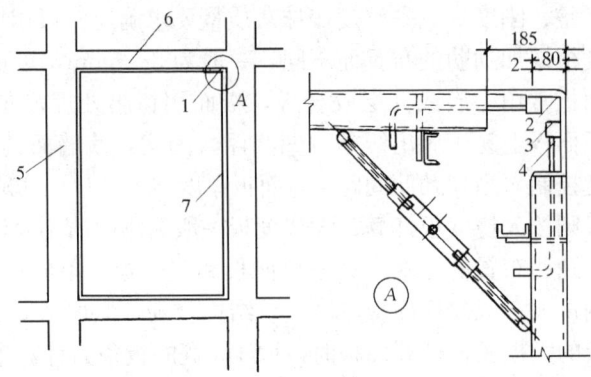

图 1-4-7 小角模连接
1—小角模；2—偏心压杆；3—合页；4—钩头螺栓；
5—横墙；6—纵墙；7—平模

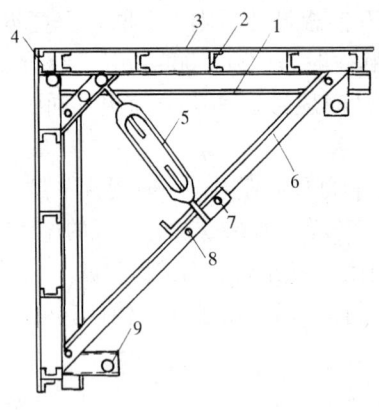

图 1-4-8 大角模
1—横肋；2—竖肋；3—面板；4—合页；
5—花篮螺栓；6—支撑杆；7—固定销；
8—活动销；9—地脚螺栓

剂、甲基树脂脱模剂和石蜡乳液脱模剂等。

向大模板内浇筑混凝土应分层进行，于门窗口两侧应对称均匀下料和捣实，防止固定在模板上的门窗框移位。待浇灌的混凝土的强度达到 $1N/mm^2$ 方可拆除大模板。拆模后要喷水以养护混凝土。待混凝土强度≥$4N/mm^2$ 时才能吊装楼板于其上。

（2）滑升模板

1）滑模施工概述

滑升模板（简称滑模）是一种工具式模板，宜用于现场浇筑高耸的构筑物和建筑物等，如烟囱、筒仓、电视塔、竖井、沉井、冷却塔和剪力墙体系及筒体体系的高层建筑等。在我国有相当数量的高层建筑是用滑升模板施工的。

滑升模板施工的特点，是在构筑物或建筑物底部，沿其墙、柱、梁等构件的周边组装高 1.2m 左右的滑升模板，随着向模板内不断地分层浇筑混凝土；用液压提升设备使模板不断地向上滑升，直到需要浇筑的高度为止。用滑升模板施工，可以节约模板和支撑材料、加快施工速度和保证结构的整体性。但模板一次性投资多、耗钢量大，对建筑的立面造型和构件断面变化有一定的限制。

2）滑模装置的组成

滑模装置主要由模板系统、操作平台系统、液压系统以及施工精度控制系统等部分组成（图 1-4-9）。

A. 模板系统包括模板、围圈和提升架等。模板用于成型混凝土；承受新浇混凝土的侧压力，多用钢模或钢木混合模板。楼板的高度取决于滑升速度和混凝土达到出模强度（0.2～0.4N/mm²）所需的时间。一般高 1.0～1.2m（采用"滑一浇一"工艺时，外墙的外模和部分内墙模板加长，以增加模板滑空时的稳定性），至上口小下口大的锥形，单面锥度约 0.2%～0.5%H（H 为模板高度），以模板上口以下 2/3 模板高度处的净间距为结构断面的厚度。围圈（围檩）用于支承和固定模板，一般情况下，模板上下各布置一道，它承受模板传来的水平侧压力（混凝土的侧压力和浇筑混凝土时的水平冲击力）和由摩阻力、模板与围圈自重（如操作平台支承在围圈上，还包括平台自重和施工荷载）等产生的竖向力。围圈近似于以提升架为支承的双向弯曲的多跨连续梁，材料多用角钢或槽钢，以其受力最不利情况计算确定其截面。提升架又称千斤顶架，其作用是固定围

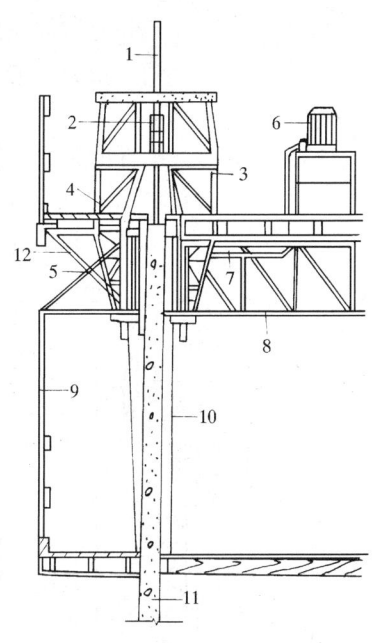

图 1-4-9 滑升模板
1—支承杆；2—液压千斤顶；3—提升架；4—围圈；5—模板；6—高压油泵；7—油泵；8—操作平台桁架；9—外吊架；10—内吊架；11—混凝土墙体；12—外挑架

圈，把模板系统和操作平台系统连成整体，承受整个模板系统和操作平台系统的全部荷载并将其传递给液压千斤顶。提升架分单横梁式与双横梁式两种，多用钢制作，其截面按框架计算确定。

B. 操作平台系统包括操作平台、内外吊架和外挑架，是施工操作的场所，其承重构件（平台桁架、钢梁、铺板、吊杆等）根据其受力情况按一般的钢木结构进行计算。采用"滑一浇一"工艺时平台的中间部分应是做成活动式，以便模板滑升后吊去浇筑混凝土。

C. 液压系统包括支承杆（爬杆）、液压千斤顶和操纵装置等，是使滑升模板向上滑升的动力装置。支承杆既是液压千斤顶向上爬升的轨道，又是滑升模板的承重支柱，它承受施工过程中的全部荷载。支承杆的规格要与选用的千斤顶相适应，用钢珠作卡头的千斤顶，需用 HPB235 圆钢筋，用楔块作卡头的千斤顶，HPB235、HRB335、HRB400、RRB400 钢筋皆可用。其承载能力按下式确定：

$$[p] = a \frac{40EI}{K(I_0 + 95)^2} \tag{1-4-1}$$

式中 $[p]$——支承杆的承载能力(N)；

a——群杆工作系数（考虑群杆荷载不均匀、个别支承杆超载失稳后会

给相邻者增加额外荷载）。整体式平台 $a=0.70$，分体式平台 $a=0.80$，带套管的工具式支承杆 $a=1.0$；

E——支承杆的弹性模量（$2.1\times10^5\text{N/mm}^2$）；

I——支承杆的截面积惯性矩（mm^4）；

K——安全系数$\geqslant 2.0$；

I_0——支承杆的脱空长度（mm）。

目前滑升模板所用之液压千斤顶，有以钢珠作卡头的 GYD-35 型和以楔块作卡头的 QYD-35 型等起重量 3.5t 的小型液压千斤顶，还有起重量达 10t 的中型液压千斤顶 YL 50-10 型等。GYD-35 型（图 1-4-10）目前仍应用较多，其工作原理如图 1-4-11 所示。施工时，将液压千斤顶安装在提升架横梁上与之联成一体，支承杆穿入千斤顶的中心孔内。当高压油液压入时（图 1-4-11a），在高压油作用下，使上卡头与支承杆锁紧；由于上卡头与活塞相连，因而活塞不能下行；于是就在油压作用下，迫使缸体连带底座和下卡头一起向上升起，由此带动提升架等整个滑升模板上升。当上升到下卡头紧碰着上卡头时，即完成一个工作行程（图 1-4-11b）。此时排油弹簧处于压缩状态，上卡头承受滑升模板的全部荷载。当排油时，上卡头放松、下卡头与支承杆锁紧；油压力消失，在排油弹簧的弹力作用下，把活塞与上卡头一起推向上

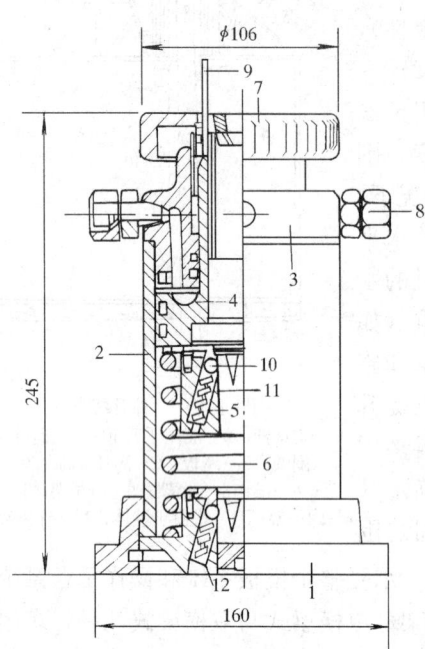

图 1-4-10　GYD-35 型液压千斤顶
1—底座；2—缸体；3—缸盖；4—活塞；5—上卡头；6—排油弹簧；7—行程调整帽；8—油嘴；9—行程指示杆；10—钢珠；11—卡头小弹簧；12—下卡头

（图 1-4-11c），此时，下卡头接替上卡头所承受的荷载。如此不断循环，千斤顶就沿着支承杆不断上升，模板也就被带着不断向上滑升。

采用钢珠式的上、下卡头，其优点是体积小，结构紧凑，动作灵活，但钢珠对支承杆的压痕较深，这样不仅不利于支承杆拔出重复使用，而且会出现千斤顶上升后的"回缩"下降现象，此外，钢珠还有可能被杂质卡死在斜孔内，导致卡头失效。因此，有的已改用楔块式卡头，这种卡头利用四瓣楔块锁固支承杆，具有加工简单、起重量大、卡头下滑量小、锁紧能力强、压痕小等优点，它不仅适用于光圆钢筋支承杆，亦可用于螺纹钢筋支承杆。

D. 滑模施工精度控制系统主要包括：提升设备本身的限位调平装置、滑模

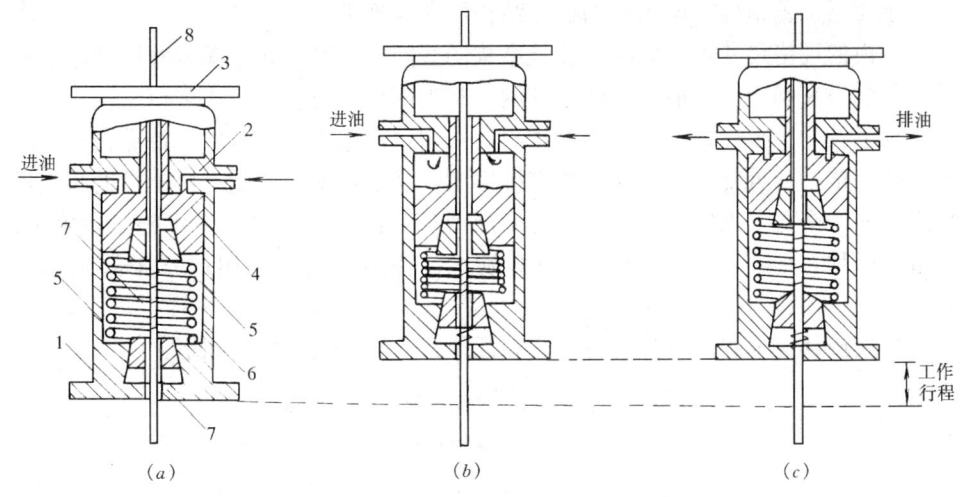

图 1-4-11　液压千斤顶工作原理示意图
1—底座；2—缸体；3—缸盖；4—活塞；5—上、下卡头；6—排油弹簧；7—弹簧；8—支承杆

装置在施工中的水平度和垂直度的观测和调整控制设施等。在模板滑升过程中整个模板系统能否水平上升，是保证滑模施工质量的关键，也是直接影响建筑物垂直度的一个重要因素。

影响平台水平度与建筑物垂直度的因素有：操作平台上荷载分布不均，导致支承杆负荷不匀；模板变形或模板锥度不对称；操作平台结构刚度差；模板摩阻力不均；有水平外力作用；千斤顶不同步等。而千斤顶不同步，一般均由于部分千斤顶（远离控制台的）进油、回油不充分，油路布置方式和密封情况不好，以及千斤顶的加工精度不一致等原因所致。在滑升过程中如何防止出现倾斜，以及倾斜出现后如何及时纠偏是滑模施工中的一个很重要的问题。

纠偏的方法通常是调整平台的高差。即通过千斤顶将操作平台调升一倾斜度，其方向与建筑物的倾斜方向相反，且倾斜值最大不超过模板的倾斜度。然后继续滑升浇灌混凝土，直至建筑物的垂直度归于正常，才把操作平台恢复水平。此外亦可在与倾斜方向相反的操作平台一边堆放重物，或调整混凝土浇筑方向和顺序，或在千斤顶下加斜垫，以及用卷扬机对平台施加水平外力等方法来进行纠偏。在纠正结构物的垂直偏差时，应逐步徐徐进行，避免结构出现急弯。在调整操作平台水平时，应防止模板出现倒锥度，导致混凝土拉裂。

扭转纠偏通常可采取沿平台扭转相反方向浇筑混凝土，或于平台施加一与扭转方向相反的环向力等方法进行。

(3) 台模

台模（又称桌模、飞模）是一种由平台板、梁、支架、支撑、调节支腿及配件组成的工具式模板，适用于大柱网、大空间的现浇钢筋混凝土楼盖施工，尤其适用于无梁楼盖结构，即大柱网板柱结构的楼盖施工。

台模的规格尺寸主要取决于建筑结构的开间（柱网）和进深尺寸以及起重机的吊装能力来确定。一般按开间（柱网）和进深尺寸设置一台或多台。

现浇混凝土板柱结构标准层的楼层，采用台模施工，具有以下特点：一次组装、整支整拆、重复使用，既节约支拆用工，又加快施工速度；台模借助起重机从浇筑完的楼盖下飞出，立即移到上一层或移到同一楼层另一流水施工段施工，模板不落地，可以减少临时堆放模板场地，特别适用于在用地紧张的闹市区施工。

台模按其支承方式可分为有腿式和无腿式两类。大致分类如下：

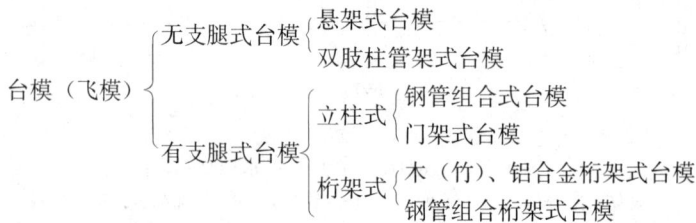

为了便于台模脱模和在楼层上运转，通常需另外配备一套使用方便的辅助机具，其中包括升降、行走、吊运等机具。

台模的选型要考虑两个因素：其一是施工项目规模大小，如果相类似的建筑物量大，则可选择比较定型的台模，增加模板周转使用，以获得较好的经济效果；其二是要考虑所掌握的现有资源条件，因地制宜，如充分利用已有的门式架或钢管脚手组成台模，做到物尽其用，以减少投资，降低施工成本。

(4) 隧道模板

隧道模板是由若干个半隧道模按建筑结构的开间、进深组拼而成。适用于在施工现场同时浇筑剪力墙结构的墙体和楼板混凝土。采用半隧道模克服了整体式全隧道模自重大、对起重设备要求高、使用不够灵活等缺陷。

半隧道模是由单元角形模和辅助设施组成。单元角形模是半隧道模的基本构件，它由横墙模板、楼板模板、纵墙模板、螺旋千斤顶、滚轮、楼板模板斜支撑、垂直支撑、穿墙螺栓、定位块等组成。辅助设施包括：支卸平台（半隧道模脱模后，作为塔吊吊具连接作业的过渡平台、水平通道和悬挑模板的支撑）、外山墙工作平台（支撑外山墙模板和作为通道用）等。

4.1.3 模板设计

定型模板和常用的模板拼板，在其适用范围内一般不需进行设计或验算。但对于一些特殊结构、新型体系的模板，或超出适用范围的一般模板则应进行设计和验算。

模板系统的设计，包括选型、选材、配板、荷载计算、结构计算、拟定制作安装和拆除方案及绘制模板图等。模板及其支架的设计应根据工程结构形式、荷载大小、地基土类别、施工设备和材料供应等条件进行。

1. 模板设计原则与步骤

（1）设计的主要原则

1）实用性　主要应保证混凝土结构的质量。具体要求：①接缝严密，不漏浆；②保证构件的形状尺寸及相互位置的正确；③模板构造简单、支拆方便，并便于钢筋的绑扎、安装和混凝土的浇筑、养护等要求。

2）安全性　保证在施工过程中，模板不变形、不破坏、不倒塌。设计时，要使模板及支架具有足够的强度、刚度和稳定性，能够承受新浇混凝土的自重和侧压力，以及在施工生产过程中所产生的荷载。

3）经济性　针对工程结构构件的具体情况，因地制宜，就地取材，在确保工期、质量的前提下，尽量减少一次投入，增加模板周转，减少支拆用工，实现文明施工。

（2）设计步骤

1）根据施工组织设计对施工区段的划分、施工工期和流水作业的安排，应先明确需要配制模板的层段数量。

2）根据工程情况和现场施工条件决定模板的组装方法，如现场是散装散拆，还是预拼装；支撑方法是采用钢楞支撑，还是采用桁架支撑等。

3）根据已确定配模的层段数量，按照施工图纸中梁、柱、墙、板等构件尺寸，进行模板组配设计。

4）进行夹箍和支撑件等的设计计算和选配工作。

5）明确支撑系统的布置、连接和固定方法。

6）确定预埋件的固定方法、管线埋设方法以及特殊部位（如预留孔洞）的处理方法。

7）根据所需钢模板、连接件、支撑及架设工具等列出统计表，以便于备料。

2. 荷载及荷载组合

在设计和验算模板及支架时应考虑下列荷载：

（1）模板及支架自重标准值

模板及其支架的自重标准值应根据模板设计图纸确定。对肋形楼板及无梁楼板模板的自重标准值，可按表1-4-5采用。

楼板模板自重标准值（kN/m^2）　　表1-4-5

模板构件名称	木模板	组合钢模板	钢框胶合板模板
平板的模板及小楞	0.30	0.50	0.40
楼板模板（其中包括梁的模板）	0.50	0.75	0.60
楼板模板及其支架（楼层高度为4m以下）	0.75	1.10	0.95

(2) 新浇筑混凝土自重标准值

对普通混凝土可采用 $24kN/m^3$，对其他混凝土可根据实际重力密度确定。

(3) 钢筋自重标准值

钢筋自重标准值应根据设计图纸确定。对一般梁板结构每立方米钢筋混凝土的钢筋自重标准值可采用下列数值：楼板 $1.1kN/m^3$；梁 $1.5kN/m^3$。

(4) 施工人员及设备荷载标准值

1) 计算模板及直接支承模板的小楞时，对均布荷载取 $2.5kN/m^2$，另应以集中荷载 $2.5kN$ 再行验算；比较两者所得的弯矩值，按其中较大者采用；

2) 计算直接支承小楞结构构件时，均布活荷载取 $1.5kN/m^2$；

3) 计算支架立柱及其他支承结构构件时，均布活荷载取 $1.0kN/m^2$。

注：1. 对大型浇筑设备如上料平台、混凝土输送泵等按实际情况计算；
    2. 混凝土堆集料高度超过 100mm 以上者按实际高度计算；
    3. 模板单块宽度小于 150mm 时，集中荷载可分布在相邻的两块板上。

(5) 振捣混凝土时产生的荷载标准值

对水平面模板可采用 $2.0kN/m^2$；对垂直面模板可采用 $4.0kN/m^2$（作用范围在新浇筑混凝土侧压力的有效压头高度范围内）。

(6) 新浇筑混凝土对模板侧面的压力标准值

影响新混凝土对模板侧压力的因素很多。如水泥的品种与用量、骨料种类、水灰比、外加剂等混凝土原材料和混凝土浇筑时的温度、浇筑速度、振捣方法等外界施工条件以及模板情况、构件厚度、钢筋用量、钢筋排放位置等，都是影响混凝土对模板侧压力的因素。其中混凝土的重力密度、混凝土浇筑时的温度、浇筑速度、坍落度、外加剂和振捣方法等是影响新浇筑混凝土对模板侧压力的主要因素，它们是计算新浇筑混凝土对模板侧面的压力的控制因素。

当采用内部振捣器时，新浇筑混凝土对模板的最大侧压力，可按下列二式计算，并取其中的较小值作为侧压力的最大值。混凝土侧压力的计算分布

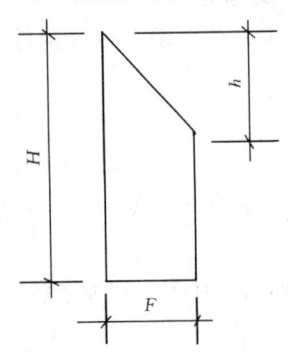

图 1-4-12 混凝土侧压力的计算分布图形

图形如图 1-4-12 所示：

$$F = 0.22\gamma_c t_0 \beta_1 \beta_2 V^{1/2} \quad (1-4-2)$$

$$F = \gamma_c H \quad (1-4-3)$$

式中 F——新浇筑混凝土对模板的最大侧压力（kN/m^2）；

γ_c——混凝土的重力密度（kN/m^3）；

t_0——新浇筑混凝土的初凝时间（h），可按实测确定。当缺乏试验资料时，可采用

$t_0 = 200/(T+15)$ 计算（T 为混凝土的温度℃）；

V——混凝土的浇筑速度（m/h）；

H——混凝土侧压力计算位置处至新浇筑混凝土顶面的总高度（m）；

β_1——外加剂影响修正系数，不掺外加剂时取 1.0，掺具有缓凝作用的外加剂时取 1.2；

β_2——混凝土坍落度影响修正系数，当坍落度小于 30mm 时，取 0.85；50～90mm 时，取 1.0；110～150mm 时，取 1.15。

（7）倾倒混凝土时产生的水平荷载标准值

倾倒混凝土时对垂直面模板产生的水平荷载按表 1-4-6 采用。

倾倒混凝土时产生的水平荷载标准值（kN/m²）　　　表 1-4-6

向模板内供料方法	水平荷载	向模板内供料方法	水平荷载
溜槽、串筒或导管	2.0	容量为 0.2～0.8m³ 的运输器具	4.0
容量小于 0.2m³ 的运输器具	2.0	容量大于 0.8m³ 的运输器具	6.0

注：作用范围在有效压头高度以内。

除上述 7 项荷载外，当水平模板支撑结构的上部继续浇筑混凝土时，还应考虑由上部传递下来的荷载。

计算模板及其支架时的荷载设计值，应采用荷载标准值乘以相应的荷载分项系数求得，荷载分项系数应按表 1-4-7 采用。

荷　载　分　项　系　数　　　表 1-4-7

项次	荷载类别	γ_i	项次	荷载类别	γ_i
1	模板及支架自重	1.2	4	施工人员及施工设备荷载	1.4
2	新浇筑混凝土自重		5	振捣混凝土时产生的荷载	
3	钢筋自重		6	新浇筑混凝土对模板侧面的压力	1.2
			7	倾倒混凝土时产生的荷载	1.4

模板及其支架荷载效应组合的各项荷载应符合表 1-4-8 的规定。

参与模板及其支架荷载效应组合的各项荷载　　　表 1-4-8

模 板 类 别	参与组合的荷载项	
	计算承载能力	验算刚度
平板和薄壳的模板及支架	1、2、3、4	1、2、3
梁和拱模板的底板及支架	1、2、3、5	1、2、3
梁、拱、柱（边长≤300mm）、墙（厚≤100mm）的侧面模板	5、6	6
大体积结构、柱（边长＞300mm）、墙（厚＞100mm）的侧面	6、7	6

对模板的设计，由于我国目前还没有临时性工程的设计规范，故荷载效应组合（荷载折减系数）只能按正式结构设计规范执行。

（1）钢模板及其支架的设计应符合现行国家标准《钢结构设计规范》的规定，其截面塑性发展系数取 1.0；其荷载设计值可乘以系数 0.85 予以折减。

(2) 采用冷弯薄壁型钢应符合现行国家标准《冷弯薄壁型钢结构技术规范》的规定,其荷载设计值不应折减。

(3) 木模板及其支架的设计应符合现行国家标准《木结构设计规范》的规定,当木材含水率小于25%时,其荷载设计值可乘以系数0.90予以折减。

(4) 其他材料的模板及其支架的设计应符合有关的专门规定。

当验算模板及其支架的刚度时,其最大变形值不得超过下列允许值:

(1) 对结构表面外露的模板,为模板构件计算跨度的1/400;

(2) 对结构表面隐蔽的模板,为模板构件计算跨度的1/250;

(3) 支架的压缩变形值或弹性挠度,为相应的结构计算跨度的1/1000。

支架的立柱或桁架应保持稳定,并用撑拉杆件固定。当验算模板及其支架在自重和风荷载作用下的抗倾倒稳定性时应符合有关的专门规定。

3. 模板设计实例

【例1-4-1】 某工程墙体模板采用组合钢模板组拼,墙高3m,厚18cm,宽3.3m。

钢模板采用P3015(1500mm×300mm)分二行竖排拼成。内钢楞采用2根$\phi 51 \times 3.5$钢管,间距为750mm,外钢楞采用同一规格钢管,间距为900mm。对拉螺栓采用M18,间距为750mm,如图1-4-13。

混凝土自重(γ_c)为24kN/m³,强度等级C20,坍落度为7cm,采用0.6m³混凝土吊斗卸料,浇筑速度为1.8m/h,混凝土温度为20℃,用插入式振捣器振捣。

钢材抗拉强度设计值:Q235钢为215N/mm²,普通螺栓为170N/mm²。钢

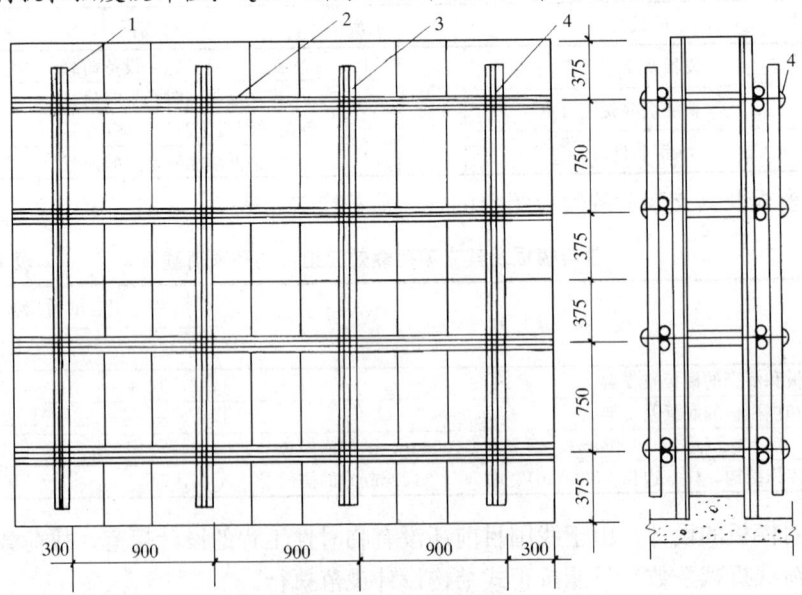

图1-4-13 组合钢模板拼装图
1—钢模;2—内楞;3—外楞;4—对拉螺栓

模的允许挠度：面板为 1.5mm，钢楞为 3mm。

试验算：钢模板、钢楞和对拉螺栓是否满足设计要求。

【解】

1. 荷载设计值

(1) 混凝土侧压力

1) 混凝土侧压力标准值：按式 (1-4-2) 和式 (1-4-3) 计算。其中 $t_0 = 200/(20+15) = 5.71$。

$$F_1 = 0.22\gamma_c t_0 \beta_1 \beta_2 V^{1/2} = 0.22 \times 24 \times 5.71 \times 1 \times 1 \times 1.8^{1/2}$$
$$= 40.4 \text{kN/m}^2$$
$$F_2 = \gamma_c H = 24 \times 3 = 72 \text{kN/m}^2$$

取两者中小值，即 $F_1 = 40.4 \text{kN/m}^2$。

2) 混凝土侧压力设计值：

$$F = F_1 \times 分项系数 \times 折减系数$$
$$= 40.4 \times 1.2 \times 0.85 = 41.21 \text{kN/m}^2$$

(2) 倾倒混凝土时产生的水平荷载查表 1-4-5 为 4kN/m^2。荷载设计值为 $4 \times 1.4 \times 0.85 = 4.76 \text{kN/m}^2$。

(3) 按表 1-4-7 进行荷载组合

$$F' = 41.21 + 4.76 = 45.97 \text{kN/m}^2$$

2. 验算

(1) 钢模板验算

查《施工手册》，P3015 钢模板（$\delta = 2.5$mm）截面特征，$I_{xj} = 26.97 \times 10^4 \text{mm}^4$；$W_{xj} = 5.94 \times 10^3 \text{mm}^3$。

1) 计算简图：如图 1-4-14 简支梁

化为线均布荷载：

$q_1 = F' \times 0.3/1000 = (45.97 \times 0.3)/1000 = 13.79 \text{N/mm}$（用于计算承载力）；

$q_2 = F \times 0.3/1000 = (41.21 \times 0.3)/1000 = 12.36 \text{N/mm}$（用于验算挠度）。

2) 抗弯强度验算：

钢模板的弯矩 $M = (q_1 m^2)/2 = (13.79 \times 375^2)/2 = 97 \times 10^4 \text{N} \cdot \text{mm}$

钢模板的抗弯承载能力公式为：

$\sigma = M/W = (97 \times 10^4)/(5.94 \times 10^3) = 163 \text{N/mm}^2 < f_m = 215 \text{N/mm}^2$（可）

3) 挠度验算：

钢模板的挠度

$\omega = [q_2 m)/(24 EI_{xy})] \times (-l^3 + 6m^2 l + 3m^3)$

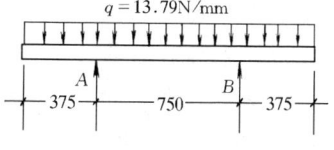

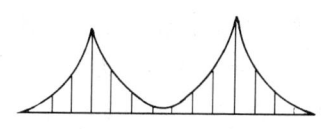

图 1-4-14 钢模板计算简图

$$= [(12.36 \times 375)/(24 \times 2.06 \times 10^5 \times 26.97 \times 10^4)]$$
$$\times (-750^3 + 6 \times 375^2 \times 750 + 3 \times 375^3)$$
$$= 1.28\text{mm} < [\omega] = 1.5\text{mm}(可)$$

(2) 内钢楞验算

查《施工手册》，2 根 φ51×3.5 钢管的截面特征为：$I = 2 \times 14.81 \times 10^4 \text{mm}^4$，$W = 2 \times 5.81 \times 10^3 \text{mm}^3$。

1) 计算简图：如图 1-4-15 连续梁

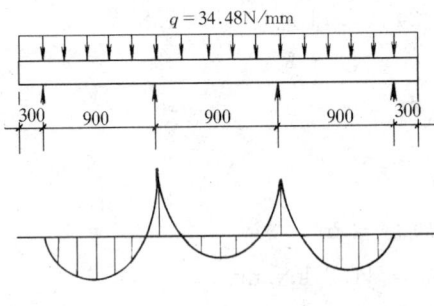

图 1-4-15 内钢楞计算简图

化为线均布荷载：

$q_1 = F' \times 0.75/1000 = 45.97 \times 0.75/1000 = 34.48\text{N/mm}$（用于计算承载力）；

$q_2 = F \times 0.75/1000 = 41.21 \times 0.75/1000 = 30.9\text{N/mm}$（用于验算挠度）。

2) 抗弯强度验算：由于内钢楞两端的伸臂长度（300mm）与基本跨度（900mm）之比，300/900=0.33<0.4，则伸臂端头挠度比基本跨度挠度小，故可按近似三跨连续梁计算（如图 1-4-15）。

内钢楞的弯矩：$M = 0.10 q_1 l^2 = 0.10 \times 34.48 \times 900^2$

抗弯承载能力：$\sigma = M/W = (0.10 \times 34.48 \times 900^2)/(2 \times 5.81 \times 10^3)$
$$= 2792.9/11.62 = 240.35\text{N/mm}^2 > 215\text{N/mm}^2（不可）$$

改用矩形钢管 2 根 □60×40×2.5 作内钢楞后，查《施工手册》，$I = 2 \times 21.88 \times 10^4 \text{mm}^4$，$W = 2 \times 7.29 \times 10^3 \text{mm}^3$，其抗弯承载能力：

$\sigma = M/W = (0.10 \times 34.48 \times 900^2)/(2 \times 7.29 \times 10^3)$
$$= 2792.9/14.58 = 191.56\text{N/mm}^2 < 215\text{N/mm}^2（可）$$

3) 挠度验算：

$\omega = (0.677 \times q_2 l^4)/100EI = (0.677 \times 30.9 \times 900^4)/$
$$(100 \times 2.06 \times 10^5 \times 2 \times 21.88 \times 10^4)$$
$$= 1.52\text{mm} < 3.0\text{mm}（可）$$

(3) 对拉螺栓验算

查《施工手册》，M18 螺栓净截面面积 $A = 174\text{mm}^2$

1) 对拉螺栓的拉力：

$N = F' \times$ 内楞间距 $\times$ 外楞间距 $= 45.97 \times 0.75 \times 0.9 = 31.03\text{kN}$

2) 对拉螺栓的应力：

$\sigma = N/A = (31.03 \times 10^3)/174 = 31030/174 = 178.3\text{N/mm}^2 \approx 170\text{N/mm}^2$（可，也可改用 M20）

§4.2 钢 筋 工 程

在钢筋混凝土结构中,钢筋及其加工质量对结构质量起着决定性的作用,钢筋工程又属于隐蔽工程,在混凝土浇筑后,钢筋的质量难以检查,故对钢筋的进场验收到一系列的加工过程和最后的绑扎安装,都必须进行严格的质量控制,以确保结构的质量。

4.2.1 钢筋的种类与验收

1. 钢筋的分类及性能

钢筋的种类很多。按生产工艺可分为热轧钢筋、冷加工钢筋(冷轧带肋钢筋、冷轧扭钢筋、冷拔螺旋钢筋、冷拉钢筋、冷拔钢丝)、碳素钢丝、刻痕钢丝、钢绞线和热处理钢筋等,其中后面四种主要用于预应力混凝土工程。按化学成分又可分为碳素钢钢筋和普通低合金钢钢筋,碳素钢钢筋按含碳量的多少,又可分为低碳钢钢筋(含碳量小于0.25%)、中碳钢钢筋(含碳量0.25%~0.7%)、高碳钢钢筋(含碳量0.7%~1.4%)三种。普通低合金钢是在低碳钢和中碳钢的成分中加入少量合金元素,获得强度高和综合性能好的钢种。热轧钢筋按屈服强度(MPa)可分为HPB235级、HRB335级、HRB400级和HRB500级等;而且级别越高,其强度及硬度越高,塑性逐级降低。按外形可分为光圆钢筋和带肋钢筋。按供应形式,为便于运输,通常将直径为6~10mm的钢筋卷成圆盘,称盘圆或盘条钢筋;将直径大于12mm的钢筋轧成6~12m长一根,称直条或碾条钢筋。按直径大小可分为钢丝(直径3~5mm)、细钢筋(直径6~10mm)、中粗钢筋(直径12~20mm)和粗钢筋(直径大于20mm)。按钢筋在结构中的作用不同可分为受力钢筋、架立钢筋和分布钢筋。

(1) 常用的热轧钢筋

热轧钢筋是经热轧成型并自然冷却的成品钢筋,分为热轧光圆钢筋和热轧带肋钢筋两种。热轧光圆钢筋应符合国家标准《钢筋混凝土用钢 第一部分热轧光圆钢筋》(GB 1499.1)的规定。热轧带肋钢筋应符合国家标准《钢筋混凝土用钢 第二部分热轧带肋钢筋》(GB 1499.2—2007)的规定。

1) 热轧光圆钢筋(hot rolled plain bars):经热轧成型,横截面通常为圆形,表面光滑的成品光圆钢筋。如图1-4-16所示。

钢筋按屈服强度特征值分为HPB235级、HPB300级。

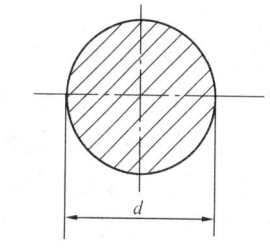

图1-4-16 光圆钢筋的截面形状

d—钢筋直径

2) 热轧带肋钢筋(ribbed bars):横截面通常

为圆形,且表面带肋的混凝土结构用钢材。如图 1-4-17 所示。

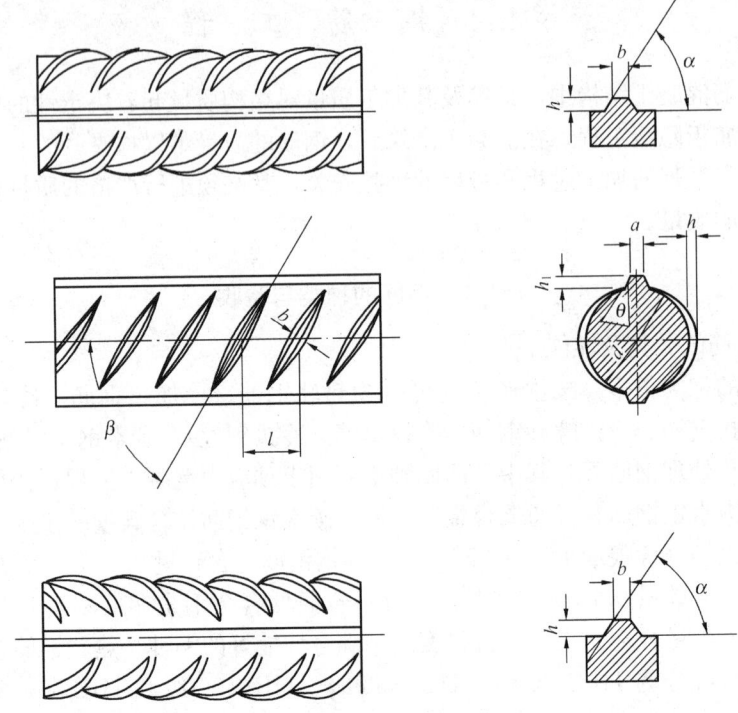

图 1-4-17 月牙肋钢筋(带纵肋)表面及截面形状
d—钢筋内径;α—横肋斜角;h—横肋高度;β—横肋与轴线夹角;
h_1—纵肋高度;θ—纵肋斜角;a—纵肋顶宽;l—横肋间距;b—横肋顶宽

热轧带肋钢筋按强度等级分为 HRB335 级、HRB400 级、HRB500 级。钢筋按生产工艺分为热轧状态交货的钢筋(普通热轧钢筋 hot rolled bars)和在热轧过程中、通过控轧和控冷工艺形成的细晶粒钢筋(细晶粒热轧钢筋 hot rolled bars of fine grains)。

常用的热轧钢筋的力学机械性能(屈服点、抗拉强度、伸长率及冷弯指标)见表 1-4-9。

有较高要求的抗震结构适用牌号为:在表 1-4-9 中已有的带肋钢筋牌号后加 E (例如:HRB400E) 的钢筋。该类钢筋的要求除与相对应的已有牌号钢筋的要求相同外,还应满足:钢筋实测抗拉强度与实测屈服强度之比不小于 1.25;钢筋实测屈服强度与表 1-4-9 中规定的屈服强度特性值之比不大于 1.30;钢筋的最大力总拉伸率 A_{gt} 不小于 9%。

(2) 冷轧带肋钢筋

冷轧带肋钢筋 (cold-rolled ribbed steel wires) 是采用普通低碳钢、优质碳素钢或低合金钢热轧圆盘条为母材,经冷轧减径后在其表面冷轧成具有三面或两面月牙形横肋的钢筋。冷轧带肋钢筋应符合国家行业标准《冷轧带肋钢筋混凝土结构技术规程》(JGJ 95—2003) 的规定。

热轧钢筋的力学机械性能　　　　表 1-4-9

表面形状	牌号	公称直径 d (mm)	屈服强度 R_{eL} (MPa)	抗拉强度 R_m (MPa)	断后伸长率 A (%)	最大力下总伸长率 A_{gt} (%)	弯曲性能 (d—钢筋公称直径)	
			不小于				弯曲角度	弯心直径
光圆	HPB235		235	370	25	10	180°	d
	HPB300		300	420	25	10		
带肋	HRB335 HRBF335	6~25	335	455	17	75	180°	3d
		28~40						4d
		>40~50						5d
	HRB400 HRBF400	6~25	400	540	16			4d
		28~40						5d
		>40~50						6d
	HRB500 HRBF500	6~25	500	630	15			6d
		28~40						7d
		>40~50						8d

冷轧带肋钢筋按强度等级分为：550 级、650 级、800 级、970 级和 1170 级。其中，550 级钢筋宜用于钢筋混凝土结构构件中的受力钢筋、钢筋焊接网、箍筋、构造钢筋以及预应力混凝土结构中的非预应力钢筋；650 级、800 级、970 级和 1170 级钢筋宜用于预应力混凝土构件中的预应力主筋。冷轧带肋钢筋的主要性能见表 1-4-10。

冷轧带肋钢筋的力学性能和工艺性能指标　　　　表 1-4-10

钢筋级别	符号	钢筋直径 (mm)	抗拉强度 σ_b (N/mm²)	伸长率不小于		弯曲试验 180°	反复弯曲次数
				δ_{10} (%)	δ_{100} (%)		
CRB550	Φ^R	5~12	550	8.0	—	$D=3d$	—
CRB650		5、6	650	—	4.0	—	3
CRB800		5	800	—	4.0	—	3
CRB970		5	970	—	4.0	—	3
CRB1170		5	1170	—	4.0	—	3

注：1. 抗拉强度公称直径 d 计算。
2. 表中 D 为弯心直径，d 为钢筋公称直径；钢筋受弯曲部位表面不得产生裂纹。
3. 当钢筋的公称直径为 4mm、5mm、6mm 时，反复弯曲试验的弯曲半径分别为 10mm、15mm、15mm。
4. 对成盘供应的各级别钢筋，经调直后的抗拉强度仍应符合表中的规定。

(3) 冷轧扭钢筋

冷轧扭钢筋（cold-rolled and twisted bars）是将低钢热轧圆条钢筋经专用钢筋冷轧扭机调直，冷轧并冷扭一次成型，具有规定截面形式和相应节距的连续螺旋状钢筋。冷轧带肋钢筋应符合国家行业标准《冷轧扭钢筋混凝土构件技术规程》（JGJ 115—2006）的规定。

冷轧扭钢筋具有较高的强度，而且有足够的塑性性能，与混凝土粘结性能优异，代替 HPB235 级钢筋可节约钢材约 3%，有着明显的经济效益和社会效益。

Ⅰ、Ⅱ、Ⅲ型冷轧扭钢筋的强度设计值均较 HPB235、HRB335 高，考虑混凝土强度与钢筋强度相匹配，规定混凝土强度等级不应低于 C20，预应力构件不应低于 C30，可充分利用钢筋强度。冷轧扭钢筋的主要性能见表 1-4-11。

冷轧扭钢筋主要性能指标　　　　　　　表 1-4-11

钢筋级别	型号	符号	钢筋直径（mm）	抗拉强度 f_{yk}（N/mm²）	伸长率 A（%）	180°弯曲 弯心直径=3d
CTB550	Ⅰ	ϕ^R	6.5、8、10、12	≥550	$A_{11.3}$≥4.5	受弯曲部位钢筋表面不得产生裂纹
CTB550	Ⅱ	ϕ^R	6.5、8、10、12	≥550	A≥10	受弯曲部位钢筋表面不得产生裂纹
CTB550	Ⅲ	ϕ^R	6.5、8、10	≥550	A≥12	受弯曲部位钢筋表面不得产生裂纹
CTB650	预应力Ⅲ			≥650	A_{100}≥4	

注：1. d 为冷轧扭钢筋标志直径。

2. A、$A_{11.3}$ 分别表示以标距 $5.65\sqrt{s_0}$ 或 $11.3\sqrt{s_0}$（s_0 为试样原始截面面积）的试样拉断伸长率，A_{100} 表示标距为 100mm 的试样拉断伸长率。

2. 钢筋的验收

1) 钢筋出厂时，应在每捆（盘）上都挂有二个标牌（注明生产厂、生产日期、钢号、炉罐号、钢筋级别、直径等标记），并附有质量证明书，钢筋进场时应进行复验。进场时应按炉罐（批）号及直径分别存放、分批检验，并按现行国家有关标准的规定抽取试样做力学性能试验，合格后方可使用。

2) 热轧钢筋进场时，钢筋应按批进行检查和验收，每批由同一牌号、同一炉罐号、同一规格的钢筋组成。每批重量不大于 60t。超过 60t 的部分，每增加 40t（或不足 40t 的余数），增加一个拉伸试验试样和一个弯曲试验试样。允许由同一牌号、同一冶炼方法、同一浇注方法的不同炉罐号组成混合批，但各炉罐号含碳量之差不大于 0.02%，含锰量之差不大于 0.15%。混合批的重量不大于 60t。检验内容包括外观检查和力学性能试验等。

3) 表面质量检查。钢筋应无有害的表面缺陷（钢筋表面不得有裂纹、结疤和折叠）。

只要经钢丝刷刷过的试样的重量、尺寸、横截面积和拉伸性能不低于有关标准的要求，锈皮、表面不平整或氧化铁皮不作为拒收的理由；但试样不符合拉伸性能或弯曲性能要求时，则认为这些缺陷是有害的。

直条钢筋的弯曲度应不影响正常使用，总弯曲度不大于总长度的 0.4%。

钢筋可按实际重量或理论重量交货。当钢筋按实际重量交货时，应随机从不同钢筋上截取，数量不少于 5 根（每根试样的长度不少于 500mm）。钢筋称重筋实际重量与理论重量的允许偏差应符合表 1-4-12 的规定。

钢筋实际重量与理论重量的允许偏差　表 1-4-12

公称直径（mm）	实际重量与公称重量的偏差（%）
6～12	±7
14～20	±5
22～50	±4

钢筋实际重量与公称重量的偏差（%）按公式（1-4-4）计算。

$$重量偏差 = \frac{试样实际重量 - （试样总长度 \times 公称重量）}{试样总长度 \times 公称重量} \times 100\% \quad (1-4-4)$$

4) 力学性能试验。从每批钢筋中任选两根钢筋，每根取两个试样分别进行拉伸试验（包括屈服点、抗拉强度和伸长率）和冷弯试验。试验结果符合表 1-4-9 的要求。

如有一项试验结果不符合要求，则从同一批中另取双倍数量的试样重做各项试验。如仍有一个试样不合格，则该批钢筋为不合格品。

对热轧钢筋的质量有疑问或类别不明时，在使用前应做拉伸和冷弯试验。根据试验结果确定钢筋的类别后，才允许使用。抽样数量应根据实际情况确定。这种钢筋不宜用于主要承重结构的重要部位。

热轧钢筋在加工过程中发现脆断、焊接性能不良或机械性能显著不正常等现象时，应进行化学成分分析或其他专项检验。

4.2.2 钢筋加工

钢筋加工包括调直、除锈、下料切断、弯曲成型等工作。

1. 钢筋的调直

钢筋的调直可采用冷拉调直、调直机调直、锤直或扳直等方法。

采用冷拉方法调直钢筋时，HPB235 级钢筋的冷拉率不宜大于 4%，HRB335 级、HRB400 级及 HRBF400 级钢筋的冷拉率不宜大于 1%。

采用钢筋调直机调直冷拔钢丝和细钢筋时，要根据钢筋的直径选用调直模和传送压辊，并要正确掌握调直模的偏移量和压辊的压紧程度。调直筒两端的调直模一定要在调直前后导孔的轴心线上，这是钢筋能否调直的一个关键。

粗钢筋可采用锤直或扳直的方法进行调直。

2. 钢筋的除锈

钢筋的表面应洁净。油渍、漆污和用锤敲击时能剥落的浮皮、铁锈等应在使用前清除干净。在焊接前，焊点处的水锈应清除干净。

钢筋的除锈，一般可通过以下两个途径：一是在钢筋冷拉或钢丝调直过程中除锈,对大量钢筋的除锈较为经济省力;二是用机械方法除锈,如采用电动除锈机除锈,对钢筋的局部除锈较为方便。此外,还可采用手工除锈(用钢丝刷、砂盘)、喷砂除锈,要求较高时还可采用酸洗除锈等。

3. 钢筋下料切断

钢筋下料切断可采用钢筋切断机或手动液压切断器进行切断。

钢筋下料切断将同规格钢筋根据不同长度长短搭配,统筹排料;一般应先断长料,后断短料,减少短头,减少损耗。

断料时应避免用短尺量长料,防止在量料中产生累计误差。为此,宜在工作台上标出尺寸刻度线并设置控制断料尺寸用的挡板。

在切断过程中,如发现钢筋有劈裂、缩头或严重的弯头等必须切除;如发现钢筋的硬度与该钢种有较大的出入,应及时向有关人员反映,查明情况。

钢筋的断口,不得有马蹄形或起弯等现象。

4. 钢筋弯曲成型

(1) 钢筋弯钩和弯折的有关规定

1) 受力钢筋

HPB235 级钢筋末端应做 180° 弯钩,其弯弧内直径不应小于钢筋直径的 2.5 倍,弯钩的弯后平直部分长度不应小于钢筋直径的 3 倍(图 1-4-18a)。

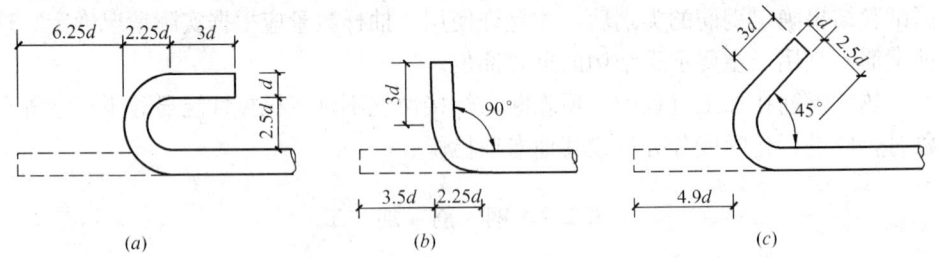

图 1-4-18 钢筋弯钩计算简图
(a) 半圆弯钩;(b) 直弯钩;(c) 斜弯钩

当设计要求钢筋末端需做 135° 弯钩时(图 1-4-19b),HRB335 级、HRB400 级钢筋的弯弧内直径 D 不应小于钢筋直径的 4 倍,弯钩的弯后平直部分长度应符合设计要求。

钢筋做不大于 90° 的弯折时(图 1-4-19a),弯折处的弯弧内直径不应小于钢筋直径的 5 倍。

2) 箍筋

除焊接封闭环式箍筋外,箍筋的末端应做弯钩。弯钩形式应符合设计要求;当设计无具体要

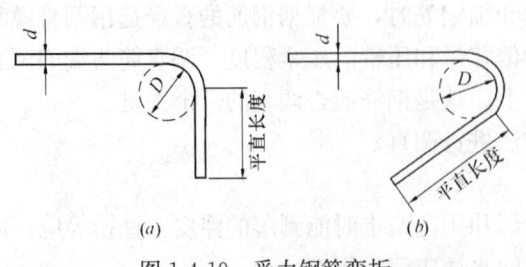

图 1-4-19 受力钢筋弯折
(a) 90°;(b) 135°

求时，应符合下列规定。

箍筋弯钩的弯弧内直径除应满足不应小于钢筋直径的 2.5 倍外，尚应不小于受力钢筋的直径；

箍筋弯钩的弯折角度：对一般结构，不应小于 90°；对有抗震等要求的结构应为 135°（图 1-4-20）。

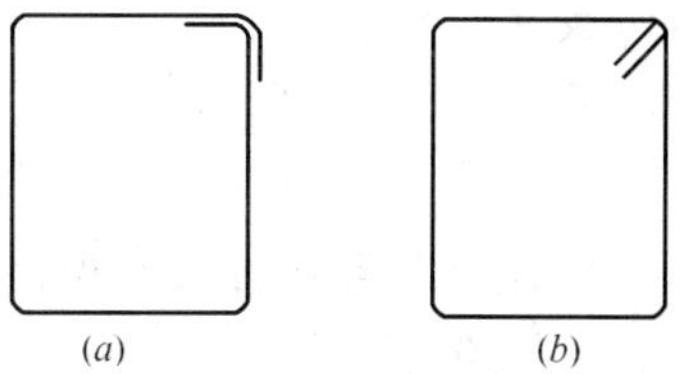

箍筋弯后的平直部分长度：对一般结构，不宜小于箍筋直径的 5 倍；对有抗震等要求的结构，不应小于箍筋直径的 10 倍。

(2) 弯曲成型工艺

钢筋弯曲成型宜采用弯曲机进行。钢筋弯曲应按弯曲设备的特点进行划线。

钢筋弯曲前，对形状复杂的钢筋（如弯起钢筋），根据钢筋料牌上标明的尺寸，用石笔将各弯曲点位置划出。划线时应注意：根据不同的弯曲角度扣除弯曲调整值，其扣法是从相邻两段长度中各扣一半；钢筋端部带半圆弯钩时，该段长度划线时增加 0.5d（d 为钢筋直径）；划线工作宜从钢筋中线开始向两边进行；两边不对称的钢筋，也可从钢筋一端开始划线，如划到另一端有出入时，则应重新调整。

图 1-4-20 箍筋示意

(a) 90°/90°；(b) 135°/135°

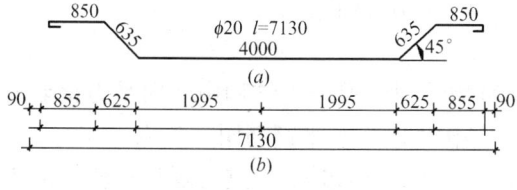

图 1-4-21 弯起钢筋的划线

(a) 弯起钢筋的形状和尺寸；(b) 钢筋划线

【例 1-4-2】 今有一根直径 20mm 的弯起钢筋，其所需的形状和尺寸如图 1-4-21 所示，试对其进行划线。

【解】 第一步在钢筋中心线上划第一道线；

第二步取中段 $4000/2 - 0.5d/2 = 1995mm$，划第二道线；

第三步取斜段 $635 - 2 \times 0.5d/2 = 625mm$，划第三道线；

第四步取直段 $850 - 0.5d/2 + 0.5d = 855mm$，划第四道线。

上述划线方法仅供参考。第一根钢筋成型后应与设计尺寸校对一遍，完全符合后再成批生产。

钢筋弯曲点线和心轴的关系，如图 1-4-22 所示。由于成型轴和心轴在同时

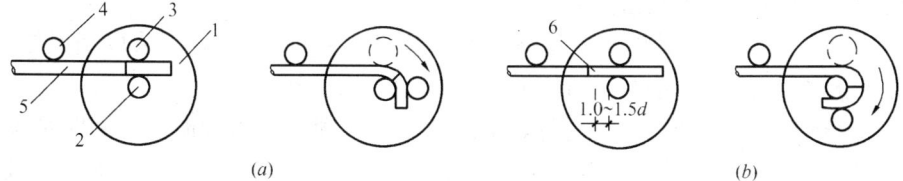

图 1-4-22 弯曲点线与心轴关系

(a) 弯 90°；(b) 弯 180°

1—工作盘；2—心轴；3—成型轴；4—固定挡铁；5—钢筋；6—弯曲点线

转动，就会带动钢筋向前滑移。因此，钢筋弯90°时，弯曲点线约与心轴内边缘齐；弯180°时，弯曲点线距心轴内边缘为1.0～1.5d（钢筋硬时取大值）。

注意：对HRB335与HRB400钢筋，不能弯过头再弯过来，以免钢筋弯曲点处发生裂纹。

4.2.3 钢筋的连接

常用钢筋连接方法有焊接连接、绑扎连接、机械连接等，下面将对各种连接方法一一介绍。

1. 焊接连接

焊接连接方法可改善结构的受力性能，节约钢筋用量，提高工作效率，保证工程质量，故在工程施工中得到广泛应用。

焊接质量与钢材的可焊性有关系。钢材的可焊性是指被焊接的钢材在采用一定的焊接工艺、焊接材料情况下，焊接接头取得良好质量的可能性。钢材的可焊性与碳元素及一些合金元素的含量有关，含碳量增加会引起可焊性降低，锰元素含量的增加也会引起可焊性的降低，而适当的钛元素则会改善钢材的可焊性。

钢筋焊接质量检验，应符合行业标准《钢筋焊接及验收规程》(JGJ 18—2003)和《钢筋焊接接头试验方法标准》(JGJ/T 27—2001)的规定。

(1) 钢筋焊接的一般规定

1) 电渣压力焊适用于柱、墙、构筑物等现浇混凝土结构中竖向受力钢筋的连接；不得在竖向焊接后横置于梁、板等构件中作水平钢筋用。

2) 在工程开工正式焊接之前，参与该项施焊的焊工应进行现场条件下的焊接工艺试验，并经试验合格后，方可正式生产。试验结果应符合质量检验与验收时的要求。

3) 钢筋焊接施工之前，应清除钢筋、钢板焊接部位以及钢筋与电极接触处表面上的锈斑、油污、杂物等；钢筋端部当有弯折、扭曲时，应予以矫直或切除。

4) 带肋钢筋进行闪光对焊、电弧焊、电渣压力焊和气压焊时，宜将纵肋对纵肋安放和焊接。

5) 雨天、雪天不宜在现场进行施焊；必须施焊时，应采取有效遮蔽措施。焊后未冷却接头不得碰到冰雪。

在现场进行闪光对焊或电弧焊，当风速超过7.9m/s时，应采取挡风措施。进行气压焊，当风速超过5.4m/s时，应采取挡风措施。

6) 进行电阻点焊、闪光对焊、电渣压力焊、埋弧压力焊时，应随时观察电源电压的波动情况，当电源电压下降大于5%、小于8%时，应采取提高焊接变压器级数的措施；当不小于8%时，不得进行焊接。

7) 焊机应经常维护保养和定期检修，确保正常使用。

工程中经常采用的焊接方法有闪光对焊、电弧焊、电渣压力焊、气压焊和电阻点焊等。

(2) 闪光对焊

钢筋闪光对焊是指将两钢筋安放成对接形式,利用电阻热使接触点金属熔化,产生强烈飞溅,形成闪光,迅速施加顶锻力完成的一种压焊方法。

闪光对焊不需要焊药、施工工艺简单、工作效率高、造价较低、应用广泛。钢筋对焊是在对焊机上进行的。需对焊的钢筋分别固定在对焊机的两个电极上,通以低电压的强电流,先使钢筋端面轻微接触,电路贯通,由于钢筋端部不太平整,接触面积很小,故电阻很大,使得接触处温度上升极快,金属很快熔化,金属熔液汽化从而形成火花飞溅,则称为闪光。然后加压顶锻,使两钢筋连为一体,接头冷却后便形成对焊接头。闪光对焊主要适用于直径 6～40mm 的 HRB335 级、HRB400 级和直径 8～20mm 的 HPB235 级钢筋连接。

1) 焊接工艺。

钢筋闪光对焊的焊接工艺可分为连续闪光焊、预热闪光焊和闪光—预热闪光焊等,根据钢筋品种、直径、焊机功率、施焊部位等因素选用。

A. 连续闪光焊　连续闪光焊的工艺过程包括:连续闪光和顶锻过程(图1-4-23a)。施焊时,先闭合一次电路,使两根钢筋端面轻微接触,此时端面的间隙中即喷射出火花般熔化的金属微粒——闪光,接着徐徐移动钢筋使两端面仍保持轻微接触,形成连续闪光。当闪光到预定的长度,使钢筋端头加热到将近熔点时,就以一定的压力迅速进行顶锻。先带电顶锻,再无电顶锻到一定长度,焊接接头即告完成。

B. 预热闪光焊　预热闪光焊是在连续闪光焊前增加一次预热过程,以扩大焊接热影响区。其工艺过程包括:预热、闪光和顶锻过程(图1-4-23b)。施焊时先闭合电源,然后使两根钢筋端面交替地接触和分开,这时钢筋端面的间隙中即发出断续的闪光,而形成预热过程。当钢筋达到预热温度后进入闪光阶段,随后顶锻而成。

C. 闪光—预热闪光焊　闪光—预热闪光焊是在预热闪光焊前加一次闪光过程,目的是使不平整的钢筋端面烧化平整,使预热均匀。其工艺过程包括:一次

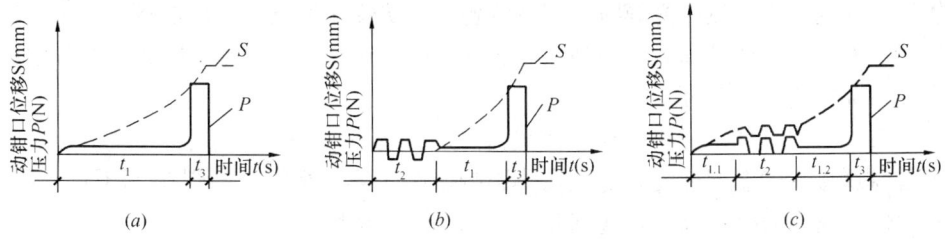

图 1-4-23　钢筋闪光对焊工艺过程图解
(a) 连续闪光焊;(b) 预热闪光焊;(c) 闪光—预热闪光焊

闪光、预热、二次闪光及顶锻过程（图1-4-23c）。施焊时首先连续闪光，使钢筋端部闪平，然后同预热闪光焊。

2）钢筋的对接焊接宜采用闪光对焊，其焊接工艺方法按下列规定选择：

A. 当钢筋直径较小，钢筋牌号较低，在表1-4-13的规定范围内，可采用连续闪光焊；

B. 当超过表中规定，且钢筋端面较平整，宜采用预热闪光焊；

C. 当超过表中规定，且钢筋端面不平整，应采用闪光—预热闪光焊。

连续闪光焊所能焊接的钢筋上限直径，应根据焊机容量、钢筋牌号等具体情况而定，并应符合表1-4-13的规定。

连续闪光焊钢筋上限直径　　　　　　表1-4-13

焊机容量（kV·A）	钢筋牌号	钢筋直径（mm）
160 (150)	HPB235	20
	HRB335	22
	HRB400	20
	RRB400	20
100	HPB235	20
	HRB335	18
	HRB400	16
	RRB400	16
80 (75)	HPB235	16
	HRB335	14
	HRB400	12
	RRB400	12
40	HPB235	10
	HRB335	
	HRB400	
	RRB400	

3）闪光对焊时，应选择合适的调伸长度、烧化留量、顶锻留量以及变压器级数等焊接参数。连续闪光焊时的留量应包括烧化留量、有电顶锻留量和无电顶锻留量。闪光—预热闪光焊时的留量应包括一次烧化留量、预热留量、二次烧化留量、有电顶锻留量和无电顶锻留量。连续闪光焊和闪光—预热闪光焊的各项留量图解如图1-4-24所示。

A. 调伸长度的选择，应随着钢筋牌号的提高和钢筋直径的加大而增长。主要是减缓接头的温度梯度，防止在热影响区产生淬硬组织。当焊接HRB400级、HRB500级钢筋时，调伸长度宜在40~60mm内选用。

B. 烧化留量的选择，应根据焊接工艺方法确定。当连续闪光焊接时，烧化过程应较长。烧化留量应等于两根钢筋在断料时切断机刀口严重压伤部分（包括

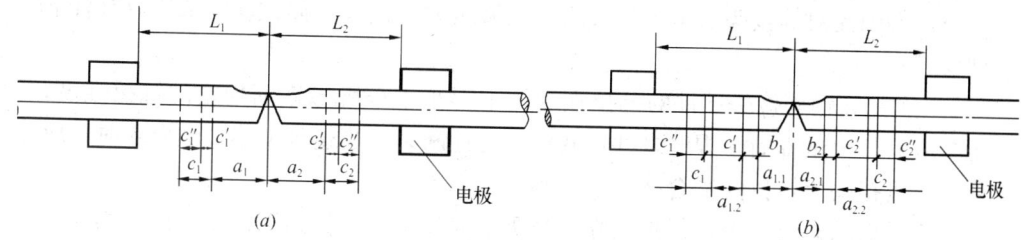

图 1-4-24 闪光对焊各项留量图解
(a) 连续闪光焊；(b) 闪光—预热闪光焊

L_1、L_2—调伸长度；a_1+a_2—闪光留量；$a_{1.1}+a_{2.1}$—一次闪光留量；$a_{1.2}+a_{2.2}$—二次闪光留量；b_1+b_2—预热留量；c_1+c_2—顶锻留量；$c'_1+c'_2$—有电顶锻留量；$c''_1+c''_2$—无电顶锻留量

端面的不平整度），再加 8mm。

闪光—预热闪光焊时，应区分一次烧化留量和二次烧化留量。一次烧化留量等于两根钢筋在断料时切断机刀口严重压伤部分，二次烧化留量不应小于 10mm。预热闪光焊时的烧化留量不应小于 10mm。

C. 需要预热时，宜采用电阻预热法。预热留量应为 1~2mm，预热次数应为 1~4 次；每次预热时间应为 1.5~2s，间歇时间应为 3~4s。

D. 顶锻留量应为 4~10mm，并应随钢筋直径的增大和钢筋牌号的提高而增加。其中，有电顶锻留量约占 1/3，无电顶锻留量约占 2/3，焊接时必须控制得当。焊接 HRB500 级钢筋时，顶锻留量宜稍微增大，以确保焊接质量。

顶锻留量是一项重要的焊接参数。顶锻留量太大，会形成过大的镦粗头，容易产生应力集中；太小又可能使焊缝结合不良，降低了强度。经验证明，顶锻留量以 4~10mm 为宜。

4) 钢筋闪光对焊的操作要领是：

A. 预热要充分；

B. 顶锻前瞬间闪光要强烈；

C. 顶锻快而有力。

5) 质量检查与验收。

A. 外观检查　外观检查时，每批抽查 10% 的闪光对焊接头，并不少于 10 个。在同一台班内，由同一焊工完成的 300 个同牌号、同直径钢筋焊接接头应作为一批。当同一台班内焊接的接头数量较少时，可在一周之内累计计算；累计仍不足 300 个接头时，应按一批计算。

外观检查结果应符合下列要求：接头处不得有横向裂纹；与电极接触处的钢筋表面不得有明显烧伤；接头处的弯折角不得大于 3°；接头处的轴线偏移不得大于钢筋直径的 0.1 倍，且不得大于 2mm。

B. 力学性能试验　应从每批接头中抽取 6 个试件进行试验，其中 3 个做拉伸试验，3 个做弯曲试验。

钢筋闪光对焊接头、电弧焊接头、电渣压力焊接头拉伸试验结果均应符合下列要求：

3个热轧钢筋接头试件的抗拉强度均不得小于该牌号钢筋规定的抗拉强度；至少应有2个试件断于焊缝之外，并应呈延性断裂。当达到上述2项要求时，应评定该批接头为抗拉强度合格。

当试验结果有2个试件抗拉强度小于钢筋规定的抗拉强度或3个试件均在焊缝或热影响区发生脆性断裂时，则一次判定该批接头为不合格品。

当试验结果有1个试件的抗拉强度小于规定值，或2个试件在焊缝或热影响区发生脆性断裂，其抗拉强度均小于钢筋规定抗拉强度的1.10倍时，应进行复验。

复验时，应再切取6个试件。复验结果，当仍有1个试件的抗拉强度小于规定值，或有3个试件断于焊缝或热影响区，呈脆性断裂，其抗拉强度小于钢筋规定抗拉强度的1.10倍时，应判定该批接头为不合格品。

注：当接头试件虽断于焊缝或热影响区，呈脆性断裂，但其抗拉强度不小于钢筋规定抗拉强度的1.10倍时，可按断于焊缝或热影响区之外，呈延性断裂同等对待。

弯曲试验可在万能试验机、手动或电动液压弯曲试验器上进行，焊缝应处于弯曲中心点，弯心直径和弯曲角应符合表1-4-14的规定。

接头弯曲试验指标　　　　　　　　　表1-4-14

钢筋牌号	弯心直径（mm）	弯曲角（°）
HPB235	2d	90
HRB335	4d	90
HRB400	5d	90
HRB500	7d	90

注：1. d为钢筋直径。
　　2. 直径大于25mm的钢筋焊接接头，弯心直径应增加1倍钢筋直径。

当试验结果，弯至90°，有2个或3个试件外侧（含焊缝和热影响区）未发生破裂，应评定该批接头弯曲试验合格。

当3个试件均发生破裂，则一次判定该批接头为不合格品。

当有2个试件发生破裂，应进行复验。

复验时，应再切取6个试件。复验结果，当有3个试件发生破裂时，应判定该接头为不合格品。

注：当试件外侧横向裂纹宽度达到0.5mm时，应认定已经破裂。

（3）电弧焊

钢筋电弧焊是指以焊条作为一极，钢筋为另一极，利用焊接电流通过产生的电弧热进行焊接的一种熔焊方法。

电弧焊是利用弧焊机在焊条与焊件之间产生高温电弧,使得焊条和电弧燃烧范围内的金属焊件很快熔化从而形成焊接接头,其中电弧是指焊条与焊件金属之间空气介质出现的强烈持久的放电现象。

电弧焊的应用非常广泛,常用于钢筋的搭接接长、钢筋与钢板的焊接、装配式钢筋混凝土结构接头的焊接、钢筋骨架的焊接及各种钢结构的焊接等。

电弧焊使用的弧焊机有交流弧焊机和直流弧焊机两种,常用的为交流弧焊机。焊接时,先把焊条和焊件分别连接在弧焊机的两极上,然后引弧。引弧就是先将焊条轻轻接触焊件金属,形成短暂短路,再提起焊件至一定高度,从而焊条与焊件间的空气介质呈电离状态,即已引燃电弧,便可开始焊接。

焊缝余高是指焊缝表面焊趾连线上的那部分金属的高度。

钢筋电弧焊包括帮条焊、搭接焊、坡口焊、窄间隙焊和熔槽帮条焊5种接头形式。

1) 为了保证焊接接头质量,避免焊接接头脆断,钢筋电弧焊焊接时,应符合下列要求:

A. 应根据钢筋牌号、直径、接头形式和焊接位置,选择焊条、焊接工艺和焊接参数;

B. 焊接时,引弧应在垫板、帮条或形成焊缝的部位进行,不得烧伤主筋;

C. 焊接地线与钢筋应接触紧密;

D. 焊接过程中应及时清渣,焊缝表面应光滑,焊缝余高应平缓过渡,弧坑应填满。

2) 帮条焊。

帮条焊时,若采用双面焊,接头中应力传递对称、平衡,受力性能良好;若采用单面焊,则较差。因此,宜采用双面焊(图1-4-25a);当不能进行双面焊时,方可采用单面焊(图1-4-25b)。这种接头形式适用于直径10~40mm的HRB335级、HRB400级和直径10~20mm的HPB235级钢筋连接。

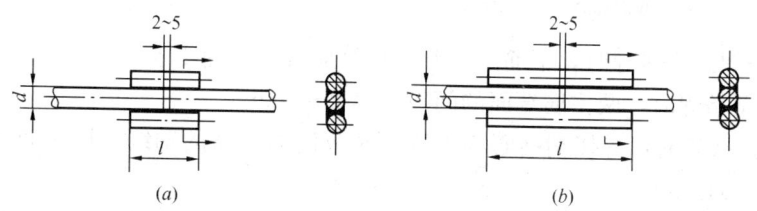

图1-4-25 钢筋帮条焊接头
(a) 双面焊;(b) 单面焊
d—钢筋直径;l—帮条长度

帮条长度应符合表1-4-15的规定。当帮条牌号与主筋相同时,帮条直径可与主筋相同或小一个规格;当帮条直径与主筋相同时,帮条牌号可与主筋相同或低一个牌号。

钢筋帮条长度　　　　　　　　　表 1-4-15

钢筋牌号	焊缝形式	帮条长度 l（mm）
HPB235	单面焊	$\geq 8d$
HPB235	双面焊	$\geq 4d$
HRB335 HRB400 HRBF400	单面焊	$\geq 10d$
HRB335 HRB400 HRBF400	双面焊	$\geq 5d$

注：d 为主筋直径。

3）搭接焊。

搭接焊时，宜采用双面焊（图 1-4-26a）。当不能进行双面焊时，方可采用单面焊（图 1-4-26b）。搭接长度可与表 1-4-15 帮条长度相同。搭接焊主要适用于直径 10～40mm 的 HRB335 级、HRB400 级和直径 10～20mm 的 HPB235 级钢筋连接。

帮条焊接头或搭接焊接头的焊缝厚度 s 不应小于主筋直径的 0.3 倍；焊缝宽度 b 不应小于主筋直径的 0.8 倍（图 1-4-27）。

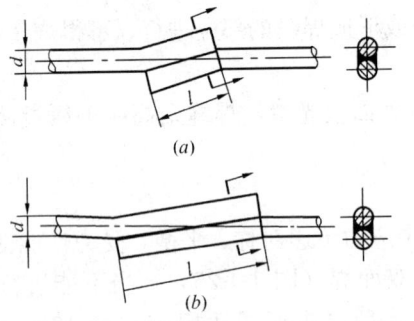
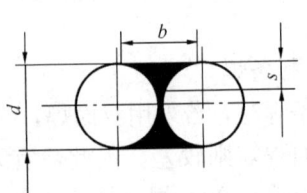

图 1-4-26　钢筋搭接焊接头
(a) 双面焊缝；(b) 单面焊缝

图 1-4-27　焊缝尺寸示意
b—焊缝宽度

帮条焊或搭接焊时，钢筋的装配和焊接应符合下列要求：

A. 帮条焊时，两主筋端面的间隙应为 2～5mm。

B. 搭接焊时，焊接端钢筋应预弯，并应使两钢筋的轴线在同一直线上，保证接头受力性能良好。

C. 帮条焊时，帮条与主筋之间应用 4 点定位焊固定；搭接焊时，应用 2 点固定。定位焊缝与帮条端部或搭接端部的距离宜不小于 20mm，避免定位过小、冷却快而发生裂纹和产生淬硬组织，形成脆断。

D. 焊接时，应在帮条焊或搭接焊形成焊缝中引弧；在端头收弧前应填满弧坑，并应使主焊缝与定位焊缝的始端和终端熔合。

4）熔槽帮条焊。

熔槽帮条焊适用于直径 20mm 及以上钢筋的现场安装焊接。焊接时应加角钢作垫板模。接头形式如图 1-4-28 所示。

施焊工艺基本上是连续进行，中间敲渣一次。焊后进行加强焊及侧面焊缝的焊接，其接头质量符合要求，效果较好。角钢长 80～100mm，并与钢筋焊牢，具有帮条作用。

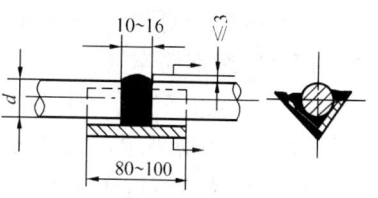

图 1-4-28 钢筋熔槽帮条焊接头

角钢尺寸和焊接工艺应符合下列要求：

A. 角钢边长宜为 40～60mm；

B. 钢筋端头应加工平整；

C. 从接缝处垫板引弧后应连续施焊，并应使钢筋端部熔合，防止未焊透、气孔或夹渣；

D. 焊接过程中应停焊清渣 1 次；焊平后，再进行焊缝余高的焊接，其高度不得大于 3mm；

E. 钢筋与角钢垫板之间，应加焊侧面焊缝 1～3 层，焊缝应饱满，表面应平整。

5) 预埋铁件的 T 形接头。

预埋件钢筋电弧焊 T 形接头可分为角焊和穿孔塞焊两种，如图 1-4-29 所示。

穿孔塞焊时，钢板的孔洞应做成喇叭口，其内口直径应比钢筋直径 d 大 4mm，倾斜角度为 45°，钢筋缩进 2mm。

贴角焊时，当采用 HPB235 级钢筋时，角焊缝焊脚（k）不得小于钢筋直径的 0.5 倍；采用 HRB335 和 HRB400 钢筋时，焊脚（k）不得小于钢筋直径的 0.6 倍。

施焊中，电流不宜过大，不得使钢筋咬边和烧伤。

6) 坡口焊。

坡口焊接头有平焊和立焊两种，如图 1-4-30 所示。平焊时，V 形坡口角度为 55°～65°；坡口立焊时，坡口角度为 45°～55°，其中下钢筋为 0°～10°，上钢筋为 35°～45°。

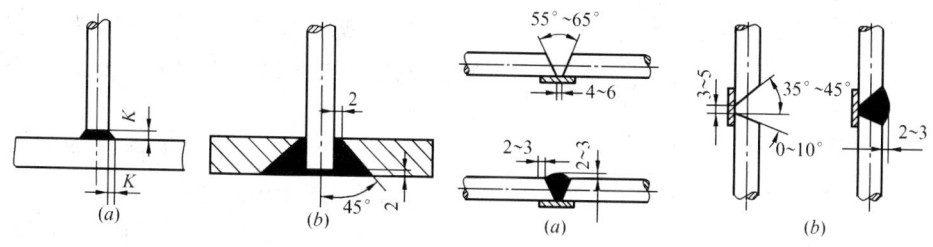

图 1-4-29 预埋铁件的 T 形接头
(a) 贴角焊；(b) 穿孔塞焊

图 1-4-30 钢筋坡口焊接头
(a) 坡口平焊；(b) 坡口立焊

主要适用于直径 18～40mm 的 HRB335 级、HRB400 级和直径 18～20mm 的 HPB235 级钢筋连接。

坡口焊的准备工作和焊接工艺应符合下列要求：

A. 坡口面应平顺，切口边缘不得有裂纹、钝边和缺棱；

B. 坡口角度可按图 1-4-30 中数据选用；

C. 钢垫板厚度宜为 4～6mm，长度宜为 40～60mm；平焊时，垫板宽度应为钢筋直径加 10mm；立焊时，垫板宽度宜等于钢筋直径；

D. 焊缝的宽度应大于 V 形坡口的边缘 2～3mm，焊缝余高不得大于 3mm，并平缓过渡至钢筋表面；

E. 钢筋与钢垫板之间，应加焊 2、3 层侧面焊缝；

F. 当发现接头中有弧坑、气孔及咬边等缺陷时，应立即补焊。

(4) 电渣压力焊

电渣压力焊是利用电流通过渣池产生的电阻热将钢筋端部熔化，然后施加压力使钢筋焊接在一起。电渣压力焊的操作简单、易掌握、工作效率高、成本较低、施工条件也较好，主要用于现浇钢筋混凝土结构中竖向或斜向（倾斜度在 4:1 范围内）钢筋的接长，适用于直径 14～32mm 的 HRB335 级、HRB400 级和直径 14～20mm 的 HPB235 级钢筋。

电渣压力焊的主要设备是交流弧焊机，另外设有夹钳和电路的控制设备。

1) 电渣压力焊工艺过程应符合下列要求：

A. 焊接夹具的上下钳口应夹紧于上、下钢筋上；钢筋一经夹紧，不得晃动；

B. 引弧可采用直接引弧法，或铁丝臼（焊条芯）引弧法；

C. 引燃电弧后，应先进行电弧过程，然后，加快上钢筋下送速度，使钢筋端面与液态渣池接触，转变为电渣过程，最后在断电的同时，迅速下压上钢筋，挤出熔化金属和熔渣；

D. 接头焊毕，应稍作停歇，方可回收焊剂和卸下焊接夹具；敲去渣壳后，四周焊包凸出钢筋表面的高度不得小于 4mm。

2) 电渣压力焊的工艺过程包括：引弧、电弧、电渣和顶压过程，如图 1-4-31 所示。

A. 引弧过程：宜采用铁丝圈引弧法，也可采用直接引弧法。

铁丝圈引弧法是将铁丝圈放在上、下钢筋端头之间，高约 10mm，电流通过铁丝圈与上、下钢筋端面的接触点形

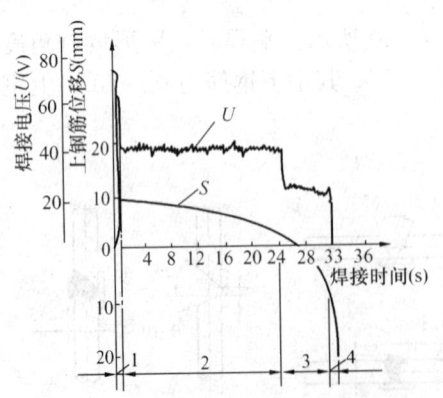

图 1-4-31 钢筋电渣压力焊工艺过程图解
1—引弧过程；2—电弧过程；
3—电渣过程；4—顶压过程

成短路引弧。

直接引弧法是在通电后迅速将上钢筋提起，使两端头之间的距离为2～4mm引弧。当钢筋端头夹杂不导电物质或过于平滑造成引弧困难时，可以多次把上钢筋移下与下钢筋短接后再提起，达到引弧目的。

B. 电弧过程：靠电弧的高温作用，将钢筋端头的凸出部分不断烧化；同时将接口周围的焊剂充分熔化，形成一定深度的渣池。

C. 电渣过程：渣池形成一定深度后，将上钢筋缓缓插入渣池中，此时电弧熄灭，进入电渣过程。由于电流直接通过渣池，产生大量的电阻热，使渣池温度升到近2000℃，将钢筋端头迅速而均匀熔化。

D. 顶压过程：当钢筋端头达到全截面熔化时，迅速将上钢筋向下顶压，将熔化的金属、熔渣及氧化物等杂质全部挤出结合面，同时切断电源，焊接即告结束。

接头焊毕，应停歇后，方可回收焊剂和卸下焊接夹具，并敲去渣壳；四周焊包应均匀，凸出钢筋表面的高度应不小于4mm。

3）焊接参数。

电渣压力焊的焊接参数主要包括：焊接电流、焊接电压和焊接时间等，采用HJ431焊剂时，应符合表1-4-16的规定。

电渣压力焊焊接参数　　　　　　表1-4-16

钢筋直径 （mm）	焊接电流 （A）	焊接电压（V）		焊接通电时间（s）	
		电弧过程 $u_{2.1}$	电渣过程 $u_{2.2}$	电弧过程 t_1	电渣过程 t_2
14	200～220	35～45	22～27	12	3
16	200～250			14	4
18	250～300			15	5
20	300～350			17	5
22	350～400			18	6
25	400～450			21	6
28	500～550			24	6
32	600～650			27	7

4）质量检查与验收。

电渣压力焊接头的质量检验，应分批进行外观检查和力学性能检验，并应按下列规定作为一个检验批：在现浇钢筋混凝土结构中，应以300个同牌号钢筋接头作为一批；在房屋结构中，应在不超过二个楼层中300个同牌号钢筋接头作为一批；当不足300个接头时，仍应作为一批。每批随机切取3个接头做拉伸试验。

电渣压力焊接头外观检查结果，应符合下列要求：
A. 四周焊包凸出钢筋表面的高度不得小于 4mm；
B. 钢筋与电极接触处，应无烧伤缺陷；
C. 接头处的弯折角不得大于 3°；
D. 接头处的轴线偏移不得大于钢筋直径的 0.1 倍，且不得大于 2mm。

（5）电阻点焊

钢筋电阻点焊是指将两钢筋安放成交叉叠接形式，压紧于两电极之间，利用电阻热熔化母材金属，加压形成焊点的一种压焊方法。适用于混凝土结构中的钢筋焊接骨架和钢筋焊接网的制作。

利用点焊机进行交叉钢筋的焊接，可成型为钢筋网片或骨架，以代替人工绑扎。同人工绑扎相比较，点焊具有工效高、节约劳动力、成品整体性好、节约材料、降低成本等特点。

电阻点焊的工艺过程中应包括预压、通电、锻压三个阶段。如图 1-4-32 所示。

在通电开始一段时间内，接触点扩大，固态金属因加热膨胀，在焊接压力作用下，焊接处金属产生塑性变形，并挤向工件间隙缝中；继续加热后，开始出现熔化点，并逐渐扩大至所要求的

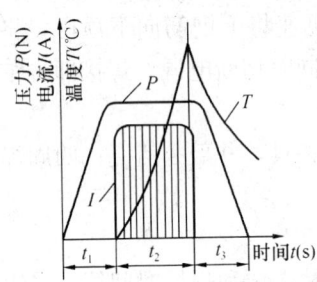

图 1-4-32 点焊过程示意图
t_1—预压时间；t_2—通电时间；
t_3—锻压时间

核心尺寸时切断电流。

在焊接骨架和焊接网中，若大小直径相差悬殊，不利于保证焊接质量。钢筋焊接骨架和钢筋焊接网可由 HPB235 级、HRB335 级、HRB400 级钢筋制成。当两根钢筋直径不同时，焊接骨架较小钢筋直径不大于 10mm 时，大、小钢筋直径之比不宜大于 3；当较小钢筋直径为 12~16mm 时，大、小钢筋直径之比，不宜大于 2。焊接网较小钢筋直径不得小于较大钢筋直径的 0.6 倍。

焊点的压入深度应为较小钢筋直径的 18%~25%。

在点焊生产中，经常保持电极与钢筋之间接触表面的清洁平整。若电极使用变形，应及时修整。

钢筋点焊生产过程中，随时检查制品的外观质量，当发现焊接缺陷时，应查找原因并采取措施，及时消除。

2. 绑扎连接

钢筋绑扎连接，其工艺简单、工效高，不需要连接设备。但当钢筋较粗时，相应地需增加接头钢筋长度，浪费钢材，且绑扎接头的刚度不如焊接接头。

当钢筋采用绑扎连接方式时，要求绑扎位置准确、牢固，搭接长度及绑扎点位置应符合下列规定：

1) 钢筋的接头宜设置在受力较小处。同一纵向受力钢筋不宜设置 2 个或 2

个以上接头。接头末端至钢筋弯起点的距离不应小于钢筋直径的 10 倍。

2) 同一构件中相邻纵向受力钢筋的绑扎搭接接头宜相互错开。绑扎搭接接头中钢筋的横向净距不应小于钢筋直径,且不应小于 25mm。

钢筋绑扎搭接接头连接区段的长度为 $1.3l_1$(l_1 为搭接长度),凡搭接接头中点位于该连接区段长度内的搭接接头均属于同一连接区段。同一连接区段内,纵向钢筋搭接接头面积百分率为该区段内有搭接接头的纵向受力钢筋截面面积与全部纵向受力钢筋截面面积的比值,如图 1-4-33 所示。

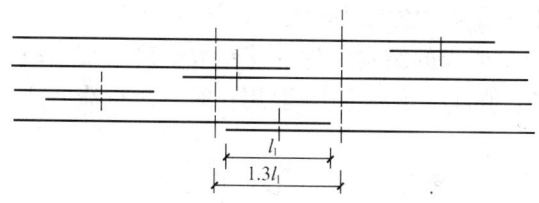

图 1-4-33 同一连接区段内的纵向受拉钢筋绑扎搭接接头

同一连接区段内,纵向受拉钢筋搭接接头面积百分率应符合设计要求;当设计无具体要求时,应符合下列规定:对梁类、板类及墙类构件,不宜大于 25%;对柱类构件,不宜大于 50%。当工程中确有必要增大接头面积百分率时,对梁类构件,不应大于 50%;对其他构件,可根据实际情况放宽。

3) 纵向受力钢筋绑扎搭接接头的最小搭接长度应符合规范的规定。

当纵向受拉钢筋的绑扎搭接接头面积百分率不大于 25% 时,其最小搭接长度应符合表 1-4-17 的规定。

纵向受拉钢筋的最小搭接长度   表 1-4-17

钢筋种类	混凝土强度等级			
	C15	C20~C25	C30~C35	≥C40
HPB235 级光圆钢筋	45d	35d	30d	25d
HRB335 级带肋钢筋	55d	45d	35d	30d
HRB400 级带肋钢筋	—	55d	40d	35d

注:两根直径不同钢筋的搭接长度,以较细钢筋的直径计算。

当纵向受拉钢筋搭接接头面积百分率大于 25%,但不大于 50% 时,其最小搭接长度应按表 1-4-17 中的数值乘以系数 1.2 取用;当接头面积百分率大于 50% 时,应按表 1-4-17 中的数值乘以系数 1.35 取用。

4) 当符合下列条件时,纵向受拉钢筋的最小搭接长度应根据上述 3) 条确定后,按下列规定进行修正:

A. 当带肋钢筋的直径大于 25mm 时,其最小搭接长度应按相应数值乘以系数 1.1 取用;

B. 对环氧树脂涂层的带肋钢筋，其最小搭接长度应按相应数值乘以系数 1.25 取用；

C. 当在混凝土凝固过程中受力钢筋易受扰动时（如滑模施工），其最小搭接长度应按相应数值乘以系数 1.1 取用；

D. 对末端采用机械锚固措施的带肋钢筋，其最小搭接长度可按相应数值乘以系数 0.7 取用；

E. 当带肋钢筋的混凝土保护层厚度大于搭接钢筋直径的 3 倍且配有箍筋时，其最小搭接长度可按相应数值乘以系数 0.8 取用；

F. 对有抗震设防要求的结构构件，其受力钢筋的最小搭接长度对一、二级抗震等级应按相应数值乘以系数 1.15 取用；对三级抗震等级应按相应数值乘以系数 1.05 取用。

在任何情况下，受拉钢筋的搭接长度不应小于 300mm。

纵向受压钢筋搭接时，其最小搭接长度应根据上述受拉钢筋的规定确定相应数值后，乘以系数 0.7 取用。在任何情况下，受压钢筋的搭接长度不应小于 200mm。

3. 机械连接

钢筋机械连接是指通过钢筋与连接件的机械咬合作用或钢筋端面的承压作用，将一根钢筋中的力传递至另一根钢筋的连接方法。

近年来在工程施工中，尤其是在现浇钢筋混凝土结构施工现场粗钢筋的连接中广泛采用机械连接技术。机械连接方法具有工艺简单、节约钢材、改善工作环境、接头性能可靠、技术易掌握、工作效率高、节约成本等优点。钢筋机械连接方法分类及适用范围见表 1-4-18。

常用的有冷压连接、锥螺纹连接和套筒灌浆连接等。钢筋机械连接接头的设计、应用与验收应符合行业标准《钢筋机械连接通用技术规程》（JGJ 107—2003）。

钢筋机械连接方法分类及适用范围　　　　表 1-4-18

机械连接方法	适用范围	
	钢筋级别	钢筋直径（mm）
钢筋套筒挤压连接	HRB335、HRB400	16~40
	RRB400	16~40
钢筋锥螺纹套筒连接	HRB335、HRB400	16~40
	RRB400	16~40
钢筋镦粗直螺纹套筒连接	HRB335、HRB400	16~40
	RRB400	16~40
钢筋滚压直螺纹套筒连接 直接滚压	HRB335、HRB400	16~40
钢筋滚压直螺纹套筒连接 挤肋滚压	HRB335、HRB400	16~40
钢筋滚压直螺纹套筒连接 剥肋滚压		16~50

(1) 一般规定

1) 接头的性能等级

接头的设计应满足强度及变形性能的要求。

根据抗拉强度以及高应力和大变形条件下反复拉压性能的差异，接头应分为下列三个等级。

Ⅰ级：接头抗拉强度不小于被连接钢筋实际抗拉强度或 1.10 倍钢筋抗拉强度标准值，并具有高延性及反复拉压性能。

Ⅱ级：接头抗拉强度不小于被连接钢筋抗拉强度标准值，并具有高延性及反复拉压性能。

Ⅲ级：接头抗拉强度不小于被连接钢筋屈服强度标准值的 1.35 倍，并具有一定的延性及反复拉压性能。

2) 接头应用

A. 接头等级的选定应符合下列规定：混凝土结构中要求充分发挥钢筋强度或对接头延性要求较高的部位，应采用Ⅰ级或Ⅱ级接头；混凝土结构中钢筋应力较高但对接头延性要求不高的部位，可采用Ⅲ级接头。

B. 钢筋连接件的混凝土保护层厚度宜符合现行国家标准《混凝土结构设计规范》GB 50010—2002 中受力钢筋混凝土保护层最小厚度的规定，且不得小于 15mm。连接件之间的横向净距不宜小于 25mm。

C. 结构构件中纵向受力钢筋的接头宜相互错开，钢筋机械连接的连接区段长度应按 $35d$ 计算（d 为被连接钢筋中的较大直径）。在同一连接区段内有接头的受力钢筋截面面积占受力钢筋总截面面积的百分率（以下简称接头百分率），应符合下列规定：

接头宜设置在结构构件受拉钢筋应力较小部位，当需要在高应力部位设置接头时，在同一连接区段内Ⅲ级接头的接头百分率不应大于 25%；Ⅱ级接头的接头百分率不应大于 50%；Ⅰ级接头的接头百分率可不受限制。

接头宜避开有抗震设防要求的框架的梁端、柱端箍筋加密区；当无法避开时，应采用Ⅰ级接头或Ⅱ级接头，且接头百分率不应大于 50%。

受拉钢筋应力较小部位或纵向受压钢筋，接头百分率可不受限制。

对直接承受动力荷载的结构构件，接头百分率不应大于 50%。

(2) 钢筋套筒挤压连接

带肋钢筋套筒挤压连接是将两根待接钢筋插入钢套筒，用挤压连接设备沿径向挤压钢套筒，使之产生塑性变形，依靠变形后的钢套筒与被连接钢筋纵、横肋产生机械咬合后成为整体的钢筋连接方法。如图 1-4-34 所示。

1) 该工艺是利用金属材料在外界压力作用下发生冷态塑性变形原理而成、不存在焊接工艺中的高温熔化过程，从而避免了因焊接加热而引起的金属内部组织变化、晶粒增粗、出现氧化组织、材料变脆及接头夹渣、气孔等缺陷，故钢筋

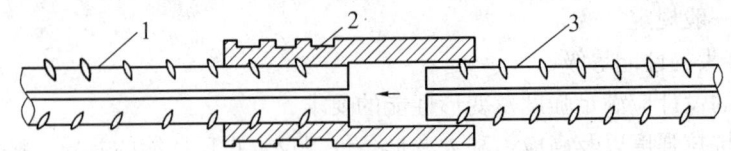

图 1-4-34 钢筋套筒挤压连接
1—已挤压的钢筋；2—钢套筒；3—未挤压的钢筋

套筒挤压连接具有工艺简单、可靠程度高、受人为操作因素影响小、对钢筋化学成分要求不如焊接时那样严格等优点。但操作工人工作强度大，有时液压油污染钢筋，综合成本较高。

2) 钢套筒的材料宜选用强度适中、延性好的优质钢材，其实测力学性能应符合下列要求：

屈服强度 $\sigma_s=225\sim350\text{N/mm}^2$，抗拉强度 $\sigma_b=375\sim500\text{N/mm}^2$，延伸率 $\delta_5 \geqslant20\%$，硬度 $HB=102\sim133$。

钢套筒的屈服承载力和受拉承载力的标准值不应小于被连接钢筋的屈服承载力和受拉承载力标准值的 1.10 倍。

钢套筒的尺寸与材料应与一定的挤压工艺配套，必须经生产厂型式检验认定。施工单位采用经过型式检验认定的套筒及挤压工艺进行施工，不要求对套筒原材料进行力学性能检验。

(3) 钢筋锥螺纹套筒连接

钢筋锥螺纹套筒连接是将两根待接钢筋端头用套丝机做出锥形外丝，然后用带锥形内丝的套筒将钢筋两端拧紧的钢筋连接方法。如图 1-4-35 所示。它是通过连接套与连接钢筋螺纹的啮合，来承受外荷载。

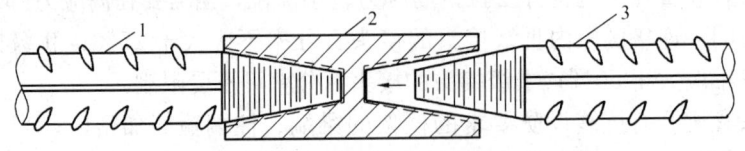

图 1-4-35 钢筋锥螺纹套筒连接
1—已连接的钢筋；2—锥螺纹套筒；3—待连接的钢筋

这种接头质量稳定性一般，施工速度快，综合成本较低。近年来，在普通型锥螺纹接头的基础上，增加钢筋端头预压或锻粗工序，开发出 GK 型钢筋等强锥螺纹接头，可与母材等强。

1) 锥螺纹套筒的加工与检验。

A. 锥螺纹套筒的材质：对 HRB335 级钢筋采用 30~40 号钢，对 HRB400 级钢筋采用 45 号钢。

B. 锥螺纹套筒的尺寸，应与钢筋端头锥螺纹的牙形与牙数匹配，并应满足承载力略高于钢筋母材的要求。

C. 锥螺纹套筒的加工，宜在专业工厂进行，以保证产品质量。各种规格的套筒外表面，均有明显的钢筋级别及规格标记。套筒加工后，其两端锥孔必须用与其相应的塑料密封盖封严。

D. 锥螺纹套筒的验收，应检查：套筒的规格、型号与标记；套筒的内螺纹圈数、螺距与齿高；螺纹有无破损、歪斜、不全、锈蚀等现象。

2) 钢筋锥螺纹的加工与检验。

A. 钢筋下料，应采用砂轮切割机。其端头截面应与钢筋轴线垂直，并不得翘曲。

B. 钢筋锥螺纹Ⅰ级接头，应对钢筋端头进行镦粗或径向顶压处理。

C. 经检验合格的钢筋，方可在套丝机上加工锥螺纹。

钢筋连接端的锥螺纹需在钢筋套丝机上加工，一般在施工现场进行，为保证连接质量，每个锥螺纹丝头都需用牙形规和卡规逐个检查，不合格者切掉重新加工，合格的丝头需拧上塑料保护帽，以避免丝头受损。一般一根钢筋只需一头拧上保护帽，另一头可直接采用扭力扳手，按规定的力矩值将锥螺纹连接套事先拧上，这样既可保护钢筋丝头又方便施工，提高工作效率。

3) 钢筋锥螺纹接头质量检验。

A. 连接钢筋时，应检查连接套筒出厂合格证、钢筋锥螺纹加工检验记录。

B. 钢筋连接工程开始前及施工过程中，应对每批进场钢筋和接头进行工艺检验。

每种规格钢筋母材进行抗拉强度试验；

每种规格钢筋接头的试件数量不应少于3个；

接头试件应达到现行行业标准《钢筋机械连接通用技术规程》（JGJ 107—2003）中相应等级的强度要求。

C. 随机抽取同规格接头数的10%进行外观检查。应满足钢筋与连接套的规格一致，接头丝扣无完整丝扣外露。

如发现有一个完整丝扣外露，即为连接不合格，必须查明原因，责令工人重新拧紧或进行加固处理。

D. 用质检的力矩扳手，抽检接头的连接质量。抽验数量：梁、柱构件按接头数的15%，且每个构件的接头抽验数不得少于1个接头；基础、墙、板构件按各自接头数，每100个接头作为一个验收批，不足100个也作为一个验收批，每批抽检3个接头。抽检的接头应全部合格，如有1个接头不合格，则该验收批接头应逐个检查，对查出的不合格接头应采用电弧贴角焊缝方法补强，焊缝高度不得小于5mm。

E. 接头的现场检验按验收批进行。同一施工条件下的同一批材料的同等级、同规格接头，以500个为一个验收批进行检验与验收，不足500个也作为一个验收批。

F. 对接头的每一验收批，应在工程结构中随机抽取3个试件做单向拉伸试验，按设计要求的接头性能等级进行检验与评定。

G. 在现场连续检验10个验收批，全部单向拉伸试件一次抽样均合格时，验收批接头数量可扩大一倍。

H. 当质检部门对钢筋接头的连接质量产生怀疑时，可以用非破损张拉设备做接头的非破损拉伸试验。

（4）钢筋镦粗直螺纹套筒连接

钢筋镦粗直螺纹套筒连接是先将钢筋端头镦粗，再切削成直螺纹，然后用带直螺纹的套筒将钢筋两端拧紧的钢筋连接方法（图1-4-36）。

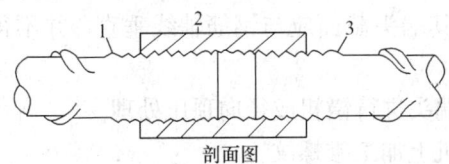

图1-4-36　钢筋镦粗直螺纹套筒连接
1—已连接的钢筋；2—直螺纹套筒；
3—正在拧入的钢筋

镦粗直螺纹钢筋接头的特点：钢筋端部经冷镦后不仅直径增大，使套丝后丝扣底部横截面积不小于钢筋原截面积，而且由于冷镦后钢材强度的提高，致使接头部位有很高的强度，断裂均发生于母材，达到SA级接头性能的要求。

这种接头的螺纹精度高，接头质量稳定性好，操作简便，连接速度快，价格适中。

1）镦粗直螺纹套筒

A. 材质要求：对HRB335级钢筋，采用45号优质碳素钢；对HRB400级钢筋，采用45号经调质处理，或用性能不低于HRB400级钢筋性能的其他钢种。

B. 质量要求：连接套筒表面无裂纹，螺牙饱满，无其他缺陷：牙形规检查合格，用直螺纹塞规检查其尺寸精度：连接套筒两端头的孔，必须用塑料盖封上，以保持内部洁净，干燥防锈。

2）钢筋加工与检验

A. 钢筋下料时，应采用砂轮切割机，切口的端面应与轴线垂直，不得有马蹄形或挠曲。

B. 钢筋下料后，在液压冷锻压床上将钢筋镦粗。操作中要保证镦粗头与钢筋轴线不得大于4的倾斜，不得出现与钢筋轴线相垂直的横向表面裂缝。发现外观质量不符合要求时，应及时割除，重新镦粗。

C. 钢筋冷镦后，在钢筋套丝机上切削加工螺纹。钢筋端头螺纹规格应与连接套筒的型号匹配。钢筋螺纹加工质量：牙形饱满、无断牙、秃牙等缺陷。

D. 钢筋螺纹加工后，随即用配置的量规逐根检测。合格后，再由专职质检员按一个工作班10%的比例抽样校验。如发现有不合格螺纹，应全部逐个检查，并切除所有不合格螺纹，重新镦粗和加工螺纹。

(5) 钢筋滚压直螺纹套筒连接

钢筋滚压直螺纹套筒连接是利用金属材料塑性变形后冷作硬化增强金属材料强度的特性,使接头与母材等强的连接方法。根据滚压直螺纹成型方式,又可分为直接滚压螺纹、挤肋滚压螺纹、剥肋滚压螺纹三种类型。

1) 滚压直螺纹加工与检验

A. 直接滚压螺纹加工　采用钢筋滚丝机直接滚压螺纹。此法螺纹加工简单,设备投入少;但螺纹精度差,由于钢筋粗细不均导致螺纹直径差异,施工受影响。

B. 挤肋滚压螺纹加工　采用专用挤压设备滚轮先将钢筋的横肋和纵肋进行预压平处理,然后再滚压螺纹。其目的是减轻钢筋肋对成型螺纹的影响。此法对螺纹精度有一定提高,但仍不能从根本上解决钢筋直径差异对螺纹精度的影响。

C. 剥肋滚压螺纹加工　采用钢筋剥肋滚丝机,先将钢筋的横肋和纵肋进行剥切处理后,使钢筋滚丝前的柱体直径达到同一尺寸,然后再进行螺纹滚压成型。此法螺纹精度高,接头质量稳定,施工速度快,价格适中,具有较大的发展前景。

2) 滚压直螺纹套筒

滚压直螺纹接头用连接套筒,采用优质碳素结构钢。连接套筒的类型有:标准型、正反丝扣型、变径型、可调型等。

3) 现场连接施工

A. 连接钢筋时,钢筋规格和套筒的规格必须一致,钢筋和套筒的丝扣应干净、完好无损。

B. 采用预埋接头时,连接套筒的位置、规格和数量应符合设计要求。带连接套筒的钢筋应固定牢靠,连接套筒的外露端应有保护盖。

C. 滚压直螺纹接头应使用扭力扳手或管钳进行施工,将两个钢筋丝头在套筒中间位置相互顶紧。

D. 经拧紧后的滚压直螺纹接头应做出标记,单边外露丝扣长度不应超过 2P。

E. 根据待接钢筋所在部位及转动难易情况,选用不同的套筒类型,采取不同的安装方法,如图 1-4-37～图 1-4-40 所示。

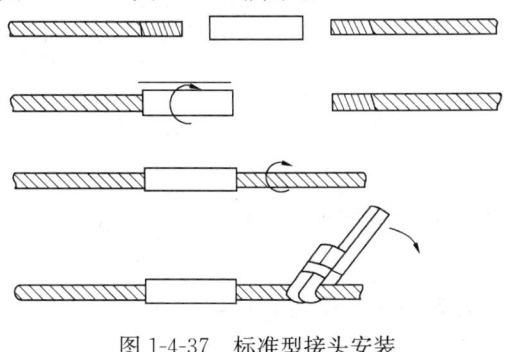

图 1-4-37　标准型接头安装

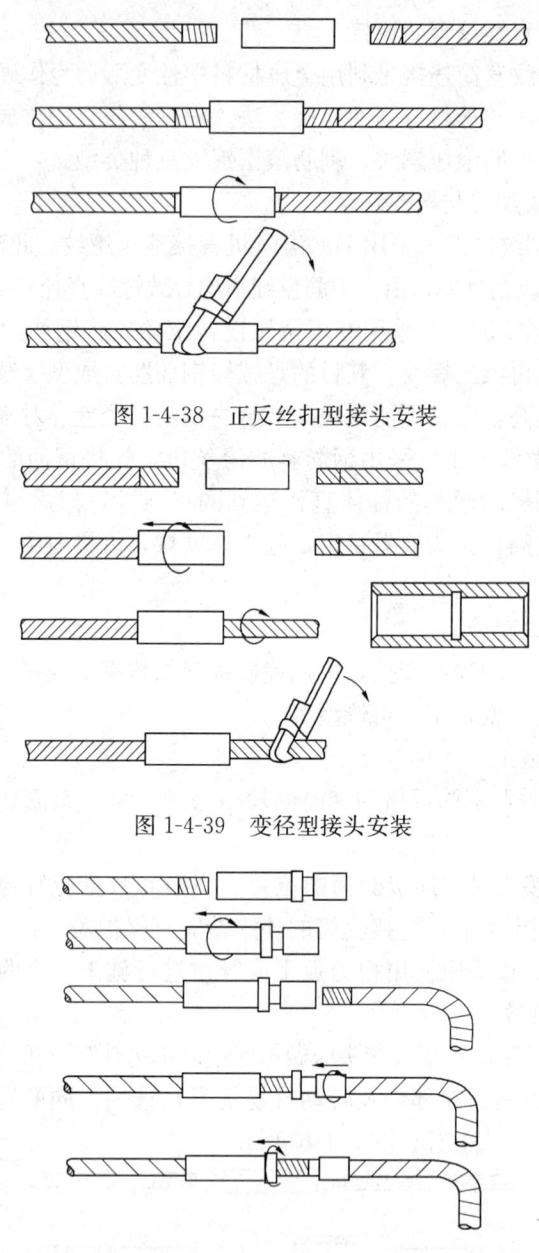

图 1-4-38 正反丝扣型接头安装

图 1-4-39 变径型接头安装

图 1-4-40 可调型接头安装

4) 接头质量检验

A. 工程中应用滚压直螺纹接头时,技术提供单位应提交有效的型式检验报告。

B. 钢筋连接作业开始前及施工过程中,应对每批进场钢筋进行接头连接工艺检验。工艺检验应符合下列要求:

每种规格钢筋的接头试件不应少于3根；

接头试件的钢筋母材应进行抗拉强度试验：

3根接头试件的抗拉强度均不应小于该级别钢筋抗拉强度的标准值，同时尚应不小于0.9倍钢筋母材的实际抗拉强度。

C. 现场检验应进行拧紧力矩检验和单向拉伸强度试验。对接头有特殊要求的结构，应在设计图纸中另行注明相应的检验项目。

D. 用扭力扳手抽检接头的施工质量。抽检数量为：梁、柱构件按接头数的15%，且每个构件的接头抽检数不得少于一个接头，基础、墙、板构件每100个接头作为一个验收批，不足100个也作为一个验收批，每批抽检3个接头。抽检的接头应全部合格，如有一个接头不合格，则该验收批接头应逐个检查并拧紧。

E. 滚压直螺纹接头的单向拉伸强度试验按验收批进行。同一施工条件下采用同一批材料的同等级、同型式、同规格接头，以500个为一个验收批进行检验。

在现场连续检验十个验收批，其全部单向拉伸试验一次抽样合格时，验收批接头数量可扩大为1000个。

F. 对每一验收批，应在工程结构中随机抽取3个试件做单向拉伸试验。当3个试件抗拉强度均不小于Ⅰ级接头的强度要求时，该验收批判为合格。如有一个试件的抗拉强度不符合要求，则应加倍取样复验。

滚压直螺纹接头的单向拉伸试验破坏形式有三种：钢筋母材拉断、套筒拉断、钢筋从套筒中滑脱，只要满足强度要求，任何破坏形式均可判断为合理。

4.2.4 钢筋的配料

钢筋配料就是将设计图纸中各个构件的配筋图表，编制成便于实际加工、具有准确下料长度（钢筋切断时的直线长度）和数量的表格，即配料单。钢筋配料时，为保证工作顺利进行，不发生漏配和多配，最好按结构顺序进行，且将各种构件的每一根钢筋编号。

钢筋下料长度的计算是配料计算中的关键。由于结构受力上的要求，大多数成型钢筋在中间需要弯曲和两端弯成弯钩。如图1-4-41所示。钢筋弯曲时的特

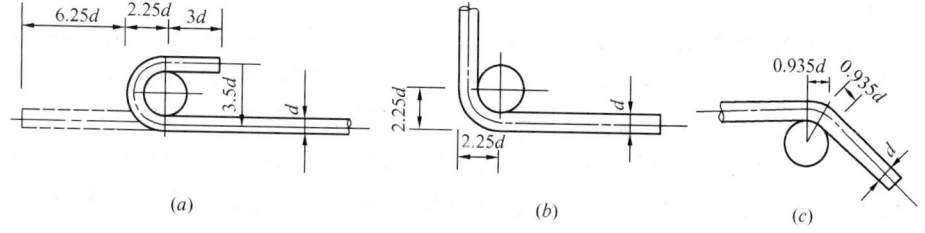

图1-4-41 钢筋弯折处长度变化示意图
(a) 半圆弯钩；(b) 弯曲90°；(c) 弯曲45°

点：一是在弯曲处内壁缩短、外壁伸长、而中心线长度不变，二是在弯曲处形成圆弧。而钢筋的度量方法一般是沿直线（弯曲处为折线）量外包尺寸。因此，在配料中不能直接根据图纸中尺寸下料。在实际工程计算中，影响下料长度计算的因素很多，如不同部位混凝土保护层厚度有变化，钢筋弯折后发生的变形，图纸上钢筋尺寸标注方法的多样化，弯折钢筋的直径、级别、形状、弯心半径的大小以及端部弯钩的形状等，我们在进行下料长度计算时，都应该考虑到。

1. 保护层厚度

钢筋的保护层是指从混凝土外表面至钢筋外表面的距离，主要起保护钢筋免受大气锈蚀的作用，不同部位的钢筋，保护层厚度也不同。受力钢筋的混凝土保护层厚度，应符合设计要求；当设计无具体要求时，不应小于受力钢筋直径，并应符合表1-4-19的规定。

钢筋的混凝土保护层厚度（mm） 表1-4-19

环境与条件	构件名称	混凝土强度等级		
		低于C25	C25及C30	高于C30
室内正常环境	板、墙、壳		15	
	梁和柱		25	
露天或室内高湿度环境	板、墙、壳	35	25	15
	梁和柱	45	35	25
有垫层	基础		35	
无垫层			70	

2. 钢筋弯曲量度差和端部弯钩

前面已经提过，钢筋弯曲后，其中心线长度并没有变化，而图纸上标注的大多是钢筋的折线外包尺寸，而外包尺寸明显大于钢筋的轴线长度，如果按照外包尺寸下料、弯折，就会造成钢筋的浪费，而且也给施工带来不便（由于尺寸偏大，致使保护层厚度不够，甚至不能放进模板）。因而应该根据弯折后钢筋成品的轴线总长度下料才是正确的加工方法，而在弯曲处外包尺寸和中心线长度之间存在一个差值，这一差值就被称为"量度差值"。量度差的大小与钢筋直径、弯曲角度、弯心直径等因素有关。

为增强钢筋与混凝土的连接，钢筋末端一般需加工成弯钩形式。HPB235级钢筋末端需要做180°弯钩，其圆弧段弯曲直径D不应小于钢筋直径d的2.5倍，平直部分长度不宜小于钢筋直径d的3倍。当用于轻骨料混凝土结构时，其弯曲直径D不应小于钢筋直径d的3.5倍，HRB335级、HRB400级钢筋末端需作90°或135°弯折时，HRB335级、HRB400级钢筋的弯曲直径不宜小于钢筋直径d的4倍，平直部分长度应按设计要求确定。

箍筋的末端需做弯钩，弯钩形式应符合设计要求，当设计无具体要求时，用

HPB235级钢筋或冷拔低碳钢丝制作的箍筋，其弯钩的弯曲直径应大于受力钢筋直径，且不小于箍筋直径的2.5倍；弯钩平直部分的长度，对一般结构，不宜小于箍筋直径的5倍，对有抗震要求的结构，不应小于箍筋的10倍。

当弯心直径为$2.5d$（d为钢筋直径），半圆弯钩的增加长度和各种弯曲角度的量度差的计算方法如下：

(1) 半圆弯钩增加长度（如图1-4-41a，弯心直径为$2.5d$，平直部分为$3d$）

弯钩全长：$3d+3.5d×\pi/2=8.5d$

弯钩增加长度（包括量度差）：$8.5d-2.25d=6.25d$ （1-4-5）

其余端部弯钩增加值的计算同上，可得90°弯钩为$3.5d$，135°弯钩为$4.9d$。

(2) 弯曲量度差（如图1-4-41b、c）

1) 弯曲90°时（如图1-4-41b，弯心直径D为$2.5d$，外包标注）的量度差

外包尺寸：$2(D/2+d)=2(2.5d/2+d)=4.5d$

中心线尺寸：$(D+2d)\pi/4=(2.5+d)/4=2.75d$

量度差：$4.5d-2.75d=1.75d$ （1-4-6）

2) 弯曲45°时（如图1-4-41c，弯心直径D为$2.5d$，外包标注）的量度差

外包尺寸：$2(D/2+d)\tan(45°/2)=2(2.5d/2+d)\tan(45°/2)=1.86d$

中心线尺寸：$(D+2d)\pi 45°/360°=2.5d+d)\pi 45°/360°=1.37d$

量度差：$1.87d-1.37d=0.49d$ （1-4-7）

若$D=4d$时，则量度差为：$0.52d$

3) 弯曲角为α时，弯心直径为D，外包标注的量度差的计算公式如下：

外包尺寸：$2(D/2+d)\tan(\alpha/2)$ （1-4-8）

中心线尺寸：$(D+2d)\pi\alpha/360°$ （1-4-9）

量度差：$(D+2d)\tan(\alpha/2)-(D+d)\pi\alpha/360°$ （1-4-10）

4) 弯曲角为α时，弯心直径为D，一边外包、一边中心线标注的量度差的计算公式如下：

量度差：$(D+2d)\tan(\alpha/2)-(D+d)\pi\alpha/360°-(d/2)\sin\alpha+(d/2)\tan\alpha$

（1-4-11）

在实际工作中，为了方便计算，钢筋弯曲量度差可按表1-4-20的取值进行计算。

钢筋弯曲量度差取值（mm） 表1-4-20

钢筋弯曲角度	30°	45°	60°	90°	135°
钢筋弯曲量度差	0.35d	0.5d	0.85d	2d	2.5d

注：d为钢筋直径。

(3) 箍筋调整值

箍筋调整值，即为弯钩增加长度和弯曲调整值两项相加或相减（采用外包尺寸时相减，采用内包尺寸时相加），计算方法同上，只是弯心直径和端部弯钩平

直段长度有所调整,为简化计算,可直接在表 1-4-21 中查用。

箍筋调整值(mm)　　　　　　　　　　　表 1-4-21

箍筋量度方法	箍筋直径			
	4～5	6	8	10～12
量外包尺寸	40	50	60	70
量内包尺寸	80	100	120	150～170

钢筋下料长度计算可采用下列公式:

直钢筋下料长度＝构件长度－保护层厚度＋弯钩增加长度　　(1-4-12)

弯起钢筋下料长度＝直段长度＋斜段长度－弯曲量度差＋弯钩增加值

(1-4-13)

箍筋下料长度＝箍筋周长＋箍筋调整值　　(1-4-14)

【例 1-4-3】　某预制钢筋混凝土梁 L1:梁长 6m,断面 $b \times h = 250 \times 600$,钢筋简图见表 1-4-22。试计算梁 L1 中钢筋的下料长度。

钢筋配料单　　　　　　　　　　　表 1-4-22

构件名称	钢筋编号	钢筋简图	符号	直径(mm)	下料长度(mm)	数量	重量(kg)
L1 梁	①	5950	Φ	20	6200	2	
	②	400　400　250　4050　250	Φ	20	7116	2	
	③	5950	Φ	12	6100	2	
	④	550　200	φ	6	1600	31	

【解】　①号筋下料长度为:

$$5950 + 2 \times 6.25 \times 20 = 6200 \text{mm}$$

②号筋下料长度为:

$$(250 + 400 + 778) \times 2 + 4050 - 4 \times 0.5 \times 20 - 2 \times 2 \times 20 + 2 \times 6.25 \times 20 = 7116 \text{mm}$$

③号筋下料长度为:

$$5950 + 2 \times 6.25 \times 12 = 6100 \text{mm}$$

④号筋下料长度为:

$$(550 + 200) \times 2 + 100 = 1600 \text{mm}$$

4.2.5 钢筋的代换

钢筋的级别、种类和直径应按设计要求采用。若在施工过程中,由于材料供应的困难不能满足设计对钢筋级别或规格的要求,在征得设计单位同意后,可对钢筋进行代换。但代换时,必须充分了解设计意图和代换钢筋的性能,严格遵守规范的各项规定。按以下原则进行钢筋代换:

1) 不同种类钢筋的代换,应按钢筋受拉承载力设计值相等的原则进行;

2) 当构件受抗裂、裂缝宽度或挠度控制时,钢筋代换后应进行抗裂、裂缝宽度或挠度验算;

3) 代换后,应满足《混凝土结构设计规范》中所规定的最小配筋率、钢筋间距、锚固长度、最小钢筋直径、根数等要求;

4) 对重要受力构件,不宜用 HPB235 级光圆钢筋代替 HRB335 级和 HRB400 级带肋钢筋;

5) 梁的纵向受力钢筋和弯起钢筋应分别进行代换;

6) 对有抗震要求的框架,不宜以强度等级较高的钢筋代替原设计的钢筋;当必须代换时,其代换钢筋的抗拉强度实测值与屈服强度实测值的比值不应小于 1.25;且钢筋的屈服强度实测值与钢筋的强度标准值的比值,当按一级抗震设计时,不应大于 1.25,当按二级抗震设计时,不应大于 1.4。

钢筋代换方法:

1) 等强度代换:当构件受强度控制时,钢筋代换可按代换前后强度相等的原则进行。

$$n_2 \geqslant (n_1 d_1^2 f_{y1})/d_2^2 f_{y2} \qquad (1\text{-}4\text{-}15)$$

式中 n_1、d_1、f_{y1}——原设计钢筋根数、直径、抗拉强度设计值;

n_2、d_2、f_{y2}——拟代换钢筋根数、直径、抗拉强度设计值。

2) 等面积代换:当构件按最小配筋率配筋时,钢筋代换可按代换前后面积相等的原则进行。

$$A_{s1} = A_{s2} \qquad (1\text{-}4\text{-}16)$$

式中 A_{s1}——原设计钢筋的计算面积;

A_{s2}——拟代换钢筋的计算面积。

4.2.6 钢筋的绑扎安装与验收

加工完毕的钢筋即可运到施工现场进行安装、绑扎。钢筋绑扎一般采用 20~22 号钢丝或镀锌钢丝,钢丝过硬时,可经过退火处理。钢筋绑扎时其交叉点应采用钢丝扎牢;板和墙的钢筋网,除靠近外围两排钢筋的交叉点全部扎牢外,中间部分交叉点可间隔交错扎牢,但必须保证受力钢筋不发生位置偏移;双向受力的钢筋,其交叉点应全部扎牢;梁柱箍筋,除设计有特殊要求外,应与受力钢筋垂直设置，箍筋弯钩叠合处，应沿受力主筋方向错开设置；柱中竖向钢筋搭接时，角部钢筋的弯钩平面与模板面的夹角对矩形柱应为45°角，对多边形柱应为模板内角的平分角；对圆形柱钢筋的弯钩平面应与模板的切平面垂直；中间钢筋的弯钩面应与模板面垂直；当采用插入式振捣器浇筑小型截面柱时，弯钩平面与模板面的夹角不得小于15°。

钢筋的安装绑扎应该与模板安装相配合，柱筋的安装一般在柱模板安装前进行；而梁的施工顺序正好相反，一般是先安装好梁模，再安装梁筋，当梁高较大时，可先留下一面侧模不安，待钢筋绑扎完毕，再支余下一面侧模，以方便施工；楼板模板安装好后，即可安装板筋。

为了保证钢筋的保护层厚度，工地上常采用预制的水泥砂浆块垫在模板与钢筋间，垫块的厚度即为保护层厚度。垫块一般布置成梅花形，间距不超过1m。构件中有双层钢筋时，上层钢筋一般是通过绑扎短筋或设置垫块来固定。对于基础或楼板的双层筋，固定时一般采用钢筋撑脚来保证钢筋位置，间距1m。特别是雨篷、阳台等部位的悬臂板，更需严格控制负筋位置，以防悬臂板断裂。

绑扎钢筋时，配置的钢筋级别、直径、根数和间距均应符合设计要求；绑扎或焊接的钢筋网和钢筋骨架，不得有变形、松脱和开焊等现象。绑扎完毕后，应符合表1-4-23的规定。

钢筋安装位置的允许偏差和检验方法 表1-4-23

项 目			允许偏差(mm)	检验方法
绑扎钢筋网	长、宽		±10	钢尺检查
	网眼尺寸		±20	钢尺量连续三档，取最大值
绑扎钢筋骨架	长		±10	钢尺检查
	宽、高		±5	钢尺检查
受力钢筋	间距		±10	钢尺量两端、中间各一点，取最大值
	排距		±5	
	保护层厚度	基础	±10	钢尺检查
		柱、梁	±5	钢尺检查
		板、墙、壳	±3	钢尺检查
绑扎箍筋、横向钢筋间距			±20	钢尺量连续三档，取最大值
钢筋弯起点位置			20	
预埋件	中心线位置		5	钢尺检查
	水平高差		+3,0	钢尺和塞尺检查

§4.3 混凝土工程

混凝土工程是钢筋混凝土结构工程的一个重要组成部分，其质量好坏直接关系到结构的承载能力和使用寿命。混凝土工程包括配料、搅拌、运输、浇筑、养护等施工过程，各工序相互联系又相互影响，因而在混凝土工程施工中，对每一个施工环节都要认真对待，把好质量关，以确保混凝土工程获得优良的质量。

4.3.1 混凝土的配料

混凝土的配料指的就是将各种原材料按照一定的配合比配制成工程需要的混凝土。混凝土的配料包括原材料的选择、混凝土配合比的确定、材料称量等方面的内容。

1. 原材料的选择

混凝土的原材料包括水泥、砂、石、水和外加剂。

（1）水泥

水泥是一种无机粉状水硬性胶凝材料，加水搅拌后成浆体，能在空气和水中硬化，并能把砂、石等材料牢固地胶结在一起，具有一定的强度。水泥是一种重要的建筑施工材料。

常用的水泥品种有：硅酸盐水泥、普通硅酸盐水泥、矿渣硅酸盐水泥、火山灰质硅酸盐水泥、粉煤灰硅酸盐水泥等五种水泥。某些特殊条件下也可采用其他品种水泥，但水泥的性能指标必须符合现行国家有关标准的规定。水泥的品种和成分不同，其凝结时间、早期强度、水化热、吸水性和抗侵蚀的性能等也不相同，这些都直接影响到混凝土的质量、性能和适用范围。使用时可参照表1-4-24选用。

常用水泥的选用　　　　　　　　　表1-4-24

混凝土工程特点或所处环境条件		优先选用	可以使用	不得使用
环境条件	在普通气候环境中的混凝土	普通硅酸盐水泥	矿渣硅酸盐水泥 火山灰质硅酸盐水泥 粉煤灰硅酸盐水泥	
	在干燥环境中的混凝土	普通硅酸盐水泥	矿渣硅酸盐水泥	火山灰质硅酸盐水泥 粉煤灰硅酸盐水泥
	在高湿度环境中或永远处在水下的混凝土	矿渣硅酸盐水泥	普通硅酸盐水泥 火山灰质硅酸盐水泥 粉煤灰硅酸盐水泥	
	严寒地区的露天混凝土、严寒地区处在水位升降范围内的混凝土	普通硅酸盐水泥（强度等级≥32.5级）	矿渣硅酸盐水泥（强度等级≥32.5级）	火山灰质硅酸盐水泥 粉煤灰硅酸盐水泥
	严寒地区处在水位升降范围内的混凝土	普通硅酸盐水泥（强度等级≥42.5级）		矿渣硅酸盐水泥 火山灰质硅酸盐水泥 粉煤灰硅酸盐水泥
	受侵蚀性环境水或受侵蚀性气体作用的混凝土			
	厚大体积的混凝土	粉煤灰硅酸盐水泥 矿渣硅酸盐水泥	普通硅酸盐水泥 火山灰质硅酸盐水泥	硅酸盐水泥 快硬硅酸盐水泥

续表

混凝土工程特点或所处环境条件		优先选用	可以使用	不得使用
工程特点	要求快硬的混凝土	硅酸盐水泥 快硬硅酸盐水泥	普通硅酸盐水泥	矿渣硅酸盐水泥 火山灰质硅酸盐水泥 粉煤灰硅酸盐水泥
	高强（＞C40）的混凝土	硅酸盐水泥	普通硅酸盐水泥 矿渣硅酸盐水泥	火山灰质硅酸盐水泥 粉煤灰硅酸盐水泥
	有抗渗要求的混凝土	普通硅酸盐水泥 火山灰质硅酸盐水泥		不宜用矿渣硅酸盐水泥
	有耐磨性要求的混凝土	硅酸盐水泥 普通硅酸盐水泥 （强度等级≥32.5级）	矿渣硅酸盐水泥 （强度等级≥32.5级）	火山灰质硅酸盐水泥 粉煤灰硅酸盐水泥

水泥在进场时必须具有出厂合格证或进场试验报告，应对其品种、强度等级、包装或散装仓号、出厂日期等内容进行检查验收。并分别堆放，做好标志，做到先到先用，防止混用。水泥应防止受潮，故储存仓库应尽量密闭，存放时袋装水泥离地、离墙均应在300mm以上，且堆放高度不得超过10包。水泥储存时间不宜过长，当对水泥质量有怀疑或水泥出厂超过三个月（快硬硅酸盐水泥为一个月），应做复查试验，并根据试验结果使用。

(2) 细骨料

混凝土配制中所用细骨料一般为砂，作为混凝土用砂有天然砂（由自然条件作用而形成的，粒径在5mm以下的岩石颗粒）和人工砂（岩石经除土、机械破碎、筛分而成的粒径在5mm以下的岩石颗粒）两大类。根据其平均粒径或细度模数可分为粗砂、中砂、细砂和特细砂四种，见表1-4-25。对于泵送混凝土用砂，宜选用中砂。

砂 的 分 类　　　　　　表 1-4-25

粗细程度	细度模数 μ_f	平均粒径（mm）
粗砂	3.7～3.1	0.5 以上
中砂	3.0～2.3	0.35～0.5
细砂	2.2～1.6	0.25～0.35
特细砂	1.5～0.7	0.35 以下

作为混凝土用砂在砂的颗粒级配、含泥量、坚固性、有害物质含量等性质方面必须符合《普通混凝土用砂、石质量及验收方法标准》（JGJ 52—2006）和国家有关标准的规定。天然砂的质量标准见表1-4-26。

天然砂的质量要求　　　　　　　　　　　　　　　表 1-4-26

质量	项目		质量指标
含泥量按质量计（％）	混凝土强度等级	≥C60	≤2.0
		C55～C30	≤3.0
		≤C25	≤5.0
泥块含量按质量计（％）	混凝土强度等级	≥C60	≤0.5
		C55～C30	≤1.0
		≤C25	≤2.0
有害物质限量	云母含量按质量计（％）		≤2.0
	轻物质含量按质量计（％）		≤1.0
	硫化物及硫酸盐含量，折算成 SO_3 按重量计（％）		≤1.0
	有机物含量（用比色法试验）		颜色不应深于标准色。当深于标准色时，应按水泥胶砂强度试验方法进行强度对比试验，抗压强度比不应低于0.95
坚固性	混凝土所处的环境条件	在严寒及寒冷地区室外使用并经常处于潮湿或干湿交替状态下的混凝土；对于有疲劳、耐磨、抗冲击要求的混凝土；有腐蚀介质作用或经常处于水位变化的地下混凝土结构	5次循环后质量损失（％） ≤8
		其他条件下使用的混凝土	≤10

砂中氯离子含量：对钢筋混凝土用砂，不得大于干砂质量的 0.06％；对预应力混凝土用砂，不得大于干砂质量的 0.02％。

（3）粗骨料

混凝土级配中所用粗骨料指的是碎石或卵石，由天然岩石或卵石经破碎、筛分而得的、粒径大于 5mm 的岩石颗粒，称为碎石。由于自然条件作用而形成的粒径大于 5mm 的岩石颗粒，称为卵石。卵石表面光滑，空隙率与表面积较小，故相对碎石水泥用量稍少，但与水泥浆的粘结性也差一些，故卵石混凝土的强度与碎石混凝土相比要低一些。碎石则刚好相反，所需水泥用量稍多，与水泥浆的粘结性好一些，故碎石混凝土的强度较高，但其成本也较高。

碎石或卵石的颗粒级配和最大粒径对混凝土的强度影响较大，级配越好，混凝土的和易性和强度也越高。碎石或卵石的颗粒级配应符合表 1-4-27 的规定。

石子的强度、坚固性、有害物质含量以及石子中针、片状颗粒含量及含泥量等方面的技术指标都应满足国家标准规定，以保证混凝土浇筑成型后的质量，见表 1-4-28 所列。

碎石或卵石的允许颗粒级配

表 1-4-27

级配情况	公称粒级 (mm)	累计筛余（按质量计%） 方孔筛筛孔边长尺寸 (mm)										
		2.36	4.75	9.5	16	19	26.5	31.5	37.5	53	63	75	90
连续粒级	5~10	95~100	80~100	0~15	0								
	5~16	95~100	85~100	30~60	0~10	0							
	5~20	95~100	90~100	40~80		0~10	0						
	5~25	95~100	90~100		30~70		0~5	0					
	5~31.5	95~100	90~100	70~90		15~45		0~5	0				
	5~40		95~100	70~90		30~65			0~5	0			
单粒级	10~20		95~100	85~100		0~15	0						
	16~31.5		95~100		85~100			0~10	0				
	20~40			95~100		80~100			0~10	0			
	31.5~63				95~100			75~100	45~75		0~10	0	
	40~80					95~100			70~100		30~60	0~10	0

石子的质量要求

表 1-4-28

质量项目			质量指标
针、片状颗粒含量按质量计（%）	混凝土强度等级	≥C60	≤8
		C55~C30	≤15
		≤C25	≤25
含泥量按质量计（%）	混凝土强度等级	≥C60	≤0.5
		C55~C30	≤1.0
		≤C25	≤2.0
泥块含量按质量计（%）	混凝土强度等级	≥C60	≤0.2
		C55~C30	≤0.5
		≤C25	≤0.7
碎石压碎指标值（%）	混凝土强度等级	沉积岩	C60~C40	≤10
			≤C60	≤16
		变质岩或深层的火成岩	C60~C40	≤12
			≤C35	≤20
		喷出火成岩	C60~C40	≤13
			≤C35	≤30
卵石压碎指标值（%）	混凝土强度等级	C60~C40	≤12
		≤C35	≤16

续表

质 量 项 目			质量指标
坚固性	混凝土所处的环境条件	在严寒及寒冷地区室外使用并经常处于潮湿或干湿交替状态下的混凝土；对于有疲劳、耐磨、抗冲击要求的混凝土；有腐蚀介质作用或经常处于水位变化的地下混凝土结构	循环后重量损失（%）	≤8
		在其他条件下使用的混凝土		≤12
有害物质限量	硫化物及硫酸盐含量折算成 SO_3 按重量计（%）			≤1.0
	卵石中有机质含量（用比色法试验）			颜色应不深于标准色。如深于标准色，则应配制成混凝土进行强度对比试验，抗压强度比应不低于0.95

当碎石或卵石中因含有颗粒状硫酸盐或硫化物时，应进行专门检验，以确定能满足混凝土耐久性要求后，方可采用。

当判定骨料存在潜在碱-骨料反应危害时，应控制混凝土中的碱含量不超过 $3kg/m^3$，或采取能抑制碱-骨料反应的有效措施。

骨料应按品种、规格分别堆放，不得混杂。骨料中严禁混入煅烧过的白云石或石灰块。

（4）水

混凝土拌合用水一般采用饮用水，当采用其他来源水时，水质必须符合国家现行标准《混凝土拌合用水标准》的规定。主要是要求水中不能含有影响水泥正常硬化的有害杂质。污水、工业废水及 pH 值小于 4 的酸性水和硫酸盐含量超过水重 1% 的水不得用于混凝土中。海水中含有氯盐，对钢筋有腐蚀作用，不得用在钢筋混凝土和预应力混凝土中。

（5）外加剂

在混凝土中掺入少量外加剂，可改善混凝土的性能，加速工程进度或节约水泥，满足混凝土在施工和使用中的一些特殊要求，保证工程顺利进行。

外加剂的种类很多，用途和用法各不相同，常用的有早强剂、减水剂、缓凝剂、防冻剂和引气剂等。外加剂的使用应符合《混凝土外加剂应用技术规范》（GB 50119—2003）的规定。

1）早强剂及早强减水剂

早强剂可以提高混凝土的早期强度，从而加速模板周转，加快工程进度，节约冬期施工费用。常用早强剂有氯化钙、硫酸钠、硫酸钾等，可根据工程实际情况选用。早强剂的常用配方、适用范围及使用效果参见表 1-4-29。

早强剂掺量

表 1-4-29

混凝土种类及使用条件		早强剂品种	掺量（水泥重量%）
预应力混凝土		硫酸钠	1
		三乙醇胺	0.05
钢筋混凝土	干燥环境	氯离子 [Cl⁻]	0.6
		硫酸钠	2
		与缓凝减水剂复合的硫酸钠	3
		三乙醇胺	0.05
	潮湿环境	硫酸钠	1.5
		三乙醇胺	0.05
有饰面要求的混凝土		硫酸钠	0.8
无筋混凝土		氯离子 [Cl⁻]	1.8

注：在预应力混凝土中及潮湿环境中使用的钢筋混凝土中不得掺氯盐早强剂。

2）普通减水剂及高效减水剂

A. 普通减水剂

普通减水剂是在混凝土坍落度基本相同的条件下，能减少拌合用水量的外加剂。

主要为木质素磺酸类：木质素磺酸钙、木质素磺酸钠、木质素磺酸镁及丹宁等。

B. 高效减水剂

在混凝土坍落度基本相同的条件下，能大幅度减少拌合水量的外加剂称为高效减水剂。

常用的高效减水剂主要有：（A）多环芳香族磺酸盐类。萘和萘的同系磺化物与醛缩合物的盐类、胺基磺酸盐等。（B）水溶性树脂磺酸盐类。磺化三聚氰胺树脂、磺化古码隆树脂等。（C）脂肪族类。聚羧酸盐类、聚丙烯酸盐类、脂肪族羧甲基磺酸盐高缩聚物等。（D）其他。改性木质素磺酸钙、改性丹宁等。

减水剂掺量应根据供货单位的推荐掺量、气温高低、施工要求，通过试验确定。

3）缓凝剂和缓凝减水剂

缓凝剂是一种能延缓混凝土凝结时间，并对混凝土后期强度发展没有不利影响的外加剂。兼有缓凝和减水作用的外加剂，称为缓凝减水剂。

缓凝剂主要品种：（A）糖类。糖钙、葡萄糖酸盐。（B）木质素磺酸盐类。木质素磺酸钙、木质素磺酸钠等。（C）羧基羧酸及其盐类。柠檬酸、酒石酸钾钠等。（D）无机盐类。锌盐、磷酸盐等。（E）其他。胺盐及其衍生物、纤维素醚等。

缓凝剂和缓凝减水剂的品种及掺量应根据环境温度、施工要求的混凝土凝结时间、运输距离、停放时间、强度等来确定。

4）防冻剂

防冻剂是在规定温度下，能显著降低混凝土的冰点，使混凝土的液相不冻结或仅部分冻结，以保证水泥的水化作用，并在一定的时间内获得预期强度的外加剂。

主要品种：（A）无机盐类。氯盐类（以氯盐为防冻组分的外加剂），氯盐阻锈类（以氯盐与阻锈组分为防冻组分的外加剂）。（B）水溶有机化合物类。以某些醇类等有机化合物为防冻组分的外加剂。（C）有机化合物与无机盐类。（D）复合型防冻剂。以防冻组分复合早强、引气、减水等组分的外加剂。

防冻剂的选用应符合下列规定：

在日最低气温为0～5℃、混凝土采用塑料薄膜和保温材料覆盖养护时，可采用早强剂或早强减水剂；在日最低气温为－5～－10℃、－10～－15℃、－15～－20℃，采用上述保温措施时，宜分别采用规定温度为－5℃、－10℃和－15℃的防冻剂。

防冻剂的规定温度为按《混凝土防冻剂》（JC 475）规定的试验条件成型的试件，在恒负温条件下养护的温度。施工使用的最低气温可比规定温度低5℃。

掺防冻剂混凝土所用原材料，应符合下列要求：

宜选用硅酸盐水泥、普通硅酸盐水泥。水泥存放期超过3个月时，使用前必须进行强度检验，合格后方可使用；粗、细骨料必须清洁，不得含有冰、雪等冻结物及易冻裂的物质。

5）引气剂及引气减水剂

引气剂是在混凝土搅拌过程中，能引入大量分布均匀的微小气泡，以减少混凝土拌合物泌水离析，改善和易性，并能显著提高硬化混凝土抗冻融耐久性的外加剂。兼有引气和减水作用的外加剂称为引气减水剂。

引气剂主要品种：（A）松香树脂类。松香热聚物、松香皂等。（B）烷基和烷基芳烃磺酸盐类。十二烷基苯磺酸盐、烷基苯磺酸盐、烷基苯酚聚氧乙烯醚等。（C）脂肪醇磺酸盐类。脂肪醇聚氧乙烯醚、脂肪酸聚氧乙烯磺酸钠、脂肪醇硫酸钠等。（D）皂甙类。三萜皂甙等。（E）其他。如蛋白质盐、石油磺酸盐等。

引气剂及引气减水剂，可用于抗冻混凝土、防渗混凝土、抗硫酸盐混凝土、泌水严重的混凝土、轻骨料混凝土以及对饰面有要求的混凝土。

引气剂不宜用于蒸养混凝土及预应力混凝土。

掺引气剂及引气减水剂混凝土的含气量，不宜超过表1-4-30的规定；抗冻性要求高的混凝土，宜采用表1-4-30规定的含气量数值。

掺引气剂及引气减水剂混凝土的含气量 表1-4-30

粗骨料最大粒径（mm）	20（19）	25（22.4）	40（37.5）	50（45）	80（75）
混凝土的含气量（%）	5.5	5.0	4.5	4.0	3.5

注：括号内数字为《建筑用卵石、碎石》GB/T 14685中标准筛的尺寸。

引气剂可与减水剂、早强剂、缓凝剂、防冻剂一起复合使用，配制溶液时如产生絮凝或沉淀现象，应分别配制溶液并分别加入搅拌机内。

2. 混凝土配合比的确定

混凝土配合比应该根据材料的供应情况、设计混凝土强度等级、混凝土施工和易性的要求等因素来确定,并应符合合理使用材料和经济的原则。合理的混凝土配合比应能满足两个基本要求:既要保证混凝土的设计强度,又要满足施工所需要的和易性。对于有抗冻、抗渗等要求的混凝土,尚应符合相关的规定。

(1) 配制强度

普通混凝土和轻骨料混凝土的配合比,应分别按国家现行标准《普通混凝土配合比设计技术规程》(JGJ 55—2000)和《轻骨料混凝土技术规程》进行计算,并通过试配、调整后确定。

1) 普通混凝土配合比计算步骤如下:

A. 计算出要求的试配强度 $f_{cu,0}$,并计算出所要求的水灰比值 W/C;

B. 选取每立方米混凝土的用水量,并由此计算出每立方米混凝土的水泥用量;

C. 选取合理的砂率值,计算出粗、细骨料的用量,提出供试配用的计算配合比。

2) 以下依次列出计算公式:

A. 计算混凝土试配强度 $f_{cu,0}$,并计算出所要求的水灰比值 (W/C)

混凝土配制强度

混凝土的施工配制强度按下式计算:

$$f_{cu,0} \geq f_{cu,k} + 1.645\sigma \qquad (1\text{-}4\text{-}17)$$

式中 $f_{cu,0}$——混凝土的施工配制强度(MPa);

$f_{cu,k}$——设计的混凝土立方体抗压强度标准值(MPa);

σ——施工单位的混凝土强度标准差(MPa)。

σ 的取值,如施工单位具有近期混凝土强度的统计资料时,可按下式求得:

$$\sigma = \sqrt{\frac{\sum_{i=1}^{N} f_{cu,i}^2 - N u_{fcu}^2}{N-1}} \qquad (1\text{-}4\text{-}18)$$

式中 $f_{cu,i}$——统计周期内同一品种混凝土第 i 组试件强度值(MPa);

u_{fcu}——统计周期内同一品种混凝土 N 组试件强度的平均值(MPa);

N——统计周期内同一品种混凝土试件总组数,$N \geq 250$。

当混凝土强度等级为 C20 或 C25 时,如计算得到的 $\sigma < 2.5$MPa,取 $\sigma = 2.5$MPa;当混凝土强度等级不低于 C30 时,如计算得到的 $\sigma < 3.0$MPa,取 $\sigma = 3.0$MPa。

对预拌混凝土厂和预制混凝土构件厂,其统计周期可取为一个月;对现场拌制混凝土的施工单位,其统计周期可根据实际情况确定,但不宜超过三个月。

施工单位如无近期混凝土强度统计资料时,可按表 1-4-31 取值。

σ 取 值 表   表 1-4-31

混凝土强度等级	<C15	C20~C35	>C35
σ (N/mm²)	4	5	6

B. 计算出所要求的水灰比值（混凝土强度等级<C60 时）

$$W/C = \frac{\alpha_a f_{cu}}{f_{cu,0} + \alpha_a \alpha_b f_{ce}} \tag{1-4-19}$$

式中　α_a、α_b——回归系数；

　　　f_{ce}——水泥 28d 抗压强度实测值（MPa）；

　　　W/C——混凝土所要求的水灰比。

回归系数 α_a、α_b 通过试验统计资料确定，若无试验统计资料，回归系数可按表 1-4-32 选用。

回归系数 α_a、α_b 选用表　　　　表 1-4-32

	碎 石	卵 石
α_a	0.46	0.48
α_b	0.07	0.33

当无水泥 28d 实测强度数据时，式中 f_{ce} 值可用水泥强度等级值（MPa）乘上一个水泥强度等级的富余系数 γ_c，富余系数 γ_c 可按实际统计资料确定，无资料时可取 $\gamma_c=1.13$。f_{ce} 值也可根据 3d 强度或快测强度推定 28d 强度关系式推定得出。

对于出厂期超过三个月或存放条件不良而已有所变质的水泥，应重新鉴定其强度等级，并按实际强度进行计算。

计算所得的混凝土水灰比值应与规范所规定的范围进行核对，如果计算所得的水灰比大于表 1-4-33 所规定的最大水灰比值时，应按表 1-4-33 取值。

混凝土的最大水灰比和最小水泥用量　　　　表 1-4-33

环境条件		结构物类别	最大水灰比			最小水泥用量（kg）		
			素混凝土	钢筋混凝土	预应力混凝土	素混凝土	钢筋混凝土	预应力混凝土
干燥环境		正常的居住和办公用房屋内部件	不作规定	0.65	0.60	200	260	300
潮湿环境	无冻害	高湿度的室内部件 室外部件 在非侵蚀性土和（或）水中的部件	0.70	0.60	0.60	225	280	300
	有冻害	经受冻害的室外部件 在非侵蚀性土和（或）水中且经受冻害的部件 高湿度且经受冻害的室内部件	0.55	0.55	0.55	250	280	300
有冻害和除冰剂的潮湿环境		经受冻害和除冰剂作用的室内和室外部件	0.50	0.50	0.50	300	300	300

注：1. 当采用活性掺合料取代部分水泥时，表中最大水灰比和最小水泥用量即为替代前的水灰比和水泥用量。

　　2. 配制 C15 级及其以下等级的混凝土，可不受本表限制。

（2）选取每立方米混凝土的用水量和水泥用量

1) 选取用水量

A. 水灰比 W/C 在 0.4~0.8 范围时,根据粗骨料的品种及施工要求的混凝土拌合物的稠度,其用水量可按表 1-4-34、表 1-4-35 取用。

干硬性混凝土的用水量（kg/m³）　　　　表 1-4-34

拌合物稠度		卵石最大粒径（mm）			碎石最大粒径（mm）		
项目	指标	10	20	40	16	20	40
维勃稠度（s）	16~20	175	160	145	180	170	155
	11~15	180	165	150	185	175	160
	5~10	185	170	155	190	180	165

塑性混凝土的用水量（kg/m³）　　　　表 1-4-35

拌合物稠度		卵石最大粒径（mm）				碎石最大粒径（mm）			
项目	指标	10	20	31.5	40	16	20	31.5	40
坍落度（mm）	10~30	190	170	160	150	200	185	175	165
	35~50	200	180	170	160	210	195	185	175
	55~70	210	190	180	170	220	205	195	185
	75~90	215	195	185	175	230	215	205	195

注：1. 本表用水量系采用中砂时的平均取值。采用细砂时,每立方米混凝土用水量可增加 5~10kg；采用粗砂时,则可减少 5~10kg。

2. 掺用各种外加剂或掺合料时,用水量应相应调整。

B. 水灰比 W/C 小于 0.4 的混凝土或混凝土强度等级不低于 C60 级以及采用特殊成型工艺的混凝土用水量应通过试验确定。

C. 流动性和大流动性混凝土的用水量可以表 1-4-35 中坍落度 90mm 的用水量为基础,按坍落度每增大 20mm 用水量增加 5kg,计算出未掺外加剂时的混凝土的用水量。

2) 计算每立方米混凝土的水泥用量

每立方米混凝土的水泥用量（m_{c0}）可按下式计算：

$$m_{c0} = \frac{m_{c0}}{W/C} \tag{1-4-20}$$

计算所得的水泥用量如小于表 1-4-33 所规定的最小水泥用量时,则应按表 1-4-33 取值。混凝土的最大水泥用量不宜大于 550kg/m³。

3. 混凝土施工配合比的确定

前面所述的混凝土配合比指的是实验室配合比,也就是说砂、石等原材料处于完全干燥状态下。而在现场施工中,砂、石两种原材料都采用露天堆放,不可避免地含有一些水分,而且含水量随着气候变化而变化,配料时必须把这部分含水量考虑进去,才能保证混凝土配合比的准确,从而保证混凝土的质量。所以在施工时应及时测量砂、石的含水率,并将混凝土的实验室配合比换算成考虑了砂石含水率条件下的施工配合比。

若混凝土的实验室配合比为水泥∶砂∶石∶水＝1∶s∶g∶w，而现场测出砂的含水率为 w_s，石的含水率为 w_g，则换算后的施工配合比为：

$$1：s(1+w_s)：g(1+w_g)：[w-s \cdot w_s - g \cdot w_g] \qquad (1\text{-}4\text{-}21)$$

【例 1-4-4】 已知某混凝土的实验室配合比为 280∶820∶1100∶199（为每立方米混凝土用量），已测出砂的含水率为 3.5%，石的含水率为 1.2%，搅拌机的出料容积为 400L，若采用袋装水泥（50kg 一袋），求每搅拌一罐混凝土所需各种材料的用量。

【解】 混凝土的实验室配合比折算为 $1：s：g：w=1：2.93：3.93：0.71$
将原材料的含水率考虑进去计算出施工配合比 1∶3.03∶3.98∶0.56
每搅拌一罐混凝土水泥用量为：280×0.4＝112kg，实用两袋水泥 100kg
则搅拌一罐混凝土砂用量为：100×3.03＝303kg
搅拌一罐混凝土石用量为：100×3.98＝398kg
搅拌一罐混凝土水用量为：100×0.56＝56kg

4. 材料称量

施工配合比确定以后，就需对材料进行称量，称量是否准确将直接影响混凝土的强度。

称量误差由两方面因素引起。一是称量工具引起的误差，工程上一般采用磅秤作为计量工具，为保证其称量精度，应定期校验，并注意检修。另一方面是由操作人员的操作引起，为保证称量准确，需加强对工人的技术培训，提高其工作能力，使其操作规范化，以尽量减少称量误差。

称量误差对混凝土的强度会产生不同程度的影响。资料表明，当水的误差为+1%，水泥的误差为-1%，混凝土的强度降低 4.2%；当水的误差为+2%，水泥为-1%，混凝土的强度将降低

混凝土原材料称量的允许偏差（%） 表 1-4-36

材料名称	允许偏差
水泥、混合材料	±2
粗、细骨料	±3
水、外加剂	±2

8.9%；当水的误差为+5%，水泥的误差-10%时，混凝土的强度将降低 31.4%。可见称量准确是保证混凝土强度的一个重要环节。

我国施工规范规定混凝土原材料的称量误差不得超过表 1-4-36 中允许偏差的规定。

4.3.2 混凝土的拌制

混凝土的拌制就是水泥、水、粗细骨料和外加剂等原材料混合在一起进行均匀拌合的过程。搅拌后的混凝土要求匀质，且达到设计要求的和易性和强度。

1. 搅拌机

目前普遍使用的搅拌机根据其搅拌机理可分为自落式搅拌机和强制式搅拌机

两大类。

(1) 自落式搅拌机

自落式搅拌机主要是利用拌筒内材料的自重进行工作，比较节约能源。由于材料粘着力和摩擦力的影响，自落式搅拌机只适用于搅拌塑性混凝土和低流动性混凝土。自落式搅拌机在使用中对筒体和叶片的摩擦较小，易于清洁。由于搅拌过程对混凝土骨料有较大的磨损，从而对混凝土质量产生不良影响，故自落式正逐渐被强制式搅拌机所替代。

反转出料式搅拌机是一种应用较广的自落式搅拌机，见图1-4-42。其拌筒为双锥形，内壁焊有叶片，可带动物料上升到一定高度后，再利用自重下落，不断循环从而完成搅拌工作。其工作特点是正转搅拌、反转出料，结构较简单。

(2) 强制式搅拌机

强制式搅拌机是利用拌筒内运动着的叶片强迫物料朝着各个方向运动，由于各物料颗粒的运动方向、速度各不相同，相互之间产生剪切滑移而相互穿插、扩散，从而在很短的时间内，使物料拌和均匀，其搅拌机理被称为剪切搅拌机理。强制式搅拌机适用于搅拌坍落度在3cm以下的普通混凝土和轻骨料混凝土。如图1-4-43。

2. 搅拌制度

为了获得均匀优质的混凝土拌合物，除合理选择搅拌机的型号外，还必须合理确定搅拌制度。具体内容包括搅拌机的转速、搅拌时间、装料容积和投料顺序等。

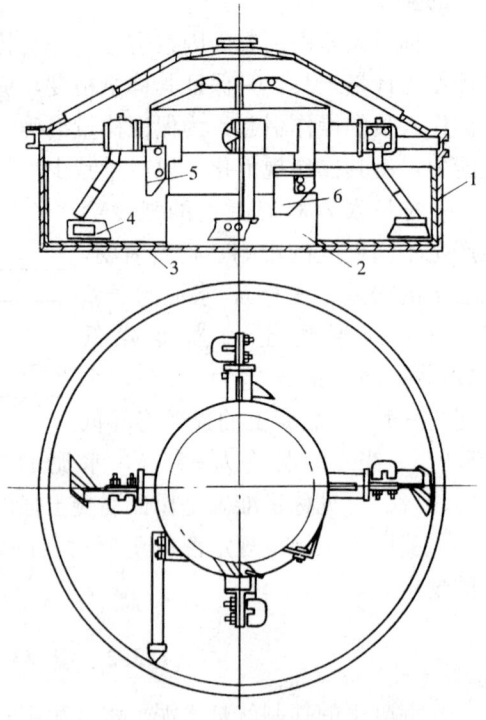

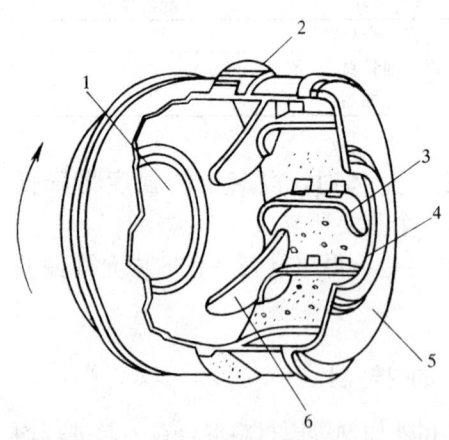

图1-4-42 自落式搅拌机

1—进料口；2—大齿轮；3—弧形叶片；
4—卸料口；5—搅拌鼓筒；6—斜向叶片车

图1-4-43 强制式搅拌机

1—外衬板；2—内衬板；3—底衬板；
4—拌叶；5—外刮板；6—内刮板

(1) 装料容积

不同类型的搅拌机具有不同的装料容积,装料容积指的是搅拌一罐混凝土所需各种原材料松散体积之和。一般来说装料容积是搅拌机拌筒几何容积的 $1/2 \sim 1/3$,强制式搅拌机可取上限,自落式搅拌机可取下限。若实际装料容积超过额定装料容积一定数值,则各种原材料不易拌和均匀,势必延长搅拌时间,反而降低了搅拌机的工作效率,而且也不易保证混凝土的质量。当然装料容积也不必过少,否则会降低搅拌机的工作效率。

搅拌完毕混凝土的体积称为出料容积,一般为搅拌机装料容积的 $0.55 \sim 0.75$。目前,搅拌机上标明的容积一般为出料容积。

(2) 装料顺序

在确定混凝土各种原材料的投料顺序时,应考虑到如何才能保证混凝土的搅拌质量,减少机械磨损和水泥飞扬,减少混凝土的粘罐现象,降低能耗和提高劳动生产率等。目前采用的装料顺序有一次投料法、二次投料法等。

1) 一次投料法

这是目前广泛使用的一种方法,也就是将砂、石、水泥依次放入料斗后再和水一起进入搅拌筒进行搅拌。这种方法工艺简单、操作方便。当采用自落式搅拌机时常用的加料顺序是先倒石子,再加水泥,最后加砂。这种加料顺序的优点就是水泥位于砂石之间,进入拌筒时可减少水泥飞扬,同时砂和水泥先进入拌筒形成砂浆可缩短包裹石子的时间,也避免了水向石子表面聚集产生的不良影响,可提高搅拌质量。

2) 二次投料法

二次投料法又可分为预拌水泥砂浆法和预拌水泥净浆法。预拌水泥砂浆法是指先将水泥、砂和水投入拌筒搅拌 $1 \sim 1.5 \text{min}$ 后加入石子再搅拌 $1 \sim 1.5 \text{min}$。预拌水泥净浆法是先将水和水泥投入拌筒搅拌 $1/2$ 搅拌时间,再加入砂石搅拌到规定时间。试验表明,由于预拌水泥砂浆或水泥净浆对水泥有一种活化作用,因而搅拌质量明显高于一次加料法。若水泥用量不变,混凝土强度可提高 15% 左右,或在混凝土强度相同的情况下,可减少水泥用量约 $15\% \sim 20\%$。

当采用强制式搅拌机搅拌轻骨料混凝土时,若轻骨料在搅拌前已经预湿,则合理的加料顺序应是:先加粗细骨料和水泥搅拌 30s,再加水继续搅拌到规定时间;若在搅拌前轻骨料未经预湿,则先加粗、细骨料和总用水量的 $1/2$ 搅拌 60s 后,再加水泥和剩余 $1/2$ 用水量搅拌到规定时间。

(3) 搅拌时间

搅拌时间指的是从全部原材料装入拌筒时起,到开始卸料时为止的时间。一般来说,随着搅拌时间的延长,混凝土的匀质性有所增加,相应地混凝土的强度也随着有所提高。但超过一定限度后,混凝土的强度不再随着搅拌时间的增加而增加,而且时间过长,将导致混凝土出现离析现象,多耗费电能,增加机械磨损,降低搅拌机生产效率。我国规范规定不同情况下搅拌混凝土的最短时间见表 1-4-37。

混凝土搅拌的最短时间（s）　　　　　表 1-4-37

混凝土坍落度 (mm)	搅拌机机型	搅拌机出料量（L）		
		<250	250～500	>500
≤30	强制式	60	90	120
	自落式	90	120	150
>30	强制式	60	60	90
	自落式	90	90	120

注：1. 当掺有外加剂时，搅拌时间应适当延长；
  2. 全轻混凝土宜采用强制式搅拌机搅拌，砂轻混凝土可采用自落式搅拌机搅拌，但搅拌时间应延长 60～90s；
  3. 当采用其他形式的搅拌设备时，搅拌的最短时间应按设备说明书的规定或经试验确定。

4.3.3 混凝土的运输

混凝土搅拌完毕后应及时将混凝土运输到浇筑地点。其运输方案应根据施工对象的特点、混凝土的工程量、运输的客观条件及现有设备等综合进行考虑。

1. 混凝土的运输基本要求

（1）混凝土在运输过程中应保持其匀质性，不分层、不离析、不漏浆，运到浇筑地点后应具有规定的坍落度，并保证有充足的时间进行浇筑和振捣。若混凝土到达浇筑地点时已出现离析或初凝现象，则必须在浇筑前进行二次搅拌，待拌合为匀质的混凝土后方可入模浇筑。

应选用不漏浆、不吸水的容器运输混凝土，且在使用前用水湿润，以避免吸收混凝土内的水分导致混凝土坍落度过分减少。

（2）混凝土应以最少的转运次数和最短的时间，从搅拌地点运至浇筑现场，在混凝土初凝前浇筑完毕。混凝土从搅拌机中卸出到浇筑完毕的延续时间不宜超过表 1-4-38 的规定。

混凝土从搅拌机中卸出到浇筑完毕的延续时间（min）　　表 1-4-38

混凝土强度等级	气 温	
	不高于 25℃	高于 25℃
不高于 C30	120	90
高于 C30	90	60

注：1. 对掺有外加剂或采用快硬水泥拌制的混凝土，其延续时间应按试验确定；
  2. 对轻骨料混凝土，其延续时间应适当缩短。

在运输过程中应保持混凝土的均匀性，避免产生分层离析现象。

（3）当混凝土从运输工具中自由倾倒时，由于骨料的重力克服了物料间的黏聚力，大颗粒骨料明显集中于一侧或底部四周，从而与砂浆分离即出现离析，当自由倾倒高度超过 2m 时，这种现象尤其明显，混凝土将严重离析。为保证混凝土的质量，应根据施工实际情况，采取相应预防措施。规范规定：混凝土自高处倾落的自由高度不应超过2m；否则，应使用串筒、溜槽或振动溜管等工具协助下落，并应保证混凝土出口的下落方向垂直。串筒的向下垂直输送距离可达8m。串筒及溜管外形见图1-4-44。

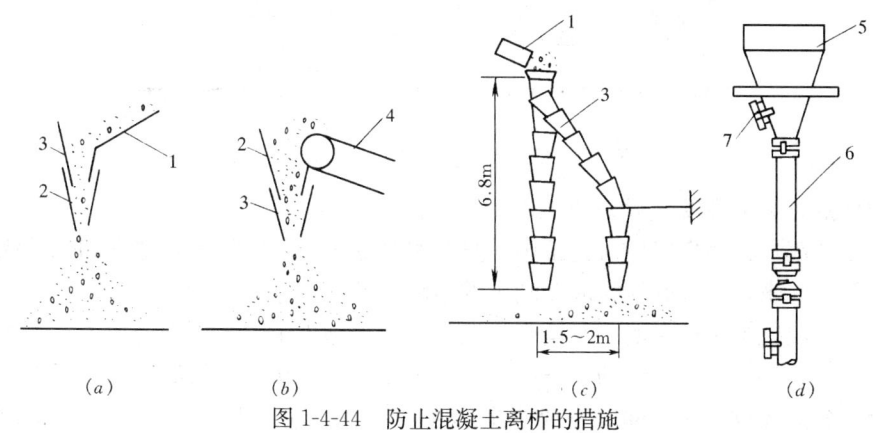

图1-4-44　防止混凝土离析的措施
(a) 溜槽运输；(b) 皮带运输；(c) 串筒；(d) 振动串筒
1—溜槽；2—挡板；3—串筒；4—皮带运输机；5—漏斗；6—节管；7—振动器

在运输过程中混凝土坍落度往往会有不同程度的减少，减少的原因主要是运输工具失水漏浆、骨料吸水、夏季高温天气等。故为保证混凝土运至施工现场后能顺利浇筑，运输工具应严密不漏浆，运输前用水湿润容器；夏季应采取措施防止水分大量蒸发；雨天则应采取防水措施。

2. 运输工具

运输混凝土的工具很多，根据工程情况和设备配置选用。

手推车主要用于短距离水平运输，具有轻巧、方便的特点，其容量为0.07～0.1m^3。机动翻斗车具有轻便灵活、速度快、效率高、能自动卸料、操作简便等特点，容量为0.4m^3，一般与出料容积为400L的搅拌机配套使用，适用于短距离混凝土的运输或砂石等散装材料的倒运。

混凝土搅拌运输车是一种用于长距离运输混凝土的施工机械，它是将运输混凝土的搅拌筒安装在汽车底盘上，把在预拌混凝土搅拌站生产的混凝土成品装入拌筒内，然后运至施工现场。在整个运输过程中，混凝土搅拌筒始终在作慢速转动，从而使混凝土在长途运输后，仍不会出现离析现象，以保证混凝土的质量。

当运输距离很长，采用上述运输工具难以保证运输质量时，可采用装载干料运输、拌合用水另外存放的方法，当快到浇筑地点时方加水搅拌，待到达浇筑地点时混凝土也已搅拌完毕，便可卸料进行浇筑。混凝土搅拌运输车的外形见图1-4-45。

井架主要用于多层或高层建筑施工中混凝土的垂直运输，由井架、卷扬机、吊盘、自动倾卸吊斗、把杆和钢丝缆风绳组成。具有构造简单、安拆方便、投资

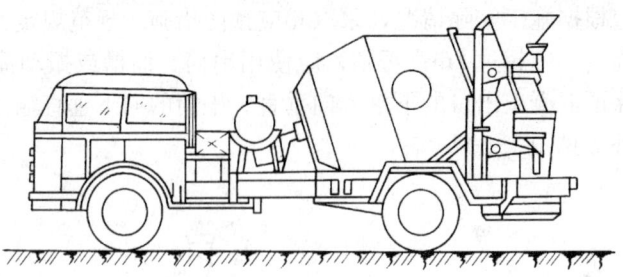

图 1-4-45 混凝土搅拌运输车示意图

少的优点，起重高度一般为 25～40m。

塔式起重机是高层建筑施工中垂直和水平的主要运输机械，把它和一些浇筑用具配合起来，可很好地完成混凝土的运输任务。

利用混凝土泵输送混凝土是当今混凝土工程施工中的一项先进技术，也是今后的发展趋势。混凝土泵的工作原理就是利用泵体的挤压力将混凝土挤压进管路系统并到达浇筑地点，同时完成水平运输和垂直运输。混凝土泵连续浇筑混凝土、中间不停顿、施工速度快、生产效率高，工人劳动强度明显降低，还可提高混凝土的强度和密实度。混凝土泵适用于一般多高层建筑、水下及隧道等工程的施工。

混凝土泵的种类很多，有活塞泵、气压泵和挤压泵等类型，目前应用最为广泛的是活塞泵，根据其构造和工作机理的不同，活塞泵又可分为机械式和液压式两种，常采用液压式。与机械式相比，液压式是一种较为先进的混凝土泵，它省去了机械传动系统，因而具有体积小、重量轻、使用方便、工作效率高等优点。液压泵还可进行逆运转，迫使混凝土在管路中作往返运动，有助于排除管道堵塞和处理长时间停泵问题。其工作原理见图 1-4-46。

混凝土拌合料进入料斗后，吸入端片筏打开，排出端片阀关闭，液压作用下活塞左移，混凝土在自重和真空吸力作用下进入液压缸。由于液压系统中压力油的进出方向相反，使得活塞右移，此时吸入端片阀关闭，压出端片阀打开，混凝土被压入到输送管道。液压泵一般采用双缸工作，交替出料，通过 Y 形管后，

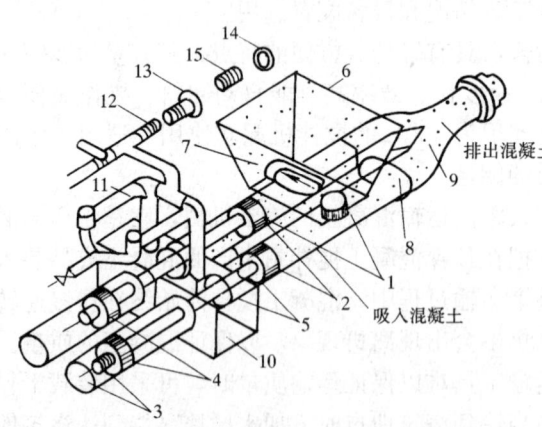

图 1-4-46 液压式混凝土泵的工作原理图
1—混凝土缸；2—推压混凝土活塞；3—液压缸；4—液压活塞；5—活塞杆；6—料斗；7—吸入阀门；8—排出阀门；9—Y 形管；10—水箱；11—水洗装置换向阀；12—水洗用高压软管；13—水洗用法兰；14—海绵球；15—清洗活塞

混凝土进入同一输送管从而使混凝土的出料稳定连续。

活塞式混凝土泵的规格很多，性能各异，一般以最大泵送距离和单位时间最大输出量作为其主要指标。目前，混凝土泵的最大运输距离，水平运输可达800m，垂直运输可达300m。几种活塞式泵的主要性能见表1-4-39。

混凝土输送管一般采用钢管制作，管径有100、125、150mm几种规格，标准管长3m，还有1m和2m长的配套管，另外还有90°、45°、30°、15°等不同角度的弯管，用于布管时管道弯折处使用。管径的选择根据混凝土骨料的最大粒径、输送距离、输送高度和其他工程条件来决定，为防止堵塞，石子的最大料径与输送管径之比：碎石为1:3，卵石为1:2.5。

混凝土输送泵参考表　　　　　　　　表1-4-39

项次	项目		HB_8	ZH_{05}	$IPF_{-185}B$	$DC-S_{115}B$	$IPF_{-75}B$
1	型　式				360°全回转三段液压折叠式	360°全回转全液压垂直三级伸缩	360°全回转全液压三级伸缩
2	最大输送量（m³/h）		8	6～8	10～25	70	10～75
3	最大输送距离（m）（水平×垂直）	输送管 ϕ100 ϕ125 ϕ150	200×30	250×40	520×110	270×70 420×100 530×110	250×55 410×80 600×95
4	粗骨料最大尺寸（cm）	输送管 ϕ100 ϕ125 ϕ150	40（卵石50）	50	40	25 40 40	25（砾石30） 30（砾石40） 40（砾石50）
5	混凝土坍落度容许范围（cm）常用泵送压力（MPa）		6～9	5～15	5～23 4.71	5～23	5～23 3.87
6	布料杆工作半径（m）	输送管 ϕ100 ϕ125			17.4	17.7 15.8	17.4 16.5

管道布置时应符合"路线短、弯道少、接头密"的原则。布置水平管道时，应由远到近，将管道布置到最远的浇筑点，然后在浇筑过程中逐渐向泵的方向拆管。地面水平管一般是固定的，楼面水平管则需每浇筑一层就重新铺设一次。垂直管可以沿建筑物外墙或外柱铺接，也可利用塔吊的塔身设置，垂直管道应在底部设置基座，以防止管道因重力和冲击而下沉，并在竖管下部设止回阀，防止停泵时混凝土倒流。

混凝土泵的最大输送距离是指根据施工现场实际情况，混凝土泵所能输送的最大距离。性能表中标明的垂直与水平距离指的是输送管全为水平管或全为垂直管的最大输送距离，而实际输送管道是由直管、弯管、锥形管、软管等组成，各种管的阻力不同，计算输送距离时，一般需先将这些管道换算成水平直管状态。

换算后得到的最大总长度应小于该混凝土泵性能表 1-4-39 中标明的最大水平输送距离，才能满足施工需要，表 1-4-40 为参考数据。

输送管水平距离换算表   表 1-4-40

项　　目	管　径	水平换算长度（m）
每米垂直管	100mm 125mm 150mm	4 5 6
每个锥形管	175mm→150mm 150mm→125mm 125mm→100mm	4 10 20
90°弯管	弯曲半径 0.5m 弯曲半径 1m	12 9
橡胶软管	5～8m	30

在采用混凝土泵泵送混凝土前，应先开机用水湿润管道，然后泵送水泥浆或水泥砂浆，使管道处于充分湿润状态后，再正式泵送混凝土。若开始时就直接泵送混凝土，管道在压力状态下大量吸水，导致混凝土坍落度明显减少，则会出现堵管等质量事故，因而在泵送混凝土前充分湿润管道非常必要。混凝土的供应能力应保证混凝土泵连续工作，尽量避免中途停歇。若混凝土供应能力不足时，宜减慢泵送速度，以保证混凝土泵连续工作。如果中途停歇时间超过 45min 或混凝土出现离析时，应立即用压力水冲洗管道，避免混凝土凝固在管道内。压送时，不要把料斗内剩余的混凝土降低到 200mm 以下，否则混凝土泵易吸入空气，导致堵塞。高温条件下施工时，需在水平输送管上覆盖两层湿草袋，以防止阳光直照，并每隔一定时间洒水湿润，这样能使管道中的混凝土不至于吸收大量热量而失水，导致管道堵塞。输送管线宜直，转弯宜缓，接头应严密，如管道向下倾斜，应防止混入空气，产生阻塞。

4.3.4　混凝土的浇筑成型

混凝土的浇筑成型就是将混凝土拌合料浇筑在符合设计要求的模板内，加以捣实使其成为能达到设计质量强度要求并满足正常使用要求的结构或构件。混凝土的浇筑成型过程包括浇筑与捣实，是混凝土施工的关键，对于混凝土的密实性、结构的整体性和构件的尺寸准确性都起着决定性的作用。

1. 混凝土浇筑

（1）浇筑前准备工作

混凝土浇筑前应检查模板的标高、尺寸、位置、强度、刚度等内容是否满足要求，模板接缝是否严密；钢筋及预埋件的数量、型号、规格、摆放位置、保护层厚度等是否满足要求，并做好隐蔽工程；模板中的垃圾应清理干净；木模板应浇水湿润，但不允许留有积水。

(2) 混凝土浇筑的一般规定

1) 混凝土应在初凝前浇筑，如已有初凝现象，则应进行一次强力搅拌，使其恢复流动性后，方许入模；如有离析现象，亦需重新拌合后才能浇筑。

2) 为防止混凝土浇筑时产生分层离析现象，混凝土自高处倾落时的自由高度一般不宜超过2m；在竖向结构中浇筑混凝土的自由倾落高度不得超过3m，否则应采取串筒、斜槽、溜管等下料。

3) 在浇筑竖向结构混凝土前，应先在底部填以50～100mm厚与混凝土成分相同的水泥砂浆，以避免构件下部由于砂浆含量减少而出现蜂窝、麻面、露石等质量缺陷。

4) 为保证混凝土密实，混凝土施工时必须分层浇筑、分层捣实。其浇筑层的厚度应符合表1-4-41的规定。

混凝土浇筑层厚度（mm） 表1-4-41

捣实混凝土的方法		浇筑层的厚度
插入式振捣		振捣器作用部分长度的1.25倍
表面振动		200
人工振捣	在基础、无筋混凝土或配筋稀疏的结构中	250
	在梁、墙板、柱结构中	200
	在配筋密列的结构中	150
轻骨料混凝土	插入式振捣	300
	表面振动（振动时需加荷）	200

5) 为保证混凝土的整体性，混凝土的浇筑工作应连续进行。当由于施工技术或施工组织上的原因必须间歇时，其间歇时间应尽量缩短，并应在前层混凝土初凝前完成次层混凝土的浇筑。规范规定混凝土运输、浇筑和间歇的全部时间不得超过表1-4-42的规定，若超过此时间，该部位应设置为施工缝。

混凝土运输、浇筑和间歇的允许时间（min） 表1-4-42

混凝土强度等级	气 温	
	不高于25℃	高于25℃
不高于C30	210	180
高于C30	180	150

注：当混凝土中掺有促凝或缓凝型外加剂时，其允许时间应根据试验结果确定。

6) 混凝土施工缝的留设及处理

为使混凝土结构具有较好的整体性，混凝土的浇筑应连续进行。若因技术或组织的原因不能连续进行浇筑，且中间的停歇时间有可能超过混凝土的初凝，则应在混凝土浇筑前确定在适当位置留设施工缝。施工缝就是指先浇混凝土已凝结硬化，再继续浇筑混凝土的新旧混凝土间的结合面，它是结构的薄弱部位，因而宜留在结构受剪力较小且便于施工的部位。柱应留水平缝,梁、板、墙应留垂直缝。

施工缝的留置位置应符合下列规定:①柱,宜留置在基础的顶面、梁或吊车梁牛腿的下面、吊车梁的上面、无梁楼板柱帽的下面,如图1-4-47;②与板连成整体的大截面梁,留置在板底面以下20~30mm处,当板下有梁托时,留置在梁托下部;③单向板,留置在平行于板的短边的任何位置;④有主次梁的楼板宜顺着次梁方向浇筑,施工缝应留置在次梁跨度的中间1/3范围内,见图1-4-48;⑤墙,宜留置在门洞口过梁跨中1/3范围内,也可留在纵横墙的交接处;⑥双向受力楼板、大体积混凝土结构、拱、弯拱、薄壳、蓄水池、斗仓、多层刚架及其他结构复杂的工程,施工缝的位置应按设计要求留置。

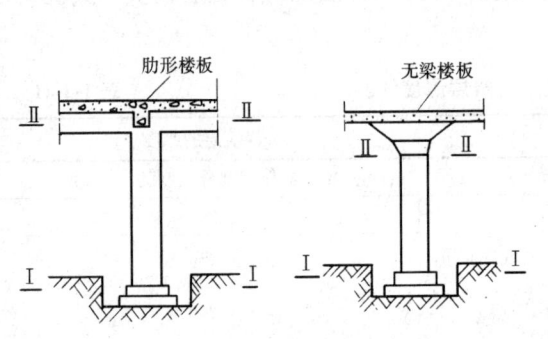

图1-4-47 浇筑柱的施工
缝留设位置
Ⅰ-Ⅰ、Ⅱ-Ⅱ表示施工缝的位置

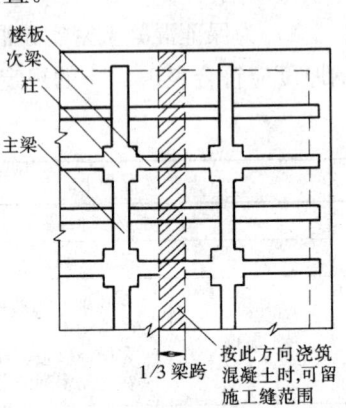

图1-4-48 有主次梁楼板
施工缝留设位置

当从施工缝处开始继续浇筑混凝土时,必须待已浇筑的混凝土抗压强度达到$1.2N/mm^2$后才能进行,而且需对施工缝作一些处理,以增强新旧混凝土的连接,尽量降低施工缝对结构整体性带来的不利影响。处理过程是:先在已硬化的混凝土表面上,清除水泥薄膜和松动石子以及软弱混凝土层,并加以充分湿润、冲洗干净,且不得留有积水;然后在浇筑混凝土前先在施工缝处铺一层水泥浆或与混凝土内成分相同的水泥砂浆;浇筑混凝土时,需仔细振捣密实,使新旧混凝土结合紧密。

2. 混凝土结构的浇筑方法

(1) 现浇框架结构混凝土

框架结构的主要构件有基础、柱、梁、楼板等。其中柱、梁、板等构件是沿垂直方向重复出现的,施工时,一般按结构层来划分施工层。当结构平面尺寸较大时,还应划分施工段,以便组织各工序流水施工。

框架柱基形式多为台阶式基础。台阶式基础施工时一般按台阶分层浇筑,中间不允许留施工缝;倾倒混凝土时宜先边角后中间,确保混凝土充满模板各个角落,防止一侧倾倒混凝土挤压钢筋造成柱插筋的位移;各台阶之间最好留有一定时间间歇，以给下面台阶混凝土一段初步沉实的时间，以避免上下台阶之间出现裂缝，同时也便于上一台阶混凝土的浇筑。

在框架结构每层每段施工时，混凝土的浇筑顺序是先浇柱，后浇梁、板。柱的浇筑宜在梁板模板安装后进行，以便利用梁板模板稳定柱模并作为浇筑混凝土的操作平台用；一排柱子浇筑时，应从两端向中间推进，以免柱模板在横向推力作用下向另一方倾斜；柱在浇筑前，宜在底部先铺一层 50～100mm 厚与所浇混凝土成分相同的水泥砂浆，以免底部产生蜂窝现象；柱高在 3m 以下时，可直接从柱顶浇入混凝土，若柱高超过 3m，断面尺寸小于 400mm×400mm，并有交叉箍筋时，应在柱侧模每段不超过 2m 的高度开口（不小于 30cm 高），装上斜溜槽分段浇筑，也可采用串筒直接从柱顶进行浇筑；随着柱子浇筑高度的上升，混凝土表面将积聚大量浆水而可能造成混凝土强度不均匀现象，宜在浇筑到适当的高度时，适量减少混凝土的配合比用水量。

如柱、梁和板混凝土是一次连续浇筑，则应在柱混凝土浇筑完毕后停歇 1～1.5h，待其初步沉实，排除泌水后，再浇筑梁、板混凝土。

梁、板混凝土一般同时浇筑，浇筑方法应先将梁分层浇捣成阶梯形，当达到板底位置时即与板的混凝土一同浇捣；而且倾倒混凝土的方向与浇筑方向相反。当梁高超过 1m 时，可先单独浇筑梁混凝土，水平施工缝设置在板下 20～30mm 处。

（2）大体积混凝土浇筑

大体积混凝土指的是最小断面尺寸大于 1m 以上，施工时必须采取相应的技术措施妥善处理水化热引起的混凝土内外温度差值，合理解决温度应力并控制裂缝开展的混凝土结构。

大体积混凝土结构的施工特点：一是整体性要求较高，往往不允许留设施工缝，一般都要求连续浇筑；二是结构的体量较大，浇筑后的混凝土产生的水化热量大，并聚积在内部不易散发，从而形成内外较大的温差，引起较大的温差应力。因此，大体积混凝土施工时，为保证结构的整体性，应合理确定混凝土浇筑方案；为保证施工质量，应采取有效的技术措施降低混凝土内外温差。

1）浇筑方案的选择

为了保证混凝土浇筑工作能连续进行，避免留设施工缝，应在下一层混凝土初凝之前，将上一层混凝土浇捣完毕。因此，在组织施工时，首先应按下式计算每小时需要浇筑混凝土的数量（亦称浇筑强度），即：

$$V = BLH/(t_1 - t_2) \tag{1-4-22}$$

式中　　V——每小时混凝土浇筑量（m³/h）；

B、L、H——浇筑层的宽度、长度、厚度（m）；

t_1——混凝土初凝时间（h）；

t_2——混凝土运输时间（h）。

根据混凝土的浇筑量，计算所需要搅拌机、运输工具和振动器的数量，并据此拟定浇筑方案和进行劳动组织。大体积混凝土浇筑方案需根据结构大小、混凝土供应等实际情况决定，一般有全面分层、分段分层和斜面分层三种方案，见图1-4-49。

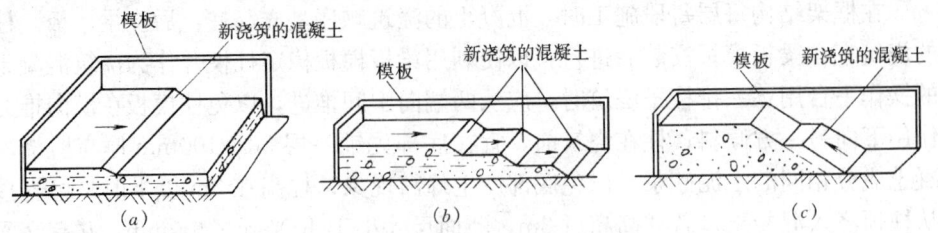

图1-4-49 大体积基础混凝土浇筑方案
(a) 全面分层；(b) 分段分层；(c) 斜面分层

A. 全面分层（图1-4-49a） 就是在整个结构内全面分层浇筑混凝土，要求每一层的混凝土浇筑必须在下层混凝土初凝前完成。此浇筑方案适用于平面尺寸不太大的结构，施工时宜从短边开始，顺着长边方向推进，有时也可从中间开始向两端进行或从两端向中间推进。

B. 分段分层（图1-4-49b） 如采用全面分层浇筑方案，混凝土的浇筑强度太高，施工难以满足时，则可采用分段分层浇筑方案。它是将结构从平面上分成几个施工段，厚度上分成几个施工层，混凝土从底层开始浇筑，进行一定距离后就回头浇筑第二层混凝土，如此依次浇筑以上各层。施工时要求在第一层第一段末端混凝土初凝前，开始第二段的施工，以保证混凝土接触面结合良好。该方案适用于厚度不大而面积或长度较大的结构。

C. 斜面分层（图1-4-49c） 当结构的长度超过厚度的三倍，宜采用斜面分层浇筑方案。施工时，混凝土的振捣需从浇筑层下端开始，逐渐上移，以保证混凝土的施工质量。

2) 混凝土温度裂缝的产生原因

混凝土在凝结硬化过程中，水泥进行水化反应会产生大量的水化热。强度增长初期，水化热产生越来越多，蓄积在大体积混凝土内部，热量不易散失，致使混凝土内部温度显著升高，而表面散热较快，这样在混凝土内外之间形成温差，混凝土内部产生压应力，而混凝土外部产生拉应力，当温差超过一定程度后，就易拉裂外表混凝土，即在混凝土表面形成裂缝。在混凝土内逐渐散热冷却产生收缩时，由于受到基岩或混凝土垫层的约束，接触处将产生很大的拉应力。一旦拉应力超过混凝土的极限抗拉强度，便在与约束接触处产生裂缝，甚至形成贯穿裂缝。这将严重破坏结构的整体性，对于混凝土结构的承载能力和安全极为不利，在工程施工中必须避免。

3) 防治温度裂缝的措施

温度应力是产生温度裂缝的根本原因，一般将温差控制在20～25℃范围内时，不会产生温度裂缝。大体积混凝土施工可采用以下措施来控制内外温差。

A. 宜选用水化热较低的水泥，如矿渣水泥、火山灰质水泥或粉煤灰水泥；

B. 在保证混凝土强度的条件下，尽量减少水泥用量和每立方米混凝土的用水量；

C. 粗骨料宜选用粒径较大的卵石，应尽量降低砂石的含泥量，以减少混凝土的收缩量；

D. 尽量降低混凝土的入模温度，规范要求混凝土的浇筑温度不宜超过28℃，故在气温较高时，可在砂、石堆场，运输设备上搭设简易遮阳装置，采用低温水或冰水拌制混凝土；

E. 必要时可在混凝土内部埋设冷却水管，利用循环水来降低混凝土温度；

F. 扩大浇筑面和散热面，减少浇筑层厚度和延长混凝土的浇筑时间，以便在浇筑过程中尽量多地释放出水化热，可在混凝土中掺加缓凝剂；

G. 为了减少水泥用量提高混凝土的和易性，可在混凝土中掺入适量的矿物掺料，如粉煤灰等，也可采用减水剂；

H. 加强混凝土保温、保湿养护措施，严格控制大体积混凝土的内外温差（设计无要求时，温差不宜超过 25℃），故可采用草包、炉渣、砂、锯末等保温材料，以减少表层混凝土热量的散失，降低内外温差；

I. 从混凝土表层到内部设置若干个温度观测点，加强观测，一旦出现温差过大的情况，便于及时处理。

（3）水下混凝土的浇筑

在钻孔灌注桩、地下连续墙等基础工程以及水利工程施工中常会需要直接在水下浇筑混凝土，地下连续墙是在泥浆中浇筑混凝土。水下或泥浆中浇筑混凝土一般采用导管法。其特点是：利用导管输送混凝土并使其与环境水或泥浆隔离，依靠管中混凝土自重，挤压导管下部管口周围的混凝土在已浇的混凝土内部流动、扩散，边浇筑边提升导管，直至混凝土浇筑完毕。采用导管法，可以杜绝混凝土与水或泥浆的接触，保证混凝土中骨料和水泥浆不产生分离，从而保证了水下浇筑混凝土的质量。

1）导管法所用的设备及浇筑方法

导管法浇筑水下混凝土的主要设备有金属导管、承料漏斗和提升机具等（图1-4-50）。

导管一般由钢管制成，管径为 200~300mm，每节管长 1.5~2.5m。各节管之间用法兰盘加止水胶皮垫圈通过螺栓密封连接，拼接时注意保持管轴垂直，否则会增大提管阻力。

承料漏斗一般用法兰盘固定在导管顶部，起着盛混凝土和调节管中混凝土量的作用。承料漏斗的容积应足够大，以保证导管内混凝土具有必须的高度。

在施工过程中，承料漏斗和导管悬挂在提升机具上。常用的提升机具有卷扬机、起重机、电动葫芦等。一般是通过提升机器来操纵导管下降或提升，其提升速度可任意调节。

球塞可用软木、橡胶、泡沫塑料等制成,其直径比导管内径小 15~20mm。

在施工时,先将导管沉入水中底部距水底约 100mm 处,用铁丝或麻绳将一球塞悬吊在导管内水位以上 0.2m 处(球塞顶上铺 2~3 层稍大于导管内径的水

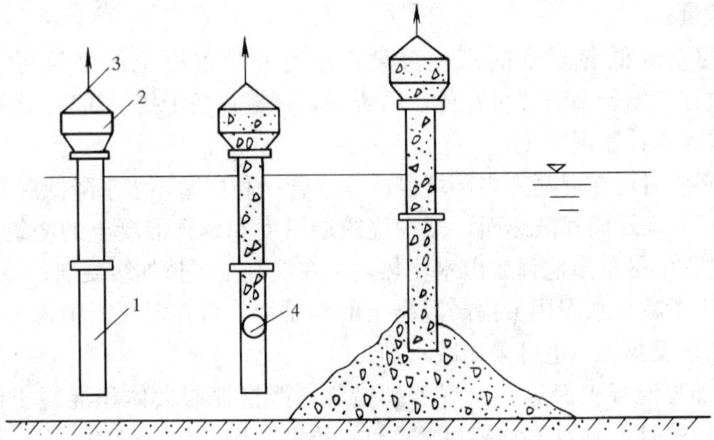

图 1-4-50 导管法水下浇筑混凝土
1—导管;2—承料漏斗;3—提升机具;4—球塞

泥袋纸,上面再撒一些干水泥,以防混凝土中的骨料嵌入球塞与导管的缝隙卡住球塞),然后向导管内浇筑混凝土。

待导管和承料漏斗装满混凝土后,即可剪断吊绳,进行混凝土的浇筑。水深 10m 以内时,可立即剪断,水深大于 10m 时,可将球塞降到导管中部或接近管底时再剪断吊绳。混凝土靠自重推动球塞下落,冲出管底后向四周扩散,形成一个混凝土堆,必保证将导管底部埋于混凝土中。混凝土不断地从承料漏斗加入导管,管外混凝土面不断上升,导管也相应地进行提升,每次提升高度控制在 150~200mm 范围内,且保证导管下端始终埋入混凝土内,其最小埋置深度见表 1-4-43,最大埋置深度不宜超过 5m,以保证混凝土的浇筑顺利进行。

导管的最小埋入深度　　　　　　　　　　表 1-4-43

混凝土水下浇筑深度 (m)	导管埋入混凝土的最小 深度(m)	混凝土水下浇筑深度 (m)	导管埋入混凝土的最小 深度(m)
≤10	0.8	15~20	1.3
10~15	1.1	>20	1.5

混凝土的浇筑工作应连续进行,不得中断。若出现导管堵塞现象,应及时采取措施疏通,若不能解决问题,需更换导管,采用备用导管进行浇筑,以保证混凝土浇筑连续进行。

与水接触的表面一层混凝土结构松软,浇筑完毕后应及时清除,一般待混凝土强度达到 2~2.5N/mm² 后进行。软弱层厚度在清水中至少取 0.2m,在泥浆中至少取 0.4m,其标高控制应超出设计标高这个数据。

2) 对混凝土的要求

A. 有较大的流动性　水下浇筑的混凝土是靠重力作用向四周流动而完成浇筑和密实的，因而混凝土必须具有较好的流动性。管径在 200～250mm 时，坍落度取值宜为 180～200mm；采用管径为 300mm 的导管浇筑，坍落度取值宜为 150～180mm。

B. 控制粗骨料粒径　为保证混凝土顺利浇筑不堵管，要求粗骨料的最大粒径不得大于导管内径的 1/5，也不得大于钢筋净距的 1/4。

C. 有良好的流动性保持能力　要求混凝土在一定时间内，其原有的流动性不下降，以便浇筑过程中在混凝土堆内能较好地扩散成型。也就是要求混凝土具有良好的流动性保持能力，一般用流动性保持指标（K）来表示。混凝土坍落度不低于 150mm 时所持续的时间（小时）即为流动性保持指标，一般要求 $K \geqslant 1h$。

D. 有较好的黏聚性　混凝土黏聚性较强时，不易离析和泌水，在水下浇筑中才能保证混凝土的质量。配制时，可适当增加水泥用量，提高砂率至 40%～47%；泌水率控制在 1%～2% 之间，以提高混凝土的黏聚性。

(4) 导管法水下浇筑混凝土的其他要求

混凝土从导管底部向四周扩散，靠近管口的混凝土匀质性较好、强度较高，而离管口较远的混凝土易离析，强度有所下降。为保证混凝土的质量，导管作用半径取值不宜大于 4m，当多根导管共同浇筑时，导管间距不宜大于 6m，每根导管浇筑面积不宜大于 30m^2。当采用多根导管同时浇筑混凝土时，应从最深处开始，并保证混凝土面水平、均匀上升，相邻导管下口的标高差值应不超过导管间距的 1/15～1/20。

导管法水下浇筑混凝土的关键：一是保证混凝土的供应量大于导管内混凝土必须保持的高度和开始浇筑时导管埋入混凝土堆内必须的埋置深度所要求的混凝土量；二是严格控制导管提升高度，且只能上下升降，不能左右移动，以避免造成管内返水。

3. 混凝土的振捣

混凝土浇筑入模后，内部还存在着很多空隙。为了使混凝土充满模板内的每一部分，而且具有足够的密实度，必须对混凝土进行捣实，使混凝土构件外形正确、表面平整、强度和其他性能符合设计及使用要求。

(1) 振实原理

匀质的混凝土拌合料介于固态与液态之间，内部颗粒依靠其摩擦力、黏聚力处于悬浮状态。当混凝土拌合料受到振动时，振动能降低和消除混凝土拌合料间的摩擦力、提高混凝土流动性，此时的混凝土拌合料暂时被液化，处于"重质液体状态"。于是混凝土拌合料能像液体一样很容易地充满容器；物料颗粒在重力作用下下沉，能迫使气泡上浮，排除原拌合料中的空气和消除孔隙。这样一来，通过振动就使混凝土骨料和水泥砂浆在模板中得到致密的排列和有效的填充。

混凝土能否被振实与振动的振幅和频率有关,当采用较大的振幅振动时,使混凝土密实所需的振动时间缩短;反之,振幅较小时,所需振动时间延长;如振幅过小,不能达到良好的振实效果;而振幅过大,又可能使混凝土出现离析现象。一般把振动器振幅控制在 0.3~2.5mm 之间。物料都具有自身的振动频率,当振动频率与物料自振频率相同或接近时,会出现共振现象,使得振幅明显提高,从而增强振动效果。一般来说,高频对较细的颗粒效果较好,而低频对较粗的颗粒较为有效,故一般根据物料颗粒大小来选择振动频率。

如何确定混凝土拌合物已被振实呢?当现场观察到其表面气泡已停止排除、拌合物不再下沉并在表面出现砂浆时,则表示已被充分振实。

(2) 振动设备的选择及操作要点

混凝土的振动机械按其工作方式不同,可分为内部振动器、表面振动器、外部振动器和振动台等。这些振动机械的构造原理基本相同,主要是利用偏心锤的高速旋转,使振动设备因离心力而产生振动。它们各有自己的工作特点和适用范围,需根据工程实际情况进行选用。

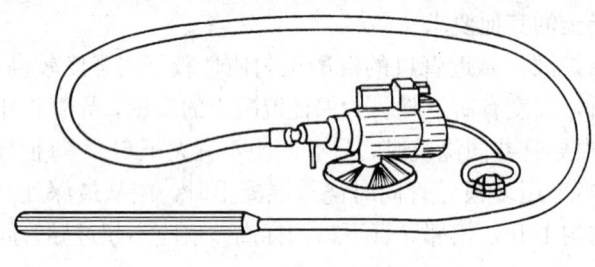

图 1-4-51 插入式振动器

1) 内部振动器

又称插入式振动器,它由振动棒、软轴和电动机三部分组成(图 1-4-51)。振动棒是振动器的工作部分,内部装有偏心振子,电机开动后,由于偏心振子的作用使整个棒体产生高频微幅的振动。振动器工作时,依靠插入混凝土中的振动棒产生的振动力,使混凝土密实成型。插入式振动器的适用范围最广泛,可用于大体积混凝土、基础、柱、梁、墙、厚度较大的板及预制构件的捣实工作。

插入式振动器的振捣方法有两种(图 1-4-52):一种是垂直振捣,即振动棒与混凝土表面垂直,其特点是容易掌握插点距离、控制插入深度(不得超过振动棒长度的 1.25 倍)、不易产生漏振、不易触及钢筋和模板、混凝土受振后能自然沉实、均匀密实。另一种是斜向振捣,即振动棒与混凝土表面成一定角度,其特点是操作省力、效率高、出浆快、易于排除空气、不会发生严重的离析现象、振动棒拔出时不会形成孔洞。

使用插入式振动器垂直操作时的要点是:"直上和直下,快插与慢拔;插点要均匀,切勿漏插点;上下要抽动,层层要扣搭;时间掌握好,密实质量佳"。

操作要点中的"快插慢拔":快插是为了防止先将表面混凝土振实而无法振捣下部混凝土,与下面混凝土发生分层、离析现象;慢拔是为了使混凝土填满振动棒抽出时所形成的空隙。振动过程中,宜将振动棒上下略为抽动,以使上下混

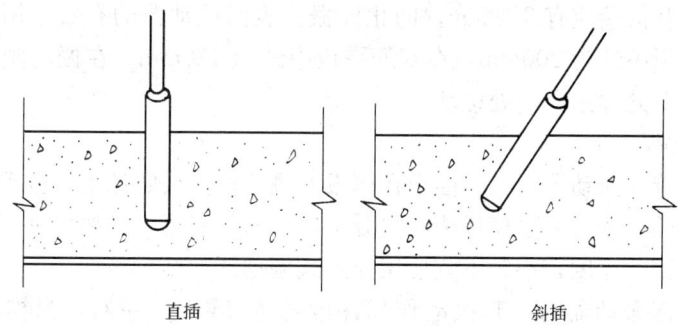

图 1-4-52　插入式振动器时振捣方法

凝土振捣均匀。

振捣时插点排列要均匀，可采用"行列式"或"交错式"（图 1-4-53）的次序移动，且不得混用，以免漏振。每次移动间距应不大于振捣器作用半径的 1.5 倍，一般振动棒的作用半径为 30~40cm。振动器与模板的距离不应大于振动器作用半径的 0.5 倍，并应避免碰撞模板、钢筋、芯管、吊环、预埋件或空心胶囊等。

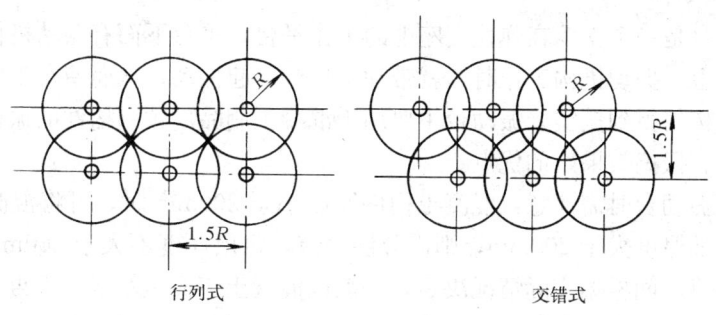

图 1-4-53　插入式振动器的插点排列

分层振捣混凝土时，每层厚度不应超过振动棒长的 1.25 倍；在振捣上一层时，应插入下层 50mm 左右，以消除两层之间的接缝，同时必须在下层混凝土初凝以前完成上层混凝土的浇筑。

振动时间要掌握恰当，过短混凝土不易被捣实，过长又可能使混凝土出现离析。一般每个插入点的振捣时间为 20~30s，使用高频振动器时最短不应小于 10s。而且以混凝土表面呈现浮浆，不再出现气泡，表面不再沉落为准。

2）表面振动器

又称平板式振动器。它是将在电动机转轴上装有左右两个偏心块的振动器固定在一个平板上而成。电机开动后，带动偏心块高速旋转，从而使整个设备产生振动，通过平板将振动传给混凝土。其振动作用深度较小，仅适用于厚度较薄而表面较大的结构，如平板、楼地面、屋面等构件。

表面振动器在使用时，在每一位置应连续振动一定时间，一般为 25~40s，以混凝土表面出现浆液，不再下沉为准；移动时成排依次振捣前进，前后位置和排与排间相互搭接应有3～5cm，防止漏振。表面振动器的有效作用深度，在无筋或单筋平板中约为200mm，在双筋平板中约为120mm。在振动倾斜混凝土表面时，应由低处逐渐向高处移动。

3）外部振动器

又叫附着式振动器，它是固定在模板外侧的横挡或竖挡上，振动器的偏心块旋转时产生的振动力通过模板传给混凝土，从而使混凝土被振捣密实。它适用于振捣钢筋较密、厚度较小等不宜使用插入式振动器的结构。

使用外部振动器时，其振动作用深度约为250mm左右，当构件尺寸较大时，需在构件两侧安设振动器同时进行振捣；一般是在混凝土入模后开动振动器进行振捣，混凝土浇筑高度必须高于振动器安装部位，当钢筋较密或构件断面较深较窄时，也可采取边浇筑边振动的方法；外部振动器应与模板紧密连接，其设置间距应通过试验确定，一般为每隔1～1.5m设置一个；振动时间的控制是以混凝土不再出现气泡，表面呈水平时为准。

4）振动台

振动台是一个支承在弹性支座上的工作平台，平台下面有振动机构，模板固定在平台上。振动机构工作时，就带动工作台一起振动，从而使在工作台上制作的混凝土构件得到振实。振动台主要用于混凝土制品厂预制构件的振捣，具有生产效率高、振捣效果好的优点。

使用振动台时需注意：混凝土构件厚度小于200mm时，可将混凝土一次装满振捣，如厚度大于200mm，则需分层浇筑，每层厚度不大于200mm，或随浇随振；振捣时间根据实际情况决定，一般以混凝土表面呈水平、不再冒气泡、表面出现浮浆时为准；当振实干硬性混凝土或轻骨料混凝土时，宜采用加压振动的方法，压力为$1～3kN/m^2$。

4.3.5 混凝土的养护

混凝土成型后，为保证混凝土在一定时间内达到设计要求的强度，并防止产生收缩裂缝，应及时做好混凝土的养护工作。养护的目的就是给混凝土提供一个较好的强度增长环境。混凝土的强度增长是依靠水泥水化反应进行的结果，而影响水泥水化反应的主要因素是温度和湿度。温度越高水化反应的速度越快，而湿度高则可避免混凝土内水分丢失，从而保证水泥水化作用的充分，当然水化反应还需要足够的时间，时间越长，水化越充分，强度就越高。因此混凝土养护实际上是为混凝土硬化提供必要的温度、湿度条件。

混凝土的养护的常用方法主要有自然养护、加热养护、蓄热养护。其中蓄热养护多用于冬期施工，而加热养护除用于冬期施工外，还常用于预制构件的生产。

1. 自然养护

自然养护是指在自然气温条件下（平均气温高于5℃），用适当的材料对混凝土表面进行覆盖、浇水、挡风、保温等养护措施,使混凝土的水泥水化作用在所需的适当温度和湿度条件下顺利进行。自然养护又分为覆盖浇水养护和塑料薄膜养护。

(1) 覆盖浇水养护

覆盖浇水养护是指混凝土在浇筑完毕后 3~12h 内,可选用草帘、芦席、麻袋、锯木、湿土和湿砂等适当材料将混凝土表面覆盖,并经常浇水使混凝土表面处于湿润状态的养护方法。

覆盖浇水养护应在混凝土浇筑完毕 12h 以内,进行覆盖和洒水养护。混凝土的养护时间与水泥品种有关,对于采用硅酸盐水泥、普通硅酸盐水泥或矿渣硅酸盐水泥拌制的混凝土,不得少于 7d;对掺用缓凝型外加剂或有抗渗要求的混凝土,不得少于 14d。每日浇水的次数以能保持混凝土具有足够的湿润状态为宜。一般气温在 15℃ 以上时,在混凝土浇筑后最初 3 昼夜中,白天至少每 3h 浇水一次,夜间也应浇水两次;在以后的养护中,每昼夜应浇水 3 次左右;在干燥气候条件下,浇水次数应适当增加。

大面积结构如地坪、楼板、屋面等可采用蓄水养护。对于贮水池一类工程可于拆除内模混凝土达到一定强度后注水养护。

(2) 塑料薄膜养护

塑料薄膜养护就是以塑料薄膜为覆盖物,使混凝土表面与空气隔绝,可防止混凝土内的水分蒸发,水泥依靠混凝土中的水分完成水化作用而凝结硬化,从而达到养护目的。塑料薄膜养护有两种方法。

1) 薄膜布直接覆盖法 是指用塑料薄膜布把混凝土表面敞露部分全部严密地覆盖起来,保证混凝土在不失水的情况下得到充分的养护。其优点是不必浇水,操作方便,能重复使用,能提高混凝土的早期强度,加速模具的周转。

2) 喷洒塑料薄膜养生液法 是指将塑料溶液喷涂在混凝土表面,溶液挥发后在混凝土表面结成一层塑料薄膜,使混凝土表面与空气隔绝,封闭混凝土内的水分,使其不再被蒸发,从而完成水泥水化作用。这种养护方法一般适用于表面积大或浇水养护困难的情况。

2. 加热养护

自然养护成本低、效果较好,但养护期长。为了缩短养护期,提高模板的周转率和场地的利用率,一般生产预制构件时,宜采用加热养护。

加热养护是通过对混凝土加热来加速混凝土的强度增长。常用的方法有蒸汽室养护、热模养护等。

(1) 蒸汽室养护

蒸汽室养护就是将混凝土构件放在充满蒸汽的养护室内,使混凝土在高温高湿度条件下,迅速达到要求的强度。

蒸汽养护过程分为静停、升温、恒温和降温四个阶段。

静停阶段:就是指将浇筑成型的混凝土在室温条件下放置一段时间(一般需

2~6h，干硬性混凝土为1h），以增强混凝土对升温阶段结构破坏作用的抵抗力。

升温阶段：就是指在通入蒸汽后，使混凝土原始温度上升到恒温温度的阶段。升温不宜过快，以避免混凝土内外温差过大产生裂缝。升温速度一般为10~25℃/h（干硬性混凝土为35~40℃/h）。

恒温阶段：是指升温至要求的温度后，保持温度不变、混凝土强度增长最快的养护阶段。恒温的温度与水泥品种有关，普通水泥一般不超过80℃，矿渣水泥、火山灰水泥可提高到90~95℃。一般恒温时间为5~8h，应保持90%~100%的相对湿度。

降温阶段：是指混凝土构件由恒温温度降至常温的阶段。降温速度也不宜过快，否则混凝土会产生表面裂缝。一般情况下，构件厚度在10cm左右时，降温速度不大于20~30℃/h。

为了避免由于蒸汽温度骤然升降而引起混凝土构件产生裂缝变形，必须严格控制升温和降温速度。出室的构件温度与室外温度相差不得大于40℃，室外为负温时，不得大于20℃。

目前，常用的蒸汽养护室形式有坑式、折线形隧道式和立式等几种。

坑式蒸汽养护室其构造如图1-4-54所示。可间歇式进行生产，其设备简单，但生产效率低，能源浪费大。

折线形隧道式养护室构造如图1-4-55所示。由于饱和蒸汽轻，自然聚积在中部形成恒温区，两边斜坡分别为升温区和降温区。此方法可连续生产，即构件可一批接一批连续不断地从一个区移动到另一个区进行养护。

立式养护室如图1-4-56所示，它是利用蒸汽比空气轻、高饱和蒸汽聚积于上部，自然形成室内温度由下而上逐渐升高的湿热环境，构件在上升、横移及下移的过程中，完成了升温、恒温、降温的过程，同时也实现了机械化连续生产。

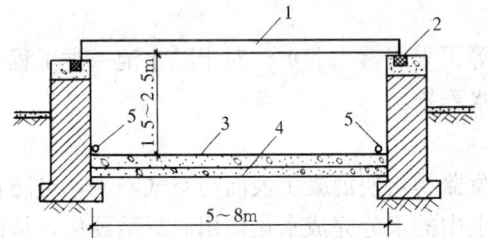

图1-4-54　坑式养护室示意图
1—坑盖；2—水封；3—混凝土地面；
4—白灰炉渣；5—蒸汽管

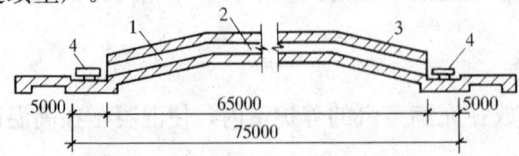

图1-4-55　折线形隧道式养护室示意图
1—升温区；2—恒温区；3—降温区；4—运模车

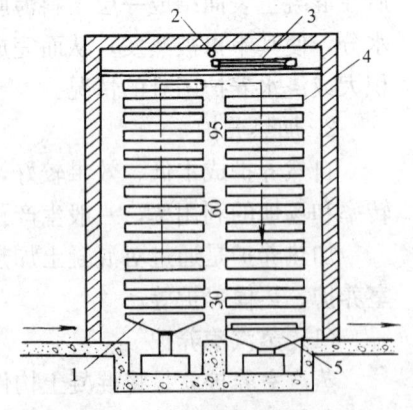

图1-4-56　立式养护室示意图
1—升降机；2—蒸汽管；3—横移机；
4—带有构件的模板；5—升降机

(2) 热模养护

热模养护也属于蒸汽养护,蒸汽不与混凝土接触,而是将蒸汽通在模板内,热量通过模板与刚成型的混凝土进行热交换进行养护。此法养护用汽少,加热均匀,既可用于预制构件,又可用于现浇墙体。图 1-4-57 即为大模板蒸汽养护示意图。采用热模养护施工时,模板采用特制的空腔式或排管式模板,宜采用热拌混凝土,提高混凝土的入模温度。这样可省去静停时间,缩短升温时间,能较快进入高温养护,因而可大大缩短养护周期。同时,为减少热损失,模板背面应设保温层。拆模时,应严格控制降温速度,防止混凝土骤然遇冷产生裂缝。当大模板拆除时,模板内可继续通汽,先使模板离开墙体 10~20mm,过半小时再离开 30~40mm,再过 1.5 小时拆除。

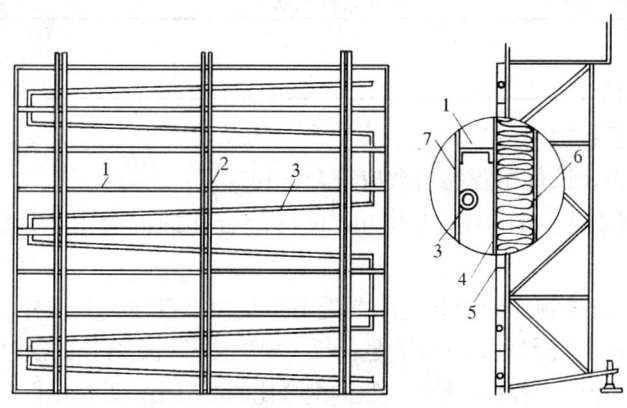

图 1-4-57 蒸汽热模构造示意图
1—横肋;2—竖肋;3—蒸汽管;4—0.5mm 铁皮;5—8mm 厚矿棉;
6—1mm 铁皮;7—大模板面

4.3.6 混凝土的质量检查

混凝土的质量检查包括施工过程中的质量检查和施工后的质量检查。施工中的检查主要是对混凝土拌制和浇筑过程中材料的质量及用量、搅拌地点和浇筑地点的坍落度等进行检查,在每一工作班内至少检查 2 次;当混凝土配合比由于外界影响有变动时,应及时检查;对混凝土搅拌时间也应随时进行检查。对于预拌混凝土,应注意在施工现场进行坍落度检查。

施工后的质量检查主要是对已完工的混凝土进行外观质量检查和强度检查。对有抗冻、抗渗等特殊要求的混凝土,还应进行抗冻、抗渗性能检查。

1. 混凝土浇筑完毕后的强度检验

检查混凝土质量应通过留置试块做抗压强度试验的方法进行。当有特殊要求时,还需做混凝土的抗冻性、抗渗性等试验。

(1) 试块制作

用于检验结构构件混凝土质量的试件,应在混凝土浇筑地点随机制作,采用标准养护。标准养护就是在温度 20±3℃ 和相对湿度为 90% 以上的潮湿环境或水中的标准条件下进行养护。评定强度用试块需在标准养护条件下养护 28d,再进行抗压强度试验,所得结果就作为判定结构或构件是否达到设计强度等级的依据。

混凝土抗压强度试验的试块是边长为 150mm 的立方体,实际施工中允许采用的混凝土试块的最小尺寸应根据骨料的最大粒径确定,当采用非标准尺寸的试块时,应将其抗压强度值乘以折算系数,换算为标准尺寸试件的抗压强度值。允许的试件最小尺寸及其强度折算系数应符合表 1-4-44 的规定。

允许的试件最小尺寸及其强度折算系数　　　表 1-4-44

骨料最大粒径(mm)	试块边长(mm)	强度折算系数
≤30	100	0.95
≤40	150	1.00
≤50	200	1.05

(2) 试件组数确定

工程施工中,试件留置的组数应符合下列规定:

1) 每拌制 100 盘且不超过 $100m^3$ 的同配合比的混凝土,其取样不得少于一次;

2) 每工作班拌制的同配合比的混凝土不足 100 盘时,其取样不得少于一次;

3) 对现浇混凝土结构,还应满足:每一现浇楼层同配合比的混凝土,取样不得少于一次;同一单位工程每一验收项目同配合比的混凝土,取样不得少于一次。

每次取样应至少留置一组(3个)标准试件,同条件养护的试件组数,可根据实际需要确定。对于预拌混凝土其试件的留置也应符合上述规定。

(3) 每组试件强度代表值

每组三个试件应在同盘混凝土中取样制作,并按下面规定确定该组试件的混凝土强度代表值。

1) 取三个试件强度的平均值;

2) 当三个试件强度中的最大值或最小值之一与中间值之差超过中间值的 15% 时,取中间值;

3) 当三个试件强度中的最大值和最小值与中间值之差均超过中间值的 15% 时,该组试件不应作为强度评定的依据。

(4) 强度评定

混凝土强度应分批进行验收。同一验收批的混凝土应由强度等级相同、生产工艺和配合比基本相同的混凝土组成,对现浇混凝土结构构件,尚应按单位工程的验收项目划分验收批,每个验收项目应按现行国家标准《建筑安装工程质量检验评定统一标准》确定。对同一验收批的混凝土强度,应以同批内标准试件的全部强度代表值来评定。

1) 当混凝土的生产条件在较长时间内能保持一致,且同一品种混凝土的强度变异性能保持稳定时,应由连续的三组试件代表一个验收批,其强度应满足下列要求:

$$m_{\text{fcu}} \geqslant f_{\text{cu,k}} + 0.7\sigma_0 \tag{1-4-23}$$

$$f_{\text{cu,min}} \geqslant f_{\text{cu,k}} - 0.7\sigma_0 \tag{1-4-24}$$

当混凝土强度等级不高于 C20 时,应满足:

$$f_{\text{cu,min}} \geqslant 0.85 f_{\text{cu,k}} \tag{1-4-25}$$

当混凝土强度等级高于 C20 时,应满足:

$$f_{\text{cu,min}} \geqslant 0.90 f_{\text{cu,k}} \tag{1-4-26}$$

式中　m_{fcu}——同一验收批混凝土强度的平均值（N/mm²）;
　　　$f_{\text{cu,k}}$——设计的混凝土强度标准值（N/mm²）;
　　　σ_0——验收批混凝土的强度标准差（N/mm²）;
　　　$f_{\text{cu,min}}$——同一验收批混凝土强度的最小值（N/mm²）。

验收批混凝土强度的标准差,应根据前一检验期内同一品种混凝土试件的强度数据,按下列公式确定:

$$\sigma_0 = \frac{0.59}{m} \sum_{i=1}^{m} \Delta f_{\text{cu},i} \tag{1-4-27}$$

式中　$\Delta f_{\text{cu},i}$——前一检验期内第 i 验收批混凝土试件中强度的最大值与最小值之差;
　　　m——前一检验期内验收批总批数。

每个检验期持续时间不应超过三个月,且在检验期内验收批总批数不得少于 15 组。

2) 当混凝土的生产条件不能满足前面的规定,即在较长时间内不能保持一致,其强度变异性能不稳定,或在前一检验期内的同一品种混凝土没有足够的强度数据用以确定验收批混凝土强度标准差时,应由不少于 10 组的试件代表一个验收批,其强度应同时符合下列要求:

$$m_{\text{fcu}} - \lambda_1 S_{\text{fcu}} \geqslant 0.9 f_{\text{cu,k}} \tag{1-4-28}$$

$$f_{\text{cu,min}} \geqslant \lambda_2 f_{\text{cu,k}} \tag{1-4-29}$$

式中　S_{fcu}——验收批混凝土强度的标准差（N/mm²）;
　　　λ_1、λ_2——合格判定系数,按表 1-4-45 取用。

验收批混凝土强度的标准差 S_{fcu} 应按下式计算:

$$S_{\text{fcu}} = \sqrt{\frac{\sum_{i=1}^{n} f_{\text{cu},i}^2 - n m f_{\text{cu}}^2}{n-1}} \tag{1-4-30}$$

式中　$f_{\text{cu},i}$——验收批内第 i 组混凝土试件的强度值（N/mm²）;
　　　n——验收批内混凝土试件的总组数。

当 S_{fcu} 的计算值小于 $0.06f_{cu.k}$ 时，取 $S_{fcu}=0.06f_{cu.k}$。

合格判定系数　　　　　　　　　　表 1-4-45

试件组数	10～14	15～24	≥25
λ_1	1.70	1.65	1.60
λ_2	0.90	0.85	

3) 对于零星生产的预制构件的混凝土或现场搅拌批量不大的混凝土，可采用非统计法评定。此时，验收批混凝土的强度必须同时满足下列要求：

$$m_{fcu} \geqslant 1.15 f_{cu.k} \tag{1-4-31}$$

$$f_{cu.min} \geqslant 0.95 f_{cu.k} \tag{1-4-32}$$

当对混凝土试件强度的代表性有怀疑时，可采用非破损检验方法或从结构、构件中钻取芯样的方法，按有关标准的规定，对结构构件中的混凝土强度进行推定，作为是否进行处理的依据。

2. 外观检查及允许偏差

混凝土结构构件拆模后，应从其外观上检查其表面有无麻面、蜂窝、露筋、裂缝、孔洞等缺陷，预留孔道是否通畅无堵塞，如有类似情况应加以修正。

麻面是构件表面呈现无数的小凹点，而无钢筋外露现象。产生原因主要是模板表面粗糙、清理不干净、接缝不严密发生漏浆或振捣不充分等。蜂窝是指结构构件中出现蜂窝状的窟窿，骨料间有空隙存在。形成原因主要是材料配合比不准确、浆少石多、振捣中严重漏浆或振捣不充分等。露筋是指结构构件内的钢筋没有被混凝土包裹住而暴露在外，产生原因主要是垫块移位，钢筋紧贴模板，使混凝土保护层厚度不够，石子粒径过大、配筋过密、水泥砂浆不能充满钢筋四周，混凝土振捣不密实、漏振等。

对于面积较小且数量不多的蜂窝、麻面、露筋、露石的混凝土表面，可在表面进行修补。具体办法是先用钢丝刷或压力水洗刷基层，洗去软弱层后，再用 1:2～1:2.5 的水泥砂浆抹平即可。

对于较大面积的蜂窝、露筋和露石应按其全部深度凿去薄弱的混凝土层和个别凸出的混凝土颗粒，然后用钢丝刷或压力水将表面冲洗干净，再用比原混凝土强度等级高一级的细骨料混凝土填塞，并仔细振捣密实。

孔洞是指混凝土结构构件局部没有混凝土，形成空腔。产生原因主要是混凝土漏振，混凝土离析，石子成堆，泥块、冰块、杂物等掺入混凝土中等。一般处理方法是将混凝土表面按施工缝的方法进行处理，即先将孔洞处松软的混凝土和凸出的骨料颗粒剔除掉，顶部要凿成斜面，以免形成死角，然后用清水冲洗干净，保持湿润状态 72h 以后，用与混凝土内成分相同的水泥砂浆或水泥浆将结合面抹一遍，再用比原混凝土强度等级高一级的细骨料混凝土浇筑，振捣密实并加强养护。为减少新旧混凝土之间的孔隙，水灰比可控制在 0.5 以内，并掺水泥用量万分之一的铝粉，分层捣实。

裂缝是混凝土结构常见的质量缺陷,产生的原因较复杂,如养护不当、表面失水过多,温差过大等易产生干缩裂缝或温度裂缝,地基不均匀沉降造成构件产生贯穿性裂缝,对结构危害极大。裂缝修补方法根据具体情况而定。对于结构构件承载力和整体性影响较小的表面细小裂缝可先用压力水将裂缝冲洗干净,再用水泥浆填补。当裂缝较大较深时,需先将裂缝凿成凹槽,用压力水冲洗干净后,再用1:2~1:2.5水泥砂浆或环氧胶泥填补。对于结构整体性和承载能力有明显影响或影响结构防水、防渗性能的裂缝,应根据实际情况采用灌浆的方法进行修补,对于宽度小于0.5mm的裂缝可采用化学灌浆,对于宽度大于0.5mm的裂缝可采用水泥灌浆。

总之,对于影响结构性能的缺陷,应会同设计单位共同研究,制定出合理、可靠的修补方案。

现浇混凝土结构构件尺寸的允许偏差应符合表1-4-46的规定。

混凝土设备基础的允许偏差,应符合表1-4-47的规定。

现浇混凝土结构的允许偏差(mm) 表 1-4-46

项 目			允许偏差
轴线位置	基 础		15
	独立基础		10
	墙、柱、梁		8
	剪力墙		5
垂直度	层高	≤5m	8
		>5m	10
	全 高		$H/1000$ 且 ≤30
标 高	层 高		±10
	全 高		±30
截 面 尺 寸			+8, −5
表面平整(2m长度上)			8
预埋设施中心线位置	预埋件		10
	预埋螺栓		5
	预埋管		5
预留洞中心线位置			15
电 梯 井	井筒长度对定位中心线		+25, 0
	井筒全高垂直度		$H/1000$ 且 ≤30

注:H 为结构全高。

混凝土设备基础的允许偏差(mm) 表 1-4-47

项 目	允许偏差
坐标位置(纵横轴线)	+20
不同平面的标高	0, −20
平面外形尺寸	±20
凸台上平面外形尺寸	0, −20

续表

项　　　目		允许偏差
凹穴尺寸		+20,0
平面的水平度（包括地坪上需安装设备的部分）		每米5且全长10
垂　直　度		每米5且全长10
预埋地脚螺栓	标高（顶端）	+20,0
	中心距（在根部和顶部两处测量）	±2
预埋地脚螺栓孔	中　心　位　置	10
	深　　度	+20,0
	孔壁铅垂度	10
预埋活动地脚螺栓锚板	标　高	+20,0
	中心位置	5
	带槽的锚板与混凝土面的平整度	5
	带螺纹孔的锚板与混凝土面的平整度	2

4.3.7 混凝土的冬期施工

1. 混凝土冬期施工原理

（1）温度与混凝土凝结硬化的关系

混凝土的凝结硬化是水泥水化作用的结果。水泥水化作用的速度在合适的湿度条件下主要取决于环境的温度，温度越高，水泥的水化作用就越迅速、完全，混凝土的硬化速度就越快，强度就越高；当温度较低时，混凝土的硬化速度较慢，强度较低。当温度降至0℃以下时，混凝土中的水会结冰，水泥不能与冰发生化学反应，水化作用基本停止，强度无法提高。因此，为确保混凝土结构的质量，我国规范规定：根据当地多年气温资料，室外日平均气温连续5d低于5℃时，即进入冬期施工阶段，混凝土结构工程应采取冬期施工措施，并应及时采取气温突然下降的防冻措施。

（2）冻结对混凝土质量的影响

混凝土中的水结冰后，体积膨胀（8%～9%），在混凝土内部产生冻胀应力，很容易使强度较低的混凝土内部产生微裂缝。同时，减弱混凝土和钢筋之间的粘结力，从而极大地影响结构构件的质量。受冻的混凝土在解冻后，其强度虽能继续增长，但已不能达到原设计的强度等级。

（3）冬期施工临界强度

试验证明，混凝土遭受冻结带来的危害与遭冻的时间早晚、水灰比有关。遭冻时间愈早、水灰比愈大，则后期混凝土强度损失愈多。当混凝土达到一定强度后，再遭受冻结，由于混凝土已具有的强度足以抵抗冻胀应力，其最终强度将不会受到损失。因此为避免混凝土遭受冻结带来的危害，使混凝土在受冻前达到的这一强度称为混凝土冬期施工的临界强度。规范规定冬期施工的混凝土，受冻前必须达到的临界强度值为：硅酸盐水泥或普通硅酸盐水泥配制的混凝土，为设计的混凝土强度标准值的 30%；矿渣硅酸盐水泥配制的混凝土，为设计的混凝土强度标准值的 40%，但不大于 C10 的混凝土，不得小于 $5.0N/mm^2$。

冬期施工的重点，就是尽量不让混凝土受冻，或让其受冻时，已达到临界强度值而保证混凝土最终强度不受到损失。

2. 混凝土冬期施工的工艺要求

（1）混凝土材料选择及搅拌

配制冬期施工的混凝土，应优先选用硅酸盐水泥或普通硅酸盐水泥（早期强度增长快，水化热高等），要求选用的水泥强度等级不应低于 42.5 级，最小水泥用量不宜少于 $300kg/m^3$，水灰比不应大于 0.6。

冬期施工中要保证混凝土结构不受破坏，至少需要混凝土在受冻前达到临界强度，这就需要混凝土早期具备较高的温度，以满足强度较快增长的需要，温度升高需要热量，一部分热量来源是水泥的水化热，另外一部分则只有采用加热的方法获得。最有效、最经济的方法是加热水，因为水不但易于加热，而且比热也大。当加热水不能获得足够的热量时，可加热粗、细骨料，一般采用蒸汽加热。任何情况下，不得直接加热水泥，可在使用前把水泥运入暖棚，使其缓慢均匀提高一定温度。

由于温度较高时，水泥会出现假凝现象，而影响混凝土的强度增长，故规范对原材料的最高加热温度作了限制，见表 1-4-48。

拌合用水及骨料最高加热温度（℃）　　　表 1-4-48

项　目	拌合水	骨料
强度等级小于 52.5 级的普通硅酸盐水泥、矿渣硅酸盐水泥	80	60
强度等级等于及大于 52.5 级的普通硅酸盐水泥、硅酸盐水泥	60	40

若不对粗细骨料加热，水可加热到 100℃，但水泥不应与 80℃ 以上的水直接接触，投料顺序应先投入骨料和加热后的水，然后再加水泥，以免水泥出现假凝现象。

由于冰的溶解热很大，如骨料中带入冰雪等冻结物，不但会损失大量的热量，而且也难以融化，故未加热的骨料应保持干燥状态。规范规定：混凝土所用骨料应清洁，不得含有冰雪等冻结物及易冻裂的矿物质。在掺含有钾、钠离子防冻剂的混凝土中，不得混用活性骨料。

冬期施工中，混凝土拌合物所需要的温度由当时的外界气温和混凝土入模温度等因素来决定，然后再决定材料需要的加热温度。

（2）混凝土的运输与浇筑

混凝土搅拌完毕从搅拌机卸出后，尚需要经过运输才能入模浇筑，在这一过程中要防止混凝土的热量散失冻结。

混凝土在浇筑前，应清除模板和钢筋上的冰雪和污垢，运输和浇筑混凝土用的容器应具有保温措施。

冬期施工时，不允许在强冻胀性地基土上浇筑混凝土。在弱冻胀性地基土上浇筑混凝土时，应采取保温措施，保障基土不受冻。在非冻胀性地基土上浇筑混凝土时，应保证混凝土在受冻前达到临界强度。

对于加热养护的现浇混凝土结构，应注意温度应力的危害。当停止加热养护后，结构处于降温阶段，混凝土体积收缩，而由于一些外界条件或结构自身的约束，混凝土不能自由收缩，而处于受拉状态，当温度应力超过一定程度，就会导致混凝土结构开裂，甚至产生贯穿性裂缝，危害极大。规范规定：加热养护时应合理安排混凝土的浇筑程序和施工缝位置，以避免产生较大的温度应力；当加热养护温度超过40℃时，应征得设计单位同意，并采取一系列防范措施，如梁支座可处理成活动支座，允许其自由伸缩，或设置后浇带，分段浇筑与加热等措施。

分层浇筑大体积混凝土时，为防止上层混凝土的热量被下层混凝土过多吸收，因此分层浇筑的时间间隔不宜过长。规范要求已浇筑层的混凝土温度，在被上一层混凝土覆盖前，不得低于按热工计算的温度，且不得低于2℃。

装配式结构冬期施工中，对接头的处理也有严格规定。承受内力的接头在浇筑混凝土或砂浆时，宜先将结合处的表面加热到正温；浇筑后的接头混凝土或砂浆在温度不超过45℃的条件下，应养护至设计要求强度；当设计无专门要求时，其强度不得低于设计的混凝土强度标准值的75%。

3. 混凝土冬期施工的方法

混凝土浇筑后应采用适当的方法进行养护，保证混凝土在受冻前至少已达到临界强度，才能避免混凝土受冻发生强度损失。冬期施工中混凝土的养护方法很多，有蓄热法、外部加热法、掺外加剂法等，各自有不同的适用范围。

(1) 蓄热法

蓄热法就是采用保温材料覆盖在混凝土的表面，尽量减少混凝土中水泥水化热和热拌混凝土中的原有热量的散失，延缓混凝土的冷却速度，保证混凝土在冻结前达到所要求的强度的一种冬期施工方法。

蓄热法适用于室外最低气温不低于-15℃时，地面以下的工程或表面系数不大于15（结构冷却的表面积与其全部体积的比值）的结构混凝土的冬期养护。

蓄热法热工计算的前提就是在养护过程中，混凝土向外界散热，温度逐渐降低，但其强度始终处于增长阶段，当温度降到冻结温度，混凝土强度可视为停止增长时，混凝土刚好已达到临界强度。也就是混凝土在达到0℃前获得的热量等于所散失的热量。

若根据工程的实际情况和当地气温条件，把一些其他的有效方法与蓄热法结合起来使用，可扩大其使用范围，既节约成本又方便施工。

在混凝土中掺用早强型外加剂,可尽早使混凝土达到临界强度;或加热混凝土原材料,提高混凝土的入模温度,既可延缓冷却时间,又可提高混凝土硬化速度;或采用高效保温材料,如聚苯乙烯泡沫塑料和岩棉;或采用快硬早强水泥,以提高混凝土的早期强度等措施都可应用于蓄热法施工中,以增强其养护效果。

(2) 加热养护

当混凝土在一定龄期内采用蓄热法养护达不到要求时,可采用加热养护等其他养护方法。具体加热养护的方法很多,有蒸汽加热、电热法等。

1) 蒸汽加热法:就是在混凝土浇筑以后在构件或结构的四周通以压力不超过70kPa的低压饱和蒸汽进行养护。混凝土在较高温度和湿度条件下,可迅速达到要求强度。

采用蒸汽加热的具体方法有暖棚法、加热模板等。

暖棚法是将整个结构用棚盖住,内部通以蒸汽使棚内温度升高,从而达到加热混凝土的目的。养护时,棚内温度不得低于5℃,并应保持混凝土表面湿润。采用暖棚法养护对热能的利用率不高,加热混凝土不直接,温度不好控制,但施工较方便。

加热模板法主要用于大模板工程中,它是用钢管代替大模板的横竖龙骨,并将钢管连接成贯通的回路,在钢管中通以蒸汽,可加热模板,模板再与混凝土进行热交换,从而达到加热养护混凝土的目的。为了减少热量损失,还在大模板的背面设有保温层。养护达到要求强度后,应在混凝土冷却至5℃后拆除模板和保温层,当混凝土和外界温差大于20℃时,拆模后的混凝土表面,应采取使其缓慢冷却的临时覆盖措施。蒸汽加热模板法具有耗用蒸汽少、热能利用率高、对混凝土加热均匀等优点,故在冬期施工中应用广泛。

2) 电热法:就是通过电加热混凝土的方法来进行养护,常用的有电极法和电热器法。

电极法是在混凝土浇筑时插入电极($\phi 6 \sim \phi 12$ 钢筋),通以交流电,利用混凝土作导体,将电能转变为热能,对混凝土进行养护。为保证施工安全,防止热量散失,应在混凝土表面覆盖后进行电加热。加热时,混凝土的升、降温速度应满足规范规定的要求,养护混凝土的最高温度不得超过表1-4-49的规定。

电热法养护混凝土的最高温度(℃) 表 1-4-49

结构表面系数 (m^{-1})		
<10	10~15	>15
40		35

混凝土内部电阻随着混凝土强度的提高而增长,当强度较高时,加热效果不好,故混凝土采用电热法养护时仅应加热到设计的混凝土强度标准值的50%,且电极的布置应保证混凝土受热均匀。加热时的电极电压宜为50~110V,在素

混凝土和每立方米混凝土含钢量不大于50kg的结构中，可采用120～200V的电压加热。加热过程中，应经常观察混凝土表面的湿度，当表面开始干燥时，应先停电，浇温水湿润混凝土表面，待温度有所下降后，再继续通电加热。

电热器法是利用电流通过安有电阻丝的电热器发热来对结构或构件加热。电热器有板状和棒状，根据具体情况而定。养护时，把电热器贴近混凝土构件表面来加热混凝土。这是一种间接加热法，热效率不如电极法高，耗电量也大，但施工较方便，也不受混凝土中钢筋疏密的影响。

总之，电热法具有施工方便、设备简单、适应范围广等优点，但在加热过程中需耗费大量电能，成本较高，不太经济，故只在其他养护方法不能满足要求的前提下才采用。

（3）外加剂的应用

在混凝土内掺入适量的外加剂，可改善混凝土的某些性能，使其满足混凝土冬期施工的需要。目前工程施工中常用的外加剂有早强剂、防冻剂、减水剂、加气剂等。

1）防冻剂和早强剂

冬期施工中，常将防冻剂和早强剂共同使用，使得混凝土在负温下不但不冻结，而且强度还可以较快增长，从而尽快达到临界强度。

常用抗冻剂除氯盐外，还有氨水、尿素等。为有效利用各种外加剂的优点，常使用复合防冻剂，如氯化钙与氯化钠复合剂、氯化钙和亚硝酸钠复合剂、氯化钙复合剂和尿素等。

施工中需注意，掺有防冻剂的混凝土，应严禁使用高铝水泥；且严格控制混凝土水灰比，由骨料带入的水分及防冻剂溶液中的水分均应从拌合用水中扣除；搅拌前，应用热水或蒸汽冲洗搅拌机，搅拌时间应取常温搅拌时间的1.5倍；混凝土拌合物的出机温度不宜低于10℃，入模温度不宜低于5℃；负温条件下养护时，严禁浇水且外露表面必须覆盖；混凝土的初期养护温度，不得低于防冻剂的规定温度，达不到规定温度时，应采取保温措施；掺用防冻剂的混凝土，当温度降低到防冻剂的规定温度以下时，其强度不应小于$3.5N/mm^2$；当拆模后混凝土的表面温度与环境温度之差大于15℃时，应对混凝土采用保温材料覆盖养护。

由于氯盐对钢筋有腐蚀作用，故对氯盐的使用有严格规定：在钢筋混凝土中掺用氯盐类防冻剂时，氯盐掺量按无水状态计算不得超过水泥重量的1%，掺用氯盐的混凝土必须振捣密实，且不宜采用蒸汽养护。在下列钢筋混凝土结构中不得掺用氯盐：高湿度空气环境中使用的结构；处于水位升降部位的结构，露天结构或经常受雨水淋的结构；与镀锌钢材或与铝铁相接触部位的结构；有外露钢筋预埋件而无防护措施的结构；与含有酸、碱或硫酸盐等侵蚀性介质相接触的结构；使用过程中经常处于环境温度为60℃以上的结构；使用冷拉钢筋或冷拔低碳钢丝的结构；薄壁结构、中级或重级工作制吊车梁、屋架、落锤或锻锤基础等结构；电解车间或直接靠近直流电源的结构；直接靠近高压电源的结构；预应力混凝土结构。当采用素混凝土时，氯盐掺量不得大于水泥重量的3%。

2) 减水剂

混凝土中掺入减水剂，在混凝土和易性不变的情况下，可大量减少施工用水，因而混凝土孔隙中的游离水减少，混凝土冻结时承受的破坏力也明显减少。同时，由于施工用水的减少，可提高混凝土中防冻剂和早强剂的溶液浓度，从而提高混凝土的抗冻能力。

常用的减少剂如木质素磺酸钙减水剂，用量为水泥用量的0.2%～0.3%，可减水10%～15%，提高强度10%～20%，此类减水剂价格较低，但减水效果不如高效减水剂。高效减水剂如NNO减水剂，用量为水泥用量的0.5%～0.8%，减水10%～25%，提高强度20%～25%，增加坍落度2～3倍，用于冬期施工，作用显著，但其价格较高。

3) 加气剂

在混凝土中掺入加气剂，能在混凝土中产生大量微小的封闭气泡。混凝土受冻时，部分水被冰的膨胀压力挤入气泡中，从而缓解了冰的膨胀压力和破坏性，而防止混凝土遭到破坏。常用加气剂为松香热聚物，其用量为水泥用量的0.005%～0.015%，使用时需将加气剂配成溶剂使用，其配合比为加气剂：氢氧化钠：热水＝5：1：150，热水温度控制在70～80℃范围内。松香热聚物加气剂是用松香、石碳酸、硫酸、氢氧化钠等按一定比例配制而成的。

§4.4 预应力混凝土工程

预应力混凝土是在外荷载作用前，在结构或构件受拉区域，通过对钢筋进行张拉、锚固、放松，来预先建立起有内应力的混凝土。内应力的大小与分布应能抵消或减少给定外荷载所产生的应力。

预应力混凝土能充分发挥钢筋和混凝土各自的特性，能提高钢筋混凝土构件的刚度、抗裂性和耐久性，可有效地利用高强度钢筋和高强度等级的混凝土。与普通混凝土相比，在同样条件下具有构件截面小、自重轻、质量好、材料省（可节约钢材40%～50%、混凝土20%～40%）的优点，并能扩大预制装配化程度。虽然预应力混凝土施工需要专门的机械设备，工艺比较复杂，操作要求较高，但在跨度较大的结构中，其综合经济效益较好。此外，在一定范围内，以预应力混凝土结构代替钢结构，可节约钢材、降低成本，并免去维修工作。

4.4.1 预应力用钢材

预应力混凝土结构的钢筋有非预应力钢筋和预应力筋。

非预应力钢筋可采用HRB335、HRB400级钢筋，也可采用JPB235级和

RRB400级钢筋。

预应力筋宜采用预应力钢绞线、钢丝，也可采用热处理钢筋。当采用冷加工钢筋及其他钢筋时，应符合专门标准的规定。

预应力钢绞线一般是用 7 根钢丝在绞线机上以一根钢丝为中心，其余 6 根钢丝围绕其进行螺旋状绞合，再经低温回火制成。钢绞线的直径较大，比较柔软，施工方便，因此，具有广阔的发展前景，但价格比钢丝贵一些。

预应力钢丝系指现行国家标准中的光面、螺旋肋和三面刻痕的消除应力的钢丝。

热处理钢筋是由普通热轧中碳低合金钢筋经淬火和回火的调质热处理制成的，具有强度高、韧性好和粘结力强等优点。

预应力钢材的发展趋势为高强度、粗直径、低松弛和耐腐蚀。

4.4.2 预应力张拉锚固体系

预应力筋用锚具是后张法预应力混凝土构件中为保持预应力筋的拉力并将其传递到混凝土上所用的永久性锚固装置。预应力筋用夹具是先张法预应力混凝土构件施工时为保持预应力筋拉力并将其固定在张拉台座（设备）上的临时锚固装置。锚（夹）具按锚固原理不同可分为：支承式锚（夹）具和楔紧式锚（夹）具。支承式锚（夹）具主要有螺杆锚具、镦头锚具等；楔紧式锚（夹）具主要有锥销锚具、夹片锚具等。锚（夹）具应具有可靠的锚固能力，并不超过预期的滑移值。此外，锚（夹）具应构造简单、加工方便、体形小、价格低、全部零件互换性好。夹具或工具锚还应具有多次重复使用的性能。

1. 预应力锚、夹具标准及其检验方法

（1）技术要求

锚（夹）具是建立预应力值和保证结构安全的关键。要求锚具的尺寸形状准确，有足够的强度和刚度，受力后变形小，锚固可靠，不致产生预应力筋的滑移和断裂现象。

按使用要求，锚具的锚固性能分为两类：

Ⅰ类锚具：适用于承受动载、静载的预应力混凝土结构；

Ⅱ类锚具：仅适用于有粘结预应力混凝土结构中预应力筋应力变化不大的部位。

对锚具的技术要求有以下几个方面：

1) 静载锚固性能

锚具的静载锚固性能用锚具效率系数 η_a 表示，其表达式为：

$$\eta_a = \frac{F_{apu}}{\eta_p F_{apu}^c} \qquad (1-4-33)$$

式中 F_{apu}——预应力筋锚具组装件的实测极限拉力（kN）；

F_{apu}^c——预应力筋锚具组装件中各根预应力钢材计算极限拉力之和（kN）；

η_p——预应力筋的效率系数。

预应力筋效率系数 η_p 按下列规定取用：

A. 对于重要预应力混凝土结构工程使用的锚具，应按国家现行标准《预应力筋用锚具、夹具和连接器应用技术规程》（JGJ 85—2002）计算确定；

B. 对于一般预应力混凝土结构工程使用的锚具，当预应力筋为钢丝、钢绞线或热处理钢筋时，η_p 取 0.97；当预应力筋为冷拉Ⅱ、Ⅲ、Ⅳ级钢筋时，η_p 取 1.00。

为了保证所锚固的预应力筋在破坏时有足够的延性，总应变 $\varepsilon_{apu,tot}$ 也必须满足一定的要求，因此Ⅰ、Ⅱ类锚具的静载锚固性能，应由预应力锚具组装件静载试验测定的锚具效率系数 η_a 和达到实测极限拉力时的总应变 $\varepsilon_{apu,tot}$ 确定，其值应符合表 1-4-50 的规定。

锚具效率系数和总应变指标　　　　　　　　表 1-4-50

锚具类别	锚具效率系数 η_a	实测极限拉力时的总应变 $\varepsilon_{apu,tot}$（%）
Ⅰ	≥0.95	≥2.0
Ⅱ	≥0.90	≥1.7

在预应力筋锚具组装件达到实测极限拉力时，除锚具设计允许的现象外，全部零件均不得出现肉眼可见的裂缝或破坏。

2）活载锚固性能

A. 疲劳荷载性能

Ⅰ类锚具组装件必须能经受循环次数为 200 万次的疲劳性能试验。当预应力筋为钢丝、钢绞线或热处理钢筋时，试验应力上限为预应力筋强度标准值的 65%，应力幅度为 80N/mm²；当预应力筋为冷拉Ⅱ、Ⅲ、Ⅳ级钢筋时，试验应力上限为预应力筋强度标准的 80%，应力幅度为 80N/mm²。

B. 周期荷载性能

用于抗震结构的锚具，尚应能承受 50 次循环的周期荷载试验。当预应力筋为钢丝、钢绞线或热处理钢筋时，试验应力上限为预应力筋强度标准值的 80%，下限为 40%；当预应力筋为冷拉Ⅱ、Ⅲ、Ⅳ级钢筋时，试验应力上限为预应力筋强度标准值的 100%，下限为 40%。

C. 其他要求

a. 锚具应满足分级张拉及补张拉工艺要求，同时宜具有能放松预应力筋的性能；

b. 锚具或其附件上宜设置灌浆孔道，灌浆孔道应有使浆液通畅的截面面积；

c. 用于后张法的预应力筋连接器，必须符合Ⅰ类锚具锚固性的要求。

夹具的静载锚固性能应符合表1-4-50中Ⅰ类锚具的效率系数的要求，并具有良好的自锚和松锚性能。

（2）锚具质量检验

预应力筋锚具、夹具和连接器，应有出厂合格证，进场时应按下列规定进行验收。

1）在同种材料和同一生产条件下，锚具、夹具应以不超过1000套组为一个验收批；连接器应以不超过500套组为一个验收批。

2）外观检查：从每批中抽取10%但不少于10套的锚具，检查其外观和尺寸，当有一套表面有裂纹或超过产品标准及设计图纸规定尺寸的允许偏差时，应另取双倍数量的锚具重做检查，如仍有一套不符合要求，则不得使用或逐套检查合格者方可使用。

3）硬度检查：从每批中抽取5%但不少于5套的锚具，对其中有硬度要求的零件做硬度试验（多孔夹片式锚具的夹片，每套至少抽5片）。每个零件测试3点，其硬度应在设计要求范围内。如有一个零件不合格时，应另取双倍数量的零件重做试验，如仍有一个零件不合格，则不得使用或逐个检查，合格者方可使用。

4）静载锚固性试验：在外观与硬度检查合格后，应从同批中抽6套锚具（夹具或连接器）与预应力筋组成三个预应力筋锚具（夹具、连接器）组装件，进行静载锚固性能试验。组装件应符合设计要求，当设计无具体要求时，不得在锚固零件上添加影响锚固性能的物质，如金刚砂、石墨等。预应力筋应等长平行，使之受力均匀，其受力长度不得小于3m（单根预应力筋的锚具组装件，预应力筋的受力长度不得小于0.6m）。试验时，先用张拉设备分四级张拉至预应力筋标准抗拉强度的80%并进行锚固（对支承式锚具，也可直接用试验设备加荷），然后持荷1h，再用试验设备逐步加荷至破坏。当有一套试件不符合表1-4-52的要求，应另取双倍数量的锚具（夹具、连接器）重做试验，如仍有一套不合格，则该批锚具（夹具或连接器）为不合格品。

常用的定型锚具（夹具或连接器），如由质量可靠信誉好的专业锚具厂生产，锚具进场验收，其静载锚固性能，也可由锚具生产厂提供试验报告。

对单位自制锚具，应加倍抽样。

2. 几种常用的预应力张拉锚固体系

（1）钢筋锚具

1）单根钢筋锚具

A. 螺杆锚具

螺杆锚具由螺丝端杆、螺母和垫板组成，见图1-4-58所示。螺丝端杆采用45号钢，先粗加工接近设计尺寸，再调质热处理，然后精加工至设计尺寸。45号钢经调质热处理后的硬度HB251～283，抗拉强度不小于700N/mm^2，伸长率不小于 14%。螺母与垫板采用 Q235 号钢,不调质。螺杆锚具的强度不得低于预应力筋的实际抗拉强度。

螺丝端杆与预应力筋的焊接,应在预应力筋冷拉以前进行。冷拉时螺母的位置应在螺丝端杆的端部,经冷拉后螺丝端杆不得发生塑性变形。

螺杆锚具适用于直径 14～36mm 的冷拉Ⅱ、Ⅲ级钢筋,也可作为先张法夹具使用。

B. 帮条锚具

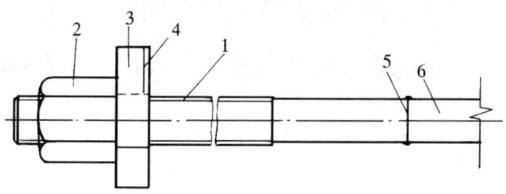

图 1-4-58　螺杆锚具
1—螺丝端杆;2—螺母;3—垫板;4—排气槽;
5—对焊接头;6—冷拉钢筋

帮条锚具由帮条钢筋、衬板和冷拉钢筋焊成,见图 1-4-59。帮条钢筋采用与冷拉钢筋同级别的钢筋,共计 3 根,总截面面积为冷拉钢筋的 1.5 倍,呈 120°布置。衬板采用 Q235 号钢。

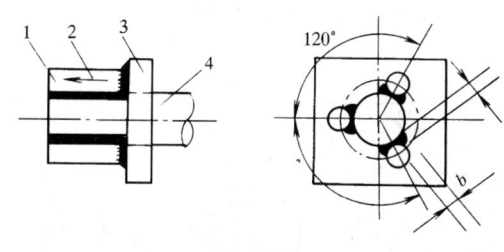

图 1-4-59　帮条锚具
1—帮条;2—施焊方向;3—衬板;4—主筋

帮条安装时,三根帮条与衬板相接触的截面应在同一个垂直平面上,以免受力时产生扭曲。帮条的焊接,可在预应力筋冷拉前或冷拉后进行。施焊方向应由里向外。

C. 精轧螺纹钢筋用锚具与连接器

精轧螺纹钢筋用锚具与连接器见图 1-4-60。精轧螺纹钢筋的外形为无纵肋而横肋不相连的螺扣,螺母与连接器的内螺纹应与之匹配,防止钢筋从中拉脱。螺母分为平面螺母和锥形螺母两种。锥形螺母可通过锥体与锥孔的配合,保证预应力筋的正确对中;开缝的作用是增强螺母对预应力筋的夹持作用。

2) 钢筋束锚具

A. KT-Z 型锚具

由锚环和锚塞组成(图 1-4-61),使用于锚固 3～6 根直径 12mm 的冷拉螺纹钢筋与钢绞线束。

B. 固定端用镦头锚具

由锚固板和带镦头的预应力筋组成(图 1-4-62)。当预应力钢筋束一端张拉时,在固定端可用该锚具,以降低成本。

(2) 钢丝锚具

1) 单根锥销夹具

单根锥销夹具由套筒与锥销组成,见图 1-4-63。套筒采用 45 号钢,调质热

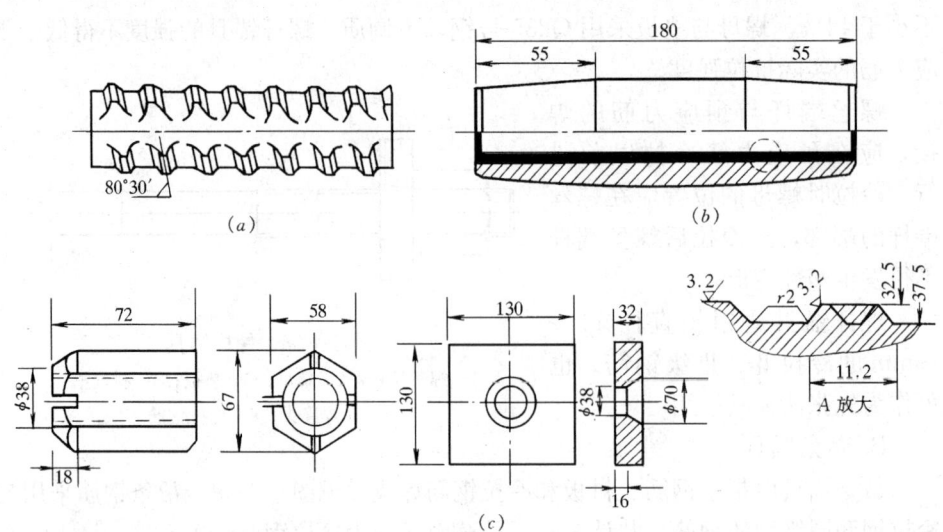

图 1-4-60 精轧螺纹钢筋锚具与连接器
(a) 精轧螺纹钢筋外形；(b) 连接器；(c) 锥形螺母与垫板

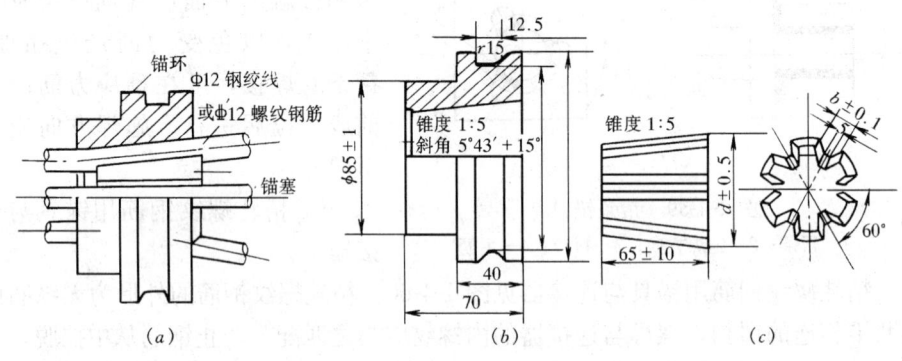

图 1-4-61 KT-Z 型锚具
(a) 装配图；(b) 锚环；(c) 锚塞

处理硬度 HB220～250。锥销的形式有齿板式与齿槽式，其热处理硬度，对冷拔钢丝为 HRC40～45，对碳素钢丝为 HRC55～60。适用于夹持直径为 3～5mm 的各类钢丝。

2）钢质锥形锚具

钢质锥形锚具由锚环与锚塞组成，见图 1-4-64。锚环采用 45 号钢，锥度为 5°，调质热处理硬度 HB251～283。锚塞也采用 45 号钢，表面刻有细齿，热处理硬度 HRC55～58。为防止钢丝在锚具内卡伤或卡断，锚环两端出口处必须有倒角，锚塞小头还应有 5mm 无齿段。这种锚具适用于锚固 ϕ12～24 的钢丝束。

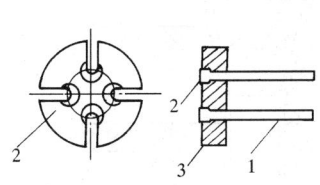 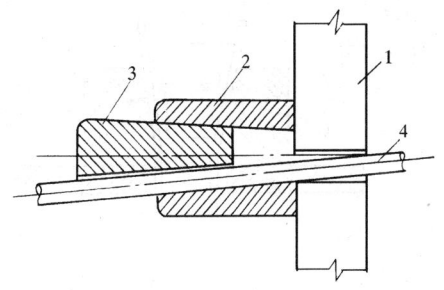

图 1-4-62　固定端用镦头锚具 　　　　　图 1-4-63　单根锥销夹具
1—预应力筋；2—镦粗头；3—锚固板　　　1—定位板；2—套筒；3—锥销；4—钢丝

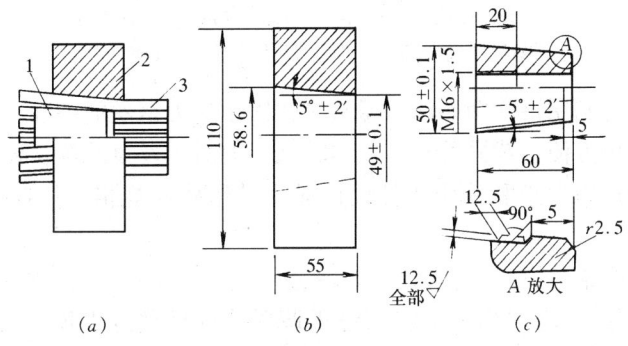

图 1-4-64　钢质锥形锚具
1—锚环；2—锚塞；3—钢丝束

这类锚具应满足自锁和自锚条件，自锁就是使锚塞在顶压后不致弹回脱出，见图 1-4-65（a）。取锚塞为脱离体，自锁条件是：$N\sin\alpha < \mu_1 N\cos\alpha$，即：

$$\text{tg}\alpha \leqslant \mu_1 \tag{1-4-34}$$

一般情况下，α 值较小，锚塞的自锁易满足。

自锚就是使钢丝在拉力作用下带着锚塞楔紧而又不发生滑移，见图 1-4-65 (b)，取钢丝为脱离体，略去钢丝在锚杯口处角度变化，平衡条件为

$$P = \mu_2 N + N\text{tg}\alpha$$

阻止钢丝滑动的最大阻力 $F_{\max} = \mu_1 N + \mu_2 N$

自锚系数
$$K = \frac{F_{\max}}{P} = \frac{\mu_1 + \mu_2}{\mu_2 + \text{tg}\alpha} \geqslant 1 \tag{1-4-35}$$

从上式可知，当 α、μ_2 值减小，μ_1 值越大时，则 K 值越大，自锚性能越好。但 α 值也不宜过小，否则锚环承受的环向张拉力过大，易导致锚具失效。

钢质锥形锚具使用时，应保证锚环孔中心、预留孔道中心和千斤顶轴线三者同心，以防止压伤钢丝或造成断丝。锚塞的预压力宜为张拉力的 50%～60%。

3) 镦头锚具

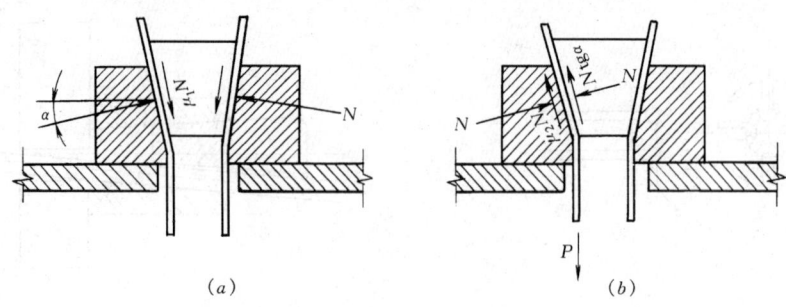

图 1-4-65 钢质锥形锚具受力示意图
(a) 锚具自锁；(b) 锚具自锚
P—钢丝张拉力；N—正压力；α—锥角；μ_1—锚塞与
钢丝间的摩擦系数；μ_2—锚环与钢丝间的摩擦系数

镦头锚具是利用钢丝两端的镦粗头来锚固预应力钢丝的一种锚具。镦头锚具加工简单，张拉方便，锚固可靠，成本较低，但对钢丝束的等长要求较严。这种锚具可根据张拉力大小和使用条件设计成多种形式和规格，能锚固任意根数的钢丝。

常用的镦头锚具有：锚杯与螺母（张拉端用）、锚板（固定端用），见图 1-4-66。锚具材料采用 45 号钢，锚杯与锚板调质热处理硬度 HB251～283，锚杯底部（锚板）的锚孔，沿圆周分布，锚孔间距：对 ϕ5 钢丝，不小于 8mm；对 ϕ7 钢丝，不小于 11mm。

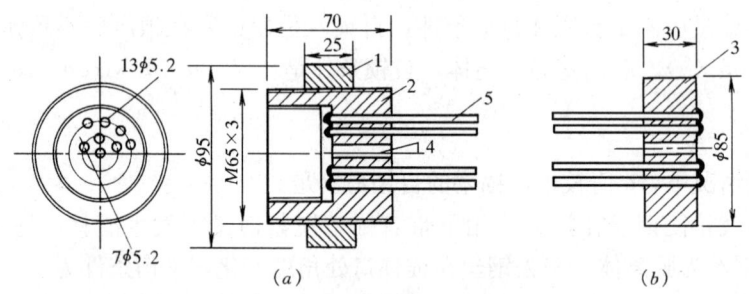

图 1-4-66 钢丝束镦头锚具
(a) 张拉端锚环与螺母；(b) 固定端锚板
1—螺母；2—锚杯；3—锚板；4—排气孔；5—钢丝

(3) 钢绞线锚具

1) 单孔夹片锚（夹）具

它由锚环和夹片组成，见图 1-4-67。锚环的锥角为 7°，采用 45 号钢，调质热处理硬度 HB285±15。夹片有三片式与二片式两种。三片式夹片按 120°铣分，二片式夹片的背面上部锯有一条弹性槽，以提高锚固性能。

这种锚具主要用于无粘结预应力混凝土结构，也可用作先张法钢绞线夹具。

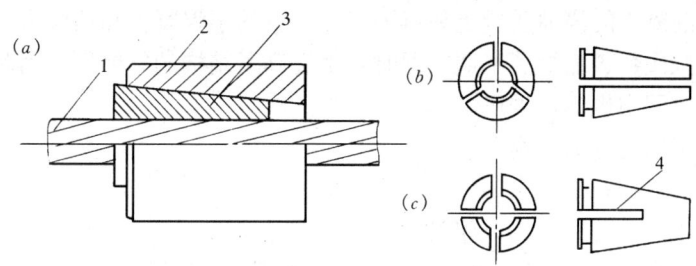

图 1-4-67 单孔夹片锚具
(a) 组装图；(b) 三夹片；(c) 二夹片
1—钢绞线；2—锚环；3—夹片；4—弹性槽

当采用斜开缝的夹片时，也可锚固 $7\phi^s5$ 钢丝束。

单孔夹片式锚具应具有连续反复张拉的功能，就可利用行程不大的千斤顶张拉任意长度的预应力筋。

单孔夹片式锚具用于先张法夹具时，应在夹片与锚环之间垫塑料薄膜或涂石墨、石蜡等，张拉后容易松开锚具重复使用。

2) 多孔夹片锚具

多孔夹片锚具也称群锚，由多孔的锚板与夹片组成（图 1-4-68）。在每个锥形孔内装一副夹片，架持一根钢绞线。这种锚具的优点是每束钢绞线的根数不受限制；任何一根钢绞线锚固失效，都不会引起整束锚固失效。

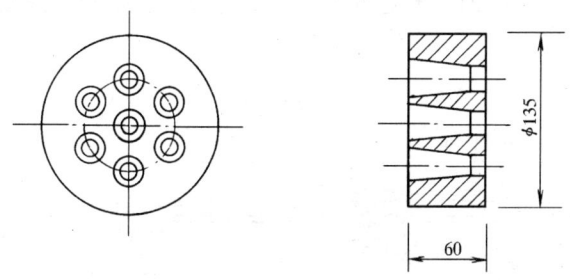

图 1-4-68 多孔夹片锚具

对于多孔夹片锚具，在采用大吨位千斤顶整束张拉有困难的情况下，也可采用小吨位千斤顶逐根张拉锚固。

3. 连接器

连接器是将两段预应力索连接成整体的机具。它有两种用途：其一是将特别长的预应力索在弯矩较小的部位断开，变成多个短索，逐段张拉、逐段连接，使预应力索连为一体。这时，由于索的长度大大减小，远离张拉端的预应力摩擦损失过大的问题就得到解决，保证了足够的预应力强度，减少了预应力筋的浪费，同时，提高了结构的整体性。其二是将分段搭接的短索连成长索，梁上不必设置凸出或凹入的齿板、齿槽，也不必对结构局部加厚，简化了模板和锚下大量复杂的配筋，使混凝土的浇灌质量更易得到保证，节约了混凝土和预应力、非预应力筋，减少张拉次数、缩短了工期，同时，也提高了结构的整体性。因此，在国外广泛应用，在国内也迅速推广。

现有连接器可分为三类：

(1) 周边悬挂式

其锚具中央为群锚，用以张拉、锚固前段预应力索；锚具直径大于群锚锚具，周边等距分布U形槽口，数量和群锚锚孔数量相同；槽口内放置有挤压式锚固头的钢绞线或7ϕ5钢丝束，并加以固定，然后用钢质护套罩紧，就可以浇灌后一段混凝土、张拉新挂上的预应力索。构造见图1-4-69。

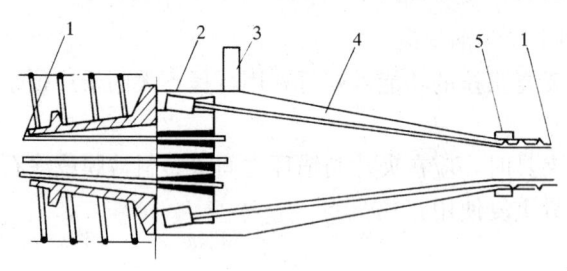

图1-4-69　周边悬挂式连接器
1—金属螺旋管；2—锚固头；3—压浆管；4—外罩；5—钢环

这种连接器用于结构分段的端部，一般是剪力较小处、距支座0.2倍跨径位置。它的构造简单，整体性好，适用范围广；但直径较大，要求结构断面厚度不能太薄。

(2) 单根对接式

是将群锚锚固的预应力索逐根用单根对接连接器将后段预应力索连好，外部用钢质护套罩紧，再灌混凝土、张拉后段预应力索。构造见图1-4-70。

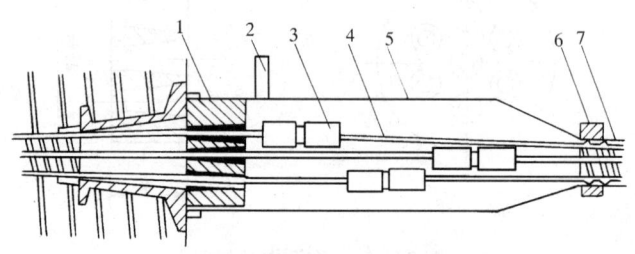

图1-4-70　单根对接式连接器
1—已张拉的锚具；2—灌浆口；3—单根钢绞线连接器；4—钢绞线；5—护罩；6—钢环；7—金属螺旋管

在这种连结器中，单根对接连接器是在轴向交错排列，轮廓外径较小、较长。它也适用于结构分段的端部、混凝土壁厚较薄的结构；缺点是构造复杂、造价较高。

(3) 中间连接器

这种连接器构造见图1-4-71，它不用于构造端部，不起减少摩擦作用，仅有接长作用。

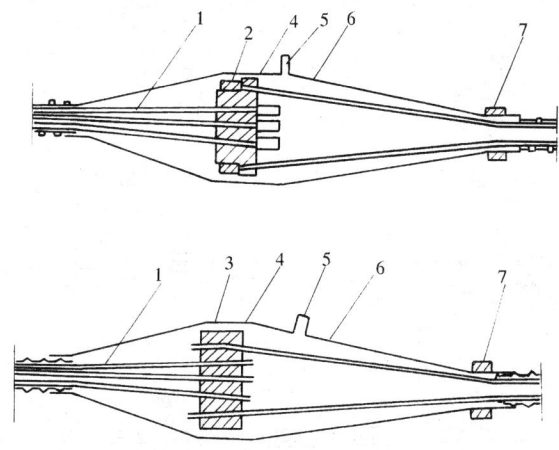

图 1-4-71　中间连接式连接器
1—钢绞线束；2—挤压头锚具；3—夹片；4—连接体；
5—灌浆口；6—护罩；7—钢环

连接器的技术指标应符合国际预应力协会 1991 年有关建议和《预应力筋用锚具、夹具和连接器应用技术规程》产品标准中Ⅰ类锚具的规定。

连接器中，挤压式锚固头是关键件。和群锚的单孔锚具相比，挤压式锚固头直径小、不会松脱、锚固效率还可能更高，因此，有利于减小连接器的直径。同时，也可以用于埋入端或非张拉端锚具，用于斜拉索锚具。将组装在钢绞线（或 7ϕ5 钢丝束）端部的挤压套和增摩套（或钢丝衬套）放入液压挤压器

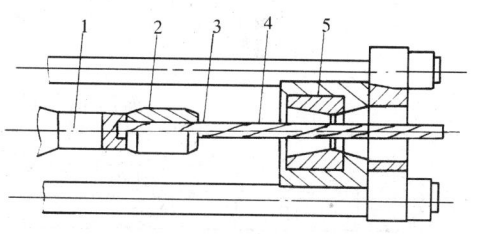

图 1-4-72　挤压式锚固头加工图
1—挤压机顶杆；2—挤压管；3—钢衬套；
4—钢绞线或钢丝束；5—挤压模

（见图 1-4-72），并将其强力推进缩径模具，让挤压套握裹预应力筋而形成锚固。

由于连接器在浇灌后段混凝土之后不能更换，所以，制作安装过程中要细心操作，不能丝毫马虎大意。

连接器的安装及张拉程序见图 1-4-73。

4.4.3　预应力用液压千斤顶

预应力张拉机构由预应力用液压千斤顶和供油的高压油泵组成。液压千斤顶常用的有：拉杆式千斤顶、台座式千斤顶、穿心式千斤顶和锥锚式千斤顶四类。选用千斤顶型号与吨位时，应根据预应力筋的张拉力和所用的锚具形式确定。

1. 液压千斤顶分类

预应力用液压千斤顶的机型分类和代号见表 1-4-51。

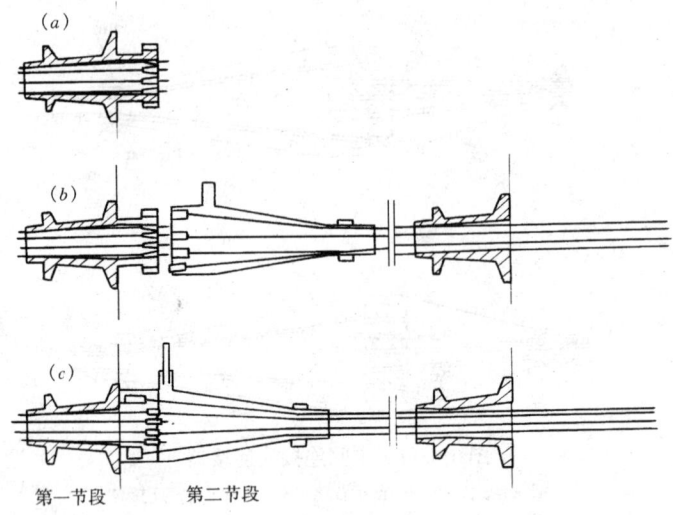

图 1-4-73 连接器的使用程序

(a) 第一节段安装连接器,张拉后灌浆;(b) 第二节段穿束、制作锚固头;(c) 第二节段将锚固头接在连接器周边,安装护罩、钢环、浇灌混凝土;当有第三节段时重复 (a) 项操作,没有第三节段时安装锚头后张拉锚固灌浆

液压千斤顶分类和代号 表 1-4-51

机　型	拉杆式	穿　心　式			锥锚式	台座式
		双作用	单作用	拉杆式		
代号	YDL	YDCS	YDC	YDCL	YDZ	YDT

预应力用液压千斤顶的型号由机型代号、基本参数组成:

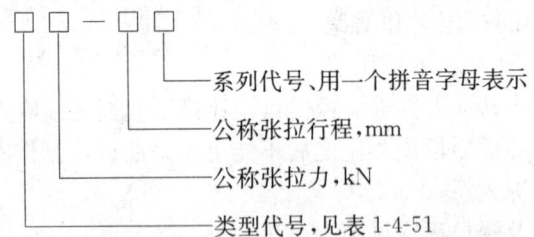

例如,公称张拉力为 650kN、公称行程为 200mm 的双作用穿心式液压千斤顶(原 YC60-200)的型号为 YDCS650-200。

2. 几种常用液压千斤顶

(1) 拉杆式千斤顶

拉杆式千斤顶是一种单作用千斤顶,由缸体、活塞杆、撑脚和连接头组成,见图 1-4-74。常用型号为 YDL600-150,公称张拉力为 600kN,张拉行程为 150mm,额定油压为 40MPa。适用于张拉带螺杆锚具的粗钢筋或带镦头锚具的钢丝束。

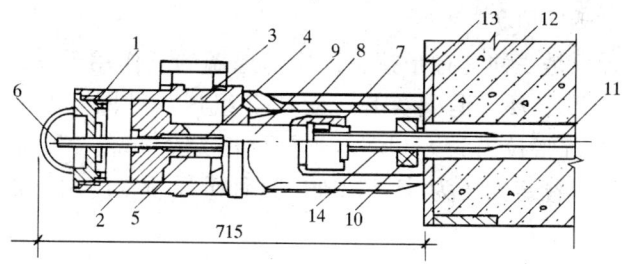

图 1-4-74　YDL600-150 千斤顶构造简图

1—主缸；2—主缸活塞；3—主缸油嘴；4—副缸；5—副缸活塞；
6—副缸油嘴；7—连接器；8—顶杆；9—拉杆；10—螺母；11—预
应力筋；12—混凝土构件；13—预埋钢板；14—螺丝端杆

（2）穿心式千斤顶

穿心式千斤顶由张拉油缸、顶压油缸（即张拉活塞）、顶压活塞、回程弹簧等组成，见图 1-4-75。张拉前，首先将预应力筋穿过千斤顶固定在千斤顶尾部的工具锚上。这种千斤顶的适应性强，适用于张拉带夹片锚具的钢筋束或钢绞线束；配上撑脚、拉杆等也可作为拉杆式千斤顶使用。

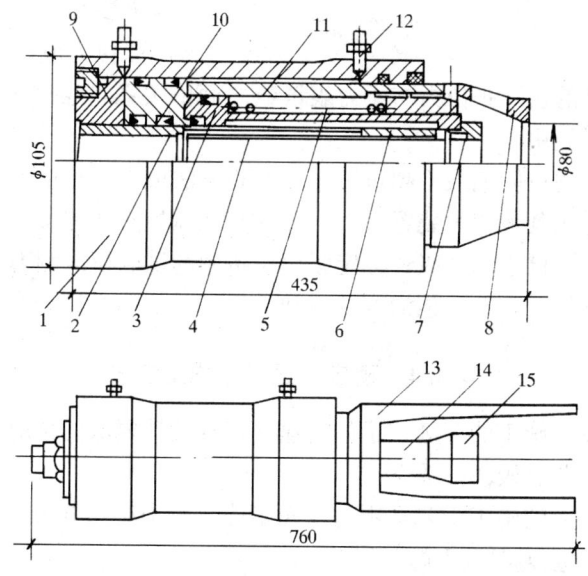

图 1-4-75　YDCS650-200 型千斤顶构造

1—大缸缸体；2—穿心套；3—顶压活塞；4—护套；
5—回程弹簧；6—连接套；7—顶压套；8—撑套；
9—堵头；10—密封圈；11—二缸缸体；12—油嘴；
13—撑脚；14—拉杆；15—连接套筒

（3）锥锚式千斤顶

锥锚式千斤顶是一种具有张拉、顶压与退楔的三作用千斤顶，由主缸、副缸、退楔块、锥形卡环、退楔翼片、楔块等组成，见图1-4-76。常用型号为YDZ850-250，公称张拉力为850kN，张拉行程为250mm，顶压行程为60mm，顶压力为415kN，额定油压为51.5MPa。这种千斤顶专门用于张拉带锥形锚具的钢丝束。

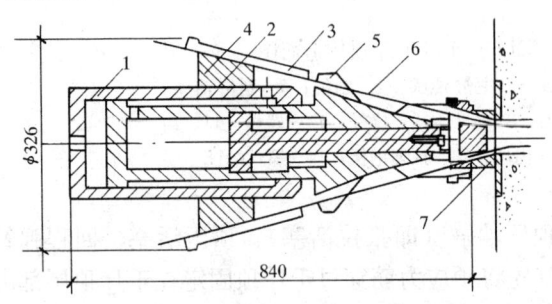

图1-4-76　YDZ850-250型千斤顶构造简图
1—主缸；2—副缸；3—楔块；4—锥形卡环；
5—退楔翼片；6—钢丝；7—锥形锚头

3. 液压千斤顶的校验

采用千斤顶张拉预应力筋时，预应力筋的张拉力由压力表读数反映，压力表的读数表示千斤顶油缸活塞单位面积上的油压力，理论上等于张拉力除以活塞面积。但是，由于活塞与油缸之间存在摩擦力，使得实际张拉力比理论计算的张拉力要小。为了准确地获得实际张拉力值，应采用标定方法直接测定千斤顶的实际张拉力与压力表读数之间的关系，绘制出 N 与 P 的关系曲线，供施工时使用。

一般千斤顶的校验期限不超过半年。校验方法可在试验机上进行，也可根据工地实际情况采用其他测力装置进行。张拉设备应配套校验，以减少积累误差。压力表的精度不宜低于1.5级；标定张拉设备用的试验机或测力计精度不得低于±2%。标定千斤顶时，千斤顶活塞的运动方向应与实际张拉工作状态一致。

4.4.4　预应力混凝土施工工艺

预应力混凝土施工的关键在于如何建立符合设计要求的预应力值，这与预应力混凝土施工工艺有极大的关系。

预应力混凝土的施工工艺常用的有先张法、后张法和电张法等。

1. 先张法预应力混凝土施工工艺

先张法是在构件浇筑混凝土之前，将其临时锚固在台座或钢模上，然后浇筑构件的混凝土。待混凝土达到一定强度后放松预应力筋，借助混凝土与预应力筋的粘结，使混凝土产生预压应力。如图1-4-77所示。这种方法广泛适用于中小型预制预应力混凝土构件生产。

先张法生产工艺，可分为长线台座法与短线钢模法。长线台座法具有设备简单、投资省、效率高等特点，是一种经济实用的现场型生产方式。

台座法生产构件的施工工艺如图1-4-78。

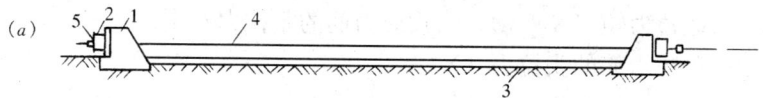

图 1-4-77 先张法施工示意图

1—台座承力结构；2—横梁；3—台面；4—预应力筋；5—锚固夹具；6—混凝土构件

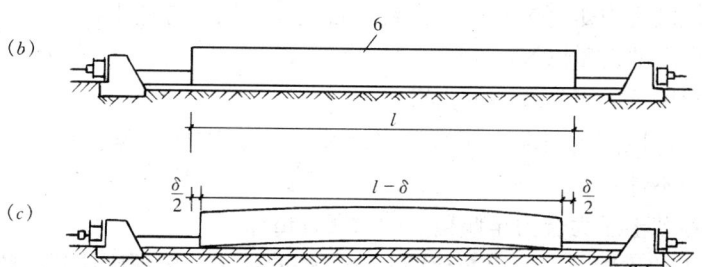

图 1-4-78 台座先张法施工工艺

(1) 台座

台座按构造形式不同，可分为墩式台座与槽式台座。

1) 墩式台座

墩式台座由承力台墩、台面与横梁组成，其长度宜为100～150m。台座的承载力应根据构件的张拉力大小，设计成200～500kN/m。

A. 承力台墩

承力台墩一般由现浇钢筋混凝土做成。台墩应具有足够的承载力、刚度和稳定性。稳定性验算包括抗倾覆验算与抗滑移验算。台墩的抗倾覆验算，可按下式进行（图 1-4-79）：

$$K = \frac{M_1}{M} = \frac{GL + E_p C_2}{P_j C_1}$$

(1-4-36)

式中　K——抗倾覆安全系数，应不小于1.5；

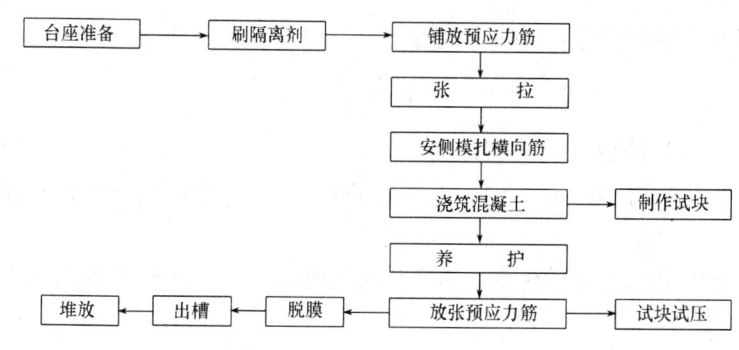

图 1-4-79 承力台墩稳定性验算简图

M——倾覆力矩（N·m），由预应力筋的张拉力产生；
P_j——预应力筋的张拉力（N）；
C_1——张拉力合力作用点至倾覆点的力臂（m）；
M_1——抗倾覆力矩（N·m），由台座自重和土压力等产生；
G——台墩的自重（N）；
L——台墩重心至倾覆点的力臂（m）；
E_p——台墩后面的被动土压力合力（N），当台墩埋置深度较浅时，可忽略不计；
C_2——被动土压力合力至倾覆点的力臂（m）。

台墩倾覆点的位置，对台墩与台面共同工作的台墩，按理论计算，倾覆点应在混凝土台面的表面处，但考虑到台墩的倾覆趋势使得台面端部顶点出现局部应力集中和混凝土台面抹面层的施工质量的影响，因此倾覆点的位置宜取在混凝土台面往下 40～50mm 处。

台墩的抗滑移验算，可按下式进行：

$$K_c = \frac{N_1}{P_j} \qquad (1\text{-}4\text{-}37)$$

式中 K_c——抗滑移安全系数，应不小于 1.3；
P_j——抗滑移的力（N），对独立的台墩，由侧壁土压力和底部摩阻力等产生。

对与台面共同工作的台墩，可不作抗滑移计算，而应验算台面的承载力。

B. 台面

台面一般是在夯实的碎石垫层上浇筑一层厚度为 60～100mm 的混凝土而成。台面伸缩缝可根据当地温差和经验设置，一般约为 10m 设置一条，也可采用预应力混凝土滑动台面，不留施工缝。

C. 预应力混凝土滑动台面

这种台面是在原有的混凝土台面或新浇的混凝土基层上刷隔离剂，张拉预应力钢丝、浇筑混凝土面层，待混凝土达到放张强度后切断钢丝，台面就发生滑动，见图 1-4-80。这种台面，经过多年使用实践，未出现裂缝，效果良好。

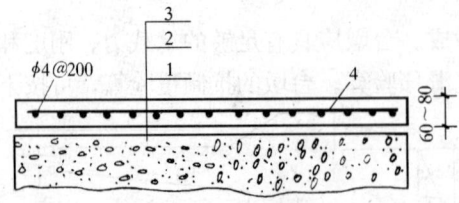

图 1-4-80 预应力混凝土滑动台面
1—旧混凝土台面；2—隔离层；3—预应力台面；
4—预应力钢丝

2) 槽式台座

槽式台座由钢筋混凝土压杆、上下横梁及台面组成，见图 1-4-81。台座的长度一般不大于 50m，承载力可大于 1000kN 以上。为便于混凝土运输和蒸汽养护，槽式台座多低于地面。在施工现场还可利用已预制好的柱、桩等构件装配成简易槽式台座。

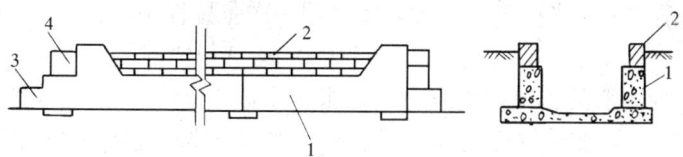

图 1-4-81 槽式台座
1—承压杆；2—砖墙；3—下横梁；4—上横梁

(2) 预应力筋铺设与张拉

1) 预应力筋铺设

预应力筋应在台面上的隔离剂干燥之后铺设，隔离剂应有良好的隔离效果，又不应损害混凝土与钢丝的粘结力。如果预应力筋遭受污染，应使用适当的溶剂加以清刷干净。

预应力钢丝宜用牵引车铺设。如遇钢丝需要接长时，可借助于钢丝拼接器用 20～22 号钢丝密排绑扎。其长度：对冷拔低碳钢丝不得小于 $40d$，对高强钢丝不得小于 $80d$（d 为钢丝直径）。

2) 预应力筋张拉

预应力筋的张拉工作是预应力施工中的关键工序，为确保施工质量，预应力筋的张拉应严格按设计要求进行。

A. 张拉控制应力

预应力筋张拉控制应力的大小直接影响预应力效果，影响到构件的抗裂度和刚度，因而控制应力不能过低。当然，控制应力也不能过高，否则会使构件出现裂缝的荷载与破坏荷载很接近，在破坏前没有明显的征兆，这是很危险的；同样，超张拉过大使钢筋应力超过屈服点，产生塑性变形将影响预应力值的准确性和张拉工艺的安全性；此外，控制应力较大造成构件反拱过大或预拉区出现裂缝，也是不利的。因此，预应力筋的张拉控制应力，应符合设计要求，当施工中预应力筋需要超张拉时，可比设计要求提高 5%，但张拉控制应力限值不得超过表 1-4-52 的规定。

张拉控制应力限值　　　　　　　表 1-4-52

钢筋种类	张 拉 方 法	
	先 张 法	后 张 法
消除应力钢丝、钢绞线	$0.75 f_{ptk}$	$0.75 f_{ptk}$
热处理钢筋	$0.70 f_{ptk}$	$0.65 f_{ptk}$

注：f_{ptk} 为预应力筋极限抗拉强度标准值；
　　f_{pyk} 为预应力筋屈服强度标准值。

B. 张拉程序

预应力钢丝由于张拉工作量大，宜采用一次张拉程序：

$$0 \longrightarrow (1.03 \sim 1.05)\sigma_{con} \longrightarrow 锚固$$

σ_{con}系预应力筋的张拉控制应力。超张拉系数 1.03～1.05，考虑弹簧测力计的误差、台座横梁或定位板刚度不足、台座长度不符合设计取值、工人操作影响等。

粗钢筋宜采用超张拉程序：

$$0 \longrightarrow 1.05\sigma_{con}（持荷 2min）\longrightarrow \sigma_{con} \longrightarrow 锚固$$

采用此张拉程序的目的是为了减少应力松弛损失。所谓应力松弛是指钢材在常温高应力下由于塑性变形而使应力随时间的延续而降低的现象。这种现象在张拉后的头几分钟内发展得特别快，往后趋于缓慢。

成组张拉时，应预先调整初应力，以保证张拉时每根钢筋的应力均匀一致。初应力值一般取 $10\%\sigma_{con}$。

(3) 预应力值校核

预应力钢筋的张拉力，一般用伸长值校核。当实测伸长值与理论伸长值的差值与理论伸长值相比在 $-5\% \sim 10\%$ 之间时，表明张拉后建立的预应力值满足设计要求。

对于预应力钢丝，伸长值不作校核，而采用钢丝内力测定仪直接检测钢丝的预应力值来对张拉结果进行校核。检测标准见有关专著。

钢丝预应力值的检测数量，一般为 5% 的构件或生产线的全部钢丝。对质量比较稳定的单位，一条生产线上的钢丝也可抽查，但不少于 5 根。

(4) 预应力筋放张

预应力筋放张时，混凝土强度必须符合设计要求；当设计无规定时，混凝土强度不得低于设计强度等级的 75%。

预应力筋放张应根据构件类型与配筋情况，选择正确的顺序与方法，否则会引起构件翘曲、开裂和预应力筋断裂等情况。

1) 放张顺序

预应力筋的放张顺序，如设计无要求时，应符合下列规定：

A. 对承受轴心预压力的构件（如压杆、桩等），所有预应力筋应同时放张；

B. 对承受偏心预压力的构件（如梁等），应先同时放张预压力较小区域的预应力筋，再同时放张预压力较大区域的预应力筋；

C. 当不能按上述规定放张时，应分阶段、对称、相对交错地放张。

放张后预应力筋的切断顺序，宜由放张端开始，逐次切向另一端。

2) 放张方法

预应力筋放张工作，应缓慢进行，防止冲击。

对配筋不多的钢丝，可用剪切、锯割等方法放张。对配筋多的钢丝，应同时放张,如逐根放张,则最后几根钢丝将由于承受过大的拉力而突然断裂,易使构件端部开裂。

对张拉力大的多根冷拉钢筋或钢绞线,可采用氧-乙炔焰轮换预热放张法、千斤顶逐根循环法、砂箱整体放张法(图 1-4-82)和楔块整体放张法(图 1-4-83)等。采用千斤顶放张时由于混凝土与预应力筋已成为整体,放张螺母所需的间隙只能是最前端构件外露钢筋的伸长,因此所施加的拉力往往超过原张拉力的 10%,甚至更大,对构件不利,采用两只楔块或两台砂箱放张时,放张速度应尽量一致,以免构件受扭损伤。

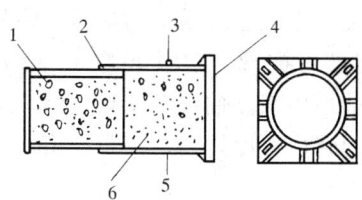

图 1-4-82 砂箱放张
1—活塞;2—钢套管;3—进砂口;4—钢套箱地板;5—进砂口;6—砂

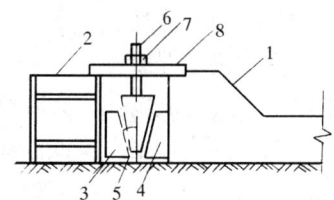

图 1-4-83 楔块放张
1—台座;2—横梁;3、4—钢块;5—钢楔块;6—螺杆;7—承力板;8—螺母

2. 后张法预应力混凝土施工工艺

后张法预应力混凝土施工如图 1-4-84,是混凝土构件制作时,在预应力筋的部位预先留出孔道,接着浇筑混凝土并进行养护;然后将预应力筋穿入孔道,待混凝土达到设计规定的强度后,利用张拉设备张拉预应力筋,并用锚具将其锚固在构件端部,使混凝土产生预压应力;最后进行孔道灌浆与封头。

这种方法广泛应用于大型预制预应力混凝土构件和现浇预应力混凝土结构工程。

(1)孔道留设

预应力筋的孔道形状有直线、曲线和折线三种。孔道直径应比预应力筋外径或需穿过孔道的锚具外径大 10~15mm(粗钢筋)或 6~10mm(钢丝束或钢绞线束);且孔道面积应大于预应力筋面积的 2 倍。此外,在孔道的端部或中部应设置灌浆孔,其孔距不宜大于 12m。

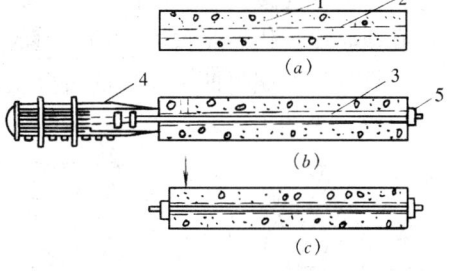

图 1-4-84 后张法施工示意图
(a)制作构件预留孔道;(b)穿预应力筋、张拉、锚固;(c)孔道灌浆
1—混凝土构件;2—预留孔道;3—预应力筋;4—千斤顶;5—锚具

预应力筋孔道成型可采用钢管抽芯、胶管抽芯和预埋管法。对孔道成型的基本要求是:孔道的尺寸与位置应正

确,孔道的线形应平顺,接头不漏浆等。孔道端部的预埋钢板应垂直于孔道中心线。孔道成型的质量直接影响到预应力筋的穿入与张拉,应严格把关。

1) 钢管抽芯法

预先将钢管埋设在模板内的孔道位置处,在混凝土浇筑过程中和浇筑之后,每隔一定时间慢慢转动钢管,使之不与混凝土粘结,待混凝土凝固后抽出钢管,即形成孔道。该法只用于直线孔道。

钢管应平直光滑,预埋前应除锈、刷油。固定钢管用的钢筋井字架间距不宜大于1000mm,与钢筋骨架扎牢。钢管的长度不宜大于15m,以便转动与抽管。

抽管时间与混凝土性质、气温和养护条件有关。一般在混凝土初凝后、终凝前,以手指按压混凝土,不粘浆又无明显印痕时即可抽管(常温下为3~6h)。抽管过早,会造成塌孔,太晚则抽管困难,甚至抽不出来。抽管顺序宜先上后下进行。抽管方法可用人工或卷扬机。抽管要边抽边转,速度均匀,并与孔道成一直线。

2) 胶管抽芯法

选用5~7层帆布夹层的普通橡胶管。使用时先充气或充水,持续保持压力为0.8~1.0MPa,此时胶管直径可增大约3mm。固定胶管用的井字架间距不宜大于500mm。

胶管抽芯法留孔方法与钢管抽芯法一样,但浇筑混凝土后胶管无需转动,抽管时应先放气或水,待管径缩小与混凝土脱离,即可拔出。此法可适用于直线孔道或一般的折线与曲线孔道。

3) 预埋波纹管法

波纹管是由镀锌薄钢带(厚0.3mm)经压波后卷成,它具有重量轻、刚度好、弯折方便、连接简单、摩阻系数小、与混凝土粘结良好等优点,可做成各种形状的孔道,是现代后张预应力筋孔道成型用的理想材料。

波纹管外形按照每两个相邻的折叠咬口之间凸出部(波纹)的数量分为单波纹和双波纹,见图1-4-85。

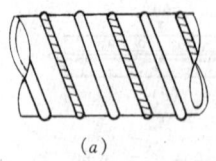
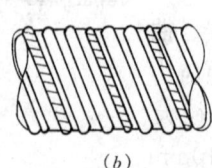

(a)　　　　　　　　(b)

图1-4-85　波纹管外形
(a) 单波纹;(b) 双波纹

波纹管内径为40~100mm;波纹高度:单波为2.5mm,双波为3.5mm。波纹管长度,由于运输关系,每根为4~6m;波纹管用量大时,生产厂可带卷管机到现场生产,管长不限。

对波纹管的基本要求:一是在外荷载的作用下,有抵抗变形的能力;二是在浇筑混凝土过程中,水泥浆不得渗入管内。

波纹管的连接,采用大一号同型波纹管。接头管的长度为200~300mm,用塑料热塑管或密封胶带封口，见图 1-4-86。

波纹管的安装，应根据预应力筋的曲线坐标在侧模或钢筋上划线，以波纹管底为准；波纹管的固定，可采用钢筋托架，间距为 600mm。钢筋托架应焊在箍筋上，箍筋下面要用垫块垫实。波纹管安装就位后，必须用钢丝将波纹管与钢筋托架扎牢，以防浇筑混凝土时波纹管上浮而引起质量事故。

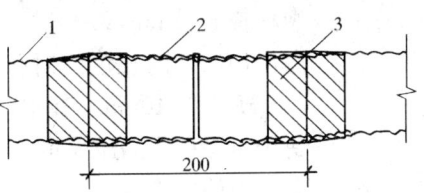

图 1-4-86 波纹管的连接
1—波纹管；2—接头管；3—密封胶带

灌浆孔与波纹管的连接，见图 1-4-87。其做法是在波纹管上开洞，其上覆盖海绵垫片与带嘴的塑料弧形压板，并用钢丝扎牢，再用增强塑料管插在嘴上，并将其引出梁顶面 400～500mm。

在混凝土浇筑过程中，为了防止波纹管偶尔漏浆引起孔道堵塞，应采用通孔器通孔，通孔器由长 60～80mm 的圆钢制成，其直径小于孔径 10mm，用尼龙绳牵引。

(2) 预应力筋制作

预应力筋的制作，主要根据所用的预应力钢材品种、锚具形式及生产工艺等确定。

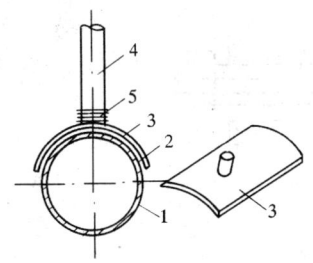

图 1-4-87 灌浆孔留设
1—波纹管；2—海绵垫片；3—塑料弧形压板；4—增强塑料管；5—钢丝

1) 粗钢筋

单根粗钢筋的制作，一般包括下料、对焊与冷拉等工序。

采用螺杆锚具与拉杆式千斤顶时，粗钢筋的下料长度，可按下式计算（图 1-4-88)：

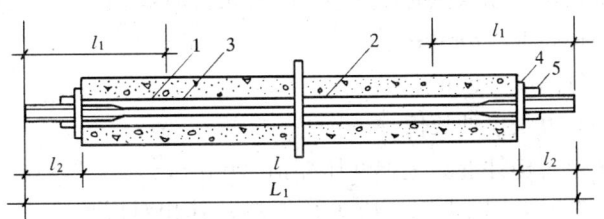

图 1-4-88 粗钢筋下料长度计算简图
1—螺丝端杆；2—预应力钢筋；3—对焊接头；4—垫板；5—螺母

预应力筋的成品长度 $L_1 = l + 2l_2$

预应力筋钢筋部分的成品长度 $L_0 = L_1 - 2l_1$

预应力筋钢筋部分的下料长度为

$$L = \frac{L_0}{l + \gamma - \delta} + nl_0 \qquad (1\text{-}4\text{-}38)$$

式中 l——构件的孔道长度（mm）；

l_1——螺杆长度（mm）；

l_2——露出构件外的长度，对张拉端为 $l_2=2H+h+5\text{mm}$，对固定端为 $l_2=H+h+10\text{mm}$，其中，H 为螺母高度，h 为垫板厚度；

l_0——每个对焊接头的压缩量（mm）；

γ——预应力筋的冷拉率；

δ——预应力筋的冷拉弹性回缩率；

n——对焊接头数量。

2）钢丝束

采用镦头锚具时，钢丝的下料长度 L，按照预应力筋张拉后螺母位于锚杯中部进行计算（图1-4-89）。

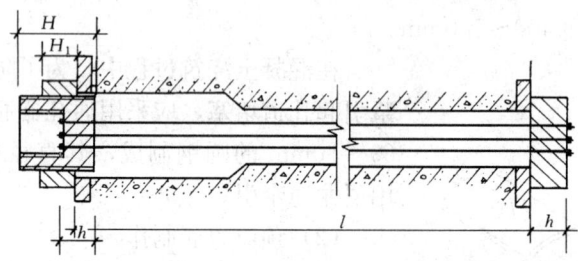

图1-4-89 钢丝下料长度计算简图

$$L=l+2h+2\delta-K(H-H_1)-\Delta l-C \qquad (1\text{-}4\text{-}39)$$

式中 l——孔道长度（mm），按实际丈量；

h——锚杯底厚或锚板厚度（mm）；

δ——钢丝镦头预留量，取10mm；

K——系数，一端张拉时取0.5，两端张拉时取1.0；

H——锚杯高度（mm）；

H_1——螺母高度（mm）；

Δl——钢丝束张拉伸长值（mm）；

C——张拉时构件混凝土弹性压缩值（mm）。

采用镦头锚具时，同束钢丝应等长下料，其相对误差应不大于 $L/5000$。钢丝下料宜采用钢管限位下料法。钢丝切断后的端面应与母材垂直，以保证镦头质量。

钢丝束镦头锚具的张拉端扩孔长度一般为500mm，以便钢丝穿入孔道后伸出固定端一定长度进行镦头。

钢丝编束与张拉端锚具安装同时进行。钢丝一端先穿入锚杯镦头，在另一端用细钢丝将内外圈钢丝按锚杯处相同的顺序分别编扎，然后将整束钢丝的端头扎紧，并沿钢丝束的整个长度适当编扎几道。

3) 钢绞线束

钢绞线束的下料长度 L，当一端张拉另一端固定时可按下式计算：
$$L=l+l_1+l_2 \tag{1-4-40}$$

式中 l——孔道的实际长度（mm）；

l_1——张拉端预应力筋外露的工作长度，应考虑工作锚厚度、千斤顶长度与工具锚厚度等，一般取 600～800mm；

l_2——固定端预应力筋的外露长度，一般取 150～200mm。

钢绞线的切割，宜采用砂轮锯；不得采用电弧切割，以免影响材质。

钢绞线可单根或整束穿入孔道，采用单根穿入时，应按一定的顺序进行，以免钢绞线在孔道内混乱。采用整束穿入时，钢绞线应排列理顺，每隔 2～3m 用钢丝扎牢。

（3）预应力筋张拉

预应力筋张拉是生产预应力构件的关键。张拉时结构的混凝土强度应符合设计要求。当设计无具体要求时，不应低于设计强度标准值的 75%。

1）张拉控制应力

预应力的张拉控制应力应符合设计要求和表 1-4-52 的规定。

张拉控制应力的取值，后张法低于先张法。这是因为后张法构件在张拉钢筋的同时，混凝土已受到弹性压缩；而先张法构件，混凝土是在预应力筋放松后才受到弹性压缩。因此预应力值的建立，后张法受弹性压缩的影响较小，而先张法较大。此外，混凝土收缩、徐变引起预应力损失，后张法也比先张法小。

2）张拉程序

预应力筋的张拉程序，主要根据构件类型、张锚体系、松弛损失取值等因素确定。用超张拉方法减少预应力筋的松弛损失时，预应力筋的张拉程序为：

$$0 \longrightarrow 1.05\sigma_{con} （持荷 2min） \longrightarrow \sigma_{con}$$

如果在设计中钢筋的应力松弛损失按一次张拉取值，则其张拉程序为：

$$0 \longrightarrow \sigma_{con}$$

如果预应力筋的张拉吨位不大、根数很多，而设计中又要求采用超张拉以减少应力松弛损失，则其张拉程序为：

$$0 \longrightarrow 1.03\sigma_{con}$$

3）张拉方法

张拉方法有一端张拉和两端张拉。对曲线预应力筋，应在两端张拉；对抽芯成孔的直线预应力筋，长度大于 24m 应在两端张拉，不大于 24m 可在一端张拉；对预埋波纹管的直线预应力筋，长度大于 30m 宜在两端张拉，不大于 30m 可在一端张拉；对竖向预应力结构，宜采用两端分别张拉，且以下端张拉为主；当同一截面中有多根一端张拉的预应力筋时，张拉端宜分别设置在结构的两端；当两端同时张拉同一根预应力筋时，宜先在一端锚固，再在另一端补足张拉力后进行锚固。

4）张拉顺序

预应力筋的张拉顺序应符合设计要求，当设计无具体要求时，可采用分批、分阶段对称张拉，以免构件承受过大的偏心压力。同时应尽量减少张拉设备的移动次数。分批张拉时，应计算分批张拉的预应力损失值，分别加到先张拉预应力筋的张拉控制应力值内，即先批张拉的预应力筋张拉应力 σ_{con} 应增加 $\alpha_E \sigma_{pci}$（α_E——预应力筋弹性模量与混凝土弹性模量比值；σ_{pci}——张拉后批预应力筋时在已张拉预应力筋重心处产生的混凝土法向应力）。但给张拉增加了麻烦。实际工作中也可采取下列办法解决：

A. 采用同一张拉值，逐根复拉补足；

B. 采用同一张拉值，在设计中扣除弹性压缩损失平均值；

C. 统一提高张拉力，即在张拉力中增加弹性压缩损失平均值；

D. 对重要的预应力混凝土结构，为了使结构均匀受力并减少弹性压缩损失，可分两阶段建立预应力，即全部预应力筋先张拉 50% 以后，第二次张拉至 100%。

平卧重叠浇筑的构件，宜先上后下逐层进行张拉。为了减少上下层之间因摩阻引起的预应力损失，可逐层加大张拉力。当隔离层效果较好时，可采用同一张拉值。

5）张拉伸长值校核

张拉宜采用应力控制法，同时应校核预应力筋的伸长值。如实际伸长值比计算伸长值大 10% 或小 5%，应暂停张拉，在采取措施予以调整后，方可继续张拉。通过这样的校核可以综合反映张拉力是否足够，孔道摩阻损失是否偏大，以及预应力筋是否有异常现象等。

预应力筋的计算伸长值 ΔL 可按下式计算：

$$\Delta L = \frac{F_P \cdot L}{A_P \cdot E_s} \qquad (1\text{-}4\text{-}41)$$

式中　F_P——预应力筋的平均张拉力（kN），直线筋取张拉端的拉力；两端张拉的曲线筋，取张拉端的拉力与跨中扣除孔道摩阻损失后拉力的平均值；

　　　A_P——预应力筋的截面面积（mm^2）；

　　　L——预应力筋的长度（mm）；

　　　E_s——预应力筋的弹性模量（kN/mm^2）。

预应力筋的实际伸长值 ΔL，宜在初应力为张拉控制应力 10% 左右时开始量测：

$$\Delta L = \Delta L_1 + \Delta L_2 - C \qquad (1\text{-}4\text{-}42)$$

式中　ΔL_1——从初应力至最大张拉力之间的实测伸长值（mm）；

　　　ΔL_2——初应力以下的推算伸长值（mm）；

C——施加预应力时,后张法混凝土构件的弹性压缩值和固定端锚具楔紧引起的预应力筋的内缩量;当其值微小时,可略去不计。

关于初应力以下的推算伸长值 ΔL_2,可根据弹性范围内张拉力与伸长值成正比的关系,用计算法或图解法确定。

(4) 孔道灌浆

后张法孔道灌浆的作用:①保护预应力筋,防止锈蚀;②使预应力筋与构件混凝土有效地粘结,以控制裂缝的开展并减轻梁端锚具的负荷。因此,对孔道灌浆的质量,必须重视。

预应力筋张拉后,孔道应尽快灌浆,因在高应力状态下钢筋容易生锈。

1) 灌浆材料

孔道灌浆用的水泥浆应具有较大的流动性、较小的干缩性与泌水性,其强度不应小于20MPa。灌浆用水泥应优先采用强度等级不低于42.5级的普通硅酸盐水泥,水灰比为0.4~0.45。水泥浆3h的泌水率宜控制在2%,最大不得超过3%。

为使孔道灌浆饱满,可在水泥浆中掺入适量的减水剂,如占水泥重0.25%的木质素磺酸钙,但不得掺入氯盐及其他对钢筋有腐蚀作用的外加剂。

2) 灌浆施工

灌浆前,孔道应湿润、洁净。灌浆用的水泥浆要过筛,在灌注过程中应不断搅拌,以免沉淀析水。

灌浆设备采用灰浆泵。灌浆工作应连续进行,并应排气通顺。在灌满孔道并封闭排气孔后,宜再继续加压至0.5~0.6MPa,稍后再封闭灌浆孔。对不掺外加剂的水泥浆,可采用二次灌浆法,以提高密实性。

构件立放制作时,曲线孔道灌浆后,水泥浆由于重力作用下沉,水分上升,造成曲线孔道顶部的空隙大。为了使曲线孔道顶部灌浆密实,在曲线孔道的上曲部位应设置泌水管。

3) 端头封裹

预应力筋锚固后的外露长度应不小于30mm,多余部分宜用砂轮锯切割。锚具应采用封头混凝土保护。封头混凝土的尺寸应大于预埋钢板尺寸,厚度不小于100mm。封头处原有混凝土应凿毛,以增加粘结。封头内应配有钢筋网片,细石混凝土强度等级为C30~C40。

3. 无粘结预应力施工

无粘结预应力是后张预应力技术的一个重要分支。无粘结预应力混凝土是指配有无粘结预应力筋、靠锚具传力的一种预应力混凝土。其施工过程是:先将无粘结预应力筋铺设在模板上,待混凝土浇筑并达到强度后进行张拉锚固。这种混凝土的最大优点是无需留孔灌浆,施工简便,但对锚具要求高。

(1) 无粘结预应力筋

无粘结预应力筋是指施加预应力后沿全长与周围混凝土不粘结的预应力筋。它由预应力钢材、涂料层和外包层组成。见图1-4-90。

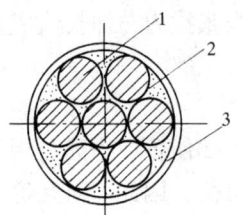

图1-4-90 无粘结预应力筋
1—钢绞线或钢丝束；2—油脂；3—塑料护套

预应力钢材可采用7ϕ5钢丝束，Φ12和Φ15钢绞线，涂料层应采用防腐润滑油脂。外包层宜采用高密度聚乙烯护套，其韧性、抗磨性与抗冲击性好。

（2）无粘结预应力筋铺设

在铺设前，应对无粘结筋逐根进行外包层检查，对有轻微破损者，可包塑料带补好。对破损严重者应予报废。对配有镦头式锚具的钢丝束应认真检查锚杯内外螺纹、镦头外形尺寸、是否漏镦，并将定位连杆拧入锚杯内。无粘结预应力筋的铺设应严格按设计要求的曲线形状，正确就位并固定牢靠。

在单向连续梁板中，无粘结筋的铺设基本上与非预应力筋相同。无粘结筋的曲率，可用铁马凳控制。铁马凳高度应根据设计要求的无粘结筋曲率确定，铁马凳间隔不宜大于2m并应用钢丝与无粘结筋扎紧，各控制点的标高允许偏差为±5mm。

铺设双向配筋的无粘结筋时，无粘结筋需要配制成两个方向的悬垂曲线，由于两个方向的无粘结筋互相穿插，给施工操作带来困难，因此必须事先编出无粘结筋的铺设顺序。成束配置的多根无粘结预应力筋，应保持平行走向，防止相互扭绞。为了便于单根张拉，在构件端头处无粘结筋应改为分散配置。

（3）锚具及端部处理

无粘结筋锚具的性能，应符合Ⅰ类锚具的规定。在实际工程中，无粘结筋常用钢丝束镦头锚具和夹片式锚具。

采用镦头锚具时，其无粘结钢丝束端部处理见图1-4-91。

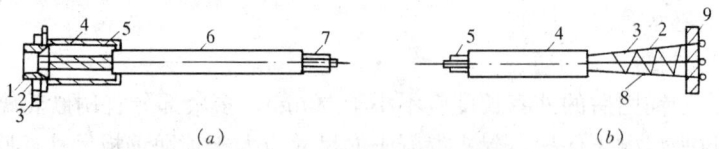

图1-4-91 无粘结钢丝束镦头锚具端部详图
(a) 张拉端；(b) 固定端
1—锚杯；2—螺母；3—埋件；4—塑料套筒；5—油脂；6—软塑管；
7—无粘结筋；8—螺旋筋；9—锚板

图1-4-91(a)中，塑料套筒供钢丝束张拉时锚杯从混凝土中拉出来用，软塑料管是用来保护无粘结筋钢丝束端部因穿锚具而损坏的塑料管。当锚杯被拉出后，必须向套筒内注满防腐油脂，然后用钢筋混凝土圈梁将端头外露锚具封闭好，避免长期与大气接触造成锈蚀。

图 1-4-91(b)中,固定端采用扩大的锚头锚板,并用螺旋筋加强,使之有可靠的锚固性能。

对无粘结钢绞线,张拉端采用夹片式锚具,张拉后端头钢绞线预留长度不小于 150mm,多余部分割掉,然后将钢绞线散开打弯,埋在圈梁内,以加强锚固(图 1-4-92a)。

钢绞线在固定端处可压花(图 1-4-92b),放置在设计部位,这种做法的关键是张拉前固定端的混凝土强度应大于 $30N/mm^2$,才能形成可靠的粘结式锚头。

4. 电热张拉法

电热张拉法是利用热胀冷缩原理,在钢筋上通以低电压强电流使之热胀伸长,待达到要求的伸长值时立即锚固,随后停电冷缩,使混凝土构件产生预压应力。

电张法具有设备简单、操作简便、无摩擦损失、便于高空作业、施工安全等优点。但也具有耗电、因材质不均匀用伸长值控制应力不易准确、成批生产尚需校核的缺点,只适用于冷拉钢筋作预应力筋的一般结构。可用于先张法,也可用于后张法。对抗裂度要求较严的结构,不宜采用电张法;对采用波纹管或其他金属管作预留孔道的结构,不得采用电张法。

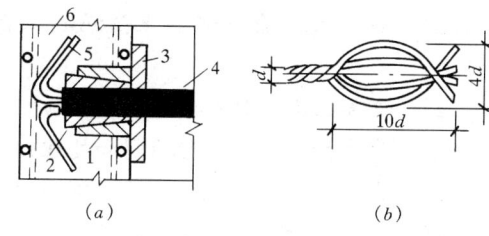

图 1-4-92 无粘结钢绞线端部处理示意图
(a)张拉端;(b)固定端
1—锚杯;2—夹片;3—埋件;4—钢绞线;
5—钢丝;6—圈梁

思 考 题

4.1 试述钢筋与混凝土共同工作的原理。
4.2 简述钢筋混凝土施工工艺过程。
4.3 试述钢筋的种类及其主要性能。
4.4 试述钢筋的焊接方法。如何保证焊接质量?
4.5 简述机械连接方法。
4.6 如何计算钢筋的下料长度?
4.7 试述钢筋代换的原则及方法。
4.8 对模板有何要求?设计模板应考虑哪些原则?
4.9 试述钢定型模板的特点及组成。
4.10 简述现浇结构工具式支撑的类型及构造。
4.11 不同结构的模板(基础、柱、梁板)的构造有什么特点?
4.12 模板设计应考虑哪些荷载?
4.13 现浇结构拆模时应注意哪些问题?

4.14 试述常用水泥的特点及适用范围。
4.15 简述外加剂的种类和作用。
4.16 试分析水灰比、含砂率对混凝土质量的影响。
4.17 混凝土配料时为什么要进行施工配合比换算？如何换算？
4.18 搅拌机为何不宜超载？试述进料容量与出料容量的关系。
4.19 如何使混凝土搅拌均匀？为何要控制搅拌机的转速和搅拌时间？
4.20 如何确定搅拌混凝土时的搅拌顺序？
4.21 混凝土运输有何要求？混凝土在运输和浇筑中如何避免产生分层离析？
4.22 混凝土浇筑时应注意哪些事项？
4.23 试述施工缝留设的原则和处理方法。
4.24 大体积混凝土施工应注意哪些问题？
4.25 如何进行水下混凝土浇筑？
4.26 混凝土成型方法有哪几种？如何使混凝土振捣密实？
4.27 试述振捣器的种类、工作原理及适用范围。
4.28 使用插入式振捣器时，为何要上下抽动、快插慢拔？插点布置方式有哪几种？
4.29 试述湿度、温度与混凝土硬化的关系。自然养护和加热养护应注意哪些问题？
4.30 试分析混凝土产生质量缺陷的原因及补救方法。如何检查和评定混凝土的质量？
4.31 为什么要规定冬期施工的"临界强度"？冬期施工应采取哪些措施？
4.32 影响混凝土质量有哪些因素？在施工中如何才能保证质量？
4.33 什么叫预应力混凝土？其优点有哪些？
4.34 试比较先张法与后张法施工的不同特点及其适用范围。
4.35 试述先张法的台座、夹具和张拉机具的类型及特点。
4.36 先张法施工时，预应力筋什么时候才可放张？怎样进行放张？
4.37 什么叫超张拉？为什么要超张拉并持荷2min？采用超张拉时为什么要规定最大限值？
4.38 试分析各种锚具的性能、适用范围及优缺点。
4.39 什么叫锚具的自锁和自锚？如何评价锚具锚固的可靠性？
4.40 预应力混凝土施工中，可能产生哪些预应力损失？如何减少这些损失？
4.41 怎样根据预应力筋和锚具类型的不同，选择张拉千斤顶？
4.42 张拉千斤顶为什么要校验？如何校验？
4.43 后张法施工时，怎样计算预应力筋的张拉力？如何控制张拉力？怎样计算预应力筋的伸长值？如何校核伸长值？

4.44 分批张拉预应力筋时，如何弥补混凝土弹性压缩应力损失？

4.45 试述预应力筋张拉注意事项。

4.46 试述预留孔道的基本要求及孔道留设方法。

4.47 为什么要进行孔道灌浆？怎样进行孔道灌浆？冬期灌浆应采取什么措施？对灌浆材料有何要求？

4.48 什么叫无粘结张拉？无粘结与有粘结各有哪些优缺点？其适用范围如何？

习　题

4.1 某建筑物有5根L_1梁，每根梁配筋如下图所示，试编制5根L_1梁钢筋配料单。

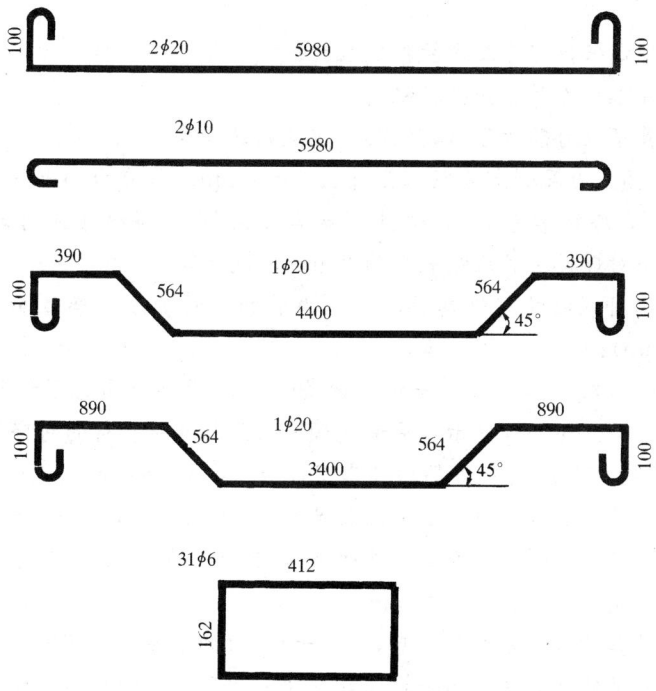

L_1梁配筋图

4.2 某主梁筋设计为5根$\Phi 25$的钢筋，现在无此钢筋，仅有$\Phi 28$与$\Phi 20$的钢筋，已知梁宽为300mm，应如何代换？

4.3 某梁采用C30混凝土，原设计纵筋为6Φ20（$f_y=310\text{N}/\text{mm}^2$），已知梁断面$b \times h = 300\text{mm} \times 300\text{mm}$，试用HPB235级钢筋（$f_y=210\text{N}/\text{mm}^2$）进行代换。

4.4 某剪力墙长、高分别为 5700mm 和 2900mm，施工气温 25℃，混凝土浇筑速度为 6m/h，采用组合式钢模板，试选用内、外钢楞。

4.5 设混凝土水灰比为 0.6，已知设计配合比为水泥：砂：石子＝260kg：650kg：1380kg，现测得工地砂含水率为 3％，石子含水率为 1％，试计算施工配合比。若搅拌机的装料容积为 400L，每次搅拌所需材料又是多少？

4.6 一设备基础长、宽、高分别为 20m、8m、3m，要求连续浇筑混凝土，搅拌站设有三台 400L 搅拌机，每台实际生产率为 5m³/h，若混凝土运输时间为 24min，初凝时间为 2h，每浇筑层厚度为 300mm，试确定：

(1) 混凝土浇筑方案；

(2) 每小时混凝土的浇筑量；

(3) 完成整个浇筑工作所需的时间。

4.7 先张法生产预应力混凝土空心板，混凝土强度等级为 C40，预应力钢丝采用 φ5，其极限抗拉强度 $f_{ptk}=1570N/mm^2$，单根张拉，若超张拉系数为 1.05：

(1) 试确定张拉程序及张拉控制应力；

(2) 计算张拉力并选择张拉机具；

(3) 计算预应力筋放张时，混凝土应达到的强度值。

4.8 某预应力混凝土屋架，孔道长 20800mm，预应力筋采用 2 $\Phi^L 25$，$f_{pyk}=500N/mm^2$，冷拉率为 4‰，弹性回缩率为 0.5‰，每根预应力筋均用 3 根钢筋对焊，每个对焊接头的压缩长度为 25mm，试计算：

(1) 两端用螺丝端杆锚具时，预应力筋的下料长度（螺丝端杆长 320mm，外露长 120mm）；

(2) 一端为螺丝端杆，另一端为帮条锚具时预应力筋的下料长度（帮条长 50mm，衬板厚 15mm）（提示：应考虑预应力筋与螺丝端杆的对焊接头）。

4.9 某屋架下弦预应力筋为 4 $\Phi^L 25$，$f_{pyk}=500N/mm^2$。现采用对角张拉分两批进行，第二批张拉时，混凝土产生的法向应力为 $12N/mm^2$。钢筋的弹性模量 $E_s=180kN/mm^2$，混凝土的弹性模量 $E_c=28kN/mm^2$，若超张拉系数为 1.05，张拉控制应力 $\sigma_{con}=380N/mm^2$。

(1) 试计算第二批钢筋张拉后，第一批张拉的钢筋应力将降低多少？

(2) 宜采用什么方法使第一批张拉的钢筋达到规定的应力？为什么？

第5章 结构安装工程

结构安装工程即是在现场或工厂制作结构构件或构件组合，用起重机械在施工现场将其起吊并安装到设计位置，形成装配式结构。结构安装工程按结构类型可分为混凝土结构安装工程和钢结构安装工程。

结构安装工程是装配式结构工程施工的主导工种工程，对结构的安装质量、安装进度及工程成本有重大影响，工程人员对此应有足够的重视。结构安装工程具有构件的类型多、受机械设备和吊装方法影响大、构件吊装应力状态变化大、高空作业多等特点，这些特点直接影响到施工方案的制定和施工安全。

§5.1 起重机械与设备

在结构安装工程中常用的起重机械有：桅杆式起重机、自行杆式起重机和塔式起重机三大类。

5.1.1 桅杆式起重机

桅杆式起重机是用木材或金属材料制作的起重设备。它制作简单、装拆方便、起重量较大（可达100t以上），受地形限制小，能用于其他起重机不能安装的一些特殊结构和设备的安装，尤其是在交通不便的地区进行结构安装时，因大型设备不能运入现场，桅杆式起重机有着不可替代的作用。但因其服务半径小，移动较困难，需要设置较多的缆风绳，故一般仅用于结构安装工程量集中的工程。

1. 桅杆式起重机的类型

桅杆式起重机可分为：独脚把杆、人字把杆、悬臂把杆和牵缆式把杆等。

（1）独脚把杆

独脚把杆可用圆木、钢管或金属格构柱制作。它由把杆、起重滑轮组、卷扬机、缆风绳和锚碇等组成（图1-5-1）。使用时，把杆应保持不大于10°的倾角，以便吊装的构件不致碰撞把杆，底部应设置拖子以便移动。把杆主

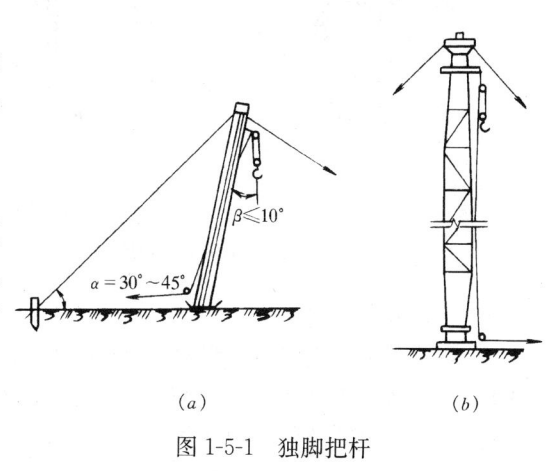

图1-5-1 独脚把杆
(a) 木把杆；(b) 格构式金属把杆

要依靠缆风绳维持稳定。缆风绳一般为6~12根，缆风绳与地面的夹角一般取30°~45°，角度过大则对把杆产生较大的压力。把杆的起重能力，应按实际情况加以验算。木独脚把杆常用圆木制作，圆木梢径20~32cm，起重高度一般在15m以下，起重量在10t以下；钢管独脚把杆，一般起重高度在30m以内，起重量可达30t；格构式金属把杆，起重高度可达70~80m，起重量可达100t以上。

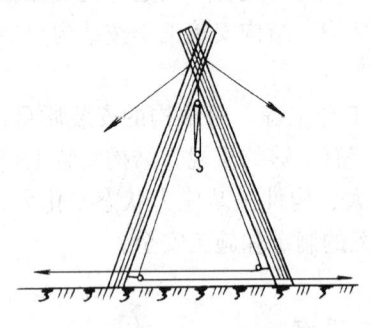

图1-5-2 人字把杆

(2) 人字把杆

人字把杆由两根圆木或两根钢管或两根格构式截面的独脚把杆在顶部相交成20°~30°夹角，以钢丝绳绑扎或铁件铰接而成（图1-5-2），下悬起重滑轮组，底部设置有拉杆或拉绳，以平衡把杆本身的水平推力。其下端两脚的距离约为高度的1/2~1/3。人字把杆的特点是侧向稳定性好，缆风绳较少，但构件起吊后活动范围小，一般仅用于安装重型构件或作为辅助设备以吊装厂房屋盖体系上的轻型构件。

(3) 悬臂把杆

在独脚把杆的中部或2/3高度处装上一根起重臂，即成悬臂把杆。起重臂可以回转和起伏，可以固定在某一部位，亦可根据需要沿杆升降（图1-5-3）。为了使起重臂铰接处的把杆部分得到加强，可用撑杆和拉条（或钢丝绳）进行加固。悬臂把杆的特点是有较大的起重高度和相应的起重半径，悬臂起重杆左右摆动角度大（120°~270°），使用方便。但因起重量较小，多用于轻型构件的安装。

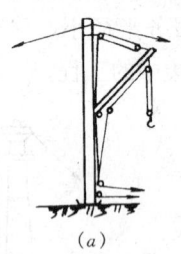 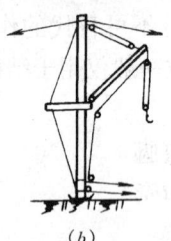 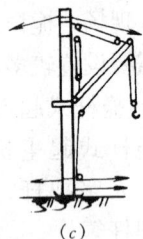

(a) (b) (c)

图1-5-3 悬臂把杆
(a) 一般形式；(b) 带加劲杆；(c) 起重臂杆可沿把杆升降

(4) 牵缆式把杆

牵缆式把杆是在独脚把杆的下端装上一根可以回转和起伏的起重臂而成的（图1-5-4）。整个机身可回转360°，具有较大的起重量和起重半径，灵活性好，可以在较大起重半径范围内，将构件吊到需要位置。用无缝钢管做成的牵缆式把杆，起重量在10t左右，起重高度可达25m，多用于一般工业厂房的结构安装；

格构式截面的把杆和起重臂，起重量可达60t，起重高度可达80余米，可用于重型厂房结构安装或高炉安装。牵缆式把杆缺点是需要设置较多的缆风绳。

2. 独脚把杆的竖立和移动

（1）独脚把杆的竖立

建筑工地上常用的把杆竖立方法有滑行法、旋转法和倒杆法。

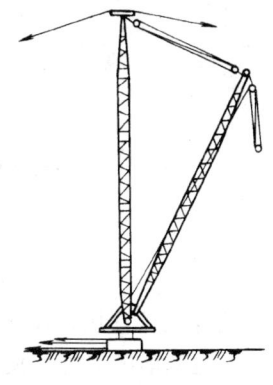

图1-5-4 牵缆式把杆

1）滑行法（图1-5-5） 先在安装地点竖立一根辅助把杆1，其长度为把杆2的一半加3～3.5m。将把杆2平置于地面，使其重心靠近把杆1，并在底端安好拖子，将把杆1的起重滑轮组连于把杆2的重心之上1～1.5m处，开动卷扬机，并相应放松缆风绳，把杆2随拖子沿地面滑至安装位置，最后收紧缆风绳。

2）旋转法（图1-5-6） 将把杆2的下端固定在辅助把杆1的附近，顶端略加垫高。用把杆1的起重滑轮组将把杆2绕着下端支点转起，当把杆2升至与地面成60°～70°角以后，制动卷扬机将缆风绳拉至安装位置。辅助把杆的高度为把杆高度的1/3～1/4。

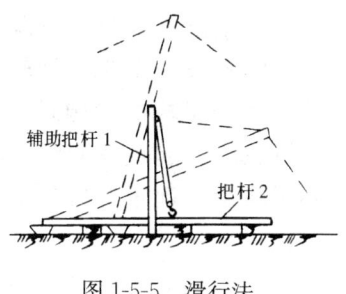

图1-5-5 滑行法

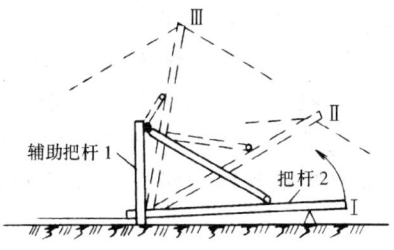

图1-5-6 旋转法

3）倒杆法（图1-5-7） 辅助把杆上端的一面，用一套滑轮组或拉杆与把杆2的上部相连，形成直角三角形，另一面用滑轮组与锚锭和卷扬机相连，开动卷扬机，将把杆1扳倒的同时，把杆2便由水平位置转起。当把杆1转动60°～70°后，制动卷扬机而用缆风绳拉直把杆2。辅助把杆的高度可为把杆高度的1/3～1/4。

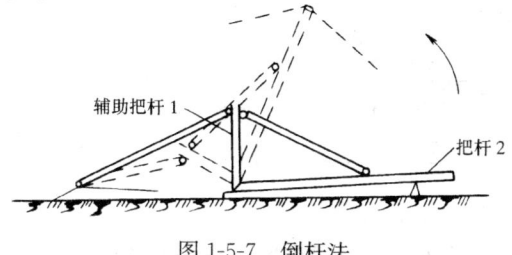

图1-5-7 倒杆法

（2）独脚把杆的移动

如图1-5-8所示，独脚把杆移动的一般顺序是：先将把杆朝移动方向微倾15°～20°，此时在收紧前缆风绳的同时，缓慢放松后缆风绳，然后用卷扬机拖动底座至1点

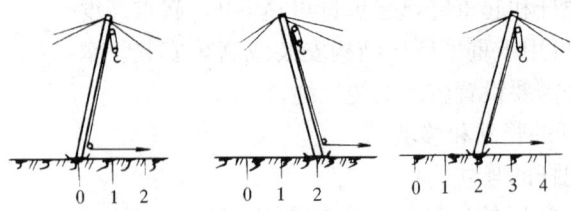

图 1-5-8 独脚把杆的移动

使把杆成竖直状；收紧后缆风绳，将底座再向前移动到 2 点位置；再放松后缆风绳，拉紧前缆风绳，使把杆顶部又向前倾斜至 3 点位置，再将底座拉至 3 点位置；如此反复进行，直至把杆移动到所需要的位置为止。

5.1.2 自行杆式起重机

建筑工程中常用的自行杆式起重机有履带式起重机、汽车式起重机和轮胎式起重机三种。

1. 履带式起重机

履带式起重机是一种自行杆式全回转起重机，其工作装置经改造后可作挖土机或打桩架，是一种多功能的机械。该机由行走装置、回转机构、机身及起重臂等部分组成（图 1-5-9）。行走装置采用两条链式履带，以减少对地面的平均压力；回转机构为装在底盘上的转盘，使机身可作 360°回转；机身内部有动力装置、卷扬机及操纵系统；起重臂为角钢组成的格构式结构，下端铰接于机身上，随机身回转，顶端设有两套滑轮组（起重及变幅滑轮组），钢丝绳通过起重臂顶端滑轮组连接到机身的卷扬机上，起重臂可分节制作并

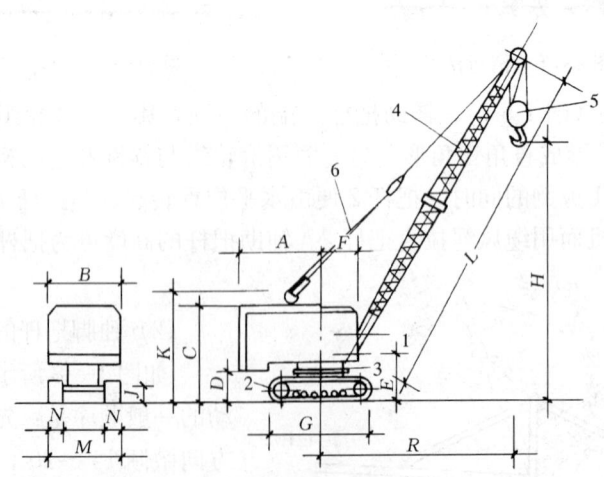

图 1-5-9 履带式起重机

1—机身；2—行走装置；3—回转机构；4—起重臂；5—起重滑轮组；6—变幅滑轮组

接长。履带式起重机操作灵活、使用方便，可在一般道路上行走，有较大的起重能力及较快的工作速度，在平整坚实的道路上还可负载行驶。但履带式起重机行走时速度慢，履带对路面破坏性较大，且稳定性较差，不宜超负荷吊装，当进行长距离转移时，多用平板拖车或铁路平车运输。目前，履带式起重机是建筑结构安装工程中的主要起重机械，特别在单层工业厂房结构安装工程中应用极为广泛。在结构安装工程中，常用的履带式起重机有以下几种型号：W_1-50型、W_1-100型、W_1-200型和西北78D（80D）型等。不同型号的履带式起重机外形尺寸见图1-5-9及表1-5-1。

履带式起重机外形尺寸（mm） 表1-5-1

符号	名称	型号			
		W_1-50	W_1-100	W_1-200	西北78D（80D）
A	机身尾部到回转中心距离	2900	3300	4500	3450
B	机身宽度	2700	3120	3200	3500
C	机身顶部到地面的距离	3220	3675	4125	—
D	机身底部到地面的高度	1000	1045	1190	1220
E	起重臂下铰中心距地面的高度	1555	1700	2100	1850
F	起重臂下铰中心至回转中心距离	1000	1300	1600	1340
G	履带长度	3420	4005	4950	4500（4450）
J	行走底架距地面高度	300	275	390	310
K	机身上部支架距地面高度	3480	4170	6300	4720（5270）
M	履带架宽度	2850	3200	4050	3250（3500）
N	履带板宽度	550	675	800	680（760）

(1) 履带式起重机的技术性能

履带式起重机主要技术性能包括三个主要参数：起重量Q、起重半径R和起重高度H。起重量一般不包括吊钩、滑轮组的重量；起重半径R是指起重机回转中心至吊钩的水平距离，起重高度H是指起重吊钩中心至停机面的距离（图1-5-9）。履带式起重机的主要技术性能见表1-5-2。此外，还可以用性能曲线来表示起重机的性能（图1-5-10）。

从上述起重机性能表和性能曲线中可看出：起重量、起重半径和起重高度的大小，取决于起重臂长度及其仰角。即当起重臂长度一定时，随着仰角的增加，起重量和起重高度增加，而起重半径减小；当起重仰角不变时，随着起重臂长度增加，起重半径和起重高度增加，而起重量减小。

履带式起重机技术性能表　　　　　　　表 1-5-2

参　数		单位	型号											
			W₁-50			W₁-100		W₁-200			西北 78D（80D）			
起重臂长度		m	10	18	18带鸟嘴	13	23	15	30	40	18.3	24.4	30.25	37
最大起重半径		m	10.0	17.0	10.0	12.5	17.0	15.5	22.5	30.0	18.0	18.0	17.0	17.0
最小起重半径		m	3.7	4.5	6.0	4.23	6.5	4.5	8.0	10.0	4.7	7.5	8.0	10.0
起重量	最小起重半径时	t	10.0	7.5	2.0	15	8.0	50.0	20.0	20.0	20.0	10.0	9.0	3.0
	最大起重半径时	t	2.6	1.0	1.0	3.5	1.7	8.2	4.3	1.5	3.3	2.9	3.5	1.0
起重高度	最小起重半径时	m	9.2	17.2	17.2	11.0	19.0	12.0	26.8	36.0	18.0	23.0	29.1	36.0
	最大起重半径时	m	3.7	7.6	14.0	5.8	16.0	8.0	19.0	25.0	7.0	16.4	24.3	34.0

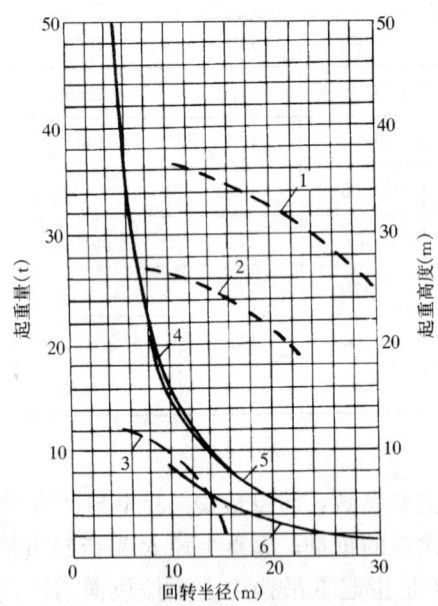

图 1-5-10　W₁-200 型起重机性能曲线
1—起重臂长 40m 时起重高度曲线；
2—起重臂长 30m 时起重高度曲线；
3—起重臂长 15m 时起重高度曲线；
4—起重臂长 40m 时起重量曲线；
5—起重臂长 30m 时起重量曲线；
6—起重臂长 15m 时起重量曲线

为了保证履带式起重机安全工作，在使用上应注意以下要求：在安装时需保证起重机吊钩中心与臂架顶部定滑轮之间有一定的最小安全距离，一般取 2.5～3.5m。起重机工作时的地面允许最大坡角不应超过 3°，臂杆的最大仰角不得超过生产厂家规定，若无资料可查，不得超过 78°。起重机一般不宜同时进行起重和旋转操作，也不宜边起重边改变臂架幅度。起重机如必须负载行驶，载荷不得超过允许起重量的 70%，且道路应坚实平整，施工场地应满足履带对地面的压强要求：当空车停止时为 80～100kPa，空车行驶时为 100～190kPa，起重时为 170～300kPa。若起重机在松软土层上面工作，宜采用枕木或钢板焊成的路基箱垫好道路，以加快施工速度。起重机行走时重物应在起重机行走的正前方向，重物离地不得超过 50cm，并拴好拉绳。

（2）履带式起重机的稳定性验算

履带式起重机在正常条件下工作，机身可以保持稳定。当起重机进行超负荷吊装或接长臂杆时，需进行稳定性验算，以保证起重机在吊装过程中不会发生倾覆事故。

在图1-5-11所示情况下（即机身与行驶方向垂直）稳定性最差，此时，履带的轨链中心 A 为倾覆中心，起重机的稳定性按以下方法进行验算：

1) 当考虑吊装荷载及附加荷载时

稳定安全系数

$$K_1 = M_稳/M_倾 \geqslant 1.15 \quad (1\text{-}5\text{-}1)$$

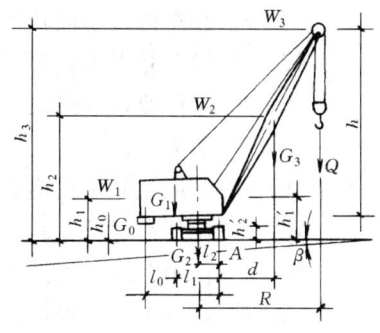

图1-5-11 履带式起重机稳定性验算

2) 当仅考虑吊装荷载时

稳定安全系数

$$K_2 = M_稳/M_倾 \geqslant 1.4 \quad (1\text{-}5\text{-}2)$$

即

$$K_1 = \frac{G_1 l_1 + G_2 l_2 + G_0 l_0 - (G_1 h'_2 + G_2 h'_1 + G_0 h_0 + G_3 h_2)\sin\beta - G_3 d + M_F + M_G + M_L}{Q(R - l_2)}$$

$$\geqslant 1.15$$

$$K_2 = \frac{G_1 l_1 + G_2 l_2 + G_0 l_0 - G_3 d}{Q(R - l_2)} \geqslant 1.4$$

其中

$$M_F = W_1 h_1 + W_2 h_2 + W_3 h_3 \quad (1\text{-}5\text{-}3)$$

$$M_G = \frac{Q \cdot v}{g \cdot t}(R - l_2) \quad (1\text{-}5\text{-}4)$$

$$M_L = \frac{QRn^2}{900 - n^2 h} h_3 \quad (1\text{-}5\text{-}5)$$

式中 G_0——起重机平衡重；

G_1——起重机机身可转动部分重量；

G_2——起重机机身不转动部分重量；

G_3——起重臂重量；

Q——吊装荷载（构件及索具重量）；

l_1——G_1 重心至 A 点的距离；

l_2——G_2 重心至 A 点的距离；

l_0——G_0 重心至 A 点的距离；

d——G_3 重心至 A 点的距离；

h'_1——G_1 重心至停机面的距离；

h'_2——G_2 重心至停机面的距离；

h_2——G_3 重心至停机面的距离；

h_0——G_0 重心至停机面的距离；

β——停机面倾斜角度，应小于3°；

R——起重机最小回转半径；

M_F——风荷载引起的倾覆力矩，一般在六级以上风荷载、不进行高空安装作业，六级以下风荷载、臂长小于 25m 时，可不考虑风荷载倾覆力矩；

W_1——作用在起重机机身上的风荷载；

W_2——作用在臂杆上的风荷载，按荷载规范计算；

W_3——作用在所吊构件上的风荷载，按构件的实际受风面积计算；

h_1——机身中心至停机面的距离；

h_2——臂杆顶端至停机面的距离；

M_G——重物下降时突然刹车的惯性力所引起的倾覆力矩；

v——吊钩下降速度（m/s），取吊钩速度的 1.5 倍；

g——重力加速度，9.8m/s²；

t——制动时间（$v\rightarrow 0$），取 1s；

M_L——起重机回转时的离心力所引起的倾覆力矩；

n——起重机回转速度，取 1r/min；

h——所吊构件于最低位置时，其重心至起重臂顶端的距离。

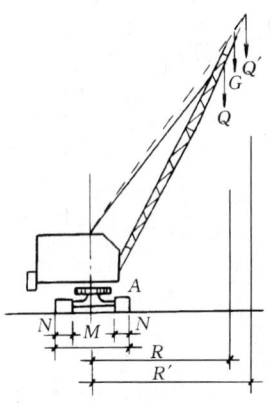

图 1-5-12 起重臂接长验算

考察验算结果，若起重机稳定安全系数不满足要求时，可采用临时增加平衡重、改变地面坡角的大小或方向、在起重臂顶端拉设临时缆风绳等措施。上述措施，均应经计算确定，并在正式使用前进行试用。

3) 起重臂接长验算

当起重机的起重高度或起重半径不能满足吊装需要时，则可采用接长起重臂杆的方法予以解决。其起重量 Q' 按图 1-5-12 计算。根据起重力矩等量换算原理，可由 $\Sigma M_A=0$ 整理得

$$Q'\left(R'-\frac{M}{2}\right)+G'\left(\frac{R+R'}{2}-\frac{M}{2}\right)\leqslant Q\left(R-\frac{M}{2}\right)$$

$$Q'=\frac{1}{2R'-M}[Q(2R-M)-G'(R+R'-M)]$$

(1-5-6)

式中　R'——接长起重臂后的最小起重半径；

R——起重机原有最大臂长的最小回转半径；

M——起重机两履带板之间的距离；

G'——起重臂接长部分的重量。

当计算的 Q' 值大于所吊构件重量，即满足稳定安全条件。若 Q' 值小于所吊构件重量，则需采取相应措施。如在起重臂顶端拉设临时性缆风绳，以加强起重

机的稳定性，必要时，还需用前面公式进行验算。

2. 汽车式起重机

汽车式起重机是将起重机构安装在通用或专用汽车底盘上的全回转起重机，起重机构动力由汽车发动机供给，其行驶的驾驶室与起重操纵室分开设置（图1-5-13）。该机特点是转移迅速，对路面损伤小，但吊重时需使用支腿，因此不能负重行驶，也不适合在松软或泥泞的地面上工作。一般情况下，汽车式起重机适用于构件运输装卸作业和结构吊装作业。

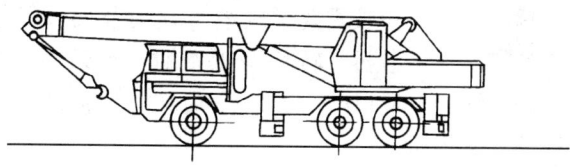

图 1-5-13　QY-16 型汽车式起重机

我国生产的常用汽车式起重机有：Q2 系列、QY 系列等。国产的 QY-32 型汽车式起重机，臂长达 32m，最大起重量 32t，起重臂分四节，外面一节固定，里面三节可以伸缩，液压操纵，可用于一般工业厂房的结构安装。目前，国产汽车式起重机的最大起重量已达 65t。引进的大型汽车式起重机，有日本的 NK 系列起重机，如 NK-800 起重机起重量可达 80t；而德国的 GMT 型汽车式起重机最大起重量达 120t，最大起重高度可达 75.6m，能满足吊装重型构件的需要。

3. 轮胎式起重机

轮胎式起重机在构造上与履带式起重机相似，但其行走装置采用轮胎。起重机构及机身装在特制的底盘上，能全回转。随着起重量的大小不同，底盘下装有若干根轮轴，配备有 4～10 个或更多个轮胎，并有

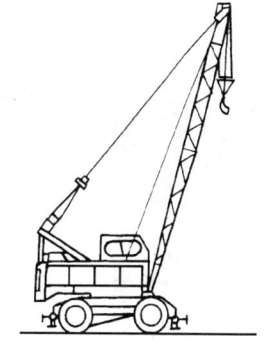

图 1-5-14　QL3-16 型轮胎式起重机

可伸缩的支腿（图 1-5-14）。起重时，利用支腿增加机身的稳定，并保护轮胎。必要时，支腿下可加垫块，以扩大支承面。轮胎式起重机的特点与汽车式起重机相同。目前，我国常用的轮胎式起重机有：QL3 系列及 QYL 系列等，均用于一般工业厂房结构吊装。

5.1.3　塔式起重机

塔式起重机（图1-5-15）是一种塔身直立，起重臂安在塔身顶部且可作 360°回转的起重机。一般可按行走机构、变幅方式、回转机构的位置以及爬升方式的不同而分成若干类型。塔式起重机广泛用于多层及高层民用建筑和多层工业厂房结构的安装施工。

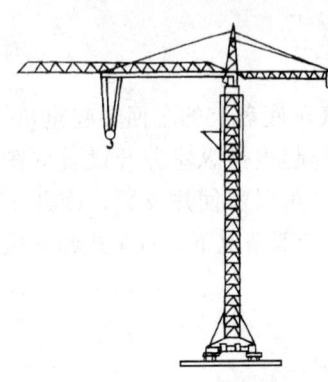

图 1-5-15 塔式起重机

下面就轨道式、爬升式和附着式塔式起重机作重点介绍。

1. 轨道式塔式起重机

轨道式塔式起重机是在多层房屋施工中应用最为广泛的一种起重机。该机种类繁多，能同时完成垂直和水平运输，在直线和曲线轨道上均能运行，且使用安全，生产效率高，能负荷行走，起重高度可按需要增减塔身互换节架。但是，需铺设轨道，装拆、转移费工费时，台班费较高，常用型号有QT1-2、QT2-6、QT60/80 以及 QT20 型等。

(1) QT1-2 型塔式起重机

QT1-2 型塔式起重机是我国目前应用较为广泛的一种轨道式轻型下旋塔式起重机。该机变幅、起重卷扬机及配重箱均设置在旋转架上，重心低、转动灵活、稳定性好，塔身与起重臂可折叠在一起整体拖运（图 1-5-16a）。该机起重量 1～2t，起重力矩 160kN·m，适用于 5～6 层的民用建筑的结构安装。

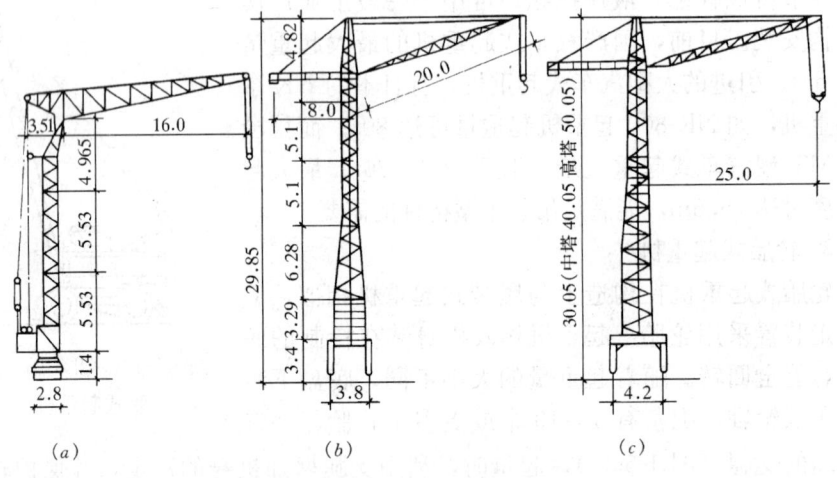

图 1-5-16 常用塔式起重机
(a) QT1-2；(b) QT2-6；(c) QT60/80

(2) QT2-6 型塔式起重机

QT2-6 型塔式起重机是上回转动臂变幅塔式起重机。该机由底盘、塔身、起重臂和平衡臂以及塔顶组成。因底部的轮廓尺寸较小，可附着在建筑物上，故应用较广。该机起重量为 2～6t，起重幅度为 8.5～20m，起重高度可达 40m。适用于构件较轻的多层框架或 8～10 层民用房屋的结构安装（图 1-5-16b）。

(3) QT60/80 型塔式起重机

QT60/80 型塔式起重机是上回转动臂变幅式起重机。起重力矩 600～800kN·m，起重量近10t，起重高度可达68m。一般用于多层装配式民用房屋和多层工业厂房施工（图1-5-16c）。其起重性能参数见表1-5-3。

轨道式塔式起重机在使用时，应注意以下几点：

1）塔式起重机的轨道位置，其边线应与建筑物有适当距离，以防发生碰撞事故和使建筑物基础产生沉陷。轨道两端必须设置车挡。

2）起重机工作时必须严格按额定起重量起吊，不得超载，亦不准吊运人员、斜拉重物、拔除地下埋设物。

3）司机必须得到指挥信号后，方可进行操作，操作前司机必须按电铃、发信号。吊物上升时，吊钩距起重臂端不得小于1m。工作休息和下班时，不得将重物悬吊在空中。

4）运转完毕，起重机应开到轨道中部位置停放，并用夹轨钳夹紧。吊钩上升到距起重臂端2~3m处，起重臂应转至平行于轨道方向。

5）所有控制器工作完毕后，必须扳到停止点（零位），拉开电源总开关。

6）六级风以上及雷雨天，禁止操作。

QT60/80型塔式起重机的起重性能 表1-5-3

塔级 (kN·m)	臂长 (m)	幅度 (m)	起升高度	起重量 (t)	塔级 (kN·m)	臂长 (m)	幅度 (m)	起升高度	起重量 (t)	塔级 (kN·m)	臂长 (m)	幅度 (m)	起升高度	起重量 (t)
高塔 600	30	30	50	2	中塔 700	30①	30	40	2	低塔 800	30②	30	30	2
	30	14.6	68	4.1		30	14.6	58	4.1		30	14.6	48	4.1
	25	25	49	2.4		25	25	39	2.8		25	25	29	3.2
	25	12.3	65	4.9		25	12.3	55	5.7		25	12.3	45	6.5
	20	20	48	3		20	20	38	3.5		20	20	28	4
	20	10	60	6		20	10	50	7		20	10	40	8
	15	15	47	4		15	15	37	4.7		15	15	27	5.3
	15	7.7	56	7.8		15	7.7	46	9		15	37.7	36	10.4

注：① 30m臂杆为加长臂，只作600kN·m使用；
② 该机是以北京地区情况设计的，工作风压250Pa，非工作风压450Pa。对其他地区，如沿海风大地区，使用时应作稳定性验算。

2. 爬升式塔式起重机

爬升式塔式起重机是安装在建筑物内部电梯井或特设开间的结构上，借助于爬升机构随建筑物的升高而向上爬升的起重机械。一般每隔1~2层楼便爬升一次。其特点是塔身短，不需轨道和附着装置，用钢量省，造价低，不占施工现场用地。但塔机荷载作用于楼层，建筑结构需进行相对加固，拆卸时需在屋面架设辅助起重设备。该机适用于施工现场狭窄的高层建筑工程（图1-5-17）。

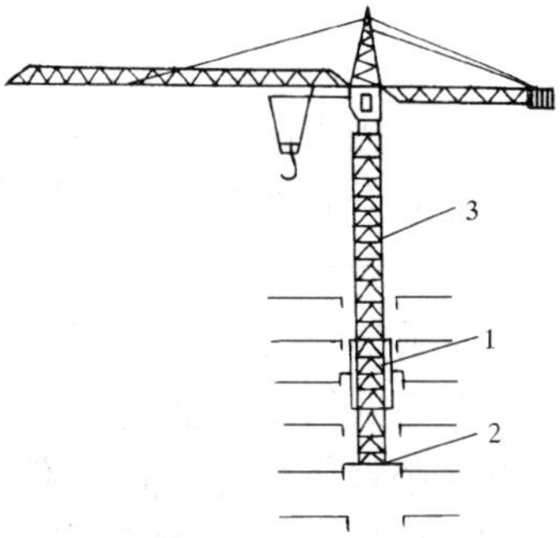

图1-5-17 爬升式塔式起重机
1—爬升套架；2—塔身底座；3—塔身

爬升式塔式起重机由底座、塔身、爬升套架、塔顶起重臂及平衡臂等组成。其主要型号有：QT5-4/40 型，QT5-4/60 型以及 QT3-4 型。

此类塔式起重机的爬升过程如图 1-5-18 所示，先用起重钩将套架提升到上一个塔位处予以固定（图 1-5-18b）；然后松开塔身底座梁与建筑物骨架的连接螺栓，收回支腿，将塔身提至需要位置（图 1-5-18c）；最后旋出支腿，扭紧连接螺栓，即可再次进行安装作业（图 1-5-18a）。

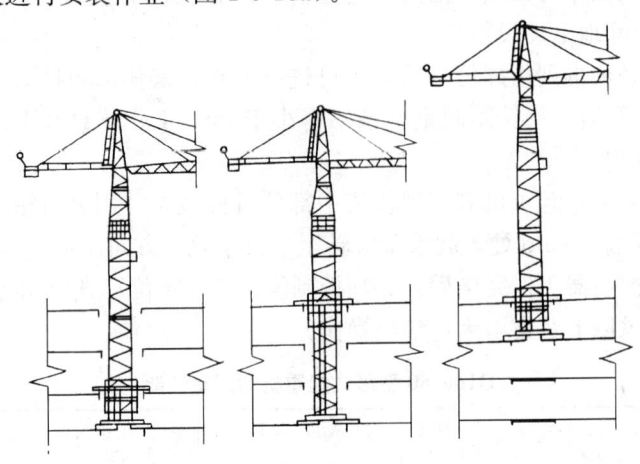

图 1-5-18 爬升过程示意图
(a) 准备状态；(b) 提升套架；(c) 提升塔身

爬升式塔式起重机在使用时，必须注意以下几点：

（1）根据爬升孔的尺寸和建筑结构特点，确定楼板开孔的大小，并准备合适的爬升套架；

（2）通过行驶起重小车，使塔吊上部前后方向（即起重臂方向和平衡臂方向）处于平衡状态，以便塔吊能比较容易地向上平稳爬升；

（3）爬升时，起重臂的指向应与液压爬升系统的扁担梁相垂直；

（4）爬升过程中，禁止回转臂架，导向装置间隙调整完毕后，禁止转动起重臂；

（5）当内爬塔式起重机爬升到指定楼层后，应立即拔出塔身基础的支承梁，并通过爬升套架传递垂直荷载；

（6）当风速超过 5 级时，不得进行爬升作业。

3. 附着式塔式起重机

附着式塔式起重机是固定在建筑物近旁混凝土基础上的起重机械，它可借助顶升系统将塔身自行向上接高，从而满足施工进度的要求。为了减小塔身的计算长度，应每隔 20m 左右将塔身与建筑物用锚固装置相连（图 1-5-19）。该塔式起重机多用于高层建筑施工。附着式塔式起重机还可安在建筑物内部作为爬升式塔式起重机使用，亦可作轨道式塔式起重机使用。QT4-10 型附着式塔式起重机，起重力矩可达1600kN·m，最大起重量可达5～10t，起重半径3～30m，并可根据建筑物建造高度自行接高（每次接高2.5m），最大起吊高度160m。

QT4-10型附着式塔式起重机的自升系统包括顶升套架、长行程液压千斤顶、承座、顶升横梁及定位销等。液压千斤顶的缸体安装在塔顶底端的承座上。其顶升过程可分为五个步骤（图1-5-20）：

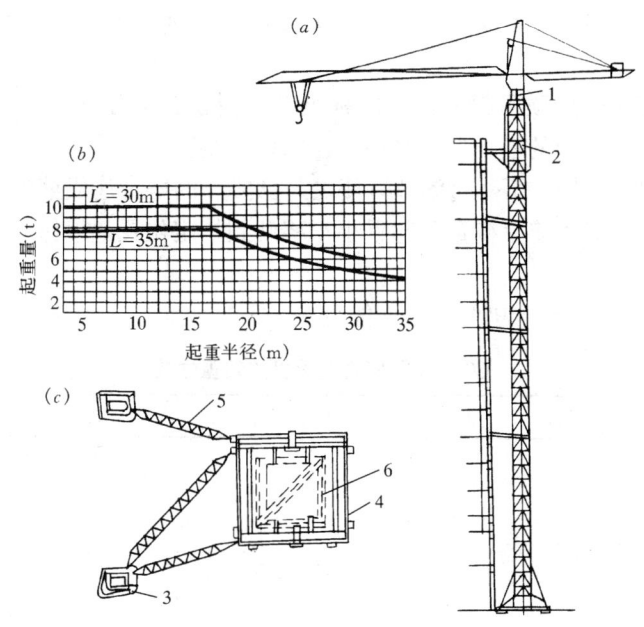

图1-5-19　QT4-10型塔式起重机
(a) 全貌图；(b) 性能曲线；(c) 锚固装置图
1—液压千斤顶；2—顶升套架；3—锚固装置；4—塔身套箍；5—撑杆；6—柱套箍

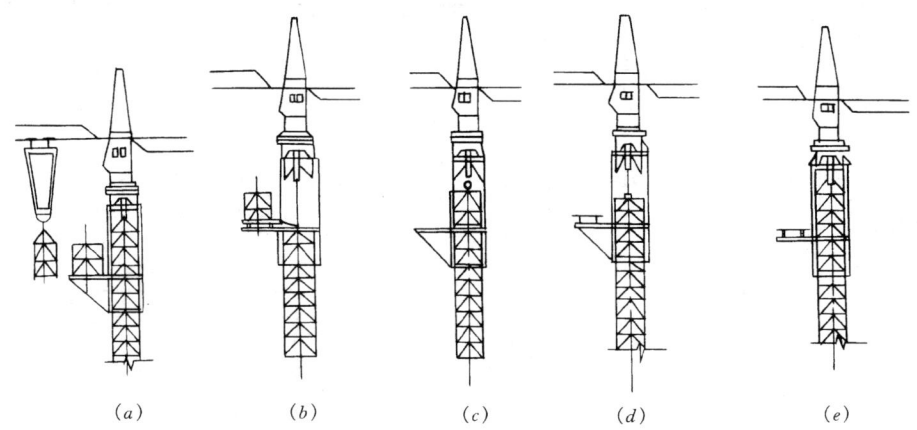

图1-5-20　附着式塔式起重机的自升过程
(a) 准备状态；(b) 顶升塔顶；(c) 推入标准节；(d) 安装标准节；(e) 塔顶与塔身连成整体

(a) 将标准节起吊到摆渡小车上,并将过渡节与塔身标准节相连接的螺栓松开,准备顶升。

(b) 开动液压千斤顶,将塔式起重机上部结构包括顶升套架向上升起到超过一个标准节的高度,然后用定位销将套架固定。这样,塔式起重机上部结构的重量便通过定位销传递到塔身上。

(c) 千斤顶回缩,形成引进空间,接着将装有标准节的摆渡小车推入引进空间。

(d) 用液压千斤顶顶起待接高的标准节,退出摆渡小车,然后将待接的标准节平稳地落到下面的塔身上,并用螺栓加以连接。

(e) 拔出定位销,下降过渡节,使之与已接高的塔身连成整体。

在顶升前,必须将平衡重和起重小车移动到指定位置,以保证顶升过程中的稳定。

QT4-10 型塔式起重机的起重性能见表 1-5-4。

QT4-10 型塔式起重机的起重性能　　　　表 1-5-4

臂长(m)	安装形式	起重半径(m)	滑轮组倍率	起重高度(m)	起重量(t)
30	固定式或移动式	3～16	2	40	5
			4	40	10
		20	2	40	5
			4	40	8
		30	2	40	5
			4	45	5
			4	50	4
	附着式或爬升式	3～16	2	160	5
			4	80	10
		20	2	160	5
			4	80	10
		30	2	160	5
			4	80	10
35	固定式或移动式	3～16	2	40	4
			4	40	8
		25	2	40	5
			4	40	5
		35	2	40	3
			4	45	4
			4	50	3、4
	附着式或爬升式	3～16	2	160	4
			4	80	8
		25	2	160	4
			4	80	4
		35	2	160	3
			4	80	4

近年来，国内外新型塔式起重机不断涌现。国内研制的有 QTl6、QT25、QT45、QT60、QT80 和 QT100 及 QTZ200、QT250 型塔式起重机。QT250 型附着式塔式起重机的起重臂长 60m，最大起重量可达 16t，附着时最大起吊高度 160m。上述塔式起重机均适用于高层建筑施工。目前，国内研制的塔式起重机虽然在品种和数量方面都有很大的发展，但仍不能满足我国高层建筑施工的需要，因此还从国外进口了不少先进的自升式塔式起重机。国外塔式起重机就其产量、系列品种及技术先进性等方面进行比较，德国的里勃海尔（Liebherr）、派因奈尔（Peiner）和法国的波坦（Potain）等厂在世界上居领先地位，我国进口的大多属上述厂家产品。当前，国外开发的重点是轻型快速安装塔式起重机。如 311A/A 体系、TK 体系的 TK2008、VK 体系的 VK20A-1 和 GA 体系的 GA1000D 等，均为小车变幅轻型塔式起重机。起重量为 0.55～1.4t，起升速度可达 40m/min。

5.1.4 龙门架、缆索起重机

1. 龙门架

龙门架是土木工程施工中常用的垂直起吊设备之一。常用的龙门架类型有钢木混合构造龙门架、拐脚龙门架和装配式钢桥桁架节（贝雷）拼制的龙门架（图 1-5-21）。在龙门架顶横梁上设行车时，可横向运输重物、构件；在龙门架两腿下缘设有滚轮并置于铁轨上时，可在铁轨上进行纵向运输；如在两腿下设能转向的滚轮时，可进行任何方向的水平运输。龙门架通常设置于预制场吊移构件，或

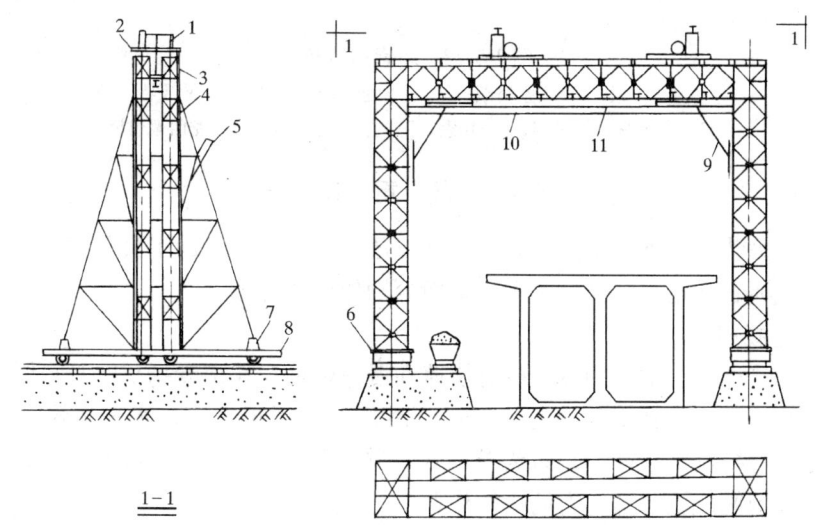

图 1-5-21 利用公路装配式钢梁桁架节拼制的龙门架

1—单筒慢速卷扬机；2—行道板；3—枕木；4—贝雷桁片；5—斜撑；
6—端柱；7—底梁；8—轨道平车；9—角车；10—加强吊杆；11—单轨

设在桥墩顶、桥墩旁安装大梁构件。

2. 缆索起重机

缆索起重机由主索、天线滑车、起重索、牵引索、起重及牵引绞车、主索地锚、塔架、风缆、主索平衡滑轮、电动卷扬机、手推绞车、链滑车及各种滑轮等部件组成。在吊装拱桥时，缆索吊装系统除上述各部件外，还有扣索、扣索排架、扣索地锚、扣索绞车等部件（图 1-5-22）。缆索起重机适用于高差较大的垂直吊装和架空纵向运输，吊运量从数顿至数十吨，纵向运距从几十米至几百米。

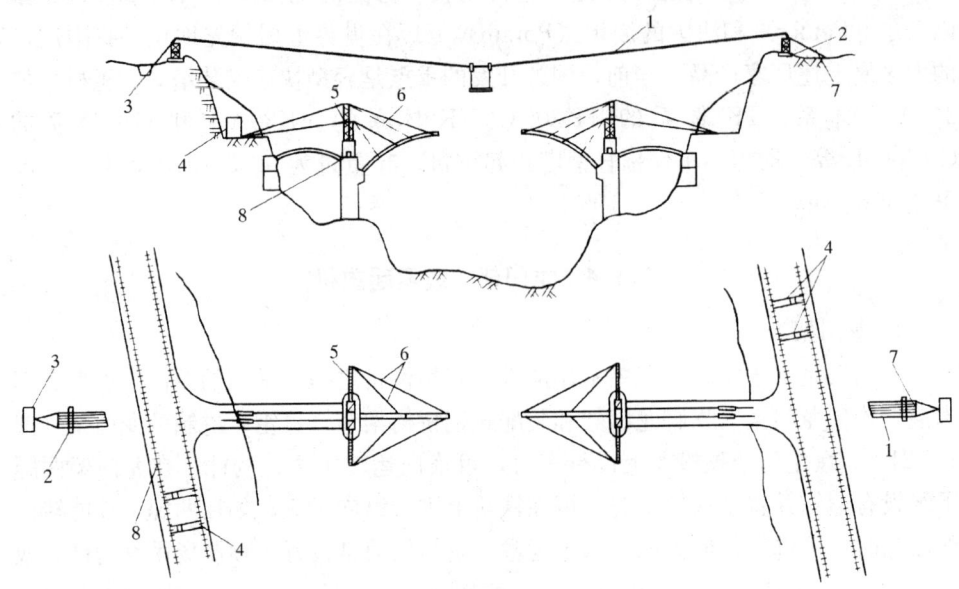

图 1-5-22 缆索吊装布置
1—主索；2—主索塔架；3—主索地垄；4—构件运输龙门架；
5—万能杆件缆风架；6—扣索；7—主索张紧装置；8—龙门架轨道

5.1.5 起 重 设 备

结构吊装工程施工中除了起重机外，还要使用许多辅助工具及设备，如卷扬机、钢丝绳、滑轮组、横吊梁等。下面分别作简要介绍。

1. 卷扬机

在建筑施工中常用的卷扬机有快速和慢速两种。快速卷扬机（JJK 型）又有单筒和双筒之分，其牵引力为 4.0～50kN，主要用于垂直、水平运输和打桩作业；慢速卷扬机（JJM 型）多为单筒式，其牵引力为 30～200 kN，主要用于结构吊装、钢筋冷拉和预应力筋张拉作业。

卷扬机的主要技术参数为卷筒牵引力、钢丝绳的速度和卷筒绳容量。

卷扬机在使用时必须用地锚予以固定，以防止工作时产生滑移或倾覆。由受力大小固定卷扬机的方法有螺栓锚固法、水平锚固法、立桩锚固法和压重锚固法四种（图 1-5-23）。

使用电动卷扬机应注意以下几点：

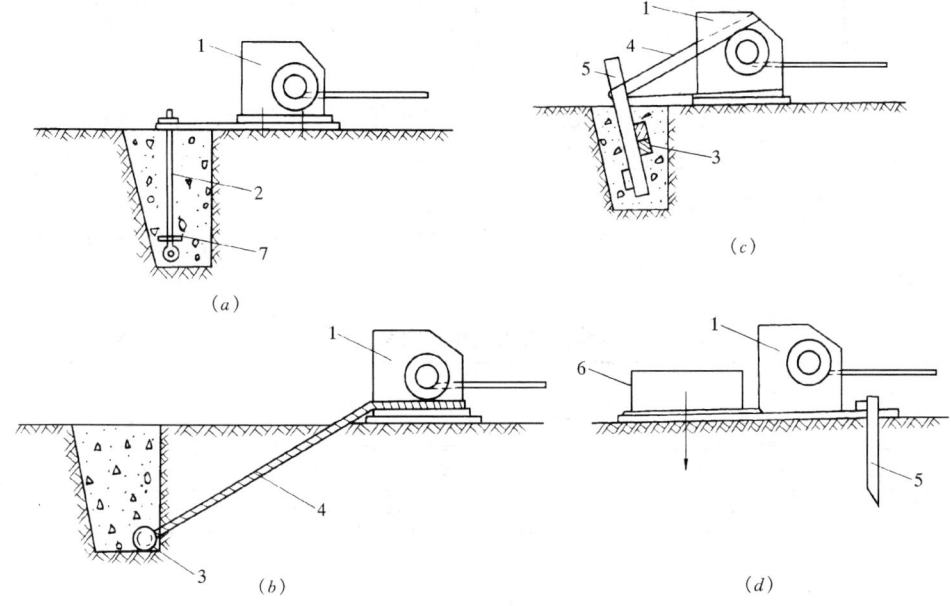

图 1-5-23　卷扬机的固定方法
(a) 螺栓锚固法；(b) 水平锚固法；(c) 立桩锚固法；(d) 压重锚固法
1—卷扬机；2—地脚螺栓；3—横木；4—拉索；5—木桩；6—压重；7—压板

(1) 电气线路要勤加检查，电动机要良好，电磁抱闸要有效，全机接地无漏电现象。

(2) 传动机要啮合正确，无杂音，加油润滑。

(3) 卷扬机使用的钢丝绳应与卷筒卡牢。在吊重物后放松钢丝绳，卷筒上最少应保留四周。

2. 滑轮组

滑轮组由一定数量的定滑轮和动滑轮以及绕过它们的绳索组成。滑轮组具有省力和改变力的方向的功能，是起重机械的重要组成部分。滑轮组共同负担构件重量的绳索根数称为工作线数。通常，滑轮组的名称以组成滑轮组定滑轮与动滑轮的数目表示。如由四个定滑轮和四个动滑轮组成的滑轮组称为四四滑轮组。

滑轮组钢丝绳跑头拉力 S，可按下式计算：

$$S = KQ \tag{1-5-7}$$

式中　S——跑头拉力；

　　　Q——计算荷载；

　　　K——滑轮组省力系数。

当钢丝绳从定滑轮绕出

$$K = \frac{f^n(f-1)}{f^n - 1} \tag{1-5-8}$$

当钢丝绳从动滑轮绕出

$$K = \frac{f^{n-1}(f-1)}{f^n - 1} \tag{1-5-9}$$

式中　f——单个滑轮的阻力系数，对青铜轴套轴承 $f=1.04$；对滚珠轴承 $f=1.02$；对无轴套轴承：$f=1.06$；

　　　n——工作线数。

起重机械所用滑轮组通常都是青铜轴套，其滑轮组的省力系数 K 值见表1-5-5。

青铜轴套滑轮组省力系数　　　　　　　表 1-5-5

工作线数	1	2	3	4	5	6	7	8	9	10
省力系数	1.04	0.529	0.360	0.275	0.224	0.190	0.166	0.148	0.134	0.123
工作线数	11	12	13	14	15	16	17	18	19	20
省力系数	0.114	0.106	0.100	0.095	0.090	0.086	0.082	0.079	0.076	0.074

3. 钢丝绳

结构吊装施工中常用的钢丝绳是先由若干根钢丝捻成股，再由若干股围绕绳芯捻成绳。其规格有 6×19 和 6×37 两种（6股，每股分别由19、37根钢丝捻成）。前者钢丝粗、较硬，不易弯曲，多用作缆风绳；后者钢丝细，较柔软，多用作起重用索。

钢丝绳的容许拉力应满足下式要求：

$$S \leqslant \frac{\alpha R}{K} \tag{1-5-10}$$

式中　S——钢丝绳容许拉力（N）；

　　　α——钢丝绳破断拉力换算系数（或受力不均匀系数），当钢丝绳为 6×19 时，α 取 0.85；当钢丝绳为 6×37 时，α 取 0.82；当钢丝绳为 6×61 时，α 取 0.80；

　　　R——钢丝绳的破断拉力总和；

　　　K——钢丝绳安全系数，按表1-5-6取值。

钢丝绳安全系数 K　　　　　　　表 1-5-6

用途	安全系数	用途	安全系数
作缆风绳	3.5	作吊索、无弯曲时	6～7
用于手动起重设备	4.5	作捆绑吊索	8～10
用于电动起重设备	5～6	用于载人升降机	14

4. 横吊梁

横吊梁亦称铁扁担，常用于柱和屋架等构件的吊装。用横吊梁吊柱可使柱身保持垂直，便于安装；用横吊梁吊屋架则可降低起吊高度和减少吊索的水平分力对屋架的压力。

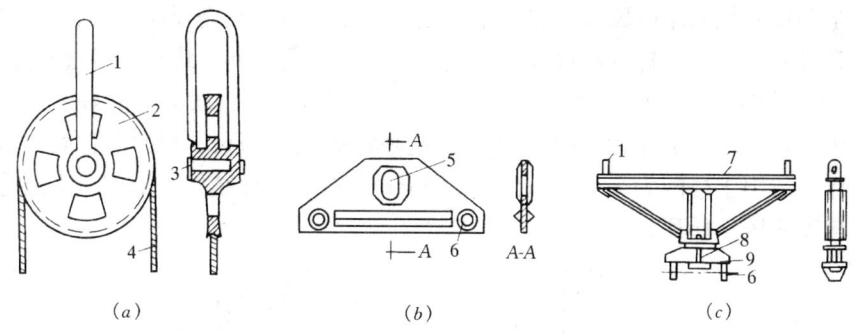

图 1-5-24　横吊梁

(a) 滑轮横吊梁；(b) 钢板横吊梁；(c) 桁架横吊梁

1—吊环；2—滑轮；3—轮轴；4—吊索；
5—挂吊索的孔眼；6—挂吊索的孔眼；7—桁架；8—转轴；9—横梁

横吊梁有滑轮横吊梁、钢板横吊梁、桁架横吊梁和钢管横吊梁等形式。滑轮横吊梁由吊环、滑轮和轮轴等部分组成（图 1-5-24a），一般用于吊装 8t 以内的柱；钢板横吊梁由 Q235 钢板制作而成（图 1-5-24b），一般用于 10t 以下柱的吊装；桁架横吊梁用于双机抬吊安装柱子（图 1-5-24c）；钢管横吊梁的钢管长 6~12m（图 1-5-25），一般用于吊屋架。

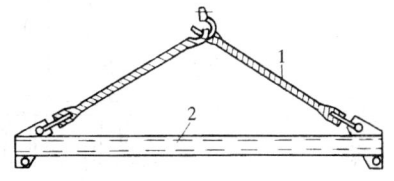

图 1-5-25　钢管横吊梁

1—吊索；2—吊梁

5.1.6　提　升　机

提升机分为电动提升机和液压提升机两大类，是升板结构施工的主要设备。电动提升机利用异步电机驱动，通过链条和蜗轮蜗杆旋转螺母使螺杆升降，从而带动提升杆升降。液压提升机有电动液压千斤顶、穿心式液压提升机等，都是通过液压螺旋千斤顶进油、回油的往复运动带动提升杆爬升。目前在我国使用最广泛的是自升式电动螺旋千斤顶，又称电动提升机或升板机。图 1-5-26 为电动螺旋千斤顶沿柱自升装置简图。它是借助连接器、吊杆与楼板连接，在提升过程中千斤顶能自行爬升，从而消除了其他提升设备需置于柱顶而影响柱子稳定性和升差不易控制等缺点。

电动螺旋千斤顶的自升过程是：①在提升的楼板下面放置承重销，使楼板临时支承在放于休息孔内的承重销上；②放下提升机底部的四个撑脚顶住楼板；③

去掉悬挂提升机的承重销；④开动提升机使螺母反转，此时螺杆为楼板顶住不能下降而迫使提升机沿螺杆上升，待升到螺杆顶端时停止开动，插入承重销挂住提升架；⑤取下螺杆下端支承，抽去板下承重销继续升板。

全部提升机采用电路控制箱集中控制，控制箱可根据需要使一台、几台或全部提升机启闭。起重螺杆和螺母应与提升机配套使用，起重螺杆用经过热处理的45号钢、冷拉45号钢、调质40Cr钢等制成，螺母宜采用耐磨性能好的QT60-2球墨铸铁，并用二硫化钼作润滑剂，可减少螺母磨损，延长其使用寿命。电动螺旋千斤顶适用于柱网为6m×6m、板厚20cm左右的升板结构。如超过上述范围，需用自动液压千斤顶。

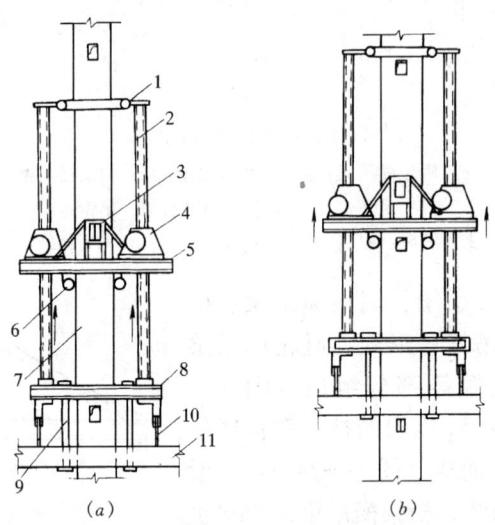

图 1-5-26　电动螺旋千斤顶自升装置示意图
(a) 提升屋面板；(b) 千斤顶爬升
1—螺杆固定架；2—螺杆；3—承重销；4—电动螺旋千斤顶；
5—提升机底盘；6—导向轮；7—柱；8—提升架；9—吊杆；
10—提升架支腿；11—屋面板

§5.2　混凝土结构安装工程

5.2.1　混凝土构件的制作

混凝土构件的制作分为工厂制作（预制构件厂）和现场制作。中小型构件，如屋面板、墙板、吊车梁等，多采用工厂制作；大型构件或尺寸较大不便运输的构件，如屋架、桥面板、大梁、柱等，则采用现场制作。在条件许可时，应尽可能采用叠浇法制作，叠层数量由地基承载能力和施工条件确定，一般不超过4

层，上下层之间应做好隔离层，上层构件的浇筑应待下层构件混凝土达到强度设计值的30%后才可进行，构件制作场地应平整坚实，并有排水措施。

混凝土构件的制作，可采用台座、钢平模和成组立模等方法。台座表面应光滑平整，在2m长度上平整度的允许偏差为3mm，在气温变化较大的地区应留有伸缩缝。预制构件模板可根据实际情况选择木模板、组合钢模板进行搭设，模板的连接和支撑要牢靠，拆除模板时，要保证混凝土的表面质量和对强度的要求。钢筋安装时，要保证其位置及数量的正确，确保保护层厚度符合设计的要求。

对于混凝土薄板可采用平板式振动器，对于厚大构件则可采用插入式振动器。

5.2.2 混凝土构件的运输和堆放

构件运输过程，通常要经过起吊、装车、运输和卸车等工序。目前构件运输的主要方式为汽车运输，多采用载重汽车和平板拖车（图1-5-27）。除此之外，在距离远又有条件的地方，也可采用铁路和水路运输。在运输运程中为防止构件变形、倾倒、损坏，对高宽比过大的构件或多层叠放运输的构件，应采用设置工具或支承框架、固定架、支撑等予以固定，构件的支承位置和方法要得当，以保证构件受力合理。各构件间应有隔板或垫木，且上下垫木应保证在同一垂直线上。运输道路应坚实平整，有足够的转弯半径和宽度，运速适当，行驶平稳。构件运输时混凝土强度应满足设计要求，若设计无要求时，则不应低于强度设计值的75%。

构件应按照施工组织设计的平面布置图进行堆放，以免出现二次搬运。堆放构件时，应使构件堆放状态符合设计受力状态。构件应放置在垫木上，各层垫木的位置应在一条垂直线上，以免构件折断。构件的堆置高度，应视构件的强度、

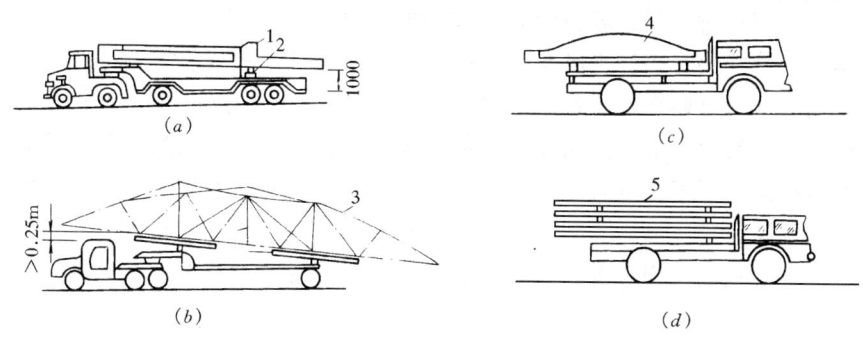

图1-5-27 构件运输示意图
(a) 柱子运输；(b) 屋架运输；(c) 吊车梁运输；(d) 屋面板运输
1—柱子；2—垫木；3—屋架；4—吊车梁；5—屋面板

垫木强度、地面承载力等情况而定。

5.2.3 构件安装工艺

构件安装一般包括：绑扎、起吊、对位、临时固定、校正和最后固定等工序。

1. 柱的安装

(1) 单层厂房柱的安装

1) 柱的绑扎

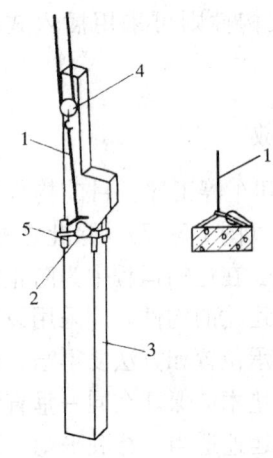

图 1-5-28 柱的斜吊绑扎法
1—吊索；2—活络卡环；3—柱；
4—滑车；5—方木

柱的绑扎方法、绑扎位置和绑扎点数应视柱的形状、长度、截面、配筋、起吊方法及起重机性能等因素而定。因柱起吊时吊离地面的瞬间由自重产生的弯矩最大，其最合理的绑扎点位置，应按柱产生的正负弯矩绝对值相等的原则来确定。一般中小型柱（自重13t以下）大多采用一点绑扎；重柱或配筋少而细长的柱（如抗风柱）为防止在起吊过程中柱身断裂，常采用两点甚至三点绑扎；对于有牛腿的柱，其绑扎点应选在牛腿下200mm处；工字形断面和双肢柱，应选在矩形断面处，否则应在绑扎位置用方木加固翼缘，以免翼缘在起吊时损坏。

按柱起吊后柱身是否垂直，分为直吊法和斜吊法，相应的绑扎方法有：

①斜吊绑扎法　当柱平卧起吊的抗弯能力满足要求时，可采用斜吊绑扎（图1-5-28）。该方法的特点是柱不需翻身，起重钩可低于柱顶，当柱身较长、起重机臂长不够时，用此法较方便。但因柱身倾斜，就位时对中较困难。

②直吊绑扎法　当柱平卧起吊的抗弯能力不足时，吊装前需先将柱翻身后再绑扎起吊，这时就要采取直吊绑扎法（图1-5-29）。该方法的特点是吊索从柱的两侧引出，上端通过卡环或滑轮挂在铁扁担上。起吊时，铁扁担位于柱顶上，柱身呈垂直状态，便于柱垂直插入杯口和对中、校正。但由于铁扁担高于柱顶，需用较长的起重臂。

③两点绑扎法　当柱身较长，一点绑扎和抗弯能力不足时，可采用两点绑扎起吊（图1-5-30）。

2) 柱的起吊

柱子起吊方法主要有旋转法和滑行法。按使用机械数量可分为单机起吊和双机抬吊。

①单机起吊

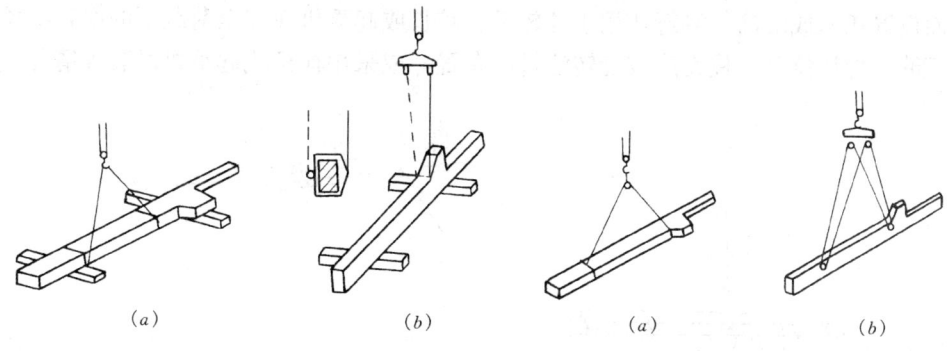

图 1-5-29 柱的翻身及直吊绑扎法
(a) 柱翻身绑扎法；(b) 柱直吊绑扎法

图 1-5-30 柱的两点绑扎法
(a) 斜吊；(b) 直吊

A. 旋转法。起重机边升钩边回转起重臂，使柱绕柱脚旋转而呈直立状态，然后将其插入杯口中（图 1-5-31）。其特点是：柱在平面布置时，柱脚靠近基础，为使其在吊升过程中保持一定的回转半径（起重臂不起伏），应使柱的绑扎点、柱脚中心和杯口中心三点共弧。该弧所在圆的圆心即为起重机的回转中心，半径为圆心到绑扎点的距离。若施工现场受到限制，不能布置成三点共弧，则可采用绑扎点与基础中心或柱脚与基础中心两点共弧布置。但在起吊过程中，需改变回转半径和起重臂仰角，工效低且安全度较差。旋转法吊升柱振动小，生产效率较高，但对起重机的机动性要求高。此法多用于中小型柱的吊装。

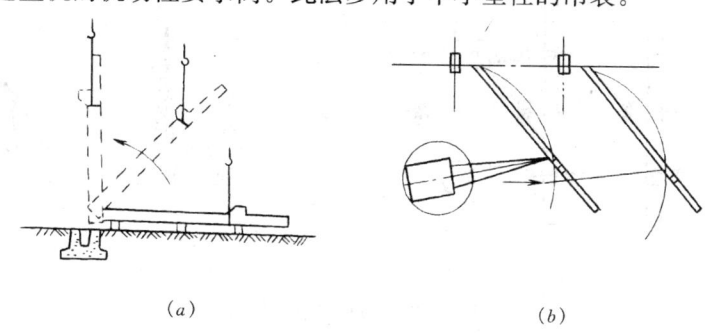

图 1-5-31 旋转法吊柱
(a) 旋转过程；(b) 平面布置

B. 滑行法。柱起吊时，起重机只升钩，起重臂不转动，使柱脚沿地面滑升逐渐直立，然后插入基础杯口（图 1-5-32）。采用此法起吊时，柱的绑扎点布置在杯口附近，并与杯口中心位于起重机的同一工作半径的圆弧上，以便将柱子吊离地面后，稍转动起重臂杆，就可就位。采用滑行法吊柱，具有以下特点：在起吊过程中起重机只需转动起重臂即可吊柱就位，比较安全。但柱在滑行过程中受到振动，使构件、吊具和起重机产生附加内力。为了减少滑行阻力，可在柱脚下面设置托木或滚筒。滑行法用于柱较重、较长或起重机在安全荷载下的回转半径不够,现场狭窄、柱无法按旋转法排放布置,或采用桅杆式起重机吊装等情况。

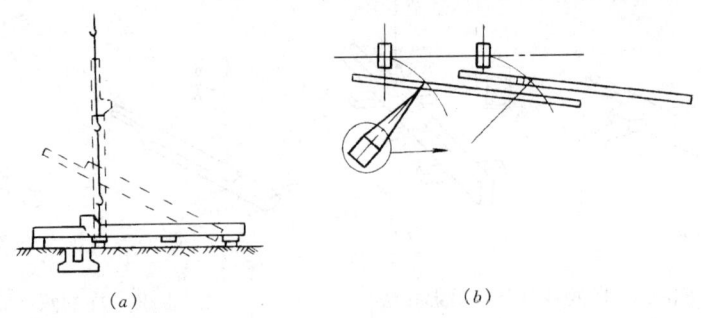

图 1-5-32 滑行法吊柱
(a) 滑行过程;(b) 平面布置

②双机抬吊 当柱子体形、重量较大,一台起重机为性能所限,不能满足吊装要求时,可采用两台起重机联合起吊。其起吊方法可采用旋转法(两点抬吊)和滑行法(一点抬吊)。

双机抬吊旋转法是用一台起重机抬柱的上吊点,另一台抬柱的下吊点,柱的布置应使两个吊点与基础中心分别处于起重半径的圆弧上,两台起重机并立于柱的一侧(图 1-5-33)。

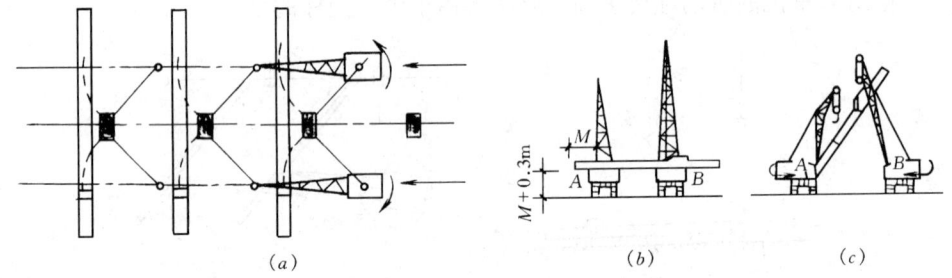

图 1-5-33 双机抬吊旋转法
(a) 柱的平面布置;(b) 双机同时提升吊钩;(c) 双机同时向杯口旋转

起吊时,两机同时同速升钩,至柱离地面 0.3m 高度时,停止上升;然后,两起重机的起重臂同时向杯口旋转;此时,从动起重机 A 只旋转不提升,主动起重机 B 则边旋转边提升吊钩直至柱直立,双机以等速缓慢落钩,将柱插入杯口中。

双机抬吊滑行法柱的平面布置与单机起吊滑行法基本相同。两台起重机相对而立,其吊钩均应位于基础上方(图 1-5-34)。起吊时,两台起重机以相同的升钩、降钩、旋转速度工作。故宜选择型号相同的起重机。

采用双机抬吊,为使各机的负荷均不超过该机的起重能力,应进行负荷分配

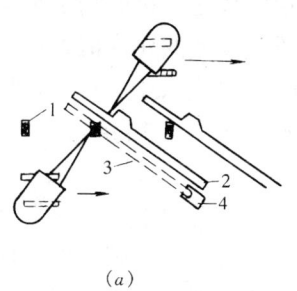
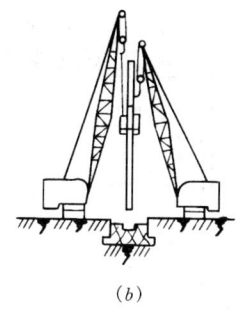

图 1-5-34 双机抬吊滑行法
(a) 俯视图；(b) 立面图
1—基础；2—柱预制位置；3—柱翻身后位置；4—滚动支座

(图 1-5-35)，其计算方法如下：

$$P_1 = 1.25Q d_2/(d_1+d_2) \quad (1\text{-}5\text{-}11)$$
$$P_2 = 1.25Q d_1/(d_1+d_2) \quad (1\text{-}5\text{-}12)$$

式中　Q——柱的重量（t）；
　　　P_1——第一台起重机的负荷（t）；
　　　P_2——第二台起重机的负荷（t）；
　　d_1、d_2——起重机吊点至柱重心的距离（m）；
　　1.25——双机抬吊可能引起的超负荷系数，若有不超荷的保证措施，可不乘此系数。

3）柱的对位与临时固定

柱脚插入杯口后，应悬离杯底 30～50mm 进行对位。对位时，应先沿柱子四周向杯口放入 8 只楔块，并用撬棍拨动柱脚，使柱子安装中心线对准杯口上的安装中心线，保持柱子基本垂直。当对位完成后，即可落钩将柱脚放入杯底，并复查中线，待符合要求后，即可将楔子打紧，使之临时固定（图 1-5-36）。当柱基的杯口深度与柱长之比小于 1/20，或为具有较大牛腿的重型柱，还应采取增设带花篮螺栓的缆风绳或加斜撑等措施加强柱临时固定的稳定。

4）柱的校正

柱的校正包括平面位置校正、垂直度校正和标高校正。平面位置的校正，在柱临时固定前进行对位时就已完成。而柱标高则在吊装前已通过按实际柱长调整杯底标高的方法进行了校正。垂直度的校正，则应在柱临时

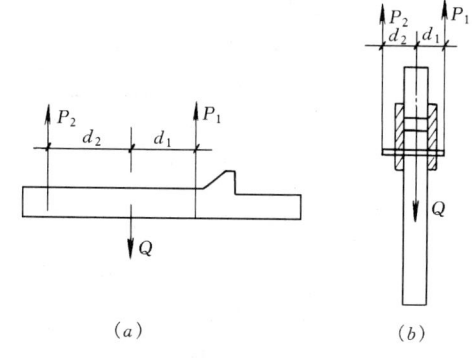

图 1-5-35 负荷分配计算简图
(a) 两点抬吊；(b) 一点抬吊

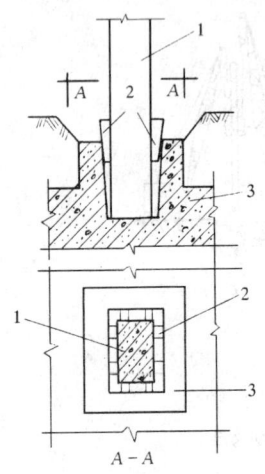

图1-5-36 柱的临时固定
1—柱；2—楔块；3—基础

固定后进行。柱垂直度的校正直接影响吊车梁、屋架等安装的准确性，要求垂直偏差的允许值为：当柱高不大于5m时偏差为5mm；当柱高大于5m且小于10m时偏差为10mm；当柱高不小于10m时偏差为1/1000柱高且不大于20mm。

柱垂直度的校正方法，对中小型柱或垂直偏差值较小时，可用敲打楔块法；对重型柱则可用千斤顶法、钢管撑杆法、缆风绳校正法（图1-5-37）。

5）柱的最后固定

柱校正后，应将楔块以每两个一组对称、均匀、分次打紧，并立即进行最后固定。其方法是在柱脚与杯口的空隙中浇筑比柱混凝土强度等级高一级的细石混凝土。混凝土的浇筑分两次进行。第一次浇至楔块底面，待混凝土达到25%的设计强度后，拔去楔块，再第二次浇筑混凝土至杯口顶面，并进行养护；待第二次浇筑的混凝土强度达到75%设计强度后，方能安装上部构件。

（2）装配式框架柱的安装

1）柱子吊装

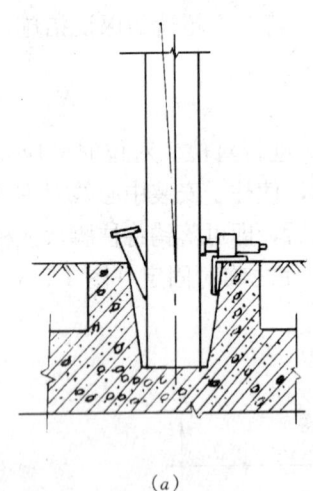
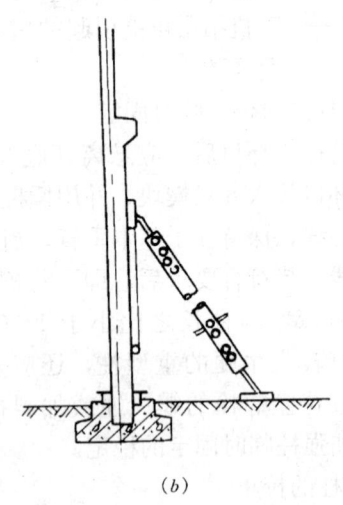

(a) (b)

图1-5-37 柱垂直度校正方法
(a) 千斤顶校正法；(b) 钢管撑杆法

装配式框架结构由柱、主梁、次梁、楼板等组成。结构柱截面一般为方形或矩形。为了便于预制和吊装，各层柱的截面应尽量保持不变，而以改变混凝土强度等级来适应荷载变化。当采用塔式起重机进行吊装时，柱长以1～2层楼高为宜；对于 4~5 层框架结构，若采用履带式起重机吊装，则柱长通常采用一节到顶的方案，柱与柱的接头宜设在弯矩较小的地方或梁柱节点处。

框架柱由于长细比过大，吊装时必须合理选择吊点位置和吊装方法，以免在吊装过程中产生裂缝或断裂。通常，当柱长在 12m 以内时，可采用一点绑扎，当柱长超过 12m 时，则可采用两点绑扎，必要时应进行吊装应力和抗裂度验算。应尽量避免三点或多点绑扎和起吊。柱子起吊方法与单层厂房柱子相同。框架底层柱与基础杯口的连接方法亦与单层厂房相同。柱的临时固定多采用固定器或管式支撑（图 1-5-38）。

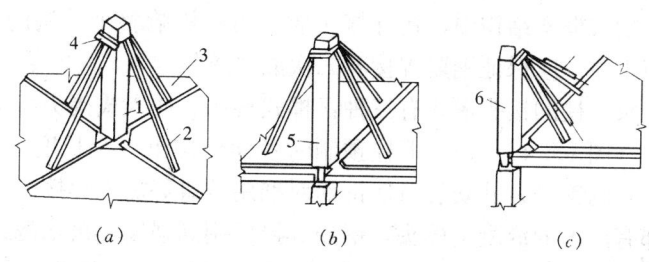

图 1-5-38　柱子的临时固定设备
1—上节内柱；2—斜撑；3—楼板；4—环箍；5—上节边柱；6—上节角柱

2）柱子校正

柱子垂直度的校正一般用经纬仪、线坠进行。柱的校正需要 2~3 次。首先在脱钩后电焊前进行初校，在柱接头电焊后进行第二次校正，观测电焊时钢筋受热收缩不均引起的偏差。此外，在梁和楼板安装后还需检查一次，以便消除梁柱接头电焊而产生的偏差。柱在校正时，应力求上下节柱正确以消除积累偏差，但当下节柱经最后校正仍存在偏差，若在允许范围内可以不再作调整。在此情况下吊装上节柱时，一般应使上节柱底部中心线对准下节柱顶中心线和标准中心线的中点，即 $a/2$ 处（图 1-5-39），而上节柱的顶部，在校正时仍以标准中心线为准，以此类推。在柱的校正过程中，当垂直度和水平位移均有偏差时，若垂直度偏移较大，则应先校正垂直度，而后校正水平位移，以减少柱顶倾覆的可能性。柱的垂直度允许偏移值不大于 $H/1000$（H 为柱高），且不大于 10mm，水平位移允许在 5mm 以内。

由于多层框架结构的柱子细长，在强烈阳光照射下，温差会使柱产生弯曲变形，因此在柱的校正工作中，通常采取以下措施予以消除：

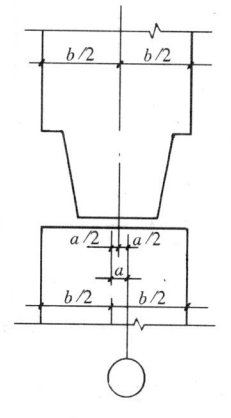

图 1-5-39　上下节柱校正时中心线偏差的调整
a—下节柱顶中心线偏差；
b—柱宽

①在无阳光（如阴天、早晨、晚间）影响下进行校正。

②在同一轴线上的柱，可选择第一根柱（标准柱）在无温差影响下精确校正，其余柱均以此柱作为校正标准。

③预留偏差。其方法是在无温差条件下弹出柱的中心线。在有温差条件下校正 1/2 处的中心线，使其与杯口中心线垂直（图 1-5-40a），测得柱顶偏移值为 Δ；再在同方向将柱顶增加偏移值 Δ（图 1-5-40b），当温差消失后该柱回到垂直状态（图 1-5-40c）。

3）构件的接头

在多层装配式框架结构中，构件接头质量直接影响整个结构的稳定和刚度。因此，接头施工时，应保证钢筋焊接和二次灌浆质量。

①柱的接头　柱的接头形式有三种：榫式接头、插入式接头和浆锚接头。

榫式接头（图 1-5-41）是上下柱预制时各向外伸出一定长度（宜大于 25 倍纵向钢筋直径）的钢筋，柱安装时使钢筋对准用坡口焊加以焊接。为承受施工荷载，上柱底部有凸出的混凝土榫头，钢筋焊接后用高强度等级水泥或微膨胀水泥拌制的比柱混凝土设计强度等级高 25% 的细石混凝土进行接头浇筑。待接头混凝土达到 75% 设计强度后，再吊装上层构件。为了使上下柱伸出的钢筋能对准，柱预制时最好用连续通长钢筋，为了避免过大的焊接应力对柱子垂直度的影响，对焊接顺序和焊接方法要周密考虑。

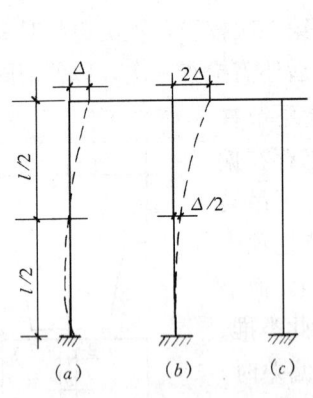

图 1-5-40　预留偏差简图

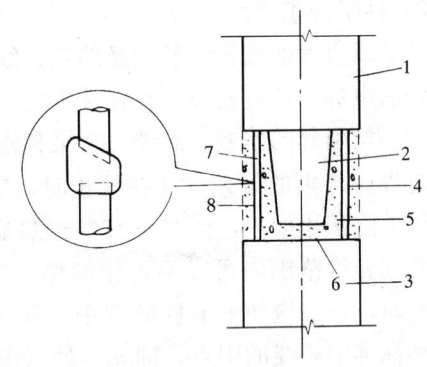

图 1-5-41　榫式接头

1—上柱；2—上柱榫头；3—下柱；4—坡口焊；
5—下柱外伸钢筋；6—砂浆；7—上柱外伸钢筋；
8—后浇接头混凝土

浆锚接头（图 1-5-42）是在上柱底部外伸 4 根长约 300～700mm 的锚固钢筋，在下柱顶部则预留 4 个深约 350～750mm、孔径约 2.5～4.0d（d 为锚固钢筋直径）的浆锚孔，在插入上柱之前，先在浆锚孔内灌入快凝砂浆，在下柱顶面亦铺满厚约 10mm 的砂浆，然后把上柱锚固钢筋插入孔内，使上下柱连成整体。也可以用灌浆或后压浆工艺。浆锚接头不需要焊接，避免了焊接工作带来的诸多不利因素，但连接质量低于榫式接头。

插入式接头（图 1-5-43）也是将上节柱做成榫头，而下节柱顶部做成杯口。上节柱插入杯口后用水泥砂浆灌注成整体。此种接头不用焊接，安装方便，造价低，但在大偏心受压时，必须采取构造措施，以避免受拉边产生裂缝。

②柱与梁的接头　装配式框架柱与梁的接头视结构设计要求而定。可以是刚接，也可以是铰接。接头形式有浇筑整体式、牛腿式和齿槽式等，其中以浇筑整体式接头应用最为广泛。

浇筑整体式接头（图 1-5-44），是把柱与柱、柱与梁浇筑在一起的刚接节点，抗震性能好。其具体做法是：柱为每层一节，梁搁在柱上，梁底钢筋按锚固长度要求上弯或焊接。在节点绑扎好箍筋后，浇筑混凝土至楼板面，待混凝土强度达 $10N/mm^2$ 即可安装上节柱。上节柱与榫式接头相似，上、下柱钢筋单面焊接，然后第二次浇筑混凝土至上柱的接头上方并留 35mm 空隙，用 1∶1∶1 的细石混凝土捻缝，以形成梁柱刚接接头。

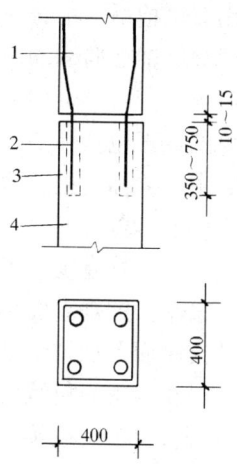

图 1-5-42　浆锚接头
1—上柱；2—上柱外伸锚固钢筋；3—浆锚孔；4—下柱

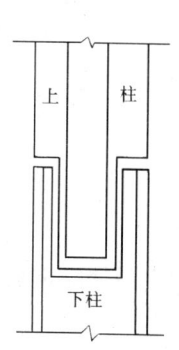

图 1-5-43　插入式接头

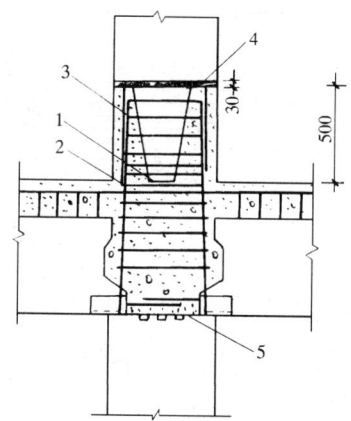

图 1-5-44　浇筑整体式接头
1—定位预埋件；2—ϕ12 定位箍筋；3—单面焊 4～6d；4—捻干硬性混凝土；5—单面焊 8d

2. 吊车梁的安装

吊车梁的类型通常有 T 形、鱼腹式和组合式等几种。安装时应采用两点绑扎，对称起吊，当跨度为 12m 时亦可采用横吊梁，一般为单机起吊，特重的也可用双机抬吊。吊钩应对准吊车梁重心使其起吊后基本保持水平，对位时不宜用撬棍顺纵轴方向撬动吊车梁。吊车梁的校正可在屋盖吊装前进行，也可在屋盖吊装后进行。对于重型吊车梁的校正宜在屋盖吊装前进行，边吊吊车梁边校正。吊车梁的校正包括标高、垂直度和平面位置等内容。

吊车梁标高主要取决于柱子牛腿标高，在柱吊装前已进行了调整，若还存在微小偏差，可待安装轨道时再调整。

吊车梁垂直度和平面位置的校正可同时进行。

吊车梁的垂直度可用垂球检查，偏差值应在 5mm 以内。若有偏差，可在两端的支座面上加斜垫铁纠正，每叠垫铁不得超过 3 块。

吊车梁平面位置的校正，主要是检查吊车梁纵轴线以及两列吊车梁间的跨度是否符合要求。按施工规范要求，轴线偏差不得大于 5mm，在屋架安装前校正时，跨距不得有正偏差，以防屋架安装后柱顶向外偏移。吊车梁平面位置的校正方法，通常有通线法和平行移轴法。通线法是根据柱的定位轴线用经纬仪和钢尺准确地校好一跨内两端的 4 根吊车梁的纵轴线和轨距，再依据校正好的端部吊车梁，沿其轴线拉上钢丝通线，两端垫高 200mm 左右，并悬挂重物拉紧，逐根拨正吊车梁（图 1-5-45）。平行移轴法是根据柱和吊车梁的定位轴线间的距离（一般为 750mm），逐根拨正吊车梁的安装中心线（图 1-5-46）。

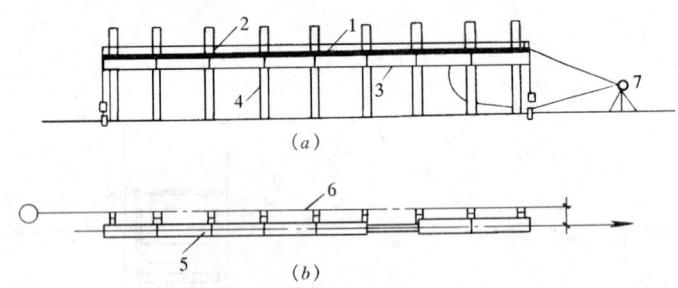

图 1-5-45 通线法校正吊车梁
(a) 立面图；(b) 平面图
1—柱；2—圆钢；3—吊车梁；4—钢丝；5—吊车梁纵轴线；6—柱轴线；7—经纬仪

吊车梁校正后，应立即焊接牢固，并在吊车梁与柱接头的空隙处浇筑细石混凝土进行最后固定。

3. 钢筋混凝土屋架的安装

(1) 屋架的扶直与就位

钢筋混凝土屋架一般在施工现场平卧重叠预制，吊装前尚应将屋架扶直和就位。屋架是平面受力构件，扶直时在自重作用下屋架承受平面外力，部分改变了构件的受力性质，特别是上弦杆易挠曲开裂。因此，需事先进行吊装应力验算，如截面强度不够，则应采取加固措施。

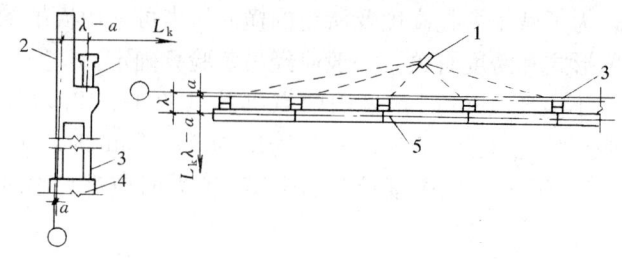

图 1-5-46 平行移轴法校正吊车梁
1—经纬仪；2—标记；3—柱；4—柱基础；5—吊车梁

按起重机与屋架相对位置不同，屋架扶直可分为正向扶直与反向扶直两种。

1) 正向扶直

起重机位于屋架下弦一侧，首先以吊钩中心对准屋架上弦中点，收紧吊钩，然后略略起臂使屋架脱模，接着起重机升钩并升臂使屋架以下弦为轴缓慢转为直立状态（图 1-5-47a）。

2) 反向扶直

起重机位于屋架上弦一侧，首先以吊钩对准屋架上弦中点，接着升钩并降臂，使屋架以下弦为轴缓慢转为直立状态（图 1-5-47b）。

正向扶直与反向扶直的区别在于扶直过程中，一升臂，一降臂，以保持吊钩始终在上弦中点的垂直上方。升臂比降臂易于操作且比较安全，因此应尽可能采用正向扶直。

屋架扶直后，应立即就位，即将屋架移往吊装前的规定位置。就位的位置与屋架的安装方法、起重机的性能有关。应考虑屋架的安装顺序、两端朝向等问题且应少占场地，便于吊装作业。一般靠柱边斜放或以 3～5 榀为一组平行柱边纵向就位，用支撑或绑扎丝等与已安装好的柱或已就位的屋架拉牢，以保持稳定。

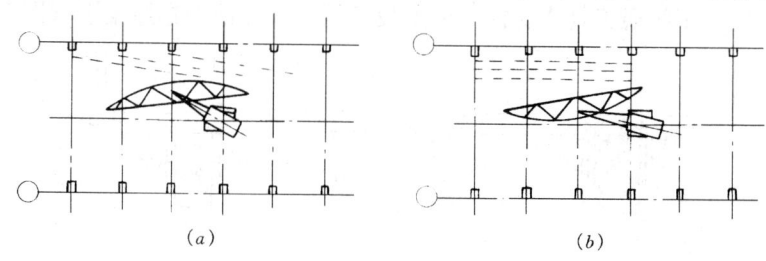

图 1-5-47 屋架的扶直
(a) 正向扶直；(b) 反向扶直

(2) 屋架的绑扎

屋架的绑扎点应选在上弦节点处，左右对称，并高于屋架重心，以免屋架起吊后晃动和倾翻。吊索与水平线的夹角不宜小于 45°，以免屋架承受过大的横向压力。必要时，为了减小绑扎高度及所受的横向压力可采用横吊梁。吊点的数目及位置与屋架的形式和跨度有关，一般应经吊装验算确定。

当屋架跨度不大于 18m 时，采用两点绑扎（图 1-5-48a）；当跨度为 18～24m 时，采用四点绑扎（图 1-5-48b）；当跨度为 30～36m 时，采用 9m 横吊梁，四点绑扎（图 1-5-48c）；侧向刚度较差的屋架，必要时应进行临时加固（图 1-5-48d）。

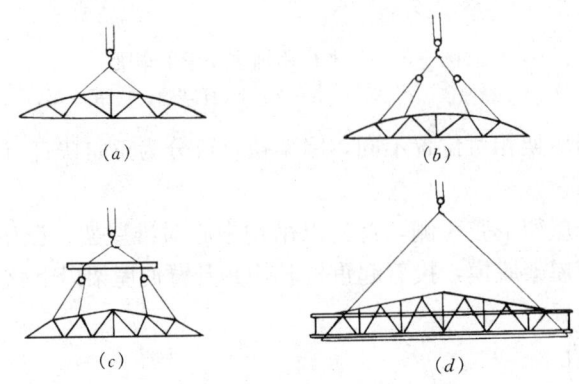

图 1-5-48 屋架的绑扎方法

(a) 两点绑扎；(b) 四点绑扎；(c) 横吊梁，四点绑扎；(d) 临时加固

(3) 屋架的起吊和临时固定

屋架的起吊是先将屋架吊离地面约 500mm，然后将屋架转至吊装位置下方，再将屋架吊升超过柱顶约 300mm，然后将屋架缓慢放至柱顶，对准建筑物的定位轴线。该轴线在屋架吊装前已用经纬仪放到了柱顶。规范规定，屋架下弦中心线对定位轴线的移位允许偏差为 5mm。屋架的临时固定方法是：第一榀屋架用四根缆风绳从两边将屋架拉牢，亦可将屋架临时支撑在抗风柱上，其他各榀屋架的临时固定是用两根工具式支撑（屋架校正器）撑在前一榀屋架上（图 1-5-49）。

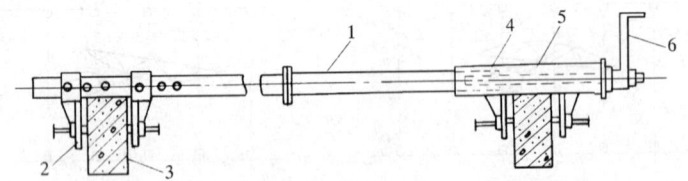

图 1-5-49 屋架校正器

1—钢管；2—撑脚；3—屋架上弦；4—螺母；5—螺杆；6—摇把

(4) 屋架的校正与最后固定

屋架的校正一般可采用校正器校正（图 1-5-49）。对于第一榀屋架则可用缆风绳进行校正。屋架的垂直度可用经纬仪或线坠进行检查。用经纬仪检查竖向偏差的方法是在屋架上安装三个卡尺，一个安在上弦中点附近，另两个分别安在屋

架两端。自屋架几何中心向外量出一定距离（一般500mm）在卡尺上做出标记，然后在距离屋架中心线同样距离（500mm）处安设经纬仪，观测三个卡尺上的标记是否在同一垂直面上。用线坠检查屋架竖向偏差的方法与上述步骤基本相同，但标记距屋架几何中心的距离可短些（一般为300mm），在两端头卡尺的标记间连一通线，自屋架顶部卡尺的标记向下挂线坠，检查三个卡尺标记是否在同一垂直面上。若卡尺的标记不在同一垂直面上，可通过转动工具式支撑上的螺栓纠正偏差，并在屋架两端的柱顶垫入斜垫铁。

屋架校正完毕后，立即用电焊最后固定。焊接时，应先焊接屋架两端成对角线的两侧边，避免两端同侧施焊，以免因焊缝收缩使屋架倾斜。

(5) 屋架的双机抬吊

当屋架的重量较大，一台起重机的起重量不能满足要求时，可用两台起重机抬吊屋架，其方法有一机回转、一机跑吊及双机跑吊两种。

1) 一机回转、一机跑吊　该方法屋架布置在跨中，两台起重机分别停于屋架的两侧（图1-5-50a），1号机在吊装过程中只回转不移动，因此，其停机位置距屋架起吊前的吊点与屋架安装至柱顶后的吊点应相等。2号机在吊装过程中需回转及移动，其行走中心为屋架安装后各屋架吊点的连线。开始时两台起重机同时提升屋架至一定高度（超过履带），2号机将屋架由起重机一侧转至机前，然后两机同时提升屋架至超过柱顶，2号机带屋架前进至屋架安装就位的停机点，1号机则作回转动作以相配合，最后两机同时缓慢将屋架下降至柱顶对位。

2) 双机跑吊　屋架在跨内一侧就位。开始时，两台起重机同时提升吊钩，将屋架提升至一定高度，使屋架回转时不致碰及其他屋架或柱，然后1号机带屋架向后退至停机点，2号机则带屋架向前移动，使屋架到达安装就位位置，两机再同时升高屋架超过柱顶，最后同时缓慢下降至柱顶就位（图1-5-50b）。

4. 天窗架及板的安装

天窗架可与屋架组合一次安装，亦可单独安装，视起重机的起重能力

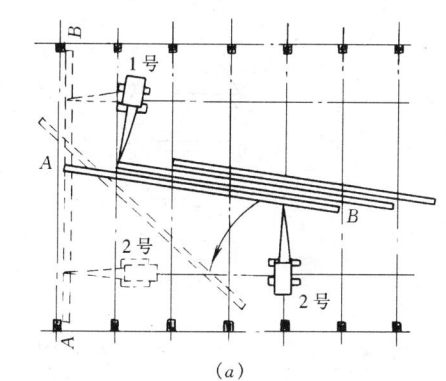

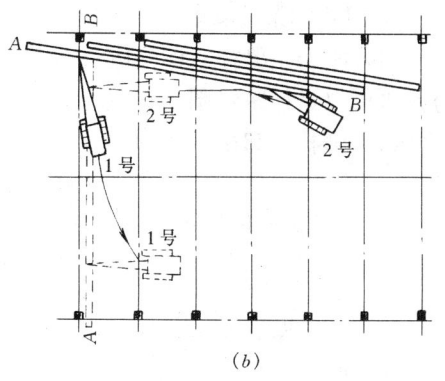

图 1-5-50　屋架的双机抬吊
(a) 一机回转、一机跑吊；(b) 双机跑吊

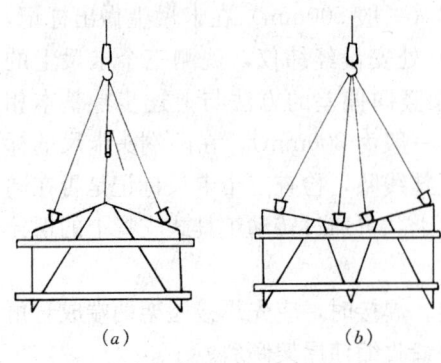

图 1-5-51 天窗架的绑扎
(a) 两点绑扎；(b) 四点绑扎

和起吊高度而定。前者高空作业少，但对起重机要求较高，后者为常用方式，安装时需待天窗架两侧屋面板安装后进行。钢筋混凝土天窗架一般可采用两点或四点绑扎（图 1-5-51）。其校正、临时固定亦可用缆风绳、木撑或临时固定器（校正器）进行。

屋面板、桥面板等均预埋有吊环，为充分发挥起重机效率，一般采用一钩多吊（图 1-5-52）。板的安装应自两边檐口左右对称地逐块安向屋脊或两边左右对称地逐块吊向中央，以免支承结构不对称受荷。因此，有利于下部结构的稳定。板就位、校正后，应立即与屋架上弦或支承梁焊牢。

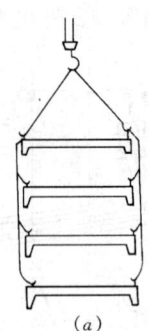
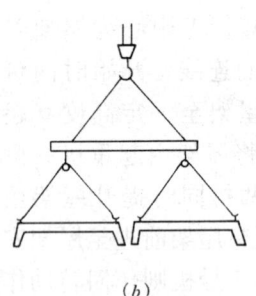

图 1-5-52 板安装
(a) 多块叠吊；(b) 多块平吊

5. 门式刚架的安装

门式刚架是梁柱一体的刚性构件，其构造形式有两铰、三铰等。可以是单跨，也可以是连跨（图 1-5-53）。一般在施工现场预制。

(1) 绑扎、起吊

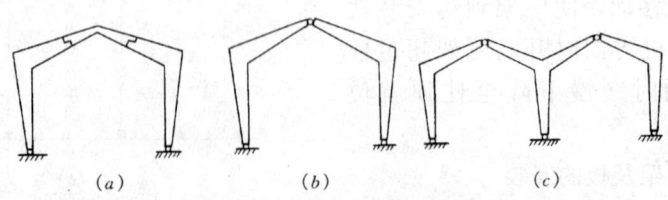

图 1-5-53 门式刚架形式
(a) 两铰；(b) 三铰；(c) 连跨形式

1) Γ形构件脱模及平移时的绑扎

Γ形构件脱模时，应使柱脚及臂端或肩部先稍稍升起脱离模板，以减少构件与模板间的吸附力。然后将构件水平起吊离开模板并放置于垫板上。

2) Γ形构件扶直、起吊时的绑扎

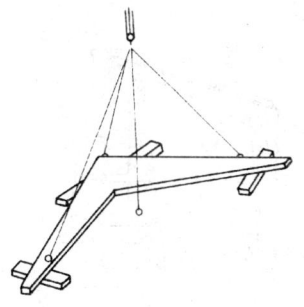

图 1-5-54　Γ形构件扶直时的绑扎

Γ形构件扶直时，应以柱脚为支点，使悬臂保持水平缓慢升起转为直立。绑扎点数及绑扎位置应经进行施工阶段吊装验算后确定。当刚架柱子较长而伸臂较短时，可采用图 1-5-54 所示方法绑扎；当刚架伸臂较长时，可采用三点或多点绑扎，如图 1-5-55 所示。

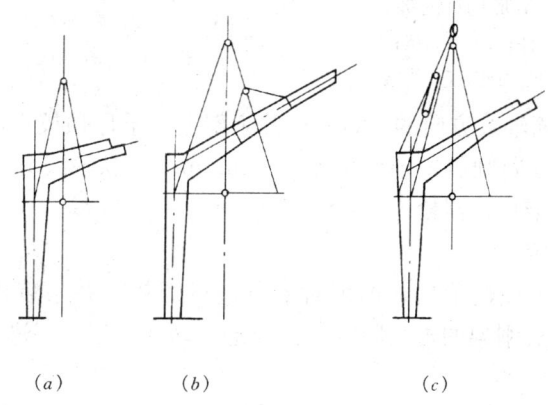

图 1-5-55　Γ形构件绑扎点的设置
(a) 一般Γ形构件绑扎点；(b) Γ形构件加滑轮三点绑扎；
(c) Γ形构件加捯链绑扎

3) Y形构件的绑扎

Y形构件的绑扎应采用三点绑扎，除了在重心轴上布置绑扎点外，还应在两伸臂上对称布置绑扎点，如图 1-5-56 所示。

(2) 门式刚架的临时固定与校正

1) 临时固定

在就位后，在基础杯口打入 8 个楔子，同时在悬臂端用井字架支承，如图 1-5-57 所示。井字架的顶面距刚架悬臂底面约 300mm，以便放置千斤顶和垫木。在纵向，第一个刚架必须用缆风绳或支撑作临时固定，以后各个刚架的临时固定，可用缆风绳或支撑，也可用屋架校正器固定。

2) 校正

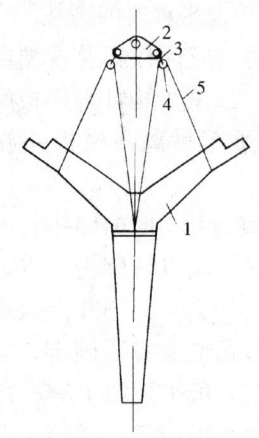 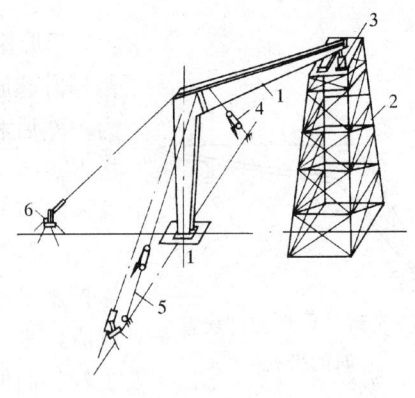

图 1-5-56　Y 形构件的绑扎
1—Y 形构件；2—铁扁担；
3—卡环；4—滑轮；5—吊索

图 1-5-57　⌐形构件的临时固定示意图
1—⌐形构件；2—鹰接架；3—千斤顶；
4—捯链；5—缆风绳；6—经纬仪

⌐形构件在横轴线方向的倾斜，用井字架上的千斤顶校正，校正时，一般使⌐形构件向跨外方向倾斜，预留偏差 5～10mm；在纵轴线方向的倾斜，可用缆风绳、支撑或屋架校正器校正。

(3) 永久固定

当⌐形构件组成门形后，即可对节点进行焊接，并吊装板。在构件安装完后，便完成了门式刚架的永久固定。再撤走活动井字架，并进行下一榀刚架的吊装准备工作。

6. 混凝土渡槽安装

混凝土渡槽在工业与水利工程中应用广泛。渡槽构件重量一般为 10～15t，重的可达 200t 以上，跨度在 10～30m，拱形渡槽跨度可达 120m。渡槽结构安装工程，若施工场地及交通情况较好，可采用自行杆式起重机或塔式起重机；若交通不便或构件较重，则多采用把杆、龙门架及缆索式起重机。

(1) 槽架吊装

槽架吊装方法主要有滑行法和旋转法两种。滑行法吊装槽架工艺与单层厂房结构柱滑行法吊装相同。用旋转法吊装槽架（图 1-5-58），在槽架和基础制作时，预埋连接铰圈并使槽架与基础铰接，待构件混凝土强度达到设计值的 75% 以上，起重机吊起槽架顶部，使槽架绕其底脚的铰旋转而立于基础上。待校正后即可用细石混凝土浇筑基础与槽架间的空隙，进行最后固定。

(2) 槽身吊装

槽身吊装可以采用起重机立于地面进行吊装（图 1-5-59），也可采用起重机立于槽架上进行吊装。

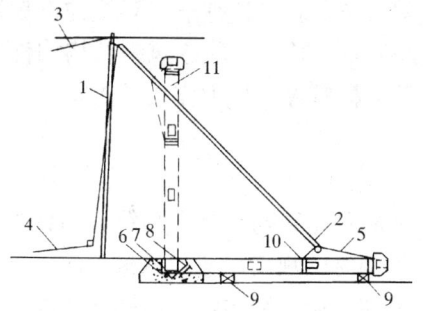
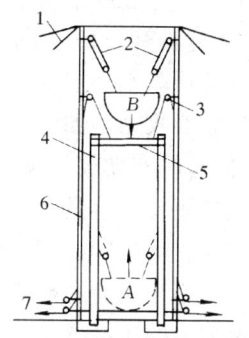

图 1-5-58 旋转法吊装槽架
1—把杆；2—滑车组；3—缆风绳；
4—引向卷扬机绳索；5—吊索；
6—基础；7—后浇基础；8—铰；
9—垫木；10—起吊前的槽架；
11—就位后的槽架

图 1-5-59 双独脚把杆抬吊槽身
A—槽身预制位置；B—起吊中的槽身
1—缆风绳；2—主滑车组；3—副滑车组；
4—槽架；5—横梁；6—把杆；
7—引向卷扬机绳索

§5.3 钢结构安装工程

5.3.1 钢构件的制作

1. 钢构件制作前的准备工作

（1）钢结构的材料

1）材料的类型

目前，在我国的钢结构工程中常用的钢材主要有普通碳素钢、普通低合金钢和热处理低合金钢三类。其中以 Q235、Q345、Q390、Q420 等几种钢材应用最为普遍。

Q235 钢属于普通碳素钢，主要用于建筑工程，其屈服点为 $235N/mm^2$，具有良好的塑性和韧性。

Q345、Q390、Q420 属于低合金高强度结构钢，其屈服点分别为 $345N/mm^2$、$390N/mm^2$、$420N/mm^2$，具有强度高，塑性及韧性好等特点，是我国建筑工程使用的主要钢种。

2）材料的选择

各种结构对钢材要求各有不同，选用时应根据要求对钢材的强度、塑性、韧性、耐疲劳性能、焊接性能、耐锈性能等全面考虑。对厚钢板结构、焊接结构、低温结构和采用含碳量高的钢材制作的结构，还应防止脆性破坏。

承重结构钢材应保证抗拉强度、伸长率、屈服点和硫、磷的极限含量；焊接结构应保证碳的极限含量。除此之外，必要时还应保证冷弯性能。对重级工作制和起重量不小于 50t 的中级工作制焊接吊车梁或类似结构的钢材，还应有常温冲击韧性的保证;计算温度不高于-20℃时,Q235钢应具有-20℃下冲击韧性的保证,Q345钢应具有-40℃下冲击韧性的保证。对于高层建筑钢结构构件节点约束较强,以及板厚不小于50mm,并承受沿板厚方向拉力作用的焊接结构,应对板厚方向的断面收缩率加以控制。

3) 材料的验收和堆放

钢材验收的主要内容是:钢材的数量和品种是否与订货单相符,钢材的质量保证书是否与钢材上打印的记号相符,核对钢材的规格尺寸,钢材表面质量检验——即钢材表面不允许有结疤、裂纹、折叠和分层等缺陷,表面锈蚀深度不得超过其厚度负偏差值的1/2。

钢材堆放要减少钢材的变形和锈蚀,节约用地,并使钢材提取方便。露天堆放场地要平整并高于周围地面,四周有排水沟,雪后易于清扫。堆放时尽量使钢材截面的背面向上或向外,以免积雪、积水。堆放在有顶棚的仓库内时,可直接堆放在地坪上(下垫楞木),小钢材亦可堆放在架子上,堆与堆之间应留出通道以便搬运。堆放时每隔5~6层放置楞木,其间距以不引起钢材明显变形为宜。一堆内上、下相邻钢材需前后错开,以便在其端部固定标牌和编号。标牌应标明钢材的规格、钢号、数量和材质验收证明书号,并在钢材端部根据其钢号涂以不同颜色的油漆。

(2) 制作前的准备工作

钢结构加工制作前的准备工作主要有:详图设计和审查图纸、对料、编制工艺流程、布置生产场地、安排生产计划等。

在国际上,钢结构工程的详图设计多由加工单位负责。目前,国内一些大型工程亦逐步采用这种做法。钢结构加工制作的一般程序是:

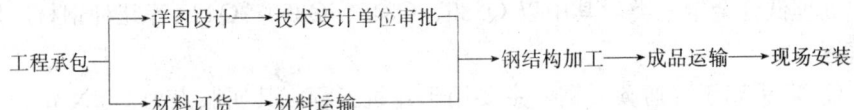

审查图纸主要是检查图纸设计的深度能否满足施工的要求,核对图纸上构件的数量和安装尺寸,检查构件之间有无矛盾,审查设计在技术上是否合理,构造是否方便施工等。

对料包括提料和核对两部分,提料时,需根据使用尺寸合理订货,以减少不必要的拼接和损耗;核对是指核对来料的规格、尺寸、质量和材质。

编制工艺流程是保证钢结构施工质量的重要措施。工艺流程的主要内容应包括:根据执行标准编写成品技术要求;关键零件的精度要求、检查方法和检查工具;主要构件的工艺流程、工序质量标准和为保证构件达到工艺标准而采用的工艺措施;采用的加工设备和工艺装备。

布置生产场地的依据是:产品的品种特点和批量;工艺流程;产品的进度要求;每班工作量和要求的生产面积;现有的生产设备和起重运输能力。生产场地的布置原则为：按流水顺序安排生产场地，尽量减少运输量；合理安排操作面积，保证操作安全；保证材料和零件有足够的堆放场地；保证产品的运输以及电气供应。

生产计划的主要内容是：根据产品特点、工程量的大小和安装施工进度，将整个工程划分成工号，以便分批投料，配套加工，配套出成品；根据工作量和进度计划，安排作业计划，同时作出劳动力和机具平衡计划，对薄弱环节的关键机床，需要按其工作量具体安排进度和班次。

2. 钢构件制作

钢构件制作的工艺流程如图 1-5-60 所示。

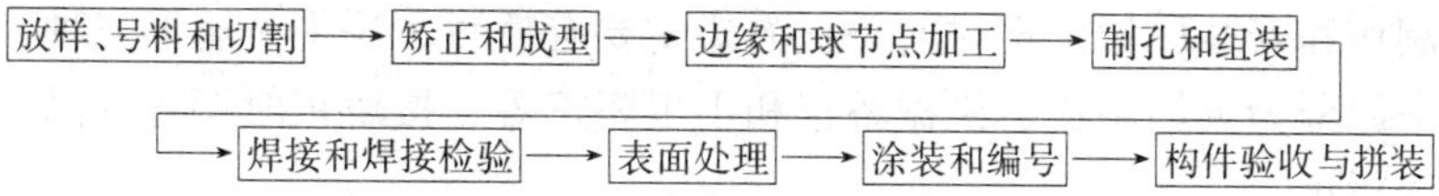

放样、号料和切割 → 矫正和成型 → 边缘和球节点加工 → 制孔和组装 → 焊接和焊接检验 → 表面处理 → 涂装和编号 → 构件验收与拼装

图 1-5-60 钢构件制作的工艺流程

(1) 放样、号料和切割

放样工作包括核对图纸的安装尺寸和孔距；以 1∶1 的大样放出节点；核对各部分的尺寸；制作样板和样杆作为下料弯制、铣、刨、制孔等加工的依据。放样时，铣、刨的工件要考虑加工余量，一般为 5mm；焊接构件要按工艺要求放出焊接收缩量，焊接收缩量应根据气候、结构断面和焊接工艺等确定。高层钢结构的框架柱尚应预留弹性压缩量，相邻柱的弹性压缩量相差不超过 5 mm，若图纸要求桁架起拱，放样时上下弦应同时起拱。

号料工作包括检查核对材料；在材料上划出切割、铣、刨、弯曲、钻孔等加工位置；打冲孔；标出零件编号等。号料应注意以下问题：①根据配料表和样板进行套裁，尽可能节约材料；②应有利于切割和保证构件质量；③当有工艺规定时，应按规定的方向取料。

切割下料的方法有气割、机械切割和等离子切割。

气割法是利用氧气与可燃气体混合产生的预热火焰加热金属表面达到燃烧温度，并使金属发生剧烈氧化，释放出大量的热促使下层金属燃烧，同时通以高压氧气射流，将氧化物吹除而产生一条狭小而整齐的割缝，随着割缝的移动切割出所需的形状。目前，主要的气割方法有手工气割、半自动气割和特型气割等。气割法具有设备使用灵活、成本低、精度高等特点，是目前使用最为广泛的切割方法，能够切割各种厚度的钢材，尤其是厚钢板或带曲线的零件。气割前需将钢材切割区域表面的铁锈、污物等清除干净，气割后应清除熔渣和飞溅物。

机械切割是利用上下两剪切刀具的相对运动来切断钢材，或利用锯片的切削运动将钢材分离，或利用锯片与工件间的摩擦发热使金属熔化而被切断。常用的切割机械有剪板机、联合冲剪机、弓锯床、砂轮切割机等。其中剪切法速度快、效率高，但切口较粗糙；锯割可以切割角钢、圆钢和各类型钢，切割速度和精度都较好。

等离子切割法是利用高温高速等离子焰流将切口处金属及其氧化物熔化并吹掉来完成切割,所以能切割任何金属,特别是熔点较高的不锈钢及有色金属铝、铜等。

(2) 矫正和成型

1) 矫正

钢材使用前,由于材料内部的残余应力及存放、运输、吊运不当等原因,会引起钢材原材料变形;在加工成型过程中,由于操作和工艺原因会引起成型件变形;构件在连接过程中会存在焊接变形等。因此,必须对钢材进行矫正,以保证钢结构制作和安装质量。钢材的矫正方式主要有矫直、矫平、矫形三种。按矫正的外力来源分为火焰矫正、机械矫正和手工矫正等;按矫正时钢材的温度分为热矫正和冷矫正。

钢材的火焰矫正是利用火焰对钢材进行局部加热,被加热处理的金属由于膨胀受阻而产生压缩塑性变形,使较长的金属纤维冷却后缩短而完成。通常火焰加热位置、加热形式和加热热量是影响火焰矫正效果的主要因素。加热位置应选择在金属纤维较长的部位。加热形式有点状加热、线状加热和三角形加热。不同的加热热量使钢材获得不同的矫正变形能力,低碳钢和普通低合金钢的加热温度为 600～800℃。

钢材的机械矫正是在专用矫正机上进行的。矫正机主要有拉伸矫正机、压力矫正机、辊压矫正机等。拉伸矫正机适用于薄板扭曲、型钢扭曲、钢管、带钢和线材等的矫正(图 1-5-61);压力矫正机适用于板材、钢管和型钢的局部矫正;辊压矫正机适用于型材、板材等的矫正(图 1-5-62)。

图 1-5-61　拉伸矫正机矫正　　　　图 1-5-62　辊压矫正机矫正

钢材的手工矫正是利用锤击的方式对尺寸较小的钢材进行矫正。由于其矫正力小、劳动强度大、效率低,仅在缺乏或不便使用机械矫正时采用。在矫正时应注意如下问题:①碳素结构钢在环境温度低于−16℃、低合金结构钢在环境温度低于−12℃时,不得进行冷矫正和冷弯曲;②碳素结构钢和低合金结构钢在加热矫正时,加热温度应根据钢材性能选定,但不得超过900℃,低合金结构钢在加热矫正后应缓慢冷却;③当构件采用热加工成型时,加热温度宜控制在900～1000℃;碳素结构钢在温度下降到700℃之前,低合金结构钢在温度下降到800℃之前,应结束加工;低合金结构钢应缓慢冷却。

2) 成型

钢材的成型主要是指钢板卷曲和型材弯曲。

钢板卷曲是通过旋转辊轴对板材进行连续三点弯曲而形成。当制件曲率半径较大时,可在常温状态下卷曲;若制件曲率半径较小或钢板较厚,则需将钢板加热后进行。钢板卷曲分为单曲率卷曲和双曲率卷曲。单曲率卷曲包括对圆柱面、圆锥面和任意柱面的卷曲(图1-5-63),因其操作简便,工程中较常用。双曲率卷曲可以进行球面及双曲面的卷曲。

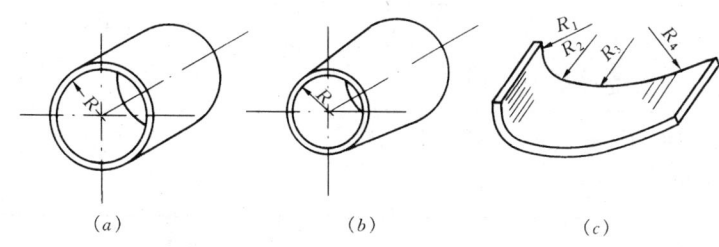

图 1-5-63　单曲率卷曲钢板

(a)圆柱面卷曲;(b)圆锥面卷曲;(c)任意柱面卷曲

型材弯曲包括型钢弯曲和钢管弯曲。型钢弯曲时,由于截面重心线与力的作用线不在同一平面上,型钢除受弯曲力矩外还受扭矩的作用,所以型钢断面会产生畸变。畸变程度取决于应力的大小,而应力的大小又取决于弯曲半径。弯曲半径越小,则畸变程度越大。在弯曲时,若制件的曲率半径较大,一般应采用冷弯,反之则应采用热弯。钢管弯曲时,为尽可能减少钢管在弯曲过程中的变形,通常应在管材中加入填充物(砂或弹簧)后进行弯曲、用辊轮和滑槽压在管材外面进行弯曲或用芯棒穿入管材内部进行弯曲。

(3) 边缘和球节点加工

在钢结构加工中,一般应在下述位置或根据图纸要求进行边缘加工。①吊车梁翼缘板、支座支承面等图纸有要求的加工面;②焊缝坡口;③尺寸要求严格的加劲板、隔板、腹板和有孔眼的节点板等。边缘加工的允许偏差见表1-5-7。常用的机具有刨边机、铣床、碳弧气割等。近年来常以精密切割代替刨铣加工,如半自动、自动气割机等。

螺栓球宜热锻成型,不得有裂纹、叠皱、过烧;焊接球宜采用钢板热压成半圆球,表面不得有裂纹、折皱,并经机械加工坡口后焊成半圆球。螺栓球和焊接球的允许偏差应符合规范要求。网架钢管杆件直端宜采用机械下料,管口曲线采用自动切管机下料。

(4) 制孔和组装

螺栓孔共分两类三级,其制孔加工质量和分组应符合规范要求。组装前,连接接触面和沿焊缝边缘每边 30~50mm 范围内的铁锈、毛刺、污垢、冰雪等应清除干净；组装顺序应根据结构形式、焊接方法和焊接顺序等因素确定；构件的隐蔽部位应焊接、涂装，并经检查合格后方可封闭，完全封闭的构件内表面可不涂装；当采用夹具组装时，拆除夹具不得损伤母材，残留焊疤应修抹平整。

边缘加工的允许偏差 表1-5-7

项 目	允 许 偏 差
构件宽度、长度	±1.0mm
加工边直线度	$l/3000$，且不大于2.0mm
相邻两边夹角	±6′
加工面垂直度	$0.025t$，且不大于0.5mm
加工面表面粗糙度	$\overset{50}{\triangledown}$

注：1. t——构件厚度。
2. l——构件长度。

(5) 表面处理、涂装和编号

表面处理主要是指对使用高强度螺栓连接时接触面的钢材表面进行加工，即采用砂轮、喷砂等方法对摩擦面的飞边、毛刺、焊疤等进行打磨。经过加工使其接触处表面的抗滑移系数达到设计要求额定值，一般为0.45～0.55。

钢结构的腐蚀是长期使用过程中不可避免的一种自然现象，在钢材表面涂刷防护涂层，是目前防止钢材锈蚀的主要手段。防护涂层的选用，通常应从技术经济效果及涂料品种和使用环境方面综合考虑后作出选择。不同涂料对底层除锈质量要求不同，一般来说常规的油性涂料湿润性和透气性较好，对除锈质量要求可略低一些。而高性能涂料（如富锌涂料等），对底层表面处理要求较高。不同涂料的除锈方法和等级的适应性见表1-5-8所列。涂料、涂装遍数、涂层厚度均应满足设计要求，当设计对涂层厚度无要求时，宜涂装4～5遍。涂层干漆膜总厚度：室外为150μm，室内为125μm，允许偏差为-25μm；涂装工程由工厂和安装单位共同承担时，每遍涂层干漆膜厚度的允许误差为-5μm。

通常，在构件组装成型之后即用油漆在明显处按照施工图标注构件编号。此外，为便于运输和安装，对重大构件还要标注重量和起吊位置。

(6) 构件验收与拼装

构件出厂时，应提交下列资料：产品合格证；施工图和设计变更文件，设计变更的内容应在施工图中相应部位注明；制作中对技术问题处理的协议文件；钢材、连接材料和涂装材料的质量证明书或试验报告；焊接工艺评定；高强度螺栓摩擦面抗滑移系数试验报告、焊缝无损检验报告及涂层检测资料；主要构件验收记录；预拼装记录；构件发运和包装清单。

除锈质量等级与涂料的适应性 表 1-5-8

除锈方法	除锈等级	涂料种类							
		洗涤底漆	有机富锌	无机富锌	油性涂料	长油醇酸涂料	环氧沥青涂料	环氧树脂涂料	氯化橡胶涂料
喷砂除锈	Sa3	O	O	O	O	O	O	O	O
	Sa2（1/2）	O	O	O-△	O	O	O	O	O
	Sa2	O	O-△	X	O	O	O-△	O-△	O
动力工具除锈	St3	△	△	X	O	O-△	△	△	△
手工工具除锈	St2	X	X	X	△	△	X	X	X

注：O 为适合；△为稍不适合；X 为不适合。

由于受运输吊装等条件的限制，有时构件要分成两段或若干段出厂，为了保证安装的顺利进行，应根据构件或结构的复杂程度，或者根据设计的具体要求，由建设单位在合同中另行委托制作单位在出厂前进行预拼装。除管结构为立体预拼装，并可设卡、夹具外，其他结构一般均为平面预拼装。分段构件预拼装或构件与构件的总体拼装，如为螺栓连接，在预拼装时，所有节点连接板均应装上，除检查各部位尺寸外，还应用试孔器检查板叠孔的通过率。

5.3.2 钢结构的安装工艺

1. 钢构件的运输和存放

钢构件应根据钢结构的安装顺序，分单元成套供应。运输钢构件时应根据构件的长度、重量选择运输车辆，钢构件在运输车辆上的支点两端伸出的长度及绑扎方法均应保证钢构件不产生变形、不损伤涂层。钢构件应存放在平整坚实、无积水的场地上，且应满足按种类、型号、安装顺序分区存放的要求。构件底层垫枕应有足够的支承面，并应防止支点下沉。相同型号的钢构件叠放时，各层钢构件的支点应在同一垂直线上，并应防止钢构件被压坏和变形。

2. 构件的安装和校正

钢结构安装前需对建筑物的定位轴线、基础轴线、标高、地脚螺栓位置等进行检查，并应进行基础检测和办理交接验收。基础顶面直接作为柱的支承面和基础顶面预埋钢板或支座作为柱的支承面时，其支承面、地脚螺栓（锚栓）的允许偏差见表 1-5-9。钢垫板面积根据基础混凝土的抗压强度、柱脚底板下细石混凝土二次浇灌前柱底承受的荷载和地脚螺栓（锚栓）的紧固拉力计算确定。垫板设置在靠近地脚螺栓（锚栓）的柱脚底板加劲板或柱肢下，每根地脚螺栓（锚栓）侧应设 1~2 组垫板，每组垫板不得多于 5 块。垫板与基础面和柱底面的接触应平整紧密。当采用成对斜垫板时，其叠合长度不应小于垫板长度的 2/3。二次浇灌混凝土前垫板间应焊接固定。工程上常将无收缩砂浆作为坐浆材料，柱子吊装前砂浆试块强度应高于基础混凝土强度一个等级。为保证结构整体性，钢结构安装在形成空间刚度单元后,及时对柱底板和基础顶面的空隙采用细石混凝土二次浇灌。

支承面、地脚螺栓(锚栓)的允许偏差　　　　表 1-5-9

项　　目		允许偏差(mm)
支承面	标高	±3.0
	水平度	$l/1000$
地脚螺栓(锚栓)	螺栓中心偏移	5.0
	螺栓露出长度	+30.0 0
	螺纹长度	+30.0 0
预留孔中心偏移		10.0

钢结构安装前,要对构件的质量进行检查,当钢构件的变形、缺陷超出允许偏差时,应待处理后,方可进行安装工作。厚钢板和异种钢板的焊接、高强度螺栓安装、栓钉焊和负温度下施工,需根据工艺试验,编制相应的施工工艺。

钢结构采用综合安装时,为保证结构的稳定性,在每一单元的钢构件安装完毕后,应及时形成空间刚度单元。大型构件或组成块体的网架结构,可采用单机或多机抬吊,亦可采用高空滑移安装。钢结构的柱、梁、屋架支撑等主要构件安装就位后,应立即进行校正工作,尤其应注意的是,安装校正时,要有相应措施,消除风、温差、日照等外界环境和焊接变形等因素的影响。

设计要求顶紧的节点,接触面应有 70%的面紧贴,用 0.3mm 厚塞尺检查,可插入的面积之和不得大于接触顶紧总面积的 30%,边缘最大间隙不应大于 0.8mm。

3. 钢构件的连接和固定

钢构件的连接方式通常有焊接和螺栓连接。随着高强度螺栓连接和焊接连接的大量采用,对被连接件的要求愈来愈严格。如构件位移、水平度、垂直度、磨平顶紧的密贴程度、板叠摩擦面的处理、连接间隙、孔的同心度、未焊表面处理等,都应经质量监督部门检查认可,方能进行紧固和焊接,以免留下难以处理的隐患。焊接和高强度螺栓并用的连接,当设计无特殊要求时,应按先栓后焊的顺序施工。

(1) 钢构件的焊接连接

1) 钢构件焊接连接的基本要求

钢构件焊接连接的基本要求是:施工单位对首次采用的钢材、焊接材料、焊接方法、焊后热处理等,应按国家现行的《建筑钢结构焊接规程》和《钢制压力容器焊接工艺评定》的规定进行焊接工艺评定,并确定出焊接工艺。焊接工艺评定是保证钢结构焊缝质量的前提,通过焊接工艺评定选择最佳的焊接材料、焊接方法、焊接工艺参数、焊后热处理等,以保证焊接接头的力学性能达到设计要求。焊工要经过考试并取得合格证后方可从事焊接工作，焊工应遵守焊接工艺，不得自由施焊及在焊道外的母材上引弧。焊丝、焊条、焊钉、焊剂的使用应符合规范要求。安装定位焊缝需考虑工地安装的特点，如构件的自重、所承受的外力、气候影响等，其焊点数量、高度、长度均应由计算确定。焊条的药皮是保证焊接过程正常和焊接质量及参与熔化过渡的基础。生锈焊条严禁使用。

为防止起弧落弧时弧坑缺陷出现应力集中，角焊缝的端部在构件的转角处宜连续绕角施焊，垫板、节点板的连续角焊缝，其落弧点应距离端部至少 10mm；多层焊接应连续不断地施焊；凹形角焊缝的金属与母材间应平缓过渡，以提高其抗疲劳性能。定位焊所采用的焊接材料应与焊件材质相匹配，在定位焊施工时易出现收缩裂纹、冷淬裂纹及未焊透等质量缺陷，因此，应采用回焊引弧、落弧添满弧坑的方法，且焊缝长度应符合设计要求，一般为设计焊缝高度的 7 倍。

焊缝检验应按国家有关标准进行。为防止延迟裂纹漏检，碳素结构钢应在焊缝冷却到环境温度、低合金钢应在完成焊接 24h 后，方可进行焊缝探伤检验。

常用的焊接方法及特点见表 1-5-10。

常用的焊接方法及特点 表 1-5-10

焊接方法		特　点	适用范围
手工焊	交流焊机	设备简易，操作灵活，可进行各种位置的焊接	普通钢结构
	直流焊机	焊接电流稳定，适用于各种焊条	要求较高的钢结构
埋弧自动焊		生产效率高，焊接质量好，表面成型光滑，操作容易，焊接时无弧光，有害气体少	长度较长的对接或贴角焊缝
埋弧半自动焊		与埋弧自动焊基本相同，操作较灵活	长度较短，弯曲焊缝
CO_2 气体保护焊		利用 CO_2 气体或其他惰性气体保护的光焊丝焊接，生产效率高，焊接质量好，成本低，易于自动化，可进行全位置焊接	用于钢板

2）焊接接头

钢结构的焊接接头按焊接方法分为熔化接头和电渣焊接头两大类。在手工电弧焊中，熔化接头根据焊件厚度、使用条件、结构形状的不同又分为对接接头、角接接头、T 形接头和搭接接头等形式。对厚度较厚的构件，为了提高焊接质量，保证电弧能深入焊缝的根部，使根部能焊透，同时获得较好的焊缝形态，通常要开坡口。焊接接头形式见表 1-5-11。

3）焊缝形式

焊缝形式按施焊的空间位置可分为平焊缝、横焊缝、立焊缝及仰焊缝四种（图 1-5-64）。平焊的熔滴靠自重过渡，操作简便，质量稳定；横焊因熔化金属易下滴，而使焊缝上侧产生咬边，下侧产生焊瘤或未焊透等缺陷；立焊成缝较为困难，易产生咬边、焊瘤、夹渣、表面不平等缺陷；仰焊必须保持最短的弧长，因此常出现未焊透、凹陷等质量缺陷。

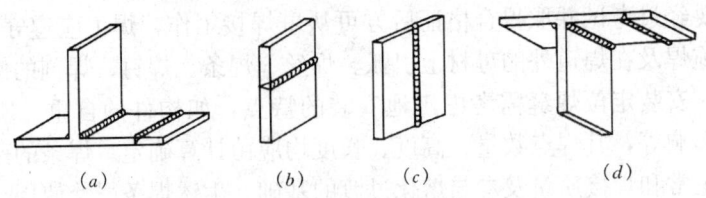

图 1-5-64　各种位置焊缝形式示意图
(a) 平焊；(b) 横焊；(c) 立焊；(d) 仰焊

焊缝形式按结合形式分为对接焊缝、角接焊缝和塞焊缝三种（图 1-5-65）。对接焊缝主要尺寸有：焊缝有效高度 s、焊缝宽度 c、余高 h。角焊缝主要以高度 k 表示，塞焊缝则以熔核直径 d 表示。

焊接接头形式　　　　　　　　　　　　　　表 1-5-11

序号	名　称	图　示	接头形式	特　点
1	对接接头		不开坡口	应力集中较小，有较高的承载力
			V、X、U 形坡口	
2	角接接头		不开坡口	适用厚度在 8mm 以下
			V、K 形坡口	适用厚度在 8mm 以下
			卷边	适用厚度在 2mm 以下
3	T 形接头		不开坡口	适用厚度在 30mm 以下的不受力构件
			V、K 形坡口	适用厚度在 30mm 以上的只承受较小剪应力构件
4	搭接接头		不开坡口	适用厚度在 12mm 以下的钢板
			塞焊	适用双层钢板的焊接

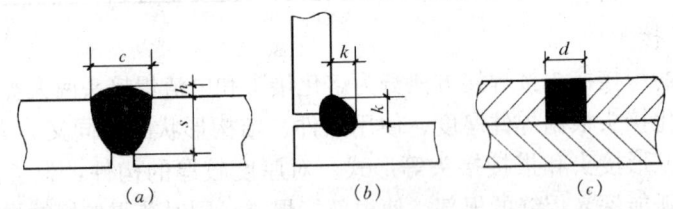

图 1-5-65　焊缝形式
(a) 对接焊缝；(b) 角接焊缝；(c) 塞焊缝

4）焊接工艺参数

手工电弧焊的焊接工艺参数主要包括焊接电流、电弧电压、焊条直径、焊接层数、电源种类和极性等。

焊接电流的确定与焊条的类型、直径、焊件厚度、接头形式、焊缝位置等因素有关，在一般钢结构焊接中，可根据电流大小与焊条直径的关系按经验公式

(1-5-13) 进行平焊电流的试选。

$$I = 10d^2 \tag{1-5-13}$$

式中　I——焊接电流（A）；
　　　d——焊条直径（mm）。

立焊电流比平焊电流减小 15%～20%，横焊和仰焊电流则应比平焊电流减小 10%～15%。电弧电压由焊接电流确定，同时其大小还与电弧长度有关，电弧长则电压高，电弧短则电压低，一般要求电弧长不大于焊条直径。焊条直径主要与焊件厚度、接头形式、焊缝位置和焊接层次等因素有关，一般来说，可按表 1-5-12 进行选择。为保证焊接质量，工程上多倾向于选择较大直径焊条，并且，在平焊时直径可大一些，立焊所用焊条直径不超过 5mm，横焊和仰焊所用焊条直径不超过 4mm，坡口焊时，为防止未焊透缺陷，第一层焊缝宜采用直径为 3.2mm 的焊条。焊接层数由焊件的厚度而定，除薄板外，一般都采用多层焊。焊接层数过多，每层焊缝的厚度过大，对焊缝金属的塑性有不利影响，施工时每层焊缝的厚度不应大于 4～5mm。在重要结构或厚板结构中应采用直流电源，其他情况则首先应考虑交流电源，根据焊条的形式和焊接特点的不同，利用电弧中的阳极温度比阴极温度高的特点，选用不同的极性来焊接各种不同的构件。用碱性焊条或焊接薄板时，采用直流反接（工件接负极），而用酸性焊条时，则通常采用正接（工件接正极）。

焊条直径的选择（mm）　　　　　表 1-5-12

焊件厚度	≤2	3～4	5～12	>12
焊条直径	2	3.2	4～5	≥15

5）运条方法

钢结构正常施焊时，焊条有三种运动方式。①焊条沿其中心线送进，以免发生断弧。②焊条沿焊缝方向移动，移动的速度应根据焊条直径、焊接电流、焊件厚度、焊缝装配情况及其位置确定，移动速度要适中。③焊条作横向摆动，以便获得需要的焊缝宽度，焊缝宽度一般为焊条直径的 1.5 倍。

6）焊缝的后处理

焊接工作结束后，应做好清除焊缝飞溅物、焊渣、焊瘤等工作。无特殊要求时，应根据焊接接头的残余应力、组织状态、熔敷金属含氢量和力学性能以决定是否需要焊后热处理。

(2) 普通螺栓连接

普通螺栓是钢结构常用的紧固件之一，用作钢结构中的构件连接固定或钢结构与基础的连接固定。

1）类型与用途

常用的普通螺栓有六角螺栓、双头螺栓和地脚螺栓等。

六角螺栓按其头部支承面大小及安装位置尺寸分大六角头和六角头两种。按制造质量和产品等级则分为 A、B、C 三种。A 级螺栓又称精制螺栓，B 级螺栓又称半精制螺栓。A、B 级螺栓适用于拆装式结构或连接部位需传递较大剪力的重要结构的安装。C 级螺栓又称粗制螺栓，适用于钢结构安装的临时固定。

双头螺栓多用于连接厚板和不便使用六角螺栓的连接处，如混凝土屋架、屋面梁悬挂吊件等。

地脚螺栓一般有地脚螺栓、直角地脚螺栓、锤头螺栓和锚固地脚螺栓等形式。通常，地脚螺栓和直角地脚螺栓预埋在结构基础中用以固定钢柱；锤头螺栓是基础螺栓的一种特殊形式，在浇筑基础混凝土时将特制模箱（锚固板）预埋在基础内，用以固定钢柱；锚固地脚螺栓是在已形成的混凝土基础上经钻机制孔后，再浇筑固定的一种地脚螺栓。

2）普通螺栓的施工

①连接要求　普通螺栓在连接时应符合以下要求：永久螺栓的螺栓头和螺母的下面应放置平垫圈，螺母下的垫圈不应多于 2 个，螺栓头下的垫圈不应多于 1 个；螺栓头和螺母应与结构构件的表面及垫圈密贴；对于倾斜面的螺栓连接，应采用斜垫片垫平，使螺母和螺栓的头部支承面垂直于螺杆，避免紧固螺栓时螺杆受到弯曲力；永久螺栓和锚固螺栓的螺母应根据施工图纸中的设计规定，采用有放松装置的螺母或弹簧垫圈；对于动荷载或重要部位的螺栓连接，应在螺母下面按设计要求放置弹簧垫圈；从螺母一侧伸出螺栓的长度应保持在不小于 2 个完整螺纹的长度；使用螺栓等级和材质应符合施工图纸的要求。

②螺栓长度确定　连接螺栓的长度（L）按式（1-5-14）计算：

$$L = \delta + H + nh + C \qquad (1\text{-}5\text{-}14)$$

式中　δ——连接板约束厚度（mm）；

H——螺母高度（mm）；

n——垫圈个数（个）；

h——垫圈厚度（mm）；

C——螺杆余长，5～10mm。

③紧固轴力　为了使螺栓受力均匀，尽量减少连接件变形对紧固轴力的影响，保证各节点连接螺栓的质量，螺栓紧固必须从中心开始，对称施拧。其紧固轴力不应超过相应规定。永久螺栓拧紧质量检验采用锤敲或用力矩扳手检验，要求螺栓不颤头和偏移，拧紧程度用塞尺检验，对接表面高差（不平度）不应超过 0.5mm。

(3) 高强度螺栓连接

高强度螺栓是用优质碳素钢或低合金钢材制作而成的，具有强度高、施工方便、安装速度快、受力性能好、安全可靠等特点，已广泛地应用于大跨度结构、工业厂房、桥梁结构、高层钢框架结构等的钢结构工程中。

1) 六角头高强度螺栓和扭剪型高强度螺栓

六角头高强度螺栓为粗牙普通螺纹,有 8.8S 和 10.9S 两种等级。一个六角头高强度螺栓连接副由一个螺栓、一个螺母和两个垫圈组成。高强度螺栓连接副应同批制造,保证扭矩系数稳定,同批连接副扭矩系数平均值为 0.110～0.150,其扭矩系数标准偏差应不大于 0.010。扭矩系数可按下式计算:

$$K = M/(Pd) \qquad (1-5-15)$$

式中 K——扭矩系数;

M——施加扭矩(N·m);

P——高强度螺栓预拉力(kN);

d——高强度螺栓公称直径(mm)。

10.9S 级六角头高强度螺栓紧固控制轴力见表 1-5-13。

10.9S 级六角头高强度螺栓紧固控制轴力　　表 1-5-13

螺栓公称直径(mm)		12	16	20	22	24	27	30
10H	最大值(kN)	59	113	117	216	250	324	397
9H	最小值(kN)	19	93	142	177	206	265	329

注:10H,9H 为螺母的性能等级。

扭剪型高强度螺栓连接副由一个螺栓、一个螺母和一个垫圈组成,它适用于摩擦型连接的钢结构。其连接副紧固轴力见表 1-5-14。

扭剪型高强度螺栓连接副紧固轴力　　表 1-5-14

螺栓公称直径(mm)		16	20	22	24
每批紧固轴力的平均值(kN)	公称	111	173	215	250
	最大	122	190	236	275
	最小	101	157	195	227
紧固轴力变异系数 λ		λ=标准偏差/平均值<10%			

2) 高强度螺栓的施工

高强度螺栓连接副是按出厂批号包装供货和提供产品质量证明书的,因此在储存、运输、施工过程中,应严格按批号存放、使用。不同批号的螺栓、螺母、垫圈不得混杂使用。高强度螺栓连接副的表面经特殊处理,在施拧前要保持原状,以免扭矩系数和标准偏差或紧固轴力和变异系数发生变化。为确保高强度螺栓连接副的施工质量可靠,施工单位应按出厂批号进行复验。其方法是:高强度大六角头螺栓连接副每批号随机抽 8 套,复验扭矩系数和标准偏差;扭剪型高强度螺栓连接副每批号随机抽 5 套,复验紧固轴力和变异系数。施工单位应在产品质量保证期内及时复验,复验数据作为施拧的主要参数。为保证丝扣不受损伤,安装高强度螺栓时,不得强行穿入螺栓或兼作安装螺栓。

高强度螺栓的拧紧分为初拧和终拧两步进行,可减小先拧与后拧的高强度螺栓预拉力的差别。对大型节点应分为初拧、复拧和终拧三步进行,增加复拧是为了减少初拧后过大的螺栓预拉力损失,为使被连接板叠紧密贴,施工时应从螺栓群中央顺序向外拧,即从节点中刚度大的中央按顺序向不受约束的边缘施拧,同时,为防止高强度螺栓连接副的表面处理涂层发生变化影响预拉力,应在当天终拧完毕。

扭剪型高强度螺栓的初拧扭矩按下列公式计算:

$$T_0 = 0.065 P_c \cdot d \qquad (1-5-16)$$

$$P_c = P + \Delta P \qquad (1-5-17)$$

式中 T_0——初拧扭矩(N·m);

P_c——施工预拉力(kN);

P——高强度螺栓设计预拉力(kN);

ΔP——预拉力损失值(kN),宜取设计预拉力的10%;

d——高强度螺栓螺纹直径(mm)。

扭剪型高强度螺栓连接副没有终拧扭矩规定,其终拧是采用专用扳手拧掉螺栓尾部梅花头。若个别部位的螺栓无法使用专用扳手,则按直径相同的高强度大六角头螺栓采用扭矩法施拧,扭矩系数取0.13。

高强度大六角头螺栓的初拧扭矩宜为终拧扭矩的50%,终拧扭矩按下列公式计算:

$$T_c = K \cdot P_c \cdot d \qquad (1-5-18)$$

$$P_c = P + \Delta P \qquad (1-5-19)$$

式中 T_c——终拧扭矩(N·m);

K——扭矩系数;

P_c、P、ΔP、d——同公式(1-5-16)及公式(1-5-17)中含义。

高强度大六角头螺栓施拧用的扭矩扳手,一般采用电动定扭矩扳手或手动扭矩扳手(图1-5-66),检查用扭矩扳手多采用手动指针式扭矩扳手或带百分表的扭矩扳手。扭矩扳手在班前和班后均应进行扭矩校正,施工用扳手的扭矩为±5%,检查用扳手的扭矩为±3%。

对于高强度螺栓终拧后的检查,扭剪型高强度螺栓可采用目测法检查螺栓尾部梅花头是否拧掉;高强度大六角头螺栓可采用小锤敲击法逐个进行检查,其方法是用手指紧按住螺母的一个边,用0.3~0.5kg重的小锤敲击螺母相对应的另一边,如手指感到轻微颤动即为合格,颤动较大即为欠拧或漏拧,完全不颤动即为超拧。高强度大六角头螺栓终拧结束后的检查除了采用小锤敲击法逐个进行检查外,还应在终拧1h后、24h内进行扭矩抽查。扭矩抽查的方法是:先在螺母与螺杆的相对应位置划一细直线,然后将螺母退回约30°~50°,再拧至原位(即

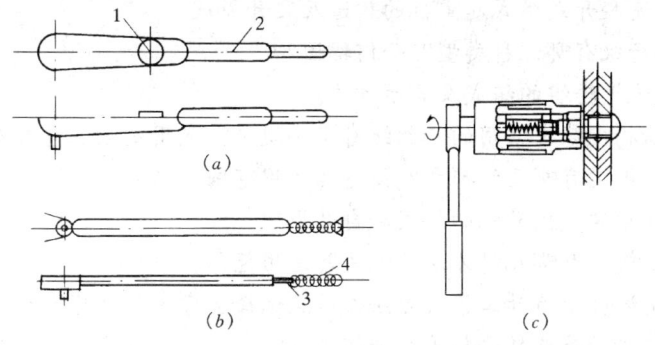

图 1-5-66　手动扭矩扳手
(a) 指针式；(b) 音响式；(c) 扭剪式
1—扳手；2—百分表；3—主刻度；4—副刻度

与该细直线重合）时测定扭矩，该扭矩与检查扭矩的偏差在检查扭矩的±10％范围以内即为合格。检查扭矩按下式计算：

$$T_{ch} = K \cdot P \cdot d \qquad (1\text{-}5\text{-}20)$$

式中　T_{ch}——检查扭矩（N·m）

K、P、d——同式（1-5-16）及式（1-5-17）中含义。

4. 钢结构工程的验收

钢结构工程的验收，应在钢结构的全部或空间刚度单元的安装工作完成后进行，通常验收应提交下列资料：钢结构工程竣工图和设计文件；安装过程中形成的与工程技术有关的文件；安装所采用的钢材、连接材料和涂料等材料的质量证明书或试验、复验报告；工厂制作构件的出厂合格证；焊接工艺评定报告和质量检验报告；高强度螺栓抗滑移系数试验报告和检查记录；隐蔽工程验收和工程中间检查交接记录；结构安装检测记录及安装质量评定资料；钢结构安装后涂装检测资料；设计要求的钢结构试验报告。

思 考 题

5.1　试述桅杆式起重机的分类、构造和应用，独脚把杆的竖立和移动方法。

5.2　自行杆式起重机有哪几种类型，各有何特点？

5.3　履带式起重机有哪几个主要技术参数及它们之间的相互关系？如何查起重机性能表及性能曲线？如何进行稳定验算？

5.4　当起重机的 a 或 H 不能满足时，可采取什么措施？

5.5　塔式起重机有哪几种类型？试述其适用范围。

5.6　简述附着式塔式起重机的构造及自升原理。

5.7 简述爬升式塔式起重机的构造及爬升原理。
5.8 卷扬机有哪几种类型？如何锚固？
5.9 试述滑轮组的组成及表示方法。
5.10 结构安装中常用的钢丝绳有哪些规格？使用中应注意哪些问题？
5.11 横吊梁有哪几种形式？简述其适用范围。
5.12 电动螺旋提升机的组成和自升原理。
5.13 柱绑扎有哪几种方法？试述其适用范围。
5.14 试述柱子吊升工艺及方法，吊点选择应考虑什么原则？
5.15 双机抬吊旋转法起重机如何工作？
5.16 如何进行柱的对位与临时固定？
5.17 试述柱的校正和最后固定方法。
5.18 吊车梁的校正方法有哪些？如何进行最后固定？
5.19 试述屋架的扶直就位方法及绑扎点的选择。正向扶直和反向扶直各有何特点？
5.20 屋架如何绑扎、吊升、对位、临时固定、校正和最后固定？
5.21 钢构件制作前的准备工作有哪些？
5.22 试述钢构件制作放样、号料的工作内容。
5.23 钢构件切割下料的方法有哪些？
5.24 为什么钢材加工前要进行矫正？矫正方法有哪些？
5.25 钢材的成型方法有哪些？
5.26 钢结构的运输和存放应注意哪些问题？
5.27 试述钢结构的安装和校正方法。
5.28 试述钢构件焊接连接的基本要求。
5.29 钢构件焊接接头的形式及工艺参数有哪些？
5.30 什么是钢结构高强度螺栓连接施工的终拧和复拧？有何要求？

习　　题

5.1 某厂房柱重28t，柱宽0.8m。现用一点绑扎双机抬吊，试对起重机进行负荷分配，要求最大负荷一台为20t，另一台为15t，试求需加垫木厚度。

5.2 某厂房柱的牛腿标高8m，吊车梁长6m，高0.8m，当起重机停机面标高为—0.30m时，试计算安装吊车梁的起重高度。

5.3 某车间跨度24m，柱距6m，天窗架顶面标高18.00m，屋面板厚度240mm，试选择履带式起重机的最小臂长（停机面标高—0.20m，起重臂底铰中心距地面高度2.1m）。

5.4 某车间跨度21m，柱距6m，吊柱时，起重机分别沿纵轴线的跨内和跨外一侧开行。当起重半径为7m、开行路线距柱纵轴线为5.5m时，试对柱作"三点共弧"布置，并确定停机点。

5.5 某单层工业厂房跨度为18m，柱距6m，9个节间，选用W_1-100履带式起重机进行结构安装，安装屋架时的起重半径为9m，试绘制屋架的斜向就位图。

第6章 脚手架工程

　　脚手架是土木工程施工必备的重要设施，它是为保证高处作业安全、顺利进行施工而搭设的工作平台或作业通道。

　　过去我国的脚手架主要利用竹、木材料。以后发展出现了钢管扣件式脚手架以及各种钢制工具式脚手架。20世纪80年代以后，随着土木工程的发展，又开发出一系列新型脚手架，如升降式脚手架等。

　　脚手架的种类很多，按其搭设位置分为外脚手架和里脚手架两大类；按其所用材料分为木脚手架、竹脚手架与金属脚手架；按其构造形式分为多立杆式、框式、桥式、吊式、挂式、升降式等。目前脚手架的发展趋势是采用高强度金属材料制作、具有多种功用的组合式脚手架，可以适用不同情况作业的要求。

　　对脚手架的基本要求是：工作面满足工人操作、材料堆置和运输的需要；结构有足够的强度、稳定性，变形满足要求；装拆简便，便于周转使用。

　　外脚手架按搭设安装的方式有四种基本形式，即落地式脚手架、悬挑式脚手架、吊挂式脚手架及升降式脚手架（图1-6-1）。里脚手架如搭设高度不大时一般用小型工具式的脚手架，如搭设高度较大时可用移动式里脚手架或满堂搭设的脚手架。

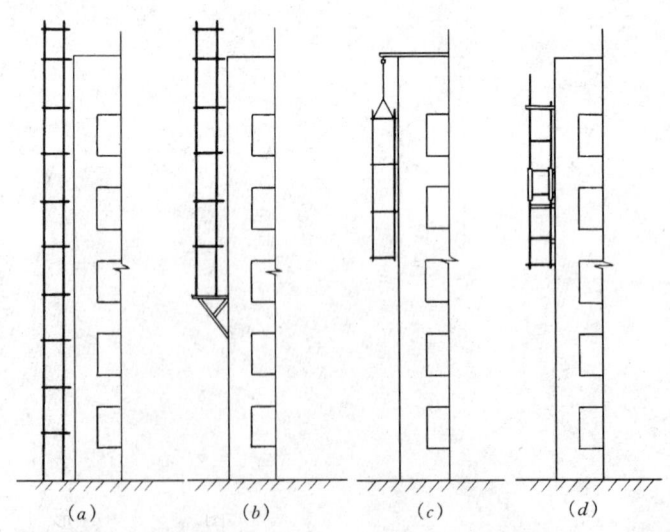

图1-6-1　外脚手架的几种形式
(a) 落地式；(b) 悬挑式；(c) 吊挂式；(d) 升降式

§6.1 扣件式钢管脚手架

扣件式钢管脚手架由立杆、大横杆、小横杆、斜撑、脚手板等组成。它可用于外脚手架（图1-6-2），也可作内部的满堂脚手架，是目前常用的一种脚手架。

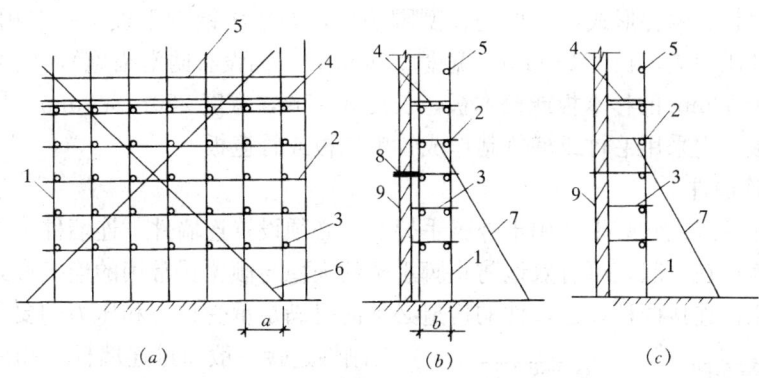

图 1-6-2 扣件式钢管外脚手架

(a) 立面；(b) 侧面（双排）；(c) 侧面（单排）

1—立杆；2—大横杆；3—小横杆；4—脚手板；
5—栏杆；6—斜撑；7—抛撑；8—连墙件；9—墙体

扣件式钢管脚手架的特点是：通用性强；搭设高度大；装卸方便；坚固耐用。

6.1.1 基 本 构 造

扣件式脚手架是由标准钢管杆件（立杆、横杆、斜杆）和特制扣件组成的脚手架框架与脚手板、防护构件、连墙件等组成的。

1. 钢管杆件

钢管杆件一般采用外径48mm、壁厚3.5mm的焊接钢管或无缝钢管，也有外径50～51mm，壁厚3～4mm的焊接钢管或其他钢管。用于立杆、大横杆、斜杆的钢管最大长度不宜超过6.5m，最大重量不宜超过250N，以便适合人工搬运。用于小横杆的钢管长度宜在1.5～2.5m，以适应脚手板的宽度。

2. 扣件

扣件用可锻铸铁铸造或用钢板压制，其基本形式有三种（图

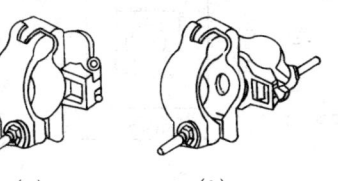

图 1-6-3 扣件形式

(a) 直角扣件；(b) 回转扣件；
(c) 对接扣件

1-6-3)：供两根成垂直相交钢管连接用的直角扣件、供两根成任意角度相交钢管连接用的回转扣件和供两根对接钢管连接用的对接扣件。在使用中，虽然回转扣件可连接任意角度的相交钢管，但对直角相交的钢管应用直角扣件连接，而不应用回转扣件连接。

3. 脚手板

脚手板有两种形式，一种是长型脚手板，如冲压钢脚手板（一般用厚2mm的钢板冲压而成，长度2～4m，宽度250mm，表面设有防滑措施），也可采用厚度不小于50mm的杉木板或松木板，长度3～5m，宽度250～300mm。另一种是竹脚手板，它采用毛竹或楠竹制作成竹串片板或竹笆板。

4. 连墙件

当扣件式钢管脚手架用于外脚手架时，必须设置连墙件。连墙件将立杆与主体结构连接在一起，可有效地防止脚手架的失稳与倾覆。常用的连接形式有刚性连接与柔性连接两种。连墙件的构造必须同时满足承受拉力和压力的要求。

刚性连接一般通过连墙杆、扣件和墙体上的预埋件连接（图1-6-4）。这种连接方式具有较大的刚度，其既能受拉，又能受压，在荷载作用下变形较小。

柔性连接则通过钢丝或小直径的钢筋、顶撑、木楔等与墙体上的预埋件连接，其刚度较小（图1-6-4b），只能用于高度24m以下的脚手架。

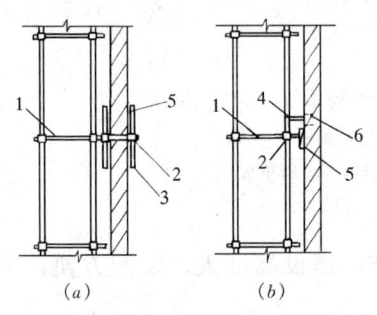

图 1-6-4　连墙件
(a) 刚性连接；(b) 柔性连接
1—连墙杆；2—扣件；3—刚性钢管；
4—钢丝；5—木楔；6—预埋件

5. 底座

底座一般采用厚8mm，边长150～200mm的钢板作底板，上焊150mm高的钢管。底座形式有内插式和外套式两种（图1-6-5），内插式的外径 D_1 比立杆内径小2mm，外套式的内径 D_2 比立杆外径

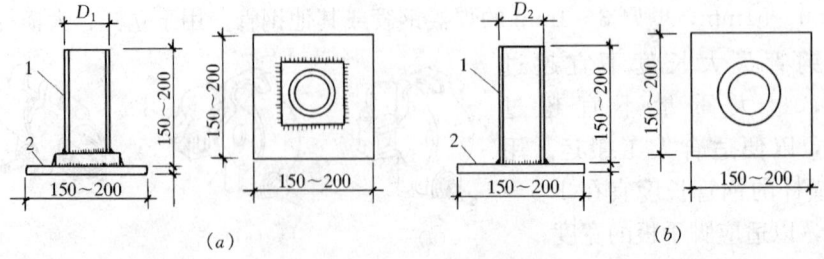

图 1-6-5　扣件钢管架底座
(a) 内插式底座；(b) 外套式底座
1—承插钢管；2—钢板底座

大 2mm。

6.1.2 搭设的基本要求

钢管扣件脚手架搭设中应注意地基平整坚实，底部设置底座和垫板，并有可靠的排水措施，以防止积水浸泡地基。

立杆之间的纵向间距，当为单排设置时，立杆离墙 1.2~1.4m；当为双排设置时，里排立杆离墙 0.4~0.5m，里外排立杆之间间距为 1.5m 左右。对接时需用对接扣件连接，相邻的立杆接头要错开。立杆的垂直偏差不得大于架高的 1/200。

上下两层相邻大横杆之间的间距（步架高）为 1.8m 左右。大横杆杆件之间的连接应用对接扣件连接，如采用搭接连接，搭接长度不应小于 1m，并用三个回转扣件扣牢。与立杆之间应用直角扣件连接，纵向水平高差不应大于 50mm。

小横杆的间距不大于 1.5m。当为单排设置时，小横杆的一头搁入墙内不少于 240mm，一头搁于大横杆上，至少伸出 100mm；当为双排设置时，小横杆端头离墙距离为 50~100mm。小横杆与大横杆之间用直角扣件连接。

斜撑与地面的夹角宜在 45°~60°范围内。交叉的两根斜撑分别通过回转扣件扣在立杆及小横杆的伸出部分上，以避免两根斜撑相交时把钢管别弯。斜撑的长度较大，因此除两端扣紧外，中间尚需增加 2~4 个扣节点。

连墙件设置需从底部第一根纵向水平杆处开始，布置应均匀，设置位置应靠近脚手架杆件的节点处，与结构的连接应牢固。每个连墙件的布置间距可参考表 1-6-1。在搭设时，必须配合施工进度，使一次搭设的高度不应超过相邻连墙件以上 2 步。

连墙件布置的最大间距　　　　　　　　表 1-6-1

脚手架高度（m）		竖向间距	水平间距	每个连墙件覆盖面积
双 排	≤50	$3h$	$3l_a$	≤40
	>50	$2h$	$3l_a$	≤27
单 排	≤24	$3h$	$3l_a$	≤40

说明：h—脚手架的步距（m）；l_a—脚手架的纵距（m）。

§6.2 碗扣式钢管脚手架

碗扣式钢管脚手架是一种多功能脚手架，可用于里、外脚手架。其杆件节点处采用碗扣承插连接，由于碗扣是固定在钢管上的，构件全部轴向连接，力学性能好，其连接可靠，组成的脚手架整体性好，不存在扣件丢失问题。在我国近年来发展较快,现已广泛用于房屋、桥梁、涵洞、隧道、烟囱、水塔、大坝、大跨度棚架等多种工程施工中。

6.2.1 基本构造

碗扣式钢管脚手架由钢管立杆、横杆、碗扣接头等组成。其基本构造和搭设要求与扣件式钢管脚手架类似,不同之处主要在于碗扣接头。

碗扣接头(图1-6-6)是由上碗扣、下碗扣、横杆接头和上碗扣的限位销等组成。在立杆上焊接下碗扣和上碗扣的限位销,将上碗扣套入立杆内。在横杆和斜杆上焊接插头。组装时,将横杆和斜杆插入下碗扣内,压紧和旋转上碗扣,利用限位销固定上碗扣。碗扣间距600mm,碗扣处可同时连接9根横杆,可以互相垂直或偏转一定角度。可组成直线形 曲线形、直角交叉形式等多种形式。

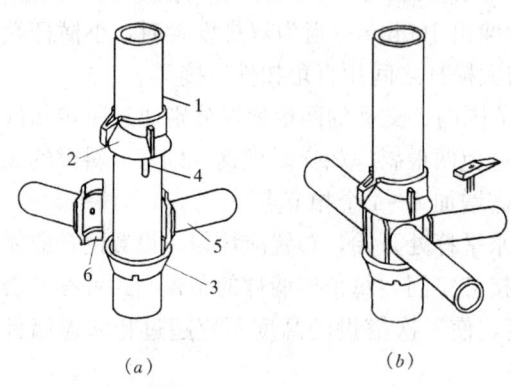
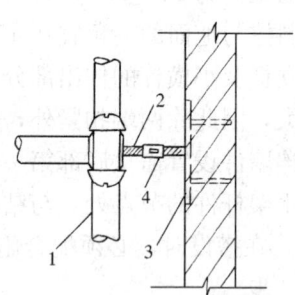

图1-6-6 碗扣接头
(a)连接前;(b)连接后
1—立杆;2—上碗扣;3—下碗扣;4—限位销;
5—横杆;6—横杆接头

图1-6-7 碗扣式脚手架的连墙件
1—脚手架;2—连墙杆;3—预埋件;4—调节螺栓

6.2.2 搭设要求

碗扣式钢管脚手架立柱横距为1.2m,纵距根据脚手架荷载可为1.2m~2.4m,步架高为1.6m~2.0m。脚手架垂直度对搭设高度在30m以下应控制在1/200以内,高度在30m以上的应控制在1/400~1/600;总高垂直度偏差应不大于100mm。

碗扣式脚手架的连墙件应均匀布置。对高度在30m以下的脚手架,脚手架每40m^2竖向面积应设置1个;对高层或荷载较大的脚手架每20~25m^2竖向面积应设置1个。连墙件应尽可能设置在碗扣接头内(图1-6-7)。

§6.3 门式脚手架

门式脚手架是一种工厂生产、现场组拼的脚手架,是当今国际上应用最普遍的脚手架之一。它不仅可作为外脚手架,也可作为移动式里脚手架或满堂脚手架。门式脚手架因其几何尺寸标准化、结构合理、受力性能好、施工中装拆容易、安全可靠、经济实用等特点,广泛应用于建筑、桥梁、隧道、地铁等工程施工,若在门架下部安放轮子,也可以作为机电安装、油漆粉刷、设备维修、广告制作的活动工作平台。

通常门式脚手架搭设高度限制在45m以内,采取一定措施后可达到80m左右。设计的施工荷载为:均布荷载$1.8kN/m^2$,或作用于脚手板跨中的集中荷载2kN。

6.3.1 基本构造

门式脚手架基本单元是由2个门式框架、2个剪刀撑、1个水平梁架和4个连接器组合而成(图1-6-8)。若干基本单元通过连接器在竖向叠加,组成一个多层框架。在水平方向,用加固杆和水平梁架使相邻单元连成整体,加上斜梯、栏杆柱和横杆组成上下步相通的外脚手架。

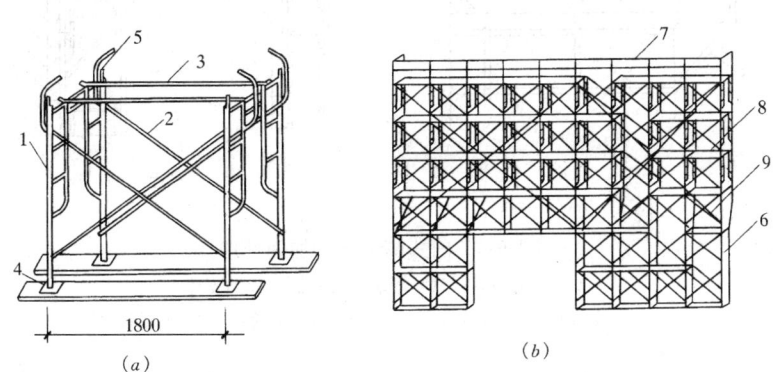

图1-6-8 门式脚手架
(a) 基本单元;(b) 门式外脚手架
1—门式框架;2—剪刀撑;3—水平梁架;4—调节螺栓;
5—连接器;6—梯子;7—栏杆;8—脚手板;9—交叉斜杆

6.3.2 搭设要求

门式脚手架的搭设顺序为:铺放垫木→安放底座→设立门架→安装剪刀撑→安装水平梁架→安装梯子→安装水平加固杆→安装连墙杆→……逐层向上……→

安装交叉斜杆。

门式脚手架高度一般不超过45m，每五层至少应架设水平架一道，垂直和水平方向每隔4～6m应设一个连墙件，脚手架的转角应用钢管通过扣件扣紧在相邻两个门式框架上（图1-6-9a）。

脚手架搭设后，应用水平加固杆（钢管）加强，通过扣件将水平加固杆扣在门式框架上，形成水平闭合圈。一般在10层框架以下，每3层设一道；在10层框架以上，每5层设一道。最高层顶部和最低层底部应各加设一道，同时还应设置交叉斜撑。

门式脚手架架设超过10层，应加设辅助支撑。高度方向每8～11层门式框架、宽度方向5个门式框架之间，应加设一组，使脚手架与墙体可靠连接（图1-6-9c）。

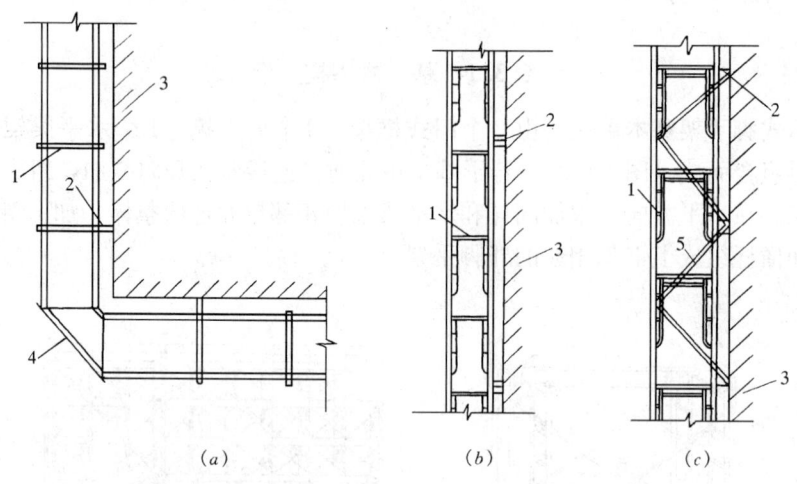

图1-6-9 门式脚手架的加固处理
(a) 转角加固；(b) 附墙连接；(c) 辅助支撑
1—门式框架；2—连墙件；3—墙体；4—钢管；5—辅助支撑

§6.4 升降式脚手架

升降式脚手架是沿结构外表面满搭的脚手架，它通过脚手架构件之间或脚手架与墙体之间互为支承、相互提升，可随结构施工逐渐提升，用于结构施工；在结构完成后，又可逐渐下降，作为装饰施工脚手架。近年来在高层建筑及筒仓、竖井、桥墩等施工中发展了多种形式的升降式脚手架，其中常用的有自升降式、互升降式、整体升降式三种类型。

升降式脚手架主要优点有：①脚手架不需沿建（构）筑物全高搭设（一般搭

设 3～4 层高）；②脚手架不落地，不占施工场地；③可用于结构与装饰施工。但这种脚手架一次性投资较大，因此设计时应使其具有通用性，以便在不同的结构施工中周转使用。

6.4.1 自升降式脚手架

自升降脚手架由一个脚手架全高的固定架与一个 2m 左右高度的活动架组成，它们均可独立附墙，而两者之间又可相互上下运动。固定架及活动架的升降是通过手动或电动倒链来实现的。在结构或装饰施工时，活动架和固定架用附墙螺栓与墙体锚固；当脚手架需要升降时，活动架与固定架中的一个架子仍然锚固在墙体上，另一个架子则放松附墙螺栓，以固定在墙上的架子为支承，用倒链对另一个架子进行升降。通过活动架和固定架交替附墙，互相升降，脚手架即可沿着墙体上逐层升降（图 1-6-10）。

自升降脚手架的优点是脚手架可单片独立升降，可用于局部结构的施工。但其刚度较小，提升活动架时固定架上端悬臂高度较大，稳定性较差；此外，在升降过程中操作人员位于被升降的架体上，安全性较差。

6.4.2 互升降式脚手架

互升降式脚手架分为甲、乙两种单元，通过倒链交替对甲、乙两单元进行升降，有时也可用塔式起重机提升。在结构或装饰施工时，甲单元与乙单元均用附墙螺栓与墙体锚固，两架之间无相对运动；当脚手架需要升降时，甲（或乙）单元

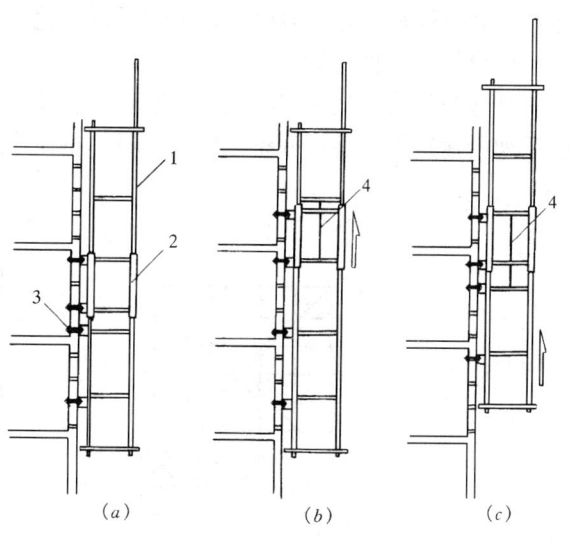

图 1-6-10　自升降式脚手架爬升过程
(a) 爬升前的位置；(b) 活动架爬升（半个层高）；
(c) 固定架爬升（半个层高）
1—固定架；2—活动架；3—附墙螺栓；4—倒链

锚固在墙体上，将相邻的乙（或甲）单元与墙体分离，使用倒链对其升降。通过甲、乙两单元交替附墙，相互升降，脚手架即可沿着墙体逐层升降（图 1-6-11）。与自升降式脚手架相比，互升降式脚手架优点是：结构简单、刚度大；提升时操作人员位于固定在墙体上的单元上，易于操作、安全性好。但其使用必须沿结构四周全部布置，对局部的结构部位无法使用。

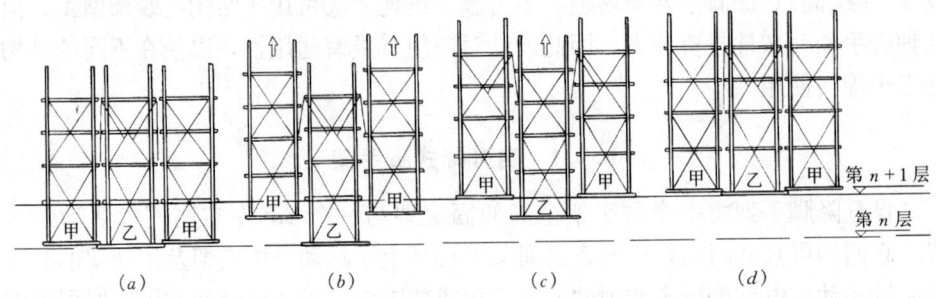

图 1-6-11 互升降式脚手架爬升过程

(a) 第 n 层作业；(b) 提升甲单元；(c) 提升乙单元；(d) 第 $n+1$ 层作业

6.4.3 整体升降式脚手架

在超高层建筑或超高的构筑物的结构施工中，整体升降式脚手架有明显的优越性，它结构整体好、升降快捷方便、机械化程度高、经济效益显著，是一种很有推广价值的外脚手架。

整体升降式外脚手架（图 1-6-12）一般以电动升降机为提升动力，使整个外脚手架沿建筑物外墙或柱整体向上爬升。搭设高度依结构施工层的层高而定，一

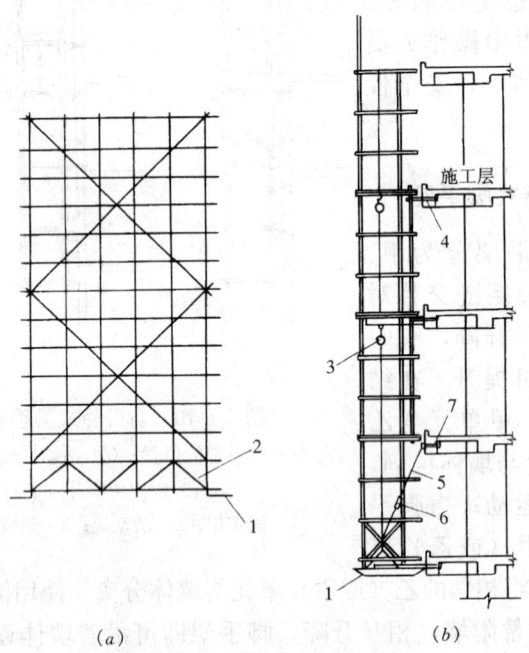

图 1-6-12 整体升降式外脚手架

(a) 立面图；(b) 侧面图

1—承力架；2—加固桁架；3—电动提升机；4—挑梁；
5—斜拉杆；6—调节螺栓；7—墙螺栓

般取 4 个层高加上安全栏的高度为架体的总高度。脚手架宽以 0.8～1m 为宜。

架体设计时可将架子沿建筑物外围分成若干单元，每个单元的宽度根据建筑物的开间而定，一般在 4～6m。

施工前应做好有关准备工作：

加工制作承力架等构件，准备电动升降机、钢丝绳等材料；

按结构平面图先确定承力架的位置，并在结构混凝土墙或梁内预埋螺栓或预留螺栓孔；

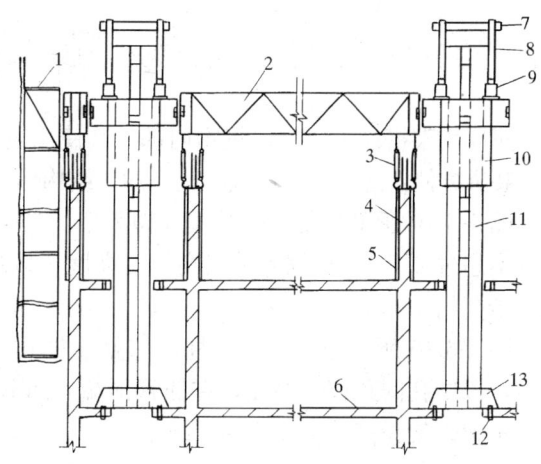

图 1-6-13　液压整体提升大模板
1—吊脚手；2—平台桁架；3—模板提升倒链；4—墙板；5—大模板；6—楼板；7—支承挑架；8—提升支承杆；9—千斤顶；10—提升导向架；11—支承立柱；12—固定螺栓；13—底座

如结构的最下几层的层高或平面形状与上部不同（这在建筑中常见），应对下面几层搭设一般的外脚手架。

承力架通过 M25～M30 的螺栓与混凝土结构固定，承力架外侧用斜拉杆与上层结构拉结固定。在承力架上面搭设下层脚手架，再逐步搭向上整个架体，随搭随设置拉结点，并设斜撑。

安装工字钢挑梁，将电动升降机挂在挑梁下，开动电动升降机便可开始爬升。爬升到位后，先将承力架与结构固定。检查符合安全要求后，脚手架可开始使用。

与爬升操作顺序相反，利用电动升降机可使脚手架逐层下降，此时，应注意把留在结构中的上预留孔修补完毕。

另有一种液压提升整体式的脚手架-模板组合体系（图 1-6-13），它通过设在建（构）筑内部的支承立柱及立柱顶部的平台桁架，利用液压设备进行脚手架的升降，同时也可升降结构的混凝土的模板。

整体提升脚手架安全性尤为重要，施工中应执行以下安全管理规定：

安装与拆卸整体提升脚手架必须由具有相应资质的单位承担，应当编制拆装方案、制定安全施工措施，并由专业技术人员现场监督。安装完毕后，安全单位应当进行自检，出具自检合格证明，并向施工单位进行安全使用说明，办理验收手续并签字。

整体提升脚手架在使用前应当组织有关单位进行验收，也可以委托具有相应资质的检验检测机构进行验收，验收合格的方可使用。

§6.5 里脚手架

里脚手架搭设于建(构)筑物内部,其使用过程中装拆较频繁,故要求轻便灵活,装拆方便。通常将其做成工具式的,结构形式有折叠式、支柱式和门架式。

图 1-6-14 所示为角钢折叠式里脚手架,其架设间距,砌墙时不超过 2m,粉刷时不超过 2.5m。根据施工层高,沿高度可以搭设两步脚手,第一步高约 1m,第二步高约 1.65m。

图 1-6-15 所示为套管式支柱,它是支柱式里脚手架的一种,将插管插入立管中,以销孔间距调节高度,在插管顶端的凹形支托内搁置方木横杆,横杆上铺设脚手架。架设高度为 1.5～2.1m。

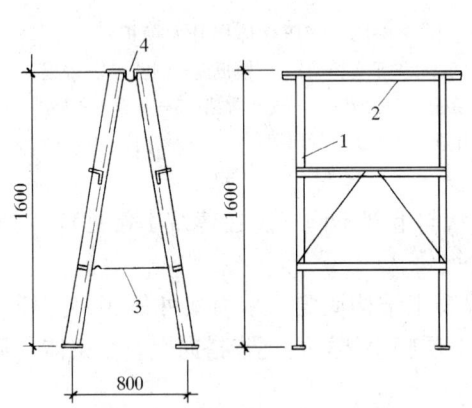

图 1-6-14 折叠式里脚手架
1—立柱;2—横楞;3—挂钩;4—铰链

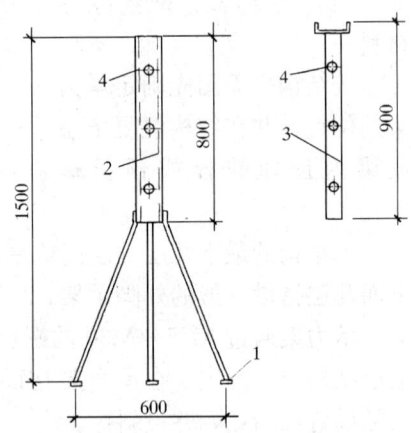

图 1-6-15 套管式支柱
1—支脚;2—立管;3—插管;4—销孔

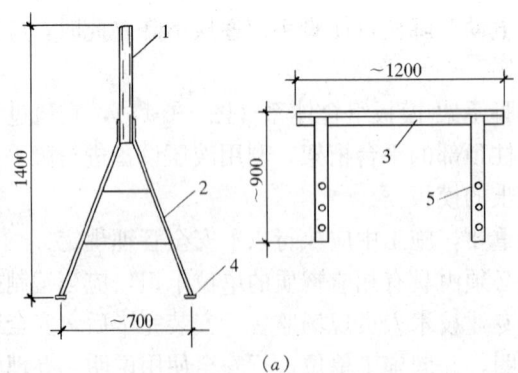

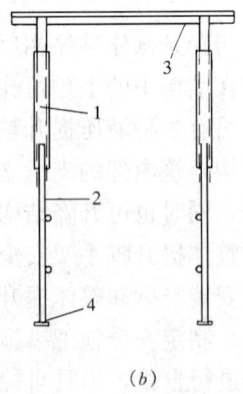

图 1-6-16 门架式里脚手架
(a) A形支架与门架;(b) 安装示意
1—立管;2—支脚;3—门架;4—垫板;5—销孔

门架式里脚手架由两片 A 形支架与门架组成（图 1-6-16）。其架设高度为 1.5～2.4m，两片 A 形支架间距 2.2～2.5m。

对高度较高的结构内部施工，如建筑的顶棚等可利用移动式里脚手架（图 1-6-17），如作业面大、工程量大，则常常在施工区内搭设满堂脚手架，材料可用扣件式钢管、碗扣式钢管或用毛竹等。

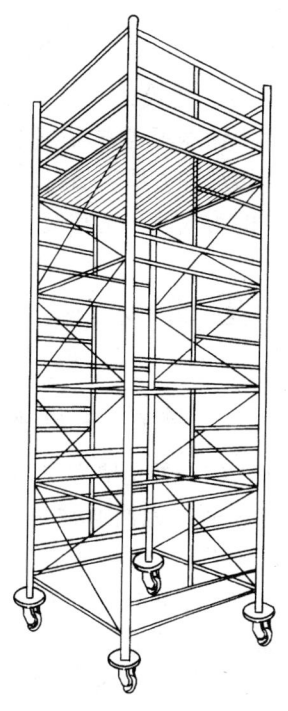

图 1-6-17　移动式里脚手架

思 考 题

6.1　扣件式钢管脚手架的构造如何？其搭设有何要求？

6.2　碗扣式脚手架、门式脚手架的构造有哪些特点？搭设中应注意哪些问题？

6.3　升降式脚手架有哪些类型？其构造有何特点？

6.4　试述自升式脚手架及互升式脚手架的升降原理。

6.5　整体式脚手架的安全管理有何要求？

6.6　里脚手架的结构有何特点？

第7章 防水工程

防水工程包括屋面防水工程和地下防水工程。屋面防水工程主要是防止雨雪对屋面的间歇性浸透作用。地下防水工程主要是防止地下水对建筑物（构筑物）的经常性浸透作用。防水工程是房屋建筑的一项十分重要的部分，其质量的优劣，是由材料、设计、施工和使用保养等各方面所决定的，不仅关系到建筑物的使用寿命，而且直接影响到生产活动和人民生活。所以，在防水工程施工中，必须严格把好质量关，以保证结构的耐久性和正常使用。

§7.1 屋面防水工程

7.1.1 卷材防水屋面

卷材防水屋面是目前屋面防水的一种主要方法，尤其是在重要的工业与民用建筑工程中，应用十分广泛。卷材防水屋面通常是采用胶结材料将沥青防水卷材、高聚物改性沥青防水卷材、合成高分子防水卷材等柔性防水材料粘成一整片能防水的屋面覆盖层。胶结材料取决于卷材的种类，若采用沥青卷材，则以沥青胶结材料作粘贴层，一般为热铺；若采用高聚物改性沥青防水卷材或合成高分子防水卷材，则以特制的胶粘剂作粘贴层，一般为冷铺。

1. 卷材防水屋面的构造

卷材防水屋面一般由结构层、隔汽层、保温层、找平层、防水层和保护层组成（图1-7-1）。其中隔汽层和保温层在一定的气温条件和使用条件下可不设。

卷材防水屋面属柔性防水屋面，其优点是：重量轻，防水性能较好，尤其是防水层具有良好的柔韧性，能适应一定程度的结构振动和胀缩变形。缺点是：造价高，特别是沥青卷材易老化、起鼓、耐久性差，施工工序多，工效低，维修工作量大，产生渗漏时修补找漏困难等。

2. 卷材防水屋面的材料

（1）沥青

沥青是一种有机胶凝材料。在土木工程中，目前常用的是石油沥青。石油沥青按其用途可分为建筑石油沥青、道路石油沥青和普通石油沥青三种。建筑石油沥青黏性较高，多用于建筑物的屋面及地下工程防水；道路石油沥青则用于拌制沥青混凝土和沥青砂浆或道路工程；普通石油沥青因其温度稳定性差，黏性较低，在建筑工程中一般不单独使用，而是与建筑石油沥青掺配经氧化处理后

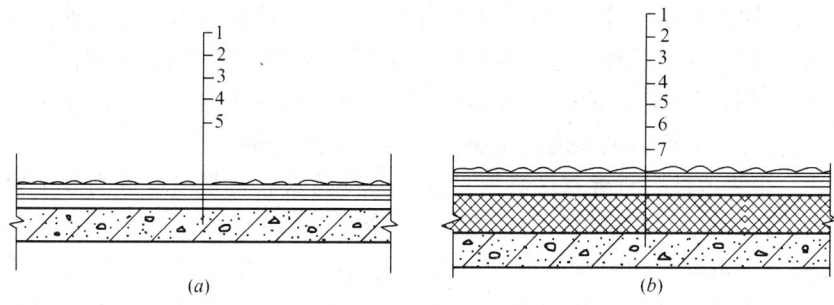

图 1-7-1 卷材防水屋面构造示意图
(a) 不保温卷材防水屋面；(b) 保温卷材防水屋面
1—保护层；2—卷材防水层；3—结合层；4—找平层；
5—保温层；6—隔汽层；7—结构层

使用。

针入度、延伸度和软化点是划分沥青牌号的依据。工程上通常根据针入度指标确定牌号，每个牌号则应保证相应的延伸度和软化点。例如，建筑石油沥青按针入度指标划分为 10 号、30 号乙、30 号甲三种。在同品种的石油沥青中，其牌号增大时，针入度和延伸度增大，而软化点则减小。沥青牌号的选用，应根据当地的气温及屋面坡度情况综合考虑，气温高坡度大，则选用小牌号，以防止流淌；气温低坡度小，要选用大牌号，以减小脆裂。石油沥青牌号及主要技术质量标准见表 1-7-1。

石油沥青牌号及主要技术标准　　　　　　表 1-7-1

石油沥青牌号	针入度 25℃	延伸度（mm）25℃	软化点不小于（℃）
60 甲	41～80	600	45
60 乙	41～80	400	45
30 甲	21～80	30	70
30 乙	21～40	30	60
10	5～20	10	95

沥青贮存时，应按不同品种、牌号分别存放，避免雨水、阳光直接淋晒，并要远离火源。

（2）卷材

1）沥青卷材　沥青防水卷材，按制造方法的不同可分为浸渍（有胎）和辊压（无胎）两种。石油沥青卷材又称油毡和油纸。油毡是用高软化点的石油沥青涂盖油纸的两面，再撒上一层滑石粉或云母片而成。油纸是用低软化点的石油沥青浸渍原纸而成的。建筑工程中常用的有石油沥青油毡和石油沥青油纸两种。根据每平方米原纸质量（克），石油沥青有200号、350号和500号三种标号，油纸有200号和350号两种标号。卷材防水屋面工程用油毡一般应采用标号不低于350号的石油沥青油毡。油毡和油纸在运输、堆放时应竖直搁置，高度不超过两层；应贮存在阴凉通风的室内，避免日晒雨淋及高温高热。

2）高聚物改性沥青卷材　高聚物改性沥青防水卷材是以合成高分子聚合物改性沥青为涂盖层，纤维织物或纤维毡为胎体，粉状、粒状、片状或薄膜材料为覆盖材料制成可卷曲的片状材料。目前，我国所使用的有SBS改性沥青柔性卷材、APP改性沥青卷材、铝箔塑胶卷材、化纤胎改性沥青卷材、废胶粉改性沥青耐低温卷材等。高聚物改性沥青防水卷材的规格见表1-7-2，其物理性能见表1-7-3。

高聚物改性沥青防水卷材规格　　　　　　表1-7-2

厚度 (mm)	宽度 (mm)	每卷长度 (m)	厚度 (mm)	宽度 (mm)	每卷长度 (m)
2.0	≥1000	15.0～20.0	4.0	≥1000	7.5
3.0	≥1000	10.0	5.0	≥1000	5.0

高聚物改性沥青防水卷材物理性能　　　　　　表1-7-3

项目		性　能　要　求				
		聚酯毡胎体	玻纤毡胎体	聚乙烯胎体	自粘聚酯胎体	自粘无胎体
拉力 (N/50mm)		≥450	纵向≥350 横向≥250	≥100	≥350	≥250
延伸率 (%)		最大拉力时 ≥30	—	断裂时 ≥200	最大拉力时 ≥30	断裂时≥450
耐热度 (℃, 2h)		SBS卷材90，APP卷材110， 无滑动、流淌、滴落		PEE卷材90， 无流淌、起泡	70，无滑动、 流淌、滴落	70，无起泡 滑动
低温柔度 (℃)		SBS卷材-18，APP卷材-5，PEE卷材-10			−20	
		3mm厚，$r=15$mm；4mm厚，$r=25$mm；3s，弯180°无裂纹			$r=15$mm，3s， 弯180°无裂纹	$\phi 20$mm，3s， 弯180°无裂纹
不透水性	压力 (MPa)	≥0.3	≥0.2	≥0.3	≥0.3	≥0.2
	保持时间 (min)			≥30		≥120

注：SBS卷材——弹性体改性沥青防水卷材；
　　APP卷材——塑性体改性沥青防水卷材；
　　PEE卷材——高聚物改性沥青聚乙烯胎防水卷材。

3）合成高分子卷材　合成高分子防水卷材是以合成橡胶、合成树脂或二者的共混体为基料，加入适量的化学助剂和填充料等，经不同工序加工而成可卷曲的片状防水材料；或把上述材料与合成纤维等复合形成两层或两层以上的可卷曲的片状防水材料。目前,常用的有三元乙丙橡胶防水卷材、氯化聚乙烯防水卷材、氯化聚乙烯—橡胶共混体防水卷材、氯硫化聚乙烯防水卷材等。合成高分子防水卷材其外观质量必须满足以下要求:折痕每卷不超过2处,总长度不超过20mm;不允许出现粒径大于0.5mm的杂质颗粒;胶块每卷不超过6处,每处面积不大于4mm^2;缺胶每卷不超过6处,每处不大于7mm,深度不超过本身厚度的30%。其规格见表1-7-4,物理性能见表1-7-5。

合成高分子防水卷材规格　　　　　　　　　　　　　　表 1-7-4

厚度 (mm)	宽度 (mm)	每卷长度 (m)	厚度 (mm)	宽度 (mm)	每卷长度 (m)
1.0	≥1000	20.0	1.5	≥1000	20.0
1.2	≥1000	20.0	2.0	≥1000	10.0

合成高分子防水卷材物理性能　　　　　　　　　　　　表 1-7-5

项　目		性　能　要　求			
		硫化橡胶类	非硫化橡胶类	树脂类	纤维增强类
断裂拉伸强度(MPa)		≥6	≥3	≥10	≥9
扯断伸长率(%)		≥400	≥200	≥200	≥10
低温弯折(℃)		−30	−20	−20	−20
不透水性	压力(MPa)	≥0.3	≥0.2	≥0.3	≥0.3
	保持时间(min)	≥30			
加热收缩率(%)		<1.2	<2.0	<2.0	<1.0
热老化保持率 (80℃,168h)	断裂拉伸强度	≥80%			
	扯断伸长率	≥70%			

(3) 冷底子油

冷底子油是用10号或30号石油沥青加入挥发性溶剂配制而成的溶液。石油沥青与轻柴油或煤油以4∶6的配合比调制而成的冷底子油为慢挥发性冷底子油,涂喷后12~48h干燥;石油沥青与汽油或苯以3∶7的配合比调制而成的冷底子油为快挥发性冷底子油,涂喷后5~10h干燥。调制时先将熬好的沥青倒入料桶中,再加入溶剂,并不停地搅拌至沥青全部溶化为止。

冷底子油具有较强的渗透性和憎水性,并使沥青胶结材料与找平层之间的粘结力增强。喷涂冷底子油的时间,一般应为找平层干燥后。若需在潮湿的找平层上涂喷冷底子油,则应待找平层水泥砂浆略具强度能够操作时,方可进行。冷底子油可喷涂或涂刷,涂刷应薄而均匀,不得有空白、麻点或气泡。待冷底子油油层干燥后,即可铺贴卷材。

(4) 沥青胶结材料

沥青胶是用石油沥青按一定配合比掺入填充料(粉状或纤维状矿物质)混合

熬制而成的。用于粘贴油毡作防水层或作为沥青防水涂层以及接头填缝之用。

在沥青胶结材料中加入填充料的作用是：提高耐热度、增加韧性、增强抗老化能力。填充料的掺量：采用粉状填充料（滑石粉等）时，掺入量为沥青质量的10%～25%，采用纤维状填充料（石棉粉等），掺入量为沥青质量的5%～10%。填充料的含水率不宜大于3%。

沥青胶结材料的主要技术性能指标是耐热度、柔韧性和粘结力。其标号用耐热度表示，标号为S-60～S-85。使用时，如屋面坡度大且当地历年室外极端最高气温高时，应选用标号较高的胶结材料，反之，则应选用标号较低的胶结材料。其标号的具体选用见表1-7-6。

沥青胶标号选用表　　　　　　　　　　表1-7-6

屋面坡度（%）	历年室外极端最高温度（℃）	沥 青 标 号
1～3	小于38	S-60
	38～41	S-65
	41～45	S-70
3～15	小于38	S-65
	38～41	S-70
	41～45	S-75
15～25	小于38	S-75
	38～41	S-80
	41～45	S-85

沥青胶结材料的配制，一般采用10号、30号、60号石油沥青，或上述两种或三种牌号的沥青熔合。当采用两种标号沥青进行熔合时，其配合比可按下列公式计算：

$$B_g = \frac{T - T_2}{T_1 - T_2} \times 100\% \tag{1-7-1}$$

$$B_d = 100\% - B_g \tag{1-7-2}$$

式中　B_g——熔合物中高软化点石油沥青含量（%）；
　　　B_d——熔合物中低软化点石油沥青含量（%）；
　　　T——熔合后沥青胶结材料所需的软化点（℃）；
　　　T_1——高软化点石油沥青的软化点（℃）；
　　　T_2——低软化点石油沥青的软化点（℃）。

熬制沥青胶时，应先将沥青破碎成80～100mm块状料再放入锅中加热熔化，使其完全脱水至不再起泡沫时，除去杂物，再将预热过的填充料缓慢加入，同时不停地搅拌，直至达到规定的熬制温度（表1-7-7），除去浮石杂质即熬制完成。沥青胶结材料的加热温度和时间，对其质量有极大的影响。温度必须按规定严格控制，熬制时间以3～4h为宜。若熬制温度过高，时间过长，则沥青质增多，油分减少，韧性差，粘结力降低，易老化，这对施工操作、工程质量及耐久性都有不良影响。

沥青胶结材料的加热温度和使用温度 表 1-7-7

类　　　别	加热温度（℃）	使用温度（℃）
普通石油沥青或掺建筑石油沥青的普通石油沥青胶结材料	不应高于 280	不宜低于 240
建筑石油沥青胶结材料	不应高于 240	不宜低于 190

（5）胶粘剂

胶粘剂是高聚物改性沥青卷材和合成高分子卷材的粘贴材料。高聚物改性沥青卷材的胶粘剂主要有氯丁橡胶改性沥青胶粘剂、CCTP 抗腐耐水冷胶料等。前者由氯丁橡胶加入沥青和助剂以及溶剂等配制而成，外观为黑色液体，主要用于卷材与基层、卷材与卷材的粘结，其粘结剪切强度不小于 5N/cm，粘结剥离强度不小于 8N/cm；后者是由煤沥青经氯化聚烯烃改性而制成的一种溶剂型胶粘剂，具有良好的抗腐蚀、耐酸碱、防水和耐低温等性能。合成高分子卷材的胶粘剂主要有氯丁系胶粘剂（404 胶）、丁基胶粘剂、BX-12 胶粘剂、BX-12 乙组分、XY-409 胶等。

3. 卷材防水屋面的施工

（1）沥青卷材防水屋面的施工

1）基层的处理

基层处理的好坏，直接影响到屋面的施工质量。要求基层要有足够的强度和刚度，承受荷载时不产生显著变形，一般采用水泥砂浆、沥青砂浆和细石混凝土找平层作基层。水泥砂浆配合比（体积比）1∶2.5～1∶3，水泥强度等级不低于 32.5 级；沥青砂浆配合比（重量比）1∶8；细石混凝土强度等级为 C15，找平层厚度为 15～35mm。为防止由于温差及混凝土构件收缩而使卷材防水层开裂，找平层应留分格缝，缝宽为 20mm，其留设位置应在预制板支承端的拼缝处，其纵横向最大间距，当找平层为水泥砂浆或细石混凝土时，不宜大于 6m；当找平层为沥青砂浆时，则不宜大于 4m。并于缝口上加铺 200～300mm 宽的油毡条，用沥青胶结材料单边点贴，以防结构变形将防水层拉裂。在凸出屋面结构的连接处以及基层转角处，均应做成边长为 100mm 的钝角或半径为 100～150mm 的圆弧。找平层应平整坚实，无松动、翻砂和起壳现象。

2）卷材铺贴

卷材铺贴前应先熬制好沥青胶和清除卷材表面的撒料。沥青胶的沥青成分应与卷材中沥青成分相同。卷材铺贴层数一般为 2～3 层，沥青胶铺贴厚度一般在 1～1.5mm 之间，最厚不得超过 2mm。

卷材的铺贴方向应根据屋面坡度或是否受振动荷载而确定。当屋面坡度小于 3%时，宜平行于屋脊铺贴；屋面坡度大于 15%或屋面受振动时，应垂直于屋脊铺贴；屋面坡度在 3%～15%之间时，可平行或垂直于屋脊铺贴。卷材防水屋面的坡度不宜超过 25%，否则应在短边搭接处将卷材用钉子钉入找平层内固定，以防卷材下滑。此外，在铺贴卷材时，上下层卷材不得相互垂直铺贴。

平行于屋脊铺贴时，由檐口开始，各层卷材的排列如图 1-7-2(a) 所示。两幅卷材的长边搭接（又称压边），应顺水流方向；短边搭接（又称接头），应顺主导风向。平行于屋脊铺贴效率高，材料损耗少。此外，由于卷材的横向抗拉强度远比纵向抗拉强度高，因此，此方法可以防止卷材因基层变形而产生裂缝。

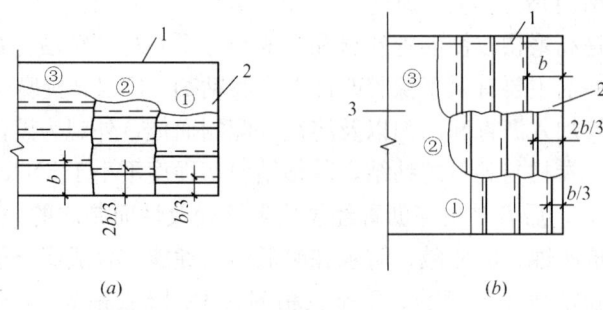

图 1-7-2 卷材铺贴方向
(a) 平行于屋脊铺贴；(b) 垂直于屋脊铺贴
①②③—卷材层次；b—卷材幅宽
1—屋脊；2—山墙；3—主导风向

垂直于屋脊铺贴时，则应从屋脊开始向檐口进行，以免出现沥青胶超厚而铺贴不平等现象。各层卷材的排列如图 1-7-2(b) 所示。压边应顺主导风向，接头应顺水流方向。同时，屋脊处不能留设搭接缝，必须使卷材相互越过屋脊交错搭接以增强屋脊的防水性和耐久性。

当铺贴连续多跨或高低跨房屋屋面时，应按先高跨后低跨，先远后近的顺序进行。对同一坡面，则应先铺好水落口、天沟、女儿墙和沉降缝等地方，特别应做好泛水处，然后顺序铺贴大屋面的卷材。

为防止卷材接缝处漏水，卷材间应具有一定的搭接宽度，通常各层卷材的搭接宽度，长边不应小于 70mm，短边不应小于 100mm，上下两层及相邻两幅卷材的搭接缝均应错开，搭接缝处必须用沥青胶结材料仔细封严。

卷材的铺贴方法有浇油法、刷油法、刮油法和撒油法四种。浇油法是将沥青胶浇到基层上，然后推着卷材向前滚动使卷材与基层粘贴紧密；刷油法是用毛刷将沥青胶刷于基层，刷油长度以 300～500mm 为宜，出油边不应大于 50mm，然后快速铺压卷材；刮油法是将沥青胶浇到基层上后，用 5～10mm 的胶皮刮板刮开沥青胶铺贴；撒油法是在铺第一层卷材时，先在卷材周边涂满沥青，中间用蛇形花撒的方法撒油铺贴，其余各层则仍按浇油、刷油、刮油方法进行铺贴，此法多用于基层不太干燥需做排气屋面的情况。待各层卷材铺贴完后，在其面层上浇一层 2～4mm 厚的沥青胶，趁热撒上一层粒径为 3～5mm 的小豆石（绿豆砂），并加以压实，使豆石和沥青胶粘结牢固，未粘结的豆石随即清扫干净。

沥青卷材防水层最容易产生的质量问题是：防水层起鼓、开裂、沥青流淌、老化、屋面漏水等。

为防止起鼓，要求基层干燥，其含水率在6%以内，避免雨、雾、霜天气施工，隔汽层良好，防止卷材受潮，保证基层平整，卷材铺贴涂油均匀、封闭严密，各层卷材粘贴密实，以免水分蒸发空气残留形成气囊而使防水层产生起鼓现象。在潮湿环境下解决防水层起鼓的有效方式是将屋面做成排气屋面，即在铺贴第一层卷材时，采用条铺、花铺等方法使卷材与基层间留有纵横相互贯通的排气道（图1-7-3），并在屋面或屋脊上设置一定的排气孔与大气相通，使潮湿基层中的水分能及时排走，从而避免卷材起鼓。

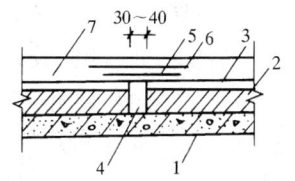

图1-7-3 排气屋面（mm）
1—屋面板；2—保温层；3—找平层；4—排气道；5—卷材条点贴；6—卷材条加固层；7—防水层

为防止沥青胶流淌，要求沥青胶有足够的耐热度，较高的软化点，涂刷均匀，其厚度不得超过2mm，且屋面坡度不宜过大。

防水层破裂的主要原因是：结构层变形、找平层开裂；刚度不够，建筑物不均匀下沉；沥青胶流淌，卷材接头错动；防水层温度收缩，沥青胶变硬、变脆而拉裂；防水层起鼓后内部气体受热膨胀等。

此外，沥青在热能阳光空气等的长期作用下，内部成分将逐渐老化，为延长防水层的使用寿命，通常设置保护层是一项重要措施，保护层材料有绿豆砂、云母、蛭石、水泥砂浆、细石混凝土和块体材料等。

（2）高聚物改性沥青卷材防水屋面施工

1）基层处理

高聚物改性沥青卷材防水屋面可用水泥砂浆、沥青砂浆和细石混凝土找平层作基层。要求找平层抹平压光，坡度符合设计要求，不允许有起砂、掉灰和凹凸不平等缺陷存在，其含水率一般不宜大于9%，找平层不应有局部积水现象。找平层与凸起物（如女儿墙、烟囱、通气孔、变形缝等）相连接的阴角，应做成均匀光滑的小圆角；找平层与檐口、排水口、沟脊等相连接的转角，应抹成光滑一致的圆弧形。

2）施工要点

高聚物改性沥青卷材施工方法有冷粘剂粘贴法和火焰热熔法两种。

冷粘法施工的卷材主要是指SBS改性沥青卷材、APP改性沥青卷材、铝箔面改性沥青卷材等。施工前应清除基层表面的凸起物，并将尘土杂物等扫除干净，随后用基层处理剂进行基层处理，基层处理剂系由汽油等溶剂稀释胶粘剂制成，涂刷时要均匀一致。待基层处理剂干燥后，可先对排水口、管根等容易发生渗漏的薄弱部位，在其中心200mm范围内，均匀涂刷一层胶粘剂，涂刷厚度以1mm左右为宜。干燥后即可形成一层无接缝和弹塑性的整体增强层。铺贴卷材时，应根据卷材的配置方案（一般坡度小于 3%时，卷材应平行于屋脊配置；坡度大于 15%时，卷材应垂直于屋脊配置；坡度在 3%～15%之间时，可根据现场条件自由选定），在流水坡度的下坡开始弹出基准线，边涂刷胶粘剂边向前滚铺卷材，并及时辊压压实。用毛刷涂刷时，蘸胶液应饱满，涂刷要均匀。滚铺卷材不要卷入空气和异物。平面与立面相连接处的卷材，应由下向上压缝铺贴，并使卷材紧贴阴角，不允许有明显的空鼓现象存在。当立面卷材超过 300mm 时，应用氯丁系胶粘剂（404 胶）进行粘贴或用木砖钉木压条与粘贴并用的方法处理，以达到粘贴牢固和封闭严密的目的。卷材纵横搭接宽度为 100mm，一般接缝用胶粘剂粘合，也可采用汽油喷灯进行加热熔接，以后者效果更为理想。对卷材搭接缝的边缘以及末端收头部位，应刮抹膏状胶粘剂进行粘合封闭处理，其宽度不应小于 10mm。必要时，也可在经过密封处理的末端收头处，再用掺入水泥重量 20%的 108 胶水泥砂浆进行压缝处理。

热熔法施工的卷材主要以 APP 改性沥青卷材较为适宜。采用热熔法施工可节省冷粘剂，降低防水工程造价，特别是当气温较低时或屋面基层略有湿气时尤其适合。基层处理时，必须待涂刷基层处理剂 8h 以上方能进行施工作业。火焰加热器的喷嘴距卷材面的距离应适中，一般为 0.5m 左右，幅宽内加热应均匀。以卷材表面熔融至光亮黑色为度，不得过分加热或烧穿卷材。卷材表面热熔后应立即铺贴，滚铺时应排除卷材下面的空气，使之平展不得有折皱，并辊压粘贴牢固。搭接部位经热风焊枪加热后粘贴牢固，溢出的自粘胶刮平封口。

为屏蔽或反射阳光的辐射和延长卷材的使用寿命，在防水层铺设工作完成后，可在防水层的表面上采用边涂刷冷粘剂边铺撒蛭石粉保护层或均匀涂刷银色或绿色涂料作保护层。

高聚物改性沥青卷材严禁在雨天雪天施工，五级风及以上时不得施工，气温低于 0℃时不宜施工。

(3) 合成高分子卷材防水屋面施工

合成高分子卷材防水屋面应以水泥砂浆找平层作为基层，其配合比为 1∶3（体积比），厚度为 15～30mm，其平整度用 2m 长直尺检查，最大空隙不应超过 5mm，空隙仅允许平缓变化。如预制构件（无保温层时）接头部位高低不齐或凹坑较大时，可用掺 108 胶（占水泥量的 15%）的 1∶2.5～1∶3 水泥砂浆找平，基层与凸出屋面结构相连的阴角，应抹成均匀一致和平整光滑的圆角，而基层与檐口、天沟、排水口等相连接的转角则应做成半径为 100～200mm 的光滑圆弧。基层必须干燥，其含水率一般不应大于 9%。

待基层表面清理干净后，即可涂布基层处理剂，一般是将聚氨酯涂膜防水材料的甲料、乙料、二甲苯按 1∶1.5∶3 的配合比搅拌均匀，然后将其均匀涂布在基层表面上，干燥 4h 以上，即可进行后续工序的施工。在铺贴卷材前需有聚氨酯甲料和乙料按 1∶1.5 的配合比搅拌均匀后，涂刷在阴角、排水口和通气孔根部周围作增强处理。其涂刷宽度为距离中心200mm以上，厚度以1.5mm左右为宜，固化时间应大于24h。

待上述工序均完成后，将卷材展开摊铺在平整干净的基层上，用辊刷蘸满氯丁系胶粘剂（404胶等），均匀涂布在卷材上，涂布厚度要均匀，不得漏涂，但沿搭接缝部位100mm处不得涂胶。涂胶粘剂后静置10~20min，待胶粘剂结膜干燥到不粘手指时，将卷材用纸筒芯卷好，然后再将胶粘剂均匀涂布在基层处理剂已基本干燥的的洁净基层上，经过10~20min干燥，接触时不粘手指，即可铺贴卷材。卷材铺贴的一般原则是：铺设多跨或高低跨屋面时，应按先高跨后低跨，先远后近的顺序进行；铺设同一跨屋面时，应先铺设排水比较集中的部位，按标高由低向高进行。卷材应顺长方向进行配制，并使卷材长方向与水流坡度垂直，其长边搭接应顺流水坡度方向。卷材的铺贴应根据配制方案，沿先弹出的基准线，将已涂布胶粘剂的卷材圆筒从流水下坡开始展铺，卷材不得有折皱，也不得用力拉伸卷材，并应排除卷材下面的空气，辊压粘贴牢固。卷材铺好后，应将搭接部位的结合面清扫干净，采用与卷材配套的接缝专用胶粘剂（如氯丁系胶粘剂），在搭接缝结合面上均匀涂刷，待其干燥不粘手指后，辊压粘牢。除此之外，接缝口应采用密封材料封严，其宽度不应小于10mm。

合成高分子卷材防水屋面保护层施工与高聚物改性沥青卷材防水屋面保护层施工要求相同。

7.1.2 涂膜防水屋面

涂膜防水是指以高分子合成材料为主体的防水涂料，涂布在结构物表面结成坚韧的防水膜。它适用于各种混凝土屋面的防水，在装配式钢筋混凝土施工中应用较为普遍。

1. 防水材料

（1）防水涂料

防水涂料是指以液体高分子合成材料为主体，在常温下呈无定型状态，涂刷在结构物的表面能形成具有一定弹性的防水膜物料。防水涂料有以下优点：防止板面风化，延伸性好，重量轻，能形成无接缝的完整防水膜，施工简单，维修方便等。

防水涂料品种很多，技术性能不尽相同，质量相差悬殊，因此，使用时必须选择耐久性、延伸性、粘结性、不透水性和耐热度较高的且便于施工的优质防水涂料，以确保屋面防水的质量。常用的板面防水涂料有如下几种：

1）沥青基防水涂料　沥青基防水涂料主要包括石棉乳化沥青涂料和石灰膏乳化沥青涂料等乳化沥青涂料。乳化沥青涂料是一种冷施工防水涂料，系由石油沥青在乳化剂（肥皂、松香、石灰膏、石棉等）水溶液作用下，经过乳化剂的强烈搅拌分散，沥青被分散成1~6μm的细颗粒，被乳化剂包裹起来形成乳化液，涂刷在板面上，水分蒸发后，沥青颗粒聚成膜，形成均匀稳定、粘结良好的防水层。石灰膏乳化沥青配合比见表 1-7-8。

石灰膏乳化沥青配合比　　　　　　　　　　　　　　表 1-7-8

石油沥青	石灰膏（干石灰质量）	石棉绒	水
30～35	14～18	3～5	45～50

2) 高聚物改性沥青防水涂料　高聚物改性沥青防水涂料又称橡胶沥青类防水涂料，其成膜物质中的胶粘材料是沥青和橡胶（再生橡胶或合成橡胶）。该类涂料有水乳型和溶剂型两种，是以橡胶对沥青进行改性作为基础，用再生橡胶进行改性，以减少沥青的感温性，增加弹性，改善低温下的脆性和抗裂性；用氯丁橡胶进行改性，使沥青的气密性、耐化学腐蚀性、耐光性等显著改善。目前，我国使用较多的溶剂型橡胶沥青防水涂料有：氯丁橡胶沥青防水涂料（表 1-7-9）、再生橡胶沥青防水涂料、丁基橡胶沥青防水涂料等。水乳型橡胶沥青防水涂料有：水乳型再生橡胶沥青防水涂料、水乳型氯丁橡胶沥青防水涂料等。溶剂型涂料具有如下特点：能在各种复杂表面形成无接缝的防水膜，具有较好的韧性和耐久性，涂料成膜较快，同时具备良好的耐水性和抗腐蚀性，能在常温或较低温度下冷施工。但一次成膜较薄，以汽油或苯为溶剂，在生产贮运和使用过程中有燃爆危险，氯丁橡胶价格较贵，生产成本较高。水乳型涂料具有如下特点：能在复杂表面形成无接缝的防水膜，具有一定的柔韧性和耐久性，无毒、无味、不燃，安全可靠，可在常温下冷施工，不污染环境，操作简单，维修方便，可在稍潮湿但无积水的表面施工。但需多次涂刷才能达到厚度要求，稳定性较差，气温低于 5℃时不宜施工。

溶剂型氯丁橡胶沥青防水涂料技术性能　　　　　　表 1-7-9

项次	项　目	性能指标
1	外观	黑色黏稠液体
2	耐热性（85℃，5h）	无变化
3	粘结力	>0.25N/mm
4	低温柔韧性（-40℃，1h，绕 ϕ5mm 圆棒弯曲）	无裂纹
5	不透水性（动水压 0.2MPa，3h）	不透水
6	耐裂性（基层裂缝不大于 0.8mm）	涂膜不裂

3) 合成高分子防水涂料

合成高分子防水涂料，是以合成橡胶或合成树脂为主要成膜物质配制成的单组分或多组分的防水涂料。最常用的有聚氨酯防水涂料和丙烯酸酯防水涂料等。聚氨酯防水涂料是双组分化学反应固化型的高弹性防水涂料，涂刷在基层表面上，经过常温交联固化，能形成一层橡胶状的整体弹性涂膜，可以阻挡水对基层的渗透而起到防水作用。聚氨酯涂膜具有弹性好，延伸能力强，对基层的伸缩或开裂适应性强,温度适应性好,耐油、耐化学药品腐蚀性能好,涂膜无接缝的特点。适用于高层建筑屋面结构复杂的设有刚性保护层的上人屋面,施工方便,应用广泛。丙烯酸酯防水涂料是一种以丙烯酸酯类共聚树脂乳液为主体配制而成的水乳型涂料,可与水乳型氯丁橡胶沥青防水涂料和水乳型再生橡胶沥青防水涂料等配合使用,使防水层具有浅色外观。该涂料形成的涂膜呈橡胶状,柔韧性、弹性好,能抵抗基层龟裂时产生的应力。可以冷施工,可涂刷、刮涂和喷涂,施工方便。该涂料以水为稀释剂,无溶剂污染,不燃、无毒,施工安全。除此之外,还可调制成各种色彩,使屋面具有良好的装饰效果。

(2) 密封材料

土木工程用的密封材料,系指充填于建筑物及构筑物的接缝、门窗框四周、玻璃镶嵌部位以及裂缝处,能起到水密、气密性作用的材料。目前,我国常用的屋面密封材料包括改性沥青密封材料和合成高分子密封材料两大类。

1) 改性沥青密封材料 改性沥青密封材料是以沥青为基料,用合成高分子聚合物进行改性,加入填充料和其他化学助剂配制而成的膏状密封材料。主要有改性沥青基嵌缝油膏等。改性沥青基嵌缝油膏是以石油沥青为基料,掺以少量废橡胶粉、树脂或油脂类材料以及填充料和助剂制成的膏状体,适于钢筋混凝土屋面板板缝嵌填。它具有炎夏不流淌,寒冬不脆裂,粘结力强、延伸性、耐久性、弹塑性好及常温下可冷施工等特点。

2) 合成高分子密封材料 合成高分子密封材料是以合成高分子材料为主体,加入适量的化学助剂、填充料和着色剂,经过特定的生产工艺加工而成的膏状密封材料。主要有聚氯乙烯胶泥、水乳型丙烯酸酯密封膏、聚氨酯弹性密封膏等。聚氯乙烯胶泥是以聚氯乙烯树脂和煤焦油为基料,按一定比例加改性材料及填充料,在 $130\sim140℃$ 温度下塑化而成的热灌嵌缝防水材料。这种材料具有良好的耐热性、粘结性、弹塑性、防水性以及较好的耐寒、耐腐蚀性和抗老化能力。不但可用于屋面嵌缝,还可用于屋面满涂。其价格适中。聚氯乙烯胶泥的技术指标和配合比分别见表 1-7-10、表 1-7-11。聚氯乙烯胶泥适用于各种坡度的屋面防水工程,并适用于有硫酸、盐酸、硝酸和氢氧化钠等腐蚀介质的屋面工程。水乳型丙烯酸酯密封膏是以丙烯酸酯乳液为胶粘剂,掺以少量的表面活性剂、增塑剂、改性剂以及填充料、颜料配制而成。其特点为:无溶剂污染,无毒、不燃,贮运安全可靠;良好的粘结性、延伸性、耐低温性、耐热性及抗大气老化性;可提供多种色彩与密封基层配色;并且可在潮湿基层上施工,操作方便等。聚氨酯弹性密封膏是以异氰酸基为基料和含有活性氢化物的固化剂组成的一种常温固化型弹性密封材料。该材料是一种新型密封材料,比其他溶剂型和水乳型密封膏的性能优越,具有模量低、延伸率大、弹性高、粘结性好、耐低温、耐水、耐油、耐酸碱、抗疲劳及使用年限长,并且价格适中等特点,可用于防水要求中等或偏高的工程。

聚氯乙烯胶泥技术指标　　　　　　　表 1-7-10

名 称	抗拉强度	粘结强度	延伸度	耐热度
单 位	MPa	MPa	%	℃
指 标	>0.05	>0.1	>200	≥80

聚氯乙烯胶泥配合比　　　　　　　　表 1-7-11

成 分	名 称	单 位	数 量
主 剂	煤胶油	份	100
	聚氯乙烯树脂	份	10~15
增塑剂	苯二甲酸二辛酯或苯二甲酸二丁酯	份	8~15
稳定剂	三盐基硫酸铅或硬脂酸钙、硬脂酸盐类	份	0.2~1
填充剂	滑石粉、粉煤灰、石英粉	份	10~30

2. 涂膜防水屋面施工

(1) 自防水屋面板的制作要求

自防水屋面板应按自防水构件的要求进行设计与施工，以保证其具有足够的密实性、抗渗性和抗裂性。同时，还必须做好附加层，以满足防水的要求。制作屋面板时，混凝土宜用不低于 32.5 级普通硅酸盐水泥；粗骨料的最大粒径不超过板厚的 1/3，一般为不超过 15mm，细骨料宜采用中砂或粗砂，粗细骨料含泥量应分别不超过 1% 和 2%，以减少混凝土的干缩；每立方米混凝土中水泥的最小用量不少于 330kg，水灰比不大于 0.55，为改善混凝土的和易性，还可掺入适量的外加剂。浇筑混凝土时，宜采用高频低振幅的小型平板振动器振捣密实，混凝土收水后应再次压实抹光，自然养护时间不得少于 14 昼夜。尤其重要的是自防水构件在制作、运输及安装过程中，必须采取有效措施，确保不出现裂缝，从而保证屋面的防水质量。

(2) 板缝嵌缝施工

1) 板缝要求　当屋面结构采用装配式钢筋混凝土板时，板缝上口的宽度，应调整为 20~40mm；当板缝宽度大于 40mm 或上窄下宽时，板缝应设构造钢筋，以防止灌缝混凝土脱落开裂而导致嵌缝材料流坠。板缝下部应用不低于 C20 的细石混凝土浇筑并捣固密实，且预留嵌缝深度，可取接缝深度的 0.5~0.7 (图 1-7-4)。板缝在浇筑混凝土之前，应充分浇水湿润，冲洗干净。在浇筑混凝土时，必须随浇随清除接缝处构件表面的水泥浆。混凝土养护要充分，接触嵌缝材料的混凝土表面必须平整、密实，不得有蜂窝、露筋、

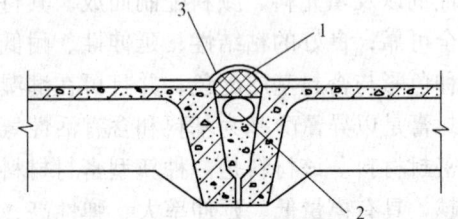

图 1-7-4　板缝密封防水处理
1—密封材料；2—背衬材料；3—保护层

起皮、起砂和松动现象。板缝必须干燥。

2) 嵌缝材料防水施工 在嵌缝前,必须先用刷缝机或钢丝刷清除板缝两侧表面浮灰、杂物并吹净。随即用基层处理剂涂刷,涂刷宜在铺放背衬材料后进行,涂刷应均匀,不得漏涂。待其干燥后,及时热灌或冷嵌密封材料。当采用改性沥青密封材料热灌施工时,应由下向上进行,尽量减少接头数量,一般应先灌垂直于屋脊的板缝,后灌平行于屋脊的板缝,同时,在纵横交叉处宜沿平行于屋脊的两侧板缝各延伸浇灌150mm,并留成斜槎。当采用改性沥青密封材料冷嵌法施工时,应先用少量密封材料批刮在缝槽两侧,分次将密封材料嵌填在缝内,用力压嵌密实,并与缝壁粘结牢固。嵌填时,密封材料与缝壁不得留有空隙,并防止裹入空气,接头应采用斜槎。当采用合成高分子密封材料施工时,单组分密封材料可直接使用,多组分密封材料应根据规定的比例准确计量,拌合均匀。每次拌合量、拌合时间和拌合温度应按所用密封材料的要求严格控制。密封材料可使用挤出枪或腻子刀嵌填。嵌填应饱满,防止形成气泡和孔洞。若采用挤出枪施工,应根据接缝的宽度选用口径合适的挤出嘴,均匀挤出密封材料嵌填,并由底部逐渐充满整个接缝。多组分密封材料拌合后应按规定的时间用完,未混合的多组分密封材料和未用完的单组分密封材料应密封存放。密封材料严禁在雨天或雪天施工,并且当风力在五级及以上时,不得施工。此外,还应考虑密封材料施工的气温环境。

(3) 板面防水涂膜施工

板面防水涂膜施工应在嵌缝完毕后进行,一般采用手工抹压、涂刷或喷涂等方法。防水涂膜应分层分遍涂布。待先涂的涂层干燥成膜后,方可涂布后一层涂料。当采用涂刷方法时,上下层应交错涂刷,接槎宜在板缝处,每层涂刷厚度应均匀一致。涂膜防水层的厚度:沥青基防水涂膜在Ⅲ级防水屋面单独使用时不应小于8mm,在Ⅳ级防水屋面或复合使用时不小于4mm;高聚物改性沥青防水涂膜应不小于3mm,在Ⅲ级防水屋面上复合使用时不小于1.5mm;合成高分子防水涂膜不小于2mm,在Ⅲ级防水屋面上复合使用时不小于1mm。防水涂膜施工,需铺设胎体增强材料,当屋面坡度小于15%时,可平行于屋脊铺设;而屋面坡度大于15%时,则应垂直于屋脊铺设,并由屋面最低处向上操作。胎体长边搭接宽度不得小于50mm;短边搭接宽度不得小于70mm。若采用两层胎体增强材料时,上下层不得互相垂直铺设,搭接缝应错开,其间距不应小于幅宽的1/3。在天沟、檐口、檐沟、泛水等部位,均加铺有胎体增强材料的附加层。水落口周围与屋面交接处,应作密封处理,并加铺两层有胎体增强材料的附加层。

沥青基防水涂膜施工时,施工顺序为先做节点、附加层,再进行大面积涂布。涂层中夹铺胎体增强材料时,应边涂边铺胎体,胎体应刮平排除气泡,并与涂料粘牢。屋面转角或立面涂层,应涂布多遍,不得流淌、堆积。用细砂、云母、蛭石等撒布材料作保护层时,应筛去粉砂,在涂刷最后一遍涂料时,边涂边撒布均匀，不得露底。待涂料干燥后，清除多余的撒布材料，施工气温宜为5～35℃。

在高聚物改性沥青防水涂膜施工时，屋面基层的干燥程度应根据涂料的特性而定，若采用溶剂型涂料，则基层应干燥，基层处理剂应充分搅拌，涂刷均匀，覆盖完整，干燥后方可进行涂膜施工。其最上层涂层的涂刷不应少于两遍，厚度不应小于1mm。若用水乳型涂料，以撒布料作保护层，则在撒布后应进行辊压粘牢。溶剂型涂料施工环境气温宜为－5～35℃，水乳型涂料施工环境气温宜为5～35℃。

在合成高分子防水涂膜施工时，应待屋面基层干燥后，涂布基层处理剂，以隔断基层潮气，防止防水涂膜起鼓。涂布要均匀，不得过厚或过薄，不允许见底，在底胶涂布后干燥固化24h以上，才能进行防水涂膜施工。防水涂料可用涂刮或喷涂方法进行涂布，当采用涂刮时，每遍涂刮的方向宜与前一方向垂直，重涂的时间间隔应以前遍涂膜干燥的时间来确定，如聚氨酯涂膜宜为24～72h。多组分涂料应按配合比准确计量，搅拌均匀，配制后应及时使用。配料时可加入适量的缓凝剂或促凝剂来调节固化时间，缓凝剂有磷酸、苯磺酸氯等，促凝剂有二丁基烯等。在涂层中夹铺胎体增强材料时，位于胎体下面的涂层厚度不宜小于1mm，最上面的涂层不应少于两遍。若保护层为撒布材料（细砂、云母或蛭石），应在涂刷最后一遍涂层后，在涂层尚未固化前，再将撒布材料撒在涂层上；若保护层为块材（陶瓷锦砖、饰面砖等），应在涂膜完全固化后，再进行块材铺贴，并按规范要求留设分格缝，分格面积不宜大于100m²，分格缝宽度不宜小于20mm。

7.1.3 刚性防水屋面

根据防水层所用材料的不同，刚性防水屋面可分为普通细石混凝土防水屋面、补偿收缩混凝土防水屋面及块体刚性防水屋面。刚性防水屋面的结构层宜为整体现浇的钢筋混凝土或装配式钢筋混凝土板。现重点介绍细石混凝土刚性防水屋面。

1. 屋面构造

细石混凝土刚性防水屋面，一般是在屋面板上浇筑一层厚度不小于40mm的细石混凝土，作为屋面防水层（图1-7-5）。刚性防水屋面的坡度宜为2%～3%，并应采用结构找坡，其混凝土强度等级不得低于C20，水灰比不大于0.55，每立方米水泥最小用量不应小于330kg，灰砂比为1∶2～1∶2.5。为使其受力均匀，有良好的抗裂和抗渗能力，在混凝土中

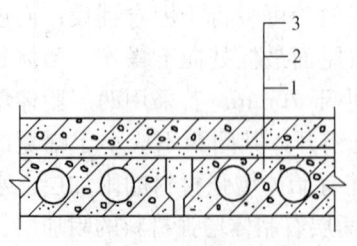

图1-7-5 细石混凝土刚性防水屋面
1—预制板；2—隔离层；
3—细石混凝土防水层

应配置直径为 $\phi 4\sim\phi 6$、间距为 $100\sim200mm$ 的双向钢筋网片,且钢筋网片在分格缝处应断开,其保护层厚度不小于 10mm。

细石混凝土防水层宜用普通硅酸盐水泥,当采用矿渣硅酸盐水泥时应采取减小泌水性措施;水泥强度等级不低于 32.5 级;防水层的细石混凝土和砂浆中,粗骨料的最大粒径不宜大于 15mm,含泥量不应大于 1%;细骨料应采用中砂或粗砂,含泥量不应大于 2%,拌合水应采用不含有害物质的洁净水。

2. 施工工艺

(1) 分格缝设置

为了防止大面积的细石混凝土屋面防水层由于温度变化等的影响而产生裂缝,防水层必须设置分格缝。分格缝的位置应按设计要求确定,一般应留在结构应力变化较大的部位。如设置在装配式屋面结构的支承端、屋面转折处、防水层与突出屋面板的交接处,并应与板缝对齐,其纵横间距不宜大于 6m。一般情况下,屋面板支承端每个开间应留横向缝,屋脊应留纵向缝,分格的面积以 $20m^2$ 左右为宜。

(2) 细石混凝土防水层施工

在浇筑防水层细石混凝土前,为减少结构变形对防水层的不利影响,宜在防水层与基层间设置隔离层。隔离层可采用纸筋灰或麻刀灰、低强度等级砂浆、干铺卷材等。在隔离层做好后,便在其上定好分格缝位置,再用分格木条隔开作为分格缝,一个分格缝范围内的混凝土必须一次浇筑完毕,不得留施工缝。浇筑混凝土时应保证双向钢筋网片设置于防水层中部,防水层混凝土应采用机械捣实,表面泛浆后抹平,收水后再次压光。待混凝土初凝后,将分格木条取出,分格缝处必须有防水措施,通常采用油膏嵌缝,有的在缝口上再做覆盖保护层。

细石混凝土防水层施工时,屋面泛水与屋面防水层应一次做成,否则会因混凝土或砂浆的不同收缩和结合不良造成渗漏水,泛水高度不应低于 120mm(图 1-7-6),以防止雨水倒灌或爬水现象引起渗漏水。

细石混凝土防水层,由于其收缩弹性很小,对地基不均匀沉降、外荷载等引起的位移和变形,对温差和混凝土收缩、徐变引起的应力变形等敏感性大,容易产生开裂。因此,这种屋面多用于结构刚度好,无保温层的钢筋混凝土屋盖上。只要设计合理,施工措施得当,防水效果是可以得到保证的。此外,在施工中

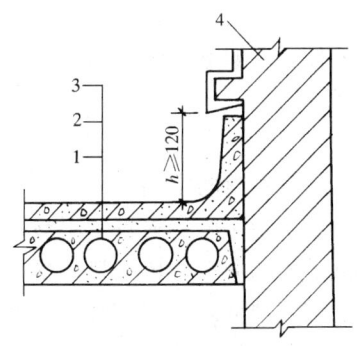

图 1-7-6 泛水构造
1—结构层;2—隔离层;
3—细石混凝土防水层;4—砖墙

还应注意:防水层细石混凝土所用水泥的品种、最小用量、水灰比以及粗细骨料规格和级配等应符合规范的要求;混凝土防水层的施工气温宜为 $5\sim35℃$,不得

在负温和烈日暴晒下施工；防水层混凝土浇筑后，应及时养护，并保持湿润，补偿收缩混凝土防水层宜采用水养护，养护时间不得少于14昼夜。

§7.2 地下防水工程

地下工程的防水方案，大致可分为以下三类：

(1) 防水混凝土结构

利用提高混凝土结构本身的密实度和抗渗性来进行防水。它既是防水层，又是承重、围护结构，具有施工简便、成本较低、工期较短、防水可靠等优点，是解决地下工程防水的有效途径，因而应用广泛。

(2) 加防水层

即在地下结构物的表面另加防水层，使地下水与结构隔离，以达到防水的目的。常用的防水层有水泥砂浆、卷材、沥青胶结材料和金属防水层等。可根据不同的工程对象、防水要求及施工条件选用。

(3) 渗排水措施

即"以防为主，防排结合"。通常利用盲沟、渗排水层等方法将地下水排走，以达到防水的目的。此法多用于重要的、面积较大的地下防水工程。

7.2.1 卷材防水层

地下卷材防水层是一种柔性防水层，是用沥青胶将几层卷材粘贴在地下结构基层的表面上而形成的多层防水层，它具有较好的防水性和良好的韧性，能适应结构振动和微小变形，并能抵抗酸、碱、盐溶液的侵蚀，但卷材吸水率大，机械强度低，耐久性差，发生渗漏后难以修补。因此，卷材防水层只适用于形式简单的整体钢筋混凝土结构基层和以水泥砂浆、沥青砂浆或沥青混凝土为找平层的基层。

1. 卷材及胶结材料的选择

地下卷材防水层宜采用耐腐蚀的卷材和玛瑞脂，如胶油沥青卷材、沥青玻璃布卷材、再生胶卷材等。耐酸玛瑞脂应采用角闪石棉、辉绿岩粉、石英粉或其他耐酸的矿物质粉为填充料；耐碱玛瑞脂应采用滑石粉、温石棉、石灰石粉、白云石粉或其他耐碱的矿物质粉为填充料。铺贴石油沥青卷材必须用石油沥青胶结材料，铺贴胶油沥青卷材必须用胶油沥青胶结材料。防水层所用的沥青，其软化点应比基层及防水层周围介质可能达到的最高温度高出 20~25℃，且不低于 40℃。沥青胶结材料的加热温度、使用温度及冷底子油的配制方法参见屋面防水部分。

2. 卷材的铺贴方案

将卷材防水层铺贴在地下需防水结构的外表面时，称为外防水。此种施工方法，可以借助土压力压紧，并可与承重结构一起抵抗有压地下水的渗透和侵蚀作用，防水效果好。外防水的卷材防水层铺贴方式，按其与防水结构施工的先后顺序，可分为外防外贴法和外防内贴法两种。

(1) 外防外贴法

外防外贴法是在垫层上先铺贴好底板卷材防水层，进行地下需防水结构的混凝土底板与墙体施工，待墙体侧模拆除后，再将卷材防水层直接铺贴在墙面上，然后砌筑保护墙（图1-7-7）。外防外贴法的施工顺序是先在混凝土底板垫层上做1：3的水泥砂浆找平层，待其干燥后，再铺贴底板卷材防水层，并在四周伸出与墙身卷材防水层搭接。保护墙分为两部分，下部为永久性保护墙，高度不小于$B+100$mm（B为底板厚度）；上部为临时保护墙，高度一般为300mm，用石灰砂浆砌筑，以便拆除。保护墙砌筑完毕后，再将伸出的卷材搭接接头临时贴在保护墙上。然后进行混凝土底板与墙身施工，墙体拆模后，在墙面上抹水泥砂浆找平层并刷冷底子油，再将临时保护墙拆除，找出各层卷材搭接接头，并将其表面清理干净。此处卷材应错槎接缝图1-7-7(b)，依次逐层铺贴，最后砌筑永久性保护墙。

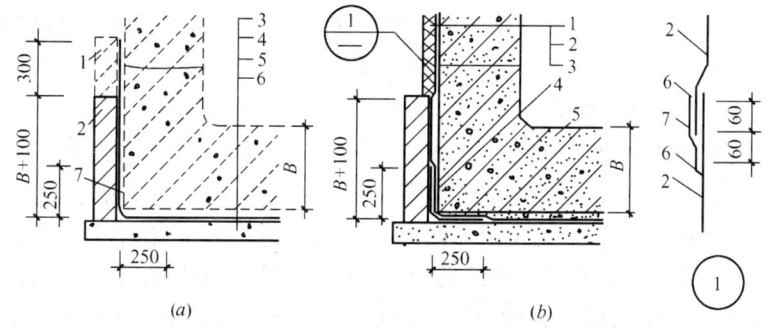

图 1-7-7　外防外贴法（mm）

(a) 甩槎

1—临时保护墙；2—永久保护墙；3—细石混凝土保护墙；4—卷材防水层；5—水泥砂浆找平层；6—混凝土垫层；7—卷材加强层

(b) 接槎

1—结构墙体；2—卷材防水层；3—卷材保护层；4—卷材加强层；5—结构底板；6—密封材料；7—盖缝条

(2) 外防内贴法

外防内贴法是在垫层四周先砌筑保护墙，然后将卷材防水层铺贴在垫层与保护墙上，最后进行地下需防水结构的混凝土底板与墙体施工（图1-7-8）。外防内贴法的施工是先在混凝土底板垫层四周砌筑永久性保护墙，在垫层表面上及保护墙内表面上抹1：3水泥砂浆找平层，待其基本干燥并满涂冷底子油后，沿保护墙及底板铺贴防水卷材。铺贴完毕后，在立面上，应在涂刷防水层最后一道沥青胶时，趁热粘上干净的热砂或散麻丝，待其冷却后，立即抹一层10～20mm厚的1：3水泥砂浆保护层；在平面上铺设一层30～50mm厚的1：3水泥砂浆或细石混凝土保护层，最后再进行需防水结构的混凝土底板和墙体施工。

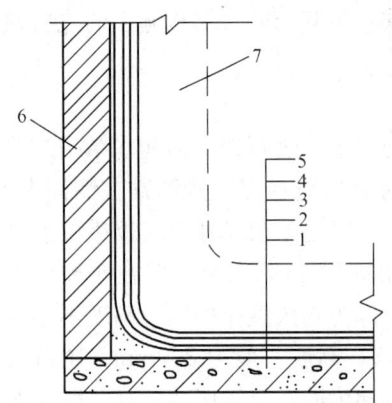

图 1-7-8 外防内贴法
1—垫层；2—找平层；3—卷材防水层；
4—保护层；5—底板；6—保护墙；
7—需防水结构墙体

内贴法与外贴法相比，其优点是：卷材防水层施工较简便，底板与墙体防水层可一次铺贴完，不必留接槎，施工占地面积较小。但也存在着结构不均匀沉降对防水层影响大，易出现渗漏水现象，竣工后出现渗漏水修补较难等缺点。工程上只有当施工条件受限时，才采用内贴法施工。

3. 卷材防水层的施工

铺贴卷材的基层必须牢固，无松动现象，基层表面应平整洁净，阴阳角处均应做成圆弧形或钝角。卷材铺贴前，宜使基层表面干燥，在平面上铺贴卷材时，若基层表面干燥有困难，则第一层卷材可用沥青胶结材料铺贴在潮湿的基层上，但应使卷材与基层贴紧。必要时卷材层数应比设计增加一层。在立面上铺贴卷材时，为提高卷材与基层的粘结，基层表面应涂满冷底子油，待冷底子油干燥后再铺贴。铺贴卷材时，每层沥青胶涂刷应均匀，其厚度一般为 1.5～2.5mm。外贴法铺贴卷材应先铺平面，后铺立面，平立面交接处应交叉搭接；内贴法宜先铺立面，后铺平面。铺贴立面卷材时，应先铺转角后铺大面。卷材的搭接长度要求，长边不应小于 100mm，短边不应小于 150mm。上下两层和相邻两幅卷材的接缝应相互错开 1/3 幅宽，并不得相互垂直铺贴。在平面与立面的转角处，卷材的接缝应留在平面上距离立面不小于 600mm 处。所有转角处均应铺贴附加层。附加层可用两层同样的卷材或一层抗拉强度较高的卷材。附加层应按加固处的形状仔细粘贴紧密，卷材与基层、卷材与卷材间必须粘贴紧密，多余的沥青胶结材料应挤出，搭接缝必须用沥青胶仔细封严。最后一层卷材铺贴好后，应在其表面上均匀地涂刷一层厚为 1～1.5mm 的热沥青胶结材料。

7.2.2 水泥砂浆防水层

水泥砂浆防水层是一种刚性防水层。即在构筑物的底面和两侧分层涂抹一定厚度的水泥砂浆，利用砂浆本身的憎水性和密实性来达到抗渗防水的效果。但这种防水层抵抗变形能力差，故不适用于受振动荷载影响的工程或结构上易产生不均匀沉陷的工程，亦不适用于受腐蚀、高温及反复冻融的砖砌体工程。

常用的水泥砂浆防水层主要有刚性多层防水层、掺外加剂的防水砂浆防水层和膨胀水泥或无收缩性水泥砂浆防水层等类型。

1. 刚性多层防水层

刚性多层防水层是利用素灰（即稠度较小的水泥浆）和水泥砂浆分层交替抹

压均匀密实，构成一个多层的整体防水层。这种防水层，做在迎水面时，宜采用五层交叉抹面（图1-7-9），做在背水面时，宜采用四层交叉抹面，即将第四层表面抹平压光即可。

采用五层交叉抹面的具体做法是：第一、三层为素灰层，采用水灰比为0.37～0.4、稠度为70mm的水泥浆，其厚度为2mm，分两次抹压密实，主要起防水作用。第二、四层为水泥砂浆层，配合比为1∶2.5（水泥∶砂），水灰比为0.6～0.65，稠度为70～80mm，每层厚度4～5mm。水泥砂浆层主要起着对素灰层的保护、养护和加固作用，同时也起一定的防水作用。第五层为水泥浆层，厚度1mm，水灰比为0.55～0.6，在第四层水泥砂浆抹压两遍后，用毛刷均匀涂刷水泥浆一道并随第四层一道压光。

刚性多层防水层，由于素灰层与水泥砂浆层相互交替施工，各层粘贴紧密，密实性好，当外界温度变化时，每一层的收缩变形均受到其他层的约束，不易发生裂缝；同时各层配合比、厚度及施工时间均不同，毛细孔形成也不一致，后一层施工能对前一层的毛细孔起堵塞作用，所以具有较高抗渗能力，能达到良好的防水效果。每层防水层施工要连续进行，不留施工缝。若必须留施工缝时，则应留成阶梯坡形槎（图1-7-10），接槎要依照层次顺序操作，层层搭接紧密。接槎一般宜留在地面上，亦可留在墙面上，但均需离开阴阳角处200mm。

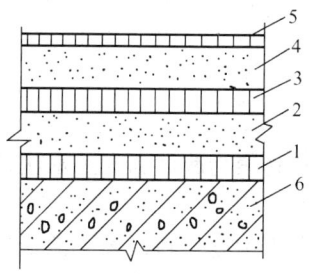

图1-7-9　五层交叉抹面做法
1、3—素灰层；2、4—砂浆层；
5—水泥浆层；6—结构基层

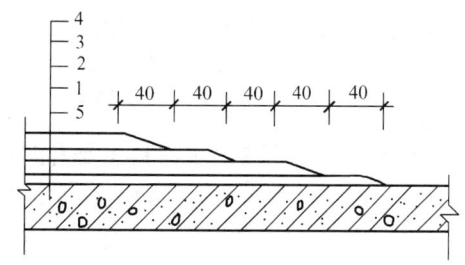

图1-7-10　防水层留槎方法（mm）
1、3—素灰层；2、4—砂浆层；
5—结构基层

2. 掺外加剂防水砂浆防水层

通常，在普通水泥砂浆中掺入一定量的防水剂形成防水砂浆，由于防水剂与水泥水化作用而形成不溶性物质或憎水性薄膜，可填充堵塞或封闭水泥砂浆中的毛细管道，从而获得较高的密实性，提高其抗渗能力。防水剂的品种繁多，常用的有防水浆、避水浆、防水粉、氯化铁防水剂、硅酸钠防水剂等。这里以氯化铁防水砂浆防水层施工为例，作简单介绍：氯化铁防水砂浆防水层施工时，在清理好的基层上，先刷水泥浆一道，然后分两次抹垫层的防水砂浆，其配合比为1∶2.5∶0.3（水泥∶砂∶防水剂），水灰比为0.45～0.5，其厚度为12mm，抹垫层防水砂浆后，一般隔12h左右，再刷一道水泥浆，并随刷随抹面层防水砂浆，其配合比为1∶3∶0.3（水泥∶砂∶防水剂），水灰比为0.5～0.55，其厚度为13mm，也分两次抹。面层防水砂浆抹完后，在终凝前应反复多次抹压密实并压光。氯化铁防水砂浆可在潮湿条件下使用，防水剂价格较便宜，但防水层抗裂性较差。

3. 膨胀水泥或无收缩性水泥砂浆防水层

这种防水层主要是利用水泥膨胀和无收缩的特性来提高砂浆的密实性和抗渗性，其砂浆的配合比为1∶2.5（水泥∶砂），水灰比为0.4～0.5。涂抹方法与防水砂浆相同，但由于砂浆凝结快，故在常温下配制的砂浆必须在1h内使用完毕。

在配制防水砂浆时，宜采用强度等级不低于32.5级的普通硅酸盐水泥或膨胀水泥，也可采用矿渣硅酸盐水泥，宜采用中砂或粗砂。基层表面要坚实、粗糙、平整、洁净。涂刷前基层应洒水湿润，以增强基层与防水层的粘结力。各种水泥砂浆防水层的阴阳角均应做成圆弧或钝角。圆弧半径一般为：阳角10mm，阴角50mm。水泥砂浆防水层无论迎水面或背水面其高度均应至少超出室外地坪150mm。水泥砂浆防水层施工时，气温不应低于5℃，且基层表面应保持正温，掺用氯化物金属盐类防水剂及膨胀剂的防水砂浆，不应在35℃以上或烈日照射下施工。防水层做完后，应立即进行浇水养护，养护时的环境温度不宜低于5℃，并保持防水层湿润，当使用普通硅酸盐水泥时，养护时间不应少于14昼夜，在此期间不得受静水压力作用。

7.2.3 涂膜防水层

地下工程常用的防水涂料主要有沥青基防水涂料和高聚物改性沥青防水涂料等。这里以水乳型再生橡胶沥青防水涂料为例作介绍。

水乳型再生橡胶沥青防水涂料是以沥青、橡胶和水为主要材料，掺入适量的增塑剂及抗老化剂，采用乳化工艺制成的。其粘结、柔韧、耐寒、耐热、防水、抗老化能力等均优于纯沥青和沥青胶，并具有质量轻、无毒、无味、不易燃烧、冷施工等特点。而且操作简便，不污染环境，经济效益好，与一般卷材防水层相比可节约造价30%，还可在较潮湿的基层上施工。

水乳型再生橡胶沥青防水涂料由水乳型A液和B液组成，A液为再生胶乳液，呈漆黑色，细腻均匀，稠度大，黏性强，密度约$1.1g/cm^3$。B液为液化沥青，呈浅黑黄色，水分较多，黏性较差，密度约$1.04g/cm^3$。当两种溶液按不同配合比（质量比）混合时，其混合料的性能各不相同。若混合料中沥青成分居多时，则可减少橡胶与沥青之间的内聚力，其粘结性、涂刷性和浸透性能良好，此时施工配合比可采用A液∶B液=1∶2；若混合料中橡胶成分居多时，则具有较高的抗裂性和抗老化能力，此时施工配合比可采用A液∶B液=1∶1。所以在配料时，应根据防水层的不同要求，采用不同的施工配合比。水乳型再生橡胶沥青防水涂料既可单独涂布形成防水层,也可衬贴玻璃丝布作为防水层。当地下水压不大时作防水层或地下水压较大时作加强层,可采用二布三油一砂做法;当在地下水位以上作防水层或防潮层,可采用一布二油一砂做法。铺贴顺序为先铺附加层和立面,再铺平面;先铺贴细部,再铺贴大面。其施工方法与卷材防水层施工方法相似。适用于屋面、墙体、地面、地下室等部位及设备管道防水防潮、嵌缝补漏、防渗防腐工程。

7.2.4 防水混凝土

防水混凝土是通过调整混凝土配合比或掺外加剂等方法,提高混凝土本身的密实性和抗渗性,因而具有一定防水能力的特殊混凝土。防水混凝土具有取材容易、施工简便、工期较短、耐久性好、工程造价低等优点,因此,在地下工程中防水混凝土得到了广泛的使用。

目前,常用的防水混凝土主要有普通防水混凝土、外加剂防水混凝土等。

1. 防水混凝土的性能及配制方法

(1) 普通防水混凝土

普通防水混凝土即是在普通混凝土骨料级配的基础上,通过调整和控制配合比的方法,提高自身密实度和抗渗性的一种混凝土。它不仅要满足结构的强度要求,还要满足结构的抗渗要求。

1) 对原材料的要求 水泥强度等级不低于32.5级,在不受侵蚀介质和冻融作用时,宜采用普通硅酸盐水泥、火山灰硅酸盐水泥和粉煤灰硅酸盐水泥。如掺外加剂,也可采用矿渣硅酸盐水泥。在受冻融作用时,宜采用普通硅酸盐水泥。在受硫酸盐侵蚀作用时,可采用火山灰硅酸盐水泥、粉煤灰硅酸盐水泥。普通防水混凝土的骨料级配要好,一般可采用碎石、卵石和碎矿渣,石子含泥量不大于1%,针状、片状颗粒不大于15%,最大粒径不宜大于40mm,吸水率不大于1.5%。砂宜采用含泥量不大于3%的中、粗砂,平均粒径为0.4mm左右。普通防水混凝土所用的水应为不含有害物质的洁净水。

2) 普通防水混凝土的配制方法 配制普通防水混凝土通常以控制水灰比,适当增加砂率和水泥用量的方法,来提高混凝土的密实性和抗渗性。水灰比不得大于0.55,每立方米混凝土水泥用量不少于320kg,当采用预拌混凝土时,入泵坍落度宜控制在120±20mm,砂率以35%～40%为宜,灰砂比为1:1.5～1:2.5,普通防水混凝土的坍落度不宜大于50mm,当采用泵送工艺时,混凝土坍落度不受此限制。在防水混凝土的成分配合中,砂石级配、含砂率、灰砂比、水泥用量与水灰比之间存在着相互制约关系,防水混凝土配制的最优方案,应根据这些相互制约因素确定。除此之外,还应考虑设计对抗渗的要求。通过初步配合比计算、试配和调整,最后确定出施工配合比,该配合比既要满足地下防水工程抗渗等级等各项技术的要求,又要符合经济的原则。普通防水混凝土配合比设计，一般采用绝对体积法进行。但必须注意，在试验室试配时，考虑试验室条件与实际施工条件的差别，应将设计的抗渗等级提高 0.2MPa 来选定配合比。

试验室固然可以配制出满足各种抗渗等级的防水混凝土，但在实际工程中由于各种因素的制约往往难以做到，所以，更多的是采用掺外加剂的方法来满足防水的要求。

(2) 外加剂防水混凝土

外加剂防水混凝土是在混凝土中加入一定量的有机或无机物，以改善混凝土的性能和结构组成，提高其密实性和抗渗性，达到防水要求。外加剂防水混凝土的种类很多，下面仅对常用的加气剂防水混凝土、减水剂防水混凝土和三乙醇胺防水混凝土作简单介绍。

1) 加气剂防水混凝土　加气剂防水混凝土是在普通混凝土中掺入微量的加气剂配制而成的。目前常用的加气剂有松香酸钠、松香热聚物、烷基磺酸钠和烷基苯磺酸钠等。在混凝土中加入加气剂后，会产生大量微小而均匀的气泡，使其黏滞性增大，不易松散离析，显著地改善了混凝土的和易性，同时抑制了沉降离析和泌水作用，减少了混凝土的结构缺陷。由于大量气泡存在，使毛细管性质改变，提高了混凝土的抗渗性。我国对加气混凝土含气量要求控制在 3%～5% 范围内。松香酸钠掺量为水泥质量的 0.03%；松香热聚物掺量为水泥质量的 0.005%～0.015%；水灰比宜控制在 0.5～0.6 之间；水泥用量为 250～300kg；砂率为 28%～35%。砂石级配、坍落度与普通混凝土要求相同。

2) 减水剂防水混凝土　减水剂防水混凝土是在混凝土中掺入适量的减水剂配制而成的。减水剂的种类很多，目前常用的有：木质素磺酸钙、MF（次甲基萘磺酸钠）、NNO（亚甲基二萘磺酸钠）、糖蜜等。减水剂具有强烈的分散作用，能使水泥成为细小的单个粒子，均匀分散于水中。同时，还能使水泥微粒表面形成一层稳定的水膜，借助于水的润滑作用，水泥颗粒之间，只要有少量的水即可将其拌合均匀而使混凝土的和易性显著增加。因此，混凝土掺入减水剂后，在满足施工和易性的条件下，可大大降低拌合用水量，使混凝土硬化后的毛细孔减少，从而提高了混凝土的抗渗性。采用木质素磺酸钙，其掺量为水泥质量的 0.15%～0.3%；采用 MF、NNO，其掺量为水泥质量的 0.5%～1.0%；采用糖蜜，其掺量为水泥质量的 0.2%～0.35%。减水剂防水混凝土，在保持混凝土和易性不变的情况下，可使混凝土用水量减少 10%～20%，混凝土强度提高 10%～30%，抗渗性可提高一倍以上。减水剂防水混凝土适用于一般防水工程及对施工工艺有特殊要求的防水工程。

3) 三乙醇胺防水混凝土　三乙醇胺防水混凝土是在混凝土中随拌合水掺入一定量的三乙醇胺防水剂配制而成的。三乙醇胺加入混凝土后，能增强水泥颗粒的吸附分散与化学分散作用，加速水泥的水化，水化生成物增多，水泥石结晶变细，结构密实，因此提高了混凝土的抗渗性。在冬期施工时，除了掺入占水泥质量0.05%的三乙醇胺以外，再加入0.5%的氯化钠及1%的亚硝酸钠，其防水效果会更好。三乙醇胺防水混凝土，抗渗性好，质量稳定，施工简便，特别适合工期紧、要求早强及抗渗的地下防水工程。

2. 防水混凝土工程施工

防水混凝土工程质量的优劣，除了取决于设计材料及配合成分等因素以外，还取决于施工质量。大量的地下工程渗漏水事故分析表明，施工质量差是造成防水工程渗漏水的主要原因之一。因此，对施工中的各主要环节，如混凝土的搅拌、运输、浇筑、振捣、养护等，均应严格遵循施工验收规范和操作规程的规定进行施工，以保证防水混凝土工程质量。

(1) 施工要点

防水混凝土工程的模板应平整且拼缝严密不漏浆，模板构造应牢固稳定，通常固定模板的螺栓或钢丝不宜穿过防水混凝土结构，以免水沿缝隙渗入，当墙较高需要对拉螺栓固定模板时，应在预埋套管或螺栓上加焊止水环，阻止渗水通路（图1-7-11）。

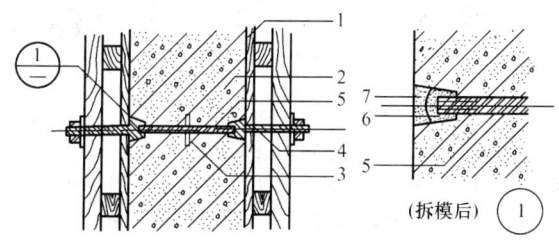

图1-7-11 固定模板用螺栓的防水做法
1—模板；2—结构混凝土；3—止水环；4—工具式螺栓；5—固定模板用螺栓；
6—嵌缝材料；7—聚合物水泥砂浆

绑扎钢筋时，应按设计要求留足保护层，不得有负误差。留设保护层应以相同配合比的细石混凝土或水泥砂浆制成垫块，严禁钢筋垫钢筋或将钢筋用铁钉、钢丝直接固定在模板上，以防止水沿钢筋侵入。

防水混凝土应采用机械搅拌，搅拌时间不应少于2min。对掺外加剂的混凝土，应根据外加剂的技术要求确定搅拌时间，如加气剂防水混凝土搅拌时间约为2～3min。

防水混凝土应分层浇筑，每层厚度不宜超过30～40cm，相邻两层浇筑时间间隔不应超过2h，夏季可适当缩短。浇筑混凝土的自由下落高度不得超过1.5m，否则应使用串筒、溜槽等工具进行浇筑。防水混凝土应采用机械振捣，严格控制振捣时间（以10～30s为宜），并不得漏振、欠振和超振。当掺有加气剂或减水剂时，应采用高频插入振捣器振捣，以保证防水混凝土的抗渗性。

防水混凝土的养护对其抗渗性能影响极大,因此,必须加强养护。一般情况下,混凝土进入终凝(浇筑后4~6h)即应进行覆盖,浇水湿润养护不少于14d。防水混凝土不宜采用电热养护和蒸汽养护。

(2) 施工缝

为了保证地下结构的防水效果,施工时应尽可能不留或少留施工缝,尤其是不得留设垂直施工缝。若在墙体中留设水平施工缝,其处理方法如图1-7-12所示。

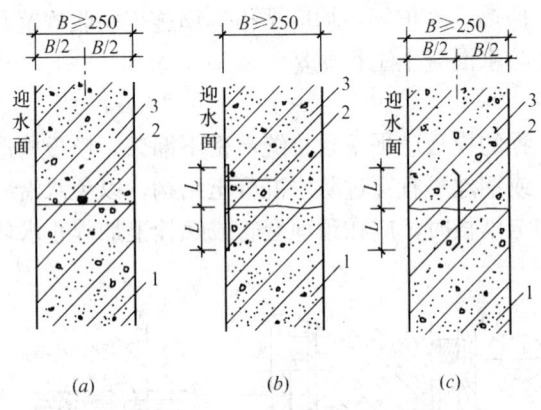

图1-7-12 施工缝的构造形式

(a) 中埋止水条　　　　(b) 外贴止水带　　　　(c) 中埋止水带
1—先浇混凝土　　　　外贴止水带 $L \geqslant 150$　　钢板止水带 $L \geqslant 100$
2—中埋遇水膨胀止水条　外涂防水涂料 $L=200$　　橡胶止水带 $L \geqslant 125$
3—后浇混凝土　　　　外抹防水砂浆 $L=200$　　钢边橡胶止水带 $L \geqslant 120$
　　　　　　　　　　　1—先浇混凝土　　　　1—先浇混凝土
　　　　　　　　　　　2—外贴防水层　　　　2—中埋止水带
　　　　　　　　　　　3—后浇混凝土　　　　3—后浇混凝土

施工缝是防水的薄弱环节之一,施工中应尽量不留或少留。底板的混凝土应连续浇筑,墙体不得留垂直施工缝。墙体水平施工缝不应留在剪力或弯矩最大处,也不宜留在底板与墙体交接处,最低水平施工缝距底板面不少于200mm,距穿墙孔洞边缘不少于300mm。如必须留设垂直施工缝时,应留在结构变形缝处。

在施工缝上继续浇筑混凝土时,应将施工缝处的混凝土表面凿毛,清除浮渣并用水冲洗干净保持湿润,再铺上一层厚20~50mm的水泥砂浆,其材料和灰砂比应与混凝土相同。

思 考 题

7.1 试述卷材防水屋面的组成及对材料的要求。

7.2 屋面防水卷材有哪几类?
7.3 什么叫冷底子油?有何作用?如何配制?
7.4 沥青胶中常用的填充料有哪些?其作用是什么?
7.5 沥青胶熬制的温度和时间对其质量有何影响?
7.6 什么叫胶粘剂?胶粘剂有哪几种?
7.7 沥青卷材防水屋面基层如何处理?为什么找平层要留分格缝?
7.8 如何进行沥青卷材的铺贴?有哪些铺贴方法?
7.9 沥青卷材防水屋面防水层最容易产生的质量问题有哪些?如何处理?
7.10 试述高聚物改性沥青卷材防水屋面对防水层施工及对基层处理的要求?
7.11 试述合成高分子卷材防水屋面对防水层施工及对基层处理的要求?
7.12 常用的防水涂料有哪些?各有何特点?
7.13 密封材料有哪些?各有何特点?
7.14 涂膜防水屋面对屋面板有何要求?如何对板缝进行防水施工?
7.15 简述涂膜防水的施工方法。
7.16 刚性防水屋面根据防水层所用材料的不同有哪几种?
7.17 细石混凝土刚性防水层的施工特点是什么?
7.18 地下工程防水方案有哪些?
7.19 地下防水层的卷材铺贴方案有哪些?各具什么特点?
7.20 水泥砂浆防水层的施工特点是什么?
7.21 试述防水混凝土的防水原理、配制及适用范围。

第8章 装饰装修工程

装饰装修工程包括抹灰、门窗、吊顶、轻质隔墙、饰面板（砖）、幕墙、涂饰、裱糊与软包及其他细部工程等内容。装饰装修工程可以保护建筑物的主体结构、完善建筑物的使用功能、美化建筑物。

装饰装修工程项目繁多，涉及面广，工程量大，施工工期长，耗用的劳动量多。因此，为了加快施工进度、降低工程成本、满足装饰功能、增强装饰效果，应该进一步提高装饰装修工程工业化施工水平，实现结构与装饰合一，大力发展新型装饰材料，优化施工工艺。

§8.1 抹 灰 工 程

抹灰工程按使用材料和装饰效果不同，可分为一般抹灰和装饰抹灰两大类。

8.1.1 一 般 抹 灰

一般抹灰系指采用石灰砂浆、水泥砂浆、水泥混合砂浆、聚合物水泥砂浆和麻刀石灰、纸筋石灰、石膏灰等抹灰材料进行涂抹施工。

1. 一般抹灰的分类及组成

按使用要求、质量标准和操作工序不同，一般抹灰分为普通抹灰和高级抹灰。其组成、主要工序及质量要求如下：

普通抹灰：一底层、一面层，两遍成活（或为一底层、一中层、一面层，三遍成活）。需做标筋，分层赶平、修整，表面压光。

高级抹灰：一底层，数层中层，一面层，多遍成活。主要工序为阴阳角找方，设置标筋，分层赶平、修整，表面压光。

为了保证抹灰质量，做到表面平整、避免裂缝，一般抹灰工程施工是分层进行的。抹灰层的组成如图1-8-1所示。

底层主要起与基层粘结的作用，所用材料应根据基层的不同而异。基层为砌体时，由于黏土砖、砌块与砂浆的粘结力较好，又有灰缝存在，一般采用水泥砂浆打底；基层为混凝土时，为了

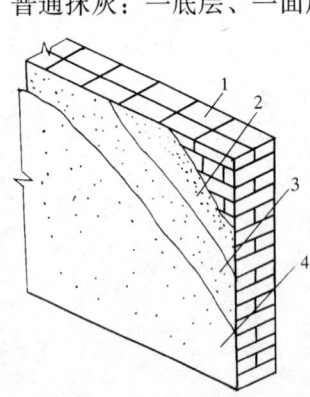

图1-8-1 抹灰层的组成
1—基层；2—底层；
3—中层；4—面层

保证粘结牢固,一般应采用混合砂浆或水泥砂浆打底;基层为木板条、苇箔、钢丝网时,由于这些材料与砂浆的粘结力较低,特别是木板条容易吸水膨胀,干燥后收缩,导致抹灰层脱落,因此,底层砂浆中应掺入适量的麻刀等材料,并在操作时将砂浆挤入基层缝隙内,使之拉结牢固。

中层主要起找平作用,根据质量要求不同,可一次或几次涂抹。所用材料基本与底层相同。

面层亦称罩面,主要起装饰作用,必须仔细操作,确保表面平整、光滑、无裂痕。各抹灰层厚度应根据基层材料、砂浆种类、墙面平整度、抹灰质量以及气候、温度条件而定。抹灰层平均总厚度应根据基层材料和抹灰部位而定,均应符合规范要求。

2. 材料质量要求

建筑装饰装修工程所用材料的品种、规格和质量应符合设计要求和国家现行标准的规定,严禁使用国家明令淘汰的材料。建筑装饰装修工程所用材料的燃烧性能应符合现行国家标准的规定,并应符合国家有关建筑装饰装修材料有害物质限量标准的规定。

所有材料进场时应对品种、规格、外观和尺寸进行验收。材料包装应完好,应有产品合格证书、中文说明书及相关性能的检测报告,进口产品应按规定进行商品检验。进场后需要进行复验的材料种类及项目应符合现行国家标准的规定。同一厂家生产的同一品种、同一类型的进场材料应至少抽取一组样品进行复验,当合同另有约定时应按合同执行。

建筑装饰装修工程所使用的材料应按设计要求进行防火、防腐和防虫处理。现场配制的材料如砂浆、胶粘剂等,应按设计要求或产品说明书配制。

3. 一般抹灰施工

(1) 基层处理

抹灰前必须对基层予以处理,如砖墙灰缝剔成凹槽、混凝土墙面凿毛或刮108胶水泥腻子,板条间应有8~10mm间隙(图1-8-2),应清除基层表面的灰尘、污垢,填平脚手孔洞、管线沟槽、门窗框缝隙并洒水湿润。在不同结构基层的交接处(如砖墙、板条墙或混凝土墙的连接处)应采取防止开裂的加强措施,当采用加强网时,其与相交基层的搭接宽度应各不小于100mm,以防抹灰层因基层温度变化胀缩不一而产生裂缝(图1-8-3)。在门口、墙、柱易受碰撞的阳角处,宜用1:2的水泥砂浆抹出不低于1.5m高的护角(图1-8-4)。对于砖砌体的基层,应待砌体充分沉降后,方能进行底层抹灰,以防砌体沉降拉裂抹灰层。

为了控制抹灰层的厚度和平整度,在抹灰前还必须先找好规矩,即四角规方,横线找平,竖线吊直,弹出准线和墙裙、踢脚板线,并在墙面做出标志(灰饼)和标筋(冲筋),以便找平。图1-8-5所示为抹灰操作中灰饼与冲筋的做法。

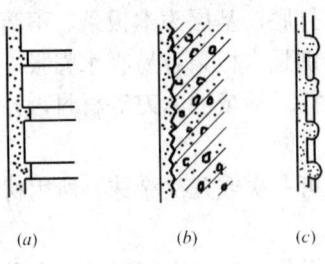
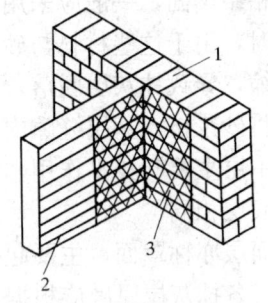

图 1-8-2 抹灰基层处理
(a) 砖基层；(b) 混凝土基层；
(c) 板条基层

图 1-8-3 不同基层接缝处理
1—砖墙；2—板条墙；3—钢丝网

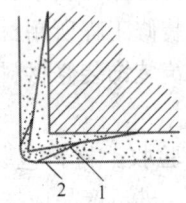
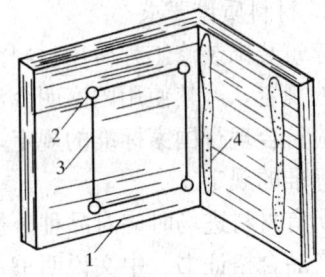

图 1-8-4 墙柱阳角包角抹灰
1—1∶1∶4 水泥白灰砂浆；
2—1∶2 水泥砂浆

图 1-8-5 抹灰操作中灰饼
与冲筋做法
1—基层；2—灰饼；3—引线；4—冲筋

(2) 抹灰施工

一般房屋建筑中，室内抹灰应在给水、排水、燃气管道等安装完毕后进行。抹灰前必须将管道穿越的墙洞和楼板洞填嵌密实，散热器和密集管道等背后的墙面抹灰，宜在散热器和管道安装前进行，抹灰面接槎应顺平。室外抹灰工程应在安装好门窗框、阳台栏杆、预埋件，并将施工洞口堵塞密实后进行。

抹灰层施工采用分层涂抹，多遍成活。分层涂抹时，应使底层水分蒸发、充分干燥后再涂抹下一层。中层砂浆抹灰凝固前，应在层面上每隔一定距离交叉划出斜痕，以增强与面层的粘结力。各种砂浆的抹灰层，在凝结前，应防止快干、水冲、撞击和振动；凝结后，应采取措施防止沾污和损坏。水泥砂浆的抹灰层应在湿润的条件下养护。

纸筋或麻刀灰罩面，应待石灰砂浆或混合砂浆底灰 7~8 成干后进行。若底灰过干应浇水湿润，罩面灰一般用铁皮抹子或塑料抹子分两遍抹成，要求抹平压光。

石灰膏罩面是在石灰砂浆或混合砂浆底灰尚潮湿的情况下刮抹石灰膏，刮抹后约 2h 待石灰膏尚未干时压实赶平，使表面光滑不裂。

石膏罩面时，先将底层灰（1∶2.5~1∶3 石灰砂浆或 1∶2∶9 混合砂浆）

表面用木抹子带水搓细,待底层灰6~7成干时罩面。罩面用6∶4或5∶5石膏、石灰膏灰浆,用小桶随拌随用,灰浆稠度80mm为宜。

冬期施工时,抹灰砂浆应采取保温措施,涂抹时,砂浆的温度不宜低于5℃。砂浆抹灰层硬化初期不得受冻。气温低于5℃时,室外抹灰所用砂浆可掺入混凝土防冻剂,其掺量应由试验确定。涂料墙面的抹灰砂浆中,不得掺入含氯盐的防冻剂。抹灰层可采取加温措施加速干燥,如采用加热空气时,应设通风设备排除湿气。

(3) 机械喷涂抹灰

抹灰施工可采取手工抹灰和机械化抹灰两种方法。手工抹灰指人工用抹子涂抹砂浆。手工抹灰劳动强度大、施工效率低,但工艺性较强。

机械化抹灰可提高功效,减轻劳动强度和保证工程质量,是抹灰施工的发展方向。目前应用较广的为机械喷涂抹灰,它的工艺流程如图1-8-6所示。其工作原理是利用灰浆泵和空气压缩机把灰浆和压缩空气送入喷枪,在喷嘴前造成灰浆射流,将灰浆喷涂在基层上。

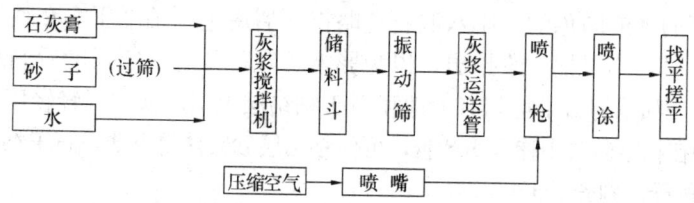

图1-8-6 机械喷涂抹灰工艺流程

喷嘴与墙面距离控制在300mm范围内,当喷涂干燥、吸水性强、冲筋较厚的墙面时,宜为100~150mm左右,并与墙面垂直,喷枪移动速度应稍慢,压缩空气量宜小些;对潮湿、吸水性差、冲筋较薄的墙面,喷嘴离墙面为150~300mm,并与墙面成65°角,喷枪移动可稍快些,空气量宜大些,这样喷射面大,灰层较薄,灰浆不易流淌。喷射压力可控制在0.15~0.2MPa之间,压力过大,射出速度快,会使砂子弹回;压力过小,冲击力不足,会影响粘结力,造成砂浆流淌。

喷涂抹灰所用砂浆稠度为90~110mm,其配合比:石灰砂浆为1∶3~1∶3.5;水泥石灰混合砂浆以1∶1∶4为最佳。喷涂必须分层连续进行,喷涂前应先进行运转、疏通和清洗管路,然后压入石灰膏润滑管道,避免堵塞。每次喷涂完毕,亦应将石灰膏输入管道,把残留的砂浆带出,再压送清水冲洗,最后送入气压为0.4MPa的压缩空气吹刷数分钟,以防砂浆在管路中结块,影响下次使用。

目前机械喷涂抹灰仅适用于底层和中层,而喷涂后的找平、搓毛、罩面等工艺性较强的工序仍需用手工操作,要实现抹灰工程的全面机械化,还有待于进一步研究。

8.1.2 装饰抹灰

装饰抹灰的种类很多，但底层的做法基本相同（均为1∶3水泥砂浆打底），仅面层的做法不同，常用的装饰抹灰简述如下。

1. 水刷石

水刷石是一种饰面人造石材，美观、效果好、施工方便。其做法为：先将1∶3水泥砂浆底层湿润，再薄刮厚为1mm的水泥浆一层，随即抹厚为8～12mm、稠度为50～70mm、配合比为1∶1.25的水泥石渣，并注意抹平压实，待其达到一定强度（用手指按无指痕）时，用刷子刷掉面层水泥浆，使石子表面全部外露，然后用水冲洗干净。水刷石可以现场操作，也可以工厂预制。

2. 干粘石

干粘石施工方便、造价较低，且美观、效果好。其做法为：先在已经硬化的厚为12mm的1∶3水泥砂浆底层上浇水湿润，再抹上一层厚为6mm的1∶2～2.5的水泥砂浆中层，随即抹厚为2mm的1∶0.5水泥石灰浆粘结层，同时将配有不同颜色的（或同色的）小八厘石渣略掺石屑后甩粘拍平压实在粘结层上。拍平压实石子时，不得把灰浆拍出，以免影响美观，待有一定强度后洒水养护。

有时可用喷枪将石子均匀有力地喷射于粘结层上，用铁抹子轻轻压一遍，使表面搓平。如在粘结砂浆中掺入108胶，可使粘结层砂浆抹得更薄，石子粘得更牢。

3. 斩假石（剁斧石）

又称人造假石，是一种由凝固后的水泥石屑浆经斩琢加工而成的人造假石饰面。斩假石施工时，先用1∶2～1∶2.5的水泥砂浆打底，待24h后浇水养护，硬化后在表面洒水湿润，刮素水泥浆一道，随即用1∶1.25水泥石渣（内掺30%石屑）浆罩面，厚为10mm，抹完后要注意防止日晒或冰冻，并养护2～3d（强度达60%～70%），然后用剁斧将面层斩毛。剁斧要经常保持锋利，剁的方向要一致，剁纹深浅和间距要均匀，一般两遍成活，以达到石材细琢面的质感。

§8.2 饰面板（砖）工程

饰面板（砖）的种类很多，常用的石材有花岗石、大理石、青石板和人造石材；常用的瓷板有抛光板和磨边板；金属饰面板有钢板、铝板等；木材面板主要用于内墙裙；陶瓷面砖主要包括釉面瓷砖、外墙面砖、陶瓷锦砖等；玻璃面砖主要包括玻璃锦砖、彩色玻璃面砖、釉面玻璃等。

8.2.1 常用材料及要求

1. 天然石饰面板

常用的天然石饰面板有大理石和花岗石饰面板。要求表面平整、边缘整齐，棱角不得损坏，表面不得有隐伤、风化等缺陷，并应具有产品合格证。选材时应使饰面色调和谐，纹理自然、对称、均匀，做到浑然一体。并注意把纹理、色彩最好的饰面板用于主要的部位，以提高装饰效果。

2. 人造石饰面板

人造石饰面板主要有预制水磨石、水刷石饰面板、人造大理石饰面板。要求几何尺寸准确、表面平整、边缘整齐、棱角不得有损坏、面层石粒均匀、色彩协调、无气孔、裂纹、刻痕和露筋等缺陷。

3. 饰面砖

常用的饰面砖有釉面瓷砖、面砖、陶瓷锦砖和玻璃锦砖等。要求表面光洁、质地坚固，尺寸、色泽一致，不得有暗痕和裂纹，性能指标均应符合现行国家标准的规定。釉面瓷砖有白色、彩色、印花、图案等多个品种。面砖有毛面和釉面两种，颜色有米黄、深黄、乳白、淡蓝等多种。陶瓷锦砖（马赛克）的形状有正方形、长方形、六角形等多种，由于尺寸小，产品系先按各种图案组合反贴在纸上，每张大小约 300mm×300mm，称做一联，每 40 联为一箱。玻璃锦砖是半透明的玻璃质饰面材料，单块尺寸 20mm×20mm，每张纸板粘 225 个单块，标准尺寸为 325mm×325mm，每箱 40 张。

4. 饰面墙板

随着建筑工业化的发展，结构与装饰合一也是装饰装修工程的发展方向。饰面墙板就是将墙板制作与饰面结合，一次成型，从而进一步扩大了装饰装修工程的内容，加速了装饰装修工程的进度。

饰面墙板按其生产方式有以下四种：

（1）露石混凝土饰面板　当墙板采用平模生产时，在混凝土浇筑后，尚未凝固前，采用水冲法或酸洗法除去表面的水泥浆，使骨料外露形成饰面层。为了获得色彩丰富、多样化的饰面层，可选择具有不同颜色的骨料，亦可在未凝固的混凝土表面直接嵌卵石或用带色的石子嵌成各种花纹图案。

（2）正打印花或压花混凝土饰面板　墙板的正打印花饰面，是将带有图案的模型板铺在欲做的砂浆层上，然后用抹子拍打、抹压，使砂浆从模型板花饰的孔洞中挤出，抹光后揭模即成。压花饰面，则是先在墙板上铺上模型板，随即倒上砂浆，摊开抹匀，砂浆即从花孔处漏下，抹光揭去模型板即成。

（3）模塑混凝土饰面板　这是采取"反打"工艺的一种饰面做法，即将墙板的外表利用衬模塑造成平滑面、花纹面、浮雕面等质感很强的、具有不同图案的饰面层。

（4）饰面板（砖）预制墙板　墙板预制时，根据建筑装饰要求，将天然大理石、人造美术石、陶瓷锦砖、瓷板、面砖等饰面材料直接粘贴在混凝土墙板表面。

5. 金属饰面板

金属饰面板有铝合金板、镀锌板、彩色压型钢板、不锈钢板和铜板等多种。

金属板饰面典雅庄重，质感丰富。尤其是铝合金板墙面价格便宜，易于加工成型，具有高强、轻质，经久耐用，便于运输和施工，表面光亮，可反射太阳光及防火、防潮、耐腐蚀的特点，是一种高档次的建筑装饰，装饰效果别具一格，应用较广。

8.2.2 饰面板（砖）施工

饰面板（砖）可采用胶黏剂粘贴和传统的镶贴、安装方法进行施工。分别介绍如下。

1. 饰面板（砖）胶粘法施工

胶粘法施工即利用胶粘剂将饰面板（砖）直接粘贴于基层上。此种施工方法具有工艺简单、操作方便、粘结力强、耐久性好、施工速度快等优点，是实现装饰装修工程干法施工的有效措施。现将饰面板（砖）施工中常用的几种胶粘剂及其施工要点简介于下。

(1) AH-03 大理石胶粘剂

此种胶黏剂系由环氧树脂等多种高分子合成材料组成基材，增加适量的增稠剂、乳化剂、增粘剂、防腐剂、交联剂及填料配制而成的单组分膏状的胶粘剂，具有粘结强度高、耐水、耐气候等特点。适用于大理石、花岗石、陶瓷锦砖、面砖、瓷砖等与水泥基层的粘结。

施工要求基层坚实、平整，无浮灰及污物，大理石等饰面材料应干净、无灰尘、污垢。粘贴时先用带锯齿的刮板或腻子刀将胶粘剂均匀涂刷于石板或基层上，厚度不宜大于 3mm，然后轻轻将石板的下沿与水平基准线对齐粘合，用手轻轻推拉饰面板，定位、使气泡排出，并用橡皮锤敲实。石板应由下往上逐层粘贴，安装完毕后应清除板面上的余胶，并用湿布将饰面表面擦洗干净。

(2) SG-8407 胶粘剂

适用于在水泥砂浆、混凝土基层上粘贴瓷砖、面砖和陶瓷锦砖。其施工方法是：

1）基层处理。基层必须洁净、干燥、无油污、灰尘。可用喷砂、钢丝刷或以 3∶1（水∶工业盐酸）的稀酸进行酸蚀处理，20min 后将酸洗净、干燥。

2）料浆制备。将通过 ϕ2.5mm 筛孔的干砂和 32.5 级及以上强度等级的普通硅酸盐水泥以 1∶1～2∶1 的比例干拌均匀，加入 SG-8407 胶液拌合至适宜施工的稠度即可，不允许加水。当粘结层厚度小于 3mm 时，不加砂，仅用纯水泥与 SG-8407 胶液调配。

3）粘贴。铺贴瓷砖、陶瓷锦砖时，先在基层上涂刷浆料，然后立即将瓷砖、陶瓷锦砖敲打入浆料中，24h 后即可将陶瓷锦砖纸面撕下。瓷砖吸水率大时，使用前应浸水。

(3) TAM 型通用瓷砖胶粘剂

此种胶粘剂系以水泥为基料，经聚合物改性的粉末。使用时只需加水搅拌，即可获得黏稠的胶浆。具有耐水、耐久性良好的特点。适用于在混凝土、砂浆等基层表面粘贴瓷砖、陶瓷锦砖、天然大理石、人造大理石等饰面。施工时，基层表面应洁净、平整、坚实、无灰尘。胶浆按水：胶粉＝1：3.5（重量比）配制，经搅拌均匀静置 10min 后，再一次充分拌合即可使用，使用时先用抹子将胶浆涂抹在基层上，随即铺贴饰面板，应在 30min 内粘贴完毕，24h 后便可勾缝。

(4) TAS 型高强度耐水瓷砖胶粘剂

此种胶粘剂为双组分的高强度耐水瓷砖胶，具有耐水、耐候、耐各种化学物质侵蚀等特点。适用于在混凝土、钢铁、玻璃、木材等表面粘贴瓷砖、墙面砖、地面砖，尤其适用于长期受水浸泡或其他化学物侵蚀的部位。胶料配制与粘贴方法同 TAM 型胶粘剂。

(5) YJ-Ⅲ型建筑胶粘剂

系双组分水乳型高分子胶粘剂，具有粘结力强、耐水、耐湿热、耐腐蚀、低毒、低污染等特点。适用于混凝土、大理石、瓷砖、玻璃锦砖、木材、钙塑板等的粘结。胶料按甲组分为 100，乙组分为 240～300，填料为 800～1200 的比例配制。配制时先将甲、乙组分胶料称量混合均匀，然后加入填料拌匀即可。填料可用细度为 60～120 目的石英粉，为加速硬化，也可采用石英、石膏混合粉料，一般石膏粉用量为填料总量的 1/5～1/2。如需用砂浆，则以石英粉、石英砂各一半为填料，填料比例也应适当增加。其施工要求为：

1）基层应平整、洁净、干燥、无浮灰、油污；

2）在墙面粘贴大理石、花岗石块材时，先在基层上涂刷胶粘剂，然后铺贴块材，揉挤定位，静置待干即可，勿需钻孔、挂钩；

3）在石膏板上粘贴瓷砖时，先用抹子将胶料涂敷于石膏板上，再用梳形泥刀梳刮胶料，然后铺贴瓷砖；

4）墙面粘贴玻璃锦砖时，先在基层涂敷一层薄薄的胶料，然后进行粘贴（擦缝用素水泥浆）；

5）施工及养护温度应在 5℃以上，以 15～20℃为佳。施工完毕后，自然养护 7d，即可交付使用。

2. 饰面板（砖）传统法施工

(1) 小规格板材施工

对于边长小于 400mm 的小规格的饰面板一般采用镶贴法施工。施工时先用 1：3 水泥砂浆打底划毛，待底子灰凝固后找规矩，并弹出分格线，然后按镶贴顺序，将已湿润的板材背面抹上厚度为 2～3mm 的素水泥浆进行粘贴，用木锤轻敲，并注意随时用靠尺找平找直。

(2) 大规格板材施工

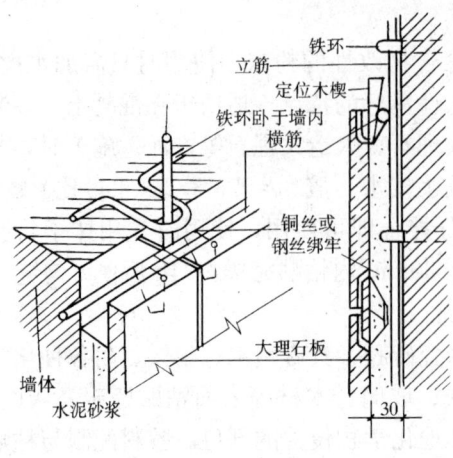

对于边长大于 400mm 或安装高度超过 1m 的饰面板，多采用安装法施工。安装的工艺有湿法工艺、干法工艺和 G·P·C 工艺。

1) 湿法工艺　按照设计要求在基层表面绑扎钢筋骨架，并在饰面板材周边侧面钻孔，以便与钢筋骨架连接（图 1-8-7）。板材安装前，应对基层抄平并进行预排。安装时由下往上，每层从中间或从一端开始依次将饰面板用铜丝或钢丝与钢筋骨架绑扎固定。板材与基层间的

图 1-8-7　湿法工艺

缝隙（即灌浆厚度），一般为 20～50mm。灌浆前，应先在竖缝内填塞 15～20mm 深的麻丝或泡沫塑料条以防漏浆，然后用 1∶2.5 水泥砂浆分层灌缝，待下层初凝后再灌上层，直到距上口 50～100mm 处为止，待安装好上一层板后再继续灌缝处理，依次逐层往上操作。每日安装固定后，需将饰面清理干净，如饰面层光泽受到影响，可以重新打蜡出光。要注意采取措施保护棱角。采用传统的湿法作业安装天然石材时，由于水泥砂浆在水化时析出大量的氢氧化钙，泛到石材表面，产生不规则的花斑，严重影响装饰效果，因此在天然石材安装前，应对石材饰面进行防碱背涂处理。

2) 干法工艺　是直接在板上打孔，然后用不锈钢连接器与埋在混凝土墙体内的膨胀螺栓相连，板与墙体间形成 80～90mm 的空气层（图 1-8-8）。此种工艺一般多用于 30m 以下的钢筋混凝土结构，不适用于砖墙或加气混凝土基层。

3) G·P·C 工艺　是干法工艺的发展，它是把以钢筋混凝土作衬板、石材作面板（两者用不锈钢连接环连接，并浇筑成整体）的复合板，通过连接器具悬挂到钢筋混凝土结构或钢结构上的做法，如图 1-8-9 所示。

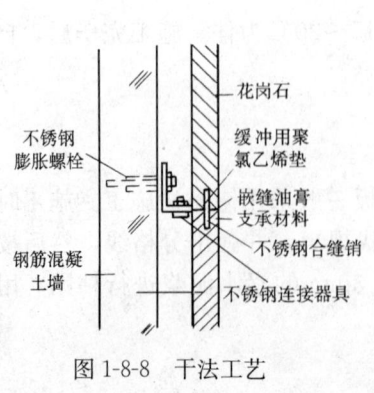

图 1-8-8　干法工艺

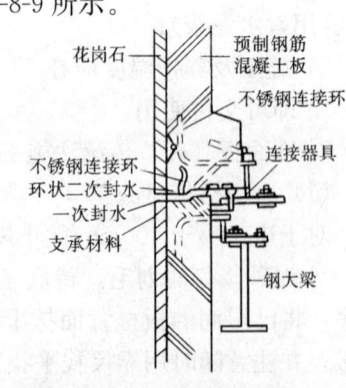

图 1-8-9　G·P·C 工艺

(3) 面砖或釉面瓷砖的镶贴

镶贴面砖或釉面瓷砖的主要工序为：基层处理、湿润基体表面→水泥砂浆打底→选砖、预排→浸砖→镶贴面砖→勾缝→清洁面层。基层应平整而粗糙，镶贴前应清理干净并加以湿润。底子灰抹后一般养护1～2d，方可进行镶贴。

墙面镶贴时，要注意以下要点：

1) 镶贴前要找好规矩。用水平尺找平，校核方正，算好纵横皮数和镶贴块数，划出皮数杆，定出水平标准，进行预排。瓷砖墙面常见的排砖法如图1-8-10所示，外墙面砖排缝如图1-8-11所示。

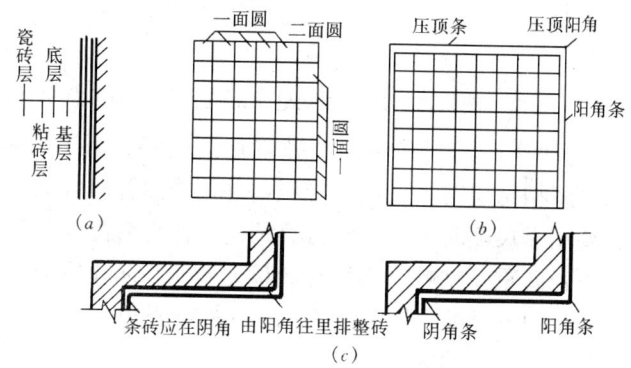

图 1-8-10 瓷砖墙面排砖示意图

2) 在有脸盆镜箱的墙面，应按脸盆下水管部位分中，往两边排砖。肥皂盒可按预定尺寸和砖数排砖，如图1-8-12所示。

3) 先用废瓷砖按粘结层厚度用混合砂浆贴灰饼。贴灰饼时，将砖的楞角翘出，以楞间作为标准，上下用托线板挂直，横向用长的靠尺板或小线拉平。灰饼间距1.5m左右。

4) 铺贴釉面瓷砖时，先浇水湿润墙面，再根据已弹好的水平线（或皮数杆），在最下面一皮砖的下口放好垫尺板（平尺板），并注意地漏标高和位置，然后用水平尺检验，作为贴第一皮砖的依据。贴时一般由下往上逐层粘贴。

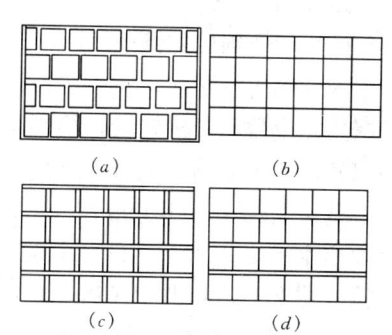

图 1-8-11 外墙面砖排缝示意图

5) 除采用掺108胶水泥浆作粘结层外，可以抹一行（或数行）贴一行（或数行）外，其他方法均需将粘结砂浆满铺在瓷砖背面，逐块进行粘贴。108胶水泥浆要随调随用，在15℃环境下操作时，从涂抹108胶水泥浆到镶贴瓷砖和修整缝隙止，全部工作宜在3h内完成，要注意随时用棉丝或干布将缝中挤出的浆液擦净。

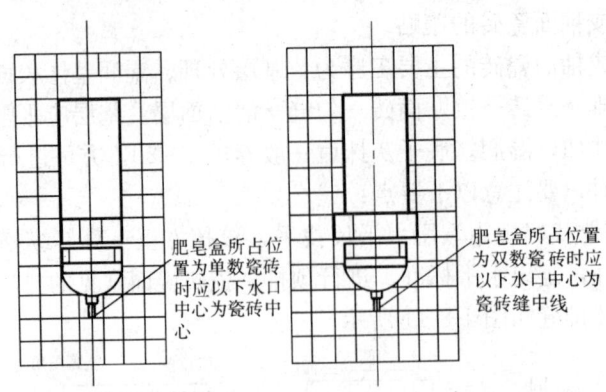

图 1-8-12　洗脸盆、镜箱和肥皂盒部位瓷砖排列示意图

6）镶贴后的每块瓷砖，当采用混合砂浆粘结层时，可用小铲把轻轻敲击。当采用 108 胶水泥浆粘结层时，可用手轻压，并用橡皮锤轻轻敲击，使其与基层粘结密实牢固。要用靠尺随时检查平正方直情况，修正缝隙。凡遇粘结不密实缺灰情况时，应取下瓷砖重新粘贴，不得在砖口处塞灰，防止空鼓。

7）贴时一般从阳角开始，使不成整块的砖留在阴角。先贴阳角大面，后贴阴角、凹槽等难度较大的部位。

8）贴到上口需成一线，每层砖缝需横平竖直。

9）瓷砖镶贴完毕后，用清水或布、棉丝清洗干净，用同色水泥浆擦缝。全部工程完成后要根据不同污染情况，用棉丝、砂纸清理或用稀盐酸刷洗，并用清水紧跟冲刷。

(4) 陶瓷锦砖的镶贴

陶瓷锦砖镶贴前，应按照设计图案要求及图纸尺寸，核实基面的实际尺寸，根据排砖模数和分格要求，绘制出施工大样图，加工好分格条，并对陶瓷锦砖统一编号，便于镶贴时对号入座。

基层上用 12~15mm 厚 1∶3 水泥砂浆打底，找平划毛，洒水养护。镶贴前弹出水平、垂直分格线，找好规矩。然后在湿润的底层上刷素水泥浆一道，再抹一层 2~3mm 厚 1∶0.3 水泥纸筋灰或 3mm 厚 1∶1 水泥砂浆（掺 2% 乳胶）粘结层，用靠尺刮平，抹子抹平。同时将锦砖底面朝上铺在木垫板上，缝里撒灌 1∶2 干水泥砂，并用软毛刷子刷净底面浮砂，薄薄涂上一层粘结灰浆（图 1-8-13），然后逐张拿起，清理四边余灰，按平尺板上口沿线由下往上对齐接缝粘贴于墙上。粘贴时应仔细拍实，使其表面平整。待水泥砂浆初凝后，用软毛刷将护纸刷水润湿，约 0.5h 后揭纸，并检查缝的平直大小，校正拨直。粘贴 48h 后，除了取出米厘条后留下的大缝用 1∶1 水泥砂浆嵌缝外，其他小缝均用素水泥浆嵌平。待嵌缝材料硬化后，用稀盐酸溶液刷洗，并随即用清水冲洗干净。

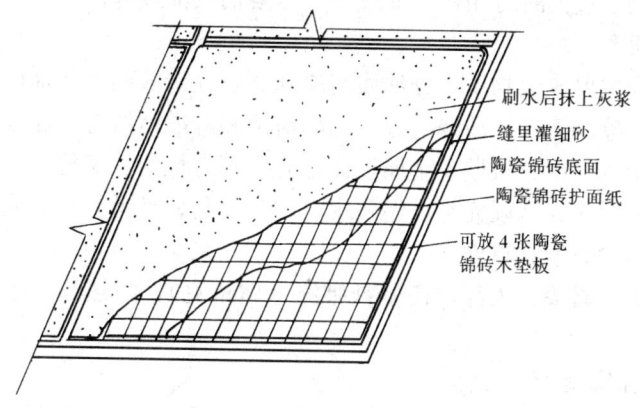

图 1-8-13 陶瓷锦砖镶贴

§8.3 涂 料 工 程

涂料工程包括油漆涂饰和涂料涂饰，它是将胶体的溶液涂敷在物体表面，使之与基层粘结，并形成一层完整而坚韧的保护薄膜，借此达到装饰、美化和保护基层免受外界侵蚀的目的。

8.3.1 油 漆 涂 饰

1. 建筑工程中常用的油漆

建筑工程中常用油漆的种类及其主要特性如下。

(1) 清油

清油又称鱼油、熟油，干燥后漆膜柔软，易发黏。多用于调稀厚漆、红丹防锈漆以及打底及调配腻子，也可单独涂刷于金属、木材表面。

(2) 厚漆

厚漆又称铅油，有红、白、黄、绿、灰、黑等色。使用时需加清油、松香水等稀释。漆膜柔软，与面漆粘结性能好，但干燥慢，光亮度、坚硬性较差。可用于各种涂层打底或单独作表面涂层，亦可用来调配色油和腻子。

(3) 调和漆

调和漆有油性和磁性两类。油性调和漆的漆膜附着力强，有较高的弹性，不易粉化、脱落及龟裂，经久耐用，但漆膜较软，干燥缓慢，光泽差，适用于室外面层涂刷。磁性调和漆常用的有酯胶调和漆和酚醛调和漆等，漆膜较硬，颜色鲜明，光亮平滑，能耐水洗，但耐候性差，易失光、龟裂和粉化，故仅用于室内面层涂刷。调和漆有大红、奶油、白、绿、灰、黑等色，不需调配，使用时只需调匀或配色，稠度过大时可用松节油或 200 号溶剂汽油稀释。

(4) 清漆

以树脂为主要成膜物质，分油质清漆和挥发性清漆两类。油质清漆又称凡立水，常用的有酯胶清漆、酚醛清漆、钙酯清漆和醇酸清漆等。漆膜干燥快，光泽透明，适用于木门窗、板壁及金属表面罩光。挥发性清漆又称泡立水，常用的有漆片，漆膜干燥快、坚硬光亮，但耐水、耐热、耐候性差，易失光，多用于室内木材面层的油漆或家具罩面。

此外，还有磁漆、大漆、硝基纤维漆（即蜡克）、耐热漆、耐火漆、防锈漆及防腐漆等。

2. 油漆涂饰施工

油漆工程施工包括基层处理、打底子、抹腻子和涂刷油漆等工序。

(1) 基层处理

为了使油漆和基层表面粘结牢固，节省材料，必须对涂刷的木料、金属、抹灰层和混凝土等基层表面进行处理。木材基层表面油漆前，要求将表面的灰尘、污垢清除干净，表面上的缝隙、毛刺、节疤和脂囊修整后，用腻子填补。抹腻子时对于宽缝、深洞要深入压实，抹平刮光。磨砂纸时要打磨光滑，不能磨穿油底，不可磨损棱角。

金属基层表面油漆前，应清除表面锈斑、尘土、油渍、焊渣等杂物。

抹灰层和混凝土基层表面油漆前，要求表面干燥、洁净，不得有起皮和松散处等，粗糙的表面应磨光，缝隙和小孔应用腻子刮平。

(2) 打底子

在处理好的基层表面上刷冷底子油一遍（可适当加色），并使其厚薄均匀一致，以保证整个油漆面色泽均匀。

(3) 抹腻子

腻子是由油料加上填料（石膏粉、大白粉）、水或松香水拌制成的膏状物。抹腻子的目的是使表面平整。对于高级油漆施工，需在基层上全部抹一层腻子，待其干后用砂纸打磨，然后再抹腻子，再打磨，直到表面平整光滑为止，有时，还要和涂刷油漆交替进行。腻子磨光后，清理干净表面，再涂刷一道清油，以便节约油漆。

(4) 涂刷油漆

油漆施工按质量要求不同分为普通油漆、中级油漆和高级油漆三种（表 1-8-1）。一般松软木材面、金属面多采用普通或中级油漆；硬质木材面、抹灰面则采用中级或高级油漆。涂饰的方法有刷涂、喷涂、擦涂、揩涂及滚涂等多种。刷涂是用棕刷蘸油漆涂刷在物体的表面上。其优点是设备简单，操作方便，用油省，不受物体形状大小的限制，但工效低，不适于快干性和扩散性不良的油漆施工。

油漆等级划分及组成　　　　　　　　　表 1-8-1

基层种类	油漆名称	油漆等级		
		普通	中级	高级
木材面	混色油漆	底层：干性油 面层：一遍厚漆	底层：干性油 面层：一遍厚漆 　　　一遍调和漆	底层：干性油 面层：一遍厚漆 　　　一遍调和漆 　　　一遍树脂漆
	清漆		底层：酯胶清漆 面层：酯胶清漆	底层：酚醛清漆 面层：酚醛清漆
金属面	混色油漆	底层：防锈漆 面层：防锈漆	底层：防锈漆 面层：一遍厚漆 　　　一遍调和漆	
抹灰面	混色油漆		底层：干性油 面层：一遍厚漆 　　　一遍调和漆	底层：干性油 面层：一遍厚漆 　　　一遍调和漆 　　　一遍无光漆

喷涂是用喷雾器或喷浆机将油漆喷射在物体表面上，喷射时每层往复进行，纵横交错，一次不能喷得过厚，需分几次喷涂，以达到厚而不流。要求喷嘴均匀移动，离物面距离控制在 250～350mm，速度为 10～18m/min，气压为 0.3～0.4MPa，用大喷枪时应为 0.5～0.7MPa。此法优点是工效高，漆膜分散均匀，平整光滑，干燥快。缺点是油漆消耗量大，需要喷枪、空气压缩机等设备，施工时还应有通风、防火、防爆等安全措施。

擦涂是用棉花团包布蘸油漆在物面上擦涂几遍，待漆膜稍干后再连续转圈揩擦多遍，直到均匀擦亮为止。此法漆膜光亮、质量好，但费工、效率低。

揩涂仅用于生漆的施工，它是用布或丝团浸油漆在物件表面上来回左右滚动，反复搓揩，以达到漆膜均匀一致。

滚涂系用羊皮、橡皮或其他吸附材料制成的辊筒滚上油漆后，再滚涂于物面上。此法漆膜均匀，可使用较稠的油料，适用于墙面滚花涂饰。

在整个涂刷油漆的过程中，油漆不得任意稀释，最后一遍油漆不宜加催干剂。涂刷中，应待前一遍油漆干燥后方可涂刷后一遍油漆。

3. 油漆工程的安全技术

油漆材料、所用设备必须有专人保管，且设置在专用库房内，各类储油原料的桶必须有封盖。

在油漆材料库房内，严禁吸烟，且应有消防设备，其周围有火源时，应按防火安全规定，隔绝火源。

油漆原料间照明，应有防爆装置，且开关应设在门外。

使用喷灯，加油不得加满，打气不应过足，使用时间不宜过长，点火时，灯嘴不准对人。

操作者应做好人体保护工作，坚持穿戴安全防护用具。

使用溶剂（如甲苯等有毒物质）时，应防护好眼睛、皮肤等，且随时注意中毒现象。

熬胶、烧油桶应离开建筑物10m以外，熬炼桐油时，应距建筑物30～50m。

在喷涂硝基漆或其他挥发性、易燃性溶剂稀释的涂料时不准使用明火。

为了避免静电集聚引起事故，对罐体涂漆应有接地线装置。

8.3.2 涂料涂饰

建筑涂料的品种很多，分类方法也各不相同，按成膜物质分为有机系涂料（如丙烯酸酯及其乳液涂料）、无机系涂料（如硅酸盐涂料）、有机无机复合涂料（如丙烯酸—硅溶胶复合乳液涂料）；按其分散介质分类有溶剂型涂料（如丙烯酸酯溶液涂料）、水溶性涂料（如聚乙烯醇水玻璃内墙涂料）、水乳型涂料（如苯乙烯—丙烯酸乳液涂料）；按涂料功能分类有装饰涂料、防火涂料、防水涂料、防腐涂料、防霉涂料及防结露涂料等；按涂层质感分类有薄质涂料、厚质涂料和复层建筑涂料等；按在建筑物的使用部位分类有内墙涂料、外墙涂料、地面涂料、顶棚涂料及屋面防水涂料等。

下面仅介绍几种常用的建筑涂料。

1. JDL-82A着色砂丙烯酸系建筑涂料

该涂料由丙烯酸系乳液、人工着色石英砂及各种助剂混合而成。其特点是结膜快、耐污染、耐褪色性能良好，而且色彩鲜艳、质感丰富、粘结力强，适用于混凝土、水泥砂浆、石棉水泥板、纸面石膏板、砖墙等基层。其施工工序和要求如下：

（1）基层处理 应清除墙面的油污、铁锈、油迹等，要求墙面有一定的强度，无粉化、起砂和空鼓现象。墙面如有缺棱掉角处，应用砂浆修补，有孔洞时则应用水泥：108胶＝100：20加适量水配成的腻子处理。

（2）喷涂前将涂料搅拌均匀，加水量不得超过涂料重量的5%，喷涂厚度要均匀，待第一道干燥后再喷第二道。

（3）喷涂机具采用喷嘴孔径为5～7mm的喷斗，喷斗距离墙面300～400mm，空气压缩机的压力为0.5～0.7MPa。涂料最低施工温度为5℃，贮存温度为5～40℃。

2. 彩砂涂料

彩砂涂料是丙烯酸酯类建筑涂料的一种，这类涂料有优异的耐候性、耐水性、耐碱性和保色性等，它将逐步取代一些低劣的涂料产品，如106涂料等。

彩砂涂料从耐久性和装饰效果来看是一种中、高档建筑涂料。彩砂涂料用着色骨料代替一般涂料中的颜料、填料，从根本上解决了褪色问题。同时，着色骨料由于是高温烧结、人工制造，可做到色彩鲜艳、质感丰富。彩砂涂料所用的合成树脂乳液使涂料的耐水性、成膜温度、与基层的粘结力、耐候性等都有了改进，从而提高了涂料的耐久性。

(1) 基层处理　基层表面要求平整、洁净，基本干燥，有一定强度。需刮腻子找平时，可用配合比为水泥：108胶＝100：20（加适量水）的108胶水泥腻子，不能使用强度低的材料作腻子，以免涂膜成片脱落。为减少基层的吸水性，便于刮腻子操作，可先在基层上刷一道108胶：水＝1：3的水溶液。新抹的水泥砂浆层至少间隔3d，最好7d后再喷涂彩砂涂料，否则会引起涂层表面泛白和"花脸"。

(2) 弹线分格　大面积墙面上喷涂彩砂涂料均应弹线做分格缝，以便于涂料施工接槎。分格缝的做法是，按墨线粘贴20mm宽的分格条，在喷罩面胶前取出，然后把缝内的胶和石粒刮净。

(3) 配料　彩砂涂料的配合比为BB-01乳液（或BB-02乳液）：骨料：增稠剂（2%水溶液）：成膜助剂：防霉剂和水＝100：400～500：20：4～6：适量。无论是单组分包装或是双组分包装的彩砂涂料，都按配合比充分搅拌均匀，不能随意加水稀释，以免影响涂层质量，涂料有沉淀时应随时搅拌均匀。涂料一般用量为2kg/m²。

(4) 喷涂　喷斗要把握平稳，出料口与墙面垂直，距离约400～500mm，空气压缩机压力保持在0.6～0.8MPa，喷嘴直径以5mm为宜，喷涂时喷斗要缓慢移动，使涂层充分盖底。如发现涂层局部尚未盖底，应在涂层干燥前喷涂找补。一般在喷涂后用胶辊滚压两遍，把悬浮石料压入涂料中，做到饰面密实平整，观感好。然后隔2h左右再喷罩面胶两遍，以使石粒粘结牢固，不致掉落。风雨天不宜施工，以免涂料被风吹跑或被雨水冲淋掉。

3. 乳胶漆

乳胶漆属乳液型涂料，是以合成树酯乳液为主要成膜物质，加入颜料、填料以及保护胶体、增塑剂、耐湿剂、防冻剂、消泡剂、防霉剂等辅助材料，经过研磨或分散处理而制成的涂料。其种类很多，通常以合成树酯乳液来命名，如醋酸乙烯乳胶漆、丙烯酸酯乳胶漆、苯—丙乳胶漆、乙—丙乳胶漆、聚氨酯乳胶漆等。乳胶漆作为墙涂料可以洗刷，易于保持清洁，因而很适宜作内墙面装饰。

乳胶漆具有以下特点：

(1) 安全无毒　乳胶漆以水为分散介质，随水分的蒸发而干燥成膜，施工时无有机溶剂逸出，不污染空气，不危害人体，且不浪费溶剂。

(2) 涂膜透气性好　乳胶漆形成的涂膜是多孔而透气的，可避免因涂膜内外湿度差而引起鼓泡或结露。

(3) 操作方便　乳胶漆可采用刷涂、滚涂、喷涂等施工方法，施工后的容器和工具可以用水洗刷，而且涂膜干燥较快，施工时两遍之间的间歇只需几小时，这有利于连续作业和加快施工进度。

(4) 涂膜耐碱性好　该漆具有良好的耐碱性，可在初步干燥、返白的墙面上涂刷，基层内的少量水分则可通过涂膜向外散发，而不致顶坏涂膜。

乳胶漆适宜于混凝土、水泥砂浆、石棉水泥板、纸面石膏板等基层。要求基层有足够的强度，无粉化、起砂或掉皮现象。新墙面可用乳胶加腻子粉作腻子嵌平，磨光后涂刷。旧墙面应先除去风化物、旧涂层，用水清洗干净后方能涂刷。

喷涂时空气压缩机的压力应控制在 0.5~0.8MPa。手握喷斗要稳，出料口与墙面垂直，喷嘴距墙面 500mm 左右。先喷涂门、窗口，然后横向来回旋喷墙面，防止漏喷和流坠。顶棚和墙面一般喷两遍成活，两遍间隔约 2h。顶棚与墙面喷涂不同颜色的涂料时，应先喷涂顶棚，后喷涂墙面。喷涂前用纸或塑料布将不喷涂的部位，如门窗扇及其他装饰体遮盖住，以免污染。

刷涂时，可用排笔，先刷门、窗口，然后竖向、横向涂刷两遍，其间隔时间为 2h。要求接头严密，颜色均匀一致。

4. 喷塑涂料

喷塑涂料是以丙烯酸酯乳液和无机高分子材料为主要成膜物质的有骨料的建筑涂料（又称"浮雕涂料"或"华丽喷砖"）。它是用喷枪将其喷涂在基层上，适用于内、外墙装饰。

喷塑涂层结构分为底油、骨架、面油三部分。底油是涂布乙烯—丙烯酸酯共聚乳液，既能抗碱、耐水，又能增加骨架与基层的粘结力；骨架是喷塑涂料特有的一层成型层，是主要构成部分，用特制的喷枪、喷嘴将涂料喷涂在底油上，再经过辊压形成主体花纹图案；面油是喷塑涂层的表面层，面油内加入各种耐晒彩色颜料，使喷塑涂层带有柔和的色彩。

喷塑涂料可用于水泥砂浆、混凝土、水泥石棉板、胶合板等基层上。喷塑按喷嘴大小分为小花、中花、大花。施工时应预先做出样板，经有关单位鉴定后方可进行。其施工工艺如下：

(1) 基层处理与养护　喷塑施工前，基层要先养护，夏季气温 27℃ 左右时，现抹水泥砂浆需养护 4~7d，现浇混凝土需 7d，冬季气温 10℃ 以上时，现抹水泥砂浆需 7~10d，现浇混凝土需 14d 方可开始喷塑。如用胶合板作基层，胶合板和基体一定要刷一道均匀胶水，胶合板用钉子固定时，其钉帽应打扁并进入板面 0.5~1mm，钉眼用腻子抹平，板与板之间接缝要用腻子补平。喷塑前应将工作面周围的门窗框、扇以及不作喷塑的墙面用旧报纸或塑料布加以遮盖防护，避免污染，在雨天和风力较大时不宜施工。

(2) 粘分格条　外墙面大面积喷塑一定要有分格条，分格条应宽窄薄厚一致，粘贴在中层砂浆面上应横平竖直、交接严密，分格条粘贴前一天应先泡水浸透，完工后应适时取出，取出时要注意别碰坏喷塑材料。

(3) 喷刷底油　用油刷或喷枪将底油涂布于基层。

(4) 喷点料(骨架层) 用单斗喷枪,空压机压力为 0.5~0.6MPa,风速 5m/s。喷嘴距墙面 500~600mm,与饰面成 60°~90°角,由一人持喷枪,一人负责搅拌骨料成糊状,一人专门添料,在每一分格块内要连续喷,表面颜色要一致,花纹大小要均匀,不显接槎,喷出的材料不得有气鼓、起皮、漏喷、脱落、裂缝及流坠等现象。

(5) 压花 隔 15min 后,可用蘸松节油的塑料辊在喷点上用力均匀轻松辊压,压花厚度为 5~6mm 为宜。

(6) 喷面油 面油色彩按设计要求一次性配足,以保证整个饰面的色泽均匀,不宜过厚,不可漏喷,一般以喷两道为宜,第一道用水性面油,第二道用油性面油,但需待第一道涂膜干后再喷涂第二道,在常温下,前后两道施涂的时间不应小于 4h。

油性面油有毒、易燃,施工现场应有良好的通风条件,工人应带防护用品并注意防火。

(7) 分格缝上色 基层原有分格条喷涂后即可揭起,分格缝可根据设计要求的颜色重新描涂。

§8.4 建筑幕墙工程

建筑幕墙是由金属构件与玻璃、铝板、石材等面板材料组成的建筑外围护结构。它大片连续,不承受主体结构的荷载,装饰效果好、自重小、安装速度快,是建筑外墙轻型化、装配化较为理想的形式,因此在现代建筑中得到广泛的应用。

幕墙结构的主要部分如图 1-8-14 所示,由面板构成的幕墙构件连接在横梁上,横梁连接在立柱上,立柱悬挂在主体结构上。为了使立柱在温度变化和主体结构侧移时有变形的余地,立柱上下由活动接头连接,使立柱各段可以上下相对移动。建筑幕墙按面板材料可分为玻璃幕墙、铝板幕墙、石材幕墙、钢板幕墙、预制彩色混凝土板幕墙、塑料幕墙、建筑陶瓷幕墙和铜质面板幕墙等。

8.4.1 玻璃幕墙

1. 玻璃幕墙分类

按结构及构造形式不同,玻璃幕墙可分为明框玻璃幕墙、隐框玻璃幕墙、半隐框玻璃幕墙和全玻璃幕墙等;按施工方法不同,又可分为现场组合的分件式玻璃幕墙和工厂预制后再在现场安装的单元式玻璃幕墙。

明框玻璃幕墙的玻璃板镶嵌在铝框内,形成四边都有铝框固定的幕墙构件。而幕墙构件又连接在横梁上,形成横梁、立柱均外露,铝框分隔明显的立面。明框玻璃幕墙是最传统的形式,工作性能可靠,相对于隐框玻璃幕墙更容易满足施

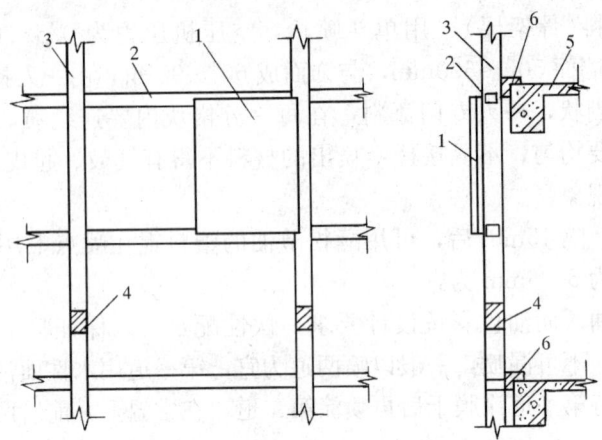

图 1-8-14　幕墙组成示意图
1—幕墙构件；2—横梁；3—立柱；4—立柱活动接头；
5—主体结构；6—立柱悬挂点

工技术水平的要求，应用广泛。

隐框玻璃幕墙一般是将玻璃用硅酮结构密封胶（也称结构胶）粘结在铝框上，大多数情况下，不再加金属构件，铝框全部隐蔽在玻璃后面，形成大面积全玻璃镜面。这种幕墙，玻璃与铝框之间完全靠结构胶粘结，结构胶要承受玻璃的自重、玻璃面板所承受的风荷载和地震作用，还有温度变化等作用，因此，结构胶是保证隐框玻璃幕墙安全性的最关键因素。

将玻璃两对边镶嵌在铝框内，另外两对边用结构胶粘结在铝框上，则形成半隐框玻璃幕墙，其中，立柱外露、横梁隐蔽的称竖框横隐玻璃幕墙；横梁外露、立柱隐蔽的称竖隐横框玻璃幕墙。

为游览观光需要，建筑物底层、顶层及旋转餐厅的外墙，有时使用大面积玻璃板，而且支承结构也都采用玻璃肋，称之为全玻璃幕墙。高度不超过 4.5m 的全玻璃幕墙，可以直接以下部为支承；超过 4.5m 的全玻璃幕墙，宜采用上部悬挂，以防失稳问题发生。

2. 玻璃幕墙常用材料

玻璃幕墙所使用的材料，概括起来，有骨架材料、面板材料、密封填缝材料、粘结材料和其他小材料五大类型。幕墙材料应符合国家现行产业标准的规定，并应有出厂合格证。幕墙作为建筑物的外围护结构，经常受自然环境不利因素的影响，因此，要求幕墙材料要有足够的耐候性和耐久性，具备防风雨、防日晒、防盗、防撞击、保温隔热等功能。

幕墙无论在加工制作、安装施工中，还是交付使用后，防火都是十分重要的。因此，应尽量采用不燃材料或难燃材料。但目前国内外都有少量材料还是不防火的，如双面胶带、填充棒等。因此，在设计及安装施工中都要加倍注意，并采取防火措施。

隐框和半隐框幕墙所使用的结构硅酮密封胶，必须有性能和与接触材料相容性试验合格报告。接触材料包括铝合金型材、玻璃、双面胶带和耐候硅酮密封胶等。所谓相容性是指结构硅酮密封胶与这些材料接触时，只起粘结作用，而不发生影响粘结性能的任何化学变化。

玻璃是玻璃幕墙的主要材料之一，它直接制约幕墙的各项性能，同时也是幕墙艺术风格的主要体现者。幕墙所采用的玻璃通常有：钢化玻璃、热反射玻璃、吸热坡璃、夹层玻璃、夹丝（网）玻璃和中空玻璃等。使用时应注意选择。

3. 玻璃幕墙安装施工

玻璃幕墙现场安装施工有单元式和分件式两种方式。单元式施工是将立柱、横梁和玻璃板材在工厂已拼装为一个安装单元（一般为一层楼高度），然后在现场整体吊装就位。分件式安装施工是最一般的方法，它将立柱、横梁、玻璃板材等材料分别运到工地，现场逐件进行安装，其主要工序如下。

（1）放线定位

即将骨架的位置弹到主体结构上。放线工作应根据土建单位提供的中心线及标高控制点进行。对于由横梁、立柱组成的幕墙骨架，一般先弹出立柱的位置，然后再将立柱的锚固点确定。待立柱通长布置完毕，再将横梁弹到立柱上。如果是全玻璃安装，则应首先将玻璃的位置弹到地面上，再根据外缘尺寸确定锚固点。放线是玻璃幕墙施工中技术难度较大的一项工作，要求充分掌握设计意图，并需具备丰富的工作经验。

（2）预埋件检查

为了保证幕墙与主体结构连接可靠，幕墙与主体结构连接的预埋件应在主体结构施工时，按设计要求的数量、位置和方法进行埋设。施工安装前，应检查各连接位置预埋件是否齐全，位置是否符合设计要求。预埋件遗漏、位置偏差过大、倾斜时，要会同设计单位采取补救措施。

（3）骨架安装施工

依据放线的位置，进行骨架安装。常采用连接件将骨架与主体结构相连。连接件与主体结构可以通过预埋件或后埋锚栓固定，但当采用后埋锚栓固定时，应通过试验确定其承载力。骨架安装一般先安装立柱（因为立柱与主体结构相连），再安装横梁。横梁与立柱的连接依据其材料不同，可以采用焊接、螺栓连接、穿插件连接或用角铝连接等方法。

（4）玻璃安装

玻璃的安装，因玻璃幕墙的类型不同，而固定玻璃的方法也不相同。钢骨架，因型钢没有镶嵌玻璃的凹槽，多用窗框过渡，将玻璃安装在铝合金窗框上，再将窗框与骨架相连。铝合金型材的幕墙框架，在成型时，已经将固定玻璃的凹槽随同整个断面一次挤压成型，可以直接安装玻璃。玻璃与硬性金属之间，应避免直接接触，要用封缝材料过渡。对隐框玻璃幕墙，在玻璃框安装前应对玻璃及四周的铝框进行必要的清洁,保证嵌缝耐候胶能可靠粘结。安装前玻璃的镀膜面应粘贴保护膜加以保护,交工前再全部揭去。

(5) 密封处理

玻璃或玻璃组件安装完毕后,必须及时用耐候密封胶嵌缝密封,以保证玻璃幕墙的气密性、水密性等性能。

(6) 清洁维护

玻璃幕墙安装完成后,应从上到下用中性清洁剂对幕墙表面及外露构件进行清洁,清洁剂使用前应进行腐蚀性检验,证明对铝合金和玻璃无腐蚀作用后方可使用。

8.4.2 铝板幕墙

铝板幕墙强度高、质量轻,易于加工成型、质量精度高、生产周期短,防火、防腐性能好,装饰效果典雅庄重、质感丰富,是一种高档次的建筑外墙装饰。但铝板幕墙节点构造复杂、施工精度要求高,必须有完备的工具和经过培训有经验的工人才能操作完成。

铝板幕墙主要由铝合金板和骨架组成,骨架的立柱、横梁通过连接件与主体结构固定。铝合金板可选用已生产的各种定型产品,也可根据设计要求,与铝合金型材生产厂家协商定做。常见断面如图1-8-15所示。承重骨架由立柱和横梁拼成,多为铝合金型材或型钢制作。铝板与骨架用连接件连成整体,根据铝板的截面类型,连接件可以采用螺钉,也可采用特制的卡具。

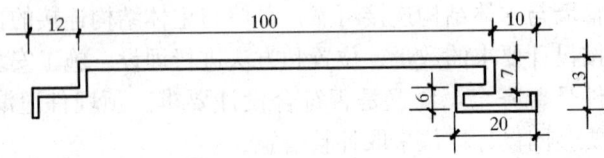

图 1-8-15 铝板断面示意图

铝板幕墙的主要施工工序为:放线定位→连接件安装→骨架安装→铝板安装→收口处理。

铝板幕墙安装要求控制好安装高度、铝板与墙面的距离、铝板表面垂直度。施工后的幕墙表面应做到表面平整、连接可靠,无翘起、卷边等现象。

§8.5 裱糊工程

8.5.1 常用材料及质量要求

壁纸是室内装饰中常用的一种装饰材料,广泛用于墙面、柱面及顶棚的裱糊装饰。裱糊工程常用的材料有塑料壁纸、墙布、金属壁纸、草席壁纸和胶粘剂等。

1. 塑料壁纸

塑料壁纸是目前应用较为广泛的壁纸。塑料壁纸主要以聚氯乙烯（PVC）为原料生产。在国际市场上，塑料壁纸大致可分为三类，即普通壁纸、发泡壁纸和特种壁纸。

普通壁纸是以 $80g/m^2$ 的木浆纸作为基材，表面再涂以 $100g/m^2$ 左右高分子乳液，经印花、压花而成。这种壁纸花色品种多，适用面广，价格低廉，耐光、耐老化、耐水擦洗，便于维护，耐用，广泛用于一般住房、公共建筑的内墙、柱面、顶棚的装饰。

发泡壁纸，亦称浮雕壁纸，是以 $100g/m^2$ 的纸作基材，涂塑 $300\sim400g/m^2$ 掺有发泡剂的聚氯乙烯糊状料，印花后，再经加热发泡而成。壁纸表面呈凹凸花纹，立体感强，装饰效果好，并富有弹性。这类壁纸又有高发泡印花、低发泡印花、压花等品种。其中，高发泡壁纸发泡率较大，表面呈比较凸出的、富有弹性的凹凸花纹，是一种装饰、吸声的多功能壁纸，适用于影剧院、会议室、讲演厅、住宅天花板等装饰。低发泡壁纸是在发泡平面印有图案的品种，适用于室内墙裙、客厅和内廊的装饰。

所谓特种壁纸，是指具有特殊功能的塑料面层壁纸，如耐水壁纸、防火壁纸、抗腐蚀壁纸、抗静电壁纸、健康壁纸、吸声壁纸等。

2. 墙布

墙布没有底纸，为便于粘贴施工，要有一定的厚度，才能比较挺括上墙。墙布的基材有玻璃纤维织物、合成纤维无纺布等，表面以树脂乳液涂覆后再印刷。由于这类织物表面粗糙，印刷的图案也比较粗糙，装饰效果较差。

3. 金属壁纸

金属壁纸面层为铝箔，由胶粘剂与底层贴合。金属壁纸有金属光泽，金属感强，表面可以压花或印花。其特点是强度高、不易破损、不会老化、耐擦洗、耐玷污、是一种高档壁纸。

4. 草席壁纸

它以天然的草席编织物作为面料。草席料预先染成不同的颜色和色调，用不同的密度和排列编织，再与底纸贴合，可得到各种不同外观的草席面壁纸。这种壁纸形成的环境使人更贴近大自然，适应了人们返璞归真的愿望，并有温暖感。缺点是较易受机械损伤，不能擦洗，保养要求高。

对壁纸的质量要求如下：

壁纸应整洁、图案清晰。印花壁纸的套色偏差不大于 1mm，且无漏印。压花壁纸的压花深浅一致，不允许出现光面。此外，其褪色性、耐磨性、湿强度、施工性均应符合现行材料标准的有关规定。材料进场后经检验合格方可使用。

运输和贮存时，所有壁纸均不得日晒雨淋，压延壁纸应平放，发泡壁纸和复合壁纸则应竖放。

胶粘剂应按壁纸的品种选用。

8.5.2 塑料壁纸的裱糊施工

1. 材料选择

塑料壁纸的选择包括选择壁纸的种类、色彩和图案花纹。选择时应考虑建筑物的用途、保养条件、有无特殊要求、造价等因素。

胶粘剂应有良好的粘结强度和耐老化性，以及防潮、防霉和耐碱性，干燥后也要有一定的柔性，以适应基层和壁纸的伸缩。

商品壁纸胶粘剂有液状和粉状两种。液状的大多为聚乙烯醇溶液或其部分缩醛产物的溶液及其他配合剂。粉状的多以淀粉为主。液状的使用方便，可直接使用。粉状的则需按说明配制，胶粘剂用户也可自行配制。

2. 基层处理

基层处理好坏对整个壁纸粘贴质量有很大的影响。各种墙面抹灰层只要具有一定强度，表面平整光洁，不疏松掉面都可直接粘贴塑料壁纸，例如水泥白灰砂浆、白灰砂浆、石膏砂浆、纸筋灰、石膏板、石棉水泥板等。

对基层总的要求是表面坚实、平滑、无毛刺、砂粒、凸起物、剥落和起鼓、大的裂缝，若不符合要求，则应视具体情况作适当的基层处理。

批嵌视基层情况可局部批嵌，凸出物应铲平，并填平大的凹槽和裂缝，较差的基层则宜满批。干后用砂纸磨光磨平。批嵌用的腻子可自行配制。

为防止基层吸水过快，引起胶粘剂脱水而影响壁纸粘结，可在基层表面刷一道用水稀释的108胶作为底胶进行封闭处理。刷底胶时，应做到均匀、稀薄、不留刷痕。

3. 粘贴施工要点

（1）弹垂直线

为使壁纸粘贴的花纹、图案、线条纵横连贯，在底胶干后，应根据房间大小、门窗位置、壁纸宽度和花纹图案进行弹线，从墙的阴角开始，以壁纸宽度弹垂直线，作为裱糊时的操作准线。

（2）裁纸

裱糊用壁纸，纸幅必须垂直，以保证花纹、图案纵横连贯一致。裁纸应根据实际弹线尺寸统筹规划。纸幅要编号并按顺序粘贴。分幅拼花裁切时，要照顾主要墙面花纹对称完整。裁切的一边只能搭缝，不能对缝。裁边应平直整齐，不得有纸毛、飞刺等。

（3）湿润

以纸为底层的壁纸遇水会受潮膨胀，约5~10min后胀足，干燥后又会收缩。因此，施工前，壁纸应浸水湿润，充分膨胀后粘贴上墙，可以使壁纸贴得平整。

(4) 刷胶

胶粘剂要求涂刷均匀、不漏刷。在基层表面涂刷胶粘剂应比壁纸刷宽 20～30mm，涂刷一段，裱糊一张。如用背面带胶的壁纸，则只需在基层表面涂刷胶粘剂。裱糊顶棚时，基层和壁纸背面均应涂刷胶粘剂。

(5) 裱糊

裱糊施工时，应先贴长墙面，后贴短墙面，每个墙面从显眼的墙角以整幅纸开始，将窄条纸的现场裁切边留在不显眼的阴角处。裱糊第一幅壁纸前，应弹垂直线，作为裱糊时的准线。第二幅开始，先上后下对缝裱糊。对缝必须严密，不显接搓，花纹图案的对缝必须端正吻合，拼缝对齐后，再用刮板由上向下赶平压实。挤出的多余胶粘剂用湿棉丝及时揩擦干净，不得有气泡和斑污。每次裱糊 2～3 幅后，要吊线检查垂直度，以防造成累积误差。阳角转角处不得留拼缝，基层阴角若不垂直，一般不做对接缝，改为搭缝。裱糊过程中和干燥前，应防止穿堂风劲吹和温度的突然变化。冬期施工，应在供暖条件下进行。

(6) 清理修整

整个房间贴好后，应进行全面细致的检查，对未贴好的局部进行清理修整，要求修整后不留痕迹。

思 考 题

8.1 装饰装修工程的作用及特点是什么？包括哪些内容？

8.2 试述一般抹灰的分类、组成以及各层的作用。

8.3 试述一般抹灰施工的分层做法及施工要点。

8.4 简述机械喷涂抹灰的工艺流程、适用范围及施工要点。

8.5 常见的装饰抹灰有哪几类？各自做法如何？

8.6 试述饰面板（砖）常用施工方法。

8.7 油漆涂饰的常用材料有哪些？油漆涂饰施工包括哪些工序，施工应注意什么问题？

8.8 简述常用建筑涂料及施工方法。

8.9 简述常用刷浆材料及施工方法。

8.10 常用建筑幕墙有哪几种，各有什么特点？主要施工工序如何？

8.11 裱糊工程常用的材料有哪些，有什么质量要求？

8.12 塑料壁纸的裱糊施工需注意些什么问题？

第2篇 施工组织原理

第1章 施工组织概论

§1.1 工程项目施工组织的原则

施工组织设计是施工企业和施工项目经理部施工管理活动的重要技术经济文件,也是完成国家和地区基本建设计划的重要手段。而组织工程项目施工的目的是为了更好地落实、控制和协调其施工组织设计的实施过程,所以组织工程项目施工是一项非常重要的工作。根据建国以来的实践经验,结合建筑产品及其生产特点,在组织工程项目施工过程中应遵守以下几项原则。

1. 认真执行工程建设程序

工程建设必须遵循的总程序主要是计划、设计和施工三个阶段。通常情况下,施工阶段应该在设计阶段结束或后期和施工准备工作完成之后方可正式开始进行。如果违背工程建设程序,就会给施工带来混乱,造成时间上的浪费、资源上的损失、质量上的低劣等后果。

2. 搞好项目排队,保证重点,统筹安排

建筑施工企业和施工项目经理部一切生产经营活动的最终目标就是尽快地完成拟建工程项目的建造,使其早日投产或交付使用。因此,对于施工企业的计划决策人员来说,先建造哪部分,后建造哪部分就成为其通过各种科学管理手段,对各种管理信息进行优化之后,需要作出决策的问题。通常情况下,应根据拟建工程项目是否为重点工程、或是否为有工期要求的工程、或是否为续建工程等进行统筹安排和分类排队,把有限的资源优先用于国家或业主最急需的重点工程项目,使其尽快地建成投产。同时照顾一般工程项目,把一般的工程项目和重点的工程项目结合起来。实践经验证明,在时间上分期、在项目上分批、保证重点和统筹安排,是建筑施工企业和工程项目经理部在组织工程项目施工时必须遵循的原则。

在建工程项目的收尾工作也必须重视。在建工程的收尾工作,通常是工序多、耗工多、工艺复杂、材料品种多样而工程量少,如果不严密地组织、科学地安排,就会拖延工期,影响工程项目的早日投产和交付使用。因此抓好工程项目的收尾工作，对早日实现工程项目的效益和工程建设投资的经济效果是很重要的。

3. 遵循施工工艺及其技术规律，合理地安排施工程序和施工顺序

建筑产品及其生产过程有其本身的客观规律。这里既有建筑施工工艺及其技术方面的规律，也有建筑施工程序和施工顺序方面的规律。遵循这些规律去组织施工，就能保证各项施工活动的紧密衔接和相互促进，充分利用资源，确保工程质量，加快施工速度，缩短工期。

建筑施工工艺及其技术规律，是分部（项）工程固有的客观规律。例如，钢筋加工工程，其工艺顺序是钢筋调直、除锈、下料、弯曲和成型。其中任何一道工序也不能省略或颠倒，这不仅是施工工艺要求，也是技术规律要求。因此在组织工程项目施工过程中，必须遵循建筑施工工艺及其技术规律。

建筑施工程序和施工顺序是建筑产品生产过程中的固有规律。建筑产品生产活动是在同一场地和不同空间，同时或前后交错搭接地进行的，前面的工作不完成，后面的工作就不能开始。这种前后顺序是客观规律决定的，而交错搭接则是计划决策人员争取时间的主观努力。所以在组织工程项目施工过程中必须科学地安排施工程序和施工顺序。

建筑施工程序和施工顺序是随着拟建工程项目的规模、性质、设计要求、施工条件和使用功能的不同而变化的。但是经验证明其仍有可供遵循的共同规律。

（1）施工准备与正式施工的关系

施工准备之所以重要，是因为它是后续生产活动能够按时开始的充分必要条件。准备工作没有完成就贸然施工，不仅会引起工地的混乱，而且还会造成资源的浪费。因此安排施工程序时，应首先安排其相应的准备工作。

（2）全场性工程与单位工程的关系

在正式施工时，应该首先进行全场性工程的施工，然后按照工程排队的顺序，逐个地进行单位工程的施工。例如，平整场地、架设电线、敷设管网、修建铁路、修筑道路等全场性的工程均应在拟建工程正式开工之前完成。这样就可以使这些永久性工程在全面施工期间为工地的供电、给水、排水和场内外运输服务，不仅有利于文明施工，而且能够获得可观的经济效益。

（3）场内与场外的关系

在安排架设电线、敷设管网、修建铁路和修筑公路的施工程序时，应该先场外后场内；场外由远而近，先主干后分支；排水工程要先下游后上游。这样既能保证工程质量，又能加快施工速度。

（4）地下与地上的关系

在处理地下工程与地上工程时，应遵循先地下后地上和先深后浅的原则。对于地下工程要加强安全技术措施，保证其安全施工。

(5) 主体结构与装饰工程的关系

一般情况下,主体结构工程施工在前,装饰工程施工在后。当主体结构工程施工进展到一定程度,为装饰工程的施工提供了工作面时,装饰工程施工可以穿插进行。当然随着建筑产品生产工厂化程度的提高,它们之间的先后时间间隔的长短也将发生变化。

(6) 空间顺序与工种顺序的关系

在安排施工顺序时,既要考虑施工组织要求的空间顺序,又要考虑施工工艺要求的工种顺序。空间顺序要以工种顺序为基础,工种顺序应该尽可能地为空间顺序提供有利的施工条件。研究空间顺序是为了解决施工流向问题,它是由施工组织、缩短工期和保证质量的要求来决定的;研究工种顺序是为了解决工种之间在时间上的搭接问题,它必须在满足施工工艺要求的条件下,尽可能地利用工作面,使相邻两个工种在时间上合理地和最大限度地搭接起来。

4. 采用流水施工方法和网络计划技术,组织有节奏、均衡、连续的施工

流水施工方法具有生产专业化强、劳动效率高、操作熟练、工程质量好、生产节奏性强、资源利用均衡、工人连续作业、工期短、成本低等特点。国内外经验证明,采用流水施工方法组织施工,不仅能使拟建工程的施工有节奏、均衡、连续地进行,而且会带来很大的技术经济效益。

网络计划技术是当代计划管理的最新方法。它应用网络图形表达计划中各项工作的相互关系。它具有逻辑严密,思维层次清晰,主要矛盾突出,有利于计划的优化、控制和调整,有利于电子计算机在计划管理中的应用等特点。因此它在各种计划管理中都得到了广泛地应用。实践经验证明,在施工企业和工程项目经理部的计划管理中采用网络计划技术,其经济效果更为显著。

因此在组织项目施工时,采用流水作业和网络计划技术是极为重要的。

5. 科学地安排冬雨期施工项目,保证全年生产的均衡性和连续性

由于建筑产品生产露天作业的特点,拟建工程项目的施工必然要受气候和季节的影响,冬季的严寒和夏季的多雨都不利于建筑施工的正常进行。如果不采取相应的、可靠的技术组织措施,全年施工的均衡性、连续性就不能得到保证。

随着施工工艺及其技术的发展,有些分部分项工程已经完全可以在冬雨期进行正常施工,但是由于冬雨期施工要采取一些特殊的技术组织措施,也必然会增加一些费用。因此在安排施工进度计划时应当严肃地对待,恰当地安排冬雨期施工的项目。

6. 提高建筑工业化程度

随着科学技术的发展,现代建筑的科技含量越来越高,这也要求提高建筑施工技术水平和加快建筑技术进步。建筑技术进步的重要标志之一是建筑工业化,而建筑工业化的一个主要表现是认真执行工厂预制和现场预制相结合的方针,努力提高建筑机械化程度。

建筑产品的生产需要消耗巨大的社会劳动。在建筑施工过程中，尽量以机械化施工代替手工操作，尤其是大面积的平整场地、大量的土（石）方工程、大批量的装卸和运输、大型钢筋混凝土构件或钢结构构件的制作和安装等繁重施工过程的机械化施工，在改善劳动条件、减轻劳动强度和提高劳动生产率等方面的作用都很显著。

目前我国建筑施工企业的技术装备程度还很不够，满足不了生产的需要。因此在组织工程项目施工时，要因地制宜，充分利用现有的机械设备。在选择施工机械过程中，要进行技术经济比较，使大型机械和中、小型机械结合起来，使机械化和半机械化结合起来，尽量扩大机械化施工范围，提高机械化施工程度。同时要充分发挥机械设备的生产率，保持其作业的连续性，提高机械设备的利用率。

7. 尽量采用国内外先进的施工技术和科学管理方法

先进的施工技术与科学的施工管理手段相结合，是改善建筑施工企业和工程项目经理部的生产经营管理素质，提高劳动生产率，保证工程质量，缩短工期，降低工程成本的重要途径。因此在编制施工组织设计时应广泛地采用国内外的先进技术和科学的施工管理方法。

8. 尽量减少暂设工程，合理地储备物资，减少物资运输量，科学地布置施工平面图

暂设工程在施工结束之后就要拆除，其投资有效时间是短暂的，因此在组织工程项目施工时，对暂设工程和大型临时设施的用途、数量和建造方式等，要进行技术经济方面的可行性研究，在满足施工需要的前提下，使其数量最少、造价最低。这对于降低工程成本和减少施工用地都是十分重要的。

建筑产品生产所需要的建筑材料、构（配）件、制品等种类繁多、数量庞大，各种物资的储存数量、方式都必须科学合理，对物资库存采用 ABC 分类法和经济订购批量法，在保证正常供应的前提下，其储存数量要尽可能地减少。这样可以大量减少仓库、堆场的占地面积，对于降低工程成本，提高工程项目经理部的经济效益，都是事半功倍的好办法。

建筑材料的运输费在工程成本中所占的比重也是相当可观的，因此在组织工程项目施工时，要尽量采用当地资源，减少其运输量。同时应该选择最优的运输方式、工具和线路，使其运输费用最低。

减少暂设工程的数量和物资储备的数量，对于合理地布置施工平面图提供了有利条件。施工平面图在满足施工需要的情况下，应尽可能紧凑合理，减少施工用地，有利于降低工程成本。

上述原则，既是建筑产品生产的客观需要，又是加快施工速度、缩短工期、保证工程质量、降低工程成本、提高建筑施工企业和工程项目经理部的经济效益的需要，所以必须在组织工程项目施工过程中认真地贯彻执行。

§1.2 建筑产品及其生产的特点

1.2.1 建筑产品的特点

建筑产品的使用功能、平面与空间组织、结构与构造形式的特殊性，以及建筑产品所用材料的物理力学性能的特殊性，决定了建筑产品的特殊性。其具体特点如下。

1. 建筑产品在空间上的固定性

一般的建筑产品均由自然地面以下的基础和自然地面以上的主体两部分组成（地下建筑全部在自然地面以下）。基础承受主体的全部荷载（包括基础的自重），并传给地基。任何建筑产品都是在选定的地点上建造使用的，一般从建造开始直至拆除均不能移动。所以，建筑产品的建筑和使用地点在空间上是固定的。

2. 建筑产品的多样性

建筑产品不仅要满足各种使用功能的要求，而且还要体现出地区的生活习惯、民族风格、物质文明和精神文明，同时也受到地区的自然条件诸因素的限制，因此建筑产品在规模、结构、构造、形式、基础和装饰等诸方面的变化纷繁复杂，也由此导致建筑产品的类型多样。

3. 建筑产品体形庞大

无论是复杂的建筑产品，还是简单的建筑产品，为了满足其使用功能的需要以及建筑材料的物理力学性能要求，均需要大量的物质资源，占据广阔的平面与空间，因而建筑产品的体形庞大。

1.2.2 建筑产品生产的特点

建筑产品地点的固定性、类型的多样性和体形庞大三大主要特点，决定了建筑产品生产与一般工业产品生产相比较具有自身的特殊性。其具体特点如下。

1. 建筑产品生产的流动性

建筑产品地点的固定性决定了产品生产的流动性。一般的工业产品都是在固定的工厂、车间内进行生产，而建筑产品的生产是在不同的地区、或同一地区的不同现场、或同一现场的不同单位工程、或同一单位工程不同部位，组织工人、机械围绕着同一建筑产品进行生产，从而导致建筑产品的生产在地区之间、现场之间和单位工程不同部位之间流动。

2. 建筑产品生产的单件性

建筑产品地点的固定性和类型的多样性决定了建筑产品生产的单件性。一般的工业产品是在一定的时期里、统一的工艺流程中进行批量生产，而具体的一个建筑产品应在国家或地区的统一规划内，根据其使用功能，在选定的地点上单独设计和单独施工。即使是选用标准设计、通用构件或配件，由于建筑产品所在地区的自然、技术、经济条件不同，使得建筑产品的结构或构造、建筑材料、施工组织和施工方法等也要因地制宜加以修改，从而使各建筑产品生产具有单件性。

3. 建筑产品生产的地区性

由于建筑产品的固定性决定了同一使用功能的建筑产品因其建造地点的不同必然受到建设地区的自然、技术、经济和社会条件的约束，使其结构、构造、艺术形式、室内设施、材料、施工方案等方面均不相同，因此建筑产品的生产具有地区性。

4. 建筑产品生产周期长

建筑产品的固定性和体形庞大的特点决定了建筑产品生产周期长。因为建筑产品体形庞大，使得最终建筑产品的建成必然耗费大量的人力、物力和财力。同时，建筑产品的生产全过程还要受到工艺流程和施工程序的制约，使各专业、工种间必须按照合理的施工顺序进行配合。又由于建筑产品地点的固定性，使施工活动的空间具有局限性，从而导致建筑产品生产具有生产周期长、占有流动资金大的特点。

5. 建筑产品生产的露天作业多

建筑产品地点的固定性和体形庞大的特点，决定了建筑产品生产露天作业多。因为形体庞大的建筑产品不可能在工厂、车间内直接进行施工，即使建筑产品生产达到了高度的工业化水平，也只能在工厂内生产其各部分的构件或配件，仍然需要在施工现场内进行总装配后才能形成最终建筑产品。因此建筑产品的生产具有露天作业多的特点。

6. 建筑产品生产的高空作业多

建筑产品体形的庞大，决定了建筑产品生产具有高空作业多的特点，特别是随着城市现代化的发展，高层建筑项目的日益增多，使得建筑产品生产高空作业的特点日益明显。

7. 建筑产品生产组织协作的综合复杂性

由上述建筑产品生产的诸特点可以看出，建筑产品生产的涉及面广。在建筑企业的内部，它涉及工程力学、建筑结构、建筑构造、地基基础、水暖电、机械设备、建筑材料和施工技术等学科的专业知识，要在不同时期、不同地点和不同产品上组织多专业、多工种的综合作业。在建筑企业的外部，它涉及各专业施工企业，以及城市规划、征用土地、勘察设计、消防、"七通一平"、公用事业、环境保护、质量监督、科研试验、交通运输、银行财政、机具设备、物资材料、电、水、热、气的供应、劳务等社会各部门和各领域的协作配合，从而使建筑产品生产的组织协作关系具有综合复杂性。

§1.3 工程项目施工准备工作

现代企业管理的理论认为，企业管理的重点是生产经营，而生产经营的核心是决策。工程项目施工准备工作是生产经营管理的重要组成部分，是对拟建工程目标、资源供应和施工方案的选择，及对其空间布置和时间排列等诸方面进行的施工决策。

1.3.1 施工准备工作的重要性

基本建设是人们创造物质财富的重要途径，是我国国民经济的主要支柱之一。基本建设工程项目总的程序按照计划、设计和施工三个阶段进行。施工阶段又分为施工准备、土建施工、设备安装、交工验收阶段。

由此可见，施工准备工作的基本任务是为拟建工程的施工建立必要的技术和物资条件，统筹安排施工力量和施工现场。施工准备工作也是施工企业搞好目标管理，推行技术经济承包的重要依据。同时施工准备工作还是土建施工和设备安装顺利进行的根本保证。因此认真地做好施工准备工作，对于发挥企业优势、合理供应资源、加快施工速度、提高工程质量、降低工程成本、增加企业经济效益、赢得企业社会信誉、实现企业管理现代化等具有重要的意义。

实践证明，凡是重视施工准备工作，积极为拟建工程创造一切施工条件的，其工程的施工就会顺利地进行；凡是不重视施工准备工作的，就会给工程的施工带来麻烦和损失，甚至给工程施工带来灾难，其后果不堪设想。

1.3.2 施工准备工作的分类

1. 按工程项目施工准备工作的范围不同分类

按工程项目施工准备工作的范围不同，一般可分为全场性施工准备、单位工程施工条件准备和分部（项）工程作业条件准备三种。

全场性施工准备：它是以一个建筑工地为对象而进行的各项施工准备。其特点是它的施工准备工作的目的、内容都是为全场性施工服务的，它不仅要为全场性的施工活动创造有利条件，而且要兼顾单位工程施工条件的准备。

单位工程施工条件准备：它是以一个建筑物为对象进行的施工条件准备工作。其特点是它的准备工作的目的、内容都是为单位工程施工服务的，它不仅为该单位工程的施工做好一切准备，而且要为分部分项工程做好施工准备工作。

分部（项）工程作业条件准备：它是以一个分部（项）工程或冬雨期施工项目为对象而进行的作业条件准备。

2. 按拟建工程所处的施工阶段不同分类

按拟建工程所处的施工阶段不同，一般可分为开工前的施工准备和各施工阶段前的施工准备两种。

开工前的施工准备：它是在拟建工程正式开工之前所进行的一切施工准备工作。其目的是为拟建工程正式开工创造必要的施工条件。它既可能是全场性的施工准备，又可能是单位工程施工条件准备。

各施工阶段前的施工准备：它是在拟建工程开工之后，每个施工阶段正式开工之前所进行的一切施工准备工作。其目的是为施工阶段正式开工创造必要的施工条件。如民用住宅的施工一般可分为地下工程、主体工程、装饰工程和屋面工程等施工阶段，每个施工阶段的施工内容不同，所需要的技术条件、物资条件、组织要求和现场布置等方面也不同，因此在每个施工阶段开工之前，都必须做好相应的施工准备工作。

综上所述，可以看出：不仅在拟建工程开工之前要做好施工准备工作，而且随着工程施工的进展，在各施工阶段开工之前也要做好施工准备工作。施工准备工作既要有阶段性，又要有连贯性，因此施工准备工作必须有计划、有步骤、分期、分阶段地进行，要贯穿拟建工程整个建造过程的始终。

1.3.3 施工准备工作的内容

工程项目施工准备工作按其性质和内容，通常包括技术准备、物资准备、劳动组织准备、施工现场准备和施工场外准备。

1. 技术准备

技术准备是施工准备工作的核心。任何技术的差错或隐患都可能引起人身安全和质量事故，造成生命、财产和经济的巨大损失，因此必须认真地做好技术准备工作。具体内容如下：

(1) 熟悉、审查施工图纸和有关的设计资料

1) 熟悉、审查施工图纸的依据

A. 建设单位和设计单位提供的初步设计或扩大初步设计（技术设计）、施工图纸设计、建筑总平面、土方竖向设计等资料文件；

B. 调查、搜集的原始资料；

C. 设计、施工验收规范和有关技术规定。

2) 熟悉、审查设计图纸的目的

A. 能够按照设计图纸的要求顺利地进行施工，生产出符合设计要求的最终建筑产品（建筑物或构筑物）；

B. 能够在拟建工程开工之前，使从事建筑施工技术和经营管理的工程技术人员充分地了解和掌握设计图纸的设计意图、结构与构造特点和技术要求；

C. 通过审查发现设计图纸中存在的问题和错误，使其改正在施工开始之前，为拟建工程的施工提供一份准确、齐全的设计图纸。

3) 熟悉、审查设计图纸的内容

A. 审查拟建工程的地点、建筑总平面图同城市或地区规划是否一致，以及建筑物或构筑物的设计功能与使用要求是否符合卫生、消防等方面的要求；

B. 审查设计图纸是否完整、齐全，以及设计图纸和资料是否符合国家有关工程建设的设计、施工方面的方针和政策；

C. 审查设计图纸与说明书在内容上是否一致，以及设计图纸与其各组成部分之间有无矛盾和错误；

D. 审查建筑总平面图与其他结构图在几何尺寸、坐标、标高、说明等方面是否一致，技术要求是否正确；

E. 审查工业项目的生产工艺流程和技术要求，掌握配套投产的先后次序和相互关系，以及设备安装图纸和与其相配合的土建施工图纸在坐标、标高上是否一致，掌握土建施工质量是否满足设备安装的要求；

F. 审查地基处理与基础设计同拟建工程地点的工程水文、地质等条件是否一致，以及建筑物或构筑物与地下建筑物或构筑物、管线之间的关系；

G. 明确拟建工程的结构形式和特点，复核主要承重结构的强度、刚度和稳定性是否满足要求，审查设计图纸中工程复杂、施工难度大和技术要求高的分部分项工程或新结构、新材料、新工艺，检查现有施工技术水平和管理水平能否满足工期和质量要求，并采取可行的技术措施加以保证；

H. 明确建设期限、分期分批投产或交付使用的顺序和时间，以及工程所需主要材料、设备的数量、规格、来源和供货日期；

I. 明确建设、设计和施工等单位之间的协作、配合关系，以及建设单位可以提供的施工条件。

4）熟悉、审查设计图纸的程序

熟悉、审查设计图纸的程序通常分为自审阶段、会审阶段和现场签证三个阶段。

A. 设计图纸的自审阶段。施工单位收到拟建工程的设计图纸和有关技术文件后，应尽快地组织有关的工程技术人员对图纸进行熟悉，写出自审图纸的记录。自审图纸的记录应包括对设计图纸的疑问和对设计图纸的有关建议等。

B. 设计图纸的会审阶段。一般由建设单位主持，由设计单位、施工单位和监理单位参加，四方共同进行设计图纸的会审。图纸会审时，首先由设计单位的工程主设计人向与会者说明拟建工程的设计依据、意图和功能要求，并对特殊结构、新材料、新工艺和新技术提出设计要求；然后施工单位根据自审记录以及对设计意图的了解，提出对设计图纸的疑问和建议；最后在统一认识的基础上，对所探讨的问题逐一地做好记录，形成"图纸会审纪要"，由建设单位正式行文，参加单位共同会签、盖章，作为与设计文件同时使用的技术文件和指导施工的依据，以及建设单位与施工单位进行工程结算的依据。

C. 设计图纸的现场签证阶段。在拟建工程施工过程中，如果发现施工的条件与设计图纸的条件不符，或者发现图纸中仍然有错误，或者因为材料的规格、质量不能满足设计要求，或者因为施工单位提出了合理化建议，需要对设计图纸进行及时修订时，应遵循技术核定和设计变更的签证制度，进行图纸的施工现场签证。如果设计变更的内容对拟建工程的规模、投资影响较大时，要报请项目的原批准单位批准。在施工现场的图纸修改、技术核定和设计变更，都要有正式的文字记录，归入拟建工程施工档案，作为指导施工、工程结算和竣工验收的依据。

(2) 原始资料的调查分析

为了做好施工准备工作，除了要掌握有关拟建工程的书面资料外，还应该进行拟建工程的实地勘测和调查，获得有关数据的第一手资料，这对于拟定一个先进合理、切合实际的施工组织设计是非常必要的，因此应该做好以下几个方面的调查分析。

1) 自然条件的调查分析。建设地区自然条件调查分析的主要内容有：地区水准点和绝对标高等情况；地质构造、土的性质和类别、地基土的承载力、地震级别和烈度等情况；河流流量和水质、最高洪水和枯水期的水位等情况；地下水位的高低变化情况，含水层的厚度、流向、流量和水质等情况；气温、雨、雪、风和雷电等情况；土的冻结深度和冬雨季的期限等情况。

2) 技术经济条件的调查分析。建设地区技术经济条件调查分析的主要内容有：地方建筑施工企业的状况；施工现场的动迁状况；当地可利用的地方材料状况；地方能源和交通运输状况；地方劳动力和技术水平状况；当地生活供应、教育和医疗卫生状况；当地消防、治安状况和参加施工单位的力量状况等。

(3) 编制施工预算

施工预算是根据中标后的合同价、施工图纸、施工组织设计或施工方案、施工定额等文件进行编制的，它直接受中标后合同价的控制。它是施工企业内部控制各项成本支出、考核用工、"两价"对比、签发施工任务单、限额领料、基层进行经济核算的依据。

(4) 编制中标后的施工组织设计

中标后的施工组织设计是施工准备工作后的重要组成部分，也是指导施工现场全部生产活动的技术经济文件。建筑施工生产活动的全过程是非常复杂的物质财富再创造的过程，为了正确处理人与物、主体与辅助、工序与设备、专业与协作、供应与消耗、生产与储存、使用与维修以及它们在空间布置、时间排列之间的关系，必须根据拟建工程的规模、结构特点和建设单位的要求，在原始资料调查分析的基础上，编制出一份能切实指导该工程全部施工活动的科学方案（施工组织设计）。

2. 物资准备

材料、构（配）件、制品、机具和设备是保证施工顺利进行的物资基础，这些物资的准备工作必须在工程开工之前完成。根据各种物资的需要量计划，分别落实货源，安排运输和储备，使其满足连续施工的要求。

(1) 物资准备工作的内容

物资准备工作主要包括建筑材料的准备、构（配）件和制品的加工准备、建筑安装机具的准备和生产工艺设备的准备。

1) 建筑材料的准备。建筑材料的准备主要是根据施工预算进行分析，按照施工进度计划要求，按材料名称、规格、使用时间、材料储备定额和消耗定额进行汇总，编制出材料需要量计划，为组织备料、确定仓库、场地堆放所需的面积和组织运输等提供依据。

2) 构（配）件和制品的加工准备。根据施工预算提供的构（配）件、制品的名称、规格、质量和消耗量，确定加工方案、供应渠道及进场后的储存地点和方式，编制其需要量计划，为组织运输、确定堆场面积等提供依据。

3) 建筑安装机具的准备。根据采用的施工方案及安排的施工进度，确定施工机械的类型、数量和进场时间，确定施工机具的供应办法和进场后的存放地点和方式，编制建筑安装机具的需要量计划，为组织运输、确定堆场面积等提供依据。

4) 生产工艺设备的准备。按照拟建工程生产工艺流程及工艺设备的布置图，提出工艺设备的名称、型号、生产能力和需要量，确定分期分批进场时间和保管方式，编制工艺设备需要量计划，为组织运输、确定堆场面积提供依据。

(2) 物资准备工作的程序

物资准备工作的程序是搞好物资准备的重要手段。通常按如下程序进行：

1) 根据施工预算、分部（项）工程施工方法和施工进度的安排，拟定各种材料、构（配）件及制品、施工机具和工艺设备等物资的需要量计划。

2) 根据各种物资需要量计划，组织资源，确定加工、供应地点和供应方式，签订物资供应合同。

3) 根据各种物资的需要量计划和合同，拟定运输计划和运输方案。

4) 按照施工总平面图的要求，组织物资按计划时间进场，在指定地点，按规定方式进行储存或堆放。

物资准备工作程序如图 2-1-1 所示。

3. 劳动组织准备

劳动组织准备的范围既有整个建筑施工企业的劳动组织准备，又有大型综合的拟建建设项目的劳动组织准备，也有小型简单的拟建单位工程的劳动组织准备。这里仅以一个拟建工程项目为例，说明其劳动组织准备工作的内容。

(1) 建立拟建工程项目的现场组织机构

施工组织机构的建立应根据拟建工程项目的规模、结构特点和复杂程度，确

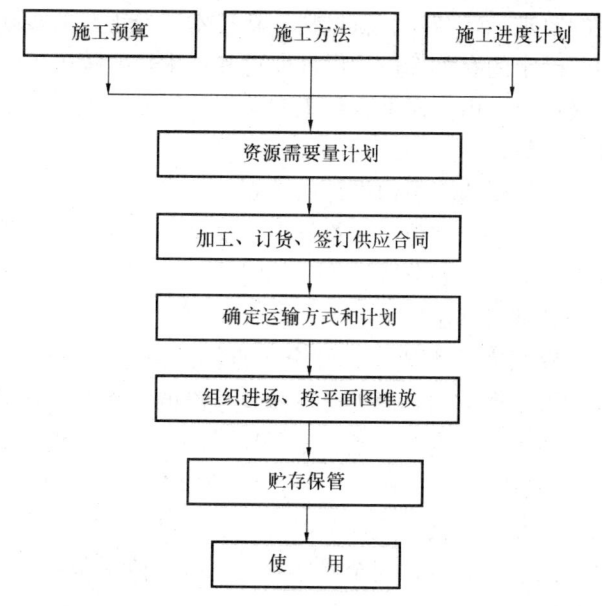

图 2-1-1 物资准备工作程序图

定拟建工程项目组织机构人选和名额,坚持合理分工与密切协作相结合,把有施工经验、有创新精神、工作效率高的人安排到组织机构中,认真执行因事设职、因职安排人的原则。

(2) 建立精干的施工队组

施工队组的建立要认真考虑专业、工种的合理配合,技工、普工的比例要满足合理的劳动组织,要符合流水施工组织方式的要求,确定建立施工队组(是专业施工队组,还是混合施工队组)要坚持合理、精干的原则,同时制定出该工程的劳动力需要量计划。

(3) 集结施工力量、组织劳动力进场

工地的组织机构确定之后,按照开工日期和劳动力需要量计划,组织劳动力进场。同时要进行安全、防火和文明施工等方面的教育,并安排好职工的生活。

(4) 向施工队组、工人进行施工组织设计、计划和技术交底

施工组织设计、计划和技术交底的目的是把拟建工程的设计内容、施工计划和施工技术等要求详尽地向施工队组和工人讲解交待。这是落实计划和技术责任制的好办法。

施工组织设计、计划和技术交底的时间应在单位工程或分部(项)工程开工前及时进行,以保证工程严格地按照设计图纸、施工组织设计、安全操作规程和施工验收规范等要求进行施工。

施工组织设计、计划和技术交底的内容有:工程的施工进度计划、月(旬)作业计划;施工组织设计、施工工艺、质量标准、安全技术措施、降低成本措施

和施工验收规范的要求；新结构、新材料、新技术和新工艺的实施方案和保证措施；图纸会审中所确定的有关部位的设计变更和技术核定等事项。交底工作应该按照管理系统逐级进行，由上而下直到工人队组。交底的方式有书面形式、口头形式和现场示范形式等。

施工队组、工人接受施工组织设计、计划和技术交底后，要组织其成员进行认真的分析研究，弄清关键部位、质量标准、安全措施和操作要领。必要时应该进行示范，并明确任务及做好分工协作，同时建立健全岗位责任制和保证措施。

(5) 建立健全各项管理制度

工地的各项管理制度是否建立、健全，直接影响其各项施工活动的顺利进行。有章不循其后果是严重的，而无章可循是危险的。为此必须建立、健全工地的各项管理制度。通常，其内容包括：工程质量的检验与验收制度；工程技术档案管理制度；建筑材料（构件、配件、制品）的检查验收制度；技术责任制度；施工图纸学习与会审制度；技术交底制度；职工考勤、考核制度；工地及班组经济核算制度；材料出入库制度；安全操作制度；机具使用保养制度等。

4. 施工现场准备

施工现场是施工的全体参加者为夺取优质、高速、低耗的目标，而有节奏、均衡连续地进行战术决战的活动空间。施工现场的准备工作，主要是为了给拟建工程的施工创造有利的施工条件和物资保证。其具体内容如下：

(1) 做好施工场地的控制网测量

按照设计单位提供的建筑总平面图及给定的永久性经纬坐标控制网和水准控制基桩，进行厂区施工测量，设置厂区的永久性经纬坐标桩、水准基桩和建立厂区工程测量控制网。

(2) 搞好"三通一平"

"三通一平"是指路通、水通、电通和平整场地。

路通：施工现场的道路是组织物资运输的动脉。拟建工程开工前，必须按照施工总平面图的要求，修好施工现场的永久性道路（包括厂区铁、公路）以及必要的临时性道路，形成畅通的运输网络，为建筑材料进场、堆放创造有利条件。

水通：水是施工现场的生产和生活不可缺少的。拟建工程开工之前，必须按照施工总平面图的要求，接通施工用水和生活用水的管线，使其尽可能与永久性的给水系统结合起来，还要做好地面排水系统，为施工创造良好的环境。

电通：电是施工现场的主要动力来源。拟建工程开工前，要按照施工组织设计的要求，接通电力和电信设备。还要做好其他能源（如蒸汽、压缩空气）的供应，确保施工现场动力设备和通信设备的正常运行。

平整场地：按照建筑施工总平面图的要求，首先拆除场地上妨碍施工的建筑物或构筑物，然后根据建筑总平面图规定的标高和土方竖向设计图纸，进行挖（填）土方的工程量计算，确定平整场地的施工方案，进行平整场地的工作。

(3) 做好施工现场的补充勘探

对施工现场的补充勘探是为了进一步寻找枯井、防空洞、古墓、地下管道、暗沟和枯树根等隐蔽物，以便及时拟定处理隐蔽物的方案，并进行实施，为基础工程施工创造有利条件。

(4) 建造临时设施

按照施工总平面图的布置建造临时设施，为正式开工准备好生产、办公、生活、居住和储存等临时用房。

(5) 安装、调试施工机具

按照施工机具需要量计划，组织施工机具进场，根据施工总平面图将施工机具安置在规定的地点及仓库。对于固定的机具要进行就位、搭棚、接电源、保养和调试等工作。对所有施工机具都必须在开工之前进行检查和试运转。

(6) 做好建筑构（配）件、制品和材料的储存和堆放

按照建筑材料、构（配）件和制品的需要量计划组织进场，根据施工总平面图设计的地点和指定的方式进行储存和堆放。

(7) 及时提供建筑材料的试验申请计划

按照建筑材料的需要量计划，及时提供建筑材料的试验申请计划。如钢材的机械性能和化学成分等试验、混凝土或砂浆的配合比和强度试验等。

(8) 做好冬雨期施工安排

按照施工组织设计的要求，落实冬雨期施工的临时设施和技术措施。

(9) 进行新技术项目的试制和试验

按照设计图纸和施工组织设计的要求，认真进行新技术项目的试制和试验。

(10) 设置消防、保安设施

按照施工组织设计的要求，根据施工总平面图的布置，安排好消防、保安等设施，建立消防、保安等组织机构和有关的规章制度。

5. 施工的场外准备

施工准备除了施工现场内部的准备工作以外，还有施工现场外部的准备工作，其具体内容如下。

(1) 材料的加工和订货

建筑材料、构（配）件和建筑制品大部分均必须外购，工艺设备更是如此。如何与加工部门、生产单位联系，签订供货合同，搞好及时供应，对于施工企业的正常生产是非常重要的。对于协作项目也是这样，除了要签订议定书之外，还必须做大量有关方面的工作。

(2) 做好分包工作和签订分包合同

由于施工单位本身的力量有限，有些专业工程的施工、安装和运输等均需要向外单位委托或分包。根据工程量、完成日期、工程质量和工程造价等内容，与分包单位签订分包合同、保证按时实施。

(3) 向上级提交开工申请报告

当材料的加工、订货和分包工作、签订分包合同等施工场外的准备工作做好后，应该及时地填写开工申请报告，并上报有关部门批准。

1.3.4 施工准备工作计划

为了落实各项施工准备工作，加强对其的检查和监督，必须根据各项施工准备工作的内容、时间和人员，编制出施工准备工作计划。

施工准备工作计划见表 2-1-1。

施工准备工作计划　　　　　　　　表 2-1-1

序号	施工准备项目	简要内容	负责单位	负责人	起止时间		备 注
					月·日	月·日	

综上所述，各项施工准备工作不是分离、孤立的，而是互为补充、相互配合的。为了提高施工准备工作的质量，加快施工准备工作的速度，必须加强建设单位、设计单位、施工单位和监理单位之间的协调工作，建立健全施工准备工作的责任制度和检查制度，使施工准备工作有领导、有组织、有计划和分期分批地进行，贯穿施工全过程的始终。

§1.4 施工组织设计

1.4.1 编制施工组织设计的重要性

概括起来说，施工组织设计是用来指导拟建工程施工全过程中各项活动的技术、经济和组织的综合性文件。它的重要性主要表现在以下几个方面。

1. 从建筑产品及其生产的特点来看

由建筑产品及其生产的特点可知，不同的建筑物或构筑物均有不同的施工方法，就是相同的建筑物或构筑物，其施工方法也不尽相同，即使同一个标准设计的建筑物或构筑物，因为建造的地点不同，其施工方法也不可能完全相同。所以没有完全统一的、固定不变的施工方法可供选择，应该根据不同的拟建工程，编制不同的施工组织设计。这就必须详细研究工程特点、地区环境和施工条件，从施工的全局和技术经济的角度出发，遵循施工工艺的要求，合理地安排施工过程的空间布置和时间排列，科学地组织物质资源供应和消耗,把施工中的各单位、各部门及各施工阶段之间的关系更好地协调起来。这就需要在拟建工程开工之前,进行统一部署,并通过施工组织设计科学地表达出来。

2. 从建筑施工在工程建设中的地位来看

工程建设的内容和程序是先计划、再设计、后施工三个阶段。计划阶段是确定拟建工程的性质、规模和建设期限;设计阶段是根据计划的内容编制实施建设项目的技术经济文件,把建设项目的内容、建设方法和投产后的经济效果具体化;施工阶段是根据计划和设计文件的规定制定实施方案,把人们的主观设想变成客观现实。根据基本建设投资分配可知,在施工阶段中的投资占基本建设总投资的60%以上,远高于计划和设计阶段投资的总和。因此施工阶段是基本建设中最重要的一个阶段。认真地编制好施工组织设计,为保证施工阶段的顺利进行、实现预期的效果,其意义非常重要。

3. 从施工企业的经营管理程序来看

(1) 施工企业的施工计划与施工组织设计的关系

施工企业的施工计划是根据国家或地区基本建设计划的要求,以及企业对建筑市场所进行科学预测和项目中标的结果,结合本企业的具体情况,制定出的企业不同时期的施工计划和各项技术经济指标。而施工组织设计是按具体的拟建工程对象的开竣工时间编制的指导施工的文件。对于现场型企业来说,企业的施工计划与施工组织设计是一致的,并且施工组织设计是企业施工计划的基础。对于区域型施工企业来说,当拟建工程属于重点工程时,为了保证其按期投产或交付使用,企业的施工计划要服从重点工程、有工期要求的工程和续建工程的施工组织设计要求,施工组织设计对企业的施工计划起决定性和控制性的作用;当拟建工程属于非重点工程时,尽管施工组织设计要服从企业的施工计划,但其施工组织设计本身对施工仍然起决定性的作用。由此可见施工组织设计与施工企业的施工计划两者之间有着极为密切的、不可分割的关系。

(2) 施工企业生产的投入产出与施工组织设计的关系

建筑产品的生产和其他工业产品的生产一样,都是按要求投入生产要素,通过一定的生产过程,而后生产出成品。建筑施工企业经营管理目标的实施过程就是对从承担工程任务开始到竣工验收交付使用的全部施工过程的计划、组织和控制的投入、产出过程的管理,基础就是科学的施工组织设计。即按照基本建设计划、设计图纸规定的工期和质量,遵循技术先进、经济合理、资源少耗的原则,拟定周密的施工准备、确定合理的施工程序、科学地投入人力、技术、材料、机具和资金五个要素,达到进度快、质量好、经济省三个目标。可见施工组织设计是统筹安排施工企业生产的投入产出过程的关键。

(3) 施工企业的现代化管理与施工组织设计的关系

施工企业的现代化管理主要体现在经营管理素质和经营管理水平等方面。施工企业的经营管理素质主要体现在竞争能力、应变能力、盈利能力、技术开发能力和扩大再生产能力等方面；施工企业的经营管理水平则体现在计划与决策、组织与管理、控制与协调和教育与激励等职能水平。经营管理素质和水平是企业经营管理的基础，也是实现企业的贡献目标、信誉目标、发展目标和职工福利目标等经营管理目标的保证，同时经营管理又是发挥企业的经营管理素质和水平的关键过程。所以无论是企业经营管理素质的能力，还是企业经营管理机构的职能，都必须通过施工组织管理的职能，通过施工组织设计的编制、贯彻、检查和调整来实现。由此可见，施工企业的经营管理素质和水平的提高、经营管理目标的实现，都离不开施工组织设计的编制到实施的全过程，充分体现了施工组织设计对施工企业的现代化管理的重要性。

1.4.2 施工组织设计的作用

施工组织设计是根据国家或建设单位对拟建工程的要求、设计图纸和编制施工组织设计的基本原则，从拟建工程施工全过程中的人力、物力和空间三个要素着手，在人力与物力、主体与辅助、供应与消耗、生产与储存、专业与协作、使用与维修和空间布置与时间排列等方面进行科学的、合理的部署，为建筑产品生产的节奏性、均衡性和连续性提供最优方案，从而以最少的资源消耗取得最大的经济效果，使最终建筑产品的生产在时间上达到速度快和工期短，在质量上达到精度高和功能好，在经济上达到消耗少、成本低和利润高的目标。

施工组织设计是对拟建工程施工的全过程实行科学管理的重要手段。通过施工组织设计的编制，可以全面考虑拟建工程的各种具体施工条件，扬长避短，拟定合理的施工方案，确定施工顺序、施工方法、劳动组织和技术经济的组织措施，合理地统筹安排拟定施工进度计划，保证拟建工程按期投产或交付使用，也为拟建工程的设计方案在经济上的合理性、在技术上的科学性和在实施工程上的可能性提供论证依据。施工企业可以提前掌握人力、材料和机具使用上的先后顺序，全面安排资源的供应与消耗；可以合理确定临时设施的数量、规模和用途以及临时设施、材料和机具在施工场地上的布置方案。

通过施工组织设计的编制，可以预计施工过程中可能发生的各种情况，事先做好准备和预防，为施工企业实施施工准备工作计划提供依据；可以把拟建工程的设计与施工、技术与经济、前方与后方和施工企业的全部施工安排与具体工程的施工组织工作更紧密地结合起来；可以把直接参加的施工单位与协作单位、部门与部门、阶段与阶段、过程与过程之间的管理更好地协调起来。根据实践经验，对于一个拟建工程来说，如果施工组织设计编制得合理，能正确反映客观实际，符合建设单位和设计单位的要求，并且在施工过程中认真地贯彻执行，就可以保证拟建工程施工的顺利进行，取得好、快、省和安全的效果，早日发挥基本建设投资的经济效益和社会效益。

1.4.3 施工组织设计的分类

施工组织设计按设计阶段、编制时间、编制对象范围、使用时间的长短和编制内容的繁简程度不同，有以下分类情况：

1. 按设计阶段的不同分类

施工组织设计的编制一般是同设计阶段相配合的。

（1）设计按两个阶段进行时

施工组织设计分为施工组织总设计（扩大初步施工组织设计）和单位工程施工组织设计两种。

（2）设计按三个阶段进行时

施工组织设计分为施工组织设计大纲（初步施工组织设计）、施工组织总设计和单位工程施工组织设计三种。

2. 按编制时间不同分类

施工组织设计按编制时间不同可分为投标前编制的施工组织设计（简称标前设计）和签订工程承包合同后编制的施工组织设计（简称标后设计）两种。

3. 按编制对象范围的不同分类

施工组织设计按编制对象范围的不同可分为施工组织总设计、单位工程施工组织设计、分部分项工程施工组织设计三种。

（1）施工组织总设计

施工组织总设计是以一个建筑群或一个建设项目为编制对象，用以指导整个建筑群或建设项目施工全过程的各项施工活动的技术、经济和组织的综合性文件。施工组织总设计一般在初步设计或扩大初步设计被批准之后，由总承包企业的总工程师领导，进行编制。

（2）单位工程施工组织设计

单位工程施工组织设计是以一个单位工程（一个建筑物或构筑物，一个交工系统）为编制对象，用以指导其施工全过程的各项施工活动的技术、经济和组织的综合性文件。单位工程施工组织设计一般在施工图设计完成后，在拟建工程开工之前，由项目部的技术负责人组织编制。

（3）分部分项工程施工组织设计

分部分项工程施工组织设计是以分部分项工程为编制对象，用以具体实施工全过程的各项施工活动的技术、经济和组织的综合性文件。分部分项工程施工组织设计一般同单位工程施工组织设计的编制同时进行，并由单位工程的技术人员负责编制。

施工组织总设计、单位工程施工组织设计和分部分项工程施工组织设计之间有以下关系：施工组织总设计是对整个建设项目的全局性战略部署，其内容和范围比较概括；单位工程施工组织设计是在施工组织总设计的控制下，以施工组织总设计和企业施工计划为依据编制的，针对具体的单位工程，把施工组织总设计的内容具体化；分部分项工程施工组织设计是以施工组织总设计、单位工程施工组织设计和企业施工计划为依据编制的，针对具体的分部分项工程，把单位工程施工组织设计进一步具体化，它是专业工程具体的组织施工的设计。

4. 按编制内容的繁简程度不同分类

施工组织设计按编制内容的繁简程度不同可分为完整的施工组织设计和简单的施工组织设计两种。

（1）完整的施工组织设计

对于工程规模大、结构复杂、技术要求高、采用新结构、新技术、新材料和新工艺的拟建工程项目，必须编制内容详尽的完整施工组织设计。

（2）简单的施工组织设计

对于工程规模小、结构简单、技术要求和工艺方法不复杂的拟建工程项目，可以编制一个仅包括施工方案、施工进度计划和施工平面布置图等内容的粗略的简单施工组织设计。

5. 按使用时间长短不同分类

施工组织设计按使用时间长短不同分为长期施工组织设计、年度施工组织设计和季度施工组织设计三种。

1.4.4 施工组织设计的编制依据

（1）设计资料。包括已批准的设计任务书、初步设计（或扩大初步设计）、施工图纸和设计说明书等。

（2）自然条件资料。包括地形、工程地质、水文地质和气象资料。

（3）技术经济条件资料。包括建设地区的建材工业及其产品、资源、供水、供电、交通运输、生产、生活基地设施等资料。

（4）施工合同规定的有关指标。包括建设项目交付使用日期，施工中要求采用的新结构、新技术和有关的先进技术指标等。

（5）施工企业及相关协作单位可配备的人力、机械、设备和技术状况，以及施工经验等资料。

（6）国家和地方有关现行规范、规程和定额标准等资料。

1.4.5 施工组织设计的内容

1. 标前施工组织设计的内容

标前设计的作用是为投标书和进行签约谈判提供依据，应包括以下主要内容：

（1）施工方案；

（2）施工进度计划；

(3) 主要技术组织措施;
(4) 施工平面布置图;
(5) 其他有关投标和签约谈判需要的设计。

2. 施工组织总设计的内容
(1) 建设项目的工程概况;
(2) 施工部署及主要建筑物或构筑物的施工方案;
(3) 全场性施工准备工作计划;
(4) 施工总进度计划;
(5) 各项资源需要量计划;
(6) 全场性施工总平面图设计;
(7) 各项技术经济指标;
(8) 结束语。

3. 单位工程施工组织设计的内容
(1) 工程概况及其施工特点的分析;
(2) 施工方案的选择;
(3) 单位工程施工准备工作计划;
(4) 单位工程施工进度计划;
(5) 各项资源需要量计划;
(6) 单位工程施工平面图设计;
(7) 质量、安全、节约及冬雨期施工的技术组织保证措施;
(8) 主要技术经济指标;
(9) 结束语。

4. 分部分项工程施工组织设计的内容
(1) 分部分项工程概况及其施工特点的分析;
(2) 施工方法及施工机械的选择;
(3) 分部分项工程施工准备工作计划;
(4) 分部分项工程施工进度计划;
(5) 劳动力、材料和机具等需要量计划;
(6) 质量、安全和节约等技术组织保证措施;
(7) 作业区施工平面布置图设计;
(8) 结束语。

1.4.6 施工组织设计的编制

1. 施工组织设计的编制方法

(1) 当拟建工程中标后,施工单位必须编制建设工程施工组织设计。建设工程实行总包和分包的,由总包单位负责编制施工组织设计或者分阶段施工组织设计。分包单位在总包单位的总体部署下，负责编制分包工程的施工组织设计。施工组织设计应根据合同工期及有关的规定进行编制，并且要广泛征求各协作施工单位的意见。

(2) 对结构复杂、施工难度大以及采用新工艺和新技术的工程项目，要进行专业性的研究，必要时组织专门会议，邀请有经验的专业工程技术人员参加，集中群众智慧，为施工组织设计的编制和实施打下坚实的群众基础。

(3) 在施工组织设计编制过程中，要充分发挥各职能部门的作用，吸收它们参加编制和审定，充分利用施工企业的技术素质和管理素质，统筹安排、扬长避短，合理地进行工序交叉和配合。

(4) 当比较完整的施工组织设计方案提出后，要组织参加编制的人员及单位进行讨论，逐项逐条地研究，修改确定后，最终形成正式文件，送有关部门审批。

2. 施工组织设计的编制原则

施工组织设计，要能正确指导施工，体现施工过程的规律性、组织管理的科学性、技术的先进性。具体而言，要掌握以下原则：

(1) 充分利用时间和空间的原则

建设工程是一个体形庞大的空间结构，按照时间的先后顺序，对工程项目各个构成部分的施工要作出计划安排，即在什么时间、用什么材料、使用什么机械、在什么部位进行施工，也就是时间和空间的关系。要处理好这种关系，除了要考虑工艺关系外，还要考虑组织关系。利用运筹理论、系统工程理论解决这些关系，实现项目实施的三大目标。

(2) 工艺与设备配套优选原则

任何一个工程项目都具有一定的工艺过程，可采用多种不同的设备来完成，但却具有不同的效果，即不同的质量、工期和成本。

不同的机具设备具有不同的工序能力。因此，必须通过试验取得此种机具设备的工序能力指数。选择工序能力指数最佳的施工机具或设备实施该工艺过程，既能保证工程质量，又不致造成浪费。

如在混凝土工程中，桩基础的水下混凝土浇筑、梁体混凝土浇筑、路面混凝土的浇筑等，均要求最后一盘混凝土浇筑完毕，第一盘混凝土不得初凝。如果达不到这一工艺要求，就要影响工程质量。因此，在安排混凝土搅拌、振捣、运输机械时，要在保证满足工艺要求的条件下，使这三种机具相互配套、防止施工过程出现脱节，充分发挥三种机具的效率。如果配套机组较多，则要从中优选一组配套机具提供使用，这时应通过技术经济比较作出决策。

(3) 最佳技术经济决策原则

完成某些工程项目存在着不同的施工方法，具有不同的施工技术，使用不同的机具设备，要消耗不同的材料，导致不同的结果（质量、工期、成本）。因此，对于此类工程项目的施工，可以从这些不同的施工方法、施工技术中，通过具体地计算、分析、比较，选择最佳的技术经济方案。

(4) 专业化分工与紧密协作相结合的原则

现代施工组织管理既要求专业化分工，又要求紧密协作。特别是流水施工组织原理和网络计划技术编制，更是如此。

处理好专业化分工与协作的关系，就是要减少或防止窝工，提高劳动生产率和机械效率，以达到提高工程质量、降低工程成本和缩短工期的目的。

(5) 供应与消耗协调的原则

物资的供应要保证施工现场的消耗。物资的供应既不能过剩又不能不足，它要与施工现场的消耗相协调。如果供应过剩，则要多占临时用地面积、多建存放库房，必然增加临时设施费用，同时物资积压过剩，存放时间过长，必然导致部分物质变质、失效，从而增加了材料费用的支出，最终造成工程成本的增加；如果物资供应不足，必然出现停工待料，影响施工的连续性，降低劳动生产率，既延长了工期又提高了工程成本。因此，在供应与消耗的关系上，一定要坚持协调性原则。

3. 编制施工组织设计的程序

(1) 施工组织总设计的编制程序如图 2-1-2 所示；

(2) 单位工程施工组织设计的编制程序如图 2-1-3 所示；

(3) 分部（项）工程施工组织设计的编制程序如图 2-1-4 所示。

由图 2-1-2、图 2-1-3、图 2-1-4 可以看出，在编制施工组织设计时，除了要采用正确合理的编制方法外，还要采用科学的编制程序，同时必须注意有关信息的反馈。施工组织设计的编制过程是由粗到细、反复协调进行的，最终达到优化施工组织设计的目的。

1.4.7 施工组织设计的贯彻

施工组织设计的编制，只是为实施拟建工程项目的生产过程提供一个可行方案。这个方案的经济效果如何，必须通过实践去验证。施工组织设计贯彻的实质，就是把一个静态平衡方案，放到不断变化的施工过程中，考核其效果和检查其

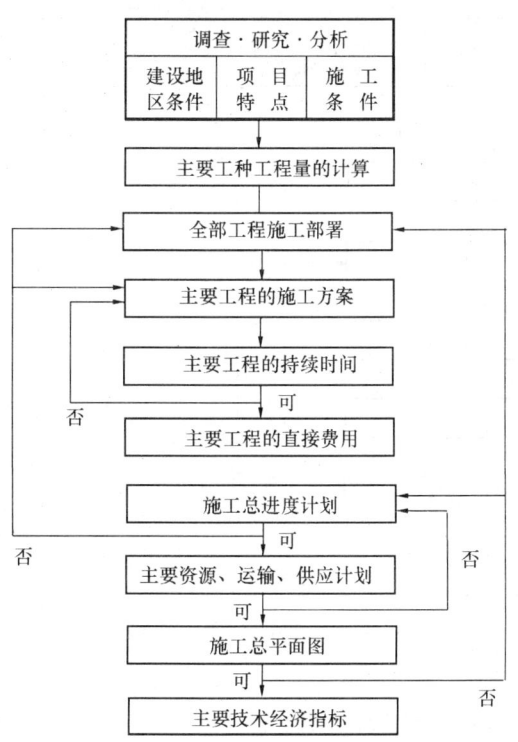

图 2-1-2 施工组织总设计的编制程序

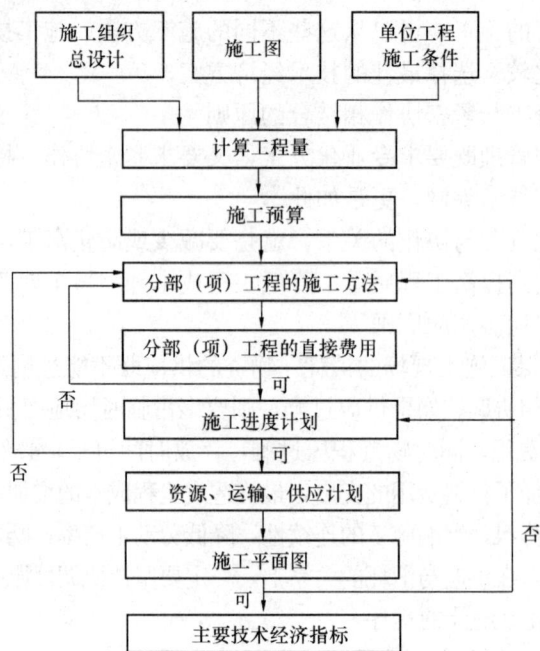

图 2-1-3 单位工程施工组织设计的编制程序

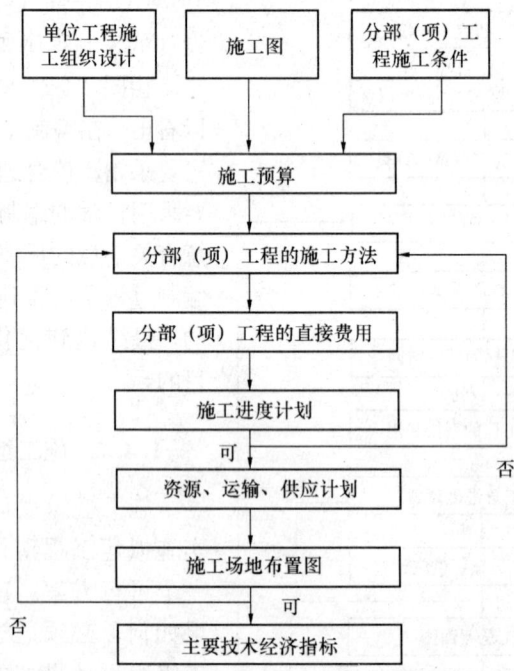

图 2-1-4 分部（项）工程施工组织设计的编制程序

优劣的过程,以达到预定的目标。所以施工组织设计贯彻的情况如何,其意义是深远的,为了保证施工组织设计的顺利实施,应做好以下几个方面的工作。

1. 传达施工组织设计的内容和要求

经过审批的施工组织设计,在开工前要召开各级的生产、技术会议,逐级进行交底,详细地讲解其内容、要求和施工的关键与保证措施,组织群众广泛讨论,拟定完成任务的技术组织措施,作出相应的决策。同时责成计划部门,制定出切实可行的严密的施工计划,责成技术部门,拟定科学合理的具体的技术实施细则,保证施工组织设计的贯彻执行。

2. 制定各项管理制度

施工组织设计贯彻的顺利与否,主要取决于施工企业的管理素质、技术素质及经营管理水平。而体现企业素质和水平的标志,在于企业各项管理制度的健全与否。实践经验证明,只有施工企业有了科学的、健全的管理制度,企业的正常生产秩序才能维持,才能保证工程质量,提高劳动生产率,防止可能出现的漏洞或事故。为此必须建立、健全各项管理制度,保证施工组织设计的顺利实施。

3. 推行技术经济承包制

技术经济承包是用经济的手段和方法,明确承发包双方的责任。它便于加强监督和相互促进,是保证承包目标实现的重要手段。为了更好地贯彻施工组织设计,应该推行技术经济承包制度,把施工过程中的技术经济责任同职工的物质利益结合起来。

4. 统筹安排及综合平衡

在拟建工程项目的施工过程中,搞好人力、物力、财力的统筹安排,保持合理的施工规模,既能满足拟建工程项目施工的需要,又能带来较好的经济效益。施工过程中的任何平衡都是暂时的和相对的,平衡中必然存在不平衡的因素,要及时分析和研究这些不平衡因素,不断地进行施工条件的反复综合和各专业工种的综合平衡。进一步完善施工组织设计,保证施工的节奏性、均衡性和连续性。

5. 切实做好施工准备工作

施工准备工作是保证均衡和连续施工的重要前提,也是顺利地贯彻施工组织设计的重要保证。拟建工程项目不仅在开工之前要做好一切人力、物力和财力的准备,而且在施工过程中的不同阶段也要做好相应的施工准备工作。这对于施工组织设计的贯彻执行是非常重要的。

1.4.8 施工组织设计的检查和调整

1. 施工组织设计的检查

(1) 主要指标完成情况的检查

施工组织设计主要指标的检查,一般采用比较法。就是把各项指标的完成情况同计划规定的指标相对比。检查的内容应该包括工程进度、工程质量、材料消耗、机械使用和成本费用等。把主要指标数额检查同相应的施工内容、施工方法和施工进度的检查结合起来,发现问题,为进一步分析原因提供依据。

(2) 施工总平面图合理性的检查

施工总平面图必须按规定建造临时设施,敷设管网和运输道路,合理地存放机具,堆放材料;施工现场要符合文明施工的要求;施工现场的局部断电、断水、断路等,必须事先得到有关部门批准;施工的每个阶段都要有相应的施工总平面图;施工总平面图的任何改变都必须得到有关部门批准;如果发现施工总平面图存在不合理性,要及时制定改进方案,报请有关部门批准,满足施工进度的需要。

2. 施工组织设计的调整

根据施工组织设计执行情况检查中发现的问题及其产生的原因,拟定改进措施或方案,对施工组织设计的有关部分或指标逐项进行调整,对施工总平面图进行修改,使施工组织设计在新的基础上实现新的平衡。

实际上,施工组织设计的贯彻、检查和调整是一项经常性的工作,必须随着施工的进度、根据反馈信息及时地进行,并贯彻于拟建工程项目施工过程的始终。

施工组织设计的贯彻、检查、调整的程序如图 2-1-5 所示。

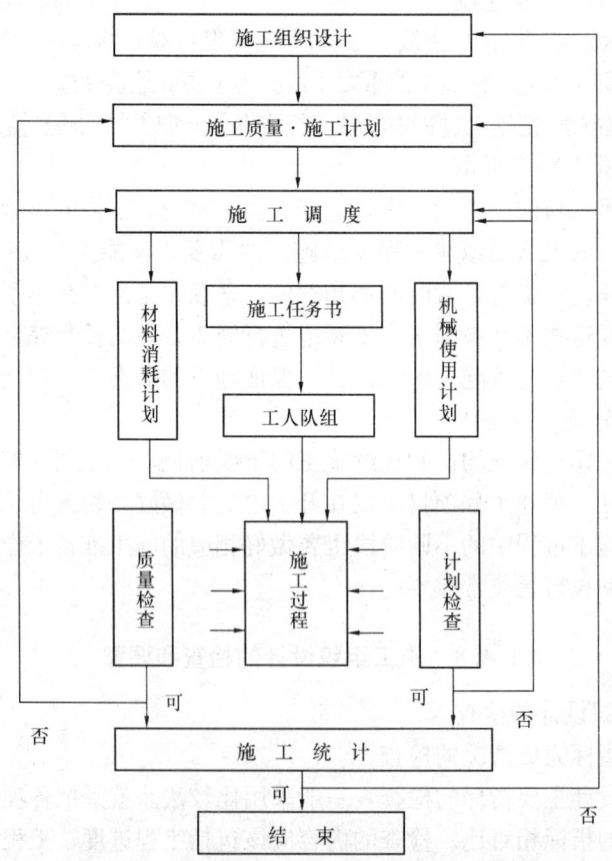

图 2-1-5 施工组织设计的贯彻、检查、调整程序

思 考 题

1.1 简述组织施工的基本原则。
1.2 简述施工准备工作的重要性。
1.3 施工准备工作如何分类?
1.4 施工准备工作的主要内容有哪些?
1.5 简述技术准备工作的内容。
1.6 简述编制施工组织设计的重要性。
1.7 何谓施工组织设计?它的任务和作用有哪些?
1.8 施工组织设计的基本内容有哪些?
1.9 简答施工组织设计分类。
1.10 如何进行施工组织设计的检查和调整?

第2章 流水施工基本原理

§2.1 流水施工的基本概念

生产实践证明，在所有的生产领域中，流水作业法是组织产品生产的理想方法。同样，流水施工也是建筑安装工程施工的最有效的科学组织方法，它建立在分工协作的基础上。但是，由于建筑产品及其生产的特点，流水施工的概念、特点和效果与其他工业产品的流水作业有所不同。

2.1.1 流水施工

在建筑安装工程施工中，常用的施工组织方式有依次施工、平行施工和流水施工三种。这三种组织方式不同，工作效率有别，适用范围各异。

为了说明这三种施工组织方式的概念和特点，下面举例进行分析和对比。

【例2-2-1】 有四个同类型宿舍楼，按同一施工图纸，建造在同一小区里。按每幢楼为一个施工段，分为四个施工段组织施工，编号为Ⅰ、Ⅱ、Ⅲ和Ⅳ，每个施工段的基础工程都包括挖土方、做垫层、砌基础和回填土等四个施工过程，成立四个专业工作队，分别完成上述四个施工过程的任务。挖土方工作队由10人组成，做垫层工作队由8人组成，砌基础工作队由22人组成，回填土工作队由5人组成。每个工作队在各个施工段上完成各自任务的持续时间均为5天。以该工程为例说明三种施工组织方式的不同。

1. 依次施工组织方式

依次施工组织方式是按照建筑工程内部各分项、分部工程内在的联系和必须遵循的施工顺序，不考虑后续施工过程在时间上和空间上的相互搭接，而依照顺序组织施工的方式。依次施工往往是前一个施工过程完成后，下一个施工过程才开始，一个工程全部完成后，另一个工程的施工才开始。如果按照依次施工组织方式组织示例中的基础工程施工，其施工进度、工期和劳动力需求量动态曲线如图2-2-1（a）所示。

由图2-2-1（a）可以看出，依次施工组织方式具有以下特点：

(1) 由于没有充分利用工作面去争取时间，所以工期长；

(2) 工作队不能实现专业化施工，不利于改进工人的操作方法和施工机具，不利于提高工程质量和劳动生产率；

(3) 如采用专业工作队施工，则工作队及工人不能连续作业；

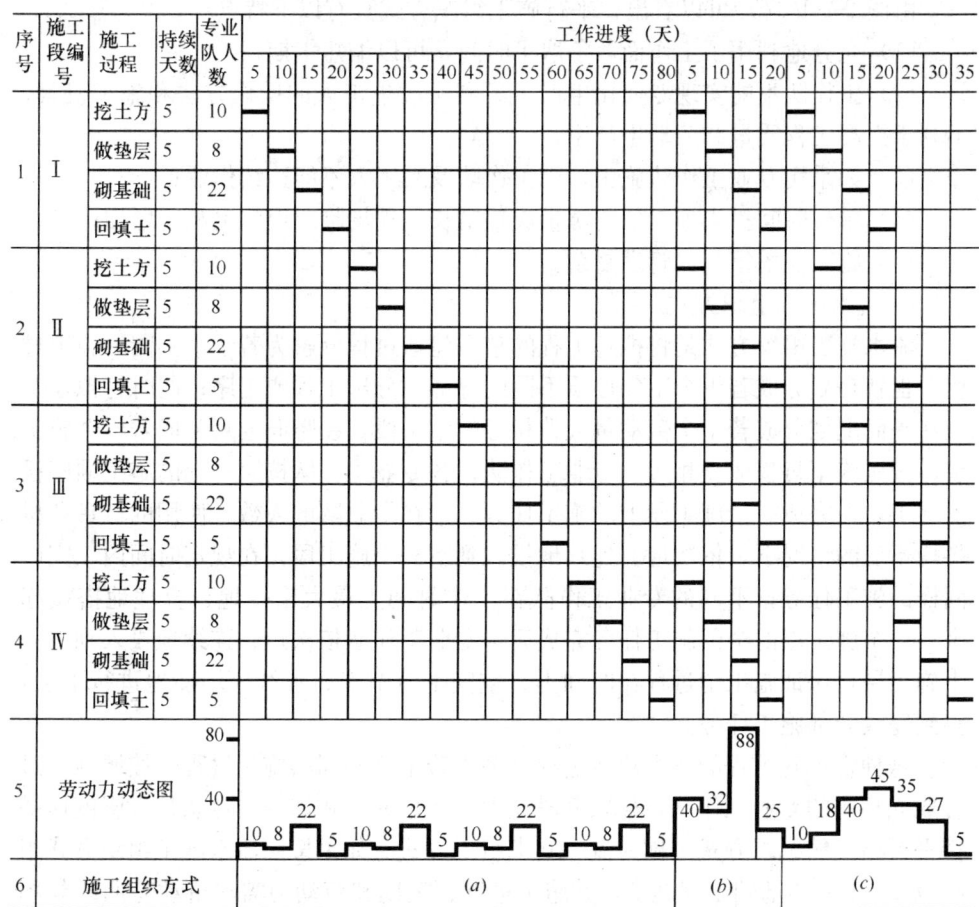

图 2-2-1　施工组织方式比较图
(a) 依次施工；(b) 平行施工；(c) 流水施工

(4) 单位时间内投入的资源量比较少，有利于资源供应的组织工作；

(5) 施工现场的组织、管理比较简单。

依次施工组织方式适用于规模较小，工作面有限的工程。其突出的问题是由于各施工过程之间没有搭接进行，没有充分地利用工作面，可能造成部分工人窝工。正是由于这些原因使依次施工组织方式的应用受到限制。

2. 平行施工组织方式

平行施工组织方式是将同类的工程任务，组织几个工作队，在同一时间不同空间上，完成同样的施工任务的施工组织方式。一般在拟建工程任务十分紧迫、工作面允许和资源保证供应的条件下，可采用平行施工组织方式。如果按照平行施工组织方式组织例 2-2-1 中的基础工程施工，其施工进度、工期和劳动力需求量动态曲线如图 2-2-1 (b) 所示。

由图 2-2-1（b）可以看出，平行施工组织方式具有以下特点：

（1）充分地利用了工作面，争取了时间，可以缩短工期；

（2）工作队不能实现专业化生产，不利于改进工人的操作方法和施工机具，不利于提高工程质量和劳动生产率；

（3）如采用专业工作队施工，则工作队及其工人不能连续作业；

（4）单位时间投入施工的资源量成倍增长，现场临时设施也相应增加；

（5）施工现场组织、管理复杂。

3. 流水施工组织方式

流水施工组织方式是将拟建工程的整个建造过程分解为若干个不同的施工过程，也就是划分成若干个工作性质不同的分部、分项工程或工序；同时将拟建工程在平面上划分成若干个劳动量大致相等的施工段，在竖向上划分成若干个施工层；按照施工过程成立相应的专业工作队；各专业工作队按照一定的施工顺序投入施工，在完成一个施工段上的施工任务后，在专业队的人数、使用的机具和材料均不变的情况下，依次地、连续地投入到下一个施工段，在规定时间内，完成同样的施工任务；不同的专业工作队在工作时间上最大限度地、合理地搭接起来；一个施工层的全部施工任务完成后，专业工作队依次地、连续地投入到下一个施工层，保证施工全过程在时间上、空间上有节奏、连续、均衡地进行下去，直到完成全部施工任务。

这种将拟建工程的整个建造过程分解为若干个不同的施工过程，按照施工过程成立相应的专业工作队，采取分段流动作业，并且相邻两专业队最大限度地搭接平行施工的组织方式，称为流水施工组织方式。如果按照流水施工组织方式组织例 2-2-1 中的基础工程施工，其施工进度、工期和劳动力需求量动态曲线如图 2-2-1（c）所示。

由图 2-2-1（c）可以看出，流水施工组织方式具有以下特点：

（1）科学地利用了工作面，争取了时间，计算总工期比较合理；

（2）工作队及其工人实现了专业化生产，有利于改进操作技术，可以保证工程质量和提高劳动生产率；

（3）工作队及其工人能够连续作业，相邻两个专业工作队之间，实现了最大限度地、合理地搭接；

（4）每天投入的资源量较为均衡，有利于资源供应的组织工作；

（5）为现场文明施工和科学管理，创造了有利条件。

2.1.2　流水施工的技术经济效益

通过对上述三种施工组织方式的对比分析，不难看出流水施工在工艺划分、时间排列和空间布置上都是一种科学、先进和合理的施工组织方式，必然会给相应的项目经理部带来显著的技术经济效益。主要表现在以下几点：

(1) 流水施工的节奏性、均衡性和连续性，减少了时间间歇，使工程项目尽早地竣工，能够更好地发挥其投资效益；

(2) 工人实现了专业化生产，有利于提高技术水平，工程质量有了保障，也减少了工程项目使用过程中的维修费用；

(3) 工人实现了连续作业，便于改善劳动组织、操作技术和施工机具，有利于提高劳动生产率，劳动生产率提高，可以降低工程成本，增加承建单位利润；

(4) 以合理劳动组织和平均先进劳动定额指导施工，能够充分发挥施工机械和操作工人的生产效率；

(5) 流水施工高效率，可以减少施工中的管理费，资源消耗均衡，可以减少物资损失，有利于提高承建单位经济效益。

2.1.3　流水施工分级和表达方式

1. 流水施工分级

根据流水施工组织的范围划分，流水施工通常可分为：

(1) 分项工程流水施工

分项工程流水施工也称为细部流水施工，它是在一个专业工程内部组织的流水施工。在项目施工进度计划表上，它是一条标有施工段或工作队编号的水平进度指示线段或斜向进度指示线段。

(2) 分部工程流水施工

分部工程流水施工也称为专业流水施工，是在一个分部工程内部、各分项工程之间组织的流水施工。在项目施工进度计划表上，它由一组施工段或工作队编号的水平进度指示线段或斜向进度指示线段来表示。

(3) 单位工程流水施工

单位工程流水施工也称为综合流水施工，是一个单位工程内部、各分部工程之间组织的流水施工。在项目施工进度计划表上，它是若干组分部工程的进度指示线段，并由此构成一个单位工程施工进度计划。

(4) 群体工程流水施工

群体工程流水施工亦称为大流水施工。它是在若干单位工程之间组织的流水施工。反映在项目施工进度计划上，是一个项目施工总进度计划。

流水施工的分级和它们之间的相互关系，如图 2-2-2 所示。

2. 流水施工表达方式

流水施工的表达方式，主要有横道图和网络图两种，如图 2-2-3 所示。

(1) 水平指示图表

在流水施工水平指示图表的表达方式中，横坐标表示流水施工的持续时间，纵坐标表示开展流水施工的施工过程、专业工作队的名称、编号和数目，呈梯形分布的水平线段表示流水施工的开展情况，如图 2-2-4 所示。

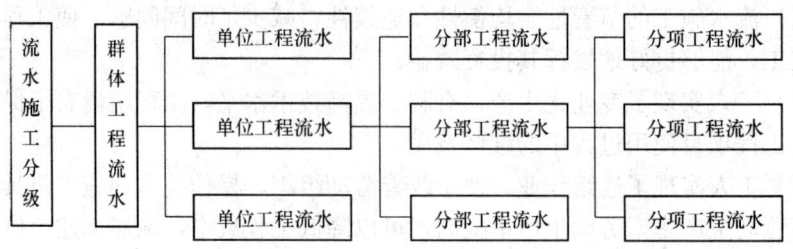

图 2-2-2　流水施工分级示意图

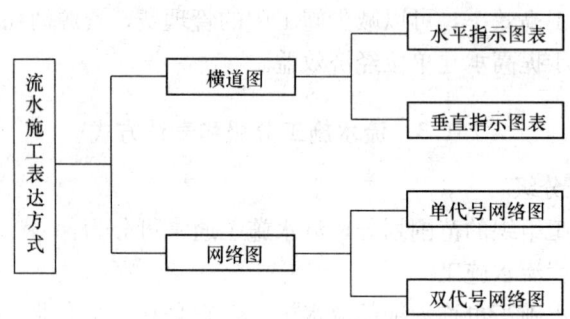

图 2-2-3　流水施工表达方式示意图

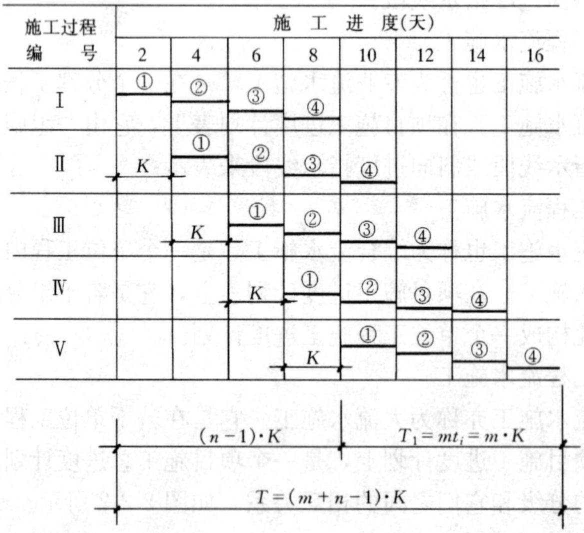

图 2-2-4　水平指示图表

(2) 垂直指示图表

在流水施工垂直指示图表的表达方式中,横坐标表示流水施工的持续时间,纵坐标表示开展流水施工所划分的施工段编号,n 条斜线段表示各专业工作队或施工过程开展流水施工的情况,如图 2-2-5 所示。

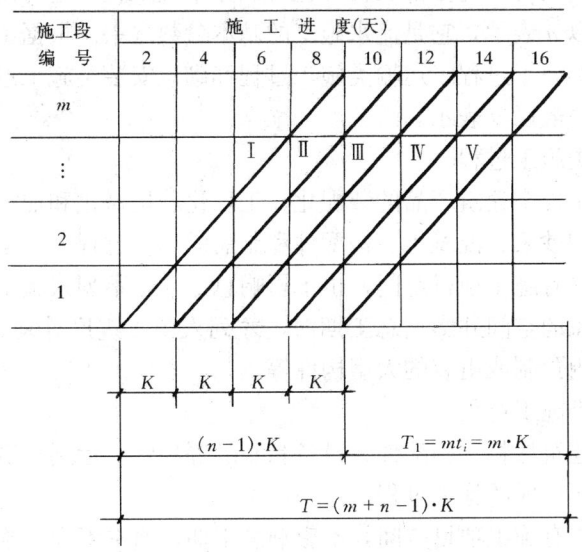

图 2-2-5 垂直指示图表

(3) 网络图的表达方式

有关流水施工网络图的表达方式,详见本书第2篇第3章。

§2.2 流水参数的确定

在组织项目流水施工时,用以表达流水施工在施工工艺、空间布置和时间排列方面开展状态的参量,统称为流水参数。它包括:工艺参数、空间参数和时间参数三类。

2.2.1 工 艺 参 数

在组织流水施工时,用以表达流水施工在施工工艺上的开展顺序及其特性的参量,称为工艺参数。具体地说是指在组织流水施工时,将拟建工程项目的整个建造过程分解成的各施工过程的种类、性质和数目的总称。通常,它包括施工过程和流水强度两种,如图2-2-6所示。

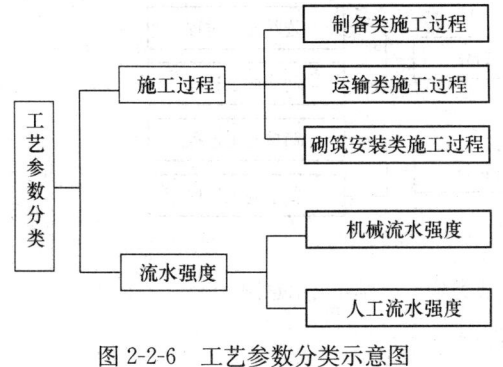

图 2-2-6 工艺参数分类示意图

1. 施工过程

在工程项目施工中,施工过程所包含的施工范围可大可小,既可以是分项工程，又可以是分部工程，也可以是单位工程，还可以是单项工程。施工过程的数目以 n 表示，它是流水施工的基本参数之一。根据工艺性质不同，它可分为：制备类施工过程、运输类施工过程和砌筑安装类施工过程三种。而施工过程的数目，一般以 n 表示。

（1）制备类施工过程

它是指为了提高建筑产品的装配化、工厂化、机械化和加工生产能力而形成的施工过程。如砂浆、混凝土、构配件和制品的制备过程。

它一般不占有施工项目空间，也不影响总工期，不列入施工进度计划，只在它占有施工对象的空间并影响总工期时，才列入施工进度计划。如在拟建车间、试验室等场地内预制或组装的大型构件等。

（2）运输类施工过程

它是指将建筑材料、构配件、设备和制品等物资，运到建筑工地仓库或施工对象加工现场而形成的施工过程。

它一般不占有施工项目空间，不影响总工期，通常不列入施工进度计划，只在它占有施工对象空间并影响总工期时，才必须列入施工进度计划。如随运随吊方案的运输过程。

（3）砌筑安装类施工过程

它是指在施工项目空间上，直接进行加工，形成最终建筑产品的过程。如地下工程、主体工程、屋面工程和装饰工程等施工过程。

它占有施工对象空间，影响着工期的长短，必须列入项目施工进度计划表，而且是项目施工进度计划表的主要内容。

（4）砌筑安装类施工过程的分类

通常，砌筑安装类施工过程，可按其在工程项目施工过程中的作用、工艺性质和复杂程度不同进行分类，如图 2-2-7 所示。

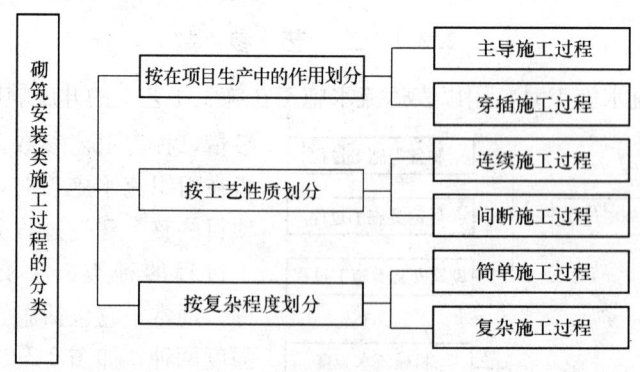

图 2-2-7　砌筑安装类施工过程分类示意图

1）主导施工过程和穿插施工过程

主导施工过程，是指对整个工程项目起决定作用的施工过程，在编制施工进度计划时，必须重点考虑，例如砖混住宅的主体砌筑等施工过程。而穿插施工过程则是与主导施工过程相搭接或平行穿插并严格受主导施工过程控制的施工过程，如安装门窗、脚手架等施工过程。

2) 连续施工过程和间断施工过程

连续施工过程是指一道工序接着一道工序连续施工，不要求技术间歇的施工过程，如主体砌筑等施工过程。而间断施工过程则是指由材料性质决定，需要技术间歇的施工过程，如混凝土需要养护、油漆需要干燥等施工过程。

3) 复杂施工过程和简单施工过程

复杂施工过程是指在工艺上，由几个紧密相联系的工序组合而形成的施工过程，如混凝土工程是由筛选材料、搅拌、运输、振捣等工序组成。而简单施工过程则是指在工艺上由一个工序组成的施工过程，它的操作者、机具和材料都不变，如挖土和回填土等施工过程。

上述施工过程的划分，仅是从研究施工过程某一角度考虑的。事实上，有的施工过程既是主导的，又是连续的，同时还是复杂的施工过程，如主体砌筑工程施工过程。而有的施工过程，既是穿插的，又是间断的，同时还是简单的施工过程，如装饰工程中的油漆工程等施工过程。因此，在编制施工进度计划时，必须综合考虑施工过程的几个方面特点，以便确定其在进度计划中的合理位置。

(5) 施工过程数目 (n) 的确定

施工过程数目，主要依据项目施工进度计划在客观上的作用、采用的施工方案、项目的性质和建设单位对项目建设工期的要求等进行确定，其具体确定方法和原则，详见本书第 2 篇第 4 章。

2. 流水强度

某施工过程在单位时间内所完成的工程量，称为该施工过程的流水强度。流水强度一般以 V_i 表示，它可由公式 (2-2-1) 或公式 (2-2-2) 计算求得。

(1) 机械作业流水强度

$$V_i = \sum_{i=1}^{x} R_i \cdot S_i \qquad (2\text{-}2\text{-}1)$$

式中　V_i——某施工过程 i 的机械作业流水强度；

　　　R_i——投入施工过程 i 的某种施工机械台数；

　　　S_i——投入施工过程 i 的某种机械产量定额；

　　　x——投入施工过程 i 的施工机械种类数。

(2) 人工作业流水强度

$$V_i = R_i \cdot S_i \qquad (2\text{-}2\text{-}2)$$

式中　V_i——某施工过程 i 的人工作业流水强度；

　　　R_i——投入施工过程 i 的专业工作队工人数；

S_i——投入施工过程 i 的专业工作队平均产量定额。

2.2.2 空 间 参 数

在组织项目流水施工时,用以表达流水施工在空间布置上所处状态的参数,称为空间参数。它包括:工作面、施工段和施工层三种。

1. 工作面

某专业工种工人在从事建筑产品施工生产加工过程中,所必须具备的活动空间,称为工作面。它的大小,是根据相应工种单位时间的产量定额、建筑安全工程施工操作规程和安全规程等的要求确定的。工作面确定合理与否,直接影响专业工种工人的生产效率。对此,必须认真加以对待,合理确定。

有关工种的工作面参考数据,见表 2-2-1 所列。

主要工种工作面参考数据表　　　　　表 2-2-1

工 作 项 目	每个技工的工作面		说　明
砖 基 础	7.6	m/人	以 1½ 砖计 2 砖乘以 0.8 3 砖乘以 0.5
砌 砖 墙	8.5	m/人	以 1½ 砖计 2 砖乘以 0.71 3 砖乘以 0.57
毛石墙基	3	m/人	以 60cm 计
毛 石 墙	3.3	m/人	以 40cm 计
混凝土柱、墙基础	8	m³/人	机拌、机捣
混凝土设备基础	7	m³/人	机拌、机捣
现浇钢筋混凝土柱	2.5	m³/人	机拌、机捣
现浇钢筋混凝土梁	3.20	m³/人	机拌、机捣
现浇钢筋混凝土墙	5	m³/人	机拌、机捣
现浇钢筋混凝土楼板	5.3	m³/人	机拌、机捣
预制钢筋混凝土柱	3.6	m³/人	机拌、机捣
预制钢筋混凝土梁	3.6	m³/人	机拌、机捣
预制钢筋混凝土屋架	2.7	m³/人	机拌、机捣
预制钢筋混凝土平板、空心板	1.91	m³/人	机拌、机捣
预制钢筋混凝土大型屋面板	2.62	m³/人	机拌、机捣
混凝土地坪及面层	40	m³/人	机拌、机捣
外墙抹灰	16	m²/人	
内墙抹灰	18.5	m²/人	
卷材屋面	18.5	m²/人	
防水水泥砂浆屋面	16	m²/人	
门窗安装	11	m²/人	

2. 施工段

为了有效地组织流水施工,通常把拟建工程项目在平面上划分成若干个劳动量大致相等的施工段落,这些施工段落称为施工段。施工段的数目以 m 表示,它是流水施工的基本参数之一。

(1) 划分施工段的目的和原则

一般情况下,一个施工段内只安排一个施工过程的专业工作队进行施工。在一个施工段上,只有当前一个施工过程的工作队提供足够的工作面后,后一个施工过程的工作队才能进入该段从事下一个施工过程的施工。

划分施工段是组织流水施工的基础。就建筑产品生产的单件性特点而言,它不适于组织流水施工。但是,建筑产品体形庞大的固有特征,又为组织流水施工提供了空间条件——可以把一个体形庞大的"单件产品"划分成具有若干个施工段、施工层的"批量产品",使其满足流水施工的基本要求,在保证工程质量的前提下,为专业工作队确定合理的空间活动范围,使其按流水施工的原理,集中人力和物力,迅速地、依次地、连续地完成各段的任务,为相邻专业工作队尽早地提供工作面,达到缩短工期的目的。

施工段的划分,在不同的分部工程中,可以采用相同或不同的划分方法。在同一分部工程中最好采用统一的段数,但也不能排除特殊情况。如在工业厂房的预制工程中,柱和屋架的施工段划分就不一定相同;对于多栋同类型房屋的施工,允许以栋号为施工段组织大流水施工。

施工段划分得数目要适当,数目过多势必减少工人数而延长工期,数目过少又会造成资源供应过分集中,不利于组织流水施工。因此,为了使施工段划分得科学合理,一般应遵循以下原则:

1) 同一专业工作队在各个施工段上的劳动量应大致相等,其相差幅度不宜超过 $10\% \sim 15\%$。

2) 为了充分发挥工人(或机械)的生产效率,不仅要满足专业工程对工作面的要求,而且要使施工段所能容纳的劳动力人数(或机械台数),满足劳动组织优化要求。

3) 施工段数目多少,要满足合理流水施工组织要求,即有时应使 $m \geq n$。

4) 为了保证项目结构完整性,施工段分界线应尽可能与结构自然界线相一致,如温度缝和沉降缝等处;如果必须将分界线设在墙体中间时,应将其设在门窗洞口处,这样可以减少留槎,便于修复墙体。

5) 对于多层建筑物,既要在平面上划分施工段,又要在竖向上划分施工层。保证专业工作队在施工段和施工层之间,有组织、有节奏、均衡和连续地进行流水施工。

(2) 施工段数目 (m) 与施工过程数目 (n) 的关系

为了便于讨论施工段数目 m 与施工过程数目 n 之间的关系,现举例说明。

【例 2-2-2】 某二层现浇钢筋混凝土工程，结构主体施工中对进度起控制性的有支模板、绑钢筋和浇混凝土三个施工过程，每个施工过程在一个施工段上的持续时间均为 2 天，当施工段数目不同时，流水施工的组织情况也有所不同。

1) 取施工段数目 $m=4$，$n=3$，$m>n$。施工进度表如图 2-2-8 所示，各专业工作队在完成第一施工层的四个施工段的任务后，都连续地进入第二施工层继续施工。从施工段上专业工作队的作业情况来看，从第一层第一施工段完成所有三个施工过程到第二层第一施工段开始作业之间存在一段空闲时间，相应地，其他施工段也存在这种闲置情况。

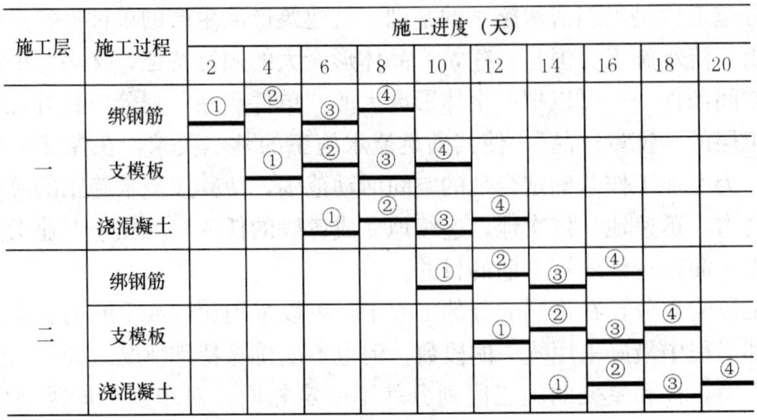

施工层	施工过程	施工进度（天）									
		2	4	6	8	10	12	14	16	18	20
一	绑钢筋	①	②	③	④						
	支模板		①	②	③	④					
	浇混凝土			①	②	③	④				
二	绑钢筋						①	②	③	④	
	支模板							①	②	③	④
	浇混凝土								①	②	③ ④

图 2-2-8 $m>n$ 时流水施工进展情况

由图 2-2-8 可以看出，当 $m>n$ 时，流水施工呈现出的特点是：各专业工作队均能连续施工；施工段有闲置，但这种情况并不一定有害，它可以用于技术间歇和组织间歇时间。

在项目实际施工中，若某些施工过程需要考虑技术间歇等，则可用公式 (2-2-3) 确定每层的最少施工段数：

$$m_{\min} = n + \frac{\sum Z}{K} \tag{2-2-3}$$

式中 $m_{\min}$——每层需划分的最少施工段数；
n——施工过程数或专业工作队数；
$\sum Z$——某些施工过程要求的技术间歇时间的总和；
K——流水步距。

在例 2-2-2 中，如果流水步距 $K=2$，当第一层浇筑混凝土结束后，要养护 4 天才能进行第二层的施工。为了保证专业工作队连续作业，至少应划分的施工段数可由公式 (2-2-3) 求得：

$$m_{\min} = n + \frac{\sum Z}{K} = 3 + 4/2 = 5 \text{ 段}$$

按 $m=5$，$n=3$ 绘制的流水施工进度表如图 2-2-9 所示。

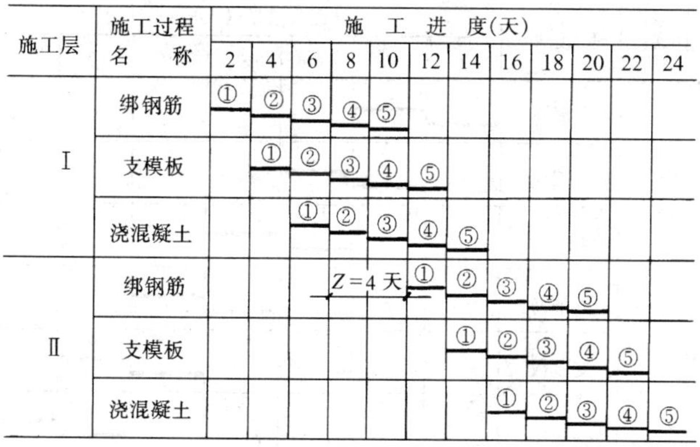

施工层	施工过程名称	施工进度(天)											
		2	4	6	8	10	12	14	16	18	20	22	24
Ⅰ	绑钢筋	①	②	③	④	⑤							
	支模板		①	②	③	④	⑤						
	浇混凝土			①	②	③	④	⑤					
Ⅱ	绑钢筋				$Z=4$ 天		①	②	③	④	⑤		
	支模板							①	②	③	④	⑤	
	浇混凝土								①	②	③	④	⑤

图 2-2-9 流水施工进度图

2) 取施工段数目 $m=3$，$n=3$，$m=n$。施工进度表如图 2-2-10 所示。可以发现，当 $m=n$ 时，流水施工呈现出的特点是：各专业工作队均能连续施工，施工段不存在闲置的工作面。显然，这是理论上最为理想的流水施工组织方式，如果采取这种方式，要求项目管理者必须提高施工管理水平，不能允许有任何时间上的拖延。

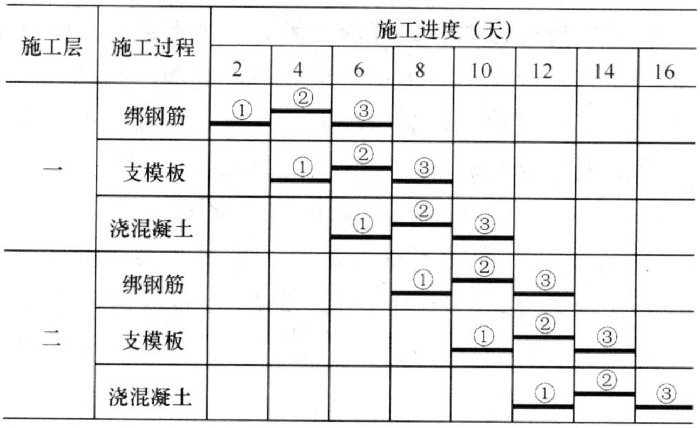

施工层	施工过程	施工进度（天）							
		2	4	6	8	10	12	14	16
一	绑钢筋	①	②	③					
	支模板		①	②	③				
	浇混凝土			①	②	③			
二	绑钢筋				①	②	③		
	支模板					①	②	③	
	浇混凝土						①	②	③

图 2-2-10 $m=n$ 时流水施工进展情况

3) 取施工段数目 $m=2$，$n=3$，$m<n$。施工进度表如图 2-2-11 所示，各专业工作队在完成第一施工层第二施工段的任务后，不能连续地进入第二施工层继续施工，这是由于一个施工段只能给一个专业工作队提供工作面，所以在施工段数目小于施工过程数的情况下，超出施工段数的专业工作队就会因为没有工作面而停工。从施工段上专业工作队的作业情况来看，从第一层第一施工段完成所有三个施工过程到第二层第一施工段开始作业之间没有空闲时间，相应地，其他施工段也紧密衔接。

由此可见，当 $m<n$ 时，流水施工呈现出的特点是：各专业工作队在跨越施

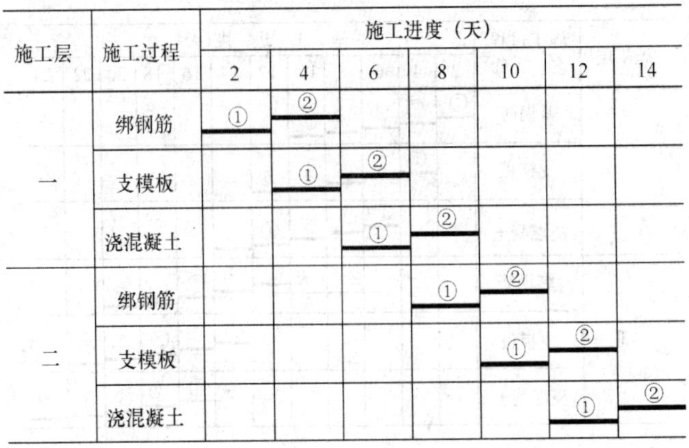

施工层	施工过程	施工进度（天）						
		2	4	6	8	10	12	14
一	绑钢筋	①	②					
	支模板		①	②				
	浇混凝土			①	②			
二	绑钢筋					①	②	
	支模板						①	②
	浇混凝土						①	②

图 2-2-11 $m<n$ 时流水施工进展情况

工层时，均不能连续施工而产生窝工，施工段没有闲置。但特殊情况下，施工段也会出现空闲，以致造成大多数专业工作队停工。因一个施工段只供一个专业工作队施工，这样，超过施工段数的专业工作队就因无工作面而停止。在图 2-2-11 中，支模板工作队完成第一层的施工任务后，要停工 2 天才能进行第二层第一段的施工，其他队组同样也要停工 2 天。因此，工期延长了。这种情况对有数幢同类型建筑物的工程，可通过组织各建筑物之间的大流水施工来避免上述停工现象的出现；但对单一建筑物的流水施工是不适宜的，应加以杜绝。

从上面的三种情况可以看出，施工段数的多少，直接影响工期的长短，而且要想保证专业工作队能够连续施工，必须满足公式（2-2-4）：

$$m \geqslant n \tag{2-2-4}$$

应该指出，当无层间关系或无施工层（如某些单层建筑物、基础工程等）时，则施工段数不受公式（2-2-3）和公式（2-2-4）的限制，可按前面所述划分施工段的原则进行确定。

3. 施工层

在组织流水施工时，为了满足专业工种对操作高度和施工工艺的要求，将拟建工程项目在竖向上划分为若干个操作层，这些操作层称为施工层。施工层一般以 j 表示。

施工层的划分，要按工程项目的具体情况，根据建筑物的高度、楼层来确定。如砌筑工程的施工层高度一般为 1.2m，室内抹灰、木装饰、油漆、玻璃和水电安装等，可按楼层进行施工层划分。

2.2.3 时间参数

在组织流水施工时，用以表达流水施工在时间排列上所处状态的参数，称为时间参数。它包括：流水节拍、流水步距、技术间歇、组织间歇和平行搭接时间五种。

1. 流水节拍

在组织流水施工时,每个专业工作队在各个施工段上完成各自的施工过程所必须的持续时间,均称为流水节拍。流水节拍以 t_i^j 表示,它是流水施工的基本参数之一。

流水节拍数值大小,可以反映流水速度快慢、资源供应量大小。根据流水节拍数值特征,一般流水施工又区分为:等节拍专业流水、成倍节拍专业流水和无节奏专业流水等施工组织方式。

影响流水节拍的因素主要有:项目施工中采用的施工方案、各施工段投入的劳动力人数或施工机械台数、工作班次以及该施工段工程量的多少。为避免工作队转移时浪费工时,流水节拍在数值上应为半个班的整数倍。其数值可按下列各种方法确定。

(1) 定额计算法。根据各施工段的工程量、能够投入的资源量(工人数、机械台数和材料量等),按公式(2-2-5)进行计算:

$$t_i^j = \frac{Q_i^j}{S_i^j R_i^j N_i^j} = \frac{Q_i^j \cdot H_i^j}{R_i^j \cdot N_i^j} = \frac{P_i^j}{R_i^j \cdot N_i^j} \qquad (2\text{-}2\text{-}5)$$

式中　t_i^j——某专业工作队 j 在第 i 施工段的流水节拍;

　　　Q_i^j——某专业工作队 j 在第 i 施工段要完成的工程量;

　　　S_i^j——某专业工作队 j 的计划产量定额;

　　　R_i^j——某专业工作队 j 投入的工人数或机械台数;

　　　H_i^j——某专业工作队 j 的计划时间定额;

　　　N_i^j——某专业工作队 j 的工作班次;

　　　P_i^j——某专业工作队 j 在第 i 施工段的劳动量或机械台班数量。

计划产量定额和计划时间定额最好是项目经理部的实际水平。

(2) 经验估算法。是根据以往的施工经验进行估算的计算方法。一般为了提高其准确程度,往往先估算出该流水节拍的最长、最短和正常(即最可能)三种时间,然后据此求出期望时间,作为某专业工作队在某施工段上的流水节拍。因此,本法也称为三种时间估算法。一般按公式(2-2-6)进行计算:

$$t_i^j = \frac{a_i^j + 4c_i^j + b_i^j}{6} \qquad (2\text{-}2\text{-}6)$$

式中　t_i^j——某施工过程在某施工段上的流水节拍;

　　　a_i^j——某施工过程在某施工段上的最短估算时间;

　　　b_i^j——某施工过程在某施工段上的最长估算时间;

　　　c_i^j——某施工过程在某施工段上的正常估算时间。

这种方法多适用于采用新工艺、新方法和新材料等没有定额可循的工程,详见本书第 2 篇第 3 章。

（3）工期计算法。对某些施工任务在规定日期内必须完成的工程项目，往往采用倒排进度法，具体步骤如下：

1）根据工期倒排进度，确定某施工过程的工作延续时间。

2）确定某施工过程在某施工段上的流水节拍。若同一施工过程的流水节拍不等，则用估算法；若流水节拍相等，则按公式（2-2-7）进行计算：

$$t_j = \frac{T_j}{m_j} \qquad (2\text{-}2\text{-}7)$$

式中　t_j——某施工过程流水节拍；

　　　T_j——某施工过程的工作持续时间；

　　　m_j——某施工过程的施工段数。

2. 流水步距

在组织项目流水施工时，相邻两个专业工作队在保证施工顺序、满足连续施工、最大限度搭接和保证工程质量要求的条件下，相继投入施工的最小时间间隔，称为流水步距。流水步距以 $K_{j,j+1}$ 表示，它是流水施工基本参数之一。在施工段不变的情况下，流水步距越大，工期越长。若有 n 个施工过程，则有 $(n-1)$ 个流水步距。每个流水步距的值是由相邻两个施工过程在各施工段上的流水节拍值而确定的。

（1）确定流水步距的原则

1）流水步距要满足相邻两个专业工作队在施工顺序上的相互制约关系。

2）流水步距要保证相邻两个专业工作队在各个施工段上都能够连续作业。

3）流水步距要保证相邻两个专业工作队在开工时间上实现最大限度和合理的搭接。

4）流水步距的确定要保证工程质量，满足安全生产。

（2）确定流水步距的方法

流水步距计算方法很多，简捷实用的方法主要有：图上分析法、分析计算法和潘特考夫斯基法等。本书仅介绍潘特考夫斯基法。

潘特考夫斯基法，也称为"最大差法"，它的表达式为："累加数列错位相减取其最大差。"此法在计算等节奏、无节奏的专业流水中较为简捷、准确。其计算步骤如下：

1）根据专业工作队在各施工段上的流水节拍，求累加数列；

2）根据施工顺序，对所求相邻的两累加数列，错位相减；

3）根据错位相减的结果，确定相邻专业工作队之间的流水步距，即相减结果中数值最大者。

3. 平行搭接时间

在组织流水施工时，有时为了缩短工期，在工作面允许的前提下，如果前一个专业工作队完成部分施工任务后,能够提前为后一个专业工作队提供工作面,使后者提前进入前一个施工段,因而两者在同一施工段上平行搭接施工,这个平行搭接的时间,称为相邻两个专业工作队之间的平行搭接时间,并以 $C_{j,j+1}$ 表示。

4. 技术间歇时间

在组织流水施工时,除要考虑专业工作队之间的流水步距外,有时根据建筑材料或现浇构件的工艺性质,还要考虑合理的工艺等待时间,这个等待时间称为技术间歇时间,并以 $Z_{j,j+1}$ 表示。如现浇混凝土构件养护时间、抹灰层和油漆层的干燥硬化时间等。

5. 组织间歇时间

在组织流水施工时,由于施工技术或施工组织原因而造成的流水步距以外增加的间歇时间,称为组织间歇时间,并以 $G_{j,j+1}$ 表示。如回填土前地下管道检查验收、施工机械转移和砌砖墙前墙身位置弹线以及其他作业前准备工作。

在组织流水施工时,项目经理部对技术间歇和组织间歇时间,可根据项目施工中的具体情况分别考虑或统一考虑。但两者的概念、内容和作用是不同的,必须结合具体情况灵活处理。

2.2.4 应 用 举 例

【例 2-2-3】 某工程由四个施工过程组成,它们分别由专业工作队Ⅰ、Ⅱ、Ⅲ、Ⅳ完成。该工程在平面上划分为 A、B、C、D 四个施工段,每个专业工作队在各个施工段上的流水节拍,如表 2-2-2 所列。试确定专业工作队之间的流水步距。

各施工过程流水节拍　　　　　　　　　表 2-2-2

施工过程 \ 施工段	A	B	C	D
Ⅰ	2	1	3	5
Ⅱ	2	2	4	4
Ⅲ	3	2	4	4
Ⅳ	4	3	3	4

【解】

(1) 求各专业工作队的累加数列

Ⅰ:2,3,6,11

Ⅱ:2,4,8,12

Ⅲ:3,5,9,13

Ⅳ:4,7,10,14

(2) 错位相减

Ⅰ与Ⅱ：

$$
\begin{array}{r}
2,\quad 3,\quad 6,\quad 11\\
-)\quad\quad 2,\quad 4,\quad 8,\quad 12\\
\hline
2,\quad 1,\quad 2,\quad 3,\quad -12
\end{array}
$$

Ⅱ与Ⅲ：

$$
\begin{array}{r}
2,\quad 4,\quad 8,\quad 12\\
-)\quad\quad 3,\quad 5,\quad 9,\quad 13\\
\hline
2,\quad 1,\quad 3,\quad 3,\quad -13
\end{array}
$$

Ⅲ与Ⅳ：

$$
\begin{array}{r}
3,\quad 5,\quad 9,\quad 13\\
4,\quad 7,\quad 10,\quad 14\\
\hline
3,\quad 1,\quad 2,\quad 3,\quad -14
\end{array}
$$

(3) 确定流水步距

因流水步距等于错位相减所得结果中数值最大者，所以：

$K_{Ⅰ,Ⅱ}=\max\{2,1,2,3,-12\}=3$ 天

$K_{Ⅱ,Ⅲ}=\max\{2,1,3,3,-13\}=3$ 天

$K_{Ⅲ,Ⅳ}=\max\{3,1,2,3,-14\}=3$ 天

§2.3 等节拍专业流水

专业流水是指在项目施工中，为生产某一建筑产品或其组成部分的主要专业工种，按照流水施工基本原理组织项目施工的一种组织方式。根据各施工过程时间参数的不同特点，专业流水分为有节奏专业流水和无节奏专业流水两种形式。其中，有节奏专业流水又分为等节拍专业流水和成倍节拍专业流水两类。如图2-2-12所示。

等节拍专业流水是指在组织流水施工时，所有的施工过程在各个施工段上的流水节拍都彼此相等，这种流水施工组织方式称为等节拍专业流水也称为固定节拍流水或全等节拍流水。

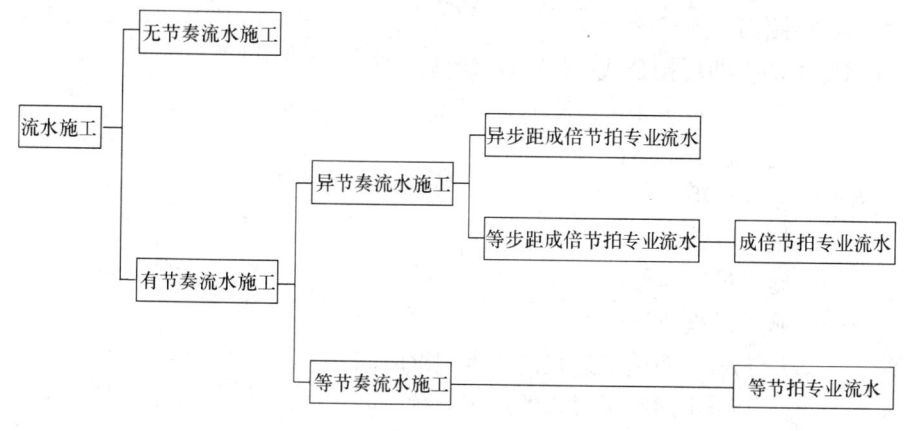

图 2-2-12 流水施工分类图

2.3.1 基本特点

(1) 流水节拍都彼此相等, 即 $t_i^j = t$ (t 为常数)。
(2) 流水步距都彼此相等, 而且等于流水节拍, 即 $K_{j,j+1} = K = t$。
(3) 每个专业工作队都能够连续作业, 施工段没有间歇时间。
(4) 专业工作队数目等于施工过程数目, 即 $n_1 = n$。

等节拍专业流水施工, 一般只适用于施工对象结构简单, 工程规模较小, 施工过程数不多的房屋工程或线性工程, 如道路工程、管道工程等。由于等节拍专业流水施工的流水节拍和流水步距是定值, 局限性较大, 且建筑工程多数施工较为复杂, 因而在实际建筑工程中采用这种组织方式的并不多见, 通常只用于一个分部工程的流水施工中。

2.3.2 组织步骤

(1) 确定项目施工起点流向, 分解施工过程。
(2) 确定施工顺序, 划分施工段。
(3) 按等节拍专业流水要求, 确定流水节拍数值。
(4) 确定流水步距, 即 $K = t$。
(5) 计算流水施工的工期。
(6) 绘制流水施工水平指示图表。

2.3.3 工期计算

流水施工的工期是指从第一个施工过程开始施工, 到最后一个施工过程结束施工的全部持续时间。对于所有施工过程都采取流水施工的工程项目, 流水施工工期即为工程项目的施工工期。等节拍专业流水施工的工期计算分为两种情况。

1. 不分层施工

流水施工的工期可按公式（2-2-8）计算。

$$T = (m+n-1)K + \sum Z_{j,j+1} + \sum G_{j,j+1} - \sum C_{j,j+1} \tag{2-2-8}$$

式中　T——流水施工工期；

　　　K——流水步距；

　　　m——施工段数目；

　　　j——施工过程编号，$1 \leqslant j \leqslant n$；

　　　n——施工过程数目；

$Z_{j,j+1}$——j 与 $j+1$ 两施工过程的技术间歇时间；

$G_{j,j+1}$——j 与 $j+1$ 两施工过程的组织间歇时间；

$C_{j,j+1}$——j 与 $j+1$ 两施工过程的平行搭接时间。

2. 分层施工

等节拍专业流水施工不分施工层时，对施工段数目，按照工程实际情况划分即可，当分施工层进行流水施工时，为了保证在跨越施工层时，专业工作队能连续施工而不产生窝工现象，施工段数目的最小值 $m_{\min}$ 应满足相关要求。

（1）无技术间歇和组织间歇时间时，$m_{\min} = n$。

（2）有技术间歇和组织间歇时间时，为保证专业工作队能连续施工，应取 $m > n$，此时，每层施工段空闲数为 $m-n$，每层空闲时间则为：

$$(m-n) \cdot t = (m-n) \cdot K$$

若一个楼层内各施工过程间的技术间歇和组织间歇时间之和为 Z_1，楼层间的技术间歇和组织间歇时间之和为 Z_2，为保证专业工作队连续施工，则

$$(m-n) \cdot K = Z_1 + Z_2$$

由此，可得出每层的施工段数目 $m_{\min}$ 应满足：

$$m_{\min} = n + (Z_1 + Z_2 - C)/K \tag{2-2-9}$$

式中　K——流水步距；

　　　Z_1——施工层内各施工过程间的技术间歇时间和组织间歇时间之和，即 $Z_1 = Z_{j,j+1} + G_{j,j+1}$；

　　　Z_2——施工层间的技术间歇时间和组织间歇时间之和。

其他符号含义同前。

如果每层的 Z_1 并不均等，各层间的 Z_2 也不均等时，应取各层中最大的 Z_1 和 Z_2，公式（2-2-9）改为：

$$m_{\min} = n + (\max Z_1 + \max Z_2 - C)/K \tag{2-2-10}$$

分施工层组织等节拍专业流水施工时，其流水施工工期可按公式（2-2-11）计算：

$$T = (m \cdot r + n - 1) \cdot K + Z_1 - \sum C_{j,j+1} \tag{2-2-11}$$

式中　r——施工层数目；

Z_1——第一施工层内各施工过程间的技术间歇时间和组织间歇时间之和。
其他符号含义同前。

从流水施工工期的计算公式中可以看出，施工层数越多，施工工期越长；技术间歇时间和组织间歇时间的存在，也会使施工工期延长；在工作面和资源供应能保证的条件下，一个专业工作队能够提前进入这一施工段，在空出的工作面上进行作业，这样产生的搭接时间可以缩短施工工期。

2.3.4 应 用 举 例

【例 2-2-4】 某分部工程由Ⅰ、Ⅱ、Ⅲ、Ⅳ四个施工过程组成，划分为 4 个施工段，流水节拍均为 3 天，施工过程Ⅱ、Ⅲ有技术间歇时间 2 天，施工过程Ⅲ、Ⅳ之间相互搭接 1 天，试确定流水步距，计算工期，并绘制流水施工进度计划表。

【解】
因流水节拍均等，属于等节拍专业流水施工。
(1) 确定流水步距
$$K = t = 3 \text{ 天}$$
(2) 计算工期
$$\sum Z_{j,j+1} = 2 \text{ 天}, \sum C_{j,j+1} = 1 \text{ 天}$$

由公式 (2-2-8)：
$$\begin{aligned}T &= (m+n-1)K + \sum Z_{j,j+1} + \sum G_{j,j+1} - \sum C_{j,j+1} \\ &= (4+4-1) \times 3 + 2 - 1 \\ &= 22 \text{ 天}\end{aligned}$$

(3) 绘制流水施工进度计划表
如图 2-2-13 所示。

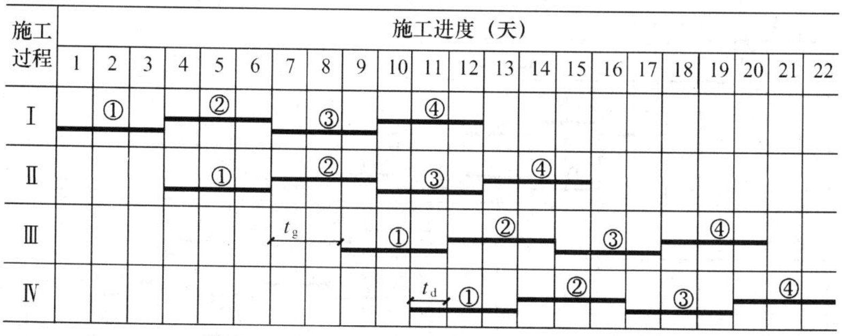

施工过程	施工进度（天）																					
	1	2	3	4	5	6	7	8	9	10	11	12	13	14	15	16	17	18	19	20	21	22
Ⅰ	①			②			③			④												
Ⅱ				①						③			④									
Ⅲ						t_g		①			②			③			④					
Ⅳ									t_d	①			②			③			④			

图 2-2-13 【例 2-2-4】流水施工进度计划表

【例 2-2-5】 某工程项目由Ⅰ、Ⅱ、Ⅲ、Ⅳ四个施工过程组成，划分为 2 个施工层组织流水施工，施工过程Ⅰ完成后需养护 1 天，下一个施工过程才能开始施工,且层间技术间歇时间为1天,流水节拍均为2天,试确定施工段数目,计算工期,并绘制流水施工进度计划表。

【解】
因流水节拍均等,属于等节拍专业流水施工。
(1) 确定流水步距
$$K = t = 2 \text{ 天}$$
(2) 确定施工段数目
因分层组织流水施工,各施工层内各施工过程间的间歇时间之和为:$Z_1 = 1$ 天
一、二层之间间歇时间为:$Z_2 = 1$ 天
施工段数目最小值由公式 (2-2-9):
$$\begin{aligned} m_{\min} &= n + (Z_1 + Z_2 - C)/K \\ &= 4 + 2/2 \\ &= 5 \text{ 段} \end{aligned}$$

取 $m = 5$

(3) 计算工期
$$\begin{aligned} T &= (m \cdot r + n - 1) \cdot K + Z_1 - \sum C_{j,j+1} \\ &= (5 \times 2 + 4 - 1) \times 2 + 1 \\ &= 27 \text{ 天} \end{aligned}$$

(4) 绘制流水施工进度计划表
如图 2-2-14 所示。

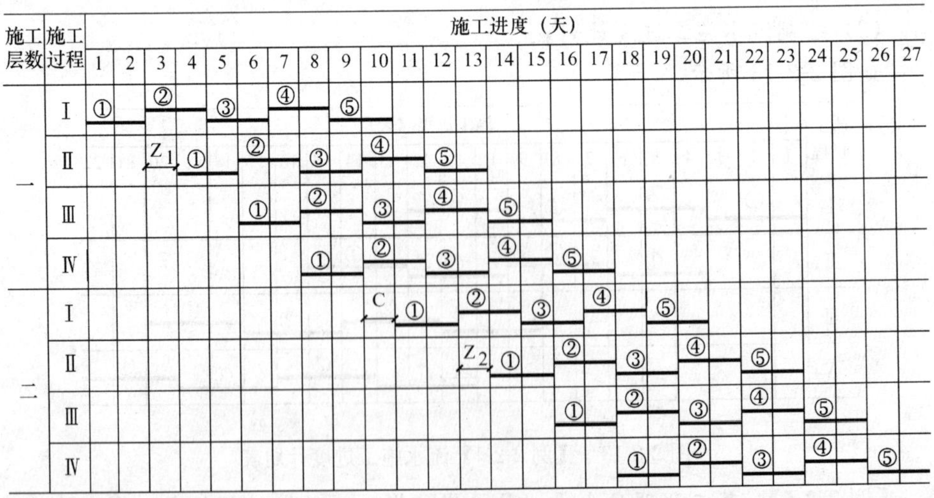

图 2-2-14 【例 2-2-5】流水施工进度计划表

§2.4 成倍节拍专业流水

在组织流水施工时，由于在同一施工段上的工作面固定，不同的施工过程，其施工性质、复杂程度各不相同，从而使得其流水节拍很难完全相等，不能形成等节拍流水施工。但是，如果施工段划分得恰当，可以使同一施工过程在各个施工段上的流水节拍均相等。这种各施工过程的流水节拍均相等而不同施工过程之间的流水节拍不尽相等的流水施工组织方式属于异节奏流水施工。

例如，拟建四栋大板房屋，施工过程为：基础、结构安装、室内装修和室外工程，每栋为一个施工段，经计算各施工过程的流水节拍如表2-2-3所示。

各施工过程流水节拍表　　　　　　　　　　表 2-2-3

施工过程	基　础	结构安装	室内装修	室外工程
流水节拍（天）	5	10	10	5

从表2-2-3可知，这是一个异节奏专业流水，其进度计划可以绘制成如图2-2-15所示。

在异节奏流水施工中，当同一施工过程在各个施工段上的流水节拍彼此相等，且不同施工过程的流水节拍为某一数的不同整数倍时，为加快流水施工速度，每个施工过程均按其节拍的倍数关系成立相应数目的专业工作队，这样便构成了一个工期最短的流水施工方案，组织这些专业工作队进行流水施工的方式，即为异节奏等步距流水施工，也叫做成倍节拍专业流水施工。

2.4.1 基　本　特　点

（1）同一施工过程在各个施工段上的流水节拍都彼此相等，不同施工过程在同一施工段上的流水节拍之间存在一个最大公约数。

（2）流水步距彼此相等，且等于流水节拍的最大公约数。

（3）各个专业工作队都能够连续作业，施工段都没有间歇时间。

（4）专业工作队数目大于施工过程数目，即 $n_1 > n$。

2.4.2 建　立　步　骤

（1）确定施工起点流向，分解施工过程。

（2）确定施工顺序，划分施工段。

1）当不分施工层时，可按划分施工段的原则划分施工段。

2）当分施工层时，每层的施工段数可按公式（2-2-12）划分确定。

$$m = n_1 + \frac{\max Z_1}{K_b} + \frac{\max Z_2}{K_b} \qquad (2\text{-}2\text{-}12)$$

式中　n_1——专业工作队总数；
　　　K_b——成倍节拍流水的流水步距；
　　　Z_1——一个施工层内各施工过程之间技术间歇时间、组织间歇时间之和；
　　　Z_2——相邻的两个施工层间技术间歇时间、组织间歇时间之和。

(3) 按成倍节拍专业流水要求，确定各施工过程的流水节拍。

(4) 确定成倍节拍专业流水的流水步距。按公式（2-2-13）计算。

$$K_b = 最大公约数\{各个流水节拍\} \qquad (2\text{-}2\text{-}13)$$

(5) 确定专业工作队数目，按公式（2-2-14）计算。

$$\left. \begin{array}{l} b_j = t_i^j / K_b \\ n_1 = \sum_{j=1}^{n} b_j \end{array} \right\} \qquad (2\text{-}2\text{-}14)$$

(6) 确定计划总工期，按公式（2-2-15）计算。

$$T = (r \cdot m + n_1 - 1) \cdot K_b + Z_1 - \sum C_{j,j+1} \qquad (2\text{-}2\text{-}15)$$

式中符号同前。

(7) 绘制流水施工水平指示图表。

2.4.3　应　用　举　例

【例 2-2-6】某工程项目由三个分项工程组成，其流水节拍分别为：$t_i^{\text{I}} = 2$ 天，$t_i^{\text{II}} = 6$ 天，$t_i^{\text{III}} = 4$ 天，试编制成倍节拍专业流水施工方案。

【解】

(1) 按公式（2-2-13）计算确定流水步距得

$$K_b = 最大公约数\{6,4,2\} = 2 \text{ 天}$$

(2) 按公式（2-2-14）确定专业工作队数目

∵

$$b_{\text{I}} = t_i^{\text{I}} / K_b = 2/2 = 1 \text{ 个}$$
$$b_{\text{II}} = t_i^{\text{II}} / K_b = 6/2 = 3 \text{ 个}$$
$$b_{\text{III}} = t_i^{\text{III}} / K_b = 4/2 = 2 \text{ 个}$$

∴

$$n_1 = \sum_{j=1}^{3} b_j = 3 + 2 + 1 = 6 \text{ 个}$$

(3) 求施工段数

为了使各专业工作队都能连续工作，取：

$$m = n_1 = 6 \text{ 段}$$

(4) 确定计划总工期

按公式（2-2-15）得：

$$T = (6 + 6 - 1) \times 2 = 22 \text{ 天}$$

(5) 绘制水平指示图表

如图 2-2-15 所示。

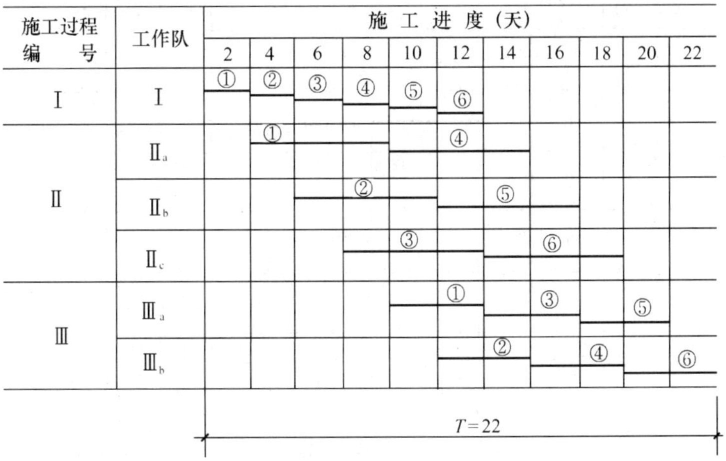

施工过程编号	工作队	施工进度（天）										
		2	4	6	8	10	12	14	16	18	20	22
Ⅰ	Ⅰ	①	②	③	④	⑤	⑥					
Ⅱ	Ⅱ$_a$			①				④				
	Ⅱ$_b$					②			⑤			
	Ⅱ$_c$						③			⑥		
Ⅲ	Ⅲ$_a$							①		③		⑤
	Ⅲ$_b$								②		④	⑥

$T=22$

图 2-2-15 异节奏等步距流水施工进度

【例 2-2-7】 对本节表 2-2-3，若要求缩短工期，在工作面、劳动力和资源供应允许的条件下，各增加一个安装和装修工作队，就形式了成倍节拍专业流水施工。试编制流水施工方案。

【解】

（1）按公式（2-2-13）计算确定流水步距得

$$K_b = 最大公约数\{5,10,10,5\} = 5 \text{ 天}$$

（2）按公式（2-2-14）确定专业工作队数目

∵
$$b_1 = 5/5 = 1 \text{ 个}$$
$$b_2 = 10/5 = 2 \text{ 个}$$
$$b_3 = 10/5 = 2 \text{ 个}$$
$$b_4 = 5/5 = 1 \text{ 个}$$

∴ $n_1 = 1+2+2+1 = 6 \text{ 个}$

（3）确定计划总工期

按公式（2-2-15）得：

$$T = (4+6-1) \times 5 = 45 \text{ 天}$$

（4）绘制水平指示图表

如图 2-2-16 所示。

【例 2-2-8】 某两层现浇钢筋混凝土工程，分为安装模板、绑扎钢筋和浇筑混凝土三个施工过程。已知各施工过程在每层每个施工段上的流水节拍分别为：$t_{模}=2$ 天，$t_{扎}=2$ 天，$t_{浇}=1$ 天。当安装模板工作队转移到第二结构层的第一施工段时，需待第一层第一施工段的混凝土养护 1 天后才能进行施工。在保证各工

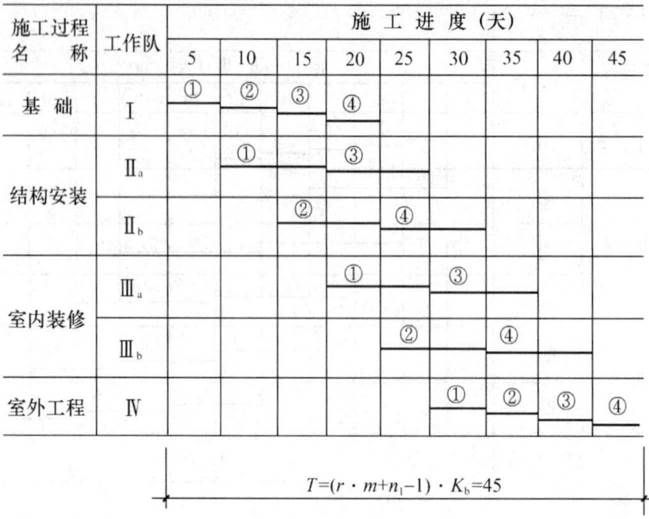

施工过程名称	工作队	施工进度（天）								
		5	10	15	20	25	30	35	40	45
基础	Ⅰ	①	②	③	④					
结构安装	Ⅱ$_a$		①		③					
	Ⅱ$_b$			②		④				
室内装修	Ⅲ$_a$				①		③			
	Ⅲ$_b$					②		④		
室外工程	Ⅳ						①	②	③	④

$$T=(r \cdot m+n_1-1) \cdot K_b=45$$

图 2-2-16 流水施工进度图

作队连续施工的条件下，求该工程每层最少的施工段数，并绘制流水施工进度计划表。

【解】 根据要求，本工程宜采用成倍节拍专业流水施工方式组织施工。

(1) 确定流水步距

按公式 (2-2-13) 计算得：

$$K_b = 最大公约数\{2,2,1\} = 1 \text{ 天}$$

(2) 计算专业工作队数目

按公式 (2-2-14) 得：

$$b_{挖} = 2/1 = 2 \text{ 个}$$
$$b_{扎} = 2/1 = 2 \text{ 个}$$
$$b_{浇} = 1/1 = 1 \text{ 个}$$

计算专业工作队总数目 n_1：

$$n_1 = \sum_{j=1}^{3} b_j = 2+2+1 = 5 \text{ 个}$$

(3) 确定每层的施工段数目

按公式 (2-2-12) 确定：

$$m = n_1 + \frac{\max Z_1}{K_b} + \frac{\max Z_2}{K_b}$$

$$= 5 + 1/1 = 6 \text{ 段}$$

(4) 计算工期

$$T = (m \times r + n_1 - 1) \times K_b$$

$$=(6\times 2+5-1)\times 1$$
$$=16\ 天$$

(5) 绘制流水施工进度计划表

如图 2-2-17 所示。

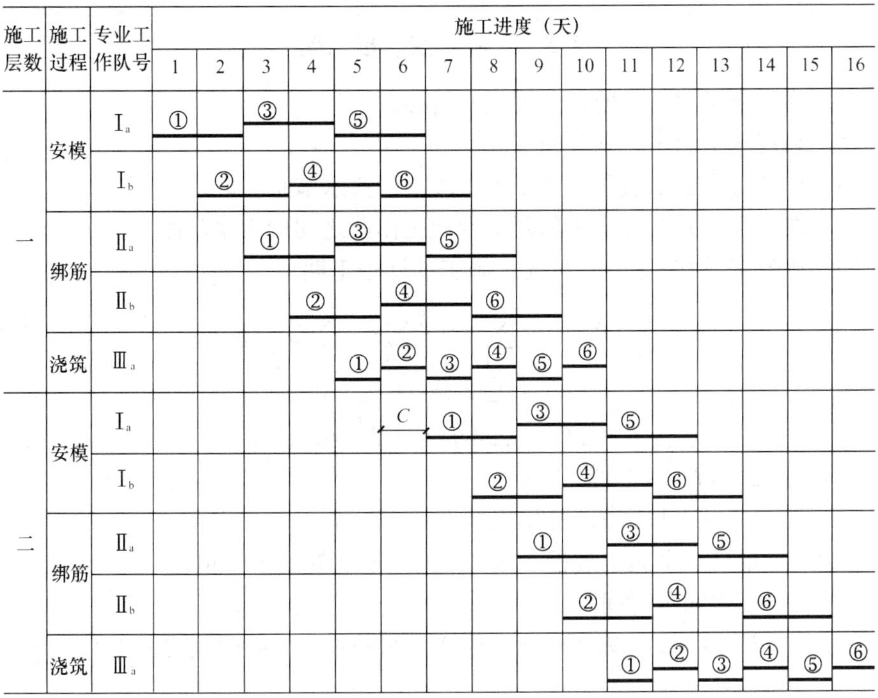

施工层数	施工过程	专业工作队号	施工进度（天）														
			1	2	3	4	5	6	7	8	9	10	11	12	13	14	15	16
一	安模	I_a	①		③		⑤											
		I_b		②		④		⑥										
	绑筋	II_a			①		③		⑤									
		II_b				②		④		⑥								
	浇筑	III_a					①	②	③	④	⑤	⑥						
二	安模	I_a						C ①		③		⑤						
		I_b								②		④	⑥					
	绑筋	II_a									①	③	⑤					
		II_b										②	④	⑥				
	浇筑	III_a										①	②	③	④	⑤	⑥	

图 2-2-17 【例 2-2-8】流水施工进度计划表

§2.5 无节奏专业流水

在项目实际施工中，通常每个施工过程在各个施工段上的工程量彼此不相等，各个专业工作队的生产效率相差悬殊，造成大多数的流水节拍彼此不相等，不可能组织成等节拍专业流水或成倍节拍专业流水。在这种情况下，往往利用流水施工的基本概念，在保证施工工艺、满足施工顺序要求的前提下，按照一定的计算方法，确定相邻专业工作队之间的流水步距，使相邻两个专业工作队，在开工时间上最大限度地、合理地搭接起来，形成每个专业工作队都能够连续作业的流水施工方式。这种流水施工组织方式，称为无节奏专业流水（亦称为分别流水）。它是流水施工的普遍形式。

2.5.1 基 本 特 点

(1) 各个施工过程在各个施工段上的流水节拍，通常不相等。

(2) 在多数情况下，流水步距彼此不相等，而且流水步距与流水节拍之间存在着某种函数关系。

(3) 每个专业工作队都能够连续作业，个别施工段可能有间歇时间。

(4) 专业工作队数目等于施工过程数目，即 $n_1=n$。

2.5.2 组织步骤

(1) 确定施工起点流向，分解施工过程。

(2) 确定施工顺序，划分施工段。

(3) 计算每个施工过程在各个施工段上的流水节拍。

(4) 按一定的方法确定相邻两个专业工作队之间的流水步距。

(5) 按公式（2-2-16）计算流水施工的计划工期。

$$T = \sum_{j=1}^{n-1} K_{j,j+1} + \sum_{i=1}^{m} t_i^{zh} + \sum Z + \sum G - \sum C_{j,j+1} \qquad (2\text{-}2\text{-}16)$$

$$\sum Z = \sum Z_{j,j+1} + \sum Z_{k,k+1}$$

$$\sum G = \sum G_{j,j+1} + \sum G_{k,k+1}$$

式中　T——流水施工的计算工期；

$K_{j,j+1}$——j 与 $j+1$ 专业工作队之间的流水步距；

t_i^{zh}——最后一个施工过程在第 i 个施工段上的流水节拍；

$\sum Z$——技术间歇时间总和；

$\sum Z_{j,j+1}$——j 与 $j+1$ 相邻两专业工作队之间的技术间歇时间之和（$1 \leqslant j \leqslant n-1$）；

$\sum Z_{k,k+1}$——相邻两施工层间的技术间歇时间之和（$1 \leqslant k \leqslant r-1$），$r$ 为施工层数，不分层时，$r=1$，分层时，$r=$ 实际施工层数；

$\sum G$——组织间歇时间之和；

$\sum G_{j,j+1}$——j 与 $j+1$ 相邻两专业工作队之间的组织间歇时间之和（$1 \leqslant j \leqslant n-1$）；

$\sum G_{k,k+1}$——相邻两施工层间的组织间歇时间之和（$1 \leqslant k \leqslant r-1$），$r$ 为施工层数，不分层时 $r=1$，分层时，$r=$ 实际施工层数；

$\sum C_{j,j+1}$——j 与 $j+1$ 相邻两专业工作队之间的平行搭接时间之和（$1 \leqslant j \leqslant n-1$）。

(6) 绘制流水施工水平指示图表。

2.5.3 应用举例

【例 2-2-9】 某项目经理部拟承建一工程，该工程由 Ⅰ、Ⅱ、Ⅲ、Ⅳ、Ⅴ 五个施工过程组成。该工程在平面上划分成 4 个施工段，每个施工过程在各个施工段上的流水节拍如表 2-2-4 所示。规定施工过程 Ⅱ 完成后，其相应施工段至少要养护2天；施工过程Ⅳ完成后，其相应施工段要留有1天的准备时间；为了尽早完工，允许施工过程Ⅰ、Ⅱ之间搭接施工1天。试编制流水施工方案。

流水节拍表（天）　　　　　　　　　表 2-2-4

施工过程 \ 施工段	①	②	③	④
Ⅰ	3	2	2	4
Ⅱ	1	3	5	3
Ⅲ	2	1	3	5
Ⅳ	4	2	3	3
Ⅴ	3	4	2	1

【解】　根据题设条件，该工程只能组织无节奏专业流水。

（1）求流水节拍的累加数列

$$\text{Ⅰ}: 3, 5, 7, 11$$
$$\text{Ⅱ}: 1, 4, 9, 12$$
$$\text{Ⅲ}: 2, 3, 6, 11$$
$$\text{Ⅳ}: 4, 6, 9, 12$$
$$\text{Ⅴ}: 3, 7, 9, 10$$

（2）确定流水步距

1）$K_{Ⅰ,Ⅱ}$

$$\begin{array}{r} 3, \quad 5, \quad 7, \quad 11 \\ -)\quad 1, \quad 4, \quad 9, \quad 12 \\ \hline 3, \quad 4, \quad 3, \quad 2, \quad -12 \end{array}$$

∴　$K_{Ⅰ,Ⅱ} = \max\{3, 4, 3, 2, -12\} = 4$ 天

2）$K_{Ⅱ,Ⅲ}$

$$\begin{array}{r} 1, \quad 4, \quad 9, \quad 12 \\ -)\quad 2, \quad 3, \quad 6, \quad 11 \\ \hline 1, \quad 2, \quad 6, \quad 6, \quad -11 \end{array}$$

∴　$K_{Ⅱ,Ⅲ} = \max\{1,2,6,6,-11\} = 6$ 天

3）$K_{Ⅲ,Ⅳ}$

$$\begin{array}{r} 2, \quad 3, \quad 6, \quad 11 \\ -)\quad 4, \quad 6, \quad 9, \quad 12 \\ \hline 2, \quad -1, \quad 0, \quad 2, \quad -12 \end{array}$$

∴ $K_{Ⅲ,Ⅳ} = \max\{2, -1, 0, 2, -12\} = 2$ 天

4) $K_{Ⅳ,Ⅴ}$

$$\begin{array}{r} 4,\ 6,\ 9,\ 12 \\ -)\quad 3,\ 7,\ 9,\ 10 \\ \hline 4,\ 3,\ 2,\ 3,\ -10 \end{array}$$

∴ $K_{Ⅳ,Ⅴ} = \max\{4, 3, 2, 3, -10\} = 4$ 天

(3) 确定计划工期

由已知条件可知：

$Z_{Ⅱ,Ⅲ} = 2$ 天，$G_{Ⅳ,Ⅴ} = 1$ 天，$C_{Ⅰ,Ⅱ} = 1$ 天，由公式 (2-2-16) 得：

$T = (4+6+2+4)+(3+4+2+1)+2+1-1 = 28$ 天

(4) 绘制流水施工水平指示表

如图 2-2-18 所示。

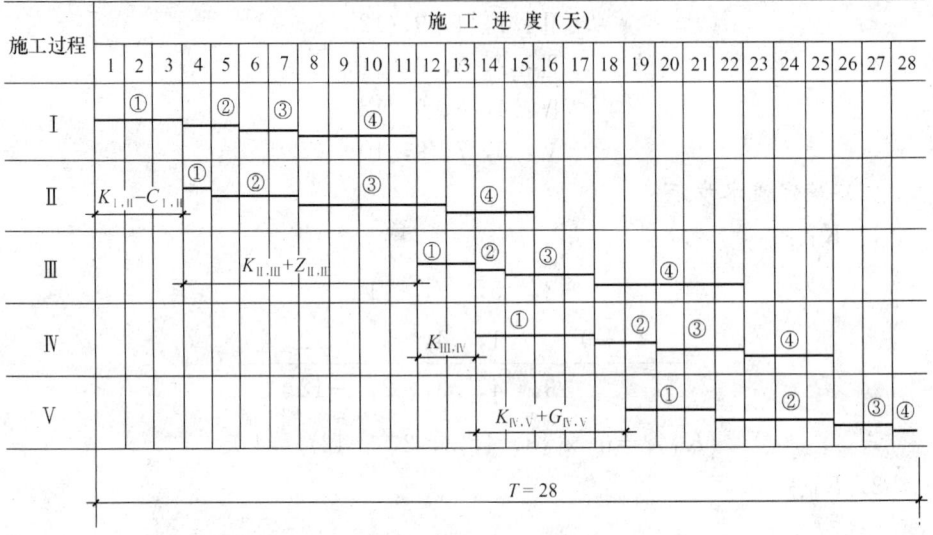

图 2-2-18 流水施工进度图

小 结

综上所述，可以看到：

(1) 三种流水施工组织方式，在一定条件下可以相互转化。

(2) 为缩短计算总工期，可以采用增加作业班次、缩小流水节拍、扩大某些施工过程组合范围、减少施工过程数目以及组织成倍节拍专业流水施工方式组织施工等方法。

(3) 在特殊情况下，为保证相应专业工作队不产生窝工现象，应在其流水施工范围之外，设置平衡施工的"缓冲工程"，以缩短计算总工期。

思 考 题

2.1　简述流水施工的概念。
2.2　说明流水施工的特点。
2.3　说明流水施工的效果。
2.4　说明流水参数的概念和种类。
2.5　简述工艺参数的概念和种类。
2.6　简述空间参数的概念和种类。
2.7　简述时间参数的概念和种类。
2.8　试说明等节拍专业流水施工方式的概念和建立步骤。
2.9　试说明成倍节拍专业流水施工方式的概念和建立步骤。
2.10　试说明无节奏专业流水施工方式的概念和建立步骤。

习　　题

2.1　某现浇钢筋混凝土工程由支模板、绑钢筋、浇混凝土、拆模板和回填土五个分项工程组成，它在平面上划分为6个施工段。各分项工程在各个施工段上的施工持续时间，如表2-2-5所示。在混凝土浇筑后至拆模板必须有养护时间2天。试编制该工程流水施工方案。

施工持续时间表　　　　　　　　表 2-2-5

分项工程名称	持续时间（天）					
	①	②	③	④	⑤	⑥
支模板	2	3	2	3	2	3
绑钢筋	3	3	4	4	3	3
浇混凝土	2	1	2	2	1	2
拆模板	1	2	1	1	2	1
回填土	2	3	2	2	3	2

2.2　某施工项目由Ⅰ、Ⅱ、Ⅲ、Ⅳ四个分项工程组成，它在平面上划分为6个施工段。各分项工程在各个施工段上的持续时间，如表2-2-6所示。分项工程Ⅱ完成后，其相应施工段至少应有技术间歇时间2天；分项工程Ⅲ完成后，它的相应施工段至少应有组织间歇时间1天。试编制该工程流水施工方案。

施工持续时间表　　　　　　　　　表 2-2-6

分项工程名称	持续时间（天）					
	①	②	③	④	⑤	⑥
Ⅰ	3	2	3	3	2	3
Ⅱ	2	3	4	4	3	2
Ⅲ	4	2	3	2	4	2
Ⅳ	3	3	2	3	2	4

2.3　某施工项目由挖基槽、做垫层、砌基础和回填土四个分项工程组成，该工程在平面上划分为 6 个施工段。各分项工程在各个施工段上的流水节拍，如表 2-2-7 所示。做垫层完成后，其相应施工段至少应有养护时间 2 天。试编制该工程流水施工方案。

流水节拍表　　　　　　　　　表 2-2-7

分项工程名称	流水节拍（天）					
	①	②	③	④	⑤	⑥
挖基槽	3	4	3	4	3	3
做垫层	2	1	2	1	2	2
砌基础	3	2	2	3	2	2
回填土	2	2	1	2	2	2

2.4　某工程项目由Ⅰ、Ⅱ、Ⅲ三个分项工程组成，它划分为 6 个施工段。各分项工程在各个施工段上的持续时间依次为：6 天、2 天和 4 天。试编制成倍节拍专业流水施工方案。

2.5　某地下工程由挖地槽、做垫层、砌基础和回填土四个分项工程组成，它在平面上划分为 6 个施工段。各分项工程在各个施工段上的流水节拍依次为：挖地槽 6 天、做垫层 2 天、砌基础 4 天、回填土 2 天。做垫层完成后，其相应施工段至少应有技术间歇时间 2 天。为加快流水施工速度，试编制工期最短的流水施工方案。

2.6　某施工项目由Ⅰ、Ⅱ、Ⅲ、Ⅳ四个施工过程组成，它在平面上划分为 6 个施工段。各施工过程在各个施工段上的持续时间依次为：6 天、4 天、6 天和 2 天。施工过程Ⅱ完成后，其相应施工段至少应有组织间歇时间 1 天。试编制工期最短的流水施工方案。

2.7　某工程由 A、B、C 三个分项工程组成，它在平面上划分为 6 个施工段。每个分项工程在各个施工段上的流水节拍均为 4 天。试编制流水施工方案。

2.8　某分部工程由Ⅰ、Ⅱ、Ⅲ三个施工过程组成，它在平面上划分为 6 个施工段。各施工过程在各个施工段上的流水节拍均为 3 天。施工过程Ⅱ完成后，其相应施工段至少应有技术间歇时间 2 天。试编制流水施工方案。

第3章 网络计划技术

§3.1 网络图的基本概念

网络计划技术是一种科学的计划管理方法,它的使用价值得到了各国的承认。19世纪中叶,美国的Frankford兵工厂顾问H. L. Gantt发表了反映施工与时间关系的甘特(Gantt)进度图表,即我们现在仍广泛应用的"横道图"。这是最早对施工进度计划安排的科学表达方式。这种表达方式简单、明了、容易掌握,便于检查和计算资源需求状况,因而很快地应用于工程进度计划中,并沿用至今。但它在表现内容上有很多缺点,如:不能全面而准确地反映出各项工作之间相互制约、相互依赖、相互影响的关系;不能反映出整个计划(或工程)中的主次部分,即其中的关键工作;难以对计划作出准确的评价;更重要的是不能应用现代化的计算工具——电子计算机。这些缺点从根本上限制了"横道图"的适用范围。因此,20世纪50年代末,为了适应生产发展和科学研究工作的需要,国外陆续出现了一些计划管理的新方法。这些方法尽管名目繁多,但内容大同小异,都是采用网络图表达计划内容的,并且符合统筹兼顾、适当安排的精神,我国著名的华罗庚教授把它们概括地称为统筹法,即通盘考虑、统一规划的意思。

网络图是用箭线表示一项工作,工作的名称写在箭线的上面,完成该项工作的时间写在箭线的下面,箭头和箭尾处分别画上圆圈,填入编号,箭头和箭尾的两个编号代表着一项工作,如图2-3-1 (a) 所示,$i-j$代表一项工作。或者用一个圆圈代表一项工作,节点编号写在圆圈上部,工作名称写在圆圈中部,完成该工作所需要的时间写在圆圈下部,箭线只表示该工作与其他工作的相互关系,如图2-3-1 (b) 所示。把一项计划(或工程)的所有工作,根据其开展的先后顺序并考虑其相互制约关系,全部用箭线或圆圈表示,从左向右排列起来,形成一个网状的图形,如图2-3-2所示,称之为网络图。

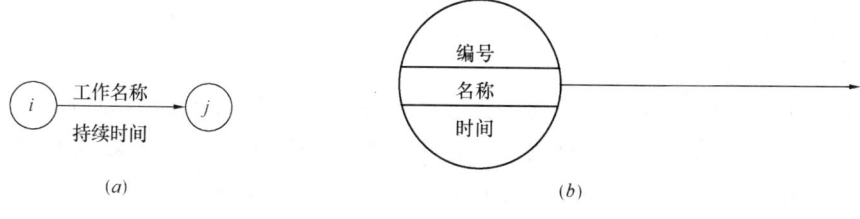

图 2-3-1 工作示意图

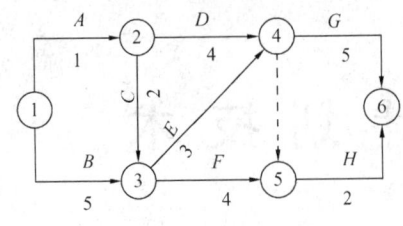

图 2-3-2　双代号网络图

网络计划技术的基本原理是：首先应用网络图形来表达一项计划（或工程）中各项工作的开展顺序及其相互之间的关系；通过对网络图进行时间参数的计算，找出计划中的关键工作和关键线路；继而通过不断改进网络计划，寻求最优方案，以求在计划执行过程中对计划进行有效的控制与监督，保证合理地使用人力、物力和财力，以最小的消耗取得最大的经济效果。因此这种方法得到了世界各国的承认，广泛应用在工业、农业、国防和科研计划与管理中。

与横道图相比，网络图具有如下优点：网络图把施工过程中的各有关工作组成了一个有机的整体，能全面而明确地表达出各项工作开展的先后顺序和反映出各项工作之间的相互制约和相互依赖的关系；能进行各种时间参数的计算；在名目繁多、错综复杂的计划中找出决定工程进度的关键工作，便于计划管理者集中力量抓主要矛盾，确保工期，避免盲目施工；能够从许多可行方案中，选出最优方案；在计划的执行过程中，某一工作由于某种原因推迟或者提前完成时，可以预见到它对整个计划的影响程度，而且能够根据变化了的情况，迅速进行调整，保证自始至终对计划进行有效的控制与监督；利用网络计划中反映出的各项工作的时间储备，可以更好地调配人力、物力，以达到降低成本的目的；更重要的是，它的出现与发展使现代化的计算工具——电子计算机在建筑施工计划管理中得以应用。

网络计划技术可以为工程项目施工管理提供许多信息，有利于加强施工管理。既是一种编制计划的方法，又是一种科学的管理方法。它有助于管理人员全面了解、重点掌握、灵活安排、合理组织，多快好省地完成计划任务，不断提高管理水平。

网络计划技术的缺点：在计算劳动力、资源消耗量时，与横道图相比较为困难。

网络计划技术主要用来编制建筑施工企业的生产计划和施工进度计划。

应用最早的网络计划技术是关键线路法（CPM）和计划评审法（PERT）。

这两种方法一出现就显示了其独到的优越性和科学性，立即引起了各国的重视，而为广泛采用。在推广和应用的过程中，不同国家根据本国的实际进行了扩展和改进。

前苏联在 1964 年颁布了一系列有关判定和应用网络计划技术的指示、基本条例等法令性文件，规定所有大型的建筑工程都必须采用网络计划技术进行管理。英国不仅将网络计划技术应用于建筑业，而且还广泛应用于工业，要求直接从事管理和有关业务的专业人员必须掌握此技术，因而使网络计划技术得到了较为普遍的应用。在欧洲，为了推动网络技术的不断发展，固定为每两年召开一次会议，进行有关网络计划技术的理论与应用方面的交流，互相切磋，共同提高。

我国从 20 世纪 60 年代初在华罗庚教授倡导下，对网络技术进行了研究和应用，收到一定的效果。我国于 1992 年颁布了《工程网络计划技术规程》(JGJ/T 1001—91)，在这之后，又于 1999 年重新修订和颁布了《工程网络计划技术规程》(JGJ/T 121—99)，这是根据建设部建标 [1997] 71 号文件的要求，由中国建筑统筹管理分会组成修订组，在广泛调查研究，认真总结实践经验，参考有关国际标准和国外先进标准，并在广泛征求意见的基础上，修订的该规程。该规程的重新修订和颁布，使得工程网络计划技术在计划编制与控制管理的实际应用中有了一个可以遵循的、统一的技术标准。新规程自 2000 年 2 月 1 日起施行。原行业标准《工程网络计划技术规程》(JGJ/T 1001—91) 同时废止。

随着现代科学技术的迅猛发展、管理水平的不断提高，网络计划技术也在不断发展，最近十几年欧美一些国家大力开展研究能够反映各种搭接关系的新型网络计划技术，取得了许多成果，搭接网络计划技术可以大大简化图形和计算工作，特别适用于庞大而复杂的计划中。

§3.2 双代号网络计划

3.2.1 网络图的组成

双代号网络图由工作、节点、线路三个基本要素组成。

1. 工作（也称过程、活动、工序）

工作就是计划任务按需要粗细程度划分而成的一个消耗时间或也消耗资源的子项目或子任务。它是网络图的组成要素之一，它用一根箭线和两个圆圈来表示。工作的名称标注在箭线的上面，工作持续时间标注在箭线的下面，箭线的箭尾节点表示工作的开始，箭头节点表示工作的结束。圆圈中的两个号码代表这项工作的名称，由于是两个号表示一项工作，故称为双代号表示法，如图 2-3-1 (a) 所示，由双代号表示法构成的网络图称为双代号网络图，如图 2-3-2 所示。

工作通常可以分为三种：需要消耗时间和资源（如混合结构中的砌筑砖外墙）的工作；只消耗时间而不消耗资源（如混凝土的养护）的工作；既不消耗时间，也不消耗资源的工作。前两种是实际存在的工作，后一种是人为的虚设工作，只表示相邻前后工作之间的逻辑关系，通常称其为"虚工作"，以虚箭线表示，其表示形式可垂直方向向上或向下，也可水平方向向右，如图 2-3-3 所示。

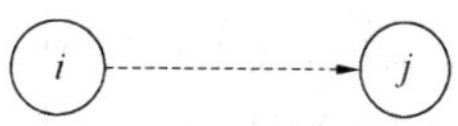

图 2-3-3 虚工作的表示方法

工作的内容是由一项计划（或工程）的规模及其划

分的粗细程度、大小、范围所决定的。对于一个规模较大的建设项目来讲，一项工作可能代表一个单位工程或一个构筑物；而对于一个单位工程，一项工作可能只代表一个分部或分项工程。

工作箭线的长度和方向，在标时网络图中，原则上讲可以任意画，但必须满足网络逻辑关系；在时标网络图中，其箭线长度必须根据完成该项工作所需持续时间的大小按比例绘图。

2. 节点（也称结点、事件）

在网络图中箭线的出发和交汇处画上圆圈，用以标志该圆圈前面一项或若干项工作的结束和允许后面一项或若干项工作的开始的时间点称为节点。

在网络图中，节点不同于工作，它只标志着工作的结束和开始的瞬间，具有承上启下的衔接作用，而不需要消耗时间或资源。如图2-3-2中的节点3，它只表示B、C两项工作的结束时刻，也表示E、F工作的开始时刻。节点的另一个作用如前所述，在网络图中，一项工作用其前后两个节点的编号表示。如图2-3-2中，E工作用节点"3—4"表示。

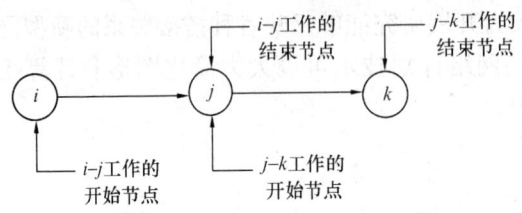

图 2-3-4 节点示意图

箭线出发的节点称为开始节点，箭线进入的节点称为完成节点，如图2-3-4所示。在一个网络图中，除整个网络计划的起点节点和终点节点外，其余任何一个节点都有双重的含义，既是前面工作的完成节点，又是后面工作的开始节点。

在一个网络图中，可以有许多工作指向一个节点，也可以有许多工作由同一个节点出发，如图2-3-5所示。我们把指向某节点的工作称为该节点的紧前工作（或前面工作）。我们把背向某节点的工作称为该节点的紧后工作。

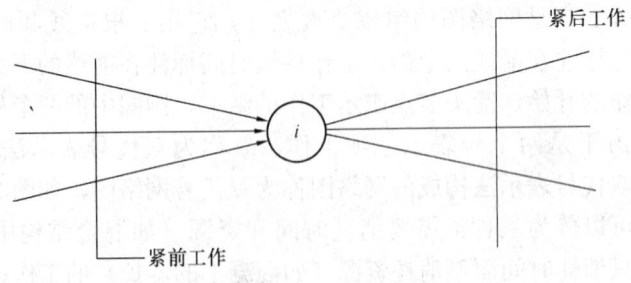

图 2-3-5 节点 i 示意图

表示整个计划开始的节点称为网络图的起点节点，整个计划最终完成的节点称为网络图的终点节点，其余称为中间节点。

在一个网络图中，每一个节点都有自己的编号，以便计算网络图的时间参数和检查网络图是否正确。从理论上讲，对于一个网络图，只要不重复，各个节点可任意编号，但人们习惯上从起点节点到终点节点，编号由小到大，并且对于每项工作，箭尾的编号一定要小于箭头的编号。

节点编号的方法可从以下两个方面来考虑：

根据节点编号的方向不同可分为两种：一种是沿着水平方向进行编号，如图 2-3-6 所示。另一种是沿着垂直方向进行编号，如图 2-3-7 所示。

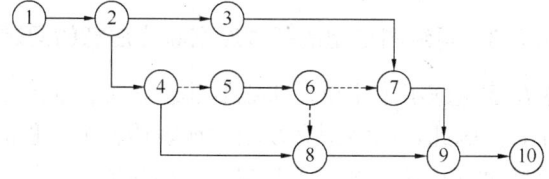

图 2-3-6　水平编号（连续编号）

根据编号的数字是否连续又分为两种：一种是连续编号法，即按自然数的顺序进行编号，图 2-3-6 和图 2-3-7 均为连续编号。另一种是间断编号法，一般按单数（或偶数）的顺序来进行编号。采用非连续编号，主要是为了适应计划调整，考虑增添工作的需要，编号留有余地。

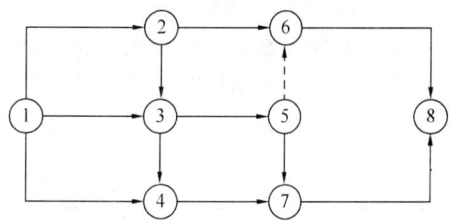

图 2-3-7　垂直编号（连续编号）

3. 线路

网络图中从起点节点开始，沿箭线方向连续通过一系列箭线与节点，最后到达终点节点的通路称为线路。每一条线路都有自己确定的完成时间，它等于该线路上各项工作持续时间的总和，也是完成这条线路上所有工作的计划工期。工期最长的线路称为关键线路（或主要矛盾线）。位于关键线路上的工作称为关键工作。关键工作完成的快慢直接影响整个计划工期的实现，关键线路用粗箭线或双箭线连接。

关键线路具有如下的性质：

（1）关键线路的线路时间，代表整个网络计划的总工期。

（2）关键线路上的工作，称为关键工作，均无时间储备。

（3）在同一网络计划中，关键线路至少有一条。

（4）关键线路并不是一成不变的，在一定条件下，关键线路和非关键线路可以互相转化。当计划管理人员采取了一定的技术组织措施，缩短某些关键工作持续时间后，有可能将关键线路转化为非关键线路，而原来的非关键线路却变成关键线路。

非关键线路具有如下的性质：

(1) 非关键线路的线路时间，仅代表该条线路的计划工期。

(2) 非关键线路上的工作，除关键工作外，其余均为非关键工作。

(3) 非关键工作均有时间储备可利用。

(4) 非关键工作也不是一成不变的，由于计划管理人员工作疏忽，拖延了某些非关键工作的持续时间，非关键线路可能转化为关键线路。同时，利用非关键工作的机动时间可以科学地、合理地调配资源和对网络计划进行优化。

3.2.2 网络图绘制的基本原则和应注意的问题

网络计划技术在建筑施工中主要用来编制建筑施工企业或工程项目生产计划和工程施工进度计划。因此，网络图必须正确地表达整个工程的施工工艺流程和各工作开展的先后顺序以及它们之间相互制约、相互依赖的约束关系。因此，在绘制网络图时必须遵循一定的基本规则和要求。

1. 绘制网络图的基本原则

(1) 在网络图中，必须根据施工顺序和施工组织的要求，正确地反映各项工作之间的相互制约和相互依赖关系，这些关系是多种多样的。表 2-3-1 列出了常见的几种表示方法。

工作间逻辑关系表示方法　　　　　　　　　　　表 2-3-1

序号	工作之间的逻辑关系	双代号表示方法	单代号表示方法
1	A、B 两项工作，依次施工	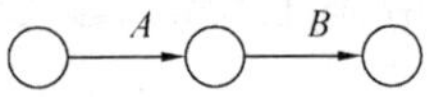	
2	A、B、C 三项工作，同时开始工作	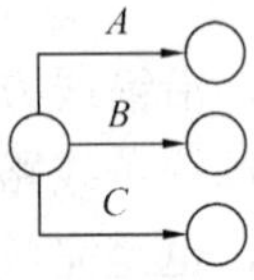	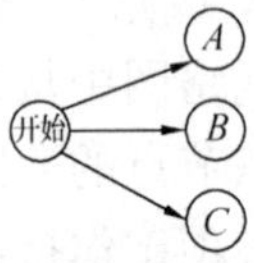
3	A、B、C 三项工作，同时结束工作	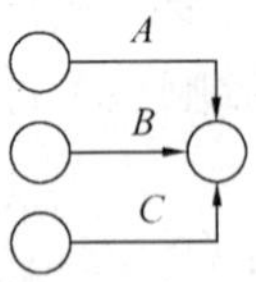	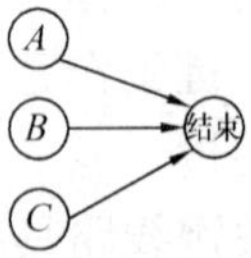
4	A、B、C 三项工作，A 完成后，B、C 才能开始	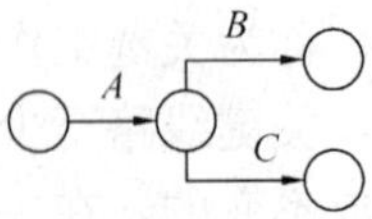	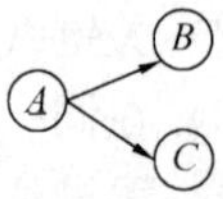
5	A、B、C 三项工作，C 只能在 A、B 完成后才能开始	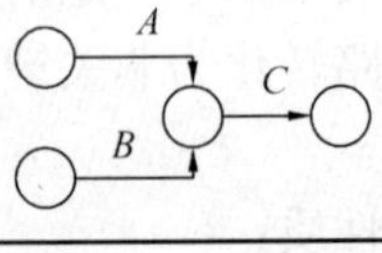	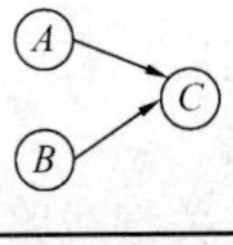

续表

序号	工作之间的逻辑关系	双代号表示方法	单代号表示方法
6	A、B、C、D 四项工作，A 完成后，C 才能开始，A、B 完成后，D 才能开始		
7	A、B、C、D 四项工作，只有 A、B 完成后，C、D 才能开始工作		
8	A、B、C、D、E 五项工作，A、B 完成后，C 才能开始，B、D 完成后，E 才能开始		
9	A、B、C、D、E 五项工作，A、B、C 完成后，D 才能开始工作，B、C 完成后，E 才能开始工作		
10	A、B 两项工作，分成三个施工段，进行平行搭接流水施工		

(2) 网络图必须具有能够表明基本信息的明确标识，数字或字母均可，如图 2-3-8 所示。

(3) 工作或节点的字母代号或数字编号，在同一项任务的网络图中，不允许重复使用，或者说，网络图中不允许出现编号相同的不同工作，如图 2-3-9 所示。

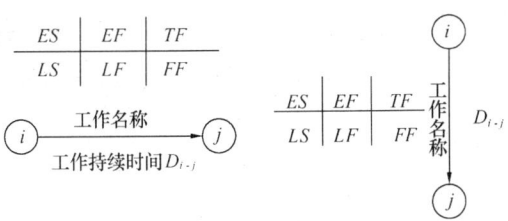

图 2-3-8 双代号网络图标识

(4) 在同一网络图中，只允许有一个起点节点和一个终点节点，不允许出现

图 2-3-9 重复编号示意图
(a) 错误；(b) 正确

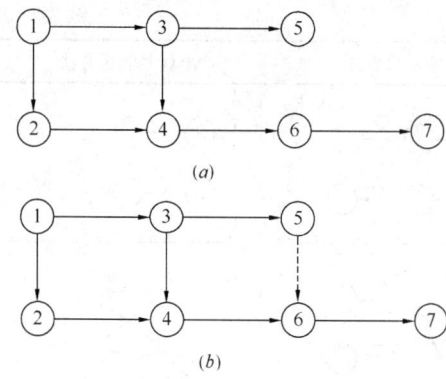

图 2-3-10 终点节点示意图
(a) 错误；(b) 正确

没有紧前工作的"尾部节点"或没有紧后工作的"尽头节点"，如图 2-3-10 所示。因此，除起点节点和终点节点外，其他所有节点，都要根据逻辑关系，前后用箭线或虚箭线连接起来。

（5）在肯定型网络计划的网络图中，不允许出现封闭循环回路。所谓封闭循环回路是指从一个事件出发沿着某一条线路移动，又回到原出发事件，即在网络图中出现了闭合的循环路线，如图 2-3-11 所示。

（6）网络图的主方向是从起点节点到终点节点的方向，在绘制网络图时应优先选择由左至右的水平走向。因此，工作箭线方向必须优先选择与主方向相应的走向，或选择与主方向垂直的走向，如图 2-3-12 所示。

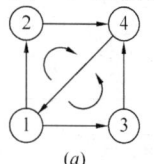 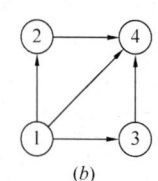

图 2-3-11 循环回路示意图
(a) 错误；(b) 正确

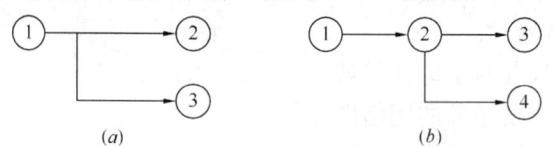

图 2-3-12 工作箭线画法示意图

（7）代表工作的箭线，其首尾必须都有节点，即网络图中不允许出现没有开始节点的工作或没有完成节点的工作，如图 2-3-13 所示。

图 2-3-13 无开始节点示意图
(a) 错误；(b) 正确

（8）绘制网络图时，应尽量避免箭线的交叉。当箭线的交叉不可避免时，通常选用"过桥"画法或"指向"画法，如图 2-3-14 所示。

（9）网络图应力求减去不必要的虚工作，如图 2-3-15 所示。

（10）网络图中不允许出现带有双向箭头或无箭头的工作。

（11）当双代号网络图的某些节点有多条外向箭线或多条内向箭线时，在保证一项工作有唯一的一条箭线和对应的一对节点编号前提下，允许使用母线法绘图。

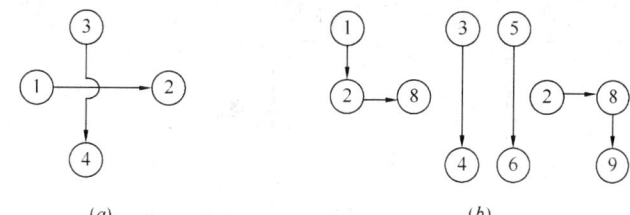

图 2-3-14 箭线交叉画法
(a) 过桥画法；(b) 指向画法

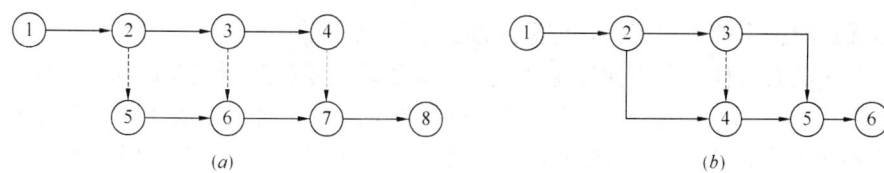

图 2-3-15 虚工作示意图
(a) 有多余虚工作；(b) 无多余虚工作

以上是绘制网络图应遵循的基本规则。这些规则是保证网络图能够正确地反映各项工作之间相互制约关系的前提，我们要熟练掌握。

2. 绘制网络图应注意的问题

(1) 网络图的布局要条理清楚，重点突出

虽然网络图主要用以反映各项工作之间的逻辑关系，但是为了便于使用，还应安排整齐，条理清楚，突出重点。尽量把关键工作和关键线路布置在中心位置，尽可能把密切相连的工作安排在一起，尽量减少斜箭线而采用水平箭线，尽可能避免交叉箭线出现。

(2) 网络图中的"断路法"

绘制网络图时必须符合三个条件。第一，符合施工顺序的关系；第二，符合流水施工的要求；第三，符合网络逻辑连接关系。一般来说，对施工顺序和施工组织上必须衔接的工作，绘图时不易产生错误，但是对于不发生逻辑关系的工作就容易生产错误。遇到这种情况时，采用虚箭线加以处理。用虚箭线在线路上隔断无逻辑关系的各项工作，这方法称为"断路法"。例如现浇钢筋混凝土分部工程的网络图，该工程有支模、扎筋、浇筑三项工作，分三段施工。如绘制成图 2-3-16 的形式就错了。

分析上面的网络图，在施工顺序上，由支模—扎筋—浇混凝土组成，符合施工工艺的要求；在流水关系上，同工种的工作队由第一施工段转入第二施工段再转入第三施工段，符合要求；在网络逻辑关系上，因为第Ⅲ施工段支模板不应受第Ⅰ施工段绑钢筋的制约，第Ⅲ施工段绑钢筋也不应受第Ⅰ施工段浇混凝土的制约，说明网络逻辑关系表达有误。但在图中都相连起来了，这是网络图中原则性的错误，它将导致一系列计算上的错误。这种情况下，就应采用虚工作在线路上

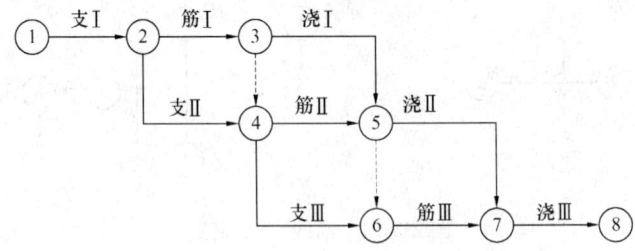

图 2-3-16　某混凝土分部工程双代号网络图

隔断无逻辑关系的各项工作，即采用断路法加以分隔。

断路法有两种。在横向用虚箭线切断无逻辑关系的各项工作，称为"横向断路法"，如图 2-3-17，它主要用于标时网络图中。在纵向用虚箭线切断无逻辑关系的各项工作，称为"纵向断路法"，如图 2-3-18 所示，它主要用于时标网络图中。

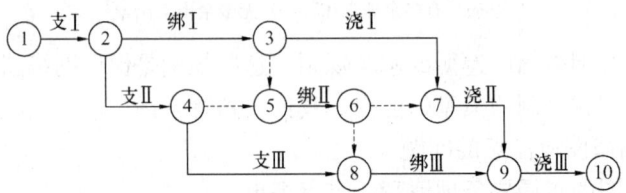

图 2-3-17　横向断路法

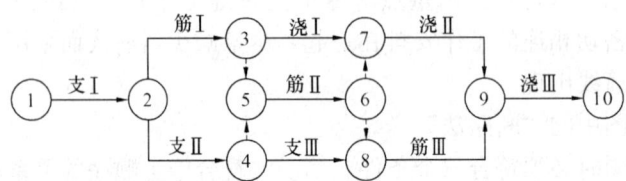

图 2-3-18　纵向断路法

(3) 建筑施工进度网络图的排列方法

为了使网络计划更形象而清楚地反映出建筑工程施工的特点，绘图时可根据不同的工程情况、不同的施工组织方法和使用要求灵活排列，以简化层次，使各工作间在工艺上及组织上的逻辑关系准确而清楚，以便于技术人员掌握，便于对计划进行计算和调整。

如果为了突出表示工作面的连续或者工作队的连续，可以把在同一施工段上的不同工种工作排列在同一水平线上，这种排列方法称为"按施工段排列法"，如图 2-3-19 所示。

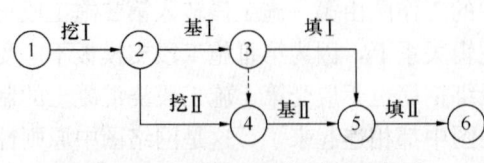

图 2-3-19　按施工段排列法示意图

如果为了突出表示工种的连续作业，可以把同一工种工程排列在同一水平线上，这一排列方法称为"按工种排列法"，如图 2-3-20 所示。

如果在流水作业中，若干个不同工种工作，沿着建筑物的楼层展开时，可以把同一楼层的各项工作排在

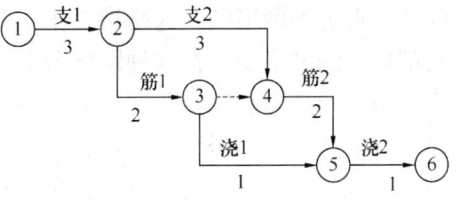

图 2-3-20 按工种排列法示意图

同一水平线上，图 2-3-21 是内装修工程的三项工作按楼层自上而下的施工流向进行施工的网络图。

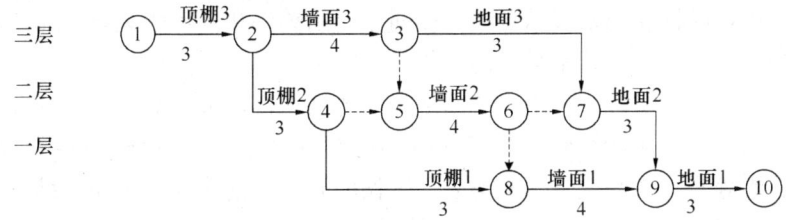

图 2-3-21 按施工层排列法示意图

必须指出，上述几种排列方法往往在一个单位工程的施工进度网络计划中同时出现。

此外还有按单位工程排列的网络计划，按栋号排列的网络计划，按施工部位排列的网络计划。原理同前面的几种排列法一样，将一个单位工程中的各分部工程，一个栋号内的各单位工程或一个部位的各项工作排列在同一水平线上，在此不一一赘述。

工作中可以按使用要求灵活地选用以上几种网络计划的排列方法。

(4) 网络图的分解

当网络图中的工作数目很多时，可以把它分成几个小块来绘制。分界点一般选择在箭线和节点较少的位置，或按照施工部位分块。例如某民用住宅的基础工程和砌筑工程，可以分为相应的两块。

分界点要用重复的编号，即前一块的最后一个节点编号与后一块的开始节点编号相同。对于较复杂的工程，把整个施工过程分为几个分部工程，把整个网络计划划分为若干个小块来编制，便于使用。

3.2.3 网络图的类型

网络图根据不同的指标，又划分为各种不同的类型。不同类型的网络图在绘制、计算和优化等方面也不相同，各有特点。按照不同的分类原则，可以将网络图分成不同的类别。

1. 按性质分类

(1) 肯定型网络图　这是指工作、工作与工作之间的逻辑关系以及工作持续时间都肯定的网络图。在这种网络图中，各项工作的持续时间都是确定的单一的数值，整个网络图有确定的计划总工期。

(2) 非肯定型网络图　工作、工作与工作之间的逻辑关系和工作持续时间三者中一项或多项不肯定的网络图。在这种网络图中，各项工作的持续时间只能按概率方法确定出三个值，整个网络计划无确定计划总工期。计划评审技术和图示评审技术就属于非肯定型网络图。

2. 按表示方法分类

(1) 单代号网络图　以单代号表示法绘制的网络图。网络图中，每个节点表示一项工作，箭杆仅用来表示各项工作间相互制约、相互依赖关系，如图示评审技术和决策网络技术等就是采用的单代号网络图。

(2) 双代号网络图　是指组成网络图的各项工作由节点表示工作的开始或结束，以箭线表示工作的名称。把工作的名称写在箭线上，工作的持续时间（小时、天、周等）写在箭线下，箭尾表示工作的开始，箭头表示工作的结束。采用这种符号所组成的网络图，叫做双代号网络图，如图 2-3-21 所示。目前，施工企业多采用这种网络图。

3. 按目标分类

(1) 单目标网络图　只有一个终点节点的网络图，即网络图只具有一个最终目标。如一个建筑物的施工进度计划只具有一个工期目标的网络计划。

(2) 多目标网络图　终点节点不只一个的网络图。此种网络图具有若干个独立的最终目标。

在多目标网络图中，每个最终目标都有自己的关键线路。因此，在每个箭线上除了注明工作的持续时间外，还要在括号里注明该项工作是属于哪一个最终目标的。

4. 按有无时间坐标分类

(1) 时标网络图　以时间坐标为尺度绘制的网络图。网络图中，每项工作箭杆的水平投影长度，与其持续时间成正比。如编制资源优化的网络计划即为时标网络图。

时标网络图，其特点是每个箭线长度与完成该项工作的持续时间成比例进行绘制。工作箭线往往沿水平方向画出，每个箭线的长度就是规定的持续时间。当箭线位置倾斜时，它的工作持续时间按其水平轴上的投影长度确定。

时标网络图的优点是一目了然（时间明确、直观），并容易发现工作是提前完成还是落后于进度。

时标网络图的缺点是随着时间的改变，就要重新绘制网络图。

(2) 非时标网络图　不按时间坐标绘制的网络图。网络图中，工作箭杆长度与持续时间无关，可按需要绘制。通常绘制的网络计划都是非时标网络图。

5. 按网络图的应用对象（范围、层次）分类

（1）局部网络图　它是指以一个建筑物或构筑物当中的一部分或以施工段为对象编制的网络图。例如以某单位工程中的一个分部工程为对象（如基础工程）编制的网络图，称为局部网络图。

（2）单位工程网络图　以一个建筑物或构筑物为对象编制的网络图，称为单位工程网络图。

（3）综合网络图　以整个计划任务为对象编制的网络图，如群体网络图或单项工程网络图。

6. 按工作衔接特点分类

（1）普通网络图　工作间关系均按首尾衔接关系绘制的网络图，如单代号、双代号和概率网络图。

（2）搭接网络图　按照各种规定的搭接时距绘制的网络图，网络图中既能反映各种搭接关系，又能反映相互衔接关系，如前导网络图。

（3）流水网络图　充分反映流水施工特点的网络图。包括横道流水网络图、搭接流水网络图和双代号流水网络图。

3.2.4　网络图时间参数的计算

网络图时间参数计算的目的在于确定网络图上各项工作和各个节点的时间参数，为网络计划的优化、调整和执行提供明确的时间概念。网络图计算的内容主要包括：各个节点的最早时间和最迟时间；各项工作的最早开始时间、最早结束时间、最迟开始时间、最迟结束时间；各项工作的有关时差以及关键线路的持续时间。

网络图时间参数的计算有许多种方法，一般常用的有分析计算法、图上计算法、表上计算法、矩阵计算法和电算法等。

1. 工作持续时间的计算

（1）单一时间计算法

组成网络图的各项工作可变因素少，具有一定的时间消耗统计资料，因而能够确定出一个肯定的时间消耗值。

单一时间计算法主要是根据劳动定额、预算定额、施工方法、投入劳动力、机具和资源量等资料进行确定的。计算公式如下：

$$D_{i-j} = \frac{Q}{S \cdot R \cdot n} \qquad (2\text{-}3\text{-}1)$$

式中　D_{i-j}——完成 i—j 项工作的持续时间（小时、天、周……）；

Q——该项工作的工程量；

S——产量定额（机械为台班产量）；

R——投入 i—j 工作的人数或机械台数；

n——工作的班次。

(2) 三时估计法

组成网络图的各项工作可变因素多，不具备一定的时间消耗统计资料，因而不能确定出一个肯定的单一的时间值。只有根据概率计算方法，首先估计出三个时间值，即最短、最长和最可能持续时间，再加权平均算出一个期望值作为工作的持续时间。这种计算方法叫做三时估计法。

在绘制网络图时必须将非肯定型转变为肯定，把三种时间的估计变为单一时间的估计，其计算公式如下：

$$m = \frac{a + 4c + b}{6} \tag{2-3-2}$$

式中 m——工作的平均持续时间；

a——最短估计时间（亦称乐观估计时间），是指按最顺利条件估计的，完成某项工作所需的持续时间；

b——最长估计时间（亦称悲观估计时间），是指按最不利条件估计的，完成某项工作所需的持续时间；

c——最可能估计时间，是指按正常条件估计的，完成某项工作最可能的持续时间。

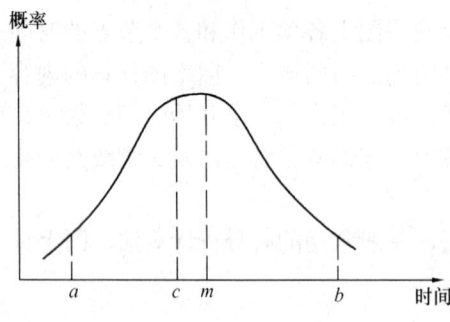

图 2-3-22 工作时间的概率分布

a、b、c 三个时间值都是基于可能性的一种估计，具有随机性。根据三种时间的估计，完成某一项工作所需要的时间概率分布如图 2-3-22 所示。

公式（2-3-2）实际上是一种加权平均值。假定 c 的可能性两倍于 a、b，则 c 和 a 的平均值为 $(a+2c)/3$，c 与 b 的平均值为 $(2c+b)/3$。这两种时间各以 1/2 的可能性出现，则其平均值为 $\frac{a+4c+b}{6}$。为了进一步反映工作时间概率的离散程度可计算方差，公式如下：

方差： $$\sigma^2 = \left(\frac{b-a}{6}\right)^2 \tag{2-3-3}$$

均方差： $$\sigma = \sqrt{\left(\frac{b-a}{6}\right)^2} = \frac{b-a}{6} \tag{2-3-4}$$

方差值越大，说明工作时间的分布距平均值离散程度越大，平均值的代表性就差。相反，方差值越小，说明工作时间的分布距平均值离散程度越小，平均值的代表性就好。例如有两项工作，它们的三个时间估计值、平均值、均方差如表 2-3-2 所示。

平均值、均方差的计算比较　　　　表 2-3-2

工作	三种时间估计			平均值：$m = \dfrac{a+4c+b}{6}$	均方差：$\sigma = \dfrac{b-a}{6}$
	a	c	b		
A	2	4	18	$\dfrac{2+4\times 4+18}{6}=6$	$\dfrac{18-2}{6}=2.67$
B	4	6	8	$\dfrac{4+6\times 4+8}{6}=6$	$\dfrac{8-4}{6}=0.67$

从表 2-3-2 中可知 A、B 两项工作的平均持续时间都是 6 天，但是 A 的均方差为 2.67，B 的均方差为 0.67。这说明 A 的平均值代表性差，它的不肯定性大；B 的平均值代表性好，它的不肯定性小。

为了计算整个网络图按规定日期完成的可能性，需要将网络图中关键线路上各项工作持续时间的平均值和方差加起来计算。工作的数目越多，概率的偏差越小，反之，工作数目越小，概率的偏差越大。网络计划按规定日期完成的概率，可通过下面的公式和查函数表求得。

$$TK = TS + \sum \sigma \lambda \quad (2\text{-}3\text{-}5)$$

$$\lambda = \frac{TK - TS}{\sum \sigma} \quad (2\text{-}3\text{-}6)$$

式中　TK——网络计划规定的完工日期或目标时间；

　　　TS——网络计划最早可能完成的时间，即关键线路上各项工作平均持续时间的总和；

　　　$\sum \sigma$——关键线路上各项工作均方差之和；

　　　λ——概率系数。

现举例说明上述原理和计算公式的应用：

某网络计划如图 2-3-23 所示，试计算该项任务 20 天完成的概率；如完成的概率要求达到 94.5%，则计划工期应规定为多少天？

根据网络图，列表 2-3-3 进行计算如下：

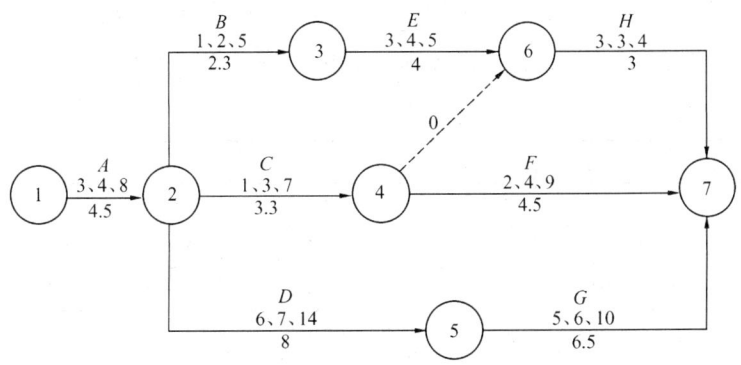

图 2-3-23　某工程网络图

计 算 表　　　　　　　表 2-3-3

工作名称	节点编号		三种时间估计			平均作业时间 $m = \dfrac{a+4c+b}{6}$	方差 $\sigma^2 = \left(\dfrac{b-a}{6}\right)^2$	关键线路
	I	J	a	c	b			
A	1	2	3	4	8	4.5	25/36	4.5
B	2	3	1	2	5	2.3		
C	2	4	1	3	7	3.3		
D	2	5	6	7	14	8	64/36	8
E	3	6	3	4	5	4		
虚工作	4	6	0	0	0	0		
F	4	7	2	4	9	4.5		
G	5	7	5	6	10	6.5	25/36	6.5
H	6	7	2	3	4	3		
							$\sum\sigma^2 = \dfrac{114}{36}$	TS=19

该工程规定的完工日期为 20 天。关键线路上各项工作平均持续时间的总和为 19 天。关键线路上各项工作的均方差之和：

$$\sum \sigma = \sqrt{\frac{114}{36}} = 1.78$$

代入公式（2-3-6）可得概率系数：

$$\lambda = \frac{TK - TS}{\sum \sigma} = \frac{20 - 19}{1.78} = 0.56$$

然后查表 2-3-4，可知该工程 20 天完成的概率是 70%。再查表 2-3-4，如概率为 94.5%，则概率系数 λ 是 1.6，代入公式（2-3-5）可求得计划规定的完工日期：

$$TK = TS + \sum \sigma\lambda = 19 + 1.6 \times 1.78 = 22 \text{ 天}$$

该工程如规定 22 天完成，则概率可达 94.5%。

函 数 表　　　　　　　表 2-3-4

λ	概率（%）	λ	概率（%）	λ	概率（%）
−0.0	50.0	−0.5	30.8	−1.0	15.9
−0.1	46.0	−0.6	27.4	−1.1	13.5
−0.2	42.0	−0.7	24.2	−1.2	11.5
−0.3	38.2	−0.8	21.2	−1.3	9.7
−0.4	34.5	−0.9	18.4	−1.4	8.0

续表

λ	概率（%）	λ	概率（%）	λ	概率（%）
−1.5	6.7	0.0	50.0	1.6	94.5
−1.6	5.5	0.1	54.0	1.7	95.5
−1.7	4.5	0.2	57.9	1.8	96.5
−1.8	3.6	0.3	61.8	1.9	97.1
−1.9	2.9	0.4	65.5	2.0	97.7
−2.0	2.3	0.5	69.1	2.1	98.2
−2.1	1.8	0.6	72.6	2.2	98.6
−2.2	1.4	0.7	75.8	2.3	98.9
−2.3	1.0	0.8	78.8	2.4	99.2
−2.4	0.8	0.9	81.6	2.5	99.4
−2.5	0.6	1.0	84.1	2.6	99.5
−2.6	0.5	1.1	86.4	2.7	99.6
−2.7	0.4	1.2	88.5	2.8	99.7
−2.8	0.3	1.3	90.3	2.9	99.8
−2.9	0.2	1.4	91.9	3.0	99.9
−3.0	0.1	1.5	93.3		

2. 工作计算法

为了便于理解，举例说明一下，某一网络图由 h、i、j、k 4 个节点和 $h—i$、$i—j$ 及 $j—k$ 等 3 项工作组成，如图 2-3-24 所示。

图 2-3-24 工作示意图

从图 2-3-24 中可以看出，$i—j$ 代表一项工作，$h—i$ 是它的紧前工作。如果 $i—j$ 之前有许多工作，$h—i$ 可理解为由起点节点到 i 节点为止沿箭头方向的所有工作的总和。$j—k$ 代表 $i—j$ 的紧后工作。如果 $i—j$ 是终点节点，则 $j—k$ 等于零。如果 $i—j$ 后面有许多工作，$j—k$ 可理解为由 j 节点至终点节点为止的所有工作的总和。

计算时采用下列符号：

ET_i——i 节点的最早时间；

ET_j——j 节点的最早时间；

LT_i——i 节点的最迟时间；

LT_j——j 节点的最迟时间；

D_{i-j}——$i—j$ 工作的持续时间；

ES_{i-j}——i—j 工作的最早开始时间；

LS_{i-j}——i—j 工作的最迟开始时间；

EF_{i-j}——i—j 工作的最早完成时间；

LF_{i-j}——i—j 工作的最迟完成时间；

TF_{i-j}——i—j 工作的总时差；

FF_{i-j}——i—j 工作的自由时差。

设网络计划 P 是由 n 个节点所组成，其编号是由小到大（$1 \rightarrow n$），其工作时间参数的计算公式如下：

(1) 工作最早开始时间的计算

工作最早开始时间是指各紧前工作全部完成后，本工作有可能开始的最早时刻。工作 i—j 的最早开始时间 ES_{i-j} 的计算应符合下列规定：

1) 工作 i—j 的最早开始时间 ES_{i-j} 应从网络计划的起点节点开始，顺箭线方向依次逐项计算；

2) 以起点节点为开始节点的工作 i—j，当无规定其最早开始时间 ES_{i-j} 时，其值应等于零，即：

$$ES_{i-j} = 0 \quad (i = 1) \tag{2-3-7}$$

3) 当工作只有一项紧前工作时，其最早开始时间应为：

$$ES_{i-j} = ES_{h-i} + D_{h-i} \tag{2-3-8}$$

式中　ES_{h-i}——工作 i—j 的紧前工作的最早开始时间；

D_{h-i}——工作 i—j 的紧前工作的持续时间。

4) 当工作有多个紧前工作时，其最早开始时间应为：

$$ES_{i-j} = \max\{ES_{h-i} + D_{h-i}\} \tag{2-3-9}$$

(2) 工作最早完成时间的计算

工作最早完成时间是指各紧前工作完成后，本工作有可能完成的最早时刻。工作 i—j 的最早完成时间 EF_{i-j} 应按公式（2-3-10）计算：

$$EF_{i-j} = ES_{i-j} + D_{i-j} \tag{2-3-10}$$

(3) 网络计划工期的计算

1) 计算工期 T_c 是指根据时间参数计算得到的工期，它应按公式（2-3-11）计算：

$$T_c = \max\{EF_{i-n}\} \tag{2-3-11}$$

式中　EF_{i-n}——以终点节点 $j=n$ 为箭头节点的工作 i—n 的最早完成时间。

2) 网络计划的计划工期是指按要求工期和计算工期确定的作为实施目标的工期。其计算应按下述规定：

① 规定了要求工期 T_r 时

$$T_p \leqslant T_r \tag{2-3-12}$$

②当未规定要求工期时
$$T_p = T_c \qquad (2\text{-}3\text{-}13)$$

(4) 工作最迟完成时间的计算

工作最迟完成时间是指在不影响整个任务按期完成的前提下，工作必须完成的最迟时刻。

①工作 i—j 的最迟完成时间 LF_{i-j} 应从网络计划的终点节点开始，逆着箭线方向依次逐项计算。

②以终点节点（$j=n$）为箭头节点的工作最迟完成时间 LF_{i-n}，应按网络计划的计划工期 T_p 确定，即：
$$LF_{i-n} = T_p \qquad (2\text{-}3\text{-}14)$$

③其他工作 i—j 的最迟完成时间 LF_{i-j}；应按公式（2-3-15）计算：
$$LF_{i-j} = \min\{LF_{j-k} - D_{j-k}\} \qquad (2\text{-}3\text{-}15)$$

式中　　LF_{j-k}——工作 i—j 的各项紧后工作 j—k 的最迟完成时间；

D_{j-k}——工作 i—j 的各项紧后工作的持续时间。

(5) 工作最迟开始时间的计算

工作的最迟开始时间是指在不影响整个任务按期完成的前提下，工作必须开始的最迟时刻。

工作 i—j 的最迟开始时间应按公式（2-3-16）计算：
$$LS_{i-j} = LF_{i-j} - D_{i-j} \qquad (2\text{-}3\text{-}16)$$

(6) 工作总时差的计算

工作总时差是指在不影响总工期的前提下，本工作可以利用的机动时间。该时间应按公式（2-3-17）或公式（2-3-18）计算
$$TF_{i-j} = LS_{i-j} - ES_{i-j} \qquad (2\text{-}3\text{-}17)$$
或
$$TF_{i-j} = LF_{i-j} - EF_{i-j} \qquad (2\text{-}3\text{-}18)$$

(7) 工作自由时差的计算

工作自由时差是指在不影响其紧后工作最早开始时间的前提下，本工作可以利用的机动时间。工作 i—j 的自由时差 FF_{i-j} 的计算应符合下列规定。

1) 当工作 i—j 有紧后工作 j—k 时，其自由时差应为：
$$FF_{i-j} = \min\{ES_{j-k}\} - ES_{i-j} - D_{i-j} \qquad (2\text{-}3\text{-}19)$$
或
$$FF_{i-j} = \min\{ES_{j-k}\} - EF_{i-j} \qquad (2\text{-}3\text{-}20)$$

式中　　ES_{j-k}——工作 i—j 的紧后工作 j—k 的最早开始时间。

2) 以终点节点为箭头节点的工作，其自由时差 FF_{i-j} 应按网络计划的计划工期 T_p 确定，即：
$$FF_{i-n} = T_p - ES_{i-n} - D_{i-n} \qquad (2\text{-}3\text{-}21)$$
或
$$FF_{i-n} = T_p - EF_{i-n} \qquad (2\text{-}3\text{-}22)$$

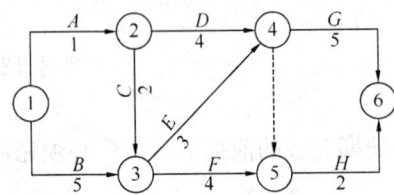

图 2-3-25 某双代号网络图

【例 2-3-1】 为了进一步理解和应用以上计算公式，现以图 2-3-25 为例说明计算的各个步骤。图中箭线下的数字是工作的持续时间，以天为单位。

【解】

(1) 各项工作最早开始时间和最早完成时间的计算

工作 1—2：$ES_{1-2}=0$
$EF_{1-2}=ES_{1-2}+D_{1-2}=0+1=1$

工作 1—3：$ES_{1-3}=0$
$EF_{1-3}=ES_{1-3}+D_{1-3}=0+5=5$

工作 2—3：$ES_{2-3}=EF_{1-2}=1$
$EF_{2-3}=ES_{2-3}+D_{2-3}=1+2=3$

工作 2—4：$ES_{2-4}=EF_{1-2}=1$
$EF_{2-4}=ES_{2-4}+D_{2-4}=1+4=5$

工作 3—4：$ES_{3-4}=\max\{EF_{1-3}, EF_{2-3}\}=\max\{5, 3\}=5$
$EF_{3-4}=ES_{3-4}+D_{3-4}=5+3=8$

工作 3—5：$ES_{3-5}=\max\{EF_{1-3}, EF_{2-3}\}=\max\{5, 3\}=5$
$EF_{3-5}=ES_{3-5}+D_{3-5}=5+4=9$

工作 4—6：$ES_{4-6}=\max\{EF_{2-4}, EF_{3-4}\}=\max\{5, 8\}=8$
$EF_{4-6}=ES_{4-6}+D_{4-6}=8+5=13$

工作 5—6：$ES_{5-6}=\max\{EF_{2-4}, EF_{3-4}, EF_{3-5}\}=\max\{5, 8, 9\}=9$
$EF_{5-6}=ES_{5-6}+D_{5-6}=9+2=11$

计划工期 $T_p=T_c=\max\{EF_{i-n}\}=\max\{EF_{4-6}, EF_{5-6}\}=\max\{13, 11\}=13$

(2) 各项工作最迟开始时间和最迟完成时间的计算

工作 5—6：$LF_{5-6}=T_p=13$
$LS_{5-6}=LF_{5-6}-D_{5-6}=13-2=11$

工作 4—6：$LF_{4-6}=T_p=13$
$LS_{4-6}=LF_{4-6}-D_{4-6}=13-5=8$

工作 3—5：$LF_{3-5}=LS_{5-6}=11$
$LS_{3-5}=LF_{3-5}-D_{3-5}=11-4=7$

工作 3—4：$LF_{3-4}=\min\{LS_{5-6}, LS_{4-6}\}=\min\{11, 8\}=8$
$LS_{3-4}=LF_{3-4}-D_{3-4}=8-3=5$

工作 2—4：$LF_{2-4}=\min\{LS_{5-6}, LS_{4-6},\}=\min\{11, 8\}=8$
$LS_{2-4}=LF_{2-4}-D_{2-4}=8-4=4$

工作 2—3：$LF_{2-3}=\min\{LS_{3-4}, LS_{3-5}\}=\min\{5, 7\}=5$

$$LS_{2-3}=LF_{2-3}-D_{2-3}=5-2=3$$

工作 1-3：$LF_{1-3}=\min\{LS_{3-4}, LS_{3-5}\}=\min\{5, 7\}=5$

$$LS_{1-3}=LF_{1-3}-D_{1-3}=5-5=0$$

工作 1-2：$LF_{1-2}=\min\{LS_{2-4}, LS_{2-3}\}=\min\{4, 3\}=3$

$$LS_{1-2}=LF_{1-2}-D_{1-2}=3-1=2$$

(3) 各项工作的总时差的计算

工作 1-2：$TF_{1-2}=LS_{1-2}-ES_{1-2}=2-0=2$

工作 1-3：$TF_{1-3}=LS_{1-3}-ES_{1-3}=0-0=0$

工作 2-3：$TF_{2-3}=LS_{2-3}-ES_{2-3}=3-1=2$

工作 2-4：$TF_{2-4}=LS_{2-4}-ES_{2-4}=4-1=3$

工作 3-4：$TF_{3-4}=LS_{3-4}-ES_{3-4}=5-5=0$

工作 3-5：$TF_{3-5}=LS_{3-5}-ES_{3-5}=7-5=2$

工作 4-6：$TF_{4-6}=LS_{4-6}-ES_{4-6}=8-8=0$

工作 5-6：$TF_{5-6}=LS_{5-6}-ES_{5-6}=11-9=2$

(4) 各项工作自由时差的计算

工作 1-2：$FF_{1-2}=EF_{1-3}-EF_{1-2}=1-1=0$

工作 1-3：$FF_{1-3}=ES_{3-4}-EF_{1-3}=5-5=0$

工作 2-3：$FF_{2-3}=ES_{3-4}-EF_{2-3}=5-3=2$

工作 2-4：$FF_{2-4}=\min\{ES_{4-6}, ES_{5-6}\}-EF_{2-4}=8-5=3$

工作 3-4：$FF_{3-4}=\min\{ES_{4-6}, ES_{5-6}\}-EF_{3-4}=8-8=0$

工作 3-5：$FF_{3-5}=ES_{5-6}-EF_{3-5}=9-9=0$

工作 4-6：$FF_{4-6}=T_p-EF_{4-6}=13-13=0$

工作 5-6：$FF_{5-6}=T_p-EF_{5-6}=13-11=2$

3. 节点计算法

(1) 节点最早时间的计算

节点最早时间是指双代号网络计划中，以该节点为开始节点的各项工作的最早开始时间。

节点 i 的最早时间 ET_i 应从网络计划的起点节点开始，顺着箭线方向依次逐项计算，并应符合下列规定：

1) 起点节点 i 未规定最早时间 ET_i 时，其值应等于零，即：

$$ET_i = 0 (i = 1) \tag{2-3-23}$$

2) 当节点 j 只有一条内向箭线时，其最早时间为：

$$ET_j = ET_i + D_{i-j} \tag{2-3-24}$$

3) 当节点 j 有多条内向箭线时，其最早时间 ET_j 应为：

$$ET_j = \max\{ET_i + D_{i-j}\} \tag{2-3-25}$$

(2) 网络计划工期的计算

1) 网络计划的计算工期

网络计划的计算工期按下式计算：

$$T_c = ET_n \tag{2-3-26}$$

式中　ET_n——终点节点 n 的最早时间。

2) 网络计划的计划工期的确定

网络计划的计划工期 T_p 的确定与工作计算法相同。

(3) 节点最迟时间的计算

节点最迟时间是指双代号网络计划中，以该节点为完成节点的各项工作的最迟完成时间。其计算应符合下述规定：

1) 节点 i 的最迟时间 LT_i 应从网络计划的终点节点开始，逆着箭线方向依次逐项计算，当部分工作分期完成时，有关节点的最迟时间必须从分期完成节点开始逆向逐项计算。

2) 终点节点 n 的最迟时间 LT_n 应按网络计划的计划工期 T_p 确定，即：

$$LT_n = T_p \tag{2-3-27}$$

分期完成节点的最迟时间应等于该节点规定的分期完成时间。

3) 其他节点 i 的最迟时间 LT_i 应为：

$$LT_i = \min\{LT_j - D_{i-j}\} \tag{2-3-28}$$

式中　LT_j——工作 i—j 的箭头节点 j 的最迟时间。

(4) 工作时间参数的计算

1) 工作最早开始时间的计算

工作 i—j 的最早开始时间 ES_{i-j} 的计算按公式（2-3-29）计算：

$$ES_{i-j} = ET_i \tag{2-3-29}$$

2) 工作 i—j 的最早完成时间按公式（2-3-30）计算：

$$EF_{i-j} = ET_i + D_{i-j} \tag{2-3-30}$$

3) 工作 i—j 最迟完成时间的计算

工作 i—j 的最迟完成时间 LF_{i-j} 按公式（2-3-31）计算：

$$LF_{i-j} = LT_j \tag{2-3-31}$$

4) 工作最迟开始时间的计算

工作 i—j 的最迟开始时间 LS_{i-j} 的计算按公式（2-3-32）计算：

$$LS_{i-j} = LT_j - D_{i-j} \tag{2-3-32}$$

5) 工作总时差的计算

工作 i—j 的总时差 TF_{i-j} 应按公式（2-3-33）计算：

$$TF_{i-j} = LT_j - ET_i - D_{i-j} \tag{2-3-33}$$

6) 工作自由时差的计算

工作 i—j 的自由时差 FF_{i-j} 按公式（2-3-34）计算：

$$FF_{i-j} = ET_j - ET_i - D_{i-j} \tag{2-3-34}$$

【例 2-3-2】 为了进一步理解和应用以上计算公式，现仍以图 2-3-25 为例说明计算的各个步骤。

【解】

(1) 计算节点最早时间 ET_j

令 $ET_1=0$，由公式 (2-3-24)、公式 (2-3-25) 得：

$$ET_2 = ET_1 + D_{1-2} = 0 + 1 = 1$$

$$ET_3 = \max\begin{Bmatrix} ET_2 + D_{2-3} \\ ET_1 + D_{1-3} \end{Bmatrix} = \max\begin{Bmatrix} 1+2 \\ 0+5 \end{Bmatrix} = 5$$

$$ET_4 = \max\begin{Bmatrix} ET_2 + D_{2-4} \\ ET_3 + D_{3-4} \end{Bmatrix} = \max\begin{Bmatrix} 1+4 \\ 5+3 \end{Bmatrix} = 8$$

$$ET_5 = \max\begin{Bmatrix} ET_3 + D_{3-5} \\ ET_4 + D_{4-5} \end{Bmatrix} = \max\begin{Bmatrix} 5+4 \\ 8+0 \end{Bmatrix} = 9$$

$$ET_6 = \max\begin{Bmatrix} ET_4 + D_{4-6} \\ ET_5 + D_{5-6} \end{Bmatrix} = \max\begin{Bmatrix} 8+5 \\ 9+2 \end{Bmatrix} = 13$$

(2) 计算各个节点最迟时间 LT_j

令，$LT_6 = ET_6 = T_c = T_p = 13$，按公式 (2-3-28) 得：

$$LT_5 = LT_6 - D_{5-6} = 13 - 2 = 11$$

$$LT_4 = \min\begin{Bmatrix} LT_6 - D_{4-6} \\ LT_5 - D_{4-5} \end{Bmatrix} = \min\begin{Bmatrix} 13-5 \\ 11-0 \end{Bmatrix} = 8$$

$$LT_3 = \min\begin{Bmatrix} LT_5 - D_{3-5} \\ LT_4 - D_{3-4} \end{Bmatrix} = \min\begin{Bmatrix} 11-4 \\ 8-3 \end{Bmatrix} = 5$$

$$LT_2 = \min\begin{Bmatrix} LT_3 - D_{2-3} \\ LT_4 - D_{2-4} \end{Bmatrix} = \min\begin{Bmatrix} 5-2 \\ 8-3 \end{Bmatrix} = 3$$

$$LT_1 = \min\begin{Bmatrix} LT_3 - D_{1-3} \\ LT_2 - D_{1-2} \end{Bmatrix} = \min\begin{Bmatrix} 5-5 \\ 3-1 \end{Bmatrix} = 0$$

(3) 计算各项工作最早开始时间 ES_{i-j} 和最早完成时间 EF_{i-j}

按公式 (2-3-29)、公式 (2-3-30) 计算得：

$$ES_{1-2} = ET_1 = 0$$

$$EF_{1-2} = ES_{1-2} + D_{1-2} = 0 + 1 = 1$$

$$ES_{1-3} = ET_1 = 0$$

$$EF_{1-3} = ES_{1-3} + D_{1-3} = 0 + 5 = 5$$

$$ES_{2-3} = ET_2 = 1$$

$$EF_{2-3} = ES_{2-3} + D_{2-3} = 1 + 2 = 3$$

$$ES_{2-4} = ET_2 = 1$$

$$EF_{2-4} = ES_{2-4} + D_{2-4} = 1 + 4 = 5$$

$$ES_{3-4} = ET_3 = 5$$

$$EF_{3-4} = ES_{3-4} + D_{3-4} = 5 + 3 = 8$$

$$ES_{3-5} = ET_3 = 5$$

$$EF_{3-5} = ES_{3-5} + D_{3-5} = 5 + 4 = 9$$

$$ES_{4-6} = ET_4 = 8$$

$$EF_{4-6} = ES_{4-6} + D_{4-6} = 8 + 5 = 13$$

$$ES_{5-6} = ET_5 = 9$$

$$EF_{5-6} = ES_{5-6} + D_{5-6} = 9 + 2 = 11$$

(4) 计算各项工作最迟开始时间 LS_{i-j} 和最迟完成时间 LF_{i-j}
按公式 (2-3-31)、公式 (2-3-32) 计算得：

$$LF_{1-2} = LT_2 = 3$$

$$LS_{1-2} = LF_{1-2} - D_{1-2} = 3 - 1 = 2$$

$$LF_{1-3} = LT_3 = 5$$

$$LS_{1-3} = LF_{1-3} - D_{1-3} = 5 - 5 = 0$$

$$LF_{2-3} = LT_3 = 5$$

$$LS_{2-3} = LF_{2-3} - D_{2-3} = 5 - 2 = 3$$

$$LF_{2-4} = LT_4 = 8$$

$$LS_{2-4} = LF_{2-4} - D_{2-4} = 8 - 4 = 4$$

$$LF_{3-4} = LT_4 = 8$$

$$LS_{3-4} = LF_{3-4} - D_{3-4} = 8 - 3 = 5$$

$$LF_{3-5} = LT_5 = 11$$

$$LS_{3-5} = LF_{3-5} - D_{3-5} = 11 - 4 = 7$$

$$LF_{4-6} = LT_6 = 13$$

$$LS_{4-6} = LF_{4-6} - D_{4-6} = 13 - 5 = 8$$

$$LF_{5-6} = LT_6 = 13$$

$$LS_{5-6} = LF_{5-6} - D_{5-6} = 13 - 2 = 11$$

(5) 计算各项工作的总时差 TF_{i-j}
按公式 (2-3-33) 计算得：

$$TF_{1-2} = LT_2 - ET_1 - D_{1-2} = 3 - 0 - 1 = 2$$

$$TF_{1-3} = LT_3 - ET_1 - D_{1-3} = 5 - 0 - 5 = 0$$

$$TF_{2-3} = LT_3 - ET_2 - D_{2-3} = 5 - 1 - 2 = 2$$
$$TF_{2-4} = LT_4 - ET_2 - D_{2-4} = 8 - 1 - 4 = 3$$
$$TF_{3-4} = LT_4 - ET_3 - D_{3-4} = 8 - 5 - 3 = 0$$
$$TF_{3-5} = LT_5 - ET_3 - D_{3-5} = 11 - 5 - 4 = 2$$
$$TF_{4-6} = LT_6 - ET_4 - D_{4-6} = 13 - 8 - 5 = 0$$
$$TF_{5-6} = LT_6 - ET_5 - D_{5-6} = 13 - 9 - 2 = 2$$

(6) 计算各项工作的自由时差 FF_{i-j}

按公式（2-3-33）计算得：

$$FF_{1-2} = ET_2 - ET_1 - D_{1-2} = 1 - 0 - 1 = 0$$
$$FF_{1-3} = ET_3 - ET_1 - D_{1-3} = 5 - 0 - 5 = 0$$
$$FF_{2-3} = ET_3 - ET_2 - D_{2-3} = 5 - 1 - 2 = 2$$
$$FF_{2-4} = ET_4 - ET_2 - D_{2-4} = 8 - 1 - 4 = 3$$
$$FF_{3-4} = ET_4 - ET_3 - D_{3-4} = 8 - 5 - 3 = 0$$
$$FF_{3-5} = ET_5 - ET_3 - D_{3-5} = 9 - 5 - 4 = 0$$
$$FF_{4-6} = ET_6 - ET_4 - D_{4-6} = 13 - 8 - 5 = 0$$
$$FF_{5-6} = ET_6 - ET_5 - D_{5-6} = 13 - 9 - 2 = 2$$

(7) 关键工作和关键线路的确定

在网络计划中总时差最小的工作称为关键工作。本例中由于网络计划的计算工期等于其计划工期，故总时差为零的工作即为关键工作。

$$TF_{1-3} = LT_3 - ET_1 - D_{1-3} = 5 - 0 - 5 = 0$$

∴ 1—3 工作是关键工作

$$TF_{3-4} = LT_4 - ET_3 - D_{3-4} = 8 - 5 - 3 = 0$$

∴ 3—4 工作是关键工作

$$TF_{4-6} = LT_6 - ET_4 - D_{4-6} = 13 - 8 - 5 = 0$$

∴ 4—6 工作是关键工作

将上述各项关键工作依次连起来，所组成的线路①→③→④→⑥就是整个网络图的关键线路。

4. 图上计算法

图上计算法是依据分析计算法的时间参数关系式，直接在网络图上进行计算的一种比较直观、简便的方法。现以图 2-3-25 所示的一个简单的网络说明图上计算法。

(1) 各种时间参数在图上的表示方法

节点时间参数通常标注在节点的上方或下方，其标注方法如图 2-3-26 所示。工作时间参数通常标注在工作箭杆的上方或左侧，如图 2-3-26 所示。

(2) 计算节点最早时间

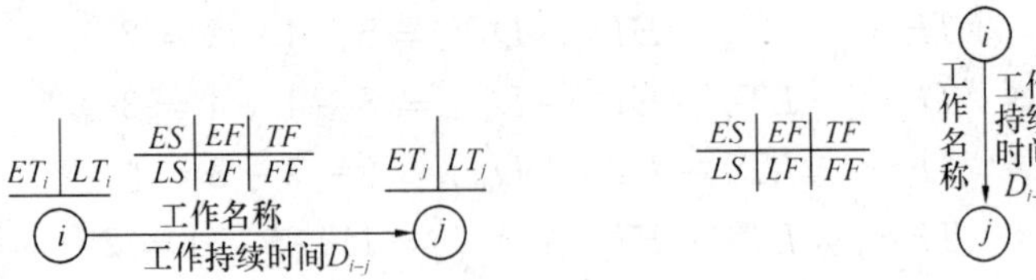

图 2-3-26　时间参数标注方法

1) 起点节点

网络图中的起点节点一般是以相对时间 0 开始，因此起点节点的最早可能开始时间等于 0，把 0 注在起点节点的相应位置。

2) 中间节点

从起点节点到中间节点可能有几条线路，而每一条线路有一个时间和，这些线路时间和中的最大值，就是该中间节点的最早可能开始时间。如图 2-3-25 中节点 3 的最早可能开始时间，需要计算从 1 到 3 的两条线路，即 1—2—3 和 1—3 的时间和。1—2—3 的时间和为 1+2=3 天，1—3 的时间和是 5 天，要取线路中的最大值，因此节点 3 的最早可能开始时间为 5 天。它表示紧前工作（1—3、2—3)最早可能完成的时间为 5 天，紧后工作（3—4、3—5）最早可能开始的时间为 5 天之后。

(3) 计算节点最迟时间

节点最迟时间的计算，是以网络图的终点节点（终点）逆箭头方向，从右到左，如图 2-3-25 所示，逐个节点进行计算的。并将计算的结果添在相应节点的图示位置上。

1) 终点节点

当网络计划有规定工期时，终点节点的最迟时间就等于规定工期。当没有规定工期时，终点节点的最迟时间等于终点节点最早时间。

2) 中间节点

某一节点最迟时间的计算，是从终点节点开始向起点节点方向进行的，如果计算到某一中间节点可能有几条线路，那么在这几条线路中必有一个时间和的最大值。把完成节点的最迟时间减去这个最大值，就是该节点的最迟时间。如图 2-3-25 中节点 2 的最迟时间，需要由节点 6 反方向计算到节点 2 的四条线路中，最大的时间和 6—4—2 的时间和是 5+4=9 天，6—4—3—2 的时间和是 5+3+2=10 天，6—5—4—3—2 的时间和是 2+3+2=7 天，6—5—3—2 的时间和是 2+4+2=8 天。从终点节点最迟时间的 13 天减去 10 天得 3 天就是节点 2 的最迟时间。它表示紧前工作 1—2 最迟必须在 3 天结束，紧后工作 2—3、2—4 最迟必须在 3 天后马上开始，否则就会拖延整个计划工期。

(4) 计算各项工作的最早可能开始和最早可能完成时间

工作的最早可能开始时间也就是该工作开始节点的最早时间。工作的最早可能完成时间也就是该工作的最早可能开始时间加上该项工作的持续时间。

如图 2-3-25 中的工作 2—4 最早可能开始时间等于节点 2 的最早时间（1 天）。工作 2—4 最早可能完成时间＝工作 2—4 的最早可能开始时间＋工作的持续时间，即 1+4=5 天。

（5）计算各项工作的最迟必须开始和最迟必须完成时间

工作的最迟必须完成时间也就是该工作结束节点的最迟时间。工作的最迟必须开始时间也就是工作最迟必须完成时间减去该工作的持续时间。如图 2-3-25 中的工作 2—4 的最迟必须开始时间＝工作 2—4 的最迟必须完成时间－工作 2—4 的持续时间，即 8—4=4 天。

以上时间参数的计算值均可直接标注在图上，如图 2-3-27 所示。

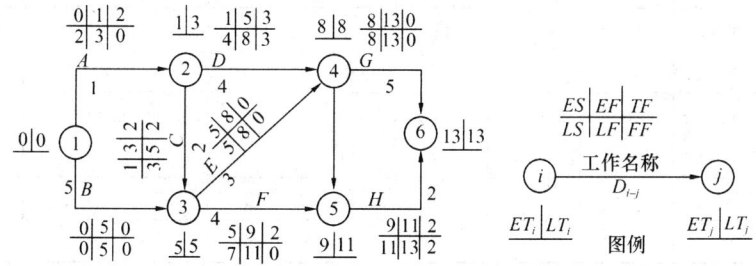

图 2-3-27　图上计算法示意图

（6）计算时差

图上计算法的总时差等于该工作的结束节点的最迟时间减去开始节点的最早时间再减去该工作的持续时间。

自由时差也可以用该工作结束节点的最早时间减去该工作开始节点的最早时间与该工作持续时间的和而求得。公式如下：

$$FF_{i-j} = ET_j - (ET_i + D_{i-j}) \tag{2-3-35}$$

有关总时差及自由时差的计算值，如图 2-3-27 所示。

5. 表上计算法

表上计算法是依据分析计算法所求出的时间关系式，用表格形式进行计算的一种方法。在表上应列出拟计算的工作名称，各项工作的持续时间以及所求的各项时间参数，见表 2-3-5。

计算前应先将网络图中的各个节点按其号码从小到大依次填入表中的第（1）栏内，然后各项工作 $i—j$ 也要分别按 i、j 号码从小到大顺次填入第（2）栏内（如 1—2、1—3、2—3、2—4 等），同时把相应的每项工作的持续时间填入第（3）栏内。以上所要求的都是已知数，也是下列计算的基础。

为了便于理解，现举例说明表上计算法的步骤和方法。

（1）求表中的 ET_i 和 EF_{i-j} 值（见表中 1—2 工作），计算顺序：自上而下，逐行进行。

网络计划时间参数计算表　　　　　　表 2-3-5

工作一览表			时间参数						关键线路
节点	工作	持续时间	节点最早时间	工作最早完成时间	工作最迟开始时间	节点最迟时间	工作总时差	工作自由时差	
i	$i-j$	D_{i-j}	ET_i	EF_{i-j}	LS_{i-j}	LT_i	TF_{i-j}	FF_{i-j}	CP
(1)	(2)	(3)	(4)	(5)	(6)	(7)	(8)	(9)	(10)
①	1—2 1—3	1 5	0	1 5	1 0	0	1 0	0 0	是
②	2—3 2—4	3 2	1	4 3	2 9	2	1 8	1 8	
③	3—4 3—5	6 5	5	11 10	5 5	5	0 0	0 1	是
④	4—5 4—6	0 5	11	11 16	13 11	11	2 0	0 0	是
⑤	5—6	3	11	14	13	13	2	2	
⑥			16			16			

1) 已知条件

$ET_1=0$（计划从相对时间 0 天开始，因此，ET_1 值为 0），EF_{i-j}（表中第 5 栏）=ET_i（表中第 4 栏）+D_{i-j}（表中第 3 栏）则 $EF_{1-2}=0+1=1$；$EF_{1-3}=0+5=5$。

2) 求 ET_3

从表 2-3-5 中可以看出节点 3 的紧前工作有 1—3 和 2—3，应选这两项工作 EF_{2-3} 和 EF_{1-3} 的最大值填入 ET，现已知 $EF_{1-3}=5$；$EF_{2-3}=4$；故 $ET_3=5$。同样由(4)栏+(3)栏=(5)栏，得 $EF_{3-4}=5+6=11$；$EF_{3-5}=5+5=10$。

3) 求 ET_4

节点 4 的紧前工作有 2—4 和 3—4，现已知 $EF_{2-4}=3$，$EF_{3-4}=11$，故 $ET_4=11$。并计算得：$EF_{4-5}=5+6=11$；$EF_{3-5}=5+5=10$。

4) 求 ET_5

节点 5 的紧前工作有 4—5 和 3—5，已知 $EF_{4-5}=11$，$EF_{3-5}=10$，故 $ET_5=11$。并计算得：$EF_{5-6}=11+3=14$。

5) 求 ET_6

节点的紧前工作有 4—6 和 5—6，已知 $EF_{4-6}=16$，$EF_{5-6}=11$，取两者的最大值，得：$ET_6=16$。

(2) 求 LT_i 和 LS_{i-j} 值

计算顺序：自下而上，逐行进行。

1) 已知条件

$ET_6=16$，而且整个网络图的终点（终点节点）的 LT 值在没有规定工期的时候应与 ET 值相同，即 $LT_6=ET_6$；则 $LT_6=16$。

从表 2-3-5 可以看出节点 6 的紧前工作有 4—6 和 5—6，则有：

$$LS_{4-6}=LT_6-D_{4-6}=16-5=11$$
$$LS_{5-6}=LT_6-D_{5-6}=16-3=13$$

2) 求 LT_5

表 2-3-5 中，由节点 5 出发的工作（节点 5 的紧后工作）只有 5—6，已知 $LS_{5-6}=13$，故 $LT_5=13$（如果有两个或更多的紧后工作，则要选取其中 LS 的最小值作为该节点的 LT 值），节点 5 的紧前工作有 3—5 和 4—5，则算得：

$$LS_{3-5}=LT_5-D_{3-5}=13-5=8$$
$$LS_{4-5}=LT_5-D_{4-5}=13-0=13$$

3) 求 LT_4

从表 2-3-5 中可以看出，由节点 4 出发的工作有 4—5 和 4—6，已知：$LS_{4-5}=13$，$LS_{4-6}=11$ 选其最小值 $\min LS$ 填入 LT_4 得 $LT_4=11$。

节点 4 的紧前工作有 2—4 和 3—4，则有：

$$LS_{2-4}=LT_4-D_{2-4}=11-2=9$$
$$LS_{3-4}=LT_4-D_{3-4}=11-6=5$$

4) 求 LT_3

由节点 3 出发的工作有 3—4 和 3—5，已知 $LS_{3-4}=5$，$LS_{2-4}=9$，选其 $\min LS$ 值填入 LT_3，得 $LT_3=5$。同样可算出节点 3 的紧前工作 1—3 和 2—3 的 LS 值为：

$$LS_{1-3}=LT_3-D_{1-3}=5-5=0$$
$$LS_{2-3}=LT_3-D_{2-3}=5-3=2$$

5) 求 LT_2

由节点 2 出发的工作有 2—3 和 2—4，已知 $LS_{2-3}=2$，$LS_{2-4}=9$，选其 $\min LS$ 值填入 LT_2，得 $LT_2=2$，节点 2 的紧前工作只有 1—2 则：

$$LS_{1-2}=LT_2-D_{1-2}=2-1=1$$

6) 求 LT_1

由节点 1 出发的工作有 1—2 和 1—3，已知 $LS_{1-2}=1$，$LS_{1-3}=0$，选其 $\min LS$ 值填入 LT_1，则 $LT_1=0$ 由于节点 1 是整个网络图的起点节点，所以它前面没有工作，到此，LT 和 LS 值全部计算完毕。

(3) 求 TF_{i-j}

由计算式(2-3-33)及式(2-3-17)得；即表 2-3-5 中的第(8)栏等于第(6)栏减去第(4)栏。

(4) 求 FF_{i-j}

$$FF_{i-j}=ET_j-ET_i-D_{i-j}$$

如：工作 3—5 的 $FF_{3-5}=ET_5-ET_3-D_{3-5}=11-5-5=1$；其余类推，计算结果见表 2-3-5。

(5) 判别关键线路

因本例无规定工期，因此在表 2-3-5 中，凡总时差 $TF_{i-j}=0$ 的工作就是关键工作，在表的第 (10) 栏中注明"是"，由这些工作首尾相接而形成的线路就是关键线路。

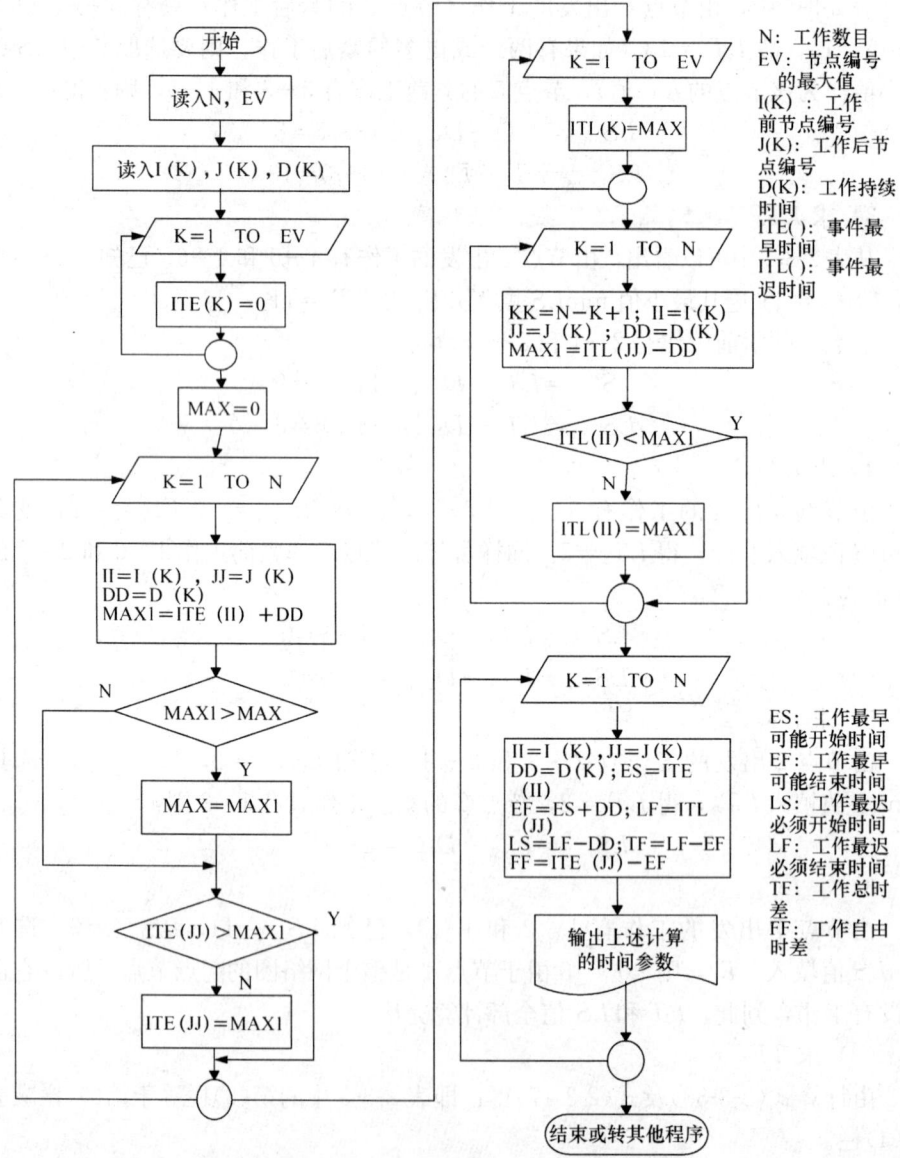

图 2-3-28　网络时间参数计算程序框图

6. 电算法

网络计划的时间参数计算、方案的各种优化以及实施期间的进度管理都需要大量的重复计算，而计算机的普及应用为解决这一问题创造了有利的条件。本节所介绍的电算法就是利用计算程序进行网络图时间参数计算。

网络图时间参数计算程序包括读入数据、计算和结果输出三部分。计算部分包括前向网络计算（计算各节点最早时间）、后向网络计算（计算各节点最迟时间）和工作时间参数计算三个部分。程序框图如图 2-3-28 所示，可在此基础上编制网络时间参数计算程序。

3.2.5 双代号时标网络计划

1. 双代号时标网络计划的特点与适用范围

双代号时标网络计划是以时间坐标为尺度编制的双代号网络计划。

(1) 双代号时标网络计划的特点

双代号时标网络计划主要有以下特点：

1) 兼有网络计划与横道图优点，能够清楚地表明计划的时间进程；

2) 能在图上直接显示各项工作的开始与完成时间、自由时差及关键线路；

3) 时标网络计划在绘制中受到时间坐标的限制，因此不易产生循环回路之类的逻辑错误；

4) 可以利用时标网络计划图直接统计资源的需要量，以便进行资源优化和调整；

5) 因为箭线受时标的约束，故绘图不易，修改也较困难，往往要重新绘图。现在使用计算机以后，这一问题已较易解决。

(2) 双代号的时标网络计划的适用范围

双代号时标网络计划适用于以下几种情况：

1) 工作项目较少、工艺过程比较简单的工程；

2) 局部网络计划；

3) 作业性网络计划；

4) 使用实际进度前峰线进行进度控制的网络计划。

由于单代号网络计划绘制成时标网络计划以后会使图形变得与双代号网络计划近似，故《工作网络计划技术规程》没有提及，实际上是不提倡。还由于按最迟时间绘制时标网络计划会使时差利用产生困难，故也不主张使用。本文只涉及按最早时间绘制的双代号时标网络计划。

2. 双代号时标网络计划的绘制方法

(1) 基本符号

图 2-3-29 是一个双代号时标网络计划。由图可见，双代号时标网络计划以实箭线表示工作，以虚箭线表示虚工作，以波形线表示工作的自由时差。所有符

号均绘制在时标图上，其在时间坐标上的位置及水平投影，都必须与其所代表的时间值相对应。节点的中心必须对准时标的刻度线。虚箭线一般情况下必须以垂直虚线表示，有自由时差时加波形线表示。

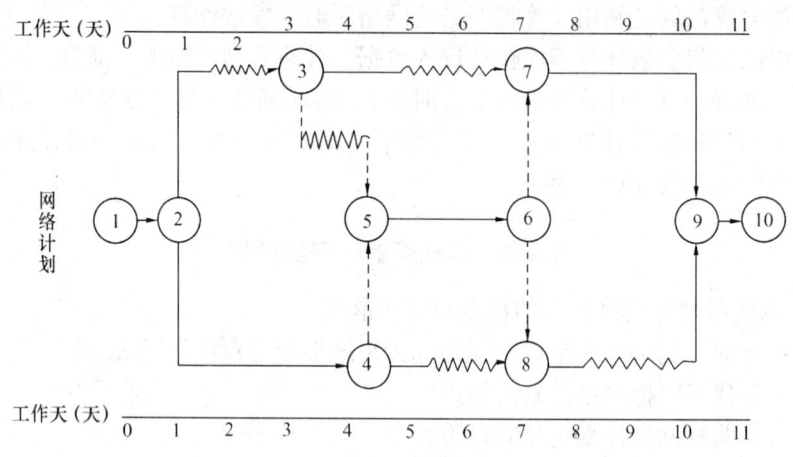

图 2-3-29　双代号时标网络计划

(2) 时标网络计划的绘制

时标网络计划宜按最早时间绘制。在绘制前，先按已确定的时间单位绘出时标表。把时标标注在时标表的顶部或底部，注明时标的长度单位。有时在顶部或底部加注日历的对应时间。时标表中的刻度线宜为细实线，以便图面清晰。此线不画或少画也是允许的。

1) 间接绘制法

间接绘制法是先计算网络计划的时间参数，再绘制时标网络计划的方法。用这种方法时，应先对标时网络计划进行计算，算出其最早时间即可。然后按每项工作的最早开始时间将其箭尾节点定位在时标表上，再用规定线型绘出工作及其自由时差，便可形成时标网络计划。

2) 直接绘制法

直接绘制法是不经计算，直接按草图编制时标网络计划。绘制的要点如下：

第一，将起点节点定位在时标表的起始刻度线上（即第一天开始点）；

第二，按工作持续时间在时标表上绘制起点节点的外向箭线，如图 2-3-29 中的 1—2 箭线；

第三，工作的箭头节点必须在其所有内向箭线绘出以后，定位在这些箭线中最晚完成的实箭线箭头处。如图 2-3-29 中的 3—5 和 4—5 的完成节点 5 定位在 4—5 的最早完成时间；工作 4—8 和 6—8 的完成节点 8 定位在 6—8 的最早完成时间等。

第四，某些内向箭线长度不足以到达该节点时，用波形线补足，这就是自由时差。图 2-3-29 中节点 3、5、7、8、9 之前都用波形线补足。

第五，用上述方法自左至右依次确定其他节点的位置，直至终点节点定位绘完。

需要注意的是，使用这一方法的关键是要把虚箭线处理好。首先要把它等同于实箭线看待，而其持续时间是零；其次，虽然它本身没有时间，但可能存在时差，故要按规定画好波形线。在画波形线时，箭头在波形线之末端。

3. 时标网络计划关键线路和时间参数的判定

(1) 时标网络计划关键线路的判定

时标网络计划的关键线路，应自终点节点逆箭头方向朝起点节点观察，凡自始至终不出现波形线的通路，就是关键线路。

判别是否是关键线路，关键看这条线路上的各项工作是否有总时差。这里是用有没有自由时差判断有没有总时差的。因为有自由时差的线路即有总时差，而自由时差则集中在线路段的末端，既然末端不出现自由时差，那么这条线路段上各工作便不存在总时差，这条线路就必然是关键线路。图 2-3-29 的关键线路是"1—2—4—5—6—7—9—10"。

(2) 时标网络计划自由时差的判定

时标网络计划中的工作自由时差值等于其波形线在坐标轴上的水平投影长度。

理由是：每条波形线的末端，就是这条波形线所在工作的紧后工作的最早开始时间，波形线的起点，就是它所在工作的最早完成时间，波形线的水平投影就是这两个时间之差，也就是自由时差值。

(3) 时标网络计划中工作总时差的判定

时标网络计划中，工作总时差不能直接观察，但利用可观察到的工作自由时差进行判定亦是比较简便的。

应自右向左，在其各紧后工作的总时差被判定后，本工作的总时差才能判定。工作总时差之值，等于各紧后工作总时差的最小值与本工作的自由时差值之和。

例如，图 2-3-29 中，关键工作 9—10 的总时差为 0，8—9 的自由时差是 2，故 8—9 的总时差就是 2，工作 4—8 的总时差就是其紧后工作 8—9 的总时差与本工作的自由时差 2 之和，即总时差为 4。计算工作 2—3 的总时差，要在 3—7 与 3—5 的工作总时差 2 与 1 中挑选一个小的 1，本工作的自由时差为 0，所以它的总时差就是 1。判定后的总时差可以写在箭线的上部，如图 2-3-29。

(4) 时标网络计划中最迟时间的计算

有了工作总时差与最早时间，工作的最迟时间便可计算出来，例如图 2-3-29 中，工作 2-3 最迟开始时间上 $LS_{2-3}=TF_{2-3}+ES_{2-3}=1+2=3$，其最迟完成时间 $LF_{2-3}=TF_{2-3}+EF_{2-3}=1+4=5$；余下工作的最迟时间的计算类似。

§3.3 单代号网络图

3.3.1 单代号网络图的绘制

在双代号网络图中，为了正确地表达网络计划中各项工作（活动）间的逻辑关系，而引入了虚工作这一概念，通过绘制和计算可以看到增加了虚工作也是很麻烦的事，不仅增大了工作量，也使图形增大，使得计算更费时间。因此，人们在使用双代号网络图来表示计划的同时，也设想了第二种计划网络图——单代号网络图，从而解决了双代号网络图的上述缺点。

1. 绘图符号

单代号网络计划的表达形式很多，符号也是各种各样，但总的说来，就是用一个节点圆圈或方框代表一项工作（或活动、工序），至于圆圈或方框内的内容（项目）可以根据实际需要来填写和列出。一般将工作的名称、编号填写在圆圈或方框的上半部分；完成工作所需要的时间写在圆圈或方框的下半部分（也有写在箭线下面），如图 2-3-30 所示，而连接两个节点圆圈或方框间的箭线用来表示两项工作（活动）间的紧前和紧后关系。即工作之间的关

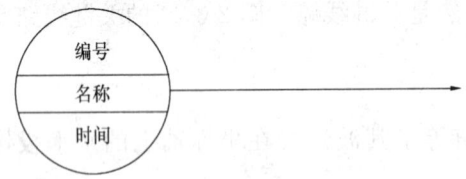

图 2-3-30　单代号表示法

系用实箭线表示，它既不消耗时间，也不消耗资源，只表示各项工作间的网络逻辑关系。相对于箭尾和箭头来说，箭尾节点称为紧前工作，箭头节点称为紧后工作。例如：A 工作是 B 工作的紧前工作，或者说 B 工作是 A 工作的紧后工作。用双代号和单代号分别表示的方法见表 2-3-1。

由网络图的起点节点出发，顺着箭杆方向到达终点，中间经由一系列节点和箭杆所组成的通道，称为线路。同双代号网络图一样，线路也分为关键线路和非关键线路，其性质和线路时间的计算方法均与双代号网络图相同。

2. 绘图规则

同双代号网络图的绘制一样，绘制单代号网络图也必须遵循一定的逻辑规则。当违背了这些规则时，就可能出现逻辑关系混乱、无法判别各工作之间的紧前和紧后关系；无法进行网络图的时间参数计算。这些基本规则主要是：

（1）在网络图的开始和结束增加虚拟的起点节点和终点节点。这是为了保证单代号网络计划有一个起点和一个终点，这也是单代号网络图所特有的，如图 2-3-31 所示，其他再无任何虚工作。

（2）网络图中不允许出现循环回路；

（3）网络图中不允许出现有重复编号的工作，一个编号只能代表一项工作；

(4) 在网络图中除起点节点和终点节点外，不允许出现其他没有内向箭线的工作节点和没有外向箭线的工作节点；

(5) 为了计算方便，网络图的编号应是后面节点编号大于前面节点编号。

以上都是以单目标单代号网络图的情况来说明其基本规则；而单代号网络图工作逻辑关系的表示方法见表 2-3-1。

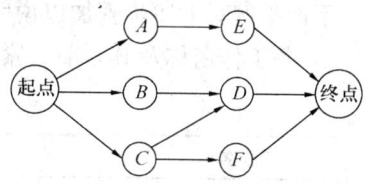

图 2-3-31　单代号网络图示意图

3. 单代号、双代号网络图的对比分析

首先，我们将两者的逻辑关系表达式进行对比，两种网络表示法在不同情况下，其表现的繁简程度是不同的。有些情况下，应用单代号表示法较为简单，有些情况下，使用双代号表示法则更为清楚。所以，可以认为单、双代号网络图是两种互为补充，各具特色的表现方法。下面是它们各自的优缺点：

1) 单代号网络图绘制方便，不必增加虚工作。在此点上，弥补了双代号网络图的不足，所以，近年来在国外，特别是欧洲新发展起来的几种形式的网络计划，如：决策网络计划（DCPM），图示评审技术（GERT），前导网络（PN）等，都是采用单代号表示法表示的。

2) 根据使用者反映，单代号网络图具有便于说明，容易被非专业人员所理解和易于修改的优点。这对于推广应用统筹法编制工程进度计划，进行全面科学管理是有益的。

3) 在应用电子计算机进行网络计算和优化的过程中，人们认为：双代号网络图更为简便，这主要是由于双代号网络图中用两个节点代表一项工作，这样可以自然地直接反映出其紧前或紧后工作的关系。而单代号网络图就必须按工作逐个列出其直接前导和后继工作，也即采用所谓自然排序的方法来检查其紧前、紧后工作关系，这就在计算机中需占用更多的存贮单元。但是，通过已有的计算程序计算，两者的运算时间和费用的差额是很小的。

既然单代号网络图具有上述优点，为什么人们还要继续使用双代号网络图呢？这主要是一个"习惯问题"。人们首先接受和采用的是双代号网络图，其推广时间较长，这是其原因之一。另一个重要原因是用双代号网络图表示工程进度比单代号网络图更为形象，特别是应用在时标网络图中。

4. 单代号网络图的绘制

单代号网络图的绘制步骤与双代号网络图的绘制步骤基本相同，主要包括两部分：

(1) 列出工作一览表及各工作的直接前导、后继工作名称，根据工程计划中各工作在工艺上、组织上的逻辑关系来确定其直接前导、后继工作名称；

(2) 根据上述关系绘制网络图。这里包括：首先绘制草图，然后对一些不必要的交叉进行整理，绘出简化网络图。

下面举例对上述步骤加以说明。

1）各工作名称及其紧前、紧后工作见表 2-3-6。

各工作的紧前紧后工作表　　　　表 2-3-6

工作名称	紧前工作	紧后工作
A	—	B、E、C
B	A	D、E
C	A	G
D	B	F、D
E	A、B	F
F	D、E	G
G	D、F、C	—

2）首先设一个起点节点，然后根据所列紧前、紧后关系，从左向右进行绘制，最后设一个终点节点，对其进行整理并编号。其编号原则同双代号网络图。整理后的单代号网络图，如图 2-3-32。

图 2-3-32　单代号网络图

3.3.2　单代号网络图时间参数的计算

因为单代号的节点代表工作，所以它的时间参数计算的内容、方法和顺序等与双代号网络图的工作时间参数计算相同。下面首先分析计算法的公式。

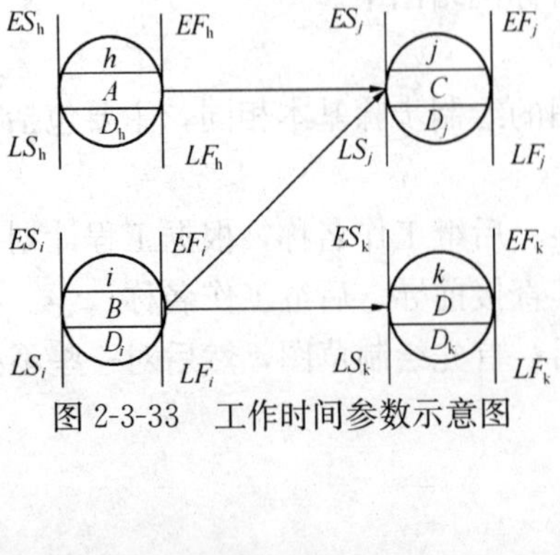

单代号网络图工作时间参数关系示意如图 2-3-33 所示。

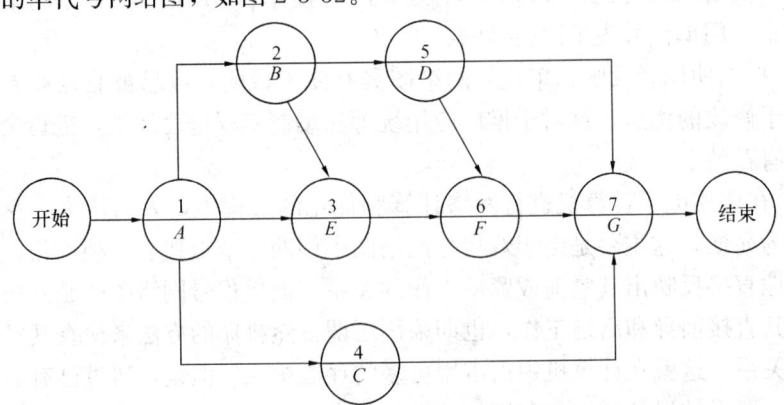

图 2-3-33　工作时间参数示意图

单代号网络图时间参数主要有以下几个：

D_i——i 工作的持续时间；

L_p——关键线路总持续时间（计划工期）；
ES_i——i 工作最早开始时间；
EF_i——i 工作最早完成时间；
LS_i——i 工作最迟开始时间；
LF_i——i 工作最迟完成时间；
TF_i——i 工作的总时差；
FF_i——i 工作的自由时差；
$LAG_{i,j}$——i，j 工作间的时间间隔。

单代号网络图时间参数的计算方法主要有：分析计算法；图上计算法；表上计算法；矩阵计算法；电算法。

尽管方法很多，但都是以分析计算法做为基础而采用不同的计算及表现形式。我们主要介绍分析计算法、图上计算法和表上计算法。

1. 分析计算法

分析计算法就是通过对各工作间逻辑关系的分析进行计算，其最早时间的计算顺序从起点节点开始，沿着箭头方向依次逐项进行。

（1）计算工作最早时间

1）网络计划起点节点所代表的工作，其最早开始时间没有规定时设其为零：
$$ES_1 = 0$$

2）工作最早完成时间

一项工作（节点）的最早完成时间就等于其最早开始时间加本工作持续时间的和。
$$EF_j = ES_j + D_j \qquad (2\text{-}3\text{-}36)$$

式中　ES_j——工作 j 的最早开始时间；
　　　EF_j——工作 j 的最早完成时间。

3）工作最早开始时间

工作（节点）的最早开始时间等于它的各紧前工作的最早完成时间的最大值；如果本工作只有一个紧前工作，那么其最早开始时间就是这个紧前工作的最早完成时间。

j 工作前有多个紧前工作时：
$$ES_j = \max\{EF_i\}(i < j) \qquad (2\text{-}3\text{-}37)$$

j 工作前只有一个紧前工作时：
$$ES_j = EF_i \qquad (2\text{-}3\text{-}38)$$

式中　ES_j——工作 j 的最早开始时间；
　　　EF_i——工作 j 的紧前工作 i 的最早完成时间。

4）当计算到网络图终点时，由于其本身不占用时间，即其持续时间为零，所以：

$$EF_n = ES_n = \max\{EF_i\} \quad (i < n) \qquad (2\text{-}3\text{-}39)$$

(2) 计算工作最迟时间

1) 最迟完成时间 LF_i

一项工作的最迟完成时间是指在保证不影响总工期的条件下，本工作最迟必须完成的时间。

$$LF_n = T_p \qquad (2\text{-}3\text{-}40)$$

式中 T_p——计划工期。

当 $T_p = EF_n$ 时

$$LF_n = EF_n \qquad (2\text{-}3\text{-}41)$$

任一工作最迟完成时间不应影响其紧后工作的最迟开始时间，所以，工作的最迟完成时间等于其紧后工作必须开始时间的最小值，如果只有一个紧后工作，其最迟完成时间就等于此紧后工作的最迟开始时间：

i 有多项紧后工作时：

$$LF_i = \min\{LS_j\} \quad (i < j) \qquad (2\text{-}3\text{-}42)$$

i 只有一个紧后工作时：

$$LF_i = LS_j \quad (i < j) \qquad (2\text{-}3\text{-}43)$$

从上面可以看出，最迟时间的计算是从终点节点开始逆箭头方向计算的。

2) 最迟开始时间 LS_i

工作的最迟开始时间等于其最迟完成时间减去本工作的持续时间：

$$LS_i = LF_i - D_i \qquad (2\text{-}3\text{-}44)$$

(3) 时差计算

工作时差的概念与双代号网络图完全一致，但由于单代号工作在节点上，所以，其表示符号有所不同，其计算公式为：

1) 总时差：

$$TF_i = LS_i - ES_i \qquad (2\text{-}3\text{-}45)$$

2) 自由时差：即不影响紧后工作按最早可能时间开工的本工作的机动时间。

$$FF_i = \min\{ES_j - EF_i\} \quad (i < j) \qquad (2\text{-}3\text{-}46)$$

(4) 计算相邻工作之间的时间间隔 $LAG_{i,j}$

$$LAG_{i,j} = ES_j - EF_i \qquad (2\text{-}3\text{-}47)$$

(5) 确定关键线路

1) 关键工作的确定：总时差最小的工作是关键工作。

2) 关键线路的确定：从起点节点到终点节点均为关键工作，且所有工作的时间间隔均为零的线路为关键线路。该线路在网络图上应用粗线、双线或彩色线标注。

$$L_p = ES_n = EF_n$$

【例 2-3-3】 计算图 2-3-34 的各时间参数，并找出关键线路。

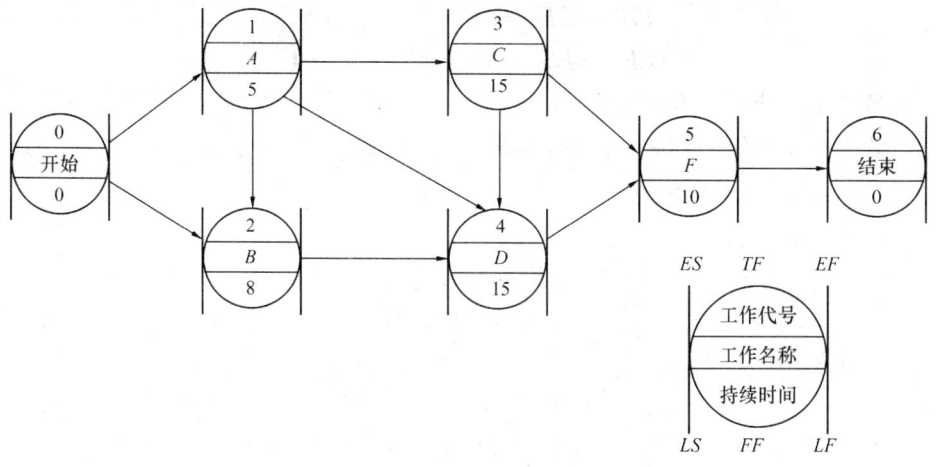

图 2-3-34　某单代号网络图

【解】　第一步，计算最早时间

起点节点：$D_S=0$

$$ES_S=0$$
$$EF_S=ES_S+D_S=0$$

以下根据公式

$$ES_j=\max\{EF_i\}$$
$$EF_j=ES_j+D_j$$

A 节点：

$ES_1=ES_S=0$（A 节点前只有起点节点）
$$EF_1=ES_1+D_1=0+5=5$$

B 节点：
$$ES_2=\max\{EF_S,EF_1\}=\max\{0,5\}=5$$
$$EF_2=ES_2+D_2=5+8=13$$

C 节点：
$$ES_3=EF_1=5$$
$$EF_3=ES_3+D_3=5+15=20$$

D 节点：有三个紧前工作：
$$ES_4=\max\{EF_1,EF_2,EF_3\}=\max\{5,13,20\}=20$$
$$EF_4=ES_4+D_4=20+15=35$$

F 节点：
$$ES_5=\max\{EF_3,EF_4\}=\max\{20,35\}=35$$
$$EF_5=ES_5+D_5=35+10=45$$

终点节点：

$$ES_6 = EF_5 = 45$$
$$EF_6 = ES_6 + D_6 = 45 + 0 = 45$$

第二步，计算工作最迟时间：

首先令 $T = ES_6 = 45$（为计划工期）

所以：$LS_6 = ES_6 = 45$

以下根据公式

$$LF_i = \min\{LS_j\}$$
$$LS_i = LF_i - D_i$$

F 节点：
$$LF_5 = LS_6 = 45$$
$$LS_5 = LF_5 - D_5 = 45 - 10 = 35$$

D 节点：
$$LF_4 = LS_5 = 35$$
$$LS_4 = LF_4 - D_4 = 35 - 15 = 20$$

C 节点：
$$LF_3 = \min\{LS_4, LS_5\} = \min\{20, 35\} = 20$$
$$LS_3 = LF_3 - D_3 = 20 - 15 = 5$$

B 节点：
$$LF_2 = LS_4 = 20$$
$$LS_2 = LF_2 - D_2 = 20 - 8 = 12$$

A 节点：
$$LF_1 = \min\{LS_3, LS_4, LS_2\} = \min\{5, 20, 12\} = 5$$
$$LS_1 = LF_1 - D_1 = 5 - 5 = 0$$

第三步，计算时差

根据公式：

$$TF_i = LS_i - ES_i = LF_i - EF_i$$
$$FF_i = \min\{ES_j - EF_i\}$$

或

$$FF_i = \min\{ES_j - ES_i - D_i\}$$
$$TF_1 = LS_1 - ES_1 = 0 - 0 = 0$$
$$= LF_1 - EF_1 = 5 - 5 = 0$$

以后各节点依此公式计算其总时差：

$$TF_2 = LS_2 - ES_2 = 12 - 5 = 7$$
$$TF_3 = LS_3 - ES_3 = 5 - 5 = 0$$
$$TF_4 = LS_4 - ES_4 = 20 - 20 = 0$$
$$TF_5 = LS_5 - ES_5 = 35 - 35 = 0$$

各节点的自由时差计算如下:
$FF_1 = \min\{ES_2 - EF_1, ES_3 - EF_1, ES_4 - EF_1\} = \min\{5-5, 5-5, 20-5\} = 0$
$FF_2 = ES_4 - EF_2 = 20 - 13 = 7$
$FF_3 = \min\{ES_4 - EF_3, ES_5 - EF_3\} = \min\{20-20, 35-20\} = 0$
$FF_4 = ES_5 - EF_4 = 35 - 35 = 0$

在本题中,起点节点、终点节点的最早开始和最迟开始是相同的,所以,其总时差为零。同双代号网络图一样,单代号网络图中总时差为零,其自由时差必然为零。

第四步,确定关键线路

根据前面所提到的,总时差为零的工作构成了网络图的关键线路。则本题关键线路计划工期 $T = L_p = 45$ 天

将求出的各时间参数填入图中,如图2-3-35。

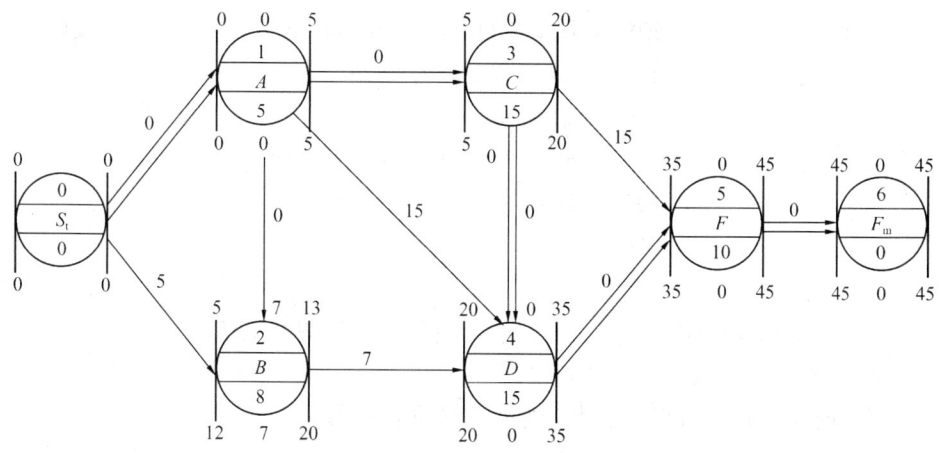

图2-3-35 某单代号网络计划

2. 图上计算法

图上计算法就是根据分析计算法的时间参数计算公式,在图上直接计算的一种方法。此种方法必须是在对分析计算理解并熟练的基础上进行,边计算边将所得时间参数填入图中预留的位置上。由于比较直观、简便,所以手算一般都采用此种方法。

下面还是通过图2-3-34例子对图上计算法进行说明。

第一步,计算最早可能时间:

根据前面分析计算法公式:

起点节点的最早开始时间为零,持续时间为零,则其最早结束时间为零
$$ES_0 = 0, D_0 = 0$$

$$EF_0 = ES_0 + D_0 = 0 + 0 = 0$$

将上面结果标注在开始节点的右上方、左上方（见图例）。

A 节点前有一项开始节点，则其最早开始、最早完成时间分别为：

$$ES_1 = EF_0 = 0$$
$$EF_1 = ES_1 + D_1 = 0 + 5 = 5$$

将 0，5 填写在 A 节点的 ES、EF 位置上。

B 节点前有起点节点和 A 节点。

$$ES_2 = \max\{EF_0, EF_1\} = \max\{0, 5\} = 5$$
$$EF_2 = ES_2 + D_2 = 5 + 8 = 13$$

将其结果填写在 B 节点相应位置上。依照上述计算过程可计算各节点的 ES、EF 值。

$$ES_3 = EF_1 = 5$$
$$EF_3 = ES_3 + D_3 = 5 + 15 = 20$$
$$ES_4 = \max\{5, 13, 20\} = 20$$
$$EF_4 = 20 + 15 = 35$$
$$ES_5 = \max\{20, 35\} = 35$$
$$EF_5 = 35 + 10 = 45$$
$$ES_6 = 45$$
$$EF_6 = 45$$

将其结果标注在相应节点下左、右相应位置，如图 2-3-35。

第二步，计算最迟必须时间

根据前述公式，由终点节点开始逆箭线向前计算。

终点节点：

$$LF_6 = EF_6 = T_P = 45$$
$$LS_6 = LF_6 - D_5 = 45 - 0 = 45$$

将标 LF_6、LS_6 值标注在终点节点的左下、右下相位位置上（见图例）。

F 节点的紧后工作（节点）为终点节点，其最迟（结束）完成时间为：

$$LF_5 = LS_6 = 45$$
$$LS_5 = LF_5 - D_5 = 45 - 10 = 35$$

将 $LF_5 = 45$，$LS_5 = 35$ 标注在 F 节点下方相应位置上。依此类推，其他各工作（节点）的最迟时间为：

$$LF_4 = LS_5 = 35$$

$$LS_4 = LF_4 - D_4 = 35 - 15 = 20$$

$$LF_3 = \min(LS_4, LS_5) = \min(35, 20) = 20$$

$$LS_3 = LF_3 + D_3 = 20 - 15 = 5$$

$$LF_2 = LS_4 = 20$$

$$LS_2 = LF_2 - D_2 = 20 - 8 = 12$$

$$LF_1 = \min(LS_2, LS_3, LS_4) = \min(12, 5, 20) = 5$$

$$LS_1 = LF_1 + D_1 = 5 - 5 = 0$$

$$LF_0 = \min(LS_1, LS_2) = \min(0, 12) = 0$$

$$LS_0 = 0$$

第三步,时差计算

根据前述公式分别计算总时差、自由时差填写在相应结点下方:

$$TF_i = LS_i - ES_i$$

$$FF_i = \min\{ES_j - EF_i\}$$

其结果如图 2-3-35。

第四步,计算时间间隔

图上计算法计算时间间隔可用箭头节点左上角的数减去箭尾节点右上角的数,结果标注在箭线上方或右侧,如图 2-3-35。

第五步,确定网络图的关键线路。

在图中找出总时差为零的节点,从起点节点到终点节点连成的线路称为关键线路(如图 2-3-35 中双线者)。

在上面的计算中,为了使读者更好地理解计算的过程而增加了一些计算的步骤及计算结果的文字说明,而在实际计算过程中,为了加快计算速度在熟练的基础上可不必写出具体过程,只在图上计算即可。

3. 表上计算法

表上计算法就是利用分析计算法的基本原理和计算公式,以表格的形式进行计算的一种方法。其计算步骤与分析计算法,图上计算法大致相同,下面还是以前面例题为例说明其计算过程。

首先,列出表格将已知的工作名称、本工作的紧前、紧后工作名称、工作的持续时间 D 填入表中,见表 2-3-7。

填表时,先将工作的名称按其编号的大小在第(2)栏中从上至下进行填写,然后,根据网络图中箭杆的指向找出各个工作的紧前、紧后工作分别填入第(1)、(3)栏的相应行中;各项工作的持续时间填写在第(4)栏中。

计 算 表 表 2-3-7

紧前工作	本工作	紧后工作	持续时间 D	最早开始 ES	最早完成 EF	最迟开始 LS	最迟结束 LF	总时差 TF	自由时差 FF	关键工作 CP
(1)	(2)	(3)	(4)	(5)	(6)	(7)	(8)	(9)	(10)	(11)
—	起点	A、B	0	0	0	0	0	0	0	✓
起点	A	B、C	5	0	5	0	5	0	0	✓
起点、A	B	D	8	5	13	12	20	7	7	
A	C	D、F	15	5	20	5	20	0	0	✓
B、C	D	F	15	20	35	20	35	0	0	✓
C、D	F	终点	10	35	45	35	45	0	0	✓
F	终点	—	0	45	45	45	45	0	0	✓

最早时间的计算：最早可能开始时间的计算从起点开始计算。由前述已知，起点节点的最早可能开始时间定为零，填写在第(5)栏相应行中，最早可能完成时间即第(6)栏等于第(5)栏加上第(4)栏，同行相加（$EF_i=ES_i+D_i$）；A 节点，只有一项紧前工作即起点节点，则根据分析公式，其最早可能开始时间为零，填写在第(5)栏，相应第(6)栏 EF 值为 5，即(6)=(5)+(4)；B 节点，从表中可以看出有两项紧前工作：起点节点和 A 节点，这样，我们找出要对应于起点节点和 A 节点的第(6)栏，即 EF_0、EF_1 的值，取其最大者（$\max\{EF_0，EF_1\}$）做为 B 节点的最早可能开始时间填写在 B 节点相应行的第(5)栏，相应第(6)栏即等于第(5)栏加上第(4)栏，(6)=(5)+(4)；依此即可找出相应其余节点的第(5)栏、第(6)栏数值填入，见表 2-3-7。

最迟时间的计算：其计算过程也是由后向前进行。

首先确定终点节点的最迟必须完成时间，在此令 $LF_n=EF_n$（当然，这是在计划工期等于规定工期的情况下，如果计划工期与规定工期不同时，要令 $LF_n=$ 规定工期）。将终点节点的最迟必须完成时间填入相应行的第(8)栏中，相应行的第(7)栏就等于第(8)栏数值减去第(4)栏数值（即 $LS_i=LS_n-D_i$）。F 节点：从表中看出其（后继）紧后工作只有终点节点，则其最迟必须完成时间（$LF_5=EF_6$），ES_6 值从起点节点相应行第 7 栏中得到，$LS_5=35$；D 节点：从表中看出也只有一个直接紧后工作 F，则 D 节点的第(8)栏 LF_4 的值就等于 F 节点第(7)栏 LS_5 的值，相应 D 节点的第(8)栏 LF_4 的值就等于 F 节点第(7)栏 LS_5 的值，相应 D 节点(7)=(8)-(4)=35-15=20，填入(7)栏中（D 行）。C 节点：从表中已知有

两项直接紧后工作 D、F,则取相应于 D、F 两行中的第(7)栏数值的小者,即:$LF_3=\min\{LS_4,LS_5\}$,做为 C 节点的 LF_3 值填入 C 节点相应行的第(8)栏内,即 $LF_3=\min\{20,35\}=20$,相应行的第(7)栏数值(7)=(8)-(4)=20-15=5。依次可计算出其余结点的 LS、LF 值,见表 2-3-7。

时差计算:总时差即为相应于各行的第(7)栏减第(5)栏,或第(8)栏减(6)栏,即:(9)=(7)-(5)=(8)-(6)

计算结果见表 2-3-7。

自由时差的计算:自由时差等于本工作的直接紧后工作的最早可能开始时间(5)栏减本工作最早可能完成时间[第(6)栏]的最小值。例如:A 工作,其直接紧后工作有 B、C 相应于 B、C 工作的第(5)栏(即 ES 值)分别为 5,5,本工作第(6)栏 $EF_1=5$,所以,第(10)栏即 $FF_1=\min\{ES_2-EF_1,ES_3-EF_1\}=\min\{0,0\}=0$;则 B 工作第(10)栏 $FF_2=ES_4-EF_2=20-13=7$ 填入(10)栏中,其余类推,见表 2-3-7。

关键线路的确定:前面计算出了第(9)栏 TF,将 $TF=0$ 的工作在相应行上打上√号,即为关键工作。由关键工作组成的从起点到终点连接起来的贯通线路即为关键线路,见表 2-3-7 的第(11)栏。

上述计算在具体作题时只在表上进行即可,计算过程不必写出。

时间间隔 LAG_{ij} 的确定:时间间隔 LAG_{ij} 是人们根据单代号网络图的特点,为了便于计算工作时差而引进的一个参数。它表示前面一工作 i 的最早可能完成时间至其紧后工作 j 的最早可能开始时间的时间间隔,即:

$$LAG_{ij} = ES_j - EF_i \qquad (2\text{-}3\text{-}48)$$

前面论述了自由时差的计算,i 工作的自由时差即等于其工作 j 的最早可能开始时间减本工作 i 的最早可能完成时间的最小值,亦即是 LAG_{ij} 中的最小值(如果 i 工作后面有多个工作时),如果 i 工作后面只有一个工作 j 时,则 i 工作的自由时差即等于 LAG_{ij} 即:

$$FF_i = LAG_{ij}$$

i 工作有多个紧后工作时:

$$FF_i = \min\{LAG_{ij}\}$$

§3.4 单代号搭接网络计划

3.4.1 基 本 概 念

在前面所述的双代号、单代号网络图中,工序之间的关系都是前面工作完成后,后面工作才能开始,这也是一般网络计划的正常连接关系。当然,这种正常

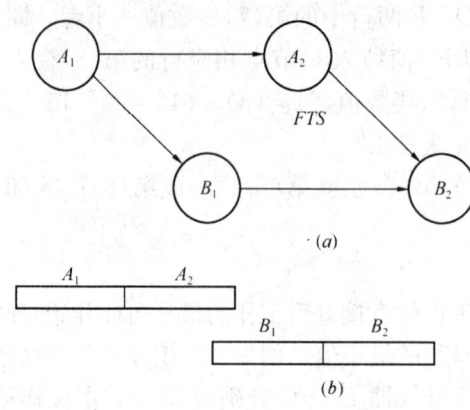

图 2-3-36 单代号及横道图表示法

的连接关系有组织上的逻辑关系,也有工艺上的逻辑关系。例如:有一项工程,由两项工作组成,即工作 A、工作 B。由生产工艺决定工作 A 完成后才进行工作 B。但作为生产指挥者,为了加快工程进度、尽快完工,在工作面允许的情况下,分为两个施工段施工,即 A_1、A_2、B_1、B_2 分别组织两个专业队进行流水施工,其单代号网络图及横道图表示如图 2-3-36 所示。

上面所述只是两个施工段、两项工作。如果工作(工序)增加施工段也增加的情况下,绘制出的网络图的节点、箭线会更多,计算也较为麻烦。那么能否找出一种简单的表示方法呢?答案是肯定的,近年来,国外产生了各种各样的搭接网络,有单代号搭接网络,也有双代号搭接网络。这里主要介绍的是单代号搭接网络。如果用单代号搭接网络表示上述情况,并且设 A 工作开始 4 天后,B 工作才能开始,就可以图 2-3-37 的形式进行表示。

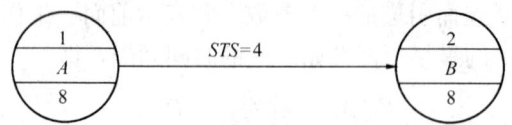

图 2-3-37 STS 型时间参数表示法

上面的搭接是 A 工作开始时间限制 B 工作开始时间,即为开始到开始(英文缩写 STS)。除上面的开始到开始外,还有几种搭接关系,即开始到结束,结束到开始,结束到结束等。至此,我们可以看出,单代号搭接关系可使图形大大简化。但通过后面计算可知,其计算过程较为复杂。

3.4.2 搭 接 关 系

单代号网络图的搭接关系除了上述四种基本的搭接关系外,还有一种混合搭接关系。下面分别介绍:

1. 结束到开始

表示前面工作的结束到后面工作开始之间的时间间隔。一般用符号 "FTS"(英文 Finish to Start 缩写)表示。用横道图和单代号网络图表示如图 2-3-38。

图 2-3-38 中,A 工作完成后,要有一个时间间隔 B 工作才能开始,例如,房屋装修工程中先油漆,后安玻璃,就必须在油漆完成后有一个干燥时间才能安

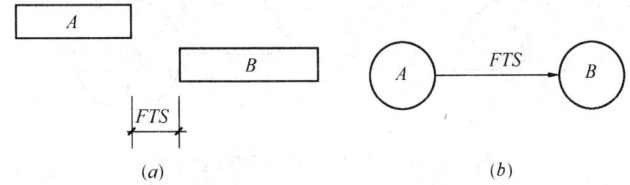

图 2-3-38　FTS 型时间参数示意图

玻璃。这个关系就是 FTS 关系。如果需干燥 2 天，即 $FTS=2$，则其单代号网络表示如图 2-3-39。

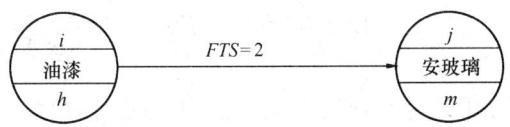

图 2-3-39　FTS 型时间参数表示法

当 $FTS_{i,j}=0$ 时，即紧前工作的完成到本工作开始之间的时间间隔为零。这就是前面讲述的单代号、双代号网络的正常连接关系，所以，我们可以将正常的逻辑连接关系看成是搭接网络的一个特殊情况。

从图示可直接看出从结束到开始的搭接关系计算公式为：

$$ES_j = EF_i + FTS_{i,j} \tag{2-3-49}$$

或

$$EF_i = ES_j - FTS_{i,j}$$

$$LF_i = LS_j - FTS_{i,j}$$

$$LS_j = LF_i + FTS_{i,j} \tag{2-3-50}$$

2. 开始到开始

表示前面工作的开始到后面工作开始之间的时间间隔，一般用符号"STS"（英文 Start to Start 缩写）表示，用横道图和单代号网络图表示如图 2-3-40。

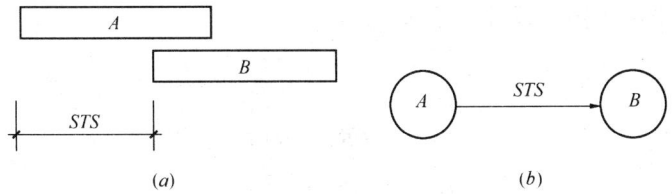

图 2-3-40　STS 型时间参数示意图

图 2-3-40 表示工作开始一段时间后 B 工作才能开始。例如：挖管沟与铺设管道分段组织流水施工，每段挖管沟需要 2 天时间，那么铺设管道的班组在挖管沟开始的 2 天后就可开始铺设管道，如图 2-3-41 所示。

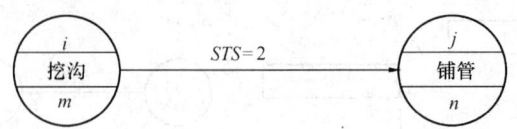

图 2-3-41 STS 型时间参数表示法

开始到开始搭接关系的时间计算公式:

$$ES_j = ES_i + STS_{i,j} \tag{2-3-51}$$
$$ES_i = ES_j - STS_{i,j}$$

或

$$LS_i = LS_j - STS_{i,j} \tag{2-3-52}$$
$$LS_j = LS_i + STS_{i,j}$$

3. 开始到结束

表示前面工作的开始时间到后面工作的完成时间的时间间隔。用 STF (英文 Start to Finish) 表示。横道图和单代号网络图表示如图 2-3-42。

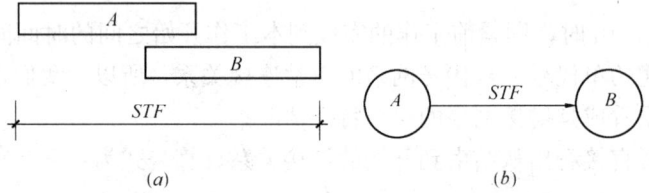

图 2-3-42 STF 型时间参数示意图

图中 A 工作开始一段时间间隔后, B 工作必须完成。例如:挖掘带有部分地下水的基础, 地下水位以上的部分基础可以在降低地下水位开始之前就进行开挖, 而在地下水位以下的部分基础则必须在降低地下水位以后才能开始。这就是说, 降低地下水位的完成与何时挖地下水位以下的部分基础有关, 而降低地下水位何时开始则与挖土的开始无直接关系。在此设挖地下水位以上的基础土方需要 10 天, 则挖土方开始与降低水位的完成之间的关系如图 2-3-43。

开始到结束搭接关系时间计算公式:

$$EF_j = ES_i + STF_{i,j} \tag{2-3-53}$$

或

$$ES_i = EF_j - STF_{i,j} \tag{2-3-54}$$
$$LS_i = LF_j - STF_{i,j}$$

或

$$LF_j = LS_i + STF_{i,j}$$

4. 结束到结束

前面工作的结束时间到后面工作结束时间之间的时间间隔。用 FTF (英文 Finish to Finish) 表示。横道图和单代号网络图表示如图 2-3-44。

例如:某工程的主体工程砌筑, 分两个施工段组织流水施工, 每段每层砌筑为 4 天。则 I 段砌筑完后转移到第 II 段上施工, I 段进行板的吊装。由于板的安

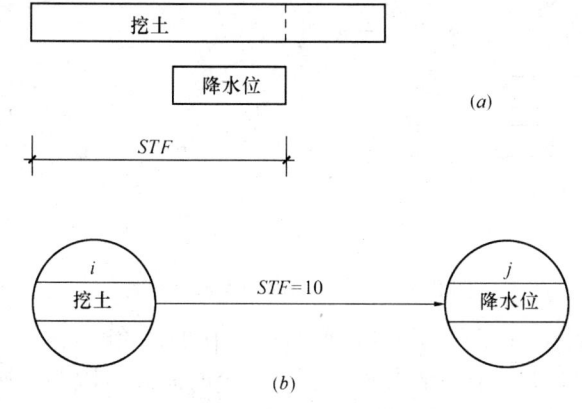

图 2-3-43　STF 型时间参数表示法

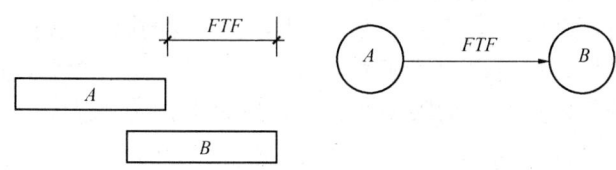

图 2-3-44　FTF 型时间参数示意图

装时间较短，在此不一定要求墙砌后立即吊装板，但必须在砌砖完的第四天完成板的吊装，以致不影响砌砖专业队进入进行上一层的砌筑。这就形成了 FTF 关系，具体如图 2-3-45。

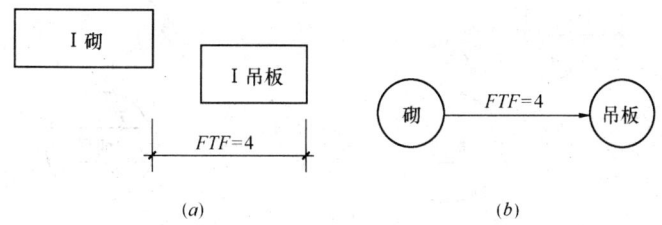

图 2-3-45　FTF 型时间参数表示法

FTF 的时间关系式：

$$EF_j = EF_i + FTF_{i,j} \quad (2\text{-}3\text{-}55)$$

或

$$EF_i = EF_j - FTF_{i,j}$$

$$LF_i = LF_j - FTF_{i,j} \quad (2\text{-}3\text{-}56)$$

或

$$LF_j = LF_i + FTF_{i,j}$$

5. 混合的连接关系

表示前面工作和后面工作的时间间隔除了受到开始到开始的限制外，还要受到结束到结束的时间间隔限制，其关系如图 2-3-46 示。

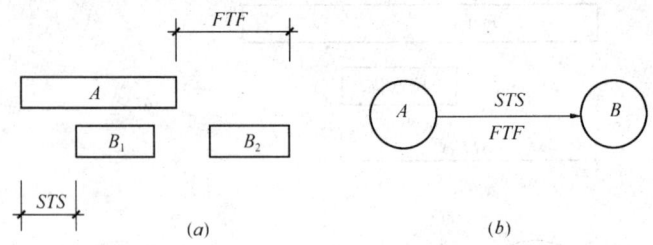

图 2-3-46 混合型时间参数示意图

在图 2-3-46 中，A 工作的开始时间与 B 工作的开始时间有一个时间间隔，A 工作的结束时间与 B 工作的结束时间还有一个时间间隔限制。例如：前面所提到的管道工程，挖管沟和铺设管道两个工序分段施工，两工序开始到开始的时间间隔为 4 天，即铺设管道至少需 4 天后才能开始。如按 4 天后开始铺管道进行施工，且连续进行，则由于铺管道持续时间短，挖管沟的第 2 段还没有完成，则铺管道专业队已进场，这就出现了矛盾，所以为了排除这种矛盾，使施工顺利进行，除了有一个开始到开始的限制时间外，还要考虑一个结束到结束的限制时间，即设 $FTF=2$ 才能保证流水施工的顺利进行，如图 2-3-47。

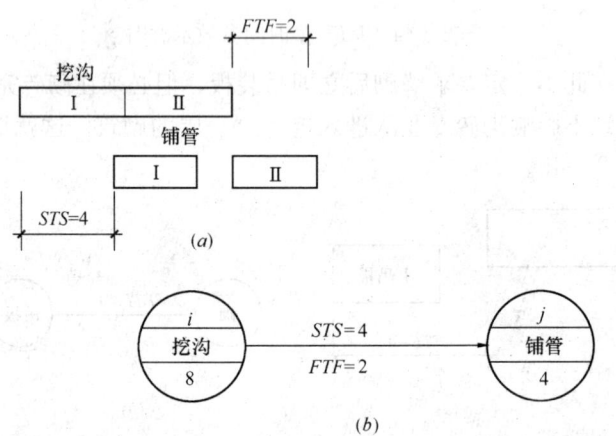

图 2-3-47 混合型时间参数表示法

混合连接关系的时间参数计算公式：

最早时间计算：

$$\left.\begin{array}{l} ES_j = ES_i + STS_{i,j} \\ EF_j = ES_j + D_j \end{array}\right\} \quad (2\text{-}3\text{-}57)$$

$$\left.\begin{array}{l} EF_j = EF_i + FTF_{i,j} \\ ES_j = EF_j - D_j \end{array}\right\} \quad (2\text{-}3\text{-}58)$$

结果取上面两组中的大者。

最迟时间计算：

$$\left.\begin{array}{l}LS_i = LS_j - STS_{i,j} \\ LF_i = LS_i + D_i\end{array}\right\} \quad (2\text{-}3\text{-}59)$$

$$\left.\begin{array}{l}LF_i = LF_j - FTF_{i,j} \\ LS_i = LF_i - D_i\end{array}\right\} \quad (2\text{-}3\text{-}60)$$

结果取上面两组中的小者。

3.4.3 单代号搭接网络的计算方法

搭接网络具有几种不同形式的搭接关系，所以其计算也较前述的单、双代号网络图的计算复杂一些。一般的计算方法是：依据计算公式，在图上进行计算，或采用电算法。在此主要介绍前一种方法。图 2-3-48 是一个用单代号搭接网络表示的某工程计划。

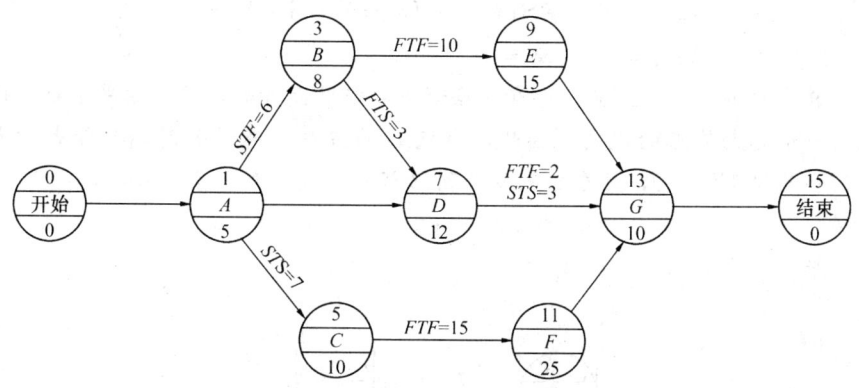

图 2-3-48 单代号搭接网络图

通过此项计划的计算说明单代号搭接网络的计算步骤。

1. 计算最早开始、完成时间

工作的最早开始和最早完成时间在上节（§3.4.2）中介绍知道，根据不同的搭接关系，其计算公式也不同，现汇总如下：

$$ES_S = 0$$

$$EF_S = ES_S + D_S$$

$$ES_j = \max\left\{\begin{array}{l}EF_i + FTS_{i,j} \\ ES_i + STS_{i,j} \\ EF_i + FTF_{i,j} - D_j \\ ES_i + STF_{i,j} - D_j\end{array}\right\}$$

$$EF_j = ES_j + D_j$$

单代号搭接网络的最早时间计算顺序也同其他网络一样,从起点节点顺箭头方向进行计算。

【例 2-3-4】 计算图 2-3-48 单代号搭接网络图的时间参数,取得关键线路。

【解】 首先计算起点节点,由于是假设的,所以其持续时间 $D_S=0$,$ES_S=0$,$EF_S=ES_S+D_S=0$,将其结果标在起点节点上方的 ES、EF 位置上。

A 节点:紧前工作为开始,且为一般搭接。

则:
$$ES_1 = ES_S = 0$$
$$EF_1 = ES_1 + D_1 = 0 + 5 = 5$$

将 $ES_1=0$,$EF_1=5$ 标在 A 节点上方的相应位置上。

B 节点:其紧前工作为 A,搭接关系为 STF,根据上述 STF 搭接关系的公式:
$$ES_3 = ES_1 + STF_{1,3} - D_3 = 0 + 6 - 8 = -2$$
$$EF_3 = -2 + 8 = 6$$

计算出的 $ES_3=-2<0$,即在起点节点的前 2 天开始,这个结果不符合网络图只有一个起始节点的规则,因此,节点 B 的最早可能开始时间只能大于或等于零,在此设 $ES_3=0$,且在起点节点到 B 节点之间增加一条箭线,则:
$$EF_3 = ES_3 + D_3 = 0 + 8 = 8$$

结果和表示如图 2-3-49 所示。

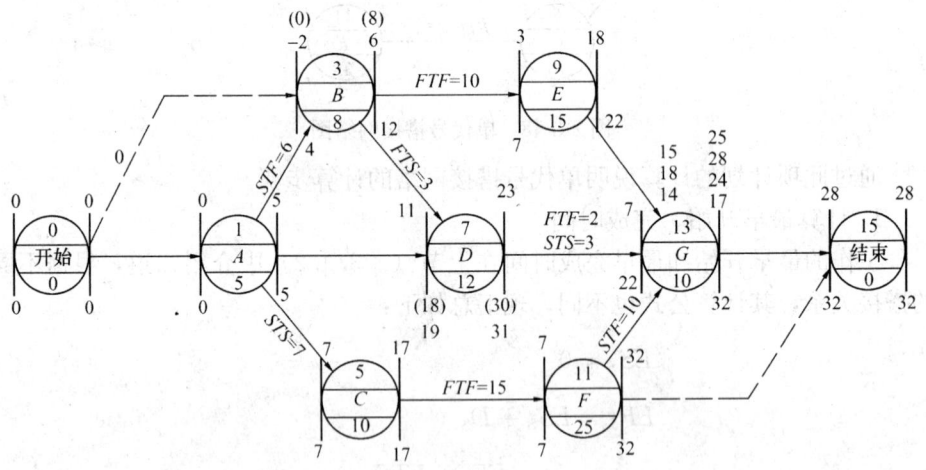

图 2-3-49

C 工作:紧前工作只有 A,搭接关系为 STS,根据 STS 搭接关系时的计算公式:
$$ES_5 = ES_1 + STS_{1,5} = 0 + 7 = 7$$
$$EF_5 = ES_5 + D_5 = 7 + 10 = 17$$

D 工作：紧前工作 A、B，与 A 工作为一般搭接关系，与 B 工作为 FTS 搭接，其计算取两者计算值之大者：

$$ES_7 = \max\begin{cases} EF_1 = 5 \\ EF_3 + FTS_{3,7} = 8+3 = 11 \end{cases} = 11$$

$$EF_7 = \max\begin{cases} 5+12 \\ 11+12 \end{cases} = 23$$

在图上计算时，可将两组数值都标上，在数值大的划上圆圈，以示取值，如图 2-3-49。

E 工作：紧前工作只有 B 工作，且搭接关系为 FTF，根据上面公式：

$$ES_9 = EF_3 + FTF_{3,9} - D_9 = 8+10-15 = 3$$

$$EF_9 = ES_9 + D_9 = 3+15 = 18$$

F 工作：紧前工作为 C，搭接工作为 C，搭接关系也是 FTF。则：

$$ES_{11} = EF_5 + FTF_{5,11} - D_{11} = 17+15-25 = 7$$

$$EF_{11} = ES_{11} + D_{11} = 7+25 = 32$$

G 工作：有三项紧前工作，分别为 D、E、F，与 D 为混合搭接，与 F 为 STF 搭接，与 E 为一般搭接，由其最早时间取上面几种搭接关系计算出的数值的最大者：

$$ES_{13} = \max\begin{cases} ES_7 + STS_{7,13} = 11+4 \\ EF_7 + FTF_{7,13} - D_7 = 23+2-10 \\ EF_9 = 18 \\ ES_{11} + STF_{11,13} - D_{13} = 7+10-10 \end{cases} = 18$$

$$EF_{13} = ES_{13} + D_{13} = 18+10 = 28$$

终点节点：其紧前工作只有 G，且为正常搭接：

$$ES_E = EF_{13} = 28$$

$$EF_E = ES_E + D_E = 28+0 = 28$$

如果是前面讲过的一般网络图，其计算到此即可确定出其整个工程的计划工期为 28 天。但对于搭接网络图，由于其存在着比较复杂的搭接关系，特别是存在着 STS、STF 搭接关系的点之间，就使得其最后的终点节点的最早完成时间有可能小于前面有些节点的最早完成时间。所以，在确定计划工期之前要对各节点的最早完成时间进行检查，看其是否大于终点节点的最早完成时间为计划工期；如有些节点的最早完成时间大于终点节点的最早完成时间，则所有大于终点节点最早完成时间的节点最早完成时间的最大值作为整个网络计划的计划工期，并在此节点到终点节点之间增加一条虚线。在本题中，通过检查可以看出：F 工作（节点）最早可能完成时间为 32 天，大于终点节点的最早完成时间 28 天，所以：

$$ES_E = 32$$

$$EF_E = ES_E + D_E = 32 + 0 = 32$$

然后在终点节点与 F 节点之间增加一条虚线如图 2-3-49，计划工期为 32 天。

2. 工作最迟时间的计算

最迟必须开始、最迟必须完成时间的计算，是从终点节点开始，逆箭头方向进行的。根据不同的搭接关系，其计算公式也不同，根据上节，其公式汇总为：

$$LF_i = \min \begin{Bmatrix} LS_j - FTS_{i,j} \\ LS_j + D_i - STS_{i,j} \\ LF_j - FTF_{i,j} \\ LF_j + D_i - STF_{i,j} \end{Bmatrix}$$

$$LS_i = LF_i - D_i$$

终点节点的计算：令其最迟必须完成时间等于规定工期，如一般计算取其计划工期，即由网络终点节点的最早可能完成时间确定。本题中，令终点节点必须完成时间等于其最早可能完成时间：

$$LF_E = EF_E = T = 32$$
$$LS_E = LF_E - D_E = 32 - 10 = 22$$

终点节点前有 G 工作、F 工作：都为一般搭接关系，则其最迟时间参数为：

$$LF_{13} = LS_E = 32$$
$$LS_{13} = LF_{13} - D_{13} = 32 - 10 = 22$$
$$LF_{11} = LS_E = 32$$
$$LS_{11} = LF_{11} - D_{11} = 32 - 25 = 7$$

将上述数值分别标在网络图中相应节点的 LS，LF 的位置上。E 工作只有一个直接紧后工作 G，为一般搭接关系。则：

$$LF_9 = LS_{13} = 22$$
$$LS_9 = LF_9 - D_9 = 22 - 15 = 7$$

D 工作也只有一个直接紧后工作 G，为混合搭接关系，则：

$$LF_7 = \min \begin{Bmatrix} LS_{13} + D_7 - STS_{7,13} = 22 + 12 - 3 \\ LF_{13} - FTF_{7,13} = 32 - 2 \end{Bmatrix} = 30$$

$$LS_7 = LF_7 - D_7 = 30 - 12 = 18$$

C 工作只有一个直接紧后工作 F，搭接关系为 FTF，根据公式：

$$LF_5 = LF_{11} - FTF_{5,11} = 32 - 15 = 17$$
$$LS_5 = LF_5 - D_5 = 17 - 10 = 7$$

B 工作有两个直接紧后工作 E、D，搭接关系分别为 FTF、FTS 根据前述公式：

$$LF_3 = \min \begin{Bmatrix} LF_9 - FTF_{3,9} = 22 - 10 \\ LS_7 - FTS_{3,7} = 18 - 3 \end{Bmatrix} = 12$$

$$LS_3 = LF_3 - D_3 = 12 - 8 = 4$$

A 工作直接紧后工作为 B、C、D，其搭接关系分别为 STF、STS 和一般搭接。根据前述公式分别求出，取出最小值：

$$LF_1 = \min \begin{Bmatrix} LF_3 + D_1 - STF_{1,3} = 12 + 5 - 6 \\ LS_5 + D_1 - STS_{1,5} = 7 + 5 - 7 \\ LS_7 = 18 \end{Bmatrix} = 5$$

$$LS_1 = LF_1 - D_1 = 5 - 5 = 0$$

起点节点：有两个直接紧后工作，A、B 都为一般搭接关系：

$$LF_S = \min \begin{Bmatrix} LS_3 = 4 \\ LS_1 = 0 \end{Bmatrix} = 0$$

$$LS_S = LF_S - D_S = 0 - 0 = 0$$

将以上得出的各工作的 LS、LF 值分别标在网络图中各节点相应的位置，如图 2-3-49 所示。

3. 前后两工作间时间间隔的计算

两工作时间间隔 $LAG_{i,j}$ 的定义在前面单代号网络图中已讲过。但在搭接网络中，由于两工作的搭接关系不同，其 $LAG_{i,j}$ 就不能简单地用相邻两工作中后面工作的开始时间与前面工作的完成时间之差来表示，必须考虑其各种不同的搭接关系的影响。在搭接网络图中，根据计算的最后结果，前后两工作关系的时间之差超过要求的搭接时间的那部分时间就是两工作的时间间隔 $LAG_{i,j}$。根据不同的搭接关系，其计算公式汇总如下：

$$LAG_{i,j} = \begin{Bmatrix} ES_j - EF_i - FTS_{i,j} & (1) \\ ES_j - ES_i - STS_{i,j} & (2) \\ EF_j - EF_i - FTF_{i,j} & (3) \\ EF_j - ES_i - STF_{i,j} & (4) \end{Bmatrix} \quad (2\text{-}3\text{-}61)$$

一般搭接关系，即上面（1）的特例，$FTS = 0$

$$LAG_{i,j} = ES_j - EF_i$$

如出现混合搭接关系时，则取两个工作时间间隔的最小值。

$$LAG_{i,j} = \min \begin{Bmatrix} ES_j - ES_i - STS_{i,j} \\ EF_j - EF_i - FTF_{i,j} \end{Bmatrix}$$

上面例题中：

$$LAG_{0,1} = 0 - 0 = 0$$

$$LAG_{0,3} = 0 - 0 = 0$$

$$LAG_{1,3} = EF_3 - ES_1 - STF_{1,3} = 8 - 0 - 6 = 2$$

$$LAG_{1,5} = ES_5 - ES_1 - STS_{1,5} = 7 - 0 - 7 = 0$$

$$LAG_{1,7} = ES_7 - EF_1 = 11 - 5 = 6$$

$LAG_{3,7} = ES_7 - EF_3 - FTS_{3,7} = 11 - 8 - 3 = 0$

$LAG_{3,9} = EF_9 - EF_3 - FTF_{3,9} = 18 - 8 - 10 = 0$

$LAG_{5,11} = EF_{11} - EF_5 - FTF_{5,11} = 32 - 17 - 15 = 0$

$LAG_{7,13} = \min \begin{Bmatrix} ES_{13} - ES_7 - STS_{7,13} = 18 - 11 - 3 \\ EF_{13} - EF_7 - FTF_{7,13} = 28 - 23 - 2 \end{Bmatrix} = 3$

$LAG_{9,13} = ES_{13} - EF_9 = 18 - 18 = 0$

$LAG_{11,13} = EF_{13} - ES_{11} - STF_{11,13} = 28 - 7 - 10 = 11$

$LAG_{11,15} = ES_{15} - EF_{11} = 32 - 32 = 0$

$LAG_{13,15} = ES_{15} - EF_{13} = 32 - 28 = 4$

将上面数值标在相应两节点之间的箭线下面，如图 2-3-50 所示。

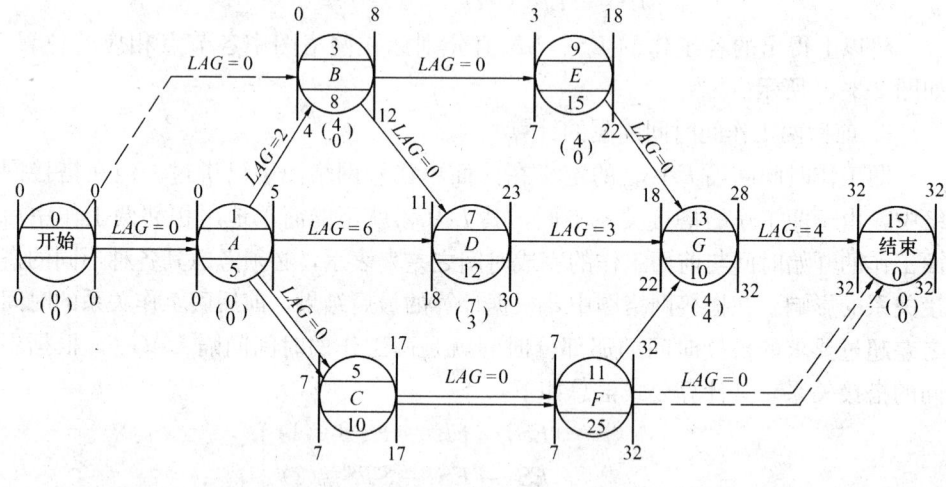

图 2-3-50

4. 时差的计算

（1）自由时差

自由时差的含义同前述相同。它主要是指在不影响紧后工作按最早可能时间开始或结束的情况下，本工作能推迟的最大幅度。在搭接网络图中，由于存在着不同的搭接关系，其自由时差也必须受其影响，所以，自由时差也要根据不同的搭接关系来确定。

如果工作 i 只有一个紧后工作 j，其自由时差就等于本工作与紧后工作的时间间隔：

$$FF_i = LAG_{i,j}$$

这一点通过前面对时差的学习不难理解。

如果工作有若干个紧后工作时，其自由时差就等于本工作与这些工作间的时间间隔 $LAG_{i,j}$ 的最小值。

$$FF_i = \min\{LAG_{i,j}\} \qquad (2\text{-}3\text{-}62)$$

这样，只要把搭接网络图中的各工作的时间间隔 $LAG_{i,j}$ 求出，其自由时差就很容易确定。

本题中：

$$FF_0 = \min\{LAG_{0,1}, LAG_{0,3}\} = 0$$

$$FF_1 = \min\begin{Bmatrix} LAG_{1,3} = 2 \\ LAG_{1,5} = 0 \\ LAG_{1,7} = 6 \end{Bmatrix} = 0$$

$$FF_3 = \min\begin{Bmatrix} LAG_{3,7} = 0 \\ LAG_{3,9} = 0 \end{Bmatrix} = 0$$

$$FF_5 = LAG_{5,11} = 0$$

$$FF_7 = LAG_{7,13} = 3$$

$$FF_9 = LAG_{9-13} = 0$$

$$FF_{11} = \min\begin{Bmatrix} LAG_{11,13} = 11 \\ LAG_{11,15} = 0 \end{Bmatrix} = 0$$

$$FF_{13} = LAG_{13,14} = 4$$

终点节点没有紧后工作，其自由时差为零。

$$FF_{15} = 0$$

将上面的 FF 值标在相应节点的下方，如图 2-3-50 所示。

(2) 总时差

前面已讲过，总时差即该项工作的总机动时间。其计算与一般网络计划计算公式相同。

$$TF_i = LS_i - ES_i = LF_i - EF_i \qquad (2\text{-}3\text{-}63)$$

总时差的存在，意味着该项工作有一定的变化幅度。在规定工期等于计划工期的情况下，总时差为零的工作即为关键工作。将网络图中总时差为零的工作由起点节点至终点节点连接起来的线路即为关键线路。关键线路上的工作都是关键工作，但关键工作不一定只存在于关键线路上。

本题的总时差分别可求出为：

$$TF_0 = LS_0 - ES_0 = 0$$

$$TF_1 = LS_1 - ES_1 = 0 - 0 = 0$$

$$TF_3 = LS_3 - ES_3 = 4 - 0 = 4$$

$$TF_5 = 7 - 7 = 0$$

$$TF_7 = 18 - 11 = 7$$

$$TF_9 = 7 - 3 = 4$$

$$TF_{11} = 7 - 7 = 0$$

$TF_{13}=22-18=4$

$TF_{15}=32-32=0$

将上述数值标在相应节点下方。将 $TF=0$ 的节点从起点节点连接起来，构成了本题的关键线路，如图 2-3-50 划双线者。

上面通过例题对单代号搭接网络的计算方法进行了论述。通过计算可以看出，其计算过程比一般单、双代号网络图较为麻烦，这是其不足的地方。但是，作为一项复杂的工程项目，即使由一般的单、双代号来计算也是很难进行的。随着电子技术的发展，电子计算机作为一种高速运算机器来进行网络计算是轻而易举的事。在前面已经讲过，一般网络图简单，但节点较多，而搭接网络计算复杂，且节点较少，这样输入简单，计算复杂由计算机进行计算，充分发挥了电子计算机的特点，所以利用电子计算机进行搭接网络的计算是可以加以推广的。

§3.5 网络计划优化

网络计划的优化是指通过不断改善网络计划的初始方案，在满足既定约束条件下利用最优化原理，按照某一衡量指标（时间、成本、资源等）来寻求满意方案。根据网络计划优化条件和目标不同，通常有工期优化、资源优化和成本优化。

3.5.1 工 期 优 化

工期优化就是以缩短工期为目标，通过对初始网络计划进行调整，压缩计算工期，使其满足约束条件规定。工期优化一般通过压缩关键工作的持续时间的方法来达到缩短工期的目的。需要注意的是，在压缩关键线路的线路时间时，会使某些时差较小的次关键线路上升为关键线路，这时需同时压缩次关键线路上有关工作的作业时间，才能达到缩短工期的要求。

可按下述步骤进行工期优化：

(1) 找出网络计划的关键线路和计算出计算工期。

(2) 按要求工期计算应缩短的时间。

(3) 选择应优先缩短持续时间的关键工作，应考虑以下因素：

1) 缩短持续时间对质量和安全影响不大的工作。

2) 备用资源充足。

3) 缩短持续时间所需增加的费用最少的工作。

(4) 将应优先缩短的关键工作压缩至最短持续时间，并找出关键线路，若被压缩的工作变成了非关键工作，则应将其持续时间延长，使之仍为关键工作。

(5) 若计算工期仍超过要求工期，则重复上述步骤，直到满足工期要求或工期已不能再缩短为止。

(6) 当所有关键工作的持续时间都已达到最短持续时间而工期仍不能满足要求时，应对计划的技术、组织方案进行调整或对要求工期重新审定。

【例 2-3-5】 已知网络计划如图 2-3-51 所示，图中箭杆上数据为正常持续时间，括号内为最短持续时间，假定要求工期为 105 天。根据选择应缩短持续时间的关键工作宜考虑的因素，缩短顺序为 B、C、D、E、F、G、A。试对该网络计划进行优化。

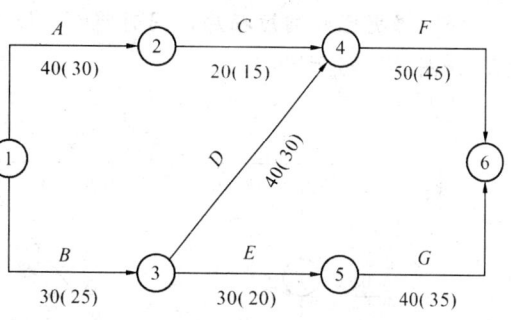

图 2-3-51 某网络计划图

【解】 (1) 根据工作正常时间计算各个节点的时间参数，并找出关键工作和关键线路，如图 2-3-52 所示。

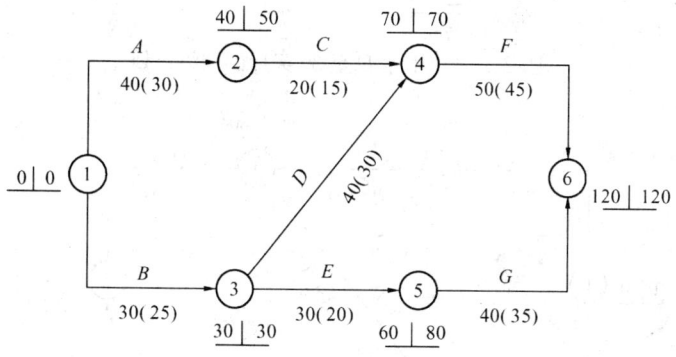

图 2-3-52 找出关键线路

(2) 计算缩短工期。计算工期为 120 天，要求工期为 105 天，需缩短工期 15 天。

(3) 根据已知条件，先将 B 缩短至 25 天，即得网络计划如图 2-3-53 所示。

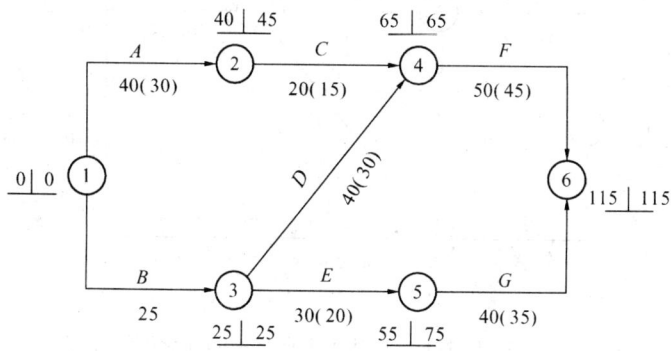

图 2-3-53 压缩 B 至 25 天后的网络计划

(4) 根据已知缩短顺序，缩短 D 至 30 天，即得网络计划如图 2-3-54 所示。

(5) 增加 D 的持续时间至 35 天，使之仍为关键工作，如图 2-3-55 所示。

(6) 根据已知缩短顺序，同时将 C、D 各压缩 5 天，使工期达到 105 天的要求，如图 2-3-56 所示。

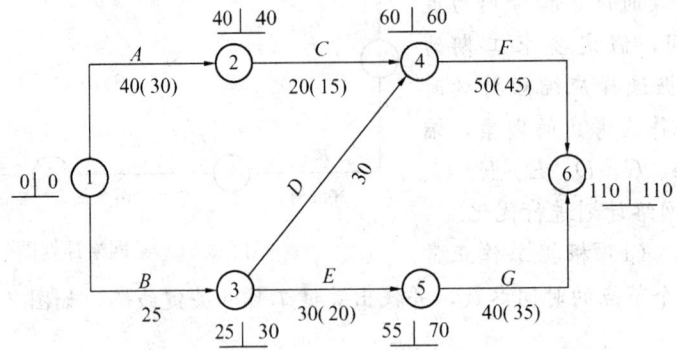

图 2-3-54　压缩 D 至 30 天后的网络计划

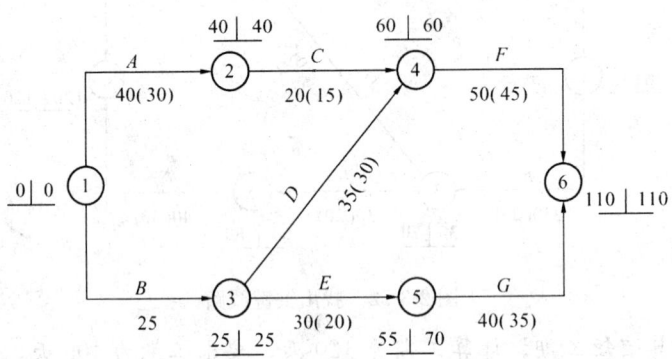

图 2-3-55　压缩 D 至 35 天后的网络计划

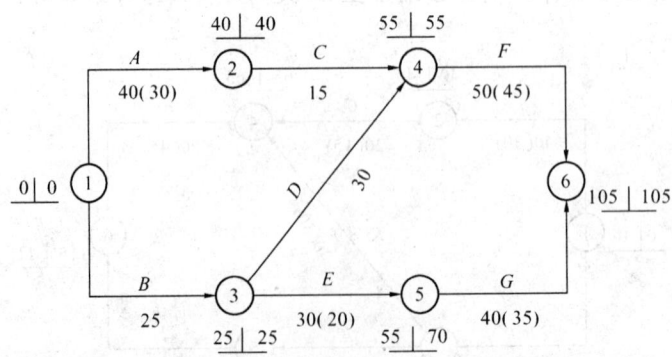

图 2-3-56　压缩 C、D 达到工期目标的优化网络计划

3.5.2 资 源 优 化

资源是指为完成任务所需的劳动力、材料、机械设备和资金等的统称。前面对网络计划的计算和调整，一般都假定资源供应是完全充分的。然而，在大多数情况下，在一定时间内所能提供的各种资源有一定限定。资源优化就是通过改变工作的开始时间，使资源按时间分布符合优化目标。

资源优化有两种情况：

(1) 在资源供应有限制的条件下，寻求计划的最短工期，称为"资源有限，工期最短"的优化。

(2) 在工期规定的条件下，力求资源消耗均衡，称为"工期固定，资源均衡"的优化。

1. "资源有限、工期最短"优化

"资源有限、工期最短"优化是指在资源有限时，保持各个工作的每日资源需要量（即强度）不变，寻求工期最短的施工计划。

(1) "资源有限、工期最短"优化的前提条件

1) 网络计划一经制定，在优化过程中不得改变各工作的持续时间；

2) 各工作每天的资源需要量是均衡的、合理的。优化过程中不予改变；

3) 除规定可以中断的工作外，其他工作均应连续作业，不得中断；

4) 优化过程中不得改变网络计划各工作间的逻辑关系。

(2) 资源动态曲线及特性

在资源优化时，一般需要绘制出时标网络图，根据时标网络图，就可绘制出资源消耗状态图，即资源动态曲线。它一般为阶梯形，移动网络图中任何一项工作的起止时间，该资源动态曲线就将发生变化。

(3) 时段与工作的关系

在资源动态曲线图中，任何一个阶梯都对应一个持续时间的区段，称为资源时段。若用 t_a 表示时段开始时间，t_b 表示时段完成时间，则可用 $[t_a, t_b]$ 表示这个时段，在这个时间内每天资源消耗总量为一常数。

根据工作与资源时段的关系，可将工作分为四种情况：

1) 本时段以前开始，在本时段内完成的工作。

2) 本时段以前开始，在本时段以后完成的工作。

3) 本时段内开始并在本时段内完成的工作。

4) 本时段内开始而在本时段以后完成的工作。

对于任何资源时段内的非关键工作来说，如果推迟其开始时间至本时段终点时间 t_b 开始，则其总时差将减少。对于关键工作来说，如果推迟其开始时间至本时段终点时间开始，则出现负时差，即使得工期延长。因此，优化时可根据工作与资源时段的关系，寻求不出现负时差或负时差最小的方案。

(4) 优化的基本原理

任何工程都需要多种资源，假定为 S 种不同的资源，已知每天可能供应的资源数量分别为 $R_1(t)$、$R_2(t)\cdots R_S(t)$，若完成每一工作只需要一种资源，设为第 K 种资源，单位时间资源需要量（即强度）以 γ_{i-j}^k 表示。并假定 γ_{i-j}^k 为常数。在资源满足供应 γ_{i-j}^k 的条件下，完成工作 $i-j$ 所需持续时间为 D_{i-j}，则对于资源有限，工期最短优化，可按照极差原理确定其最优方案。则网络计划资源动态曲线中任何资源时段 $[t_a, t_b]$ 内每天的资源消耗量总和 R_K 均应不大于该计划每天的资源限定量，即满足

$$R_K - R_t \leqslant 0 \qquad (2\text{-}3\text{-}64)$$

其中 $\quad R_K = \sum \gamma_{i-j}^k \quad (i, j) \in [t_a, t_b] \quad (K=1, 2, 3, \cdots, S)$

整个网络计划第 K 种资源的总需要量 $\sum R_K$ 为：

$$\sum R_K = \sum \gamma_{i-j}^k D_{i-j} \qquad (2\text{-}3\text{-}65)$$

则由于资源限定，最短工期的下界为：

$$\max\{T_K\} = \max_K \left\{ \frac{1}{R_K} \sum \gamma_{i-j}^k \cdot D_{i-j} \right\} \qquad (2\text{-}3\text{-}66)$$

它可以从前向后对资源动态曲线中各个资源时段进行调整，使其满足资源限定条件，从而得到上述最短工期 T_K。对于多种资源，需逐个分别进行优化，并按下式确定网络计划的合理工期 T：

$$T \geqslant \max\{T_{CPM}, \max(T_K)\} \qquad (2\text{-}3\text{-}67)$$

其中 T_{CPM} 为不考虑资源供应限定条件，根据网络计划关键线路所确定的工期。

(5) 资源分配和排队原则

资源优化的过程是按照各工作在网络计划中的重要程度，把有限的资源进行科学的分配过程。因此，优化分配的原则是资源优化的关键。

资源分配的级次和顺序：

第一级，关键工作。按每日资源需要量大小，从大到小顺序供应资源。

第二级，非关键工作。其排序规则为：

1）在优化过程中，已被供应资源而不允许中断的工作在本级优先；

2）当总时差 TF_{i-j} 数值不同时，按总时差 TF_{i-j} 数值递增顺序排序并编号。

3）当 TF_{i-j} 数值相同时，按各项工作资源消耗量递减顺序排序并编号。

对于本时段以前开始的工作，如工作不允许内部中断时，要按上述规则排序并编号。若工作允许内部中断时，本时段以前部分的工作在原位置不动，按独立工作处理；本时段及其以后部分的工作，按上述规则排序并编号。最后，按照排序编号递增的顺序逐一分配资源。

(6) 资源优化的步骤

网络计划的每日资源需要量曲线是资源优化的初始状态。资源需要量曲线上的每一变化处都标志着某些工作在该时间点开始或完成。而资源需要量连续不变

的一段时间,即时段是资源优化的基础。因此,资源优化的过程也就是在资源限制条件下逐一时段进行合理地调整各个工作开始和完成时间的过程。其优化步骤如下:

1) 根据给定网络计划初始方案,计算各项工作时间参数,如 ES_{i-j}、EF_{i-j} 和 TF_{i-j}、T_{CPM}。

2) 按照各项工作 ES_{i-j} 和 EF_{i-j} 数值,绘出 $ES-EF$ 时标网络图,并标出各项工作的资源消耗量 γ_{i-j} 和持续时间 D_{i-j}。

3) 在时标网络图的下方,绘出资源动态曲线或以数字表示的每日资源消耗总量,用虚线标明资源供应量限额 R_t。

4) 在资源动态曲线中,找到首先出现超过资源供应限额的资源高峰时段进行调整。

①在本时段内,按照资源分配和排队原则,对各工作的分配顺序进行排队并编号,即 1 到 n 号。

②按照编号顺序,依次将本时段内各工作的每日资源需要量 γ_{i-j}^K 累加,并逐次与资源供应限额进行比较,当累加到第 x 号工作首次出现 $\sum_{n=1}^{x} \gamma_{i-j}^K > R_t$ 时,则将第 x 至 n 号工作推迟到本时段末 t_b 开始,使 $R_K = \sum_{n=1}^{x-1} \gamma_{i-j}^K \leqslant R_t$,即 $R_k - R_t \leqslant 0$。

5) 绘出工作推移后的时标网络图和资源需要量动态曲线,并重复第 4 步,直至所有时段均满足 $R_k - R_t \leqslant 0$ 为止。

6) 绘制优化后的网络图。

【例 2-3-6】 某工程网络计划初始方案,如图 2-3-57 所示。资源限定量 $R_K = 8$(单位/天),假设各工作的资源相互通用,每项工作开始后就不得中断,试进行资源有限、工期最短优化。

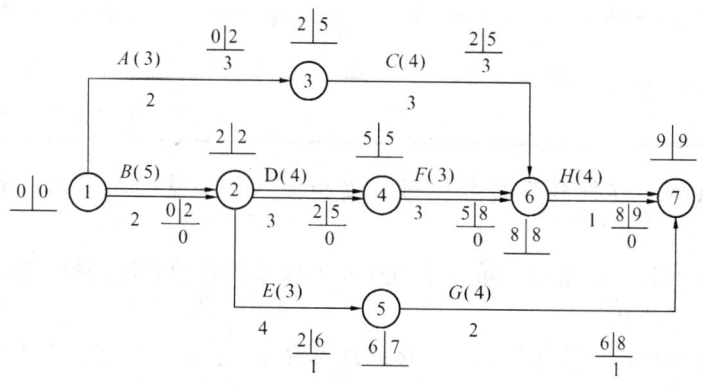

图 2-3-57 某工程网络计划

【解】(1) 根据各项工作持续时间 D_{i-j},计算网络时间参数 ES_{i-j}、EF_{i-j}、TF_{i-j} 和 T_{CPM},如图 2-3-57 所示。

(2) 按照各项工作 ES_{i-j} 和 EF_{i-j} 数值,绘制 $ES-EF$ 时标网络图,并在该图下方给出资源动态曲线,如图 2-3-58 所示。

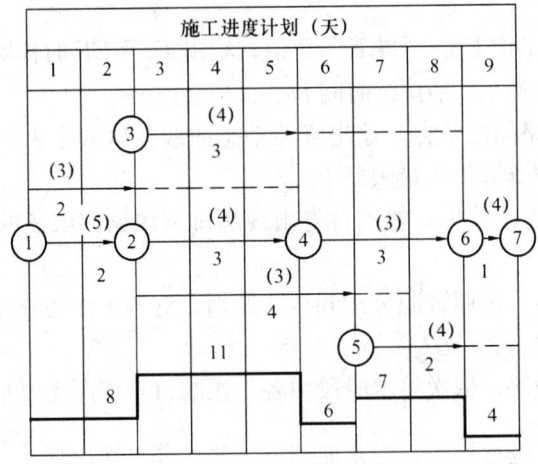

图 2-3-58 时标网络图

(3) 从图 2-3-58 看出,第一个超过资源供应限额的资源高峰时段为 [2,5] 时段,需进行调整。

(4) 资源时段 [2,5] 调整。该时段内有工作 2—4、2—5、3—6 三项工作,根据资源分配规则,将其排序,并分配资源,如表 2-3-8 所示。

[2,5] 时段工作排序和资源分配表　　　　表 2-3-8

排序编号	工作名称	排序依据	资源重分配	
			γ_{i-j}	$R_K - \Sigma\gamma_{i-j}$
1	2—4	$TF_{2-4}=0$	4	8−4=4
2	2—5	$TF_{2-5}=1$	3	4−3=1
3	3—6	$TF_{3-6}=3$	4	推迟到第 6 天开始

(5) 绘出工作推移后的时标网络图和资源需要量动态曲线,如图 2-3-59 所示。

(6) 从图 2-3-59 看出,第一个超过资源供应限额的资源高峰时段为 [5,6] 时段,需进行调整。

(7) 资源时段 [5,6] 调整。该时段内有 4—6、3—6、2—5 三项工作,根据资源分配规则,将其排序并分配资源,如表 2-3-9 所示。

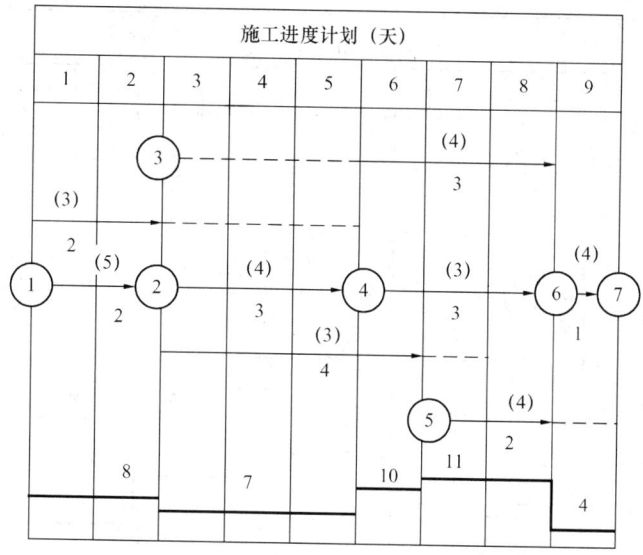

图 2-3-59 [5,6] 时段调整后时标网络图

[5,6] 时段工作排序和资源分配表　　　　　　表 2-3-9

排序编号	工作名称	排序依据	资源重分配	
			γ_{i-j}	$R_K - \Sigma\gamma_{i-j}$
1	4—6	$TF_{4-6}=0$（关键线路上）	3	8−3=5
2	2—5	$TF_{2-5}=1$（本时段前开始已分资源，优先）	3	5−3=2
3	3—6	$TF_{3-6}=0$	4	推迟到第 7 天开始

（8）给出工作推移后的时标网络图和资源需要量动态曲线，如图 2-3-60 所示。

（9）从图 2-3-60 看出，第一个超过资源供应限额的资源高峰时段为 [6,8] 时段，需进行调整。

（10）资源时段 [6,8] 调整。该时段内有 3—6、4—6、5—7 三项工作，根据资源分配规则，将其排序并分配资源，如表 2-3-10 所示。

[6,8] 时段工作排序和分配表　　　　　　表 2-3-10

排序编号	工作名称	排序依据	资源重分配	
			γ_{i-j}	$R_K - \Sigma\gamma_{i-j}$
1	3—6	$TF_{3-6}=0$	4	8−4=4
2	4—6	$TF_{4-6}=1$	3	4−3=1
3	5—7	$TF_{5-7}=2$	4	推迟到第 9 天开始

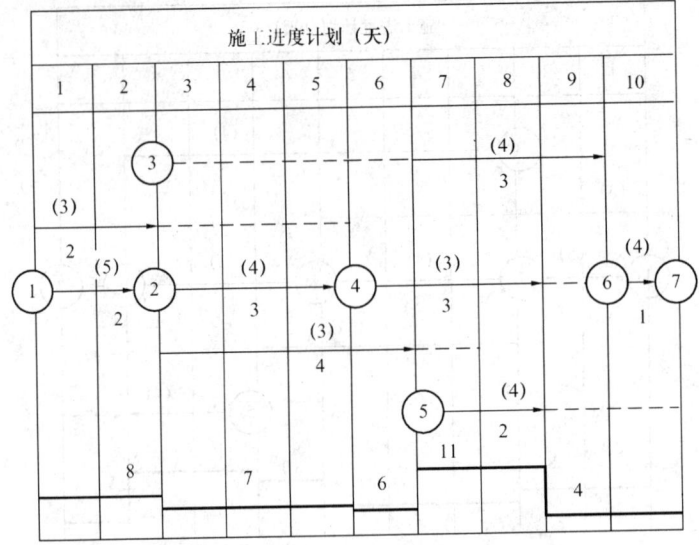

图 2-3-60 [5,6] 时段调整后时标网络图

(11) 绘出工作推移后的时标网络图和资源需要量动态曲线，如图 2-3-61 所示。

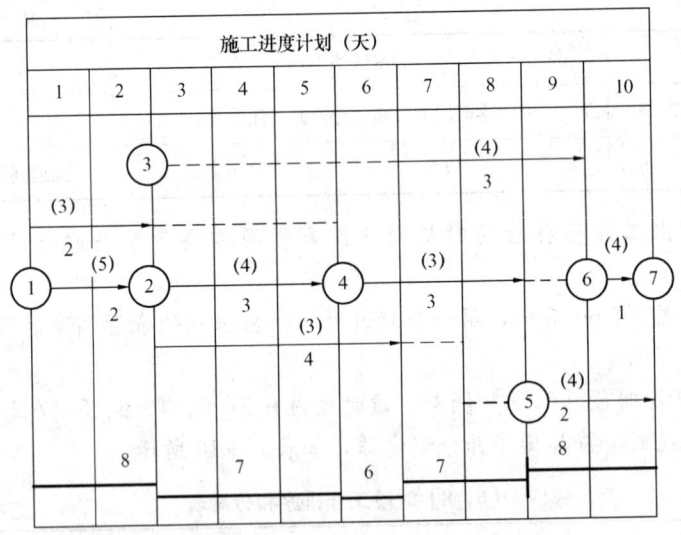

图 2-3-61 优化后的网络图

从图 2-3-61 看出，各资源区段均满足 $R_K - R_t \leqslant 0$，故图 4—5 即为优化后的网络图，工期 $T=10$ 天。

2. "工期固定、资源均衡" 优化

"工期固定、资源均衡" 优化是指施工项目按甲乙双方签订的合同工期或上级机关下达的工期完成，寻求资源均衡的进度计划方案。因为网络计划的初始方案是在不考虑资源情况下编制出来的，因此各时段对资源的需要量往往相差很大，如果不进行资源分配的均衡性优化，工程进行中就可能产生资源供应脱节，影响工期；也可能产生资源供应过剩，产生积压，影响成本。

衡量资源需要量的均衡程度，一般用方差或极差，它们的值越小，说明均衡程度越好。因此，资源优化时可以方差值最小者作为优化目标。

(1) 优化的基本原理

对于一个建筑施工项目来说，设 $R(t)$ 为时间 t 所需要的资源量，T 为规定工期，$\overline{R}$ 为资源需要量的平均值，则方差 σ^2 为

$$\sigma^2 = \frac{1}{T}\int_0^T (R(t)-\overline{R})^2 \mathrm{d}t$$

$$= \frac{1}{T}\int_0^T R^2(t)\mathrm{d}t - \frac{2\overline{R}}{T}\int_0^T R(t)\mathrm{d}t + \overline{R}^2$$

$$= \frac{1}{T}\int_0^T R^2(t)\mathrm{d}t - \overline{R}^2 \tag{2-3-68}$$

由于 T 和 $\overline{R}$ 为常数，所以求 σ^2 的最小值，即相当于求 $\frac{1}{T}\int_0^T R^2(t)\mathrm{d}t$ 的最小值。

由于建筑施工网络计划资源需要量曲线是一个阶梯形曲线，现假定第 i 天资源需要量为 R_i，则

$$\int_0^T R^2(t)\mathrm{d}t = \sum_{i=1}^T R_i^2 = R_1^2 + R_2^2 + \Lambda + R_T^2 \tag{2-3-69}$$

此时

$$\sigma^2 = \frac{1}{T}\sum_{i=1}^T R_i^2 - \overline{R}^2 \tag{2-3-70}$$

要使得方差最小，即要使 $\sum_{i=1}^T R_i^2 = R_1^2 + R_2^2 + \Lambda + R_T^2$ 为最小。

(2) 工作开始时间调整对方差的影响

假定某非关键工作 $i-j$ 位于时标网络图的 $[K,L]$ 时间区段内，即 $ES_{i-j}=K$，$EF_{i-j}=L$，$L-K=D_{i-j}$，每天资源消耗量为 γ_{i-j}。为叙述方便，简称为"工作时段 $[K,L]$"，如图 2-3-62 所示。

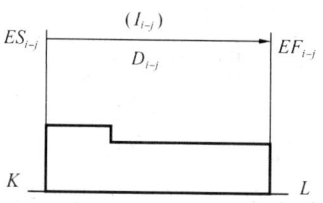

图 2-3-62 工作时段示意图

由于工期固定，也就是说关键工作位置都是固定的，优化只能是移动非关键工作，选择能使方差减小的最佳位置。

1) 当一项非关键工作向后推移时：如果工作 $i-j$ 向右移动一天，则第

$K+1$ 天资源消耗量 R_{K+1} 将减少 γ_{i-j}，而第 $L+1$ 天资源消耗量 R_{L+1} 将增加 γ_{i-j}，如图 2-3-63 所示，则 $\sum_{i=1}^{T} R_i^2$ 的变化值为：

$$[(R_{L+1}+\gamma_{i-j})^2-(R_{L+1})^2]-[(R_{K+1})^2-(R_{K+1}-\gamma_{i-j})^2]$$
$$=2\gamma_{i-j}(R_{L+1}-R_{K+1}+\gamma_{i-j}) \tag{2-3-71}$$

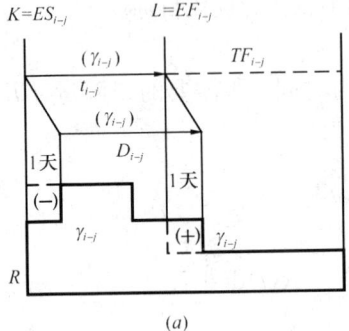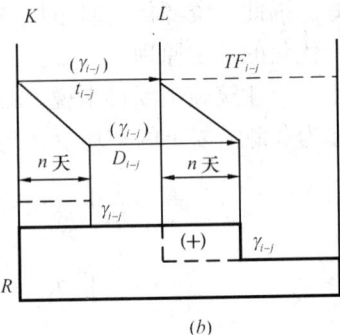

(a)   (b)

图 2-3-63　一项工作推移示意图

由于 γ_{i-j} 为常数，因此，要使方差减小，则必须使：

$$R_{L+1}-R_{K+1}+\gamma_{i-j} \leqslant 0 \tag{2-3-72}$$

利用公式（2-3-72）即可判定工作能否推移。当工作推移一天后，满足式（2-3-72），说明推移一天可以使方差减小或不变，故本次推移予以确认。再在此基础上继续推移、计算及判别，直至：

$$R_{L+1}-R_{K+1}+\gamma_{i-j}>0 \tag{2-3-73}$$

公式（2-3-73）说明本次推移会使方差增大，此次推移便予以否定，只确认本次推移前的各次累计推移值。

2）当两项非关键工作同步向后移动时：假设两项非关键工作 $i-j$ 和 $j-m$ 组成局部线路，它们处于工作时段 $[K, L, H]$ 内，其中 $K=ES_{i-j}$，$L=EF_{i-j}=ES_{j-m}$，$H=EF_{j-m}$。其资源消耗量分别为 γ_{i-j} 和 γ_{j-m}，持续时间为 D_{i-j} 和 D_{j-m}。

如果工作 $i-j$ 和 $j-m$ 同步向后推移一天，如图 2-3-64（a）所示，则 $\sum_{i=1}^{T} R_i^2$ 的变化值为：

$$[(R_{H+1}+\gamma_{j-m})^2-(R_{H+1})^2]+[(R_{K+1}-\gamma_{i-j})^2-(R_{K+1})^2]$$
$$+[(R_{L+1}+\gamma_{i-j}-\gamma_{j-m})^2-(R_{L+1})^2]$$
$$=2\gamma_{i-j}(R_{L+1}-R_{K+1}+\gamma_{i-j})+2\gamma_{j-m}(R_{H+1}-R_{L+1}+\gamma_{j-m})$$
$$-2\gamma_{i-j}\cdot\gamma_{j-m} \tag{2-3-74}$$

要使方差减少，则必须使：

$$2\gamma_{i-j}(R_{L+1}-R_{K+1}+\gamma_{i-j})+2\gamma_{j-m}(R_{H+1}-R_{L+1}+\gamma_{j-m})-2\gamma_{i-j}\cdot\gamma_{j-m}\leqslant 0 \tag{2-3-75}$$

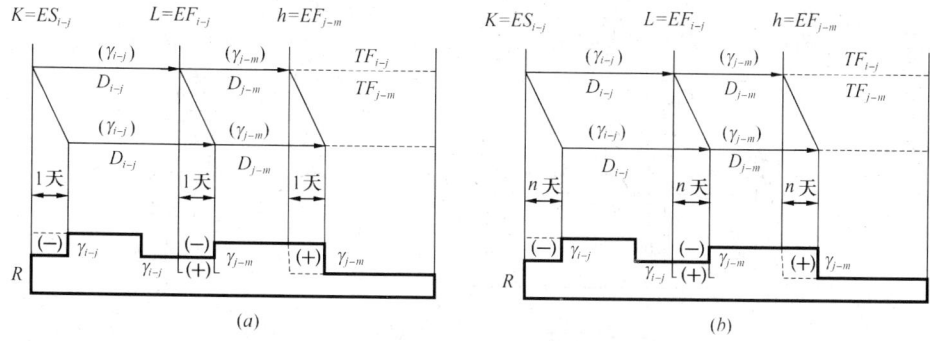

图 2-3-64 两项工作同步推移示意图

利用式（2-3-75）即可判定工作能否推移。当工作推移一天后，满足式（2-3-75），说明推移一天可以使方差减小或不变，故本次推移予以确认。再在此基础上继续推移、计算及判别，直至：

$$2\gamma_{i-j}(R_{L+1}-R_{K+1}+\gamma_{i-j})+2\gamma_{j-m}(R_{H+1}-R_{L+1}+\gamma_{j-m})-2\gamma_{i-j}\cdot\gamma_{j-m}>0$$

(2-3-76)

式（2-3-76）说明本次推移会使方差增大，此次推移便予以否认，只确认本次推移前的各次累计推移值。

(3) 优化的基本步骤

1) 根据网络计划初始方案，计算各项工作的 ES_{i-j}、EF_{i-j} 和 TF_{i-j}。

2) 绘制 $ES-EF$ 时标网络图，标出关键工作及其线路。

3) 逐日计算网络计划的每天资源消耗量 R_t，列于时标网络图下方，形成"资源动态数列。"

4) 由终点节点开始，从右至左依次选择非关键工作或局部线路，利用式（2-3-72）或式（2-3-76），依次对其在总时差范围内逐日调整、判别，直至本次调整时不能再推移为止。并画出第一次调整后的时标网络图，计算出资源动态数列。选择非关键工作的原则为：同一完成节点的若干非关键工作，以其中最早开始时间数值大者先行调整；其中最早开始时间相同的若干项工作，以时差较小者先行调整；而当时差亦相同时，又以每日资源量大的先行调整；直至起点工作为止。

5) 依次进行第二轮、第三轮……资源调整，直至最后一轮不能再调整为止。画出最后的时标网络图和资源动态数列。

【例 2-3-7】 某工程网络计划初始方案如图 2-3-65 所示，试确定工期固定，资源均衡优化方案。

【解】 (1) 计算 ES_{i-j}、EF_{i-j}、TF_{i-j} 和 FF_{i-j}，填入图 2-3-65。

(2) 绘制 $ES-EF$ 时标网络图，计算出资源动态数列，如图 2-3-66。

(3) 从终点事件开始，从右至左进行调整。

第一轮资源调整：

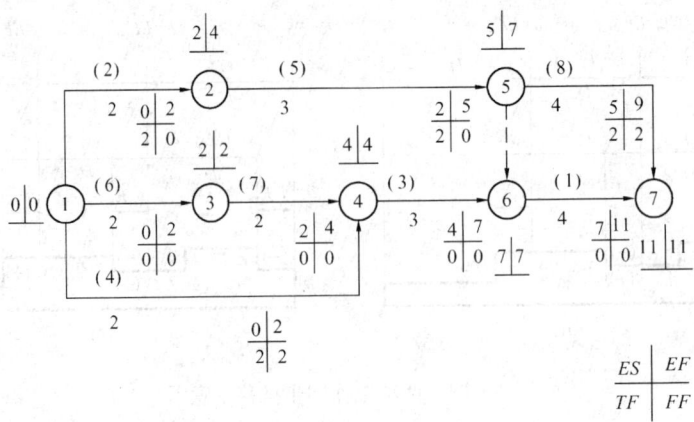

图 2-3-65 某工程网络计划初始方案

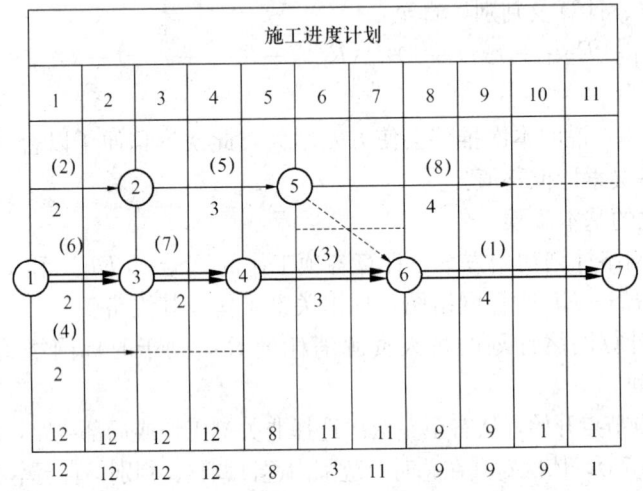

图 2-3-66 初始方案时标网络图

1) 工作 5—7：该工作位于工作时段 $[5,9]$，$TF_{5-7}=2$ 天，$\gamma_{5-7}=8$ 单位，若工作右移 1 天，根据式 (2-3-73) 有：

$$R_{L+1}-R_{K+1}+\gamma_{i-j}=R_{10}-R_6+\gamma_{5-7}=1-11+8=-2<0 \quad（可以推移）$$

在图 2-3-60 上注明右移 1 天的资源动态数列。

若工作 5—7 再右移 1 天，根据式 (2-3-73) 有：

$$R_{L+1}-R_{K+1}+\gamma_{i-j}=R_{11}-R_7+\gamma_{5-7}=1-11+8=-2<0 \quad（可以推移）$$

由于总时差已利用完，故工作 5—7 不能再右移。画出工作 5—7 右移 2 天的时标网络图和资源动态数列，如图 2-3-67。

2) 工作 2—5：该工作位于工作时段 $[2,5]$，$TF_{2-5}=2$ 天，$\gamma_{2-5}=5$ 单位，若工作右移 1 天，根据公式 (2-3-73) 有：

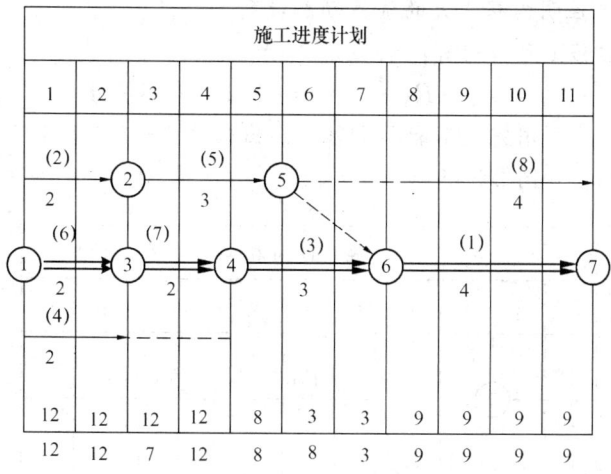

图 2-3-67　工作 5—7 推移后网络图

$$R_{L+1} - R_{K+1} + \gamma_{i-j} = R_6 - R_3 + \gamma_{2-5} = 3 - 12 + 5 = -4 < 0 \quad （可以右移）$$

在图 2-3-67 注明右移 1 天的资源动态数列。

若工作再右移 1 天，则

$$R_{L+1} - R_{K+1} + \gamma_{i-j} = R_7 - R_4 + \gamma_{2-5} = 3 - 12 + 5 = -4 < 0 \quad （可以右移）$$

由于总时差已利用完，不能再右移。画出工作 2—5 右移 2 天的时标网络图和资源动态数列，如图 2-3-68 所示。

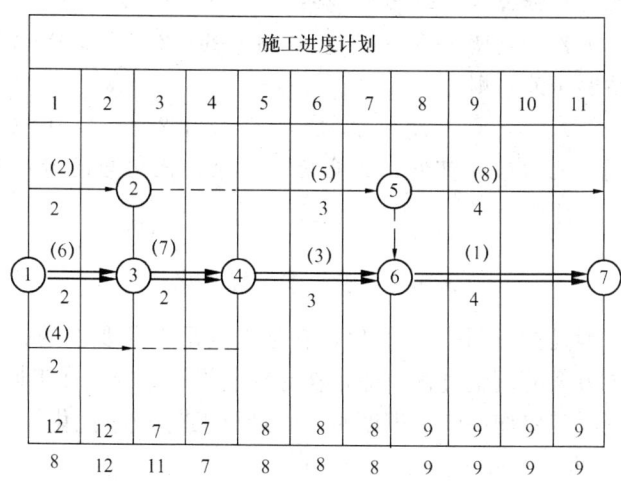

图 2-3-68　工作 2—5 推移后网络图

3）工作 1—4：该工作位于工作时段 [0, 2]，$TF_{1-4} = 2$ 天，$\gamma_{2-5} = 4$ 单位，若工作右移 1 天，根据公式 (2-3-73) 有：

$$R_{L+1} - R_{K+1} + \gamma_{i-j} = R_3 - R_1 + \gamma_{1-4} = 7 - 12 + 4 = -1 < 0 \quad （可以右移）$$

在图 2-3-68 注明右移 1 天的资源动态数列。

若再工作右移 1 天，则有：

$R_{L+1} - R_{K+1} + \gamma_{i-j} = R_4 - R_2 + \gamma_{1-4} = 7 - 12 + 4 = -1 < 0$ （可以右移）

由于总时差已利用完，不能再右移。画出工作 1—4 右移 2 天的时标网络图和资源动态数列，如图 2-3-69。

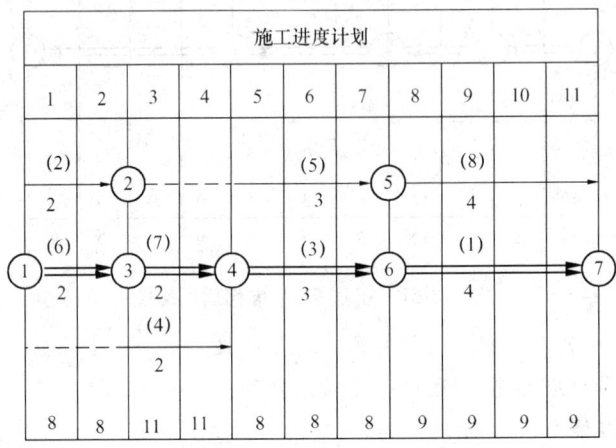

图 2-3-69　工作 1—4 推移后网络图

4）工作 1—2：该工作位于工作时段 [0, 2]，$TF_{1-2}=2$ 天，$\gamma_{2-5}=2$ 单位，若工作右移 1 天，根据公式（2-3-73）有：

$R_{L+1} - R_{K+1} + \gamma_{i-j} = R_3 - R_1 + \gamma_{1-2} = 11 - 8 + 2 = 5 > 0$ （不能右移）

右工作再右移 1 天，则

$R_{L+1} - R_{K+1} + \gamma_{i-j} = R_4 - R_2 + \gamma_{1-2} = 11 - 8 + 2 = 5 > 0$ （不能右移）

观察网络图再无右移的可能，故此优化结束，优化后的时标网络图即为图 2-3-69 所示的网络计划。

3.5.3　成　本　优　化

成本优化一般是指工期-成本优化，它是以满足工期要求的施工费用最低为目标的施工计划方案的调整过程。通常在寻求网络计划的最佳工期大于规定的工期或在执行计划时需要加快施工进度时，需进行工期-成本优化。

1. 费用与工期的关系

一个施工项目成本由直接费和间接费两部分组成，即

工程成本 C = 直接费 C_1 + 间接费 C_2

成本与工期的关系如图 2-3-70 所示。

从图中可以看出，缩短工期，直接费会增加，而间接费则减少。工程成本取决于直接费和间接费之和。在曲线上可找到工程成本最低点 C_{min} 及其对应的工期

T'（称为最佳工期），工期-成本优化的目的就在于寻求 C_{min} 和对应的 T'。

(1) 工作持续时间同直接费的关系

在一定的工作持续时间范围内，工作的持续时间同直接费成反比关系，通常如图 2-3-71 所示的曲线规律分布。

图 2-3-71 中，N 点称为正常点，与其相对应的时间称为工作的正常持续时间，以 T_N 表示，对

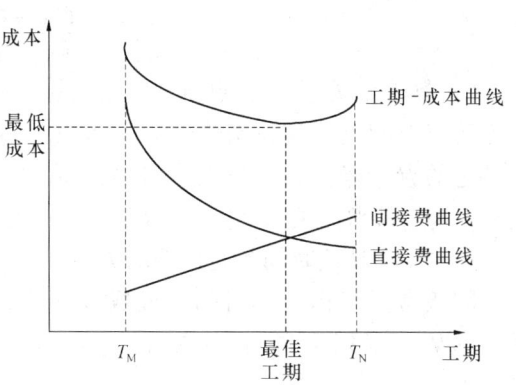

图 2-3-70 工期-成本曲线

应的直接费称为工作的正常直接费，以 C_N 表示。工作的正常持续时间一般是指在符合施工顺序、合理的劳动组织和满足工作面要求的条件下，完成某项工作投入的人力和物力较少，相应的直接费用最低时所对应的持续时间就是该工作的正常持续时间。若持续时间超过此限值，工作持续时间与直接费的关系将变为正比关系。

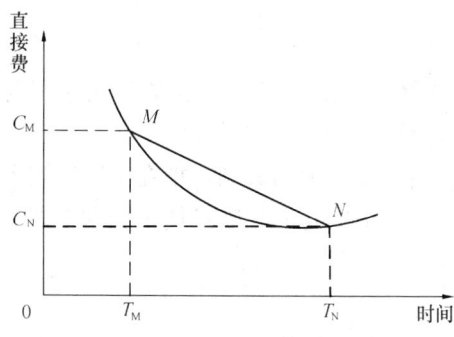

图 2-3-71 工作持续时间与直接费关系图

图 2-3-71 中，M 点称为极限点。同 M 点相对应的时间称为工作的极限持续时间 T_M，对应的直接费称为工作的极限直接费 C_M。工作的极限持续时间一般是指在符合施工顺序、合理劳动组织和满足工作面施工的条件下，完成某项工作投入的人力、物力最多，相应的直接费最高时所对应的持续时间。若持续时间短于此限值，投入的人力、物力再多，也不能缩短工期，而直接费则猛增。

由 M 点到 N 点所确定的时间区段，称为完成某项工作的合理持续时间范围，在此区段内，工作持续时间同直接费呈反比关系。

根据各项工作的性质不同，其工作持续时间和直接费之间的关系通常有如下两种情况：

1) 连续型关系 N 点到 M 点之间工作持续时间是连续分布的，它与直接费的关系也是连续的，如图 2-3-71 所示。

一般用割线 MN 的斜率近似表示单位时间内直接费的增加（或减少）值，称为直接费变化率，用 K 表示，则：

$$K = \frac{C_M - C_N}{T_N - T_M} \quad (2\text{-}3\text{-}77)$$

2) 离散型关系　N 点到 M 点之间工作持续时间是非连续分布的，只有几个特定的点才能作为工作的合理持续时间，它与直接费的关系如图 2-3-72 所示。

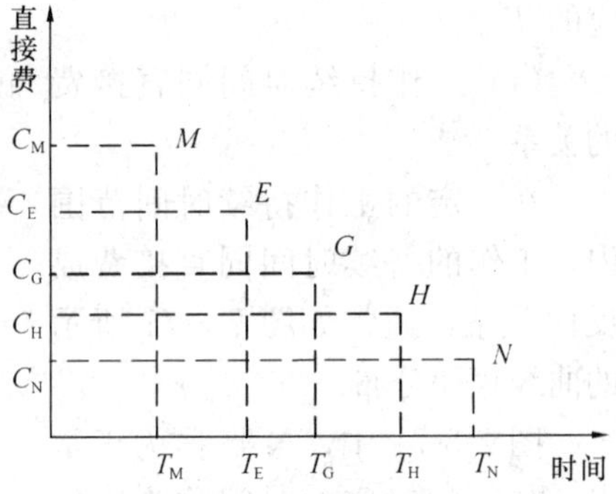

(2) 工作持续时间与间接费的关系

间接费同工作持续时间一般成线性关系。某一工期下的间接费可按下式计算：

$$C_{Zi} = a + T_i \cdot K_i \quad (2\text{-}3\text{-}78)$$

式中　C_{Zi}——某一工期下的间接费；
　　　a——固定间接费；
　　　T_i——工期；
　　　K_i——间接费变化率（元/天）。

图 2-3-72　离散型关系示意图

(3) 工期-成本曲线的绘制

工期-成本曲线是将工期-直接费曲线和工期-间接费曲线叠加而成的，如图 2-3-70 所示。

2. 优化的方法和步骤

工期-成本优化的基本方法就是从组成网络计划的各项工作的持续时间与费用关系中，找出能使计划工期缩短而又能使得直接费增加最少的工作，不断地缩短其持续时间，然后考虑间接费随着工期缩短而减少的影响，把在不同工期下的直接费和间接费分别叠加，即可求得工程成本最低时的相应最优工期和工期一定时相应的最低工程成本。

工期-成本优化的具体步骤如下：

(1) 列表确定各项工作的极限持续时间及相应费用。

(2) 根据各项工作的正常持续时间绘制网络图，计算时间参数，确定关键线路。

(3) 确定正常持续时间网络计划的直接费。

(4) 压缩关键线路上直接费变化率最低的工作持续时间，求出总工期和相应的直接费。

(5) 往复进行 (4)，直至所有关键线路上的工作持续时间不能压缩为止，并计算每一循环后的费用。

(6) 求出项目工期-间接费曲线。

(7) 叠加直接费、间接费曲线，求出工期-成本曲线，找出项目总成本最低点和最佳工期。

(8) 绘出优化后网络计划。

【例 2-3-8】 某工程由六项工作组成，各项工作持续时间和直接费等有关参数，如表 2-3-11 所示。已知该工程间接费变化率为 165 元/天，正常工期的间接费用为 3000 元。则试编制该网络计划的工期-成本优化方案。

表 2-3-11 工 作 参 数

工作编号 $i-j$	正常工期		极限工期		直接费变化率 K_{i-j} （元/天）
	持续时间 D_{i-j} （天）	直接费 C_{i-j} （元）	持续时间 D'_{i-j} （天）	直接费 C'_{i-j} （元）	
1—2	4	800	3	950	150
1—3	6	1250	4	1560	155
2—4	6	1000	5	1160	160
3—4	7	1070	5	1320	125
3—5	8	900	5	1530	210
4—5	3	1200	2	1400	200
合计		6220			

【解】 (1) 计算直接费变化率，填入表 2-3-11 中。
(2) 绘制出网络图计划初始方案，并计算出时间参数，如图 2-3-73。

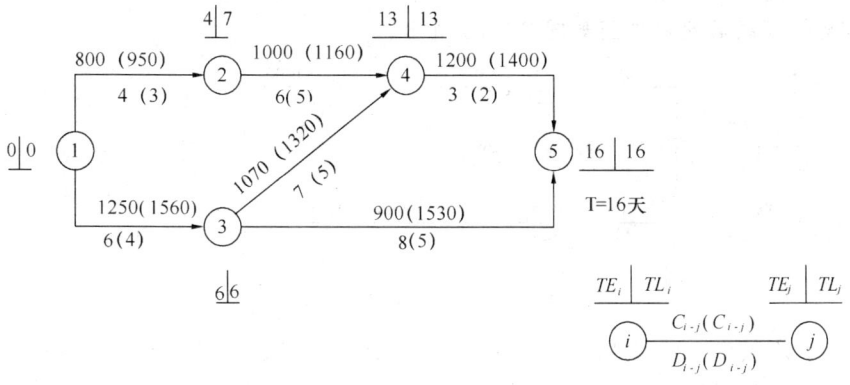

图 2-3-73 某网络计划初始方案

正常工期为 $T=16$ 天，直接费为 6220 元，间接费为 3000 元，工程成本为 9220 元。

(3) 优化

第一次循环，如图 2-3-73 所示，有一条关键线路，关键工作 1—3、3—4、4—5，3—4 工作的直接费变化率最低，故将 3—4 工作压缩 2 天，此时直接费增加 $125×2=250$ 元，间接费减少 $165×2=330$ 元，工程成本为 9140 元。压缩后的网络图如图 2-3-74 所示。

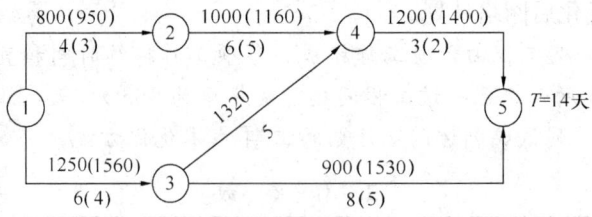

图 2-3-74　第一次循环后网络图

第二次循环，从图 2-3-74 所示，关键线路有两条，关键工作 1—3 的直接费变化率最低，故将其压缩 1 天，此时直接费增加 155 元，间接费减少 165 元，工程成本为 9130 元。压缩后的网络图如图 2-3-75 所示。

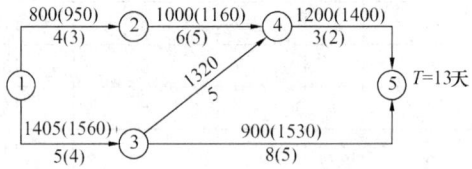

图 2-3-75　第二次循环后网络图

第三次循环，从图 2-3-75 看出，关键线路有三条，同时将关键工作 1—2、1—3 压缩 1 天，直接费增加 150+155=305 元，间接费减少 165 元，工程成本为 9270 元，压缩后的网络图如图 2-3-76 所示。

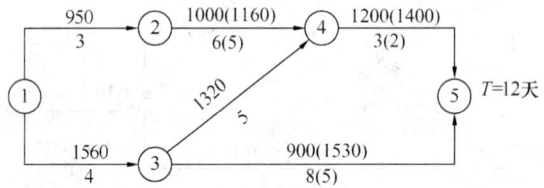

图 2-3-76　第三次循环后网络图

第四次循环，从图 2-3-76 看出，关键线路有三条，同时压缩 3—5 和 4—5 工作 1 天，直接费增加 210+200=410 元，间接费减少 165 元，工程成本为 9515 元。压缩后的网络图如图 2-3-77。

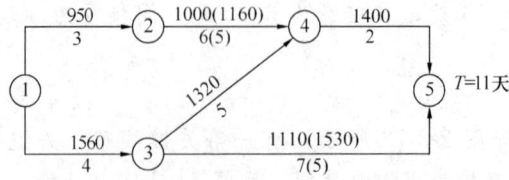

图 2-3-77　第四次循环后的网络图

网络图已压缩至极限工期，循环至此结束。

（4）绘出工期-成本曲线，如图 2-3-78。从图中看出工程最低费用为 9130 元，对应最佳工期 $T=13$ 天，相应的网络图如图 2-3-75。

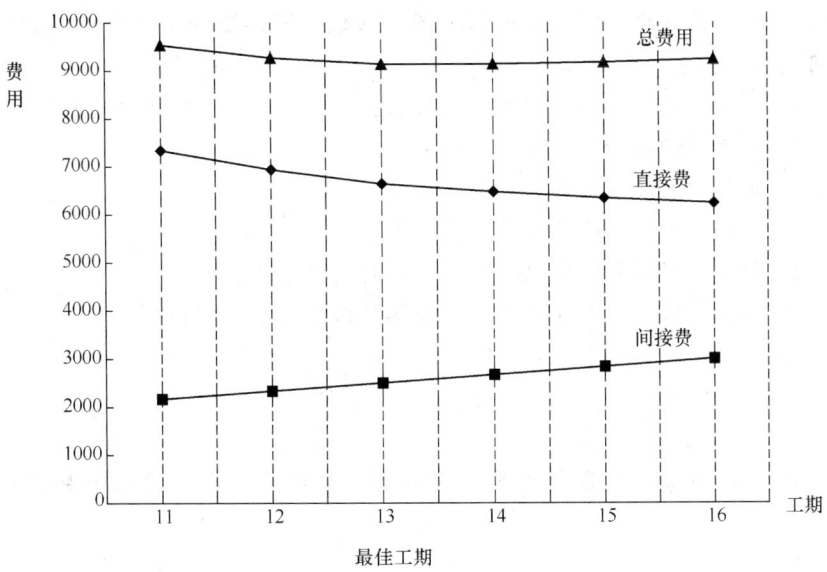

图 2-3-78　工期-成本曲线

综上所述，工期-成本优化就是从工期-成本曲线上，找出曲线最低点所对应的成本和工期。需要注意的是，在实际应用时，建安工程合同中常有工期提前或延期的奖罚条款，此时，工期-成本曲线应由直接费曲线、间接费曲线和奖罚曲线叠加而成，如图 2-3-79 所示。

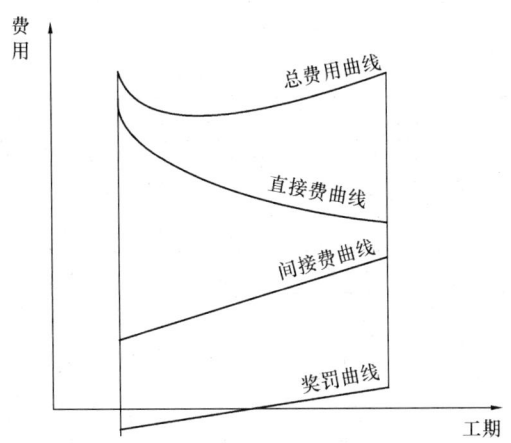

图 2-3-79　工期-成本曲线示例

思 考 题

3.1 什么是网络图？单代号网络图、双代号网络图和单代号搭接网络图分别如何编制？各有什么特点？
3.2 什么是关键线路？它有什么特点？
3.3 时差的种类和作用有哪些？
3.4 如何判断关键工作和关键线路？
3.5 双代号时标网络计划有什么特点？
3.6 什么是网络计划优化？网络计划的优化分几种？
3.7 单代号搭接网络计划的含义和各种搭接关系有哪些？

习 题

3.8 已知各工作的逻辑关系如下列各表，绘制双代号网络图和单代号网络图。

(1)

紧前工作	工作	持续时间	紧后工作	紧前工作	工作	持续时间	紧后工作
—	A	3	Y、B、U	V	W	6	X
A	B	7	C	C、Y	D	4	—
B、V	C	5	D、X	A	Y	1	Z、D
A	U	2	V	W、C	X	10	—
U	V	8	W、C	Y	Z	5	—

(2)

工作	A	B	C	D	E	F	G	H	I	J
紧前工作	E	A、H	G、J	H、I、A	—	A、H	—	—	—	E

(3)

工作名称	紧前工作	紧后工作	工作名称	紧前工作	紧后工作
A	—	E、F、P、Q	F	A	C、D
B	—	E、P	G	D、P	—
C	E、F	H	H	C、D、Q	—
D	E、F	G、H	P	A、B	G
E	A、B	C、D	Q	A	H

3.9 用图上计算法计算 3.8(1) 双代号网络图的各工作时间参数。

3.10 某工程的双代号网络图如下图所示，试用图上计算法计算各项时间参数（ET、LT、ES、EF、LS、LF、TF、FF），判断关键工作及其线路，并确定计划总工期。

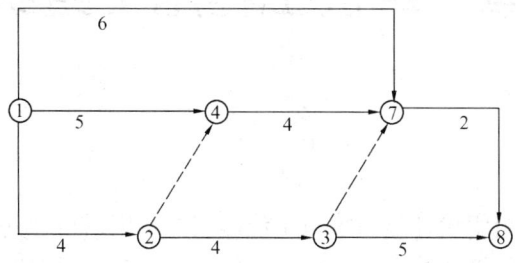

3.11 根据下列资料求最低成本与相应的最优工期。间接费用：若工期在一个月（按25天计算）完成，需600千元，超过一个月，则每天增加50千元。

工 序	正常时间		极限时间	
	时间（天）	直接费（千元）	时间（天）	间接费（千元）
1-2	20	600	17	720
1-3	25	200	25	200
2-3	10	300	8	440
2-4	12	400	6	700
3-4	5	300	2	420
4-5	10	300	5	600

3.12 已知某项目的网络图如下，箭线下方括号外数字为工作的正常持续时间，括号内数字为工作的最短持续时间；箭线上方括号内数字为优选系数。该项目要求工期为12天，试对其进行工期优化。

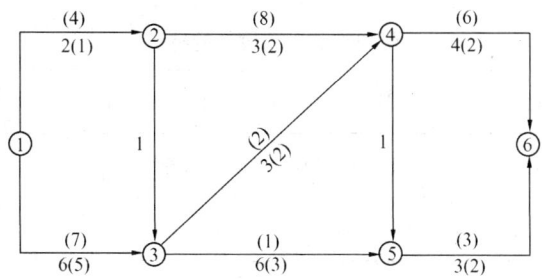

第4章 单位工程施工组织设计

§4.1 概 述

单位工程施工组织设计是由承包单位编制的,用以指导其施工全过程施工活动的技术、组织、经济的综合性文件。它的主要任务是根据编制施工组织设计的基本原则、施工组织总设计和有关的原始资料,结合实际施工条件,从整个建筑物或构筑物的施工全局出发,进行最优施工方案设计,确定科学合理的分部分项工程之间的搭接与配合关系,设计符合施工现场情况的施工平面布置图,从而达到工期短、质量好、成本低的目标。

4.1.1 单位工程施工组织设计的编制依据、内容与分类

1. 单位工程施工组织设计的分类

根据单位工程施工组织设计所处的阶段不同可以分为两类:一类是投标前编制的施工组织设计(简称标前设计),另一类是签订工程承包合同后编制的施工组织设计(简称标后设计)。

标前设计是为了满足编制投标书和签订承包合同的需要而编制的,是施工单位进行合同谈判、提出要约和进行承诺的根据和理由,是拟定合同文件中相关条款的基础资料。标后设计是为了履行施工合同,满足施工准备和指导施工全过程的需要而编制的。这两类施工组织设计的特点如表 2-4-1 所示。

两类施工组织设计的特点　　　　　表 2-4-1

种 类	服务范围	编制时间	编制者	主要特性	追求目标
标前设计	投标与签约	投标书编制前	经营管理层	规划性	中标
标后设计	施工准备至工程验收	签约后开工前	项目管理层	操作性	施工效益

在编制标前施工组织设计时应重点注意招标文件中对技术标的要求,要对招标文件有实质性的响应。在编制标后施工组织设计时既应注意以标前施工组织设计作为编制的基础,同时更应注意方案的具体化和实用性。

2. 单位工程施工组织设计的编制依据

单位工程施工组织设计的编制依据主要有:

(1) 工程承包合同或招标文件对技术标的要求；
(2) 施工图纸及设计单位对施工的要求；
(3) 施工企业年度生产计划对该工程的安排和规定的有关指标；
(4) 施工组织总设计或大纲对该工程的有关规定和安排；
(5) 建设单位可能提供的条件和水、电供应情况；
(6) 资源配备情况；
(7) 施工现场条件和勘察资料；
(8) 预算或报价文件和有关规程、规范等资料。

3. 单位工程施工组织设计的编制内容

单位工程施工组织设计的内容，根据设计阶段、工程性质、规模和复杂程度，其内容、深度和广度要求不同，不强求一致，但内容必须简明扼要，从实际出发，确定各种生产要素，如材料、机械、资金、劳动力等，使其真正起到指导建筑工程投标、指导现场施工的目的。单位工程施工组织设计较完整的内容一般包括：

(1) 工程概况及施工特点分析；
(2) 施工方法与相应的技术组织措施，即施工方案；
(3) 施工进度计划；
(4) 劳动力、材料、构件和机械设备等需要量计划；
(5) 施工准备工作计划；
(6) 施工现场平面布置图；
(7) 保证质量、安全、降低成本等技术措施；
(8) 各项技术经济指标。

4.1.2　单位工程施工组织设计的编制程序

单位工程施工组织设计编制程序如图 2-4-1 所示。

4.1.3　工程概况及施工特点分析

工程概况及施工特点分析是对拟建工程的工程特点、现场情况和施工条件等所作的一个简要的、突出重点的文字介绍。有时，也可用表格形式介绍，简洁明了，如表 2-4-2 所示。必要时附以平面、立面、剖面图，并附以主要分部分项工程一览表。

1. 工程建设概况

工程建设概况主要介绍拟建工程的建设单位、工程名称、性质、用途、作用、资金来源及工程投资额、开竣工日期、设计单位、施工单位、施工图纸情况、施工合同、主管部门的有关文件或要求，组织施工的指导思想等。并附以主要分部分项工程量一览表，如表 2-4-3 所示。

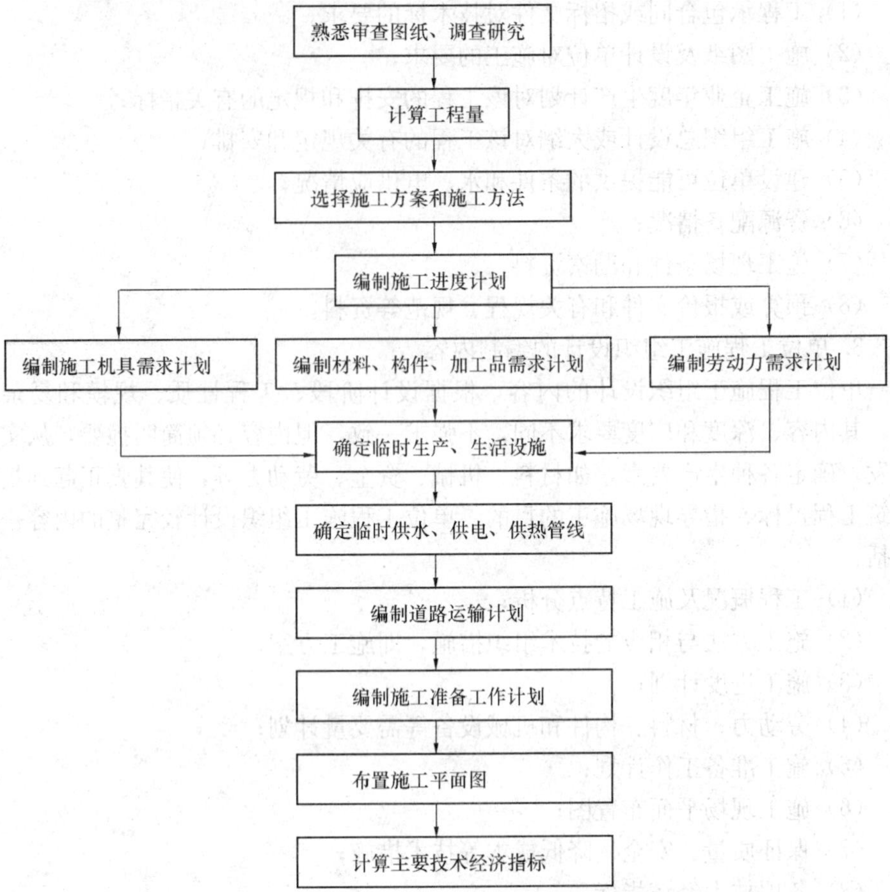

```
熟悉审查图纸、调查研究
            ↓
        计算工程量
            ↓
    选择施工方案和施工方法
            ↓
      编制施工进度计划
      ↓      ↓      ↓
编制施工机具  编制材料、构件、  编制劳动力
  需求计划    加工品需求计划    需求计划
            ↓
    确定临时生产、生活设施
            ↓
    确定临时供水、供电、供热管线
            ↓
      编制道路运输计划
            ↓
      编制施工准备工作计划
            ↓
        布置施工平面图
            ↓
      计算主要技术经济指标
```

图 2-4-1　单位工程施工组织设计的编制程序

××工程概况表　　　　　表 2-4-2

	建设单位		工程名称	
	设计单位		开工日期	
	监理单位		竣工日期	
工程概况	建筑面积		现场概况	工程投资额	
	建筑高度			施工用水	
	建筑层数			施工用电	
	结构形式			施工道路	
	基础类型及深度			地下水位	
	抗震设防烈度			冻结深度	

主要工程量一览表 表 2-4-3

序号	分部分项工程名称	单位	工程量	序号	分部分项工程名称	单位	工程量
一	基础工程			4	回填土		
1	挖基槽			二	主体结构工程		
2	混凝土垫层			5	…		
3	砌基础			6	…		

2. 工程施工概况

工程施工概况是对工程全貌进行综合说明。主要介绍以下几方面情况：

(1) 建筑设计特点

一般需说明：拟建工程的建筑面积、平面形状和平面组合情况、层数、层高、总高、总宽、总长等尺寸及室内外装修的情况。

(2) 结构设计特点

一般需说明：基础类型、埋置深度、主体结构的类型、预制构件的类型及安装位置等。

(3) 建设地点特征

包括拟建工程的位置、地形、工程地质和水文地质条件、不同深度土壤的分析、冻结期间与冻结厚度、地下水位、水质、气温、冬雨期施工起止时间、主导风向、风力等。

(4) 施工条件

包括三通一平情况，现场临时设施及周围环境，当地交通运输条件，预制构件生产及供应情况，施工企业机械、设备和劳动力的落实情况，劳动组织形式和内部承包方式等。

3. 工程施工特点

概括指出单位工程的施工特点和施工中的关键问题，以便在选择施工方案、组织资源供应，技术力量配备以及施工准备上采取有效措施，保证施工顺利进行。如现浇钢筋混凝土高层建筑的施工特点主要有：结构和施工机具设备的稳定性要求高，钢材加工量大，混凝土浇筑难度大，脚手架搭设必须进行设计计算，安全问题突出等。

4.1.4 主要技术组织措施

技术组织措施主要是指在技术、组织方面对保证质量、安全、节约和季节施工所采用的方法。根据工程特点和施工条件，主要制定以下技术组织措施：

1. 保证工程质量措施

质量管理是实现合同目标的重要一环。现场必须制定切实有效的技术组织措施来保证工程质量。通常包括以下几个方面：

(1) 现场质量管理体系和质量管理的组织管理机构,明确项目人员的质量职责。

(2) 对工程施工中经常发生的质量通病制定的防治措施。

(3) 质量预控点的设置与控制措施。例如,对采用新工艺、新材料、新技术和新结构制定有针对性的技术措施,确保基础质量的措施,保证主体结构中关键部位质量的措施,以及复杂特殊工程的施工技术组织措施等。

2. 保证施工安全措施

保证安全的关键是贯彻安全操作规程,对施工中可能发生的安全问题提出预防措施并加以落实。保证安全的措施主要包括以下几个方面:

(1) 现场安全管理体系和安全管理的组织管理机构,明确项目人员的安全职责。

(2) 针对各种隐患的安全技术措施:如新工艺、新材料、新技术和新结构的安全技术措施;预防自然灾害,如防雷击、防滑等措施;高空作业的防护和保护措施;安全用电和机具设备的保护措施;防火防爆措施。

3. 保证工期的措施

工期目标是项目管理的最主要目标之一。在编制了单位工程施工进度计划的基础上,还要对计划的修订、执行进行控制与管理,切实保证最终工期目标的实现。为此,需要编制保证工期的技术组织措施。一般包括以下几个方面的内容:

(1) 工期管理的组织结构与职责划分;

(2) 保证计划得以执行,以及根据实际情况修订计划的技术组织措施;

(3) 对工程进展情况进行监控的技术组织措施;

(4) 进度协调的技术组织措施。

4. 环境与职业健康管理的措施

为了保护环境,防止在城市施工中造成污染,在编制施工组织设计时应提出保护环境和职业健康,防止污染的措施。通常主要包括以下几个方面:

(1) 项目环境与职业健康管理的组织结构与职责划分。

(2) 防止施工废水污染环境的措施,如搅拌机冲洗废水、灰浆水等。

(3) 防止废气污染环境的措施,如熟化石灰等。

(4) 防止垃圾粉尘污染环境的措施,如运输土方与垃圾、散装材料堆放等。

(5) 防止噪声污染措施,如混凝土搅拌、振捣等。

5. 冬雨期施工措施

雨期施工措施要根据工程所在地的雨量、雨期和工程特点和部位,在防淋、防潮、防泡、防淹、防拖延工期等方面,采取改变施工顺序、排水、加固、遮盖等措施。

冬期措施要根据所在地的气温、降雪量、工程内容和特点、施工单位条件等因素,在保温、防冻、改善操作环境等方面,采取一定的冬期施工措施。如暖棚法,先进行门窗封闭,再进行装饰工程的方法,以及混凝土中加入抗冻剂的方法等。

6. 降低成本措施

降低成本措施包括成本管理的组织体系与职责划分、提高劳动生产率、节约劳动力、节约材料、节约机械设备费用、节约临时设施费用等方面的措施，降低成本措施是根据施工预算和技术组织措施计划进行编制的。

7. 现场管理与文明施工措施

为了有效地进行现场管理，实施文明施工。有必要采取一系列的技术组织措施，包括现场文明施工管理的组织机构与岗位责任划分，现场 CI 形象管理措施，施工现场及机械料具的管理措施，现场场容场貌管理措施，生活区管理措施等。

4.1.5 主要技术经济指标

技术经济指标应在编制相应的技术组织措施计划的基础上进行计算，主要有以下各项指标：

1. 工期指标

它是指从破土动工至竣工的全部天数，通常与相应工期定额比较。

2. 劳动生产指标

通常用单方用工指标来反映劳动力的使用和消耗水平。

$$单方用工 = \frac{总用工数（工日）}{建筑面积（m^2）} \tag{2-4-1}$$

3. 质量合格率指标

通常按照验收批次和分项工程确定合格率的控制目标。

4. 降低成本率指标

$$降低成本率 = \frac{降低成本（元）}{预算成本（元）} \times 100\% \tag{2-4-2}$$

式中 降低成本 = 预算成本 − 计划成本。

5. 主要材料节约指标

主要材料（钢材、水泥、木材）节约指标有主要材料节约量和节约率两个指标：

$$主要材料节约量 = 预算用量 - 计划用量 \tag{2-4-3}$$

$$主要材料节约率 = \frac{主要材料计划节约量}{主要材料预算用量} \times 100\% \tag{2-4-4}$$

6. 机械化程度指标

机械程度指标有大型机械耗用台班数和费用两个指标：

$$大型机械单方耗用台班数 = \frac{总台班数（台班）}{建筑面积（m^2）} \tag{2-4-5}$$

$$单方大型机械费 = \frac{计划大型机械台班费（元）}{建筑面积（m^2）} \tag{2-4-6}$$

§4.2 施工方案设计

施工方案设计是单位工程施工组织设计的核心问题。其内容一般包括：确定施工程序和施工顺序、施工起点流向、主要分部分项工程的施工方法和施工机械。

4.2.1 确定施工程序

施工程序是指施工中，不同阶段的不同工作内容按照其固有的先后次序，循序渐进向前开展的客观规律。

单位工程的施工程序一般为：接受任务阶段-开工前的准备阶段-全面施工阶段-交工验收阶段，每一阶段都必须完成规定的工作内容，并为下阶段工作创造条件。

1. 接受任务阶段

接受任务阶段是其他各个阶段的前提条件，施工单位在这个阶段承接施工任务，签订施工合同，明确拟施工的单位工程。目前施工单位承接的工程施工任务，一般是通过投标，在中标后承接的。施工单位需检查该项工程是否有经有关部门批准的正式文件，投资是否落实。如两项均已满足要求，施工单位应与建设单位签订工程承包合同，明确双方应承担的技术经济责任以及奖励、处罚条款。对于施工技术复杂、工程规模较大的工程，还需确定分包单位，签订分包合同。

2. 开工前准备阶段

单位工程开工前必须具备如下条件：施工执照已办理；施工图纸已经过会审；施工预算已编制；施工组织设计已经过批准并已交底；场地土石方平整、障碍物的清除和场内外交通道路已经基本完成；施工用水、用电、排水均可满足施工需要；永久性或半永久性坐标和水准点已经设置；附属加工企业各种设施的建设基本能满足开工后生产和生活的需要；材料、成品和半成品以及必要的工业设备有适当的储备，并能陆续进入现场，保证连续施工；施工机械设备已进入现场，并能保证正常运转；劳动力计划已落实，随时可以调动进场，并已经过必要的技术安全防火教育。在此基础上，写出开工报告，并经有关主管部门审查批准后方可开工。

3. 全面施工阶段

施工方案设计中主要应确定这个阶段的施工程序。施工中通常遵循的程序主要有：

（1）先地下、后地上

施工时通常应首先完成管道、管线等地下设施、土方工程和基础工程，然后开始地上工程施工。但采用逆作法施工时除外。

(2) 先主体、后围护

施工时应先进行框架主体结构施工,然后进行围护结构施工。

(3) 先结构、后装饰

施工时先进行主体结构施工,然后进行装饰工程施工。但是,随着新建筑体系的不断涌现和建筑工业化水平的提高,某些装饰与结构构件均在工厂完成。

(4) 先土建、后设备

先土建、后设备是指一般的土建与水暖电卫等工程的总体施工程序、施工时某些工序可能要穿插在土建的某一工序之前进行,这是施工顺序问题,并不影响总体施工程序。至于工业建筑中土建与设备安装工程之间的程序取决于工业建筑的类型,如精密仪器厂房,一般要求土建、装饰工程完成后安装工艺设备,而重型工业厂房,一般要求先安装工艺设备后建设厂房或设备安装与土建工程同时进行。

4. 竣工验收阶段

单位工程完工后,施工单位应首先进行内部预验收,然后,经建设单位和质检站验收合格,双方方可办理交工验收手续及有关事宜。

在施工方案设计时,应按照所确定的施工程序,结合工程的具体情况,明确各施工阶段的主要工作内容和顺序。

4.2.2 确定施工起点流向

确定施工起点流向,就是确定单位工程在平面上或竖向上施工开始的部位和进展的方向。对于单层建筑物,如厂房,可按其车间、工段或跨间,分区分段地确定出在平面上的施工流向。对于多层建筑物,除了确定每层平面上的流向外,还应确定沿竖向上的施工流向。对于道路工程可确定出施工的起点后,沿道路前进方向,将道路分为若干区段,如1km一段进行。

确定单位工程施工起点流向时,一般应考虑如下因素:

(1) 车间的生产工艺流程。影响其他工段试车投产的工段应先施工。

(2) 建设单位对生产和使用的要求。一般使用急的工段或部位应先施工。

(3) 工程的繁简程度和施工过程间的相互关系。一般技术复杂、耗时长的区段或部位应先施工。另外,关系密切的分部分项工程的流水施工,如果紧前工作的起点流向已经确定,则后续施工过程的起点流向应与之一致。

(4) 房屋高低层和高低跨。如柱子的吊装应从高低跨并列处开始;屋面防水层施工应按先低后高方向施工;基础施工应按先深后浅的顺序施工。

(5) 工程现场条件和施工方案。如土方工程边开挖边余土外运,施工的起点一般应选定在离道路远的部位,由远而近的流向进行。

(6) 分部分项工程的特点和相互关系。在流水施工中,施工起点流向决定了各施工段的施工顺序。因此,在确定施工起点流向的同时,应将施工段划分并进行编号。

下面以多层建筑物的装饰工程为例加以说明。根据装饰工程的特点，施工起点流向一般有以下几种情况：

1）室内装饰工程自上而下的施工起点流向，通常是指主体结构工程封顶、屋面防水层完成后，从顶层开始逐层向下进行，如图 2-4-2 所示。其优点是，主体结构完成后有一定的沉降时间，且防水层已做好，容易保证装饰工程质量不受沉降和下雨影响，而且自上而下的流水施工，工序之间交叉少，便于施工和成品保护，垃圾清理也方便。不过，其缺点是不能与主体工程搭接施工，工期较长。因此当工期不紧时，应选择此种施工起点流向。

2）室内装饰工程自下而上的施工起点流向，通常是指主体结构工程施工到三层以上时，装饰工程从一层开始，逐层向上进行，如图 2-4-3 所示。优点是主体与装饰交叉施工，工期短。缺点是工序交叉多，成品保护难，质量和安全不易保证。因此如采用此种施工起点流向，必须采取一定的技术组织措施，来保证质量和安全；如上下两相邻楼层中，首先应抹好上层地面，再做下层天棚抹灰。当工期紧时可采用此种施工起点流向。

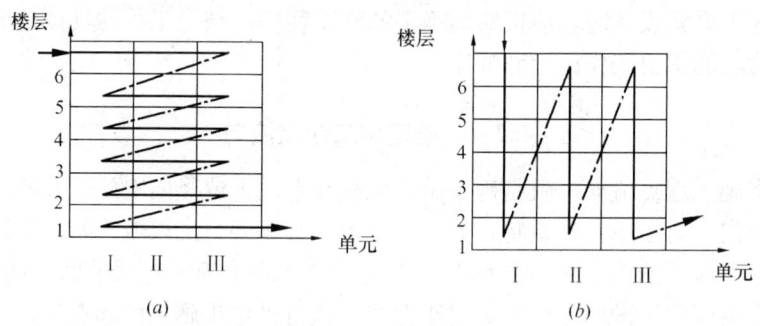

图 2-4-2　室内装饰工程自上而下的起点流向
(a) 水平向下；(b) 垂直向下

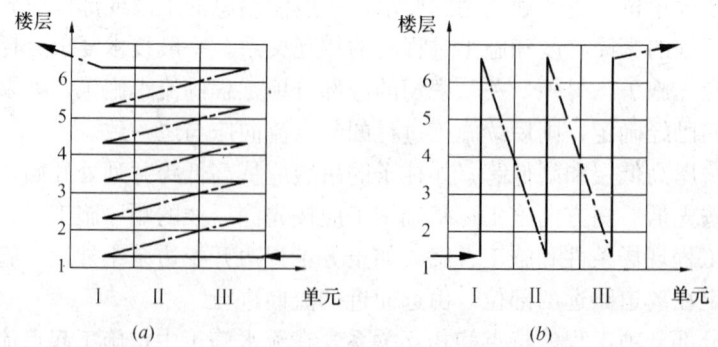

图 2-4-3　室内装饰工程自下而上的施工起点流向
(a) 水平向上；(b) 垂直向上

3) 自中而下再自上而中的施工起点流向,它综合了上述两种流向的优点,通常适于中、高层建筑装饰施工,如图 2-4-4 所示。

4) 室外装饰工程通常均为自上而下的施工起点流向,以便保证质量。

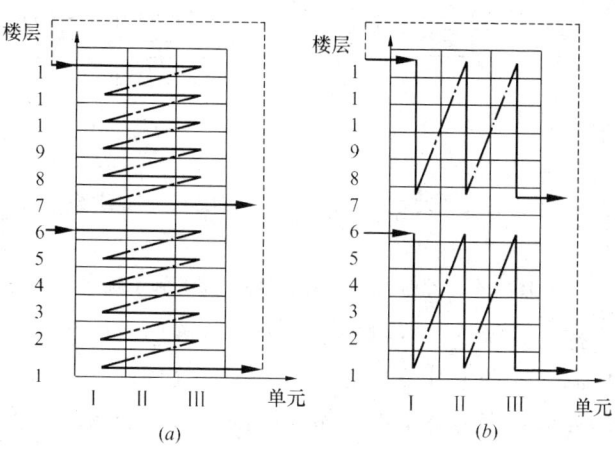

图 2-4-4 室内装饰工程自中而下再自上而中的起点流向
(a) 水平流向;(b) 垂直流向

4.2.3 确定施工顺序

施工顺序是指分部分项工程施工的先后次序。

1. 确定施工顺序时应考虑的因素

(1) 遵循施工程序。施工顺序应在不违背施工程序的前提下确定。

(2) 符合施工工艺。施工顺序应与施工工艺顺序相一致;如现浇柱的施工顺序为:绑钢筋→支模板→浇混凝土→养护→拆模。

(3) 与施工方法一致。如预制柱的施工顺序为:支模板→绑钢筋→浇混凝土→养护→拆模。

(4) 考虑工期和施工组织的要求。如室内外装饰工程的施工顺序。

(5) 考虑施工质量和安全要求。如外墙装饰安排在层面卷材防水施工后进行,以保证安全;楼梯抹面最好自上而下进行,以保证质量。

(6) 受当地气候影响。如冬季室内装饰工程施工,应先安门窗后做其他装饰。

2. 多层混合结合居住房屋的施工顺序

多层混合结构居住房屋的施工,通常可划分为基础工程、主体结构工程、屋面及装饰工程三个阶段,如图 2-4-5 所示。

(1) 基础工程的施工顺序

基础工程阶段是指室内地坪(±0.00)以下的所有工程的施工阶段。其施

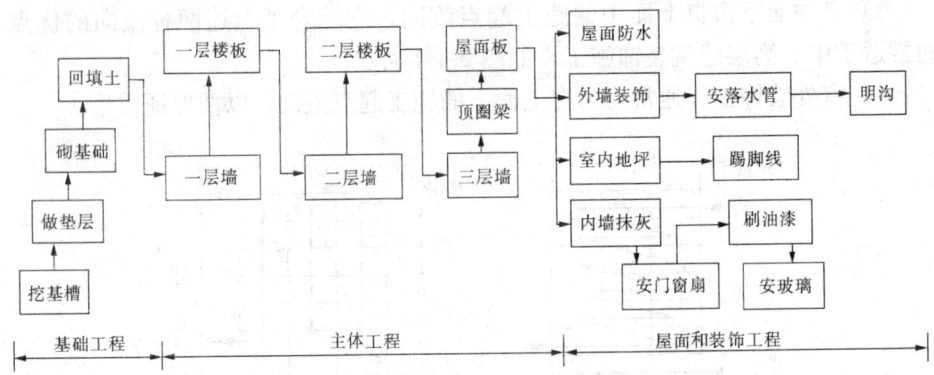

图 2-4-5 三层混合结构居住房屋的施工顺序

工顺序一般为：挖土→做垫层→砌基础→铺设防潮层→回填土。若有地下障碍物、坟穴、防空洞、软弱地基等情况，则应首先处理；若有地下室，则在砌筑完基础或其一部分后，砌地下室墙，做完防潮层后，浇筑地下室楼板，最后回填土。

施工时，挖土与垫层之间搭接应紧凑，以防积水浸泡或曝晒地基，影响其承载能力；而且，垫层施工完后，一定要留有技术间歇时间，使其具有一定强度后，再进行下一道工序的施工。

各种管沟的挖土和管道铺设等工程，应尽可能与基础施工配合，平等搭接施工。

（2）主体结构工程的施工顺序

主体结构工程阶段的工作通常包括：搭脚手架、砌筑墙体、安门窗框、安过梁、安预制楼板、现浇雨篷和圈梁、安楼梯、安屋面板等分项工程。其中砌筑墙体和安楼板是主导工程。现浇卫生间楼板、各层预制楼梯段的安装必须与墙体砌筑和楼板安装密切配合，一般应在砌墙、安楼板的同时或相继完成。

（3）屋面和装饰工程的施工顺序

屋面工程主要是卷材防水层面和刚性防水层面。卷材防水屋面一般按找平层→隔气层→保温层→找平层→防水层→保护层的顺序施工。对于刚性防水屋面，现浇钢筋混凝土防水层应在主体完成或部分完成后，尽快开始分段施工，从而为室内装饰工程创造条件。一般情况下，屋面工程和室内装饰工程可以搭接或平等施工。

室内装饰工程的内容主要有：天棚、地面和墙抹灰；门窗扇安玻璃、油墙裙、做踢脚线和楼梯抹灰等。其中抹灰是主导工程。

同一层的室内抹灰的施工顺序有两种：一是地面→天棚→墙面；二是天棚→墙面→地面。前一种施工顺序优点是：地面质量容易保证，便于收集落地灰、节省材料；缺点是地面需要养护时间和采取保护措施，影响工期。后一种施工顺序的优点是：墙面抹灰与地面抹灰之间不需养护时间，工期可以缩短；缺点是落地灰不易收集，地面的质量不易保证，容易产生地面起壳。

其他的室内装饰工程之间通常采用的施工顺序一般为：底层地面多在各层天棚、墙面和楼地面完成后进行；楼梯间和楼梯抹面多在整个抹灰冻结和加速干燥，抹灰前应将门窗扇和玻璃安装好；钢门窗一般框、扇在加工厂拼接完后运至现场，在抹灰前或后进行安装；为了防止油漆弄脏玻璃，通常采用先油漆门窗框和扇，后安装玻璃的施工顺序。

（4）水暖电卫等工程的施工顺序

水暖电卫工程不像土建工程那样分成几个明显的施工阶段，它一般是与土建工程中有关分部分项工程紧密配合、穿插进行的，其顺序一般为：

1）在基础工程施工时，回填土前，应完成给水排水管沟和暖气管沟垫层和墙壁的施工。

2）在主体结构施工时，应在砌砖墙或现浇钢筋混凝土楼板时，预留给水排水和暖气管孔、电线孔槽、预埋木砖或其他预埋件。但抗震房屋应按有关规范进行。

3）在装饰工程施工前，安装相应的各种管道和电气照明用的附墙暗管、接线盒等。水暖电卫其他设备安装均穿插在地面或墙面的抹灰前后进行。但采用明线的电线，应在室内粉刷之后进行。

室外给水排水管道等工程的施工，可以安排在土建工程之前或其中进行。

3. 高层现浇混凝土结构综合商住楼的施工顺序

高层现浇混凝土结构综合商住楼的施工，由于采用的结构体系不同，其施工方法和施工顺序也不尽相同，下面以墙柱结构采用滑模施工方法为例加以介绍。施工时通常可划分为基础及地下室工程、主体工程、层面和装饰工程几个阶段。如图 2-4-6 所示。

（1）基础及地下室工程的施工顺序

高层建筑的基础均为深基础，由于基础的类型和位置等不同，其施工方法和

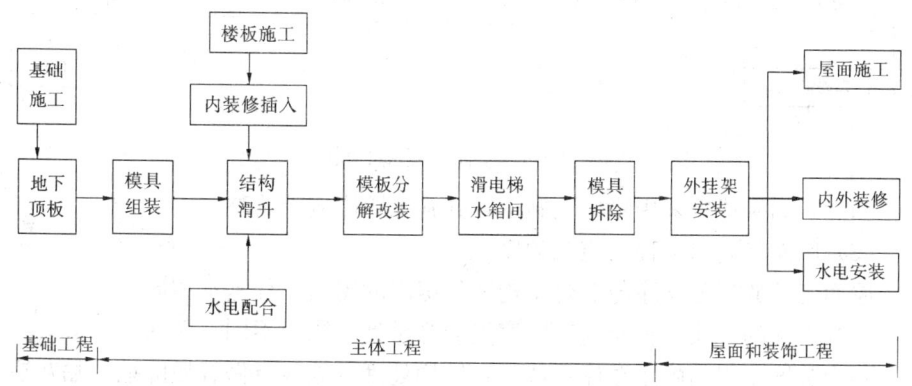

图 2-4-6 滑模施工高层商住楼施工顺序

顺序也不同，如可以采用逆作法施工。当采用通常的由下而上的顺序时，一般为：

挖土→清槽→验槽→桩施工→垫层→桩头处理→清理→做防水层→保护层→投点放线→承台梁板扎筋→混凝土浇筑→养护→投点放线→施工缝处理→桩、墙扎筋→桩、墙模板→混凝土浇筑→顶盖梁、板支模→梁、板扎筋→混凝土浇筑→养护→拆外模→外墙防水→保护层→回填土。

施工中要注意防水工程和承台梁大体积混凝土以及深基础支护结构的施工。

(2) 主体工程的施工顺序

结构滑升采用液压模逐层空滑现浇楼板并进施工工艺。滑升模板和液压系统安装调试工艺流程如图 2-4-7 所示。

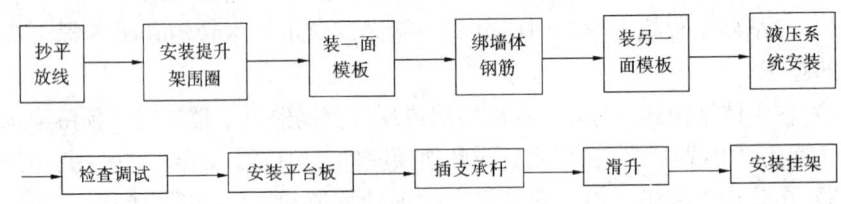

图 2-4-7　滑升模板和液压系统组装工艺流程

滑升阶段的施工顺序如图 2-4-8 所示。

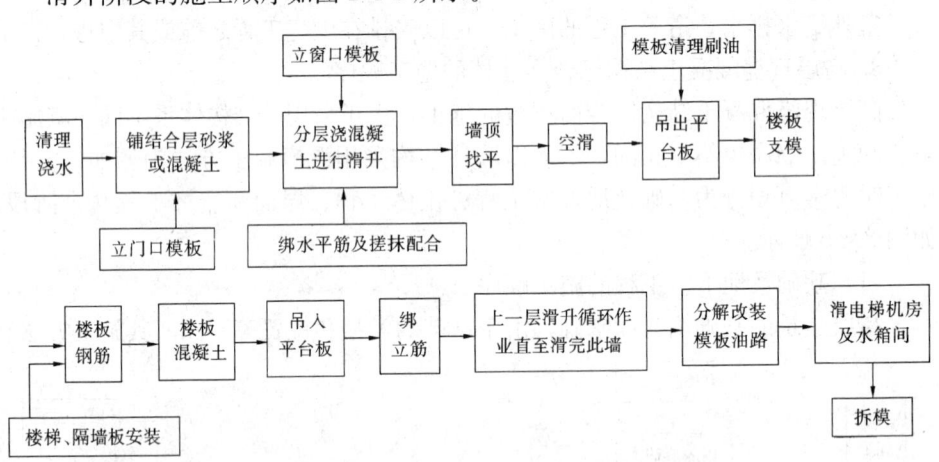

图 2-4-8　主体工程施工顺序

当然，如果楼板采用降模法施工，其施工顺序应予调整。

(3) 屋面和装饰工程的施工顺序

屋面工程的施工顺序与混合结构居住房屋的屋面工程基本相同。

装饰工程的分项工程及施工顺序随装饰设计不同而不同。例如：

室内装饰工程的施工顺序一般为：结构处理→放线→做轻质隔墙→贴灰饼冲筋→立门框、安铝合金门窗→各类管道水平支管安装→墙面抹灰→管道试压→墙面喷涂贴面→吊顶→地面清理→做地面、贴地砖→安门窗→风口、灯具、洁具安装→调试→清理。

室外装饰工程的施工顺序一般为：结构处理→弹线→贴灰饼→刮底→放线→贴面砖→清理。

应当指出，高层建筑的结构类型较多，如筒体结构，框架结构、剪力墙结构等，施工方法也较多，如滑模法、升板法等。因此，施工顺序一定要与之协调一致，没有固定模式可循。

4. 装配式钢筋混凝土单层工业厂房的施工顺序

装配式钢筋混凝土单层工业厂房的施工可分为：地下工程、预制工程、结构安装工程、围护工程和装饰工程五个主要分部工程，其施工顺序如图 2-4-9 所示。

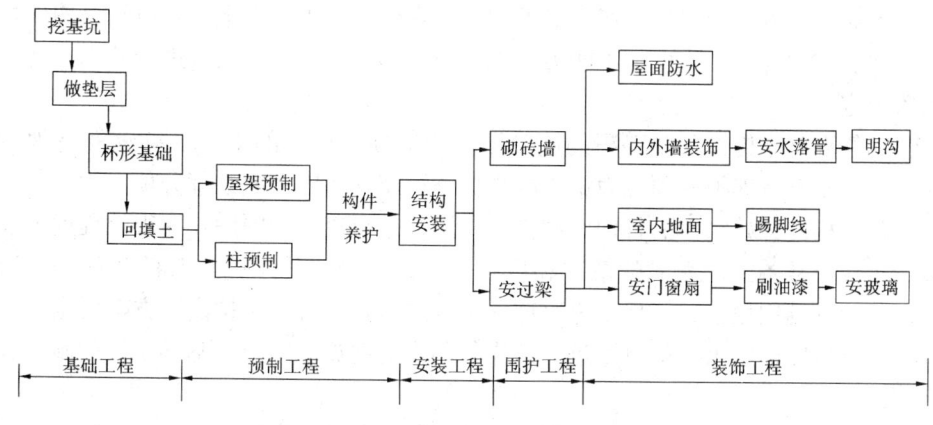

图 2-4-9 装配式钢筋混凝土单层工业厂房施工顺序

（1）地下工程的施工顺序

地下工程的施工顺序一般为：基坑挖土→做垫层→安装基础模板→绑钢筋→浇混凝土→养护→拆基础模板→回填土等分项工程。

当中型或重型工业厂房建设在土质较差的地区时，通常采用桩基础。此时，为了缩短工期，常将打桩工程安排在施工准备阶段进行。

在地下工程开始前，同民用房屋一样，应首先处理地下的洞穴等，然后，确定施工起点流向，划分施工段，以便组织流水施工。并应确定钢筋混凝土基础或垫层与挖基坑之间的搭接程度及所需技术间歇时间，在保证质量的条件下，尽早拆模和回填，以免曝晒和水浸地基，并提供就地预制场地。

在确定施工顺序时，必须确定厂房柱基础与设备基础的施工顺序，它常常影响到主体结构和设备安装的方法与开始时间，通常有两种方案可选择：

1）当厂房柱基础的埋置深度大于设备基础埋置深度时，一般采用厂房柱基础先施工，设备基础后施工的"封闭式"施工顺序。

通常，当厂房施工处于冬雨期时，或设备基础不大，或采用沉井等特殊施工方法施工的较大较深的设备基础，均可采用"封闭式"施工顺序。

2) 当设备基础埋置深度大于厂房柱基础的埋置深度时，一般采用厂房柱基础与设备基础同时施工的"开敞式"施工顺序。

当厂房的设备基础较大较深，基坑的挖土范围连成一片，或深于厂房柱基础，以及地基的土质不佳时，才采用设备基础先施工的顺序。

当设备基础与柱基础埋置深度相同或接近时，可以任意选择一种施工顺序。

（2）预制工程的施工顺序

单层工业厂房构件的预制，通常采用加工厂预制和现场预制相结合的方法进行，一般重量较大或运输不便的大型构件，可在拟建车间现场就地预制，如柱、托架梁、屋架和吊车梁等。中小型构件可在加工厂预制，如大型屋面板等标准构件和木制品等宜在专门的生产厂家预制。在具体确定预制方案时，应结合构件技术要求、工期规定、当地加工能力、现场施工和运输条件等因素进行技术经济分析后确定。

钢筋混凝土构件预制工程的施工顺序为：预制构件的支模→绑钢筋→埋铁件→浇混凝土→养护→预应力钢筋的张拉→拆模→锚固→灌浆等分项工程。

预制构件开始制作的日期、制作的位置、起点流向和顺序，在很大程度上取决于工作面准备工作完成的情况和后续工程的要求，如结构安装的顺序等。通常，只要基础回填土、场地平整完成一部分之后，并且，结构安装方案已定，构件平面布置图已绘出，就可以进行制作。制作的起点流向应与基础工程的施工起点流向相一致。

当采用分件安装方法时，预制构件的预制有三种方案：

1) 当场地狭窄而工期允许时，构件预制可分别进行。首先预制柱和梁，待柱和梁安装完再预制屋架。

2) 当场地宽敞时，可在柱、梁制作完就进行屋架预制。

3) 当场地狭窄，且工期要求紧迫时，可首先将柱和梁等构件在拟建车间外进行预制。另外，为满足吊装强度要求，有时先开始预制屋架。

当采用综合吊装法吊装时，构件需一次制作。这时应视场地具体情况确定：构件是全部在拟建车间内部就地预制，还是有一部分在拟建车间外预制。

（3）结构安装工程的施工顺序

结构安装工程是单层工业厂房施工中的主导工程。其施工内容为：柱、吊车梁、连系梁、地基梁、托架、屋架、天窗架、大型屋面板等构件的吊装、校正和固定。

构件开始吊装日期取决于吊装前准备工作完成的情况。当柱基杯口弹线和杯底标高抄平、构件的检查和弹线、构件的吊装验算和加固、起重机械的安装等准备工作完成后，构件混凝土强度已达到规定的吊装强度，就可以开始吊装。如钢筋混凝土柱和屋架的强度应分别达到70%和100%设计强度后进行吊装；预应力钢筋混凝土屋架、托架梁等构件在混凝土强度达到100%设计强度时，才能张拉预应力钢筋，而灌浆后的砂浆强度要达到15N/mm² 时才可以进行就位和吊装。

吊装的顺序取决于吊装方法，分件吊装法还是综合吊装法。若采用分件吊装法时，其吊装顺序一般是：第一次开行吊装柱，随后校正与固定；待接着混凝土强度达到设计强度70%后，第二次吊装车梁、托架梁与连系梁；第三次开行吊装屋盖系统的构件。有时也可将第二次、第三次开行合并为一次开行。若采用综合吊装法时，其吊装顺序一般是：先吊装4～6根柱并迅速校正和固定，再吊装各类梁及屋盖系统的全部构件，如此依次逐个节间吊装，直至整个厂房吊装完毕。

抗风柱的安装顺序一般有两种可能：

1）在吊装柱的同时先安装该跨一端的抗风柱，另一端则在屋盖安装以后进行；

2）全部抗风柱的安装均待屋盖安装完毕后进行。

(4) 围护工程的施工顺序

围护工程施工阶段包括墙体砌筑、安装门窗框和屋面工程。墙体工程包括搭脚手架和内外墙砌筑等分项工程。在厂房结构安装工程结束后，或安装完一部分区段后即可开始内、外墙砌筑工程的分段分层流水施工。不同的分项工程之间可组织立体交叉平行流水施工。墙体工程、屋面工程和地面工程应紧密配合。如墙体施工完，应考虑屋面工程和地面工程施工。

脚手架工程应配合砌筑搭设，在室外装饰之后，做散水坡之前拆除。内隔墙的砌筑应根据内隔墙的基础形式而定，有的需要地面工程完成之后进行，有的则可在地面工程之前与外墙同时进行。

屋面防水工程的施工顺序，基本与混合结构居住房屋的屋面防水施工顺序相同。

(5) 装饰工程的施工顺序

装饰工程的施工又可分为室内和室外装饰。室内装饰工程包括勾缝、地面（整平、垫层、面层）、门窗扇安装、油漆和刷白等分项工程。室外装饰工程包括勾缝、抹灰、勒脚、散水坡等分项工程。

一般单层厂房的装饰工程，通常不占总工期，而与其他施工过程穿插进行。地面工程应在设备基础、墙体砌筑工程完成了一部分和埋入地下的管道电缆或管道沟完成后随即进行，或视具体情况穿插进行；钢门窗安装一般与砌筑工程穿插进行，也可以在砌筑工程完成后开始安装，视具体条件而定；门窗油漆可以在内墙刷白以后进行，也可以和设备安装同时进行；刷白应在墙面干燥和大型屋面板灌缝之后进行，并在油漆开始前结束。

4.2.4 施工方法和施工机械选择

施工方法和施工机械选择是施工方案中的关键问题。它直接影响施工进度、施工质量和安全，以及工程成本。编制施工组织设计时，必须根据工程的建设结构、抗震要求、工程量大小、工期长短、资源供应情况、施工现场条件和周围环境，制定出可行方案，并进行技术经济比较，确定最优方案。

1. 施工方法与机械选择的内容

选择施工方法时应着重考虑影响整个单位工程施工的分部分项工程的施工方法，如在单位工程中占重要地位的分部分项工程、施工技术复杂或采用新技术、新工艺对工程质量起关键作用的分部分项工程、不熟悉的特殊结构工程或由专业施工单位施工的特殊专业工程的施工方法。而对于按照常规做法和工人熟悉的分项工程，只要提出应注意的特殊问题，不必详细拟定施工方法。

一般土建工程施工方法与机械选择通常包括下列内容：

(1) 土石方工程

1) 计算土石方工程的工程量，确定土石方开挖或爆破方法，选择土石方施工机械；

2) 确定土壁放边坡的坡度系数或土壁支撑形式以及板桩打设方法等；

3) 选择排除地面水、地下水的方法。确定排水沟、集水井或井点布置方案所需设备；

4) 确定土石方平衡调配方案。

(2) 基础工程

1) 浅基础的垫层、混凝土基础和钢筋混凝土基础施工的技术要求，以及地下室施工的技术要求；

2) 桩基础施工的施工方法和施工机械选择。

(3) 砌筑工程

1) 墙体的组砌方法和质量要求；

2) 弹线及皮数杆的控制要求；

3) 确定脚手架搭设方法及安全网的挂设方法；

4) 选择垂直和水平运输机械。

(4) 钢筋混凝土工程

1) 确定混凝土工程施工方案：滑模法、升板法、泵送等施工方法；

2) 确定模板类型及支模方法，对于复杂工程还需进行模板设计和绘制模板放样图；

3) 选择钢筋的加工、绑扎、焊接或机械连接的施工方法与措施；

4) 选择混凝土的制备方案，如采用商品混凝土，还是现场拌制混凝土。确定搅拌、运输及浇筑顺序和方法以及泵送混凝土和普通垂直运输混凝土的机械选择；

5) 选择混凝土搅拌、振捣设备的类型和规格，确定施工缝的留设位置；

6) 确定预应力混凝土的施工方法、控制应力和张拉设备。

(5) 结构安装工程

1) 确定起重机械类型、型号和数量；

2) 确定结构安装方法（分件吊装法还是综合吊装法），安排吊装顺序、机械位置和开行路线及构件的制作、拼装场地；

3) 确定构件运输、装卸、堆放方法和所需机具设备的规格、数量和运输道路要求。

(6) 屋面工程

1) 屋面工程各个分项工程的施工的操作要求；

2) 确定屋面材料的运输方式。

(7) 装饰工程

1) 各种装饰工程的操作方法及质量要求；

2) 确定材料运输方式及储存要求；

3) 确定所需机具设备。

(8) 现场垂直、水平运输

1) 确定垂直运输量（有标准层的要确定标准层的运输量），选择垂直运输方式，脚手架的选择及搭设方式。

2) 水平运输方式及设备的型号、数量，配套使用的专用工具设备（如混凝土车、灰浆车、料斗、砖车、砖笼等），确定地面和楼层上水平运输的行驶路线。

3) 合理地布置垂直运输设施的位置，综合安排各种垂直运输设施的任务和服务范围，混凝土后台上料方式。

2. 选择施工机械时应注意的问题

施工机械选择应主要考虑以下几个方面：

(1) 应首先根据工程特点选择适宜的主导工程施工机械。如在选择装配式单层工业厂房结构安装用的起重机械类型时，若工程量大而集中，可以采用生产率较高的塔式起重机或桅杆式起重机；若工程量较小或虽大动较分散时，则采用无轨自行式起重机械；在选择起重机型号时，应使起重机性能满足起重量、安装高度、起重半径和臂长的要求。

(2) 各种辅助机械应与直接配套的主导机械的生产能力协调一致。为了充分发挥主导机械的效率，在选择与主导机械直接配套的各种辅助机械和运输工具时，应使其互相协调一致；如土方工程中自卸汽车的选择，应考虑使挖土机的效率充分发挥出来。

(3) 在同一建筑工地上的建筑机械的种类和型号应尽可能少。在一个建筑工地上，如果拥有大量同类而不同型号的机械，会给机械管理带来困难，同时增加了机械转移的工时消耗。因此，对于工程量大的工程应采用专用机械；对于工程量小而分散的情况，应尽量采用多用途的机械。

（4）尽量选用施工单位的现有机械，以减少施工的投资额，提高已有机械的利用率，降低工程成本。若现有机械满足不了工程需要，则可以考虑购置或租赁。

（5）确定各个分部工程垂直运输方案时应进行综合分析，统一考虑。

如高层建筑施工时，可从下述几种组合情况选一，进行所有分部工程的垂直运输：塔式起重机和施工电梯；塔式起重机、混凝土泵和施工电梯；塔式起重机、井架和施工电梯；井架和施工电梯；井架、快速提升机和施工电梯。

4.2.5 施工方案的技术经济评价

施工方案的技术经济评价是选择最优施工方案的重要途径。它是从几个可行方案中选出一个工期短、成本低、质量好、材料省、劳动力安排合理的最优方案。常用的方法有定性分析、定量分析两种。

1. 定性分析评价

定性分析评价是结合工程施工实际经验，对几个方案的优缺点进行分析和比较。通常主要从以下几个指标来评价：

（1）工人在施工操作上的难易程度和安全可靠性；

（2）为后续工作能否创造有利施工条件；

（3）选择的施工机械设备是否易于取得；

（4）采用该方案是否有利于冬雨期施工；

（5）能否为现场文明创造有利条件等。

2. 定量分析评价

定量分析评价是通过对各个方案的工期指标，实物量指标和价值指标等和系列单个的技术经济指标，进行计算对比，从中选择技术经济指标最优方案的方法。定量分析评价通常分为两种方法。

（1）多指标分析法

它是用价值指标、实物指标和工期指标等一系列单个的技术经济指标，对各个方案进行分析对比从中选优的方法。定量分析的指标通常有：

1) 工期指标。当要求工程尽快完成以便尽早投入生产或使用时，选择施工方案就要在确保工程质量、安全和成本较低的条件下，优先考虑缩短工期的方案。

2) 劳动量消耗指标。它反映施工机械化程序和劳动生产率水平。通常，方案中劳动量消耗越小，施工机械化程度和劳动生产率水平越高。

3) 主要材料消耗指标。它反映各个施工方案的主要材料节约情况。

4) 成本指标。它是反映施工方案成本高低的指标。

5) 投资额指标。拟定的施工方案需要增加新的投资时，如购买新的施工机械或设备,则需要增加投资额指标进行比较,低者为好。

在实际应用时,可能会出现指标不一致的情况,这时,就需要根据工程具体情况确定。例如工期紧迫,就优先考虑工期短的方案。

(2) 综合指标分析法

综合指标分析方法是以多指标为基础,将各指标的值按照一定的计算方法进行综合后得到一个综合指标进行评价。

通常的方法是:首先根据多指标中各个指标在评价中重要性的相对程度,分别定出权值 W_i;再用同一指标依据其在各方案中的优劣程度定出其相应的分值 C_{ij}。设有 m 个方案和 n 种指标,则第 j 方案的综合指标值 A_j 为:

$$A_j = \sum_{i=1}^{n} C_{ij} \cdot W_i \qquad (2\text{-}4\text{-}7)$$

式中,$j=1,\cdots,m$;$i=1,2,\cdots,n$;综合指标值最大者为最优方案。

§4.3 单位工程施工进度计划和资源需要量计划

4.3.1 单位工程施工进度计划

单位工程施工进度计划是指在选定施工方案的基础上,根据规定工期和各种资源供应条件,按照施工过程的合理施工顺序及组织施工的原则,用横道图或网络图,对单位工程从开始施工到工程竣工,全部施工过程的时间上和空间上的合理安排。

1. 施工进度计划的作用

单位工程施工进度计划的作用主要有:

(1) 安排单位工程的施工进度,保证在规定工期内完成符合质量要求的工程任务;

(2) 确定单位工程的各个施工过程的施工顺序、持续时间有相互衔接和合理配合关系;

(3) 为编制季度、月、旬生产作业计划提供依据;

(4) 为编制各种资源需要量计划和施工准备工作计划提供依据。

2. 编制依据

编制单位工程施工进度计划,主要依据下列资料:

(1) 经过审批的建筑总平面图、地形图、单位工程施工图、工艺设计图、设备基础图、采用的标准图集以及技术资料;

(2) 施工组织总设计对本单位工程的有关规定;

(3) 施工工期要求及开竣工日期;

(4) 施工条件:劳动力、材料、构件及机械的供应条件,分包单位的情况等;

(5) 主要分部分项工程的施工方案;

(6) 劳动定额及机械台班定额;
(7) 其他有关要求和资料。

3. 施工进度计划的表示方法

施工进度计划一般用图表表示,经常采用的有两种形式:横道图和网络图。横道图的形式如表 2-4-4 所示。

单位工程施工进度计划横道图表　　　　表 2-4-4

序号	分部分项工程名称	工程量		时间定额	劳动量		需用机械		每天工作班次	每班工人数	工作天数	施工进度					
												月					月
		单位	数量		工种	数量(工日)	机械名称	台班数量				5	10	15	20	25	5

从表中可看出,它由左右两部分组成。左边部分列出各种计算数据,如分项工程名称、相应的工程量、采用的定额、需要的劳动量或机械台班数以及参加施工的工人数和施工机械等。右边上部是从规定的开工之日起到竣工之日止的时间表。下边是按左边表格的计算数据设计的进度指示图表。用线条形象地表示出各个分部分项工程的施工进度和总工期;反映出各分部分项工程相互关系和各个施工队在时间和空间上开展工作的相互配合关系。有时在其下面汇总单位工程在计划工期内的资源需要量的动态曲线。

网络图的表示方法详见第 3 章。

4. 编制内容和步骤

此处仅以横道图为例加以介绍。

(1) 划分施工过程

编制进度计划时,首先应按照施工图纸和施工顺序,将拟建单位工程的各个施工过程列出,并结合施工方法、施工条件和劳动组织等因素,加以适当调整,确定填入施工进度计划表中的施工过程。

通常施工进度计划表中只列出直接在建筑物或构筑物上进行施工的砌筑安装类施工过程以及占有施工对象空间、影响工期的制备类和运输类和运输类施工过程,如装配式单层工业厂房柱预制等施工过程。

在确定施工过程时,应注意以下几个问题:

1) 施工过程划分的粗细程度,主要根据单位工程施工进度计划的客观作用而定。对于控制性施工进度计划,项目划分得粗一些,通常只列出分部工程名称。如混合结构居住房屋的控制性施工进度计划,只列出基础工程、主体工程、屋面工程和装修工程四个施工过程。而对于实施性的施工进度计划,项目划分得要细一些,如上面所说的屋面工程应进一步划分为找平层、隔气层、保温层、防水层等分项工程。

2) 施工过程的划分要结合所选择的施工方案。如单层工业厂房结构安装工程,若采用分件吊装法,则施工过程的名称、数量和内容及安装顺序应按照构件来确定;若采用综合吊装法,则施工过程应按照施工单元(节间、区段)来确定。

3) 要适当简化施工进度计划内容,避免工程项目划分过细,重点不突出。可将某些穿插性分项工程合并到主导分项工程中,或对在同一时间内,由同一专业工程队施工的过程,合并为一个施工过程。而对于次要的零星分项工程,可合并为其他工程一项。如门油漆、窗油漆合并为门窗油漆一项。

4) 水暖电卫工程和设备安装工程通常由专业工作队负责施工。因此,在一般土建工程施工进度计划中,只要反映出这些工程与土建工程相互配合即可。

5) 所有施工过程应基本按施工顺序先后排列,所采用的施工项目名称可参考现行定额手册上的项目名称。

(2) 计算工程量

通常,可直接采用施工图预算所计算的工程量数据,但应注意有些项目的工程量应按实际情况作适当调整。如土木工程施工中挖土工程量,应根据土壤的类别和采用的施工方法等进行调整。计算时应注意以下几个问题:

1) 各分部分项工程的工程量计算单位应与现行定额手册中所规定的单位一致,以避免计算劳动力、材料和机械数量时进行换算,产生错误。

2) 结合选定的施工方法和安全技术要求,计算工程量。

3) 结合施工组织要求,分区、分段和分层计算工程量。

4) 计算工程量时,尽量考虑编制其他计划时使用工程量数据的方便,做到一次计算,多次使用。

(3) 计算劳动量

根据各分部分项工程的工程量、施工方法和现行的劳动定额,结合施工单位的实际情况,计算各分部分项工程的劳动量。人工作业时,计算所需的工日数量;机械作业时,计算所需的台班数量。计算公式如下:

$$P = \frac{Q}{S} \text{ 或 } P = Q \cdot H \tag{2-4-8}$$

式中　P——完成某分部分项工程所需的劳动量(工日或台班);

　　　Q——某分部分项工程的工程量(m^3、m^2、$t \cdots$);

　　　S——某分部分项工程人工或机械的产量定额(m^3、m^2、$t \cdots$/工日或台班);

　　　H——某分部分项工程人工或机械的时间定额(工日或台班/m^3、m^2、$t \cdots$)。

在使用定额时，可能会出现以下几种情况：

1) 计划中的一个项目包括了定额中的同一性质的不同类型的几个分项工程。这时可用其所包括的各分项工程的工程量与其产量定额（或时间定额）算出各自的劳动量，然后求和，即为计划中项目的劳动量，其计算公式如下：

$$P = \frac{Q_1}{S_1} + \frac{Q_2}{S_2} + \cdots + \frac{Q_n}{S_n} = \sum_{i=1}^{n} \frac{Q_i}{S_i} \tag{2-4-9}$$

式中　　P——计划中某一工程项目的劳动量；

Q_1、Q_2、Q_n——同一性质各个不同类型分项工程的工程量；

S_1、S_2、S_n——同一性质各个不同类型分项工程的产量定额；

　　　　n——计划中的一个工程项目所包括定额同一性质不同类型分项工程的个数。

或者，首先计算平均定额，再用平均定额计算劳动量。当同一性质不同类型分项工程的工程量相等时，平均定额可用其绝对平均值，如下式所示：

$$H = \frac{H_1 + H_2 + \cdots + H_n}{n} \tag{2-4-10}$$

式中　H——同一性质不同类型分项工程的平均时间定额。

其他符号同前。

当同一性质不同类型分项工程的工程量不相等时，平均定额应用加权平均值，如式：

$$S = \frac{Q_1 + Q_2 + \cdots + Q_n}{\frac{Q_1}{S_1} + \frac{Q_2}{S_2} + \frac{Q_n}{S_n}} \tag{2-4-11}$$

式中　S——同一性质不同类型分项工程的平均产量定额。

其他符号同前。

2) 施工计划中的新技术或特殊施工方法的工程项目尚未列入定额手册。在实际施工中，会遇到采用新技术或特殊施工方法的分部分项工程，由于缺乏足够的经验和可靠的资料等，暂时未列入定额，计算时可参考类似项目的定额或经过实际测算，确定临时定额。

3) 施工计划中"其他工程"项目所需的劳动量。可根据其内容和工地具体情况，以总劳动量的一定百分比计算，一般取 10%～20%。

4) 水暖电卫、设备安装等工程项目，由专业工程队组织施工，在编制一般土建单位工程施工进度计划时，不考虑其具体进度，仅表示出与一般土建工程进度相配合的关系。

(4) 确定各施工过程的施工天数

计算各分部分项工程施工持续天数的方法有两种：

1) 根据配备人数或机械台数计算天数

该方法是首先确定配备在该分部分项工程施工的机械台数或人数，然后计算施工持续天数。计算式如下：

$$t = \frac{P}{R \cdot N} \tag{2-4-12}$$

式中　t——完成某分部分项工程施工天数；

　　　R——每班配备在该分部分项工程施工机械台数或人数；

　　　N——每天工作班次；

　　　P——该分部分项工程所需要的劳动量。

2）根据工期要求倒排进度

首先根据总工期和施工经验，确定各分部分项工程的施工时间，然后再按劳动量和班次，确定每一分部分项工程所需要的机械台数或工人数，计算如下：

$$R = \frac{P}{t \cdot N} \tag{2-4-13}$$

计算时首先按一班制，若算得的机械台数或工人数超过施工单位能供应的数量或超过工作面所能容纳的数量时，可增加工作班次或采取其他措施，使每班投入的机械台数或人数减少到可能与合理的范围。

(5) 编制施工进度计划的初始方案

在编制施工进度计划时，应首先确定主要分部分项工程，组织分项工程流水，使主导的分项工程能够连续施工。具体方法如下：

1）确定主要分部工程并组织其流水施工

首先应确定主要分部工程，组织其中主导分项工程的施工，使主导分项工程连续施工，然后将其他穿插分项工程和次要项目尽可能与主导施工过程相配合穿插、搭接或平等作业。

2）安排其他各分部工程，并组织其流水施工

其他各分部工程施工应与主要分部工程相配合，并用与主要分部工程相类似的方法，组织其内部的分项工程，使其尽可能流水施工。

3）按各分部工程的施工顺序编排初始方案

各分部工程之间按照施工工艺顺序或施工组织的要求，将相邻分部工程的相邻分项工程，按流水施工要求或配合关系搭接起来，组成单位工程进度计划的初始方案。

(6) 检查与调整施工进度计划的初始方案，绘制正式进度计划

检查与调整的目的在于使初始方案满足规定的计划目标，确定理想的施工进度计划。其内容如下：

1）检查施工过程的施工顺序以及平行、搭接和技术间歇等是否合理；

2）初始方案的总工期是否满足规定工期；

3）主要工程工人是否连续施工，施工机械是否充分发挥作用；

4）各种资源需要量是否均衡。

经过检查，对不符合要求的部分进行调整。其方法一般有：增加或缩短某些分项工程的施工时间；在施工顺序允许的情况下，将某些分项工程的施工时间前后移动；必要时还可以改变施工方法或施工组织措施。

最后，绘制正式进度计划。施工进度计划的编制程序如图 2-4-10 所示。

此外还要指出，由于建筑施工是一个复杂的生产过程，影响计划执行的因素非常多，劳动力以及机械和材料等物资的供应往往不能满足要求，自然条件如气候也常常造成工期拖延，因此，在工程进行过程中，应随时掌握工程动态，经常检查和调整计划，才能使工程自始至终处于有效的计划控制中。

4.3.2 资源需要量计划

各项资源需要量计划可用来确定建筑工地的临时设施，并按计划供应材料、构件、调配劳动力和机械，以保证施工顺利进行。在编制单位工程施工进度计划后，就可以着手编制各项资源需要量计划。

1. 劳动力需要量计划

劳动力需要量计划的主要作用是作为安排劳动力、调配和衡量劳动力消耗指标、安排生活福利设施的依据，其编制方法是将施工进度计划表中所列各施工过程每周（或旬、月）劳动量、人数按工程汇总填入劳动力需要量计划表。其格式如表 2-4-5 所示。

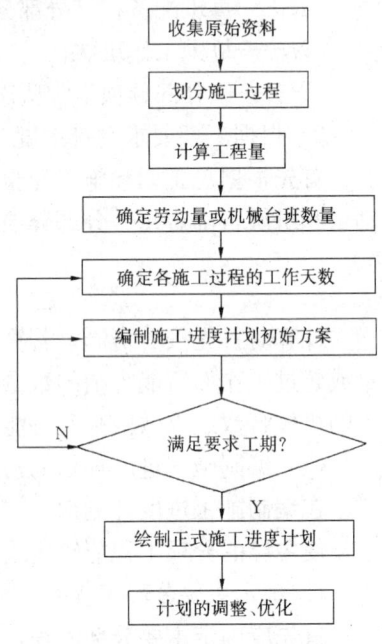

图 2-4-10 施工进度计划编制程序

劳动力需要量计划　　　　表 2-4-5

序号	材料名称	规格	需要量（工日）	需要时间						备注
				×月			×月			
				上旬	中旬	下旬	上旬	中旬	下旬	

2. 主要材料需要量计划

主要材料需要量计划的主要作用是作为备料、供料和确定仓库、堆场面积及组织运输的依据。其编制方法是，根据施工预算中工料分析表、施工进度计划表、材料的贮备和消耗定额，将施工中需要的材料，按品种、规格、数量、使用时间计算汇总，填入主要材料需要量计划表，其格式如表2-4-6所示。

主要材料需要量计划　　　　　　　　　表2-4-6

序号	材料名称	规格	需要量		供应时间	备注
			单位	数量		

3. 构件和半成品需要量计划

构件和半成品需要量计划的主要作用是用于落实加工订货单位，并按照所需规格、数量、时间，组织加工、运输和确定仓库或堆场，可根据施工图和施工进度计划编制，其格式如表2-4-7所示。

构件和半成品需要量计划　　　　　　　　表2-4-7

序号	构件半成品名称	规格	图号、型号	需要量		使用部位	加工单位	供应日期	备注
				单位	数量				

4. 施工机械需要量计划

施工机械需要量计划的主要作用是用于确定施工机具类型、数量、进场时间，据此落实施工机具来源，组织进场。其编制方法是，将单位工程施工进度表中的每一个施工过程，每天所需的机械类型、数量和施工日期进行汇总，即得施工机械需要量计划。其格式表2-4-8所示。

施工机械需要量计划　　　　　　　　表2-4-8

序号	机械名称	类型、型号	需要量		货源	使用起止时间	备注
			单位	数量			

§4.4 单位工程施工平面图设计

单位工程施工平面图设计是对一个建筑物的施工现场的平面规划和空间布置图。它是根据工程规模、特点和施工现场的条件，按照一定的设计原则，来正确地解决施工期间所需各种暂设工程和其他业务设施等同永久性建筑物和拟建工程之间的合理位置关系。它是进行现场布置的依据，也是实现施工现场有组织有计划地进行文明施工的先决条件。编制和贯彻合理的施工平面图，施工现场井然有序，施工进行顺利；反之，则导致施工现场混乱，直接影响施工进度，造成工程成本增加等不良后果。

4.4.1 单位工程施工平面图的设计内容

单位工程施工平面图的绘制比例一般为 1：500～1：2000。按照场地条件和需要的内容进行设计，通常其内容包括：

（1）建筑总平面图上已建和拟建的地上地下的一切房屋、构筑物以及其他设施（道路和各种管线等）的位置和尺寸；

（2）测量放线标桩位置、地形等高线和土方取弃场地；

（3）自行式起重机械开行路线、轨道布置和固定式垂直运输设备位置；

（4）各种加工厂、搅拌站、材料、加工半成品、构件、机具的仓库或堆场；

（5）生产和生活性福利设施的布置；

（6）场内道路的布置和引入的铁路、公路和航道位置；

（7）临时给水排水管线、供电线路、蒸汽及压缩空气管道等布置；

（8）一切安全及防火设施的布置。

4.4.2 单位工程施工平面图的设计依据

在进行施工平面图设计前，应认真研究施工方案，并对施工现场作深入细致的调查研究，并对原始资料进行周密分析，使设计与施工现场的实际情况相符，从而使其确实起到指导施工现场空间布置的作用。设计所依据的资料主要有：

1. 建筑、结构设计和施工组织设计时所依据的有关拟建工程的当地原始资料

（1）自然条件调查资料：气象、地形、水文及工程地质资料。主要用于布置地表水和地下水的排水沟，确定易燃、易爆及有碍人体健康的设施的布置，安排冬雨期施工期间所需设施的地点。

（2）技术经济调查资料：交通运输、水源、电源、物资资源、生产和生活基地情况。它对布置水、电管线和道路等具有重要作用。

2. 建筑设计资料

(1) 建筑总平面图：包括一切地上地下拟建和已建的房屋和构筑物。它是正确确定临时房屋和其他设施位置，以及修建工地运输道路和解决排水等所需的资料。

(2) 一切已有和拟建的地下、地上管道位置。在设计施工平面图时，可考虑利用这些管道或需考虑提前拆除或迁移，并需注意不得在拟建的管道位置上面建临时建筑物。

(3) 建筑区域的竖向设计和土方平衡图。它们在布置水电管线和安排土方的挖填、取土或弃土地点时需要用到。

3. 施工资料

(1) 单位工程施工进度计划，从中可了解各个施工阶段的情况，以便分阶段布置施工现场。

(2) 施工方案。据此可确定垂直运输机械和其他施工机具的位置、数量和规划场地。

(3) 各种材料、构件、半成品等需要量计划，以便确定仓库和堆场的面积、形式和位置。

4.4.3 单位工程施工平面图的设计原则

单位工程施工平面图的设计原则主要包括以下五个方面：

(1) 在保证施工顺利进行的前提下，现场布置尽量紧凑，以节约土地。

(2) 合理布置施工现场的运输道路及各种材料堆场、加工厂、仓库、各种机具的位置，尽量使得运距最短，从而减少或避免二次搬运。

(3) 尽量减少临时设施的数量，降低临时设施费用。

(4) 临时设施的布置，尽量便利工人的生产和生活，使工人至施工区的距离最近，往返时间最少。

(5) 符合环保、安全和防火要求。

4.4.4 单位工程施工平面图的设计步骤

单位工程施工平面图的设计步骤如图 2-4-11 所示。

1. 确定垂直运输机械的布置

垂直运输机械的位置直接影响仓库、搅拌站、各种材料和构件等位置及道路和水、电线路的布置等，因此，它是施工现场布置的核心，必须首先确定。

由于各种起重机械的性能不同，其布置方式也不相同。

(1) 塔式起重机的布置

塔式起重机是集起重、垂直提升、水平输送三种功能为一身的机械设备。按其在工地上使用架设的要求不同可分为固定式、轨行式、附着式、内爬式四种。

轨行式塔式起重机可沿轨道两侧全幅作业范围内进行吊装，但占用施工场地大，路基工作量大，且使用高度受一定限制，通常只用于高度不大的高层建筑

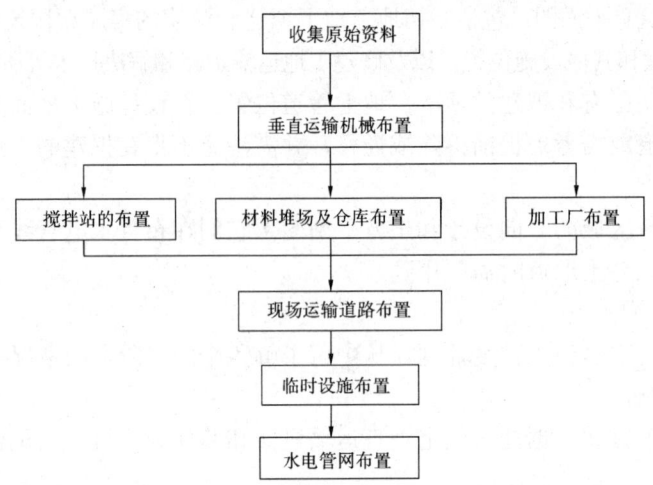

图 2-4-11　单位工程施工平面图设计步骤

一般沿建筑物长向布置，其位置、尺寸取决于建筑物的平面形状、尺寸、构件重量、起重机的性能及四周的施工场地的条件等。通常，轨道布置方式有以下四种布置方案，如图 2-4-12 所示。

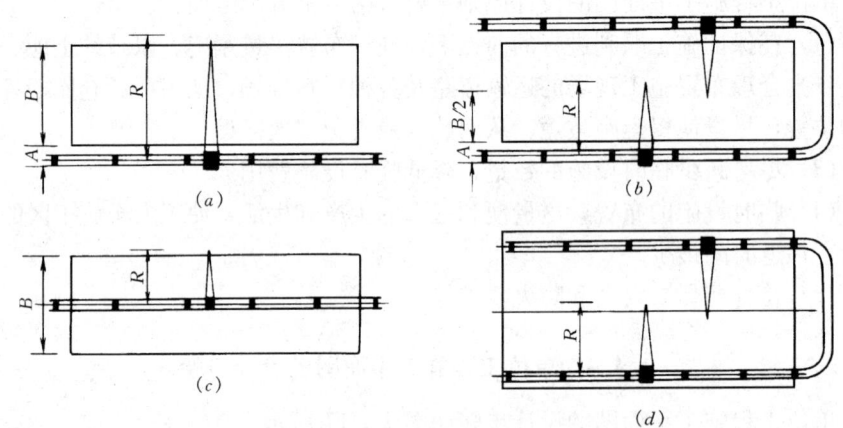

图 2-4-12　塔式起重机布置方案
(a) 单侧布置；(b) 双侧布置；(c) 跨内单行布置；(d) 跨内环行布置

1) 单侧布置。当建筑物宽度较小，构件重量不大，选择起重力矩在 450kN·m 以下时，可采用单侧布置方案。其优点是轨道长度较短，且有较为宽敞的场地堆放构件和材料。此时起重半径 R 应满足下式要求。

$$R \geqslant B + A \tag{2-4-14}$$

式中　R——塔式起重机的最大回转半径（m）；

B——建筑物平面的最大宽度（m）；

A——建筑外墙皮至塔轨中心线的距离。一般当无阳台时，A=安全网宽度＋安全网外侧至轨道中心线距离；当有阳台时，A＝阳台宽度＋安全网宽度＋安全网外侧至轨道中心线距离。

2）双侧布置或环形布置

当建筑物宽度较大，构件重量较重时，应采用双侧布置或环形布置，此时，起重半径应满足下式要求：

$$R \geqslant B/2 + A \qquad (2\text{-}4\text{-}15)$$

式中符号意义同前。

3）跨内单行布置。由于建筑物周围场地狭窄，不能在建筑物外侧布置轨道，或由于建筑物较宽、构件较重时，塔式起重机应采用跨内单行布置，才能满足技术要求，此时最大起重半径满足下式：

$$R \geqslant B/2 \qquad (2\text{-}4\text{-}16)$$

式中符号意义同前。

4）跨内环行布置。当建筑物较宽，构件较重，塔式起重机跨内单行布置不能满足构件吊装要求，且塔吊不可能在跨外布置时，则选择这种布置方案。

塔式起重机的位置及尺寸确定之后，应当复核起重量、回转半径、起重高度三项工作参数是否能够满足建筑物吊装技术要求。若复核不能满足要求，则调整上述各公式中 A 的距离。若 A 已是最小安全距离时，则必须采取其他的技术措施。

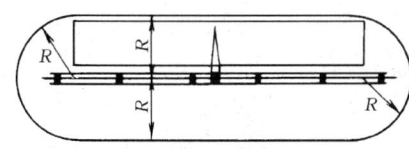

图 2-4-13 塔吊服务范围示意图

最后，绘制出塔式起重机服务范围。它是以塔轨两端有效端点的轨道中点为圆心，以最大回转半径画出两个半圆，连接两个半圆，即为塔式起重机服务范围，如图 2-4-13 所示。

固定式塔式起重机不需铺设轨道，但其作业范围较小；附着式塔式起重机占地面积小，且起重高度大，可自升高，但对建筑物作用有附着力；而内爬式塔式起重机布置在建筑物中间，且作用的有效范围大，均适用于高层建筑施工，并且可与轨行式相类似的方法绘制出服务范围。

在确定塔式起重机服务范围时，最好将建筑物平面尺寸包括在塔式起重机服务范围内，以保证各种构件与材料直接吊运到建筑物的设计部位上，尽可能不出现死角；若实在无法避免，则要求死角越小越好，同时在死角上应不出现吊装最重、最高的预制构件，且在确定吊装方案时，提出具体的技术和安全措施，以保证这部分死角的构件顺利安装。例如，将塔式起重机和龙门架同时使用，以解决这个问题，如图 2-4-14 所示。但要确保塔吊回转时不能有碰撞的可能，确保施工安全。

此外，在确定塔式起重机服务范围时应考虑有较宽的施工用地，以便安排构件堆放以及

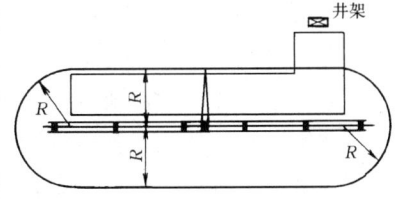

图 2-4-14 塔吊龙门架配合示意图

使搅拌设备出料斗能直接挂勾起吊,但如果采用泵送方案则无需考虑搅拌设备,同时也应将主要道路安排在塔吊服务范围之内。

(2) 自行无轨式起重机械

自行无轨起重机械分履带式、轮胎式和汽车式三种起重机。它一般不作垂直提升和水平运输之用。适用于装配式单层工业厂房主体结构和吊装,也可用于混合结构如大梁等较重构件的吊装方案等。

(3) 固定式垂直运输机械

固定式垂直运输工具(井架、龙门架)的布置,主要根据机械性能、建筑物的平面形状和尺寸、施工段的划分、材料来向和已有运输道路情况而定。布置的原则是,充分发挥起重机械的能力,并使地面和楼面的水平运距最小。

1) 当建筑物各部位的高度相同时,布置在施工段的分界线附近;

2) 当建筑物各部位的高度不同时,应布置在高低分界线较高部位一侧;

3) 井架、龙门架的位置应布置在窗口处为宜,以避免砌墙留槎和减少井架拆除后的修补工作;

4) 井架、龙门架的数量要根据施工进度、垂直提升的构件和材料数量、台班工作效率等因素计算确定,其服务范围一般为50~60mm;

5) 卷扬机的位置不应距离起重机太近,以便司机的视线能够看到整个升降过程,一般要求此距离在不小于建筑物的高度,水平距离外脚手架3m以上;

6) 井架应立在外脚手架之外,并有一定距离为宜,一般5~6m。

(4) 外用施工电梯

外用施工电梯是一种安装于建筑物外部,施工期间用于运送施工人员及建筑器材的垂直运输机械。它是高层建筑施工不可缺少的关键设备之一。

在确定外用施工电梯的位置时,应考虑便利施工人员上下和物料集散;由电梯口至各施工处的平均距离最近;便于安装附墙装置;接近电源,有良好的夜间照明等。

(5) 混凝土泵和泵车

高层建筑施工中,混凝土的垂直运输量十分巨大,通常采用泵送方法进行。混凝土泵是在压力推动下沿管道输送混凝土的一种设备,它能一次连续完成水平运输和垂直运输,配以布料杆或布料机还可以有效地进行布料和浇筑。混凝土泵布置时宜考虑设置在场地平整、道路畅通、供料方便、且距离浇筑地点近,便于配管,排水、供水、供电方便的地方,并且在混凝土泵作用范围内不得有高压线。

2. 确定搅拌站、仓库、材料和构件堆场以及加工厂的位置

搅拌站、仓库和材料、构件堆场位置的布置应尽量靠近使用地点或在起重机服务范围以内,并考虑到运输和装卸料方便。

根据起重机械的类型、材料、构件堆场位置的布置有以下几种情况:

(1) 当采用固定式垂直运输机械时,首层、基础和地下室所有的砖、石等材

料宜沿建筑物四周布置，并距坑、槽边不小于0.5m，以免造成槽、坑土壁的塌方事故。二层以上的材料、构件布置时，对大宗的重量大的和先期使用的材料，应尽可能靠近使用地点或起重机附近布置，而少量的、轻的和后期使用的材料，则可布置稍远一点。混凝土、砂浆搅拌站、仓库应尽量靠近垂直运输机械。

(2) 当采用塔式起重机时，材料和构件堆场位置以及搅拌站出料口的位置，应布置在塔式起重机有效服务范围内。

(3) 当采用自行无轨式起重机械时，材料、构件的堆场和仓库及搅拌站的位置，应沿着起重机开行路线布置，且其位置应在起重臂的最大起重半径范围内。

(4) 任何情况下，搅拌机应有后台上料的场地，所有搅拌站所用材料：水泥、砂、石子以及水泥罐等都应布置在搅拌机后台附近。当混凝土基础的体积较大时，混凝土搅拌站可以直接布置在基坑边缘附近，待混凝土浇筑完后再转移，以减少混凝土的运输距离。

(5) 混凝土搅拌机每台需要有 $25m^2$ 左右面积，冬期施工时，应有 50^2m 左右面积。砂浆搅拌机每台需有 $15m^2$ 左右的面积，冬期施工需要 $30m^2$ 左右的面积。

3. 现场运输道路的布置

现场主要道路应尽可能利用永久性道路，或先修好永久性道路的路基，在土建工程结束之前再铺路面。现场道路布置时，应保证行驶畅通，使运输道路有回转的可能性。因此，运输道路最好围绕建筑物布置成一条环形道路。道路宽度一般不小于3.5m，主干道路宽度不小于6m。道路两侧一般应结合地形设置排水沟，深度不小于0.4m，底宽不小于0.3m。

4. 临时设施的布置

临时设施分为生产性临时设施，如钢筋加工棚和水泵房、木工加工房等，非生产性临时设施如办公室、工人休息室、开水房、食堂、厕所等，布置的原则就是有利生产，方便生活，安全防火。通常采用以下布置方法：

(1) 生产性设施如木工加工棚和钢筋加工棚的位置，宜布置在建筑物四周稍远位置，且有一定的材料、成品的堆放场地；

(2) 石灰仓库、淋灰池的位置应靠近搅拌站，并设在下风向；

(3) 沥青堆放场及熬制锅的位置应离开易燃品仓库或堆放场，并宜布置在下风向；

(4) 办公室应靠近施工现场，设在工地入口处；工人休息室应设在工人作业区；宿舍应布置在安全的上风向一侧；收发室宜布置在入口处等。

5. 水电管网布置

(1) 施工水网的布置

1) 施工用的临时给水管。一般由建设单位的干管或自行布置的干管接到用水地点，布置时应力求管网总长度短，管径的大小和水龙头的数目需视工程规模计算而定。管道可埋置于地下，也可以铺设在地面上，视当时的气温条件和使用期限而定，其布置形式有环形、枝形、混合式三种。

2）供水管网应按防火要求布置室外消防栓。消防栓应沿道路设置，距道路应不大于 2m；距建筑物外墙不应小于 5m，也不应大于 25m；消防栓的间距不应超过 120m，并应设有明显的标志；且周围 3m 以内不准堆放建筑材料。

3）为了排除地面水和地下水，应及时修通永久性下水道，并结合现场地形在建筑物周围设置地面水和地下水的沟渠。

（2）施工供电布置

1）为了维修方便，施工现场一般采用架空配电线路，且要求现场架空线与施工建筑物水平距离不小于 10m，与地面距离不小于 6m；跨越建筑物或临时设施时，垂直距离不小于 2.5m。

2）现场线路应尽量架设在道路的一侧，且尽量保持线路水平，以免电杆受力不均，在低压线路中，电杆间距应为 25～40m，分支线及引入线均应为电杆处接出，不得由两杆之间接线。

3）单位工程施工用电应在全工地性施工总平面图中一并考虑。一般情况下，计算出施工期间的用电总数，提供给建设单位解决，不另设变压器。只有独立的单位工程施工时，才根据计算的现场用电量选用变压器，其位置应远离交通要道口处，布置在现场边缘高压线接入处，四周用钢丝网围住。

图 2-4-15 为某单位工程施工平面布置图实例。

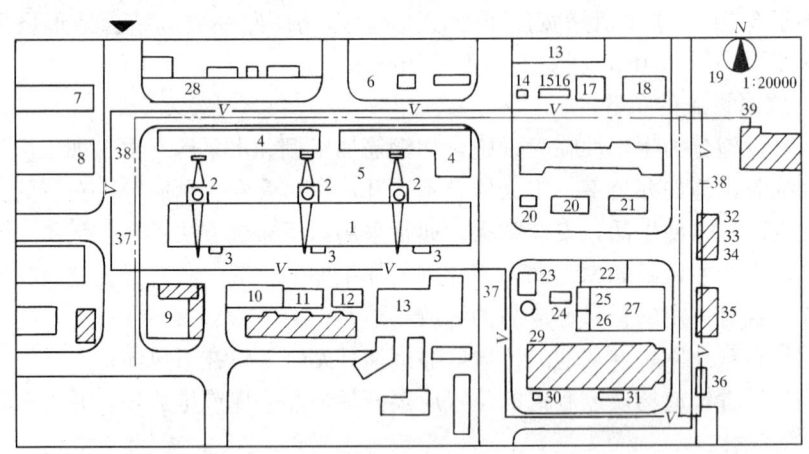

图 2-4-15 某大模板住宅施工平面图

1—拟建工程；2—塔式起重机；3—龙门架；4—壁板堆场；5—钢模板堆场；6—空心板堆场；
7—水磨石区；8—砂石堆场；9—液化汽站；10—杉槁堆场；11—管材堆场；12—木工作业棚；
13—木料堆场；14—烘干炉；15—消防站；16—材料库；17—水暖加工棚；18—钢筋焊接场；
19—钢筋冷拉场；20—沥青；21—装饰用料；22—石子；23、24—搅拌站；25—锅炉；26—茶炉；
27—食堂；28—施工队办公室；29—砂堆；30—油库；31—维修班；32—试验室；33—油工库；
34—自行车棚；35—料库；36—变压器；37—临时道路；38—临时电线；39—供水管线

土木工程施工是一个复杂多变的生产过程,各种施工机械、材料、构件等随着工程的进展而逐渐变动的消耗。因此,在整个施工过程中,它们在工地上的实际布置情况是随时在改变着的。为此,对于大型建筑工程,施工期限较长或建筑工地较为狭小的工程,就需要按施工阶段来布置几个施工平面图,以便能把不同施工阶段内,工地上的合理布置具体地反映出来。对较小的建筑物,一般按主要施工阶段的要求布置施工平面图,但同时考虑其他施工阶段对场地如何周转使用。在布置重型工业厂房的施工平面图时,应考虑到一般土建工程同其他专业工程配合问题,应先以一般土建施工单位为主,会同各专业施工单位,通过协商制定综合施工平面图。在综合施工平面图上,则根据各个专业工程在各个施工阶段中的要求,将现场平面合理划分,使各个专业工程各得其所,具备良好的施工条件,以便各个单位根据综合平面图布置现场。

思 考 题

4.1 单位工程施工组织设计编制的依据有哪些?

4.2 单位工程施工组织设计包括哪些内容?它们之间有什么关系?

4.3 施工方案设计的内容有哪些?为什么说施工方案是施工组织设计的核心?

4.4 如何进行施工方案的技术经济评价?

4.5 什么是施工起点流向?如何进行确定?试举例说明。

4.6 试述单位工程施工进度计划的编制步骤。

4.7 什么是单位工程施工平面图?其设计内容有哪些?

4.8 试述单位工程施工平面图的设计步骤。

第5章 施工组织总设计

施工组织总设计是以整个建设项目为对象，根据初步设计或扩大初步设计图纸以及其他有关资料和现场施工条件编制，用以指导全工地各项施工准备和施工活动的技术经济文件。一般由建设总承包单位或建设主管部门领导下的工程建设指挥部负责编制。

施工组织总设计的内容主要包括：工程概况和特点分析；施工部署和主要工程项目施工方案；施工总进度计划；施工资源需要量计划；施工总平面图和技术经济指标等。

工程概况和特点分析是对整个建设项目的总说明、总分析，一般应包括以下内容：

（1）工程项目、工程性质、建设地点、建设规模、总期限、分期分批投入使用的项目和工期、总占地面积、建筑面积、主要工种工程量；设备安装及其吨数；总投资；建筑安装工程量、工厂区和生活区的工作量；生产流程和工艺特点；建筑结构类型、新技术、新材料的复杂程序和应用情况。

（2）建设地区的自然条件和技术经济条件。如气象、水文、地质和地形情况；能为该项目服务的施工单位及人力和机械设备情况；工程材料的来源、供应情况；建筑构件的生产能力；交通运输及其能够提供给工程施工用的劳动力、水、电和建筑物等情况。

（3）上级对施工企业的要求，企业的施工能力、技术装备水平、管理水平和完成各项经济指标的情况等。

在对上述情况进行综合分析的基础上，提出施工组织总设计中的施工部署、施工总进度计划和施工总平面图等需要注意和解决的重大问题。

§5.1 施 工 部 署

施工部署是对整个建设项目从全局上作出的统筹规划和全面安排，它主要解决影响建设项目全局的重大战略问题。

施工部署的内容和侧重点根据建设项目的性质、规模和客观条件不同而有所不同。一般应包括确定工程开展程序、拟定主要工程项目的施工方案、明确施工任务划分与组织安排，编制施工准备工作计划等内容。

1. 确定工程开展程序

根据建设项目总目标的要求，确定合理的工程建设分期分批开展的程序。

有些大型工业企业项目，如冶金联合企业、化工联合企业、火力发电厂等都是由许多工厂或车间组成的，在确定施工开展程序时，主要应考虑以下几点：

（1）在保证工期的前提下，实行分期分批建设，既可使各具体项目迅速建成，尽早投入使用，又可在全局上实现施工的连续性和均衡性，减少暂设工程数量，降低工程成本，充分发挥国家基本建设投资的效果。一般大中型工业建设项目都应该在保证工期的前提下分期分批建设。至于分几期施工，各期工程包含哪些项目，则要根据生产工艺要求、建设部门要求、工程规模大小和施工难易程度、资金、技术、资源情况来确定。例如，一个大型火力发电厂工程，按其工艺过程大致可分为热工系统、燃料供应系统、除灰系统、水处理系统、供水系统、电气系统、生产辅助系统、全厂性交通及公用工程、生活福利系统等部分，每个系统都包括许多的工程项目，建设周期为 4~7 年。我国某大型火力发电厂工程，由于技术、资金、原料供应等原因，工程分两期建设。一期工程安装两台 20 万 kW 国产汽轮发电机组和各种辅助生产、交通、生活福利设施。建成投产两年后，继续建设二期工程，安装一台 60 万 kW 国产汽轮发电机组，最终形成了 100 万 kW 的发电能力。

对于小型企业或大型建设项目的某个系统，由于工期较短或生产工艺的要求，亦可不必分期分批建设，采取一次性建成投产。

（2）统筹安排各类项目施工，保证重点，兼顾其他，确保工程项目按期投产。按照各工程项目的重要程序，应优先安排的工程项目是：

1）按生产工艺要求，须先期投入生产或起主导作用的工程项目；

2）工程量大、施工难度大、工期长的项目；

3）运输系统、动力系统。如厂区内外道路、铁路和变电站等；

4）生产上需先期使用的机修车间、办公楼及部分家属宿舍等；

5）供施工使用的工程项目。如采砂（石）场、木材加工厂、各种构件加工厂、混凝土搅拌站等施工附属企业及其他为施工服务的临时设施。

对于建设项目中工程量小、施工难度不大，周期较短而又不急于使用的辅助项目，可以考虑与主体工程相配合，作为平衡项目穿插在主体工程的施工中进行。

（3）所有工程项目均应按照先地下、后地上；先深后浅；先干线后支线的原则进行安排。如地下管线和修筑道路的程序，应该先铺设管线，后在管线上修筑道路。

（4）考虑季节对施工的影响。例如大规模土方工程的深基础施工，最好避开雨季。寒冷地区入冬以后最好封闭房屋并转入室内作业的设备安装。

对于大中型的民用建设项目（如居民小区），一般应按年度分批建设。除考虑住宅以外，还应考虑幼儿园、学校、商店和其他公共设施的建设，以便交付使用后能保证居民的正常生活。

2. 拟定主要项目的施工方案

施工组织总设计中要拟定一些主要工程项目的施工方案。这些项目通常是建设项目中工程量大、施工难度大、工期长，对整个建设项目的建成起关键性作用的建筑物（或构筑物），以及全场范围内工程量大、影响全局的特殊分项工程。拟定主要工程项目的施工方案目的是为了进行技术和资源的准备工作，同时也为了施工顺利开展和现场的合理布置。其内容包括施工方法、施工工艺流程、施工机械设备等。施工方法的确定要兼顾技术的先进性和经济上的合理性；对施工机械的选择，应使主导机械的性能既能满足工程的需要，又能发挥其效能，在各个工程上能够实现综合流水作业，减少其拆、装、运的次数；对于辅助配套机械，其性能应与主导施工机械相适应，以充分发挥主导施工机械的工作效率。

3. 明确施工任务划分与组织安排

在明确施工项目管理体制、机构的条件下，划分各参与施工单位的工作任务，明确总包与分包的关系，建立施工现场统一的组织领导机构及职能部门，确定综合和专业化的施工队伍，明确各单位之间的分工协作关系，划分施工阶段，确定各单位分期分批的主攻项目和穿插项目。

4. 编制施工准备工作计划

根据施工开展程序和主要工程项目方案，编制好施工项目全场性的施工准备工作计划。主要内容包括：

（1）安排好场内外运输、施工用主干道、水电气来源及其引入方案；

（2）安排场地平整方案和全场性排水、防洪；

（3）安排好生产和生活基地建设。包括商品混凝土搅拌站、预制构件厂、钢筋、木材加工厂、金属结构制作加工厂、机修厂以及职工生活设施等；

（4）安排建筑材料、成品、半成品的货源和运输、储存方式；

（5）安排现场区域内的测量工作，设置永久性测量标志，为放线定位做好准备；

（6）编制新技术、新材料、新工艺、新结构的试验计划和职工技术培训计划；

（7）冬、雨期施工所需要的特殊准备工作。

§5.2 施工总进度计划

施工总进度计划是施工现场各项施工活动在时间上的体现。编制的基本依据是施工部署中的施工方案和工程项目的开展程序。其作用在于确定各个建筑物及其主要工种、工程、准备工作和全工地性工程的施工期限及其开工和竣工的日期,从而确定建筑施工现场上劳动力、材料、成品、半成品、施工机械的需要数量和调配情况,以及现场临时设施的数量、水电供应数量和能源、交通的需要数量等等。

编制施工总进度计划的基本要求是:保证拟建工程在规定的期限内完成;迅速发挥投资效益;保证施工的连续性和均衡性;节约施工费用。

编制施工总进度计划时,应根据施工部署中建设工程分期分批投产顺序,将每个交工系统的各项工程分别列出,在控制的期限内进行各项工程的具体安排。在建设项目的规模不太大、各交工系统工程项目不很多时,亦可不按分期分批投产顺序安排,而直接安排总进度计划。

施工总进度计划编制的步骤如下:

1. 列出工程项目一览表并计算工程量

施工总进度计划主要起控制总工期的作用,因此项目划分不宜过细。通常按照分期分批投产顺序和工程开展顺序列出,并突出每个交工系统中的主要工程项目。一些附属项目及民有建筑、临时设施可以合并列出。

在工程项目一览表的基础上,按工程的开展顺序和单位工程计算主要实物工程量。此时计算工程量的目的是为了确定施工方案和主要施工、运输机械,初步规划主要施工过程的流水施工、估算各项目的完成时间、计算劳动力的技术物资的需要量等。因此,工程量只需粗略地计算即可。

计算工程量,可按初步(或扩大初步)设计图纸并根据各种定额手册进行计算。常用的定额资料有以下几种:

(1) 万元、10万元投资工程量、劳动力及材料消耗扩大指标。这种定额规定了某一种结构类型建筑,每万元或10万元投资中劳动力、主要材料等消耗数量。根据设计图纸中的结构类型,即可估算出拟建工程各分项需要的劳动力和主要材料的消耗数量。

(2) 概算指标或扩大结构定额。这两种定额都是预算定额的进一步扩大。概算指标是以建筑物每 $100m^3$ 体积为单位;扩大结构定额则以每 $100m^2$ 建筑面积为单位。查定额时,首先查找与本建筑物结构类型、跨度、高度相类似的部分。然后查出这种建筑物按定额单位所需要的劳动力和各项主要材料的消耗量,从而推算出拟计算项目所需要的劳动力和材料的消耗数量。

(3) 标准设计或已建房屋、构筑物的资料。可采用标准设计或已建成的类似房屋实际所消耗的劳动力及材料加以类比,按比例估算。但是,由于和拟建工程完全相同的已建工程是极少见的,因此在利用已建工程资料时,一般都要进行折算、调整。

除房屋外,还必须计算主要的全工地性工程的工程量,如场地平整、铁路及道路和地下管线的长度等,这些可以根据建筑总平面图来计算。

将按上述方法计算出的工程量填入统一的工程量汇总表中,如表 2-5-1

所示。

工程项目一览表　　　　　　　表 2-5-1

工程分类	工程项目名称	结构类型	建筑面积	幢(跨)数	概算投资	主要实物工程量							
						平整场地	土方工程	铁路铺设	...	砖石工程	钢筋混凝土工程	...	装饰工程	...
			1000m²	个	万元	1000m²	1000m³	km		1000m³	1000m³		1000m²	
全工地性工程														
主体项目														
辅助项目														
永久住宅														
临时建筑														
	合计													

2. 确定各单位工程的施工期限

建筑物的施工期限，由于各施工单位的施工技术与施工管理水平、机械化程序、劳动力和材料供应情况等不同，差别较大。因此应根据各施工单位的具体条件，并考虑建筑物的建筑结构类型、体积大小和现场地形地质、施工条件环境等因素加以确定。此外，也可参考有关的工期定额来确定各单位工程的施工期限。

3. 确定各单位工程的竣工时间和相互搭接关系

在确定了总的施工期限、施工程序和各系统的控制期限及搭接关系后，就可以对每一个单位工程的开竣工时间进行具体确定。通过对各主要建筑物的工期进行计算分析，具体安排各建筑物的搭接施工时间。通常应考虑以下各主要因素：

(1) 保证重点，兼顾一般

在安排进度时，要分清主次、抓住重点，同期进行的项目不宜过多，以免分散有限的人力物力。主要工程项目，是指工程量大、工期长、质量要求高、施工难度大；对其他工程施工影响大；对整个建设项目顺利完成起关键性作用的工程子项。这些项目在各系统的期限内应优先安排。

(2) 要满足连续、均衡施工要求

在安排施工进度时，应尽量使各工种施工人员、施工机械在全工地内连续施工,同时尽量使劳动力、施工机具和物资消耗量在全工地上达到均衡,避免出现突出的高峰和低谷,以利于劳动力的调度和原材料供应。为达到这种要求,可以在工程项目之间组织大流水施工。另外,为实现连续均衡施工,还要留出一些后备项目,如宿舍、附属或辅助车间、临时设施等,作为调节项目,穿插在主要项目的流水中。

(3) 要满足生产工艺要求

工业企业的生产工艺系统是串联各个建筑物的主动脉。要根据工艺所确定的分期分批建设方案,合理安排各个建筑物的施工顺序,使土建施工、设备安装和试生产实现"一条龙",以缩短建设周期,尽快发挥投资效益。

(4) 认真考虑施工总平面图的空间关系

工业企业建设项目的建筑总平面设计,应在满足有关规范要求的前提下,使各建筑物的布置尽量紧凑,这可以节省占地面积,缩短场内各种道路、管线的长度;但同时由于建筑物密集,也会导致施工场地狭小,使场内运输、材料构件堆放、设备拼装和施工机械布置等产生困难。为减少这方面的困难,除采取一定的技术措施外,还可以对相邻建筑物的开工时间和施工顺序进行调整,以避免或减少相互干扰。

(5) 全面考虑各种条件限制

在确定各建筑物施工顺序时,还应考虑各种客观条件的限制,如施工企业的施工力量,各种原材料、机械设备的供应情况,设计单位提供图纸的时间,各年度建设投资数量等,对各项建筑物的开工时间和先后顺序予以调整。同时,由于建筑施工受季节、环境影响较大,因此经常会对某些项目的施工时间提出具体要求,从而对施工的时间和顺序安排产生影响。

4. 安排施工进度

施工总进度计划可以用横道图表达,也可以用网络图表达。由于施工总进度计划只是起控制作用,因此不必搞得过细。当用横道图表达总进度计划时,项目的排列可按施工总体方案所确定的工程展开程序排列。横道图上应表达出各施工项目的开竣工时间及其施工持续时间。表 2-5-2 是某工业建设项目的进度横道图表。

近年来,随着网络计划技术的推广,采用网络图表达施工总进度计划,已经在实践中得到广泛应用,用有时间坐标网络图表达总进度计划,比横道图更加直观、明了,还可以表达出各项目之间的逻辑关系。同时,由于可以应用电子计算机计算和输出,更便于对进度计划进行调整、优化、统计资源数量,甚至输出图表等。图 2-5-1 是某电厂一号机组施工网络图,该网络图在计算机上用工程项目管理软件计算并输出。网络图按主要系统排列,关键工作、关键线路、逻辑关系、持续时间和时差等信息一目了然。

各单位工程施工进度安排表　　　　　　表 2-5-2

项目	施工段	序号	单位工程名称	施工进度安排													
				3	4	5	6	7	8	9	10	11	12	1	2	3	4	5	6
热电站	热1	1	主厂房																
		2	主控制楼																
		3	化学水处理室																
	热2	4	2号栈桥																
		5	碎煤机室																
		6	1号栈桥																
		7	回水泵房																
		8	清水池																
		9	沉灰池																
		10	干煤棚																
		11	引风机支架																
		12	砖烟囱																
		13	除尘器																
		14	喷管平台																
		15	中和池																
		16	低位酸贮存罐																
		17	高位酸贮存罐																
		18	高位碱贮存罐																
		19	低位碱贮存罐																
		20	除盐水箱																
		21	空压机房																
		22	事故油坑																
碱回收	碱1	23	空压站																
		24	黑液提取工段																
		25	浆池																
		26	蒸发工段																
		27	仪器维修车间																
	碱2	28	燃烧工段																
		29	卸油泵房																
		30	R.C烟囱																
		31	静电除尘器																
		32	苛化工段																

注：表中 ══ 基础工程；──── 主体工程；---- 设备安装；∽∽ 装饰收尾。

第5章 施工组织总设计 495

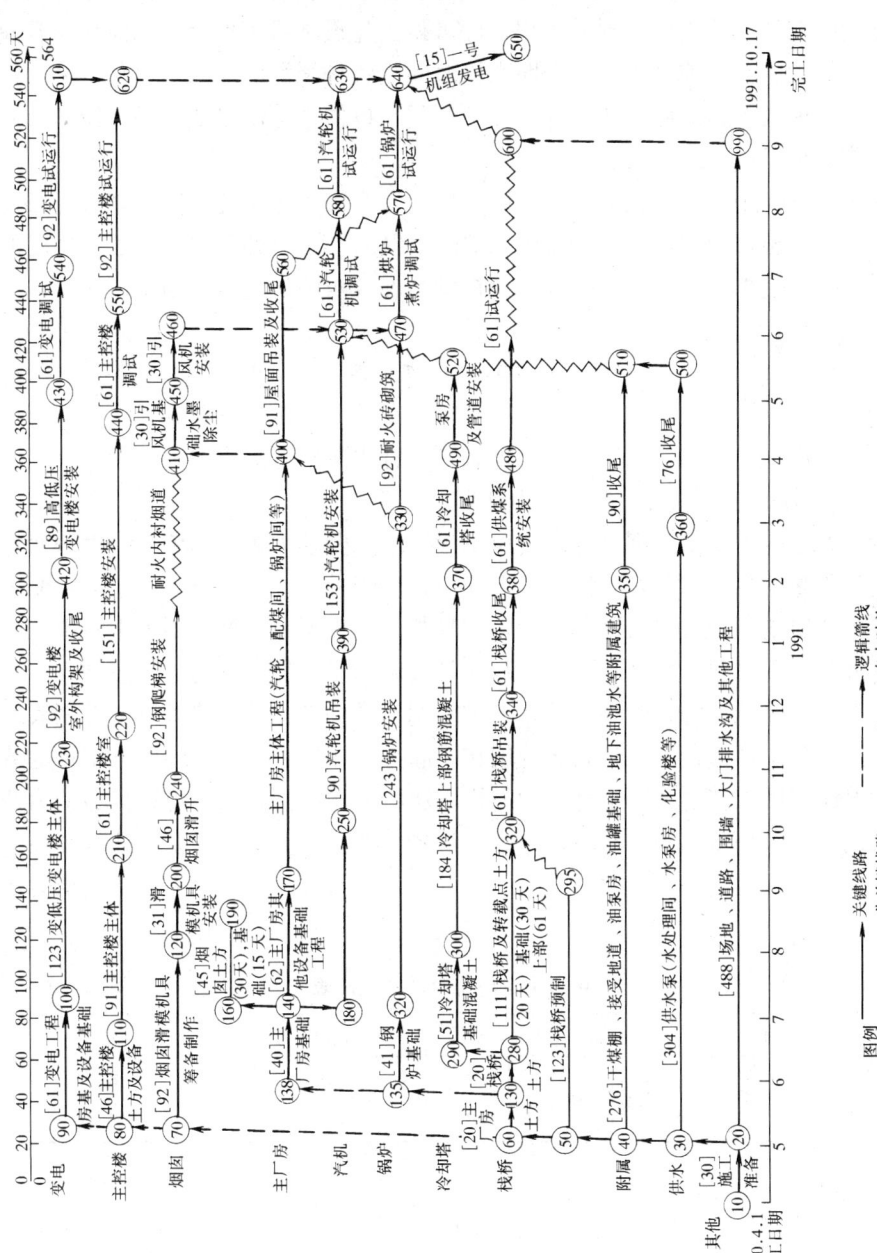

图 2-5-1 某电厂一号机组建安工程施工网络计划

5. 总进度计划的调整与修正

施工总进度计划表绘制完后，将同一时期各项工程的工作量加在一起，用一定的比例画在施工总进度计划的底部，即可得出建设项目工作量动态曲线。若曲线上存在较大的高峰或低谷，则表明在该时间里各种资源的需求量变化较大，需要调整一些单位工程的施工速度或开竣工时间，以便消除高峰或低谷，使各个时期的工作量尽可能达到均衡。

在编制了各个单位工程的施工进度以后，有时需对施工总进度计划进行必要的调整；在实施过程中，也应随着施工的进展及时作必要的调整；对于跨年度的建设项目，还应根据年度国家基本建设投资情况，对施工进度计划予以调整。

§5.3 资源需要量计划

施工总进度计划编好以后，就可以编制各种主要资源的需要量计划。

1. 综合劳动力和主要工种劳动力计划

劳动力综合需要量计划是规划暂设工程和组织劳动力进场的依据。编制时首先根据工程量汇总表中分别列出的各个建筑物分工种的工程，查预算定额，便可得到各个建筑物几个主要工种的劳动量工日数，再根据总进度计划表中各单位工程分工种的技术时间，得到某单位工程在某段时间里平均劳动力数。按同样方法可计算出各个建筑物的各主要工种在各个时期的平均工人数。将总进度计划表纵坐标方向上各单位工程同工种人数叠加在一起并绘成一条曲线，即为某工种的劳动力动态曲线图。其他几个工种也用同样方法绘成曲线图，从而可根据劳动力曲线图列出主要工种劳动力需要量计划表。将各主要工种劳动力需要量曲线图在时间上叠加，就可得到综合劳动力曲线图和计划表。表 2-5-3 为土建施工劳动力汇总表。

建设项目土建施工劳动力汇总表　　　　　　　　表 2-5-3

序号	工程名称	工业建筑及全工地性工程							临时建筑		劳动力计划			
		主厂房	辅助厂房	附属厂房	道路	上下水道	电气工程	其他	仓库	加工厂	一季度	二季度	三季度	四季度	一季度
1	力工														
2	钢筋工														
3	混凝土工														
4	瓦工														
5	架子工														
合计															

2. 材料、构件及半成品需要量计划

根据工种工程量汇总表所列各建筑物的工程量，查"万元定额"或"概算指标"即可得出各建筑物所需的建筑材料、构件和半成品的需要量。然后根据总进度计划表，大致估计出某些建筑材料在某季度的需要量，从而编制出建筑材料、构件和半成品的需要量计划。

表 2-5-4 为材料、构件和半成品需要量计划表。

建筑项目土建工程所需构件、半成品及主要建筑材料汇总表　　　表 2-5-4

序号	类别	构件、半成品及主要材料名称	单位	总计	工业建筑及全工地性工程				临时建筑	需要量计划				
					主厂房	辅助附属厂房	道路	给水排水水道	电气工程		一季度	二季度	三季度	四季度	一季度
1 2 3	构件及半成品	钢筋混凝土构件													
		钢结构构件													
		…													
1 2 3	主要建筑材料	钢筋													
		模板													
		水泥													
		…													

3. 施工机具需要量计划

主要施工机械（如挖土机、起重机等）的需要量，根据施工进度计划、主要建筑物施工方案和工程量，并套用机械产量定额求得；辅助机械可以根据安装工程每 10 万元扩大概算指标求得；运输机具的需要量根据运输量计算。上述汇总结果填入表 2-5-5 中。

施工机具需要量汇总表　　　表 2-5-5

序号	机具名称	型号	电机功率	数量	需求计划				备注
					一季度	二季度	三季度	四季度	

§5.4 全场性暂设工程

为满足工程项目施工需要，在工程正式开工前，要按照工程项目施工准备计划的要求建造相应的全场性暂设工程，为项目建设创造良好的施工条件，保证项目连续、均衡、有节奏地顺利进行。暂设工程的规模因工程要求而异，主要有：

建筑工地交通运输组织；建筑工地临时仓库的设置、办公、生活临时建筑物的设置、临时供水供电设计。

1. 建筑工地交通运输组织

建筑产品体积庞大，消耗量大，在建设过程中需要调运大量的建筑材料、物资与设备。如砂、石、水泥、钢材、木材，这些物品占总货运量的 75%～80%。因此，合理选择运输方式、组织交通运输，对节约运费、加快施工速度具有重要意义。

（1）确定运输量

运输量按工程实际需要量确定。同时还应考虑每日的最大运输量及各种运输工具的最大运输密度。每日的运输量可按下式计算：

$$q = K \times \frac{\sum Q_i L_i}{T} \qquad (2\text{-}5\text{-}1)$$

式中　q——日货运量（t·km）；

　　　Q_i——各种货物需要总量；

　　　L_i——各种货物从发货地点到储存地点的距离；

　　　T——有关施工项目的施工总工日；

　　　K——运输工作不均衡系数，铁路运输可取 1.5，汽车运输可取 1.2。

（2）运输方式和运输工具需要量的确定

工地运输方式可采用水路运输、铁路运输、汽车运输等。运输方式的确定，必须充分考虑到各种影响因素。如材料的性质、运输量的大小、运输的距离及期限，现有运输设备，利用永久性道路的可能性，当地地形和工地实际情况，在保证完成任务的条件下，通过采用不同运输方式的技术经济比分析，选择最合适的运输方式。

运输方式确定后，就可以计算运输工具的需用量。在一定的时间内（工作班）所需的运输工具数量可以采用下式求得：

$$n = \frac{q}{c \times b \times k_1} \qquad (2\text{-}5\text{-}2)$$

式中　n——运输工具的数量；

　　　q——同上，日货运量；

　　　c——运输工具的台班生产率；

　　　b——日工作班数；

　　　k_1——运输工具使用不均衡系数（包括修理停歇时间）。对于 1.5～2t 汽车运输取 0.6～0.65，3～5t 汽车运输取 0.7～0.8。

（3）确定运输道路

工地运输道路应保证运输通畅，工程进度按期完成。道路的设置按下列原则进行：

1）尽量利用永久性道路，在施工前可先期筑成永久性道路路基并铺设简易路面，减少临时设施费用。

2）场地较大时，临时道路要筑成环形或纵横交错。该方案适用于多工种多单位联合施工。

3）满足工地消防要求。车道宽度不小于3.5m，并应畅通。端头道路要设置12m×12m的回车场。

临时道路路面种类和厚度见表2-5-6。

临时道路路面种类和厚度 表 2-5-6

路面种类	特点及其使用条件	路基土	路面厚度（cm）	材料配合比
级配砾石路面	雨天照常通车，可通行较多车辆，但材料级配要求严格	砂质土	10～15	体积比 黏土：砂：石子＝1：0.7：3.5 重量比 面层：黏土13%～15%，砂石料85%～87% 底层：黏土10%，砂石混合料90%
		黏质土或黄土	14～18	
碎（砾）石路面	雨天照常通车，碎（砾）石本身含土较多，不加砂	砂质土	10～18	碎（砾）石＞65%，当地土壤含量≤35%
		砂质土或黄土	15～20	
炉渣或矿渣路面	可维持雨天通车，通行车辆较少	一般土	10～15	炉渣或矿渣75%，当地土25%
		较松软时	15～30	

2. 建筑工地临时仓库的设置

（1）建筑工地临时仓库的型式与规划内容

临时仓库的设置应在保证工地顺利施工的前提下，尽可能使存储的材料最小，存储期最短，装卸和运转费最省。这样可以减少临时投入的资金，避免材料积压，节约周转资金和各种保管费用。

1）临时仓库的型式

按材料的保管方式不同一般分为以下几种：

① 露天仓库。露天仓库用于堆放不因自然条件影响而损坏的材料。如砖、砂、石子等材料的堆场。

② 库棚。库棚用于储存防止雨雪、阳光直接侵蚀的材料，如油毡、沥青等。

③ 封闭式仓库。封闭式仓库用于储存防止大气侵蚀而发生变质的建筑物品、贵重材料、易损坏或散失的材料。如水泥、石膏、五金零件和贵重设备等。

临时仓库应尽量利用预拆迁的建筑物或便于装拆的工具式仓库，以减少临时设施费用。临时仓库的使用必须遵守防火规范要求。

2）临时仓库的规划

① 确定工地建筑材料储备量；
② 确定仓库的型式与面积；
③ 选择仓库位置。

(2) 建筑材料储备量的确定

建筑材料储备的数量，一方面应保证工程施工不中断，另一方面还要避免储备量过大造成积压，通常根据现场条件、供应条件和运输条件来确定。

对于经常或连续使用的材料，如砖、砂石、水泥和钢材等可按储备期计算：

$$P = T_c \times \frac{QK}{T} \tag{2-5-3}$$

式中　P——材料的储备量；
　　　T_c——储备期定额（表 2-5-7）；
　　　Q——材料、半成品总的需要量；
　　　K——材料需要量不均衡系数（表 2-5-7）；
　　　T——有关项目施工的总工日。

对于露天堆放经常使用且量大的材料如砂、石子、砖等，在运输和供应得到保障的情况下，尽量减少储备量。

(3) 仓库面积的确定

确定某一种建筑材料的仓库面积，与该种建筑材料需储备的天数、材料的需要量及仓库每平方米能储存的定额等因素有关，而储备天数又与材料的供应情况、运输能力等条件有关。因此应结合具体情况确定最经济的仓库面积。

确定仓库面积时，必须将有效面积和辅助面积同时加以考虑。有效面积是材料本身占用的净面积，它是根据每平方米的存放定额来决定的。辅助面积是考虑仓库所有走道用以装卸作业所必须的面积，仓库的面积一般按下式计算：

$$F = \frac{P}{q \cdot k_1} \tag{2-5-4}$$

式中　F——仓库面积（m²）；
　　　P——材料储备量；
　　　q——仓库每 m² 面积能存放的材料、半成品和制品的数量；
　　　k_1——仓库面积利用系数（考虑人行道和车道所占面积，见表 2-5-7）。

仓库面积也可按表 2-5-8，由下式确定：

$$F = \phi \cdot m \tag{2-5-5}$$

式中　ϕ——系数；
　　　m——计算基础数。

计算仓库面积的有关系数　　　　　　表 2-5-7

序号	材料及半成品名称	单位	储备天数 T_C	不均衡系数 K	每 m^2 储存定额 q	有效利用系数 k_1	仓库类型	备注
1	水泥	t	30～60	1.3～1.5	1.5～1.9	0.65	封闭式	堆高 10～12 袋
2	生石灰	t	30	1.4	1.7	0.7	棚	堆高 2m
3	砂子（人工堆放）	m³	15～30	1.4	1.5	0.7	露天	堆高 1～1.5m
4	砂子（机械堆放）	m³	15～30	1.4	2.5～3	0.8	露天	堆高 2.5～3m
5	石子（人工堆放）	m³	15～30	1.5	1.5	0.7	露天	堆高 1～1.5m
6	石子（机械堆放）	m³	15～30	1.5	2.5～3	0.8	露天	堆高 2.5～3m
7	块石	m³	15～30	1.5	10	0.7	露天	堆高 1m
8	钢筋（直条）	t	30～60	1.4	2.5	0.6	露天	占全部钢筋的 80%，堆高 0.5m
9	钢筋（盘圆）	t	30～60	1.4	0.9	0.6	库或棚	占全部钢筋的 20%，堆高 1m
10	钢筋成品	t	10～20	1.5	0.07～0.1	0.6	露天	
11	型钢	t	45	1.4	1.5	0.6	露天	堆高 0.5m
12	金属结构	t	30	1.4	0.2～0.3	0.6	露天	
13	原木	m³	30～60	1.4	1.3～1.5	0.6	露天	堆高 2m
14	成材	m³	30～45	1.4	0.7～0.8	0.5	露天	堆高 1m
15	废木材	m³	15～20	1.2	0.3～0.4	0.5	露天	废木料约占锯木量的 10%～15%
16	门窗扇	m³	30	1.2	45	0.6	露天	堆高 2m
17	门窗框	m³	30	1.2	20	0.6	露天	堆高 2m
18	砖	块	15～30	1.2	0.7～0.8	0.6	露天	堆高 1.5～2m
19	模板整理	m²	10～15	1.2	1.5	0.65	露天	
20	木模板	m²	10～15	1.4	4～6	0.7	露天	
21	泡沫混凝土制品	m³	30	1.2	1	0.7	露天	堆高 1m

按系数计算仓库面积表　　　　　　　　　表 2-5-8

序号	名称	计算基础数 m	单位	系数 ϕ
1	仓库（综合）	按全员（工地）	m²/人	0.7～0.8
2	水泥库	按当年用量的 40%～50%	m²/t	0.7
3	其他仓库	按当年工作量	m²/t	2～3
4	五金杂品库	按年建安工作量计算 按在建建筑面积计算	m²/万元 m²/100m²	0.2～0.3 0.5～1
5	土建工具库	按高峰年（季）平均人数	m²/人	0.1～0.2
6	水暖器材库	按年在建建筑面积	m²/100m²	0.2～0.4
7	电器器材库	按年在建建筑面积	m²/100m²	0.3～0.5
8	化工油漆危险品库	按年建安工作量	m²/万元	0.1～0.15
9	跳板、脚手、模板	按年建安工作量	m²/万元	0.5～1

3. 办公、生活临时建筑

在工程建设期间，必须为施工人员修建一定数量供行政管理与生活福利用的临时建筑，包括以下内容：

(1) 办公及福利设施类型

1) 行政管理和生产用房。包括建筑安装工程办公室、传达室、车库和辅助修理间等。

2) 居住生活用房。包括职工宿舍、浴室等。

3) 文化生活用房。

(2) 办公及福利设施规划

在考虑临时建筑物的数量前，先要确定使用这些房屋的人数。在人数确定后，可计算临时建筑物所需的面积，计算公式如下：

$$F = N\phi_1 \tag{2-5-6}$$

式中　F——临时建筑物面积；
　　　N——使用人数；
　　　ϕ_1——面积指标（表 2-5-9）。

尽量利用建设单位的原有基地及附近已有建筑物，或提前修建可以利用的其他永久性建筑物为施工服务。临时建筑要按节约、适用、装拆方便的原则建造。

行政、生活、福利临时建筑物面积参考指标　　　　表 2-5-9

项次	临时房屋名称	指标使用方法	面积指标 ϕ_1
1	办公室	按使用人数 m²/人	3～4
2	宿舍	按高峰年（季）平均人数 m²/人	2.5～3.5
3	单层通铺	按高峰年（季）平均人数 m²/人	2.5～3

续表

项次	临时房屋名称	指标使用方法	面积指标 ϕ_1
4	双层床	扣除不在工地住人数 m²/人	2.0~2.5
5	单层床	扣除不在工地住人数 m²/人	3.5~4
6	家属宿舍	m²/户	16~25
7	食堂	按高峰年平均人数 m²/人	0.5~0.8
8	开水房		10~40
9	厕所	按工地平均人数 m²/人	
10	工人休息室	按工地平均人数 m²/人	0.15
11	其他公共用房	根据实际需要确定	0.32~0.51

4. 建筑工地临时供水设计

建筑工地必须有足够的水量和水头来满足生产、生活和消防用水的需要。建筑工地临时供水设计包括：确定用水量、选择水源、设计临时给水系统三部分。

（1）确定用水量

1）工程施工用水量 q_1

$$q_1 = K_1 \sum \frac{Q_1 \cdot N_1}{T_1 \cdot b} \times \frac{K_2}{8 \times 3600} \tag{2-5-7}$$

式中　q_1——施工用水量（L/S）；
　　　K_1——未预见的施工用水系数（1.05~1.15）；
　　　Q_1——年（季）度工程量（以实物计量单位表示）；
　　　N_1——施工用水定额（表 2-5-10）；
　　　K_2——用水不均衡系数（表 2-5-11）；
　　　T_1——年（季）度有效工作日（d）；
　　　b——每天工作班次（班）。

2）施工机械用水 q_2

$$q_2 = K_1 \sum Q_2 N_2 \frac{K_3}{8 \times 3600} \tag{2-5-8}$$

式中　q_2——施工机械用水量（L/S）；
　　　K_1——未预见的施工用水系数（1.05~1.15）；
　　　Q_2——同一种机械台数（台）；
　　　N_2——施工机械用水定额，见施工手册；
　　　K_3——施工机械用水不均衡系数（表 2-5-11）。

施工用水（N_1）参考定额　　　　　表 2-5-10

序号	用水对象	单位	耗水量 N_1 (L)	备注
1	浇筑混凝土全部用水	m³	1700～2400	实测数据
2	搅拌普通混凝土	m³	250	
3	搅拌轻质混凝土	m³	300～350	
4	搅拌泡沫混凝土	m³	300～400	
5	搅拌热混凝土	m³	300～350	
6	混凝土自然养护	m³	200～400	
7	混凝土蒸汽养护	m³	500～700	
8	冲洗模板	m³	5	
9	搅拌机冲洗	台班	600	实测数据
10	人工冲洗石子	m³	1000	
11	机械冲洗石子	m³	600	
12	洗砂	m³	1000	
13	砌砖工程全部用水	m³	150～250	
14	砌石工程全部用水	m³	50～80	
15	粉刷工程全部用水	m³	30	
16	砌耐火砖砌体	m³	100～150	
17	砖浇水	千块	200～250	
18	硅酸盐砌块浇水	m³	300～350	包括砂浆搅拌
19	抹面	m³	4～6	
20	楼地面	m³	190	
21	搅拌砂浆	m³	300	不包括调制用水
22	石灰消化	m³	3000	
23	给水管道工程	L/m	98	
24	排水管道工程	L/m	1130	
25	工业管道工程	L/m	35	

施工用水不均衡系数　　　　　表 2-5-11

用水名称		系数
K_2	施工工程用水	1.5
	生产企业用水	1.25
K_3	施工机械、运输机械	2.0
	动力设备	1.05～1.10
K_4	施工现场生活用水	1.30～1.50
K_5	居民区生活用水	2.00～2.50

3) 施工现场生活用水量

$$q_3 = \frac{P_1 \cdot N_3 \cdot K_4}{t \times 8 \times 3600} \quad (2\text{-}5\text{-}9)$$

式中　q_3——施工现场生活用水量（L/s）；

P_1——施工现场高峰期生活人数；

N_3——施工现场生活用水定额［一般为 20～60L/（人·班）］视当地气候、工程而定；

K_4——施工现场生活用水不均衡系数（表 2-5-11）；

b——每天工作班数（班）。

4) 生活区生活用水量

$$q_4 = \frac{P_2 \cdot N_4 \cdot K_5}{24 \times 3600} \quad (2\text{-}5\text{-}10)$$

式中　q_4——生活区生活用水量（L/s）；

P_2——生活区居民人数；

N_4——生活区昼夜全部生活用水定额，每一居民每昼夜为 100～120L，随地区和有无室内卫生设备而变化；各分项用水参考定额见表 2-5-12；

K_5——生活区用水不均衡系数（表 2-5-11）。

生活用水量（N_4）参考表　　　　　　　表 2-5-12

序号	用水对象	单位	耗水量
1	生活用水（盥洗、饮用）	L/人·日	20～40
2	食堂	L/人·次	10～20
3	浴室（淋浴）	L/人·次	40～60
4	淋浴带大池	L/人·次	50～60
5	洗衣房	L/kg 干衣	40～60
6	理发室	L/人·次	10～25

5) 消防用水量

消防用水量（q_5）见表 2-5-13。

消防用水量（q_5）　　　　　　　表 2-5-13

序号	用水名称	火灾同时发生次数	单位	用水量
1	居民区消防用水 5000 人以内 10000 人以内 25000 人以内	一次 二次 二次	L/s L/s L/s	10 10～15 15～20
2	施工现场消防用水 施工现场在 25 公顷以内 每增加 25 公顷递增	一次 一次	L/s L/s	10～15 5

6) 总用水量（Q）计算

① 当 $(q_1+q_2+q_3+q_4) \leqslant q_5$ 时，则 $Q = q_5 + \frac{1}{2}(q_1+q_2+q_3+q_4)$

② 当 $(q_1+q_2+q_3+q_4) > q_5$ 时，则 $Q = q_1+q_2+q_3+q_4$

③ 当工地面积小于 5 公顷，并且 $(q_1+q_2+q_3+q_4) < q_5$ 时，则 $Q = q_5$

最后算出的总用量，还应增加 10%，以补偿不可避免的水管漏水损失。

(2) 水源选择

建筑工地供水水源，最好利用附近居民区或企业职工居住区的现有供水管道，只有在建筑工地附近没有现成的给水管道或现有管道无法利用时，才宜另选天然水源。

天然水源的种类有：地面水，如江水、湖水、水库蓄水等；地下水，如泉水、井水等。地下水较地面水清洁，可以直接用作生活用水，取水构筑物较简单，选择水源时，应尽量利用地下水。

选择水源时应注意下列因素：

1) 水量充足可靠；
2) 生活饮用水、生产用水的水质应符合要求；
3) 尽量与农业、水利综合利用；
4) 取水、输水、净水设施要安全、可靠、经济；
5) 施工、运转、管理、维护方便。

(3) 临时给水系统

临时给水系统可由取水设施、净水设施、贮水构筑物（水塔及蓄水池）、输水管和配水管综合而成。

1) 地面水源取水设施

一般由取水口、进水管及水泵组成。取水口距河底（或井底）不得小于 $0.25 \sim 0.9m$。给水工程所用的水泵有离心泵和活塞泵两种，所用的水泵要有足够的抽水能力和扬程。

2) 贮水构筑物

一般有水池、水塔和水箱。在临时给水中，只有水泵非昼夜工作时才设置水塔。水箱的容量以每小时消防用水量确定，但不得小于 $10 \sim 20 m^3$。

(4) 配水管网的布置

配水管网布置的原则是在保证不间断供水的情况下，管道铺设越短越好，同时还应考虑在施工期间各段管网具有移动的可能性。一般可分为环形管网、树枝状管网和混合式管网。

临时水管铺设，可用明管或暗管。在严寒地区，暗管应埋设在冰冻线以下，明管应加保温。通过道路部分，应考虑地面上重型机械荷载对埋设管的影响。

(5) 确定配水管径

在计算出工地的总需水量后,可计算出管径,公式如下:

$$D = \sqrt{\frac{4Q}{\pi \cdot v \cdot 1000}} \quad (2\text{-}5\text{-}11)$$

式中　D——配水管直径(m);
　　　Q——耗水量(L/s);
　　　v——管网中水流速度(m/s),见表2-5-14。

临时水管经济流速表　　　　　　　　表 2-5-14

管径	流速(m/s)		管径	流速(m/s)	
	正常时间	消防时间		正常时间	消防时间
1. 支管 $D<100$mm	2	—	3. 生产消防管道 $D>300$mm	1.5~1.7	2.5
2. 生产消防管道 $D=100\sim200$mm	1.3	>3.0	4. 生产用水管道 $D>300$mm	1.5~2.5	3.0

5. 工地临时供电设计

建筑工地临时供电设计包括:计算用电量;选择电源;确定变压器;布置配电线路和决定导线断面。

(1) 工地总用电量计算

建筑工地临时供电包括动力用电与照明用电两种。在计算用电量时,应考虑以下几点:

1) 全工地所使用的机械动力设备,其他电气工具及照明用电的数量;
2) 施工总用电计划中施工高峰阶段同时用电的机械设备最高数量;
3) 各种机械设备在工作中需用的情况。

总用电量可按以下公式计算:

$$P = (1.05 \sim 1.10)\left(K_1 \frac{\sum P_1}{\cos\varphi} + K_2 \sum P_2 + K_3 \sum P_3 + K_4 \sum P_4\right) \quad (2\text{-}5\text{-}12)$$

式中　　　　　P——供电设备总需要容量(kVA);
　　　　　　P_1——电动机额定功率(kW);
　　　　　　P_2——电焊机额定容量(kVA);
　　　　　　P_3——室内照明容量(kW);
　　　　　　P_4——室外照明容量(kW);
　　　　　$\cos\varphi$——电动机的平均功率因数(在施工现场最高为0.75~0.78,
　　　　　　　　　一般为0.65~0.75);
K_1、K_2、K_3、K_4——需要系数,参见表2-5-15。

需要系数 K 值　　　　　　　　表 2-5-15

用电名称	数量	需要系数 K	数值	备注
电动机	3~10 台 11~30 台 30 台以上	K_1	0.7 0.6 0.5	如施工中需要电热时，应将其用电量计算进去。为使计算结果接近实际，各项动力和照明用电，应根据不同工作性质分类计算
加工厂动力设备			0.5	
电焊机	3~10 台 10 台以上	K_2	0.6 0.5	
室内照明		K_3	0.8	
室外照明		K_4	1.0	

单班施工时，用电量计算可不考虑照明用电。

各种机械设备以及室内外照明用电定额见表 2-5-16。

由于照明用电量所占的比重较动力用电量要少得多，因此在估算总用电量时可以简化，只要在动力用电量之外再加 10% 作为照明用电量即可。

常用施工机械设备电机额定功率参考资料库　　　　表 2-5-16

序号	机械名称规格	功率(kW)	序号	机械名称规格	功率(kW)
1	HW-60 蛙式夯土机	3	13	HPH6 回转式喷射机	7.5
2	ZKL400 螺旋钻孔机	40	14	ZX50~70 插入式振动器	1.1~1.5
3	ZKL600 螺旋钻孔机	55	15	UJ325 灰浆搅拌机	3
4	ZKL800 螺旋钻孔机	90	16	JT1 载货电梯	7.5
5	TQ40（TQ2-6）塔式起重机	48	17	SCD100/100A 建筑施工外用电梯	11
6	TQ60/80 塔式起重机	55.5	18	BX3-500-2 交流电焊机	(38.6)
7	TQ100（自升式）塔式起重机	63	19	BX3-300-2 交流电焊机	(23.4)
8	JJK0.5 卷扬机	3	20	CT6/8 钢筋调直切断机	5.5
9	JJM-5 卷扬机	11	21	QJ40 钢筋切断机	7
10	JD350 自落式混凝土搅拌机	15	22	GW40 钢筋弯曲机	3
11	JW250 强制式混凝土搅拌机	11	23	M106 木工圆锯	5.5
12	HB-15 混凝土输送泵	32.2	24	GC-1 小型砌块成型机	6.7

(2) 电源选择

1) 选择建筑工地临时供电源时须考虑的因素

① 建筑工程及设备安装工程的工程量和施工进度；

② 各个施工阶段的电力需要量；

③ 施工现场的大小；

④ 用电设备在建筑工地上的分布情况和距离电源的远近情况；

⑤ 现有电气设备的容量情况。

2) 供电电源的几种方案

① 借用施工现场附近已有的变压器；

② 利用附近电力网，设临时变电所和变压器；

③ 设置临时供电装置。

采用何种方案，需根据工程实际，经过分析比较后确定。通常将附近的高压电，经设在工地的变压器降压后，引入工地。

(3) 确定变压器

变压器的功率按下式计算：

$$W = K \times \left(\frac{\Sigma P}{\cos \varphi}\right) \quad (2-5-13)$$

式中 W——变压器的容量（kVA）；

K——功率损失系数，计算变电所容量时，$K=1.05$，计算临时发电站时，$K=1.1$；

ΣP——变压器服务范围内的总用电量（kVA）；

$\cos \varphi$——功率因数，一般采用 0.75。

(4) 确定配电导线截面积

配电导线要正常工作，必须具有足够的机械强度、耐受电流通过所产生的温升并且使得电压损失在允许范围内。因此选择配电导线有以下三种方法：

1) 按机械强度确定

导线必须具有足够的机械强度以防止受拉或机械损伤而折断。在各种不同敷设方式下，导线按机械强度要求所必须的最小截面可参考《施工手册》。

2) 按允许电流选择

导线必须能承受负载电流长时间通过所引起的温升。

① 三相四线制线路上的电流可按下式计算：

$$I = \frac{P}{\sqrt{3} \times v \times \cos \varphi} \quad (2-5-14)$$

② 二线制线路可按下式计算：

$$I = \frac{P}{v \times \cos \varphi} \quad (2-5-15)$$

式中 I——电流值（A）；

P——功率（W）；

v——电压（V）；

$\cos \varphi$——功率因数，临时管网取 0.7~0.75。

3) 按允许电压降确定

导线上引起的电压降必须在一定限度之内。配电导线的截面可用下式计算：

$$S = \frac{\sum P \times L}{C \times \varepsilon} \qquad (2\text{-}5\text{-}16)$$

式中　S——导线截面（mm^2）；
　　　P——负载的电功率或线路输送的电功率（kW）；
　　　L——送电线路的距离（m）；
　　　ε——允许的相对电压降（即线路电压损失）（％）；照明允许电压降为 2.5％～5％，电动机电压不超过±5％；
　　　C——系数，视导线材料、线路电压及配电方式而定。

所选用的导线截面应同时满足以上三项要求，即以求得的三个截面中的最大者为准，从电线产品目录中选用线芯截面。一般在道路工地和给水排水工地作业线比较长，导线截面由电压降选定；在建筑工地配电线路比较短，导线截面可由容许电流选定；在小负荷的架空线路中往往以机械强度选定。

（5）配电线路布置

配电线路的布置可分三种形式，即枝状、环状和混合式。对于 3～10kVA 的高压线路，采用环状布置；380/220V 低压线采用枝状布置。工地上可采用架空或埋地敷设。当采用架空线路时，在跨越主要道路时则改用电缆。架空线路杆的间距为 25～40m，线离路面或建筑物不应小于 6m，离铁路路轨不小于 7.5 m。埋于地下的临时电缆应做好标记，保证施工安全。

§5.5　施工总平面图

施工总平面图是拟建项目施工场地的总布置图。它按照施工方案和施工进度的要求，对施工现场的道路交通、材料仓库、附属企业、临时房屋、临时水电管线等作出合理的规划布置，从而正确处理全工地施工期间所需各项设施和永久建筑以及拟建工程之间的空间关系。

1. 施工总平面图设计的内容

（1）建设项目施工总平面图上一切地上、地下已有的和拟建的建筑物、构筑物以及其他设施的位置和尺寸。

（2）一切为全工地施工服务的临时设施的布置位置，包括：

1）施工用地范围，施工用的各种道路；

2）加工厂、制备站及有关机械的位置；

3）各种建筑材料、半成品、构件的仓库和主要堆场，取土弃土位置；

4）行政管理房、宿舍、文化生活和福利建筑等；

5）水源、电源、变压器位置，临时给水排水管线和供电、动力设施；

6）机械站、车库位置；

7) 一切安全、消防设施位置。

(3) 永久性测量放线标桩位置

许多规模宏大的建设项目，其建设工期往往很长。随着工程的进展，施工现场的面貌将不断改变。在这种情况下，应按不同阶段分别绘制若干张施工总平面图，或者根据工地的变化情况，及时对施工总平面图进行调整和修正，以便适应不同时期的需要。

2. 施工总平面图设计的原则

(1) 尽量减少施工用地，少占农田，使平面布置紧凑合理。

(2) 合理组织运输，减少运输费用，保证运输方便通畅。

(3) 施工区域划分和场地的确定，应符合施工流程要求，尽量减少专业工种和各工程之间的干扰。

(4) 充分利用各种永久性建筑物、构筑物和原有设施为施工服务，降低临时设施的费用。

(5) 各种生产生活设施应便于工人的生产和生活。

(6) 满足安全防火和劳动保护的要求。

3. 施工总平面图设计的依据

(1) 各种设计资料，包括建筑总平面图、地形地貌图、区域规划图、建设项目范围内有关的一切已有和拟建的各种设施位置。

(2) 建设地区的自然条件和技术经济条件。

(3) 建设项目的建设概况、施工方案、施工进度计划，以便了解各施工阶段情况，合理规划施工场地。

(4) 各种建筑材料、构件、加工品、施工机械和运输工具需要量一览表，以便规划工地内部的储放场地和运输线路。

(5) 各构件加工厂规模、仓库及其他临时设施的数量和外廓尺寸。

4. 施工总平面图的设计步骤

(1) 场外交通的引入

设计全工地性施工总平面图时，首先应从研究大宗材料、成品、半成品、设备等进入工地的运输方式入手。当大批材料由铁路运来时，应首先考虑原有码头的运用和是否增设专用码头问题；当大批材料是由公路运入工地时，由于汽车线路可以灵活布置，因此，一般先布置场内仓库和加工厂，然后再布置场外交通的引入。

1) 铁路运输

当大量物资由铁路运入工地时，应首先解决铁路由何处引入及如何布置问题。一般大型工业企业，厂区内都设有永久性铁路专用线，通常可将其提前修建，以便为工程施工服务。但由于铁路的引入将严重影响场内施工的运输和安全，因此，铁路的引入应靠近工地一侧或两侧。仅当大型工地分为若干个独立的工区进行施工时，铁路才可引入工地中央。此时，铁路应位于每个工区的旁侧。

2) 水路运输

当大量物资由水路运进现场时，应充分利用原有码头的吞吐能力。当需增设码头时，卸货码头不应少于两个，且宽度应大于2.5m，一般用石或钢筋混凝土结构建造。

3) 公路运输

当大量物资由公路运进现场时，由于公路布置较灵活，一般先将仓库、加工厂等生产性临时设施布置在最经济合理的地方，再布置通向场外的公路线。

(2) 仓库与材料堆场的布置

通常考虑设置在运输方便、位置适中、运距较短并且安全防火的地方，并应区别不同材料、设备和运输方式来设置。

1) 当采取铁路运输时，仓库通常沿铁路线布置，并且要留有足够的装卸前线。如果没有足够的装卸前线，必须在附近设置转运仓库。布置铁路沿线仓库时，应将仓库设置在靠近工地一侧，以免内部运输跨越铁路。同时仓库不宜设置在弯道外或坡道上。

2) 当采用水路运输时，一般应在码头附近设置转运仓库，以缩短船只在码头上的停留时间。

3) 当采用公路运输时，仓库的布置较灵活。一般中心仓库布置在工地中央或靠近使用地的地方，也可以布置在靠近于外部交通连接处。砂、石、水泥、石灰、木材等仓库或堆场宜布置在搅拌站、预制场和木材加工厂附近；砖、瓦和预制构件等直接使用的材料应该直接布置在施工对象附近，以免二次搬运。工业项目建筑工地还应考虑主要设备的仓库（或堆场），一般笨重设备应尽量放在车间附近，其他设备仓库可布置在外围或其他空地上。

各种加工厂布置，应以方便使用、安全防火、运输费用最少、不影响建筑安装工程施工的正常进行为原则。一般应将加工厂集中布置在同一个地区，且多处于工地边缘。各种加工厂应与相应的仓库或材料堆场布置在同一地区。

(3) 加工厂布置

1) 混凝土搅拌站。根据工程的具体情况可采用集中、分散或集中与分散相结合的三种布置方式。当现浇混凝土量大时，宜在工地设置混凝土搅拌站；当运输条件好时，以采用集中搅拌最有利；当运输条件较差时，以分散搅拌为宜。

2) 预制加工厂。一般设置在建设单位的空闲地带上，如材料堆场专用线转弯的扇形地带或场外邻近处。

3) 钢筋加工厂。区别不同情况，采用分散或集中布置。对于需进行冷加工、对焊、点焊的钢筋和大片钢筋网，宜设置中心加工厂，其位置应靠近预制构件加工厂；对于小型加工件，利用简单机具型的钢筋加工，可在靠近使用地点的分散的钢筋加工棚里进行。

4) 木材加工厂。要视木材加工的工作量、加工性质和种类决定是集中设置还是分散设置几个临时加工棚。一般原木、锯木、堆场布置在铁路专用线、公路或水路沿线附近；木材加工场亦应设置在这些地段附近；锯木、成材、细木加工和成品堆放，应按工艺流程布置。

5) 砂浆搅拌站。对于工业建筑工地，由于砂浆量小、分散，可以分散设置在使用地点附近。

6) 金属结构、锻工、电焊和机修等车间。由于它们在生产上联系密切，应尽可能布置在一起。

(4) 布置内部运输道路

根据各加工厂、仓库及各施工对象的相应位置，研究货物转运图，区分主要道路和次要道路，进行道路的规划。规划厂区内道路时，应考虑以下几点：

1) 合理规划临时道路与地下管网的施工程序。在规划临时道路时，应充分利用拟建的永久性道路，提前修建永久性道路或者先修路基和简易路面，作为施工所需的道路，以达到节约投资的目的。若地下管网的图纸尚未出全，必须采取先施工道路、后施工管网的顺序时，临时道路就不能完全建造在永久性道路的位置，而应尽量布置在无管网地区或扩建工程范围地段上，以免开挖管道沟时破坏路面。

2) 保证运输通畅。道路应有两个以上进出口，堆放道路末端应设置回车场地，且尽量避免临时道路与铁路交叉。厂内道路干线应采用环形布置，主要道路宜采用双车道，宽度不小于 6m，次要道路宜采用单车道，宽度不小于 3.5m。

3) 选择合理的路面结构。临时道路的路面结构，应当根据运输情况和运输工具的不同类型而定。一般场外与省、市公路相连的干线，因其以后会成为永久性道路，因此一开始就建成混凝土路面；场区内的干线和施工机械行驶路线，最好采用碎石级配路面，以利修补。场内支线一般为土路或砂石路。

(5) 行政与生活临时设施布置

行政与生活临时设施包括：办公室、汽车库、职工休息室、开水房、小卖部、食堂、俱乐部和浴室等。要根据工地施工人数计算这些临时设施和建筑面积。应尽量利用建设单位的生活基地或其他永久建筑，不足部分另行建造。

一般全工地行政管理用房宜设在全工地入口处，以便对外联系；也可设在工地中间，便于全工地管理。工人用的福利设施应设置在工人较集中的地方，或工人必经之处。生活基地应设在场外，距工地 500～1000m 为宜。食堂可布置在工地内部或工地与生活区之间。

(6) 临时水电管网及其他动力设施的布置

1) 工地附近有可以利用的水源、电源时，可以将水电从外面接入工地，沿主要干道布置干管、主线。临时总变电站应设置在高压电引入处；临时水池应设在地势较高处；

2) 无法利用现有水源时，可以利用地下水或地面水；

3) 无法利用现有电源时，可在工地中心或中心附近设置临时发电设备，沿干道布置主线；

4) 根据建设项目规模大小，还要设置消防站、消防通道和消火栓。

上述布置应采用标准图例绘制在总平面图上，比例一般为 1∶1000 或 1∶2000。上述各设计步骤不是截然分开各自独立的，而是相互联系、相互制约的，需要综合考虑、反复修正才能确定下来。当有几种方案时，尚应进行方案比较。

5. 施工总平面图的科学管理

（1）建立统一的施工总平面图管理制度，划分总图的使用管理范围。各区各片有人负责。严格控制各种材料、构件、机具的位置、占用时间和占用面积。

（2）实行施工总平面动态管理，定期对现场平面进行实录、复核、修正其不合理的地方，定时召开总平面图执行检查会议，奖优罚劣，协调各单位关系。

（3）做好现场的清理和维护工作，不准擅自拆迁建筑物和水电线路，不准随意挖断道路。大型临时设施和水电管路不得随意更改和移位。

§5.6 施工组织总设计简例

某工业厂房区工程施工组织总设计[①]

1. 工程概况

本工程为某厂技术改造项目，由热电站和碱回收两个建筑群体组成。前者属国家投资项目，后者属老厂挖潜改造项目。厂区总占地面积 16400m^2，共有 16 个建筑物和 16 个构筑物，建筑总面积为 7102m^2。土建总造价约 500 万元。各建筑物和构筑物的工程概况见表 2-5-17。建筑结构以装配式为主，异型构筑物较多，厂区总平面如图 2-5-2 所示。本工程基础土质较差，地下水位较高 (−3.0～−0.5m)。本工程属于节能、环保项目，列为市重点工程，要求在 16 个月内建成，定额总用工量为 58600 工日。整个施工期将经历两个雨季和一个冬季，土建与设备安装交叉施工。

2. 施工部署

（1）施工程序

1）以热电站主厂房为主要工期控制线，安排工期 15 个月，留一个月时间竣工收尾。

2）本工程安装工程量大，因此，除主厂房外，其余单位工程的施工安排要尽量根据设备安装的先后顺序予以配合，并安排一台 16t 的轮胎吊，从开工起交叉进行结构安装和设备吊装。

[①] 彭圣浩主编，《建筑工程施工组织设计实例应用手册》，中国建筑工业出版社。

各建筑物和构筑物工程概况　　　　　　　　表 2-5-17

总项目	序号	单位工程名称	建筑面积（m^2）	建筑层数	跨度（m）	檐口高度（m）	建筑结构特征 基础类型及埋深（m）	柱	墙	屋盖	吊装构件 最大重量（t）	最大起吊高度（m）
热电站	1	主厂房	2200	1～6	15～18	16～23	独立基础，－2	现浇	围护砖墙	屋架，大型屋面板	8	25
	2	主控制楼	290	3	9	9.6	独立基础，－2	砖柱	承重砖墙	现浇	—	—
	3	化学水处理室	490	1	15	12	独立基础，－2	现浇	围护砖墙	薄腹梁、圆孔板	6	11
	4	2号栈桥	132	1	9	15	杯基，－2	预制	—	钢屋架，石棉瓦	10	15
	5	碎煤机室	150	2	10	9	带基，－2	—	承重砖墙	现浇		
	6	1号栈桥	150	1	9	1.8	杯基，－2	预制	—	钢屋架，石棉瓦	12	1
	7	回水泵房	40	1	4.8	3.3	带基，－1.5	砖柱	承重砖墙	圆孔板	0.3	3.3
	8	清水池	—				－6		池壁			
	9	沉灰池	—				－6		池壁			
	10	干煤棚	370	1	15	6	独立基础，－2	钢柱	—	钢屋架，石棉瓦	2	6
	11	引风机支架					独立基础，－2	现浇				
	12	砖烟囱	—	—	—	45	整板，－2		砖墙			
	13	除尘器	—	—	—	1.2	现浇，－2					
	14	喷管平台	—	—	—	2.9	现浇，－2					
	15	中和池					现浇，－5					
	16	低位酸贮存罐					现浇，－1.3					
	17	高位酸贮存罐					现浇，－1.3					
	18	高位碱贮存罐					现浇，－1.3					
	19	低位碱贮存罐					现浇，－1.3					
	20	除盐水箱					混凝土现浇，－1.5					
	21	空压机房	30	1	5	4.5	带基，－2	现浇	围护砖墙	—		
	22	事故油坑	—				现浇，－1.5					

续表

总项目	序号	单位工程名称	建筑面积（m²）	建筑层数	跨度（m）	檐口高度（m）	基础类型及埋深（m）	柱	墙	屋盖	最大重量（t）	最大起吊高度（m）
碱回收	23	空压站	190	1	4	4.5	带基，-2	砖柱	承重砖墙	圆孔板薄腹梁，大型屋面板	0.3	4.5
	24	黑液提取工段	450	1	15	6	杯基，-4	预制	围护砖墙		6	6
	25	浆池	—	—	—	—	现浇，-4					
	26	蒸发工段	580	3	8	12	杯基，-2	预制	围护砖墙	现浇	8	12（柱顶标高）
	27	仪器维修车间	110	1	4	4.5	带基，-1.5	砖柱	承重砖墙	现浇		
	28	燃烧工段	980	3	8	12	杯基，-2	预制	围护砖墙	现浇	10	12（柱顶标高）
	29	卸油泵房	10	1	3	3	带基，-2	—	承重砖墙	现浇		
	30	R、C烟囱				45	现浇，-3					
	31	静电除尘器				9	+4		池壁	钢屋架，石棉瓦薄腹梁	0.5	10
	32	苛化工段	930	2	8	12	杯基，-2	预制	围护砖墙	大型屋面板	6	12

注：最大起吊高度栏中，除注明柱顶标高外，其余均为构件安装标高。

3）基础埋置较深的沉灰池、浆池等工程应避开雨季；两个45m高的烟囱应避开雨季和台风暴雨季节施工。

4）扩大构件在工厂的预制面，确保进入冬季前大部分建筑物屋面扣顶，以扩大冬期施工室内操作面。

5）化学水处理车间西侧的中和池开工后与主厂房基础同时施工，待混凝土达到强度后作贮水池用，解决现场施工的临时用水和消防用水问题。

6）厂房内部的汽轮机、锅炉的基础，采用"封闭式"施工，在屋面完成后在厂房内进行。

（2）主要工程项目施工方案

1）主厂房

主厂房是整个建筑群的核心工程，包括15m跨的汽轮机房、18m跨的锅炉房和中间的6m跨的常用变电室（6层框架结构），南面有扩建端，横剖面图如图2-5-3。

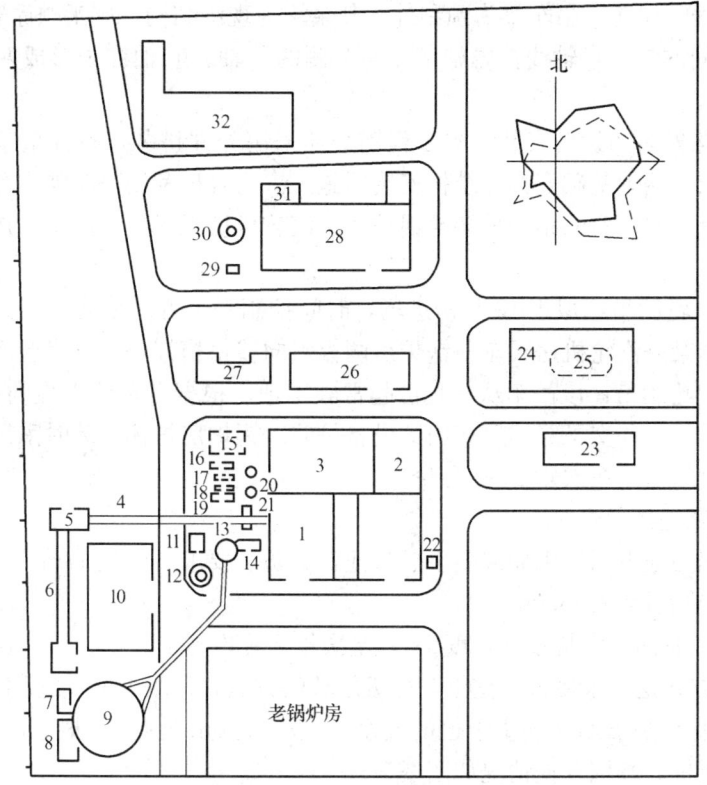

图 2-5-2 厂区设计总平面图
(图中数字代表的单位工程名称见表 2-5-17)

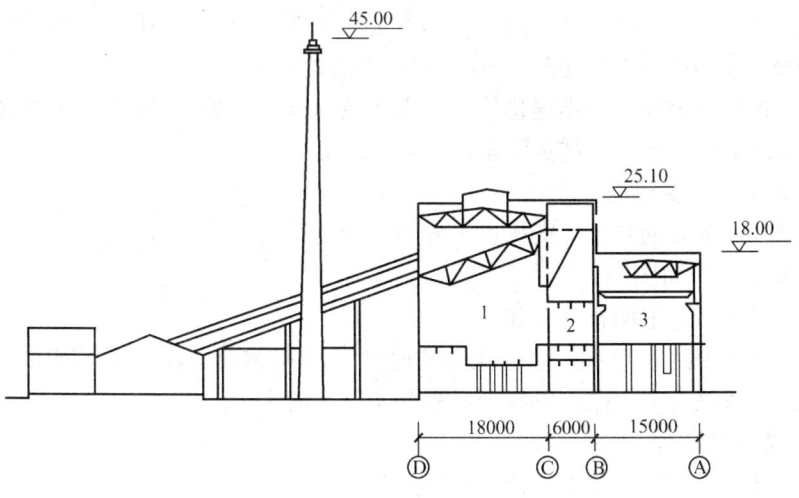

图 2-5-3 主厂房横剖面图
1—锅炉房；2—常用配电室；3—汽轮机房

本工程除屋盖、吊车梁为预制外，其余均为现浇结构，施工顺序安排为：

① 中间的Ⓑ－Ⓒ轴线首先施工，与两侧的Ⓐ轴、Ⓓ轴柱子形成两段交叉流水施工。

② 结构安装与设备安装：本工程锅炉体采用分件拼装，每件重量不大，但施工时间长，锅炉基础安排在结构安装后施工。为合理利用吊车吨位和减少吊车进退场次数，主厂房的结构吊装与锅炉体、汽轮机房天车吊装的交叉作业安排如下：

A. 40t 轮胎吊：拟于 10 月份进场，时间控制一个月。吊装顺序：汽轮机房屋面及吊车梁→汽轮机房天车→锅炉房两榀斜向栈桥桁架→锅炉房屋面→退场。

B. 16t 轮胎吊：该吊车从 4 月份起常驻工地。根据各单位工程的进度情况，安排结构吊装，并交叉穿插厂房内的设备吊装。锅炉房炉体拼装时采用该吊车进行作业，时间安排在次年 1～3 月份。

2) 沉灰池

该工程为地下圆形钢筋混凝土贮灰池，有防水要求。外径 18m，壁厚 40cm，高 5.6m，池底标高－6.0m。

① 施工时间：安排于本年度 12 月至次年 2 月份施工。

② 土方开挖：采用人工挖土，分级放坡的方法，每级 1m，坡度 1：（0.5～0.67）。为保证放坡后西侧主干道的安全，在－3.00m 处打 30 根 7m 长的 22 号槽钢挡土板桩。基坑开挖情况如图 2-5-4。

③ 降低地下水位：在基坑周围设 3 个降水井，降水井以砖砌成，内插 OY-15 型离心水泵。施工期间日夜不停抽水。

④ 抗浮措施：池子浇捣后，如遇大雨，基坑大量灌水，可能会造成池子上浮的事故。通过计算，池子具有的抗浮能力是灰池外面的积水高度超过池内地面高度 2.61m。即当内外高差超过 2.61m 时，灰池将上浮。

为防止灰池上浮，应迅速将池外积水往池内排放，必要时，将工地的临时供水也迅速向池内排放，以增加池重，提高抗浮能力。

3. 施工总进度计划

根据施工部署的要求，安排本工程施工进度计划如表 2-5-2。

4. 施工总平面图

该厂区施工总平面布置图如图 2-5-5。

（1）现场道路采用永久性道路与临时性道路相结合。施工现场形成环形通道。以西边道路为主干路，以减少对东部老厂区的干扰。

（2）材料构件堆放

设立砂浆、混凝土集中搅拌站；红砖等其他材料就近使用地点堆放；预制构件主要集中堆放于现场西侧空地，且分类堆放。

（3）现场用水、用电均按照实际需要经计算后确定。

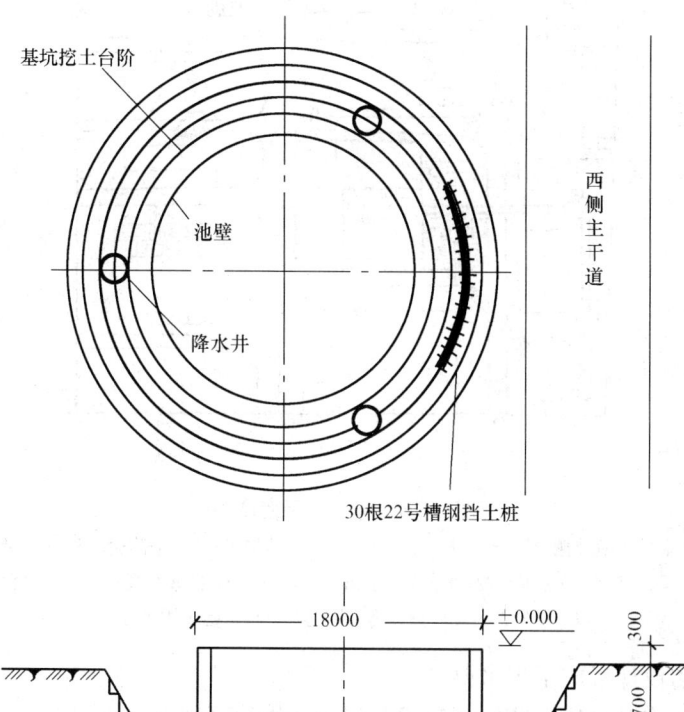

图 2-5-4 沉灰池基坑开挖示意图

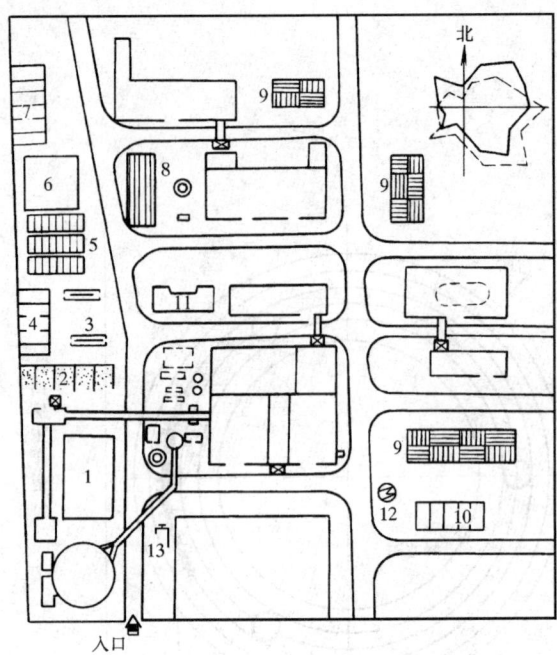

图 2-5-5 施工总平面图

1—砂浆混凝土搅拌棚；2—砂、石、灰堆场；3—钢筋堆场；4—钢筋棚；5—构件堆场；
6—钢、木模堆场；7—木工棚；8—钢管、脚手料堆场；9—红砖堆场；10—工地食堂；
11—工地办公室；12—施工用电源；13—施工用水源

(4) 现场设计考虑了排水要求。
(5) 现场临时设施在节约和利用在建建筑物的原则上安排建造。

思 考 题

5.1 什么是施工组织总设计？包括哪些内容？
5.2 施工部署的内容有哪些？
5.3 简述施工总进度计划的编制步骤？
5.4 施工总平面图的基本内容和设计原则是什么？
5.5 简述施工总平面图的设计步骤。

参 考 文 献

1. 编写委员会. 建筑施工手册（第三版）. 北京：中国建筑工业出版社. 1997
2. 重庆建筑大学，同济大学，哈尔滨建筑大学合编. 建筑施工（第三版）. 北京：中国建筑工业出版社，1997
3. 谢尊渊等. 建筑施工（第二版）. 北京：中国建筑工业出版社，1998
4. 彭圣浩主编. 建筑工程施工组织设计实例应用手册（第二版）. 北京：中国建筑工业出版社，1998
5. 刘金砺等编. 桩基工程手册. 北京：中国建筑工业出版社，1995
6. 林文虎，姚刚主编. 混凝土结构工程施工手册. 北京：中国建筑工业出版社，1999
7. 姚刚主编. 土木工程施工技术. 北京：人民交通出版社，1999
8. 应惠清主编. 土木工程施工. 上海：同济大学出版社，2001
9. 叶林标等. 建筑工程防水手册. 北京：中国建筑工业出版社，1992
10. 项玉璞. 冬施施工手册（第二版）. 北京：中国建筑工业出版社，1998
11. 雍本. 装饰工程手册（第二版）. 北京：中国建筑工业出版社，1992
12. 叶枝荣. 建筑材料标准规范实施手册. 北京：中国建筑工业出版社，1994
13. 杜荣军. 建筑施工脚手架实用手册. 北京：中国建筑工业出版社，1994
14. 余厚极. 简明结构吊装手册. 北京：中国建筑工业出版社，1995
15. 沈春林. 防水工程手册. 北京：中国建筑工业出版社，1998
16. 手册编写组. 基础工程施工手册. 北京：中国计划出版社，1996
17. 杨南方，尹辉主编. 建筑工程施工技术措施. 北京：中国建筑工业出版社，1999
18. 龚晓南主编. 深基坑工程设计施工手册. 北京：中国建筑工业出版社，1998
19. 江正荣，朱国梁编著. 简明施工计算手册. 北京：中国建筑工业出版社，1989
20. 上海建工集团总公司编. 上海建筑施工新技术. 北京：中国建筑工业出版社，1999
21. 刘金砺主编. 桩基工程设计与施工技术. 北京：中国建材工业出版社，1994
22. 重庆建筑大学、同济大学、哈尔滨建筑大学编. 建筑施工（第三版）. 北京：中国建筑工业出版社，1997
23. 阎西康. 土木工程施工. 北京：中国建材工业出版社，2000
24. 张守健，许程浩. 施工组织设计与进度管理. 北京：中国建筑工业出版社，2001
25. 刘金昌，李忠富，杨晓林. 建筑施工组织与现代管理. 北京：中国建筑工业出版社，2002
26. 许程洁. 建筑施工组织. 北京：中央广播电视大学出版社，2000

高校土木工程专业指导委员会规划推荐教材（经典精品系列教材）

征订号	书名	定价	作者	备注
V16537	土木工程施工（上册）（第二版）	46.00	重庆大学、同济大学、哈尔滨工业大学	21世纪课程教材、"十二五"国家规划教材、教育部2009年度普通高等教育精品教材
V16538	土木工程施工（下册）（第二版）	47.00	重庆大学、同济大学、哈尔滨工业大学	21世纪课程教材、"十二五"国家规划教材、教育部2009年度普通高等教育精品教材
V16543	岩土工程测试与监测技术	29.00	宰金珉	"十二五"国家规划教材
V18218	建筑结构抗震设计（第三版）（附精品课程网址）	32.00	李国强 等	"十二五"国家规划教材、土建学科"十二五"规划教材
V22301	土木工程制图（第四版）（含教学资源光盘）	58.00	卢传贤 等	21世纪课程教材、"十二五"国家规划教材、土建学科"十二五"规划教材
V22302	土木工程制图习题集（第四版）	20.00	卢传贤 等	21世纪课程教材、"十二五"国家规划教材、土建学科"十二五"规划教材
V21718	岩石力学（第二版）	29.00	张永兴	"十二五"国家规划教材、土建学科"十二五"规划教材
V20960	钢结构基本原理（第二版）	39.00	沈祖炎 等	21世纪课程教材、"十二五"国家规划教材、土建学科"十二五"规划教材
V16338	房屋钢结构设计	55.00	沈祖炎、陈以一、陈扬骥	"十二五"国家规划教材、土建学科"十二五"规划教材、教育部2008年度普通高等教育精品教材
V15233	路基工程	27.00	刘建坤、曾巧玲 等	"十二五"国家规划教材
V20313	建筑工程事故分析与处理（第三版）	44.00	江见鲸 等	"十二五"国家规划教材、土建学科"十二五"规划教材、教育部2007年度普通高等教育精品教材
V13522	特种基础工程	19.00	谢新宇、俞建霖	"十二五"国家规划教材
V20935	工程结构荷载与可靠度设计原理（第三版）	27.00	李国强 等	面向21世纪课程教材、"十二五"国家规划教材
V19939	地下建筑结构（第二版）（赠送课件）	45.00	朱合华 等	"十二五"国家规划教材、土建学科"十二五"规划教材、教育部2011年度普通高等教育精品教材
V13494	房屋建筑学（第四版）（含光盘）	49.00	同济大学、西安建筑科技大学、东南大学、重庆大学	"十二五"国家规划教材、教育部2007年度普通高等教育精品教材

续表

征订号	书名	定价	作者	备注
V20319	流体力学（第二版）	30.00	刘鹤年	21世纪课程教材、"十二五"国家规划教材、土建学科"十二五"规划教材
V12972	桥梁施工（含光盘）	37.00	许克宾	"十二五"国家规划教材
V19477	工程结构抗震设计（第二版）	28.00	李爱群 等	"十二五"国家规划教材、土建学科"十二五"规划教材
V20317	建筑结构试验	27.00	易伟建、张望喜	"十二五"国家规划教材、土建学科"十二五"规划教材
V21003	地基处理	22.00	龚晓南	"十二五"国家规划教材
V20915	轨道工程	36.00	陈秀方	"十二五"国家规划教材
V21757	爆破工程	26.00	东兆星 等	"十二五"国家规划教材
V20961	岩土工程勘察	34.00	王奎华	"十二五"国家规划教材
V20764	钢-混凝土组合结构	33.00	聂建国 等	"十二五"国家规划教材
V19566	土力学（第三版）	36.00	东南大学、浙江大学、湖南大学 苏州科技学院	21世纪课程教材、"十二五"国家规划教材、土建学科"十二五"规划教材
V20984	基础工程（第二版）（附课件）	43.00	华南理工大学	21世纪课程教材、"十二五"国家规划教材、土建学科"十二五"规划教材
V21506	混凝土结构（上册）——混凝土结构设计原理（第五版）（含光盘）	48.00	东南大学、天津大学、同济大学	21世纪课程教材、"十二五"国家规划教材、土建学科"十二五"规划教材、教育部2009年度普通高等教育精品教材
V22466	混凝土结构（中册）——混凝土结构与砌体结构设计（第五版）	56.00	东南大学 同济大学 天津大学	21世纪课程教材、"十二五"国家规划教材、土建学科"十二五"规划教材、教育部2009年度普通高等教育精品教材
V22023	混凝土结构（下册）——混凝土桥梁设计（第五版）	49.00	东南大学 同济大学 天津大学	21世纪课程教材、"十二五"国家规划教材、土建学科"十二五"规划教材、教育部2009年度普通高等教育精品教材
V11404	混凝土结构及砌体结构（上）	42.00	滕智明 等	"十二五"国家规划教材
V11439	混凝土结构及砌体结构（下）	39.00	罗福午 等	"十二五"国家规划教材

续表

征订号	书 名	定价	作 者	备 注
V21630	钢结构（上册）——钢结构基础（第二版）	38.00	陈绍蕃	"十二五"国家规划教材、土建学科"十二五"规划教材
V21004	钢结构（下册）——房屋建筑钢结构设计（第二版）	27.00	陈绍蕃	"十二五"国家规划教材、土建学科"十二五"规划教材
V22020	混凝土结构基本原理（第二版）	48.00	张 誉 等	21世纪课程教材、"十二五"国家规划教材
V21673	混凝土及砌体结构（上册）	37.00	哈尔滨工业大学、大连理工大学等	"十二五"国家规划教材
V10132	混凝土及砌体结构（下册）	19.00	哈尔滨工业大学、大连理工大学等	"十二五"国家规划教材
V20495	土木工程材料（第二版）	38.00	湖南大学、天津大学、同济大学、东南大学	21世纪课程教材、"十二五"国家规划教材、土建学科"十二五"规划教材
V18285	土木工程概论	18.00	沈祖炎	"十二五"国家规划教材
V19590	土木工程概论（第二版）	42.00	丁大钧 等	21世纪课程教材、"十二五"国家规划教材、教育部2011年度普通高等教育精品教材
V20095	工程地质学（第二版）	33.00	石振明 等	21世纪课程教材、"十二五"国家规划教材、土建学科"十二五"规划教材
V20916	水文学	25.00	雒文生	21世纪课程教材、"十二五"国家规划教材
V22601	高层建筑结构设计（第二版）	45.00	钱稼茹	"十二五"国家规划教材、土建学科"十二五"规划教材
V19359	桥梁工程（第二版）	39.00	房贞政	"十二五"国家规划教材
V19938	砌体结构（第二版）	28.00	丁大钧 等	21世纪课程教材、"十二五"国家规划教材、教育部2011年度普通高等教育精品教材